Pro/ENGINEER 中文野火版 5.0 工程应用精解丛书

Pro/ENGINEER 中文野火版 5.0 模具设计教程（增值版）

北京兆迪科技有限公司　编著

机 械 工 业 出 版 社

本书全面、系统地介绍了使用 Pro/ENGINEER 中文野火版 5.0 进行模具设计的过程、方法和技巧，内容包括软件使用环境的配置、模具设计流程、模具分析与检测、分型面的设计，利用着色和裙边的方法进行分型面设计、型芯设计、滑块设计、斜销设计、破孔修补、一模多穴的模具设计、流道和水线设计，体积块法模具设计、组件法模具设计，模具设计的修改、模座结构与设计、塑料顾问模块的使用和模架设计等。

本书是根据北京兆迪科技有限公司为国内外几十家不同行业的知名公司（含国外独资和合资公司）编写的培训教案整理而成的，具有很强的实用性和广泛的适用性。本书附带 1 张多媒体 DVD 学习光盘，内含教学视频文件和详细的语音讲解，以及本书所有的模型文件、范例文件和练习素材文件。由于随书光盘中有完整的素材源文件和全程语音视频讲解，读者配合光盘学习本书内容，将达到最佳的学习效果。

在内容安排上，本书主要通过大量的模具设计范例对 Pro/ENGINEER 模具设计的核心技术、方法与技巧进行讲解和说明，这些范例都是实际生产一线工程设计中具有代表性的例子，这样安排能帮助读者较快地进入模具设计实战状态；在写作方式上，本书紧贴软件的实际操作界面进行讲解，可以有效帮助读者提高学习效率。本书可作为广大工程技术人员学习 Pro/ENGINEER 模具设计的自学教程和参考书，也可作为大中专院校学生和各类培训学校学员 CAD/CAM 课程上课或上机练习的教材。

要特别说明的是，随书光盘中包含大量产品设计案例的讲解，使本书的附加值大大提高。

图书在版编目（CIP）数据

Pro/ENGINEER 中文野火版 5.0 模具设计教程：增值版 / 北京兆迪科技有限公司编著. —4 版. —北京：机械工业出版社，2017.1（2021.8重印）
(Pro/ENGINEER 中文野火版 5.0 工程应用精解丛书)
ISBN 978-7-111-55835-4

Ⅰ. ①P… Ⅱ. ①北… Ⅲ. ①模具—计算机辅助设计—应用软件—教材 Ⅳ. ①TG76-39

中国版本图书馆 CIP 数据核字（2016）第 322622 号

机械工业出版社（北京市百万庄大街 22 号 邮政编码：100037）
策划编辑：丁 锋 责任编辑：丁 锋
责任校对：肖 琳 封面设计：张 静
责任印制：常天培
固安县铭成印刷有限公司印刷
2021 年 8 月第 4 版第 3 次印刷
184mm×260 mm · 21.25 印张 · 392 千字
4501—5000 册
标准书号：ISBN 978-7-111-55835-4
ISBN 978-7-89386-103-1（光盘）
定价：69.90 元（含多媒体 DVD 光盘 1 张）

凡购本书，如有缺页、倒页、脱页，由本社发行部调换

电话服务
服务咨询热线：010-88361066
读者购书热线：010-68326294
010-88379203

网络服务
机工官网：www.cmpbook.com
机工官博：weibo.com/cmp1952
金 书 网：www.golden-book.com
教育服务网：www.cmpedu.com

前　言

Pro/ENGINEER（简称 Pro/E）是由美国 PTC 公司推出的一套博大精深的三维 CAD/CAM 参数化软件系统，其内容涵盖了从概念设计、工业造型设计、三维模型设计、分析计算、动态模拟与仿真、工程图输出，到生产加工成产品的全过程，其中还包含了大量的电缆及管道布线、模具设计与分析等实用模块，应用范围涉及航空航天、汽车、机械、数控（NC）加工和电子等诸多领域。

本次增值版优化了原来各章的结构，可使读者更方便、高效地学习本书。本书对 Pro/ENGINEER 模具设计的核心技术、方法与技巧进行了介绍，其特色如下。

- 内容全面，介绍了 Pro/ENGINEER 模具设计的各方面知识，与市场上同类书籍相比，本书包含更多的内容。
- 讲解详细，由浅入深，条理清晰，图文并茂，对于欲进入模具设计行业的读者，本书是一本不可多得的快速入门、快速见效指南。
- 范例丰富，覆盖分型面和体积块的创建、浇道系统和水线的创建、模座设计、模具的修改与分析等环节，对于迅速提高读者的模具设计水平很有帮助。
- 写法独特，紧贴 Pro/ENGINEER 野火版 5.0 中文版的实际操作界面，采用软件中真实的对话框、按钮和图标等进行讲解，使读者能够直观、准确地操作软件进行学习。
- 附加值高，本书附带 1 张多媒体 DVD 学习光盘，制作了教学视频并进行了详细的语音讲解，可以帮助读者轻松、高效地学习。

本书由北京兆迪科技有限公司编著，参加编写的人员有王焕田、刘静、雷保珍、刘海起、魏俊岭、任慧华、詹路、冯元超、刘江波、周涛、赵枫、邵为龙、侯俊飞、龙宇、施志杰、詹棋、高政、孙润、李倩倩、黄红霞、尹泉、李行、詹超、尹佩文、赵磊、王晓萍、陈淑童、周攀、吴伟、王海波、高策、冯华超、周思思、黄光辉、党辉、冯峰、詹聪、平迪、管璇、王平、李友荣。本书虽经多次校对，但难免有疏漏之处，恳请广大读者予以指正。

电子邮箱：zhanygjames@163.com

编　者

读者购书回馈活动：

活动一：本书“随书光盘”中含有“读者意见反馈卡”的电子文档，请认真填写，并通过 E-mail 发送给我们。E-mail: 兆迪科技 zhanygjames@163.com，丁锋 fengfener@qq.com。

活动二：扫一扫右侧二维码，关注兆迪科技官方公众微信号（或搜索公众号 zhaodikeji），参与互动，也可进行答疑。

凡参加以上活动者，即可获得兆迪科技免费赠送的价值 48 元的在线课程一门，同时有机会获得价值 780 元的精品在线课程。在线课程网址见本书随书光盘中的“读者意见反馈卡”文档。

本 书 导 读

为了能更好地学习本书的知识，请您先仔细阅读以下内容。

读者对象

本书可作为工程技术人员学习 Pro/ENGINEER 模具设计的自学教程和参考书，也可作为大中专院校的学生和各类培训学校学员的 CAD/CAM 课程上课或上机练习教材。

写作环境

本书使用的操作系统为 Windows XP，对于 Windows 7、Windows 8、Windows 10 操作系统，本书内容和范例也同样适用。本书采用的写作蓝本是 Pro/ENGINEER 中文野火版 5.0，对 Pro/ENGINEER 英文野火版 5.0 版本同样适用。

学习方法

- 按书中要求设置 Pro/ENGINEER 软件的配置文件 config.pro 和 config.win，操作方法参见书中第 1 章相关内容。
- 循序渐进，按本书的章节顺序进行学习，如有暂时无法理解的知识，可将其跳过，继续学习后面章节。
- 为能获得更好的学习效果，建议打开随书光盘中指定的文件进行练习。打开文件前，须按要求设置正确的 Pro/ENGINEER 工作目录。

光盘使用

为方便读者练习，特将本书所有素材文件、已完成的范例文件、配置文件和视频语音讲解文件等录入随书附带的光盘中，读者在学习过程中可以打开相应的素材文件进行操作和练习。

建议读者在学习本书前，先将光盘中的所有文件复制到计算机硬盘的 D 盘中，在 D 盘上的 proewf5.3 目录下共有三个子目录。

（1）proewf5_system_file 子目录：包含一些系统配置文件。

（2）work 子目录：包含本书讲解中所用到的文件。

（3）video 子目录：包含本书讲解中所有的视频文件（含语音讲解）。学习时，直接双击某个视频文件即可播放。

光盘中带有“ok”扩展名的文件或文件夹表示已完成的实例。

本书约定

- 本书中有关鼠标操作的简略表述说明如下。
  - ☑ 单击：将鼠标指针移至某位置处，然后按一下鼠标的左键。

☑ 双击：将鼠标指针移至某位置处，然后连续、快速地按两次鼠标的左键。
☑ 右击：将鼠标指针移至某位置处，然后按一下鼠标的右键。
☑ 单击中键：将鼠标指针移至某位置处，然后按一下鼠标的中键。
☑ 滚动中键：只是滚动鼠标的中键，而不能按中键。
☑ 选择（选取）某对象：将鼠标指针移至某对象上，单击以选取该对象。
☑ 拖动某对象：将鼠标指针移至某对象上，然后按下鼠标的左键不放，同时移动鼠标，将该对象移动到指定的位置后再松开鼠标的左键。

- 本书中的操作步骤分为 Task、Stage 和 Step 三个级别，说明如下。

☑ 对于一般的软件操作，每个操作步骤以 Step 字符开始。
☑ 每个 Step 操作步骤视其复杂程度，可含有多级子操作，例如 Step1 下可能包含（1）、（2）、（3）等子操作，（1）子操作下可能包含①、②、③等子操作，①子操作下可能包含 a）、b）、c）等子操作。
☑ 如果操作较复杂，需要几个大的操作步骤才能完成，则每个大的操作会冠以 Stage1、Stage2、Stage3 等名称，Stage 级别的操作下再分 Step1、Step2、Step3 等操作。
☑ 对于多个任务的操作，每个任务冠以 Task1、Task2、Task3 等名称，每个 Task 操作下可包含 Stage 和 Step 级别的操作。

技术支持

本书是根据北京兆迪科技有限公司为国内外一些知名公司（含国外独资和合资公司）编写的培训案例整理而成的，具有很强的实用性。该公司专门从事 CAD/CAM/CAE 技术的研究、开发、咨询及产品设计与制造服务，并提供 Pro/ENGINEER、Ansys、Adams 等软件的专业培训及技术咨询，读者在学习本书的过程中遇到问题，可通过访问该公司的网站 http://www.zalldy.com 来获得技术支持。咨询电话：010-82176248，010-82176249。

目 录

第 1 章　Pro/ENGINEER 模具设计概述

本章提要　本章主要介绍注射模具和 Pro/ENGINEER 模具设计的基础知识，内容包括注射模具的基本结构（塑件成型元件、浇注系统和模座）、Pro/ENGINEER 模具设计解决方案、Pro/ENGINEER 系统配置和 Pro/ENGINEER 模具设计工作界面等。

1.1　注射模具的结构组成

"塑料"（Plastic）是"可塑性材料"的简称，它是以高分子合成树脂为主要成分，在一定条件下可塑制成一定形状，且在常温下保持不变的材料。工程塑料（Engineering Plastic）是 20 世纪 50 年代在通用塑料基础上发展出的一类新型材料，它通常具有较好的耐蚀性、耐热性、耐寒性、绝缘性以及诸多良好的力学性能，如较高的抗拉强度、抗压强度、抗弯强度、疲劳强度和较好的耐磨性等。

目前，塑料的应用领域已经十分广阔，如人们正在大量使用塑料来生产冰箱、洗衣机、饮水机、洗碗机、卫生洁具、塑料水管、玩具、计算机键盘、鼠标、食品器皿和医用器具等。

塑料成型的方法（即塑件的生产方法）非常多，常见的方法有注射成型、挤压成型、真空成型和发泡成型等。其中，注射成型是最主要的塑料成型方法。而注射模具是注射成型的工具，其结构一般包括塑件成型元件、浇注系统和模座三大部分。

1．塑件成型元件

塑件成型元件是注射模具的关键部分，其作用是构建塑件的结构和形状。塑件成型的主要元件包括上模型腔（或凹模型腔）、下模型腔（或凸模型腔），如图 1.1.1 所示。如果塑件较复杂，则模具中还需要型芯、滑块和销等成型元件，如图 1.1.2 和图 1.1.3 所示。

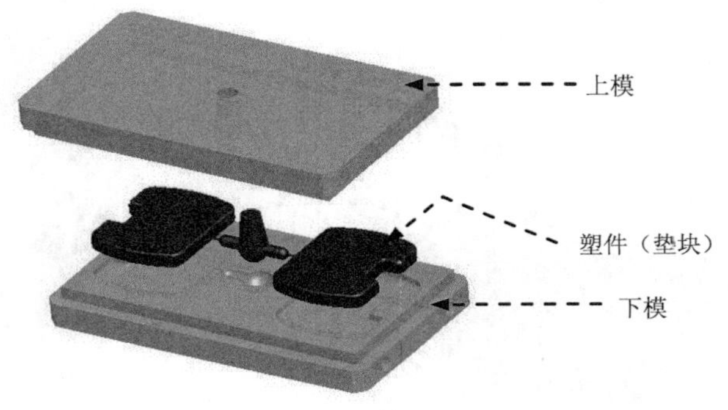

图 1.1.1　塑件成型元件

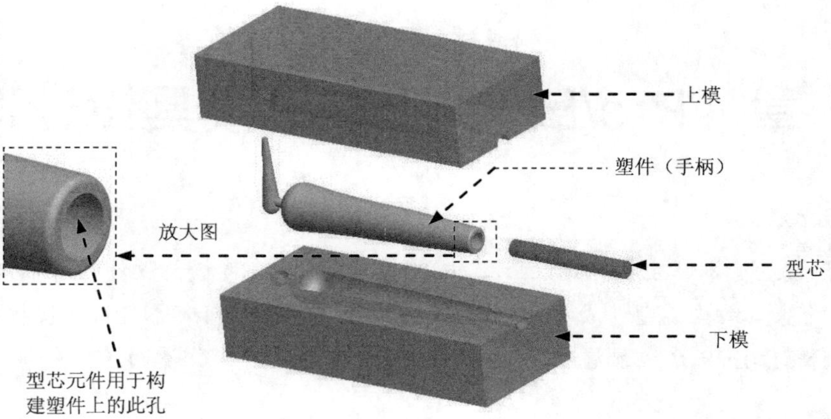

图 1.1.2　塑件成型元件（带型芯）

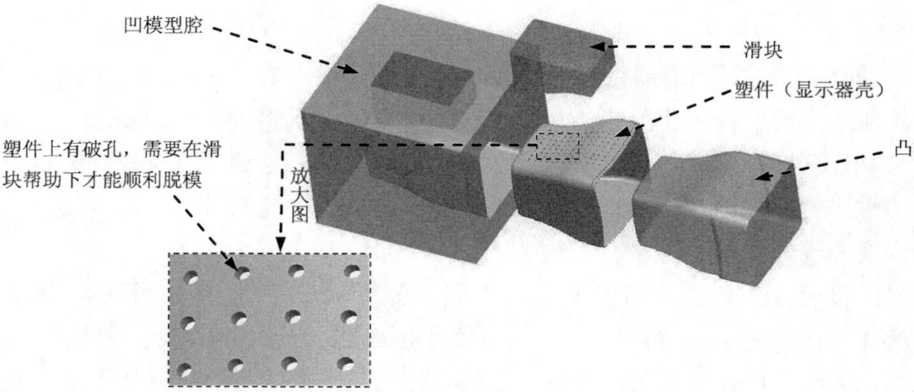

图 1.1.3　塑件成型元件（带滑块）

2．浇注系统

浇注系统是塑料熔融物从注射机喷嘴流入模具型腔的通道，它一般包括浇道（Sprue）、流道（Runner）和浇口（Gate）三部分（图 1.1.4）。浇道是熔融物从注射机进入模具的入口，浇口是熔融物进入模具型腔的入口，流道则是浇道和浇口之间的通道。

如果模具较大或者是一模多穴，则可安排多个浇口。在模具中设置多个浇口时，其流道结构较复杂，主流道中会分出许多支流道（图 1.1.5），这样熔融物先流过主流道，再通过支流道由各浇口进入型腔。

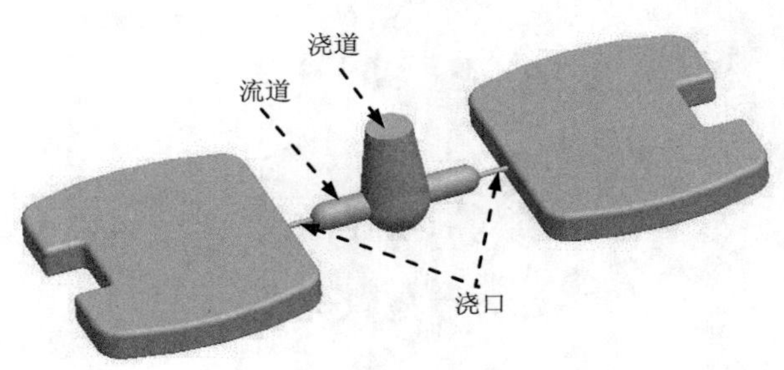

图 1.1.4　浇注系统

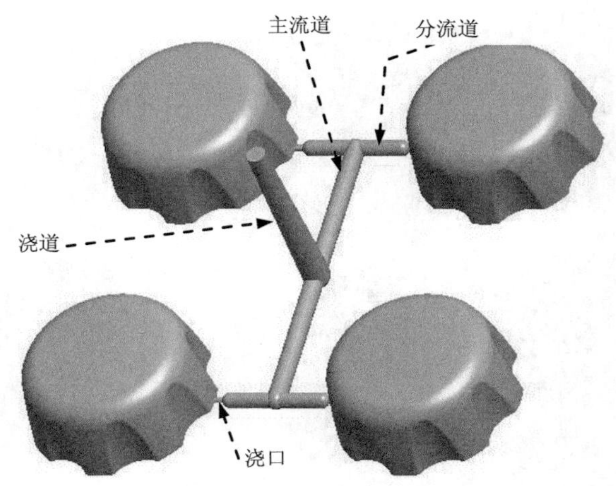

图 1.1.5 浇注系统（含支流道）

3．模架的手动设计

在创建模架设计时，很多情况下标准的模架是不能满足实际生产需要的，这时就需要结合实际情况来手动设计模架的大小，以满足生产需要。图 1.1.6 所示为手动设计的模架。

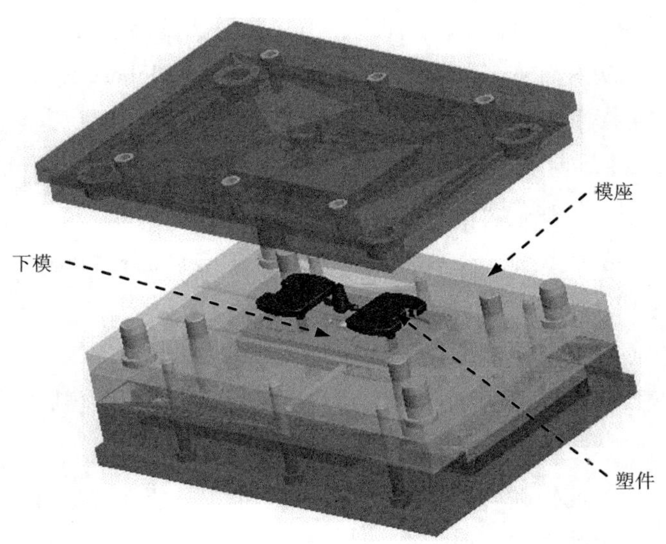

图 1.1.6 模架的手动设计

4．EMX 5.0 模架设计

图 1.1.7 所示的模架是通过 EMX 5.0 模块来创建的，模架中的所有标准零部件都是由 EMX 模块提供的，只需确定装配位置即可。

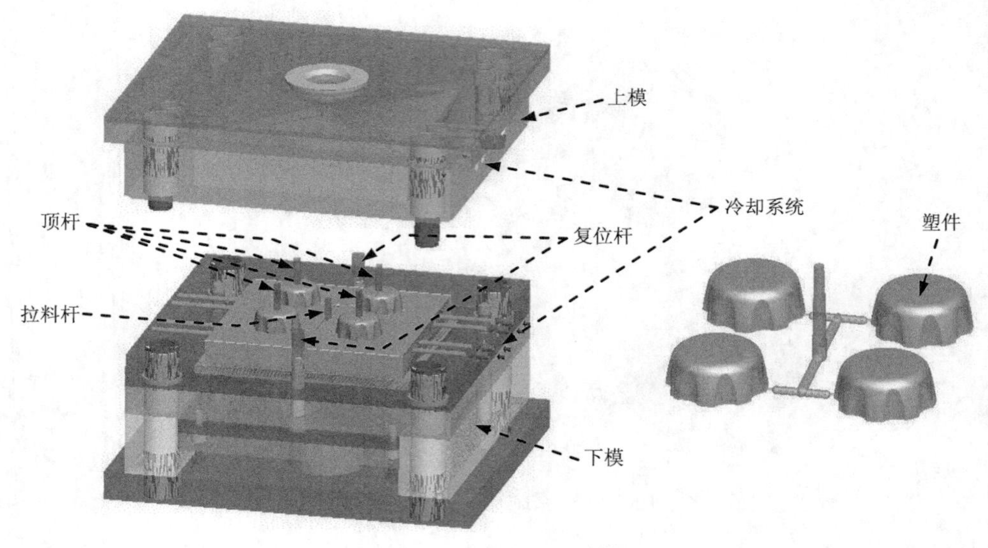

图 1.1.7 EMX 5.0 模架设计

1.2 Pro/ENGINEER 注射模具设计解决方案

PTC 公司推出的 Pro/ENGINEER 软件中，与注射模具设计有关的模块主要有三个：模具设计模块（Pro/MOLDESIGN）、模座设计模块（Expert Moldbase Extension，EMX）和塑料顾问（Plastic Advisor）模块。

在模具设计模块（Pro/MOLDESIGN）中，用户可以创建、修改和分析模具元件及其组件，并可根据设计模型中的变化将它们快速更新。同时它还可实现如下功能。

- 设置注射零件的收缩率，收缩率的大小与注射零件的材料特性、几何形状和制模条件相对应。
- 对一个型腔或多型腔模具进行概念性设计。
- 对模具型腔、型芯、型腔嵌入块、滑块、提升器和定义模制零件形状的其他元件进行设计。
- 在模具组件中添加标准元件，如模具基础、推销、注入口套管、螺钉（栓）、配件和创建相应间隙孔用的其他元件。
- 设计注射流道和水线。
- 拔模检测（Draft Check）、分型面检查（Parting Surface Check）等分析工具。

在模座设计模块（EMX）中，用户可以将模具元件直接装配到标准或定制的模座中，对整个模具进行更完全、更详细的设计，从而大大地缩短模具的研发时间。该模块具备如下特点。

- 界面友好，使用方便，易于修改和重定义。

- 提供大量标准的模座、滑块和斜销等附件。
- 用户进行简单设定后，系统可以自动产生 2D 工程图及材料明细栏（BOM 表）。
- 可进行开模操作的动态仿真，并进行干涉检查。

在塑料顾问（Plastic Advisor）模块中，通过用户的简单设定，系统会自动进行塑料射出成型的模流分析。这样，模具设计人员在模具设计阶段，就可以掌握塑料在型腔中的填充情况，便于及早改进设计。

1.3　Pro/ENGINEER 模具部分的安装说明

在安装 Pro/ENGINEER 软件系统的过程中，出现图 1.3.1 所示的对话框时，要注意在 Options 组件中选择下面两个子组件。

- Mold Component Catalog：该子组件中包含一些模具元件数据（如流道的数据）。
- Pro/Plastic Advisor：Pro/ENGINEER 塑料顾问模块。

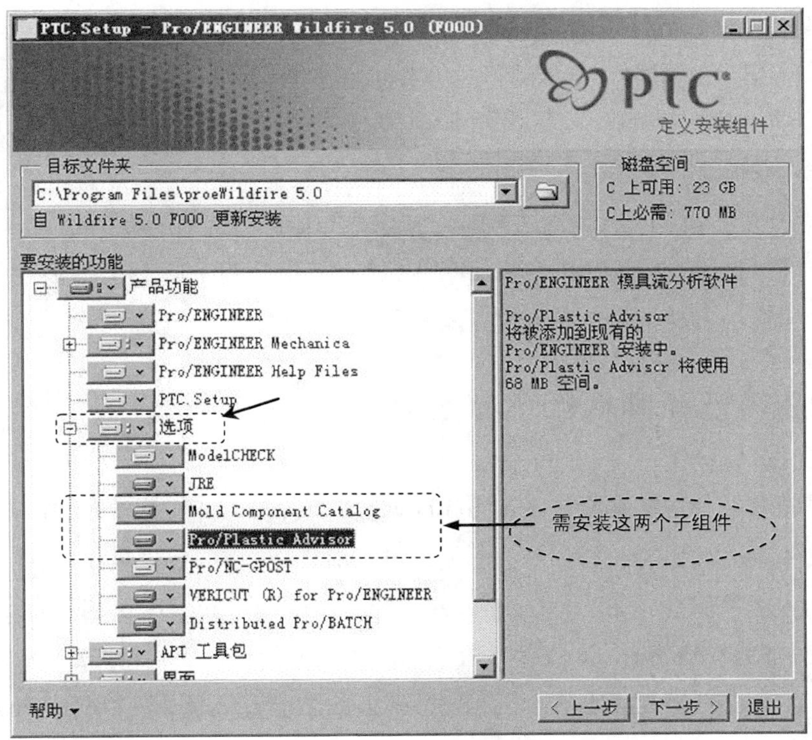

图 1.3.1　选择模具安装选项

1.4 Pro/ENGINEER 系统配置

在使用本书学习 Pro/ENGINEER 模具设计前，建议进行下列必要的操作和设置，这样可以保证后面学习中的软件配置和软件界面与本书相同，从而提高学习效率。

1.4.1 设置系统配置文件 config.pro

用户可以用一个名为 config.pro 的系统配置文件预设 Pro/ENGINEER 软件的工作环境并进行全局设置，如 Pro/ENGINEER 软件的界面是中文还是英文，或者是中英文双语，这是由 menu_translation 选项来控制的，该选项有三个可选的值 yes、no 和 both，它们分别可以使软件界面为中文、英文和中英文双语。

本书附赠光盘中的 config.pro 文件对一些基本的选项进行了设置，读者进行如下操作后，可使该 config.pro 文件中的设置有效。

Step1. 复制系统文件。将目录 D:\proewf5.3\proewf5_system_file\下的 config.pro 文件复制到 Pro/ENGINEER Wildfire 5.0 安装目录的\text 目录下。假设 Pro/ENGINEER Wildfire 5.0 安装目录为 C:\Program Files\ProeWildfire 5.0，则应将上述文件复制到 C:\Program Files\Proe Wildfire5.0\text 目录下。

Step2. 如果 Pro/ENGINEER 启动目录中存在 config.pro 文件，则建议将其删除。

说明：关于“Pro/ENGINEER 启动目录”的概念，请参见本丛书的《Pro/ENGINEER 中文野火版 5.0 快速入门教程》一书中的相关章节。

1.4.2 设置界面配置文件 config.win

Pro/ENGINEER 的屏幕界面是通过 config.win 文件控制的，本书附赠光盘中提供了一个 config.win 文件，进行如下操作后，可使该 config. win 文件中的设置有效。

Step1. 复制系统文件。将目录 D:\ proewf5.3\proewf5_system_file\下的 config.win 文件复制到 Pro/ENGINEER Wildfire 5.0 安装目录的\text 目录下。例如，Pro/ENGINEER Wildfire 5.0 安装目录为 C:\Program Files\ProeWildfire5.0，则应将上述文件复制到 C:\Program Files\ProeWildfire 5.0\text 目录下。

Step2. 如果 Pro/ENGINEER 启动目录中存在 config.win 文件，则建议将其删除。

1.5　Pro/ENGINEER 模具设计工作界面

首先进行下面的操作，打开指定文件。

Step1. 选择下拉菜单 文件(F) → 设置工作目录(W)... 命令，将工作目录设置至 D:\proewf5.3\work\ch02\ok。

Step2. 选择下拉菜单 文件(F) → 打开(O)... 命令，打开文件 handle_mold.asm。

打开文件 handle_mold.asm 后，系统显示图 1.5.1 所示的模具工作界面，下面对该工作界面进行简要说明。

模具工作界面包括下拉菜单区、菜单管理器区、顶部工具栏按钮区、智能选取栏、右工具栏按钮区、消息区、命令在线帮助区、图形区及导航选项卡区。

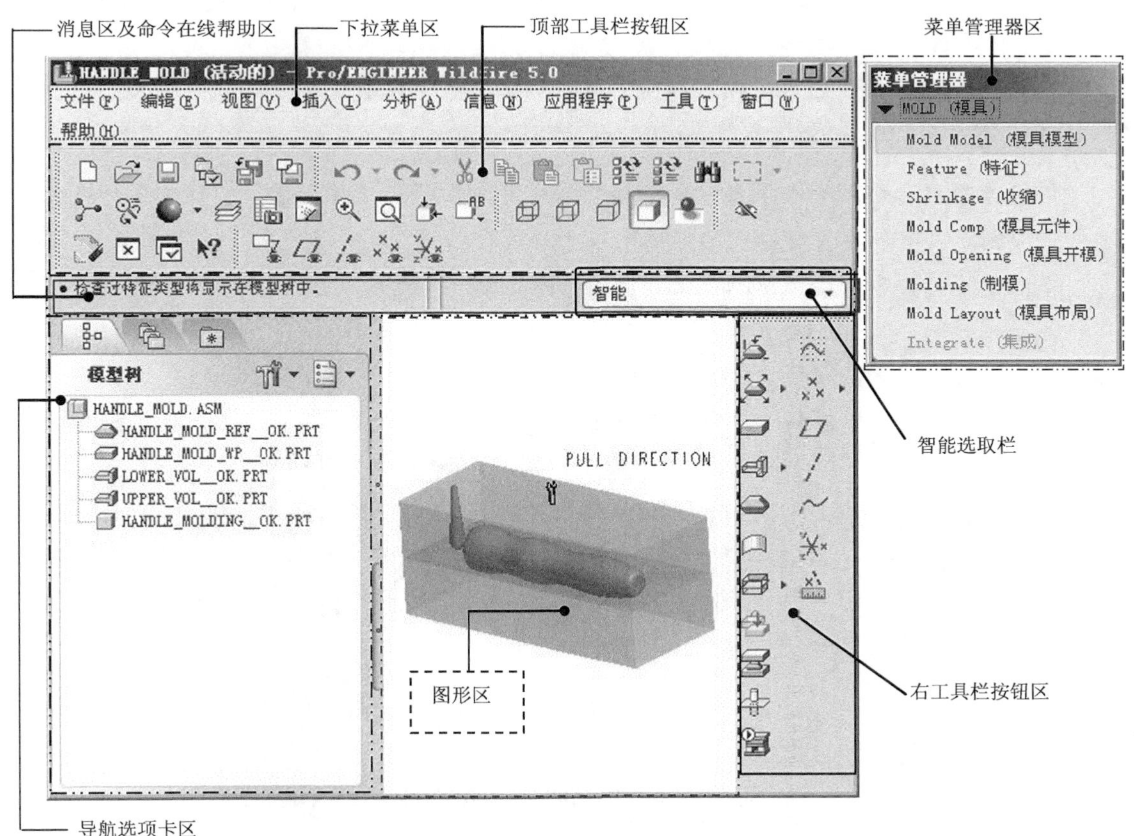

图 1.5.1　Pro/ENGINEER 中文野火版 5.0 模具工作界面

1．导航选项卡区

导航选项卡包括三个页面选项：“模型树”“文件夹浏览器”和“收藏夹”。

- “模型树”中列出了活动文件中的所有零件及特征，并以树的形式显示模型结构，根对象（活动零件或组件）显示在模型树的顶部，其从属对象（零件或特征）位于根对象之下。例如：在活动装配文件中，“模型树”列表的顶部是组件，组件下方是每个元件零件的名称；在活动零件文件中，“模型树”列表的顶部是零件，零件下方是每个特征的名称。若打开多个 Pro/ENGINEER 模型，则“模型树”只反映活动模型的内容。
- “文件夹浏览器”类似于 Windows 的“资源管理器”，用于浏览文件。
- “收藏夹”用于有效组织和管理个人资源。

2．下拉菜单区

下拉菜单区中包含创建、保存、修改模型和设置 Pro/ENGINEER 环境的一些命令。

3．工具栏按钮区

工具栏中的命令按钮为快速进入命令及设置工作环境提供了极大的方便，用户可以根据具体情况定制工具栏。

注意：用户会看到有些菜单命令和按钮处于非激活状态（呈灰色，即暗色），这是因为它们目前还没有处在发挥功能的环境中，一旦其进入有关的环境，便会自动激活。

下面是工具栏中快捷按钮的含义和作用（图 1.5.2），请务必将其记牢。

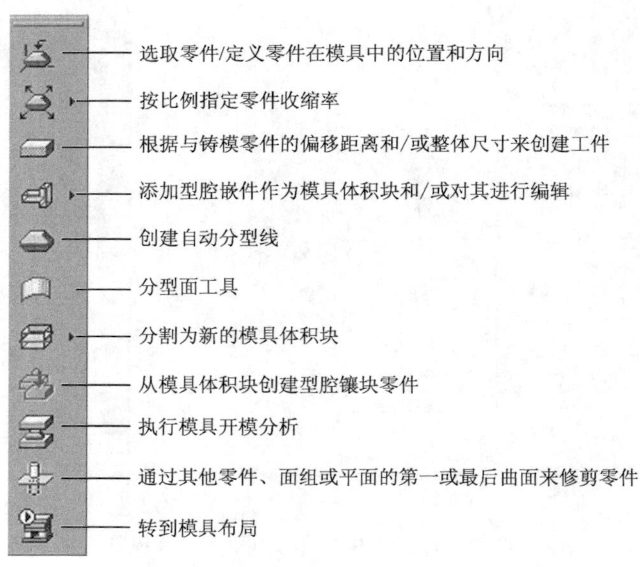

图 1.5.2 命令按钮

4．消息区

在用户操作软件的过程中，消息区会即时显示有关当前操作步骤的提示等消息，以引导用户操作。消息区有一个可见的边线，将其与图形区分开，若要增加或减少可见消息行的数量，可将鼠标指针置于边线，按住鼠标左键，然后将其移动到所期望的位置。

消息分为五类，分别以不同的图标提醒：

5．命令在线帮助区

选择菜单命令、工具栏按钮及某些对话框项目时，命令在线帮助区会出现有关提示。

6．图形区

Pro/ENGINEER 中各种模型图像的显示区。

7．菜单管理器区

菜单管理器区位于屏幕的右侧，在进行某些操作时，系统会弹出此菜单，例如创建模具元件时，系统会弹出图 1.5.3 所示的菜单管理器。可通过一个文件 menu_def.pro 定制菜单管理器。

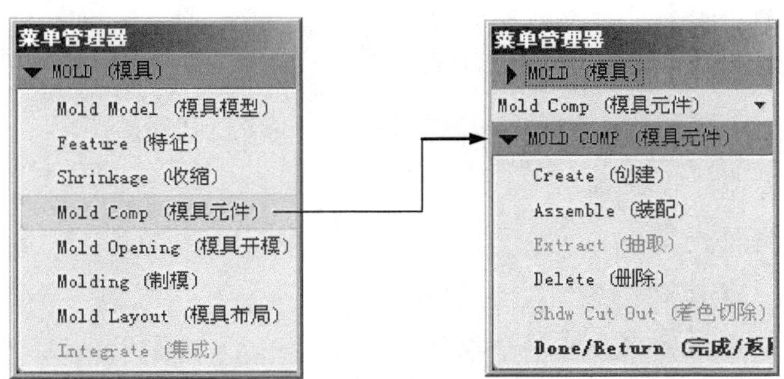

图 1.5.3　菜单管理器

第 2 章　Pro/ENGINEER 模具设计入门

本章提要　Pro/ENGINEER 的 Pro/MOLDESIGN 模块为我们提供了非常方便、实用的模具设计及分析功能。本章将通过一个简单的零件来说明 Pro/ENGINEER 模具设计的一般过程，并介绍关于模具精度的知识。通过本章的学习，读者能够清楚地了解模具设计的一般流程及操作方法，并理解其原理。

2.1　Pro/ENGINEER 模具设计流程

使用 Pro/ENGINEER 软件进行（注射）模具设计的一般流程为：

（1）在零件和组件模式下，对原始塑料零件（模型）进行三维建模。

（2）创建模具模型，包括以下两个步骤。

- 根据原始塑料零件，定义参照模型。
- 定义模具坯料（工件）。

（3）在参照模型上进行拔模检测，以确定其是否能顺利脱模。

（4）设置模具模型的收缩率。

（5）定义分型曲面。

（6）增加浇口、流道和水线作为模具特征。

（7）将坯料（工件）分割成若干个单独的体积块。

（8）抽取模具体积块，生成模具元件。

（9）创建浇注件。

（10）定义开模步骤。

（11）利用“塑料顾问”功能模块进行模流分析。

（12）根据模具的尺寸选取合适的模座。

（13）如果需要，则可进行模座的相关设计。

（14）制作模具工程图，包括对推出系统和水线等进行布局。由于模具工程图的制作方法与一般零部件工程图的制作方法基本相同，本书不再进行介绍。

下面以图 2.1.1 所示的手柄零件（handle.prt）为例，说明用 Pro/ENGINEER 软件设计模具的一般过程和方法。

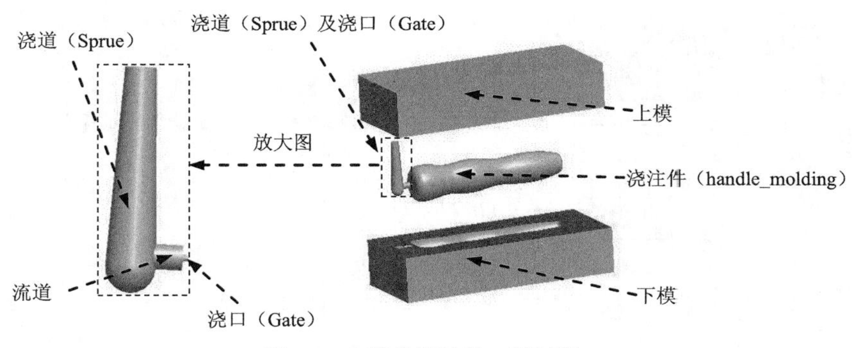

图 2.1.1 模具设计的一般过程

2.2 新建一个模具文件

Step1. 设置工作目录。选择下拉菜单 文件(F) → 设置工作目录(W)... 命令，将工作目录设置至 D:\proewf5.3\work\ch02。

Step2. 选择下拉菜单 文件(F) → 新建(N)... 命令（或者单击“新建文件”按钮 ）。

Step3. 在图 2.2.1 所示的“新建”对话框中，在 类型 区域中选中 制造 单选项，在 子类型 区域中选中 模具型腔 单选项，在 名称 文本框中输入文件名 handle_mold，取消选中 使用缺省模板 复选框，单击对话框中的 确定 按钮。

Step4. 在弹出的图 2.2.2 所示的“新文件选项”对话框中选取 mmns_mfg_mold 模板，单击 确定 按钮。

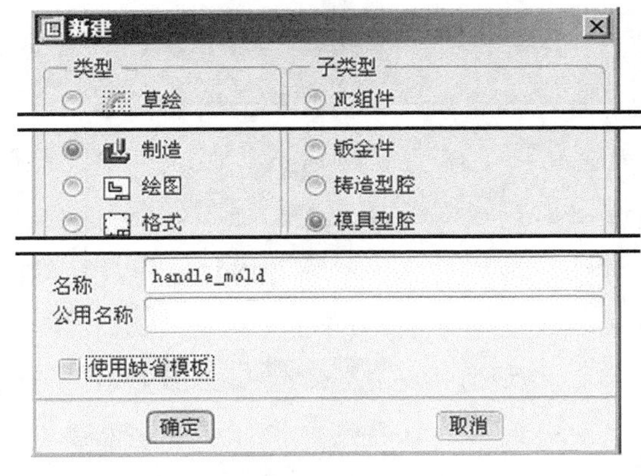

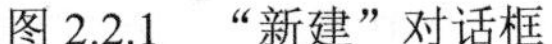

图 2.2.1 “新建”对话框

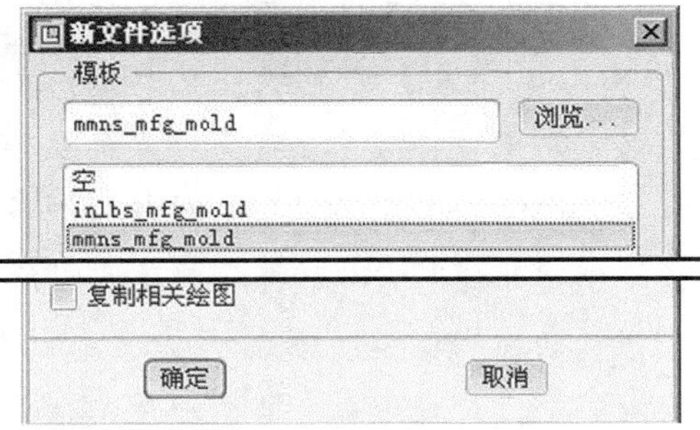

图 2.2.2 “新文件选项”对话框

说明： 完成这一步操作后，系统进入模具设计模式（环境）。此时，在图形区可看到三个正交的默认基准平面和图 2.2.3 所示的菜单管理器。

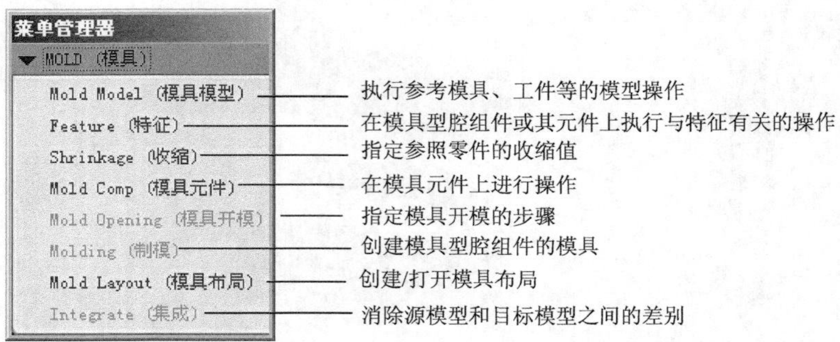

图 2.2.3 菜单管理器

2.3 建立模具模型

开始设计模具前，应先创建一个“模具模型”（Mold Model），模具模型主要包括参照模型（Ref Model）和坯料（Workpiece）两部分，如图 2.3.1 所示。参照模型是设计模具的参照，它源于设计模型（零件），坯料表示直接参与熔料成型的模具元件的总体积。

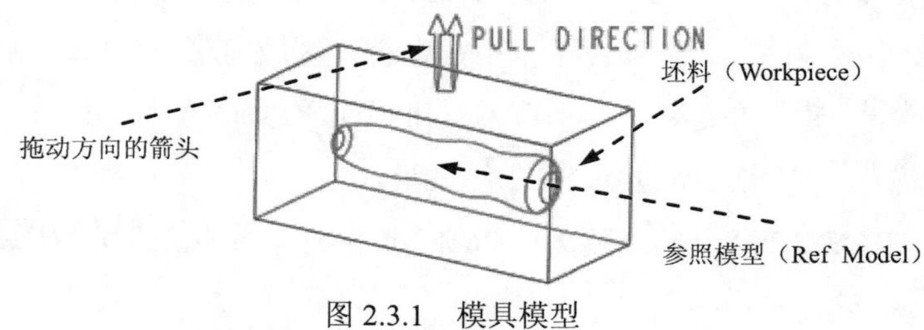

图 2.3.1 模具模型

关于设计模型（Design Model）与参照模型（Reference Model）

模具的设计模型（零件）通常代表产品设计者对其最终产品的构思。设计模型一般在 Pro/ENGINEER 的零件模块环境（Part mode）或装配模块环境（Assembly Mode）中提前创建。通常，设计模型几乎包含使产品发挥功能所必需的所有设计元素，但不包含制模技术所需要的元素。一般情况下，设计模型不设置收缩。为方便零件的模具设计，在设计模型中最好创建开模所需要的拔模斜度和圆角特征。

模具的参照模型通常表示应浇注的零件。参照模型通常用 Shrinkage（收缩） 命令进行收缩。有时，设计模型包含有需要进行注射加工的设计元素。这种情况下，这些元素应在参照模型上更改，模具设计模型是参照模型的源。设计模型与参照模型间的关系取决于创建参照模型时所用的方法。

装配参照模型时，可将设计模型几何复制（通过参照合并）到参照模型。这种情况下，可将收缩应用到参照模型，创建拔模、倒圆角和其他特征，这些改变都不会影响设计模型。但是，设计模型中的任何改变都会自动在参照模型中反映出来。另一种方法是将设计模型指定为模具的参照模型，这种情况下，它们是相同的模型。

以上两种情况下，在“模具”模块中工作时，可设置设计模型与模具之间的参数关系。一旦设定了关系，在改变设计模型时，任何相关的模具元件都会被更新，以反映所做的改变。

Stage1. 隐藏拖动方向的箭头

Step1. 选择命令。选择下拉菜单 工具(T) → 环境(E) 命令。

Step2. 在系统弹出的“环境”对话框中取消选中 ☑ 拖拉方向 复选框，然后单击 确定 按钮。

说明： 隐藏拖动方向箭头可使屏幕更加简洁，采用着色和裙边的方法设计分型面时，光线投影方向与拖动方向相反。

Stage2. 定义参照模型

Step1. 在 菜单管理器 的 ▼ MOLD (模具) 菜单中选择 Mold Model (模具模型) 命令。

Step2. 在图 2.3.2 所示的 ▼ MOLD MODEL (模具模型) 菜单中选择 Assemble (装配) 命令。

注意： 用户会看到有些菜单中的选项处于非激活状态（呈灰色，即暗色），这是因为它们目前未处在发挥功能的环境中，一旦它们进入有关环境，便会自动激活。

图 2.3.2 所示的“模具模型”菜单中几个主要选项的说明如下。

- Assemble (装配)：将预先设计好的零件或坯料装配到模具制造模型中。
- Create (创建)：如果零件模型或坯料未预先设计好，则选择此命令可以创建它们。
- Locate RefPart (定位参照零件)：进入参照零件的布局功能模块。
- Delete (删除)：删除制造模型中的某个零件或坯料，但第一个零件不能被删除。
- Redefine (重定义)：重新定义零件或坯料的装配。
- Pattern (阵列)：一个模具模型内含多个零件时，可用此命令来放置多个零件模型。
- Simplfd Rep (简化表示)：创建简化表示。在设计模座等模具元件时，如果想简化屏幕上的显示，这是一个很有用的工具。
- Reclassify (重分类)：设置模具模型内哪些是坯料，哪些是零件。
- Adv Utils (高级实用工具)：该命令下有下列选项。
  - ☑ Copy (复制)：对模具元件进行平移或旋转复制。
  - ☑ Merge (合并)：将两个零件的实体体积合并为一个新的零件。
  - ☑ Cut Out (切除)：将一个零件的实体体积从另

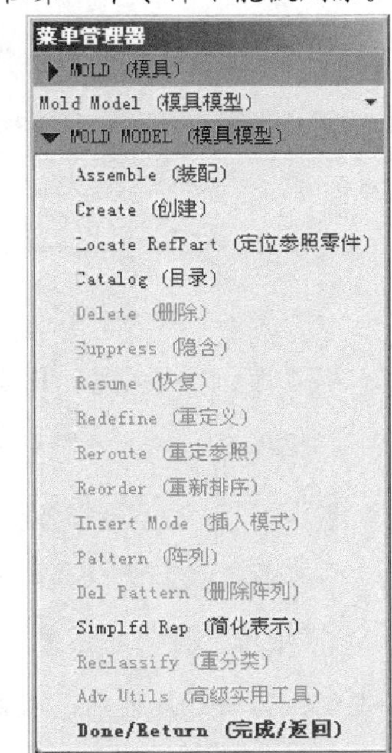

图 2.3.2 “模具模型”菜单

一个零件体积中挖除。

Step3. 系统弹出图 2.3.3 所示的▼ MOLD MDL TYP (模具模型类型) 菜单，选择该菜单中的 Ref Model (参照模型) 命令。

Step4. 在弹出的“打开”对话框中选取三维零件模型 handle.prt 作为参照零件模型，并将其打开。

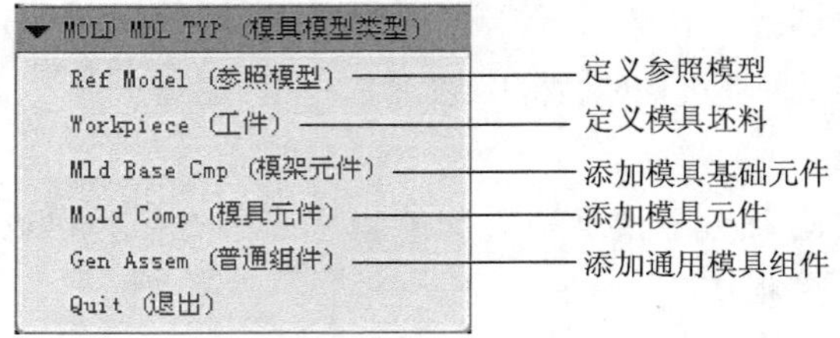

图 2.3.3 “模具模型类型”菜单

Step5. 系统弹出图 2.3.4 所示的“元件放置”操控板，在“约束”类型下拉列表中选择 缺省，将参照模型按默认放置，并在操控板中单击“完成”按钮✓。

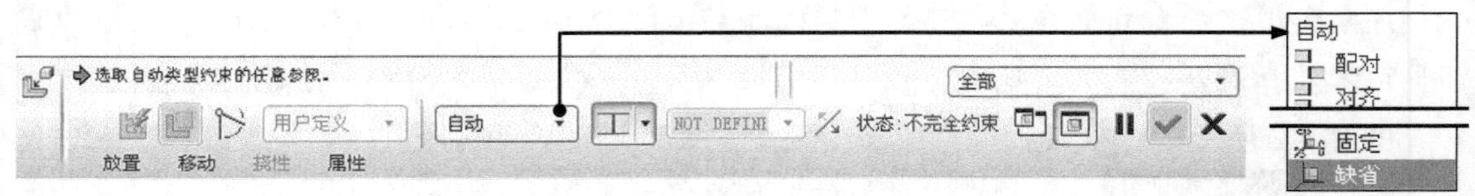

图 2.3.4 “元件放置”操控板

Step6. 此时，系统弹出图 2.3.5 所示的“创建参照模型”对话框，选中 ◉ 按参照合并 单选项，然后在参照模型区域的名称 文本框中接受系统给出的默认参照模型名称 HANDLE_MOLD_REF（也可以输入其他字符作为参照模型名称），再单击 确定 按钮。

说明：在图 2.3.5 所示的对话框中，有三个单选项，其功能如下。

- ◉ 按参照合并：选择此单选项，系统会复制一个与设计模型完全一样的零件模型（其默认的文件名为***_ref.prt）加入模具装配体，此后，分型面的创建、模具元件体积块的创建和拆模等，便可参照复制的模型来操作。
- ○ 同一模型：选择此单选项，系统会直接将设计模型加入模具装配体，此后，各项操作便直接参照设计模型来进行。
- ○ 继承：选择此单选项，参照零件会继承设计零件中的所有几何和特征信息。用户可指定在不更改原始零件的情况下，要在继承零件上进行修改的几何及特征数据。“继承”可为在不更改设计零件的情况下修改参照零件提供更大的自由度。

说明：为使屏幕简洁，我们可以隐藏参照模型的基准平面。操作步骤如下。

（1）在图 2.3.6 所示的模型树状态中选择 ⌸ ▾ ➡ 层树(L) 命令。

（2）在图 2.3.7 所示的层树状态中，单击 HANDLE_MOLD.ASM（顶级模型，活动的）▾ 后面的 ▾ 按钮，在下拉列表中选择 HANDLE_MOLD_REF.PRT，此时，层树中显示出参照模型的层结构。

（3）右击层树中的 ⊞ ▱ PLANES，在快捷菜单中选择 隐藏 命令。

（4）完成操作后，在导航选项卡中选择 ⌸ ▾ ➡ 模型树(M) 命令，再切换到模型树状态。

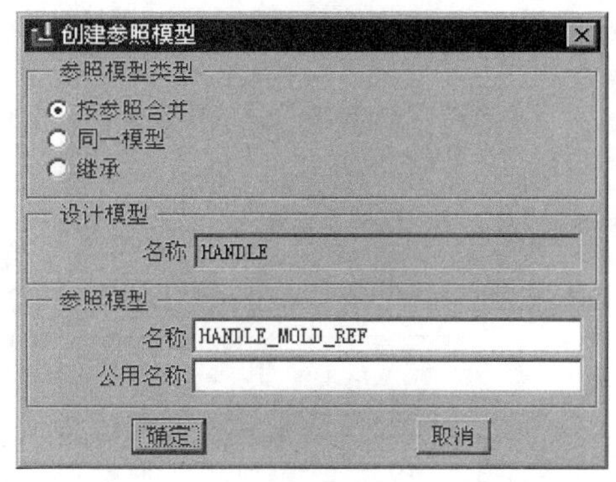

图 2.3.5　“创建参照模型”对话框

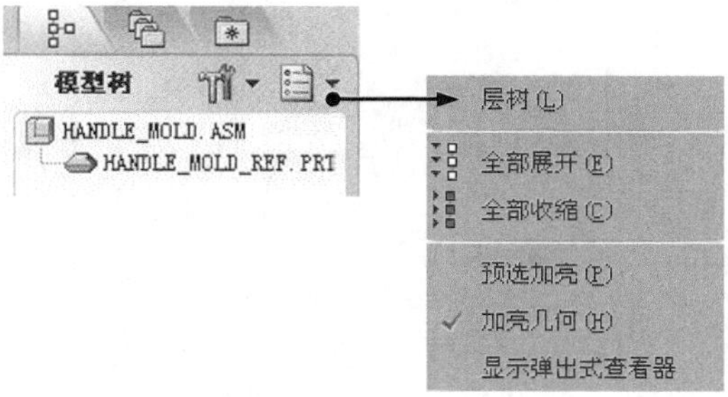

图 2.3.6　模型树状态

Stage3．定义坯料

Step1．在 ▼ MOLD MODEL（模具模型）菜单中选择 Create（创建）命令。

Step2．在弹出的 ▼ MOLD MDL TYP（模具模型类型）菜单中选择 Workpiece（工件）命令。

Step3．在系统弹出的图 2.3.8 所示的 ▼ CREATE WORKPIECE（创建工件）菜单中选择 Manual（手动）命令。

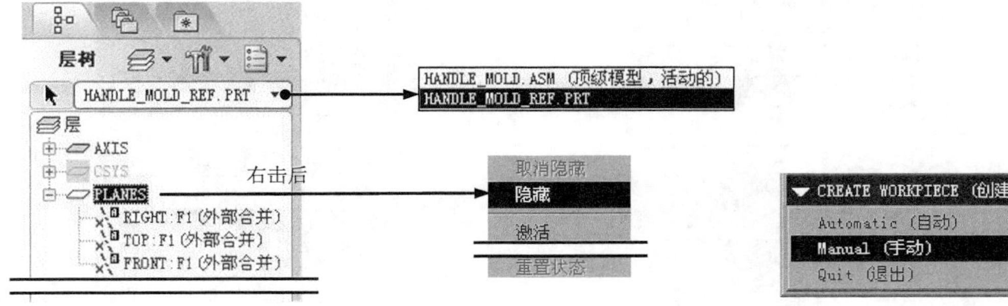

图 2.3.7　层树状态　　图 2.3.8　“创建工件”菜单

Step4．在弹出的图 2.3.9 所示的“元件创建”对话框中，在 类型 区域选中 ◉ 零件 单选项，在 子类型 区域选中 ◉ 实体 单选项，在 名称 文本框中输入坯料的名称 handle_mold_wp，然后单击 确定 按钮。

Step5．在弹出的图 2.3.10 所示的“创建选项”对话框中选择 ◉ 创建特征 单选项，然后单击 确定 按钮。

说明：在图 2.3.9 所示的“元件创建”对话框的 子类型 区域中，有三个可用的单选项，其功能如下。

- ◉ 实体：选择此单选项，可以创建一个实体零件作为坯料。
- ◉ 相交：选择此单选项，可以选择多个零件进行交截，从而产生一个坯料零件。
- ◉ 镜像：选择此单选项，用户可以对现有的零件进行镜像（需要选择一个镜像中心平面），以镜像后的零件作为坯料。

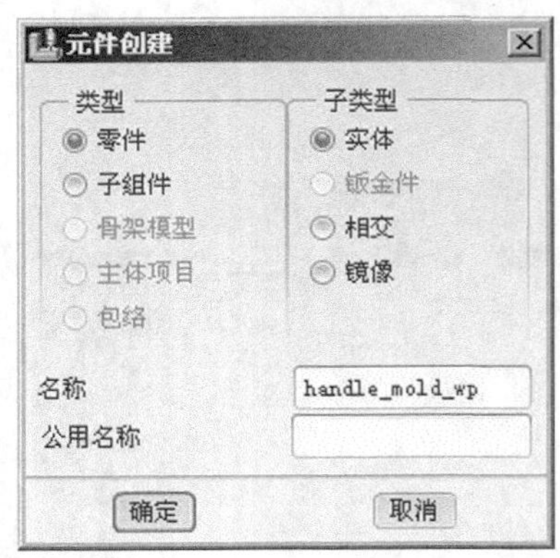

图 2.3.9 “元件创建”对话框

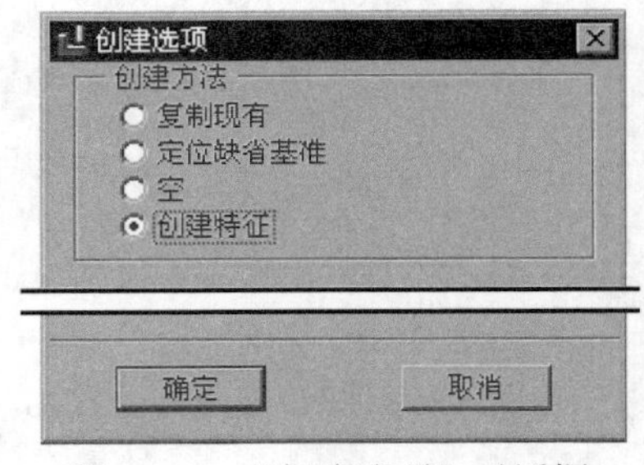

图 2.3.10 “创建选项”对话框

Step6. 创建坯料特征。

（1）在图 2.3.11 所示的“特征操作”菜单中选择 Solid (实体) → Protrusion (伸出项) 命令，在弹出的图 2.3.12 所示的“实体选项”菜单中选择 Extrude (拉伸) → Solid (实体) → Done (完成) 命令。此时，系统弹出“拉伸”操控板。

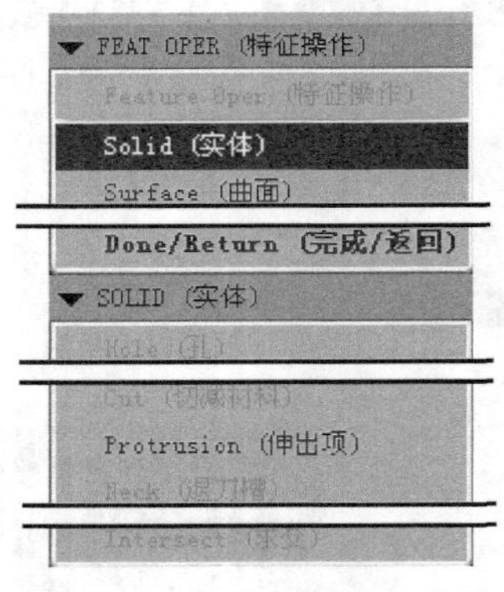

图 2.3.11 “特征操作”菜单

图 2.3.12 “实体选项”菜单

（2）创建实体拉伸特征。

① 选取拉伸类型。在操控板中确认“实体”按钮□被按下。

② 定义草绘截面放置属性。在绘图区中右击，从快捷菜单中选择 定义内部草绘... 命令，在系统“草绘”对话框中选择 MAIN_PARTING_PLN 基准平面作为草绘平面，MOLD_FRONT 基准平面为草绘平面的参照平面，方向为 右，然后单击 草绘 按钮，系统进入截面草绘环境。

③ 进入截面草绘环境后，系统弹出“参照”对话框，选取 MOLD_RIGHT 基准平面和 MOLD_FRONT 基准平面作为草绘参照，然后单击 关闭(C) 按钮，绘制图 2.3.13 所示的特征

截面，完成绘制后，单击工具栏中的“完成”按钮✓。

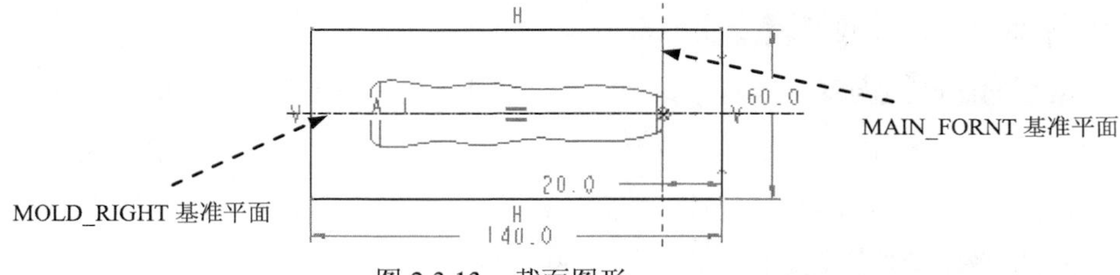

图 2.3.13　截面图形

④ 选取深度类型并输入深度值。在操控板中选取深度类型（对称），在深度文本框中输入深度值 60.0 并按 Enter 键。

⑤ 预览特征。在操控板中单击按钮，可预览所创建的拉伸特征。

⑥ 完成特征。在操控板中单击✓按钮，完成特征的创建。

Step7. 选择 Done/Return (完成/返回) → Done/Return (完成/返回) 命令。

2.4　设置收缩率

从模具中取出后，注射件因温度及压力变化会产生收缩现象。为此，Pro/ENGINEER 软件提供了收缩率（Shrinkage）功能，以纠正注射成品零件体积收缩上的偏差。用户通过设置适当的收缩率来放大参照模型，便可获得正确尺寸的注射零件。继续以前面的模型为例，设置收缩率的一般操作过程如下。

Step1. 在 菜单管理器 的 ▼ MOLD (模具) 菜单中选择 Shrinkage (收缩) 命令。

Step2. 在图 2.4.1 所示的 ▼ SHRINKAGE (收缩) 菜单中选择 By Dimension (按尺寸) 命令。

Step3. 系统弹出图 2.4.2 所示的“按尺寸收缩”对话框，确认 公式 区域的 1+S 按钮被按下，在 收缩选项 区域选中 ☑ 更改设计零件尺寸 复选框，在 收缩率 区域的 比率 栏中输入收缩率 0.006，并按 Enter 键，然后单击对话框中的✓按钮。

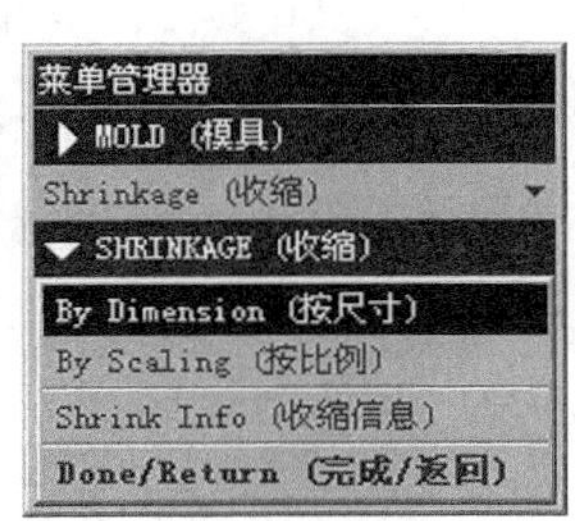

图 2.4.1　“收缩”菜单

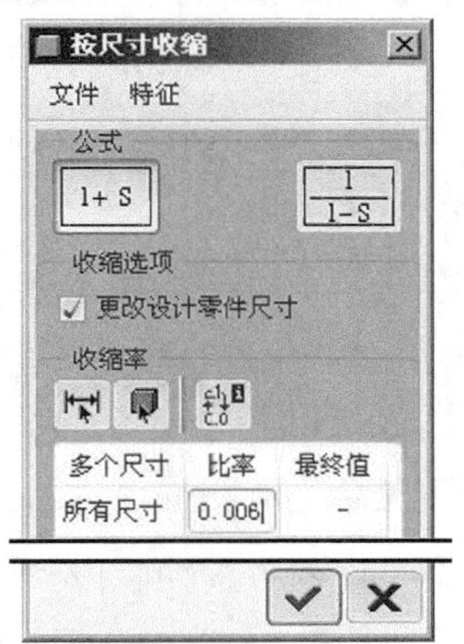

图 2.4.2　“按尺寸收缩”对话框

Step4. 选择 Done/Return (完成/返回) 命令。

图 2.4.1 所示的 ▼ SHRINKAGE (收缩) 菜单的说明如下。

- By Dimension (按尺寸)：按尺寸设定收缩率。根据选择的公式，系统用公式 1+S 或 1/（1－S）计算比例因子。选择“按尺寸”收缩时，收缩率会应用到设计模型，从而影响设计模型的尺寸。
- By Scaling (按比例)：按比例设定收缩率。注意：如果选择“按比例”收缩，应先选择某个坐标系作为收缩基准，并分别对 X、Y、Z 轴方向设定收缩率。采用“按比例”收缩时，收缩率只会应用到参照模型，不会应用到设计模型。因此，如果在“模具”或“铸造”模块中应用“按比例”收缩，那么：
  - ☑ 设计模型的尺寸不会受到影响。
  - ☑ 如果在模具模型中装配了多个参照模型，系统将提示指定要应用收缩的模型，组件偏距也被收缩。
  - ☑ 如果在“零件”模块中将按比例收缩应用到设计模型，则“收缩”特征属于设计模型，而不属于参照模型。收缩被参照模型几何精确地反映出来，但不能在“模具”或“铸造”模式中清除。
  - ☑ 按比例收缩的应用应先于分型曲面或体积块的定义。
  - ☑ 按比例收缩影响零件几何（曲面和边）及基准特征（曲线、轴、平面、点等）。

使用 By Dimension (按尺寸) 方式设置收缩率时，请注意：

- 在使用 By Dimension (按尺寸) 方式对参照模型设置收缩率时，收缩率会同时应用到设计模型上，从而使设计模型的尺寸受到影响。因此，如果采用 By Dimension (按尺寸) 方式收缩，则可在图 2.4.2 所示的“按尺寸收缩”对话框的 收缩选项 区域中，取消选中 ☑ 更改设计零件尺寸 复选框，使设计模型恢复到未收缩的状态，这是 By Dimension (按尺寸) 与 By Scaling (按比例) 的主要区别。
- 只要设计模型具有相关的收缩信息，名义尺寸值后就总跟有放在括号中的收缩值。如果设计零件被收缩，尺寸将以紫红色出现；如果设计模型当前未被收缩，尺寸仍以黄色显示。
- 收缩率不累积。例如，输入 0.005 作为立方体 100 × 100 × 100 的整体收缩率，然后输入 0.01 作为一侧的收缩率，则沿此侧的距离是（1 + 0.01）× 100 = 101，而不是（1 + 0.005 + 0.01）× 100 = 101.5。尺寸的单个收缩率始终取代整体模型收缩率。
- 配置文件选项 shrinkage_value_display 用于控制模型的尺寸显示方式，它有两个可选值：percent_shrink（以百分比显示）和 final_value（按最后值显示）。

图 2.4.2 所示的“按尺寸收缩”对话框的 公式 区域中的两个按钮说明如下。

- 1 + S：收缩因子基于模型的原始几何。S 为收缩率，此为默认选择。
- 1/（1−S）：收缩因子基于模型的生成几何。如果指定了收缩，则修改公式会引起所有尺寸值或缩放值的更新。例如：用初始公式（1+S）定义了按尺寸收缩，如果将此公式改为 1/（1−S），则系统会提示确认或取消更改；如果确认更改，则在已按尺寸应用了收缩的情况下，必须从第一个受影响的特征再生模型。在前面的公式中，如果 S 值为正值，则模型会产生放大效果；反之，如果 S 值为负值，则模型会产生缩小效果。

2.5 创建模具分型曲面

如果采用分割（Split）法来产生模具元件（如上模型腔、下模型腔、型芯、滑块、镶块、销等），则必须先根据参照模型的形状创建一系列的曲面特征，然后再以这些曲面作为参照，将坯料分割成各模具元件。用于分割参照的曲面称为分型曲面，也叫分型面或分模面。分割上、下型腔的分型面一般称为主分型面；分割型芯、滑块、镶块和销的分型面一般分别称为型芯分型面、滑块分型面、镶块分型面和销分型面。完成后的分型面必须与要分割的坯料或体积块完全相交，但分型面不能自身相交。分型面特征在组件级中创建，该特征的创建是模具设计的关键。

继续以前面的模型为例讲解如何创建零件 handle.prt 模具的分型面（图 2.5.1），以分离模具的上模型腔和下模型腔。操作过程如下。

Step1. 选择下拉菜单 插入(I) → 模具几何 ▸ → 分型面(S)... 命令。

Step2. 选择下拉菜单 编辑(E) → 属性(R) 命令，在图 2.5.2 所示的“属性”对话框中输入分型面名称 main_ps，单击 确定 按钮。

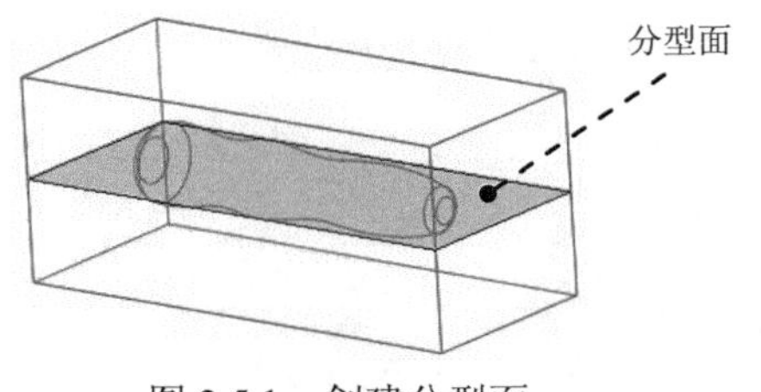

图 2.5.1 创建分型面

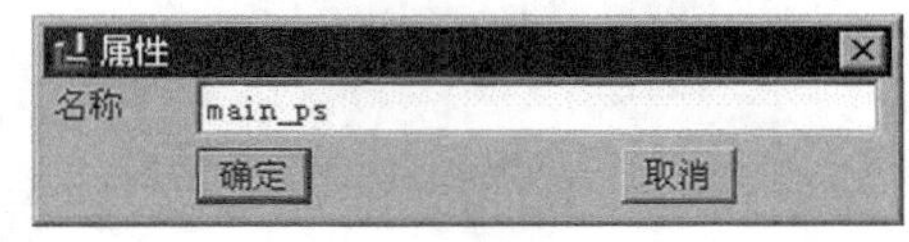

图 2.5.2 “属性”对话框

Step3. 创建曲面。

（1）选择下拉菜单 插入(I) → 拉伸(E)... 命令，此时系统弹出“拉伸”操控板。

（2）定义草绘截面放置属性。右击，从弹出的菜单中选择 定义内部草绘... 命令，在系统 ◆选取一个平面或曲面以定义草绘平面。的提示下，选取图 2.5.3 所示的坯料表面 1 为草绘平面，然后选取图 2.5.3 所示的坯料表面 2 为参照平面，方向为 右 。

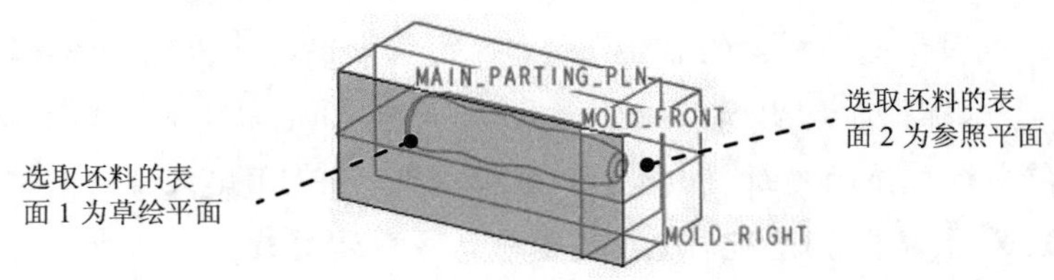

图 2.5.3 定义草绘平面

（3）绘制截面草图。选取图 2.5.4 所示坯料的边线和 MOLD_PARTING_PLN 基准平面作为草绘参照，绘制图 2.5.4 所示的截面草图（截面草图为一条线段）。完成截面的绘制后，单击工具栏中的“完成”按钮✓。

（4）设置深度选项。

① 在操控板中选取深度类型⊥⊥（到选定的）。

② 将模型调整到图 2.5.5 所示的方位，然后选取图中的坯料表面（虚线面）作为拉伸终止面。

③ 在操控板中单击“完成”按钮✓，完成特征的创建。

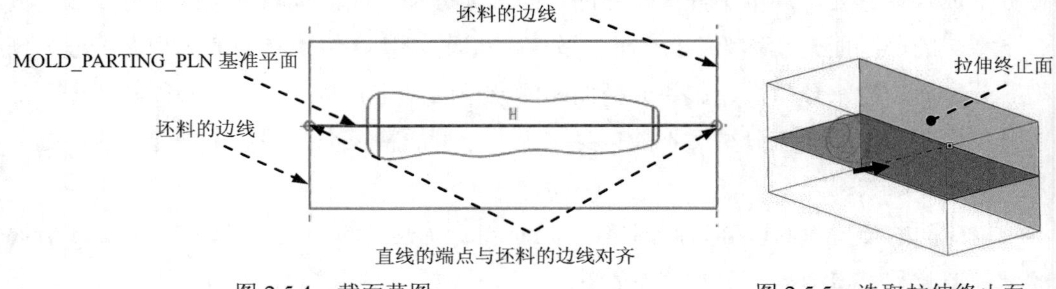

图 2.5.4 截面草图　　图 2.5.5 选取拉伸终止面

Step4. 在工具栏中单击“分型面完成”按钮✓，完成分型面的创建。

Step5. 在模型树中查看前面创建的分型面特征。

（1）在图 2.5.6 所示的模型树界面中选择 → 树过滤器(F)... 命令。

（2）在系统弹出的“模型树项目”对话框中选中☑特征复选框，然后单击 确定 按钮。此时，模型树中会显示出分型面特征，如图 2.5.7 所示。

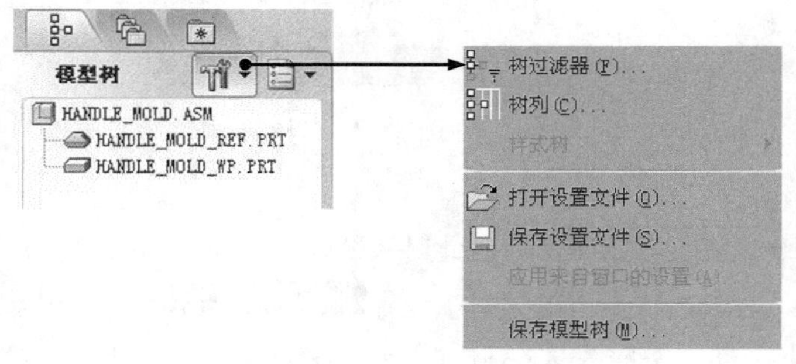

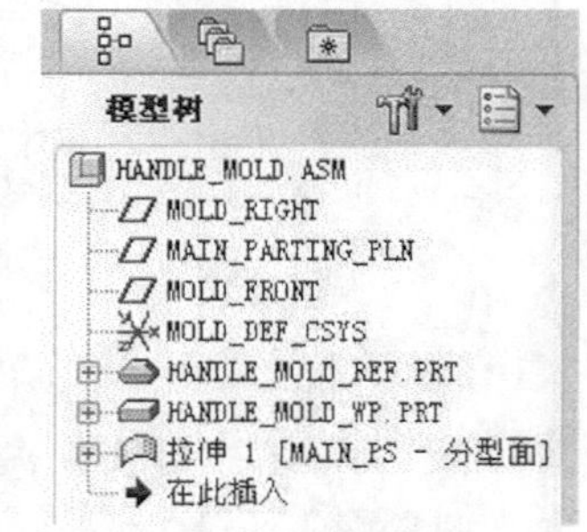

图 2.5.6 模型树界面　　图 2.5.7 查看分型面特征

2.6　在模具中创建浇注系统

模具设计到这个阶段，需要构建浇注系统，包括浇道、浇口和流道等，这些要素是以特征的形式出现在模具模型中的。Pro/ENGINEER 中有两类模具特征：常规特征和自定义特征。

- 常规特征是增加到模型中用以促进注射进程的特定特征。这些特征包括侧面影像曲线、起模杆孔、浇道、浇口、流道、水线、拔模线、偏距区域、体积块和裁剪特征。
- 用户也可以预先在零件模式中创建浇道、浇口和流道等自定义特征，再在设计模具的浇注系统时，将这些自定义特征复制到模具组件中并修改其尺寸，这样就能大大提高工作效率。

下面的操作是在零件 handle.prt 的模具坯料中创建图 2.6.1 所示的浇注系统，以此说明在模具中创建特征的一般操作过程。

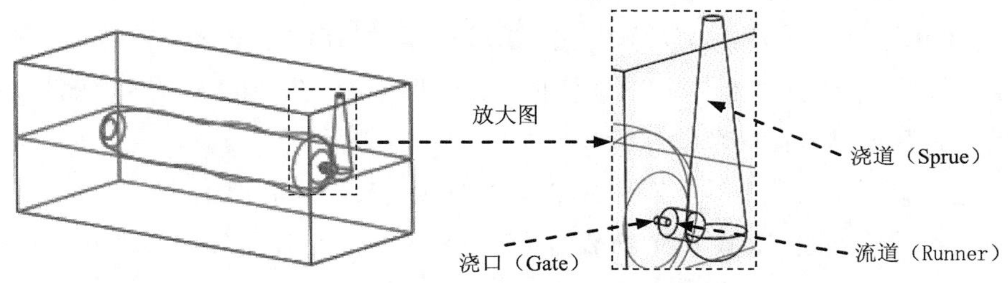

图 2.6.1　创建浇注系统

Stage1．创建浇道（Sprue）

Step1. 创建图 2.6.2 所示的基准平面 ADTM1，该基准平面将作为浇道特征的草绘平面。单击“基准平面创建”按钮，系统弹出“基准平面”对话框，选取图 2.6.3 所示的参照件的顶面作为参照平面，然后输入偏距值 10.0，单击确定按钮。

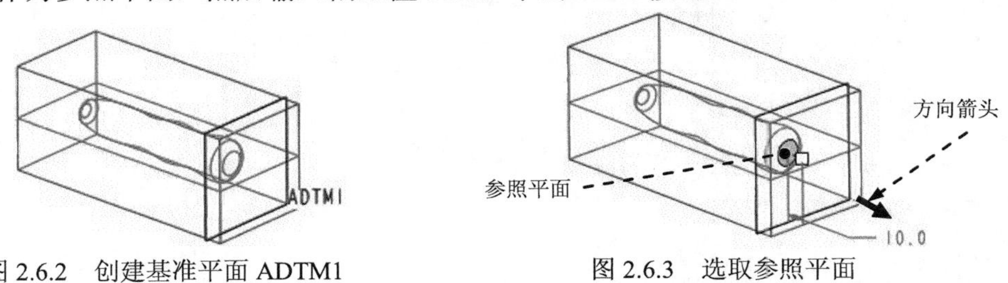

图 2.6.2　创建基准平面 ADTM1　　　图 2.6.3　选取参照平面

说明：选取参照平面时，可将坯料隐藏起来，便于选取参照件的顶面。

Step2. 在菜单管理器的▼ MOLD（模具）菜单中选择Feature（特征）命令，在弹出的图 2.6.4 所示的▼ MOLD MDL TYP（模具模型类型）菜单中选择Cavity Assem（型腔组件）命令。

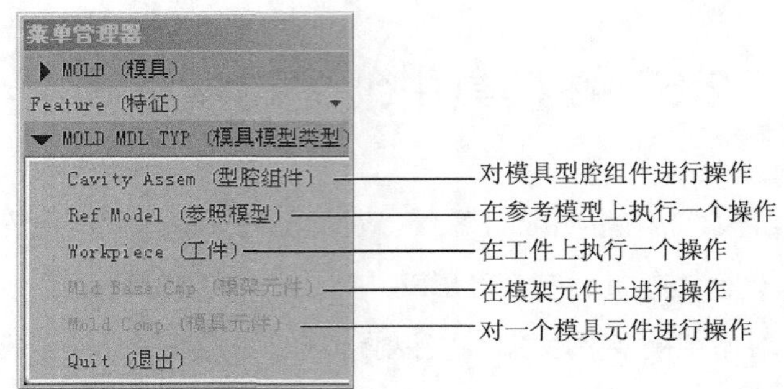

图 2.6.4　“模具模型类型”菜单

Step3. 在▼ FEAT OPER (特征操作)菜单中选择Solid (实体) ➡ Cut (切减材料)命令，然后在▼ SOLID OPTS (实体选项)菜单中选择Revolve (旋转) ➡ Solid (实体) ➡ Done (完成)命令。此时，出现“旋转”操控板。

Step4. 创建一个旋转特征作为注道。

（1）在出现的操控板中确认“实体”按钮被按下。

（2）在绘图区右击，从快捷菜单中选择定义内部草绘...命令，选择 ADTM1 基准平面作为草绘平面，选取一个与分型面平行的坯料顶面为参照平面（图 2.6.5），方向为顶，单击草绘按钮。此时，系统进入截面草绘环境。

（3）进入截面草绘环境后，依次选取 MOLD_RIGHT 基准平面和图 2.6.6 所示的边线为草绘参照，然后绘制图 2.6.6 所示的截面草图（注意：要绘制旋转中心轴）。完成绘制后，单击工具栏中的“完成”按钮✓。

（4）在操控板中选取旋转角度类型，旋转角度为 360°。

（5）单击操控板中的✓按钮，完成特征创建。

Step5. 选择Done/Return (完成/返回)命令。

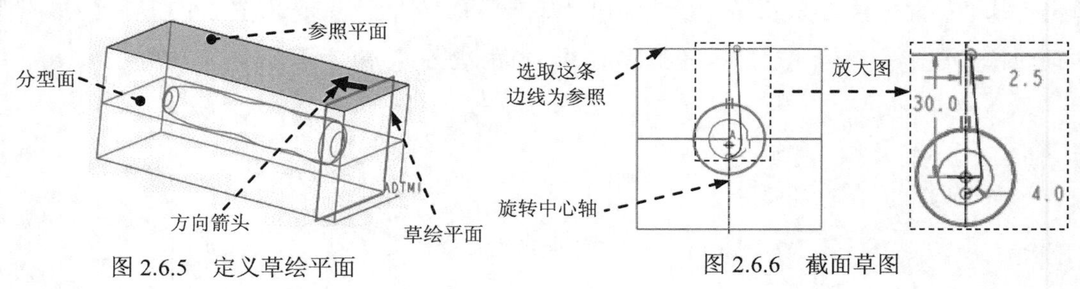

图 2.6.5　定义草绘平面　　图 2.6.6　截面草图

Stage2．创建流道（Runner）

Step1. 创建图 2.6.7 所示的基准平面 ADTM2，该基准平面将在后面作为流道特征的草绘平面。单击“基准平面创建”按钮，系统弹出“基准平面”对话框，选取参照件的顶面作为参照平面，然后输入偏距值 2.0，单击对话框中的确定按钮。

Step2. 在菜单管理器的▼ MOLD (模具)菜单中选择Feature (特征)命令，然后在弹出的

▼ MOLD MDL TYP（模具模型类型）菜单中选择Cavity Assem（型腔組件）命令。

Step3. 在▼ FEAT OPER（特征操作菜单中选择Solid（实体）→ Cut（切减材料）→ Extrude（拉伸）→ Solid（实体）→ Done（完成）命令，此时屏幕下方出现“拉伸”操控板。

Step4. 创建一个拉伸特征作为流道。

（1）在操控板中确认“实体”按钮被按下。

（2）在绘图区右击，从快捷菜单中选择定义内部草绘...命令，选择 ADTM2 基准平面为草绘平面，图 2.6.8 所示的坯料表面为参照平面，方向为顶，单击草绘按钮，系统进入截面草绘环境。

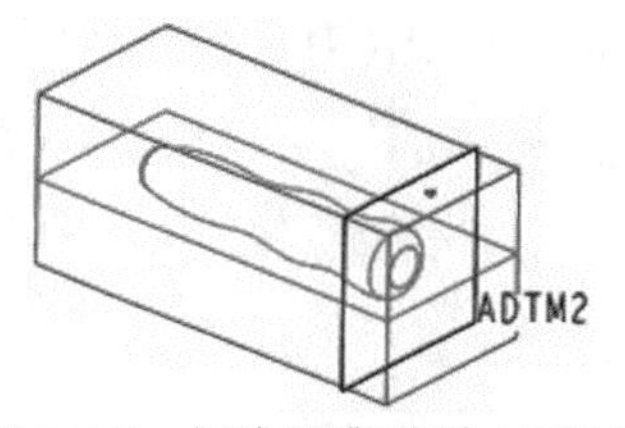

图 2.6.7 创建基准平面 ADTM2

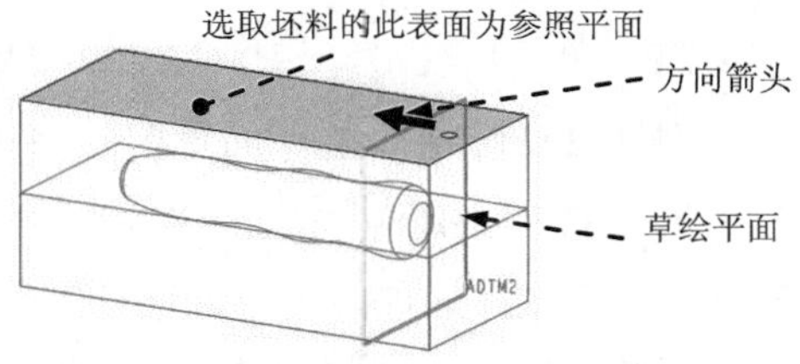

图 2.6.8 定义草绘平面

（3）进入草绘环境后，选取 MAIN_PARTING_PLN 和 MOLD_RIGHT 基准平面为草绘参照，绘制图 2.6.9 所示的截面草图。完成绘制后，单击工具栏中的“完成”按钮✓。

（4）在操控板中选取深度选项为（至曲面），然后选择图 2.6.10 所示的基准平面 1 为拉伸终止面。

（5）单击操控板中的✓按钮，完成特征创建。

Step5. 选择Done/Return（完成/返回）命令。

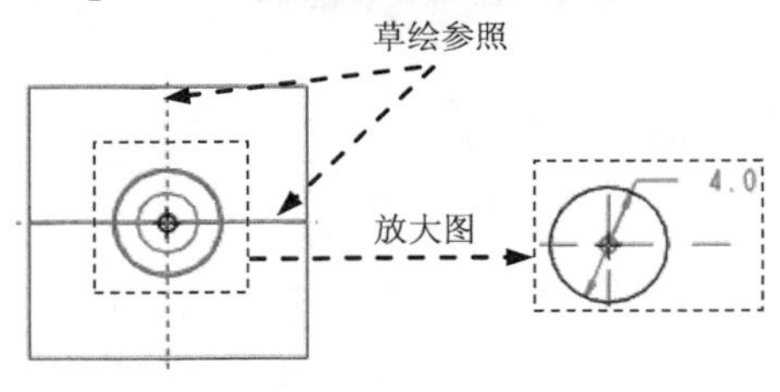

图 2.6.9 截面草图

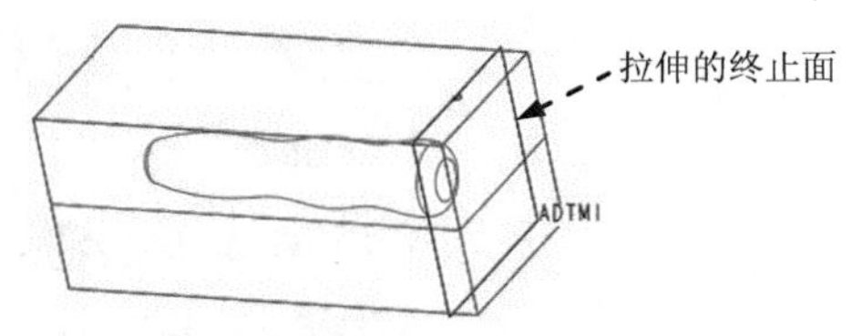

图 2.6.10 选取拉伸的终止面

Stage3. 创建浇口（Gate）

Step1. 在菜单管理器的▼ MOLD（模具）菜单中选择Feature（特征）命令，然后在弹出的▼ MOLD MDL TYP（模具模型类型）菜单中选择Cavity Assem（型腔組件）命令。

Step2. 在▼ FEAT OPER（特征操作）菜单中依次选择Solid（实体）→ Cut（切减材料）→ Extrude（拉伸）→ Solid（实体）→ Done（完成）命令，此时屏幕下方出现“拉伸”操控板。

Step3. 创建一个拉伸特征作为浇口。

（1）在操控板中确认“实体”按钮被按下。

（2）在绘图区右击，从快捷菜单中选择定义内部草绘...命令，选择 ADTM2 基准平面为草绘平面，图 2.6.11 所示的坯料表面为参照平面，方向为顶，单击草绘按钮，系统进入截面草绘环境。

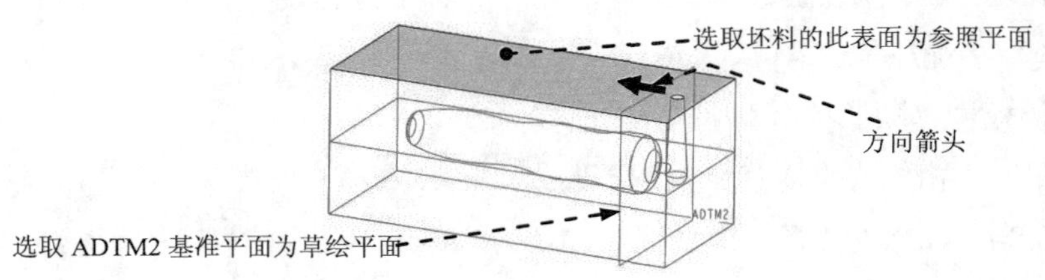

图 2.6.11 定义草绘平面

（3）进入草绘环境后，选取 MAIN_PARTING_PLN 和 MOLD_RIGHT 基准平面为草绘参照，绘制图 2.6.12 所示的截面草图。完成绘制后，单击工具栏中的“完成”按钮✓。

（4）在操控板中选取深度选项为（至曲面），然后采用“列表选取”的方法选择图 2.6.13 所示的参照件的顶面为拉伸终止面。

（5）单击操控板中的✓按钮，完成特征创建。

Step4. 选择 Done/Return（完成/返回）命令。

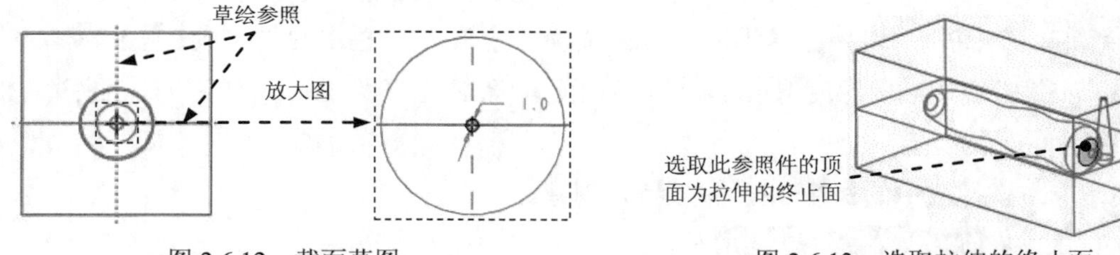

图 2.6.12 截面草图　　　　图 2.6.13 选取拉伸的终止面

2.7 创建模具元件的体积块

选择下拉菜单 编辑(E) → 分割... 命令，可进入“分割体积块”菜单（图 2.7.1）。

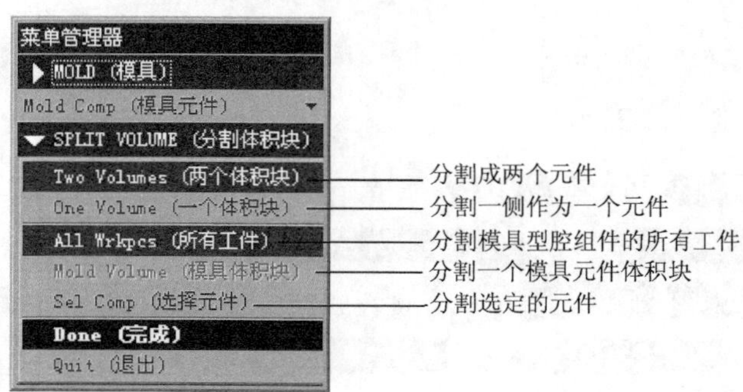

图 2.7.1 “分割体积块”菜单

模具的体积块没有实体材料，它由坯料中的封闭曲面组成，模具体积块在屏幕上以紫红色显示。在模具的整个设计过程中，创建体积块是从坯料和参照零件模型到最终抽取模具元件的中间步骤。通过构造体积块创建模具元件，用实体材料填充体积块，可将其转换成功能强大的 Pro/ENGINEER 零件。

用分型面创建上下两个体积块

在零件 handle.prt 的模具坯料中，利用前面创建的分型面——main_ps 将其分成上下两个体积块，这两个体积块将来会抽取为模具的上下型腔。

Step1. 选择下拉菜单 编辑(E) → 分割... 命令（即用“分割”的方法构建体积块）。

Step2. 在系统弹出的 ▼ SPLIT VOLUME (分割体积块) 菜单中选择 Two Volumes (两个体积块) → All Wrkpcs (所有工件) → Done (完成) 命令，此时，系统弹出图 2.7.2 所示的“分割”对话框和图 2.7.3 所示的“选取”对话框。

Step3. 用“列表选取”的方法选取分型面。

（1）在系统 ◆为分割工件选取分型面。 的提示下，在模型中主分型面的位置右击，从快捷菜单中选取 从列表中拾取 命令。

（2）在弹出的“从列表中拾取”对话框中选取列表中的 面组:F7(MAIN_PS) 分型面，然后单击 确定(O) 按钮。

（3）在“选取”对话框中单击 确定 按钮。

Step4. 在“分割”对话框中单击 确定 按钮。

Step5. 此时，系统弹出图 2.7.4 所示的“属性”对话框（一），同时，模型的下半部分变亮，在该对话框中单击 着色 按钮，着色后的模型如图 2.7.5 所示。然后，在对话框中输入名称 lower_vol，单击 确定 按钮。

图 2.7.2　“分割”对话框

图 2.7.3　“选取”对话框

图 2.7.4　“属性”对话框（一）

Step6. 此时，系统弹出图 2.7.6 所示的“属性”对话框（二），同时，模型的上半部分变亮，在该对话框中单击 着色 按钮，着色后的模型如图 2.7.7 所示。然后，在对话框中输入名称 upper_vol，单击 确定 按钮。

图 2.7.5　着色后的下半部分体积块

图 2.7.6　“属性”对话框（二）

图 2.7.7　着色后的上半部分体积块

2.8 抽取模具元件

在 Pro/ENGINEER 模具设计中，模具元件常通过用实体材料填充先前定义的模具体积块来形成，我们将这一自动执行的过程称为抽取。

完成抽取后，模具元件成为功能强大的 Pro/ENGINEER 零件，并在模型树中显示出来。当然，它们可在“零件”模块中检索到或打开，并能用于绘图及用 Pro/NC 加工。在“零件”模块中可以为模具元件增加新特征，如倒角、圆角、冷却通路、拔模、浇口和流道。

抽取的元件保留与其父体积块的相关性，如果体积块被修改，则再生模具模型时，相应的模具元件也会被更新。

下面以零件 handle 的模具为例，说明如何利用前面创建的各体积块来抽取模具元件。

Step1. 在菜单管理器的▼ MOLD（模具）菜单中选择Mold Comp（模具元件）命令，在弹出的图 2.8.1 所示的▼ MOLD COMP（模具元件）菜单中选择Extract（抽取）命令。

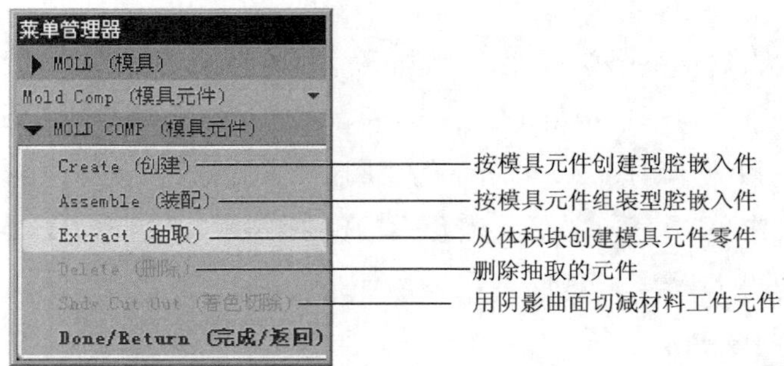

图 2.8.1 “模具元件”菜单

Step2. 在系统弹出的图 2.8.2 所示的“创建模具元件”对话框中单击按钮，选择所有体积块，然后单击确定按钮。

Step3. 选择Done/Return（完成/返回）命令。

图 2.8.2 “创建模具元件”对话框

2.9 生成浇注件

完成抽取元件的创建后，系统便可产生浇注件。在这一过程中，系统会自动将熔融材料通过浇道（注入口）、浇口和流道填充模具型腔。

下面以生成零件 handle 的浇注件为例，说明其操作过程。

Step1. 在 ▼ MOLD (模具) 菜单中选择 Molding (制模) 命令，在弹出的 Molding (制模) 菜单中选择 Create (创建) 命令。

Step2. 在图 2.9.1 所示的系统提示信息框中输入浇注零件名称 handle_molding，并单击两次 ✓ 按钮。

图 2.9.1 系统提示信息框

说明：从上面的操作可以看出浇注件的创建过程非常简单，那么创建浇注件有什么意义呢？下面进行简要说明。

- 检验分型面的正确性：如果分型面上有破孔，分型面没有与坯料完全相交，分型面自交，那么浇注件的创建将失败。
- 检验拆模顺序的正确性：拆模顺序不当，也会导致浇注件的创建失败。
- 检验流道和水线的正确性：如果流道和水线的设计不正确，则浇注件无法创建。
- 浇注件成功创建后，通过查看浇注件，可以验证浇注件是否与设计件（模型）相符，以便进一步检查分型面、体积块的创建是否完善。
- 开模干涉检查：对于建立好的浇注件，可在模具开启操作时，进行干涉检查，以便确认浇注件可以顺利拔模。
- 在 Pro/ENGINNER 的塑料顾问模块（plastic advisor）中，用户可以对建立好的浇注件进行塑料流动分析、填充时间分析等。

2.10 定义模具开启

通过定义模具开启，可以模拟模具的开启过程，检查特定的模具元件在开模时是否与其他模具元件发生干涉。下面以 handle_mold.mfg 为例，说明开模的一般操作方法和步骤。

Stage1. 将参照零件、坯料和分型面遮蔽起来

将模型中的参照零件、坯料和分型面遮蔽后，工作区中模具模型的这些元素将不显示，这样可使屏幕简洁，方便后面的模具开启操作。

Step1. 遮蔽参照零件和坯料。

（1）单击工具栏中用于遮蔽（或显示）的按钮，系统弹出图 2.10.1 所示的“遮蔽-取消遮蔽”对话框（一）。

（2）按住 Ctrl 键，在“遮蔽-取消遮蔽”对话框（一）左边的“可见元件”列表中选择参照零件 HANDLE_MOLD_REF 和坯料 HANDLE_MOLD_WP。

（3）单击对话框下部的遮蔽按钮。

说明： 也可以从模型树上启动“遮蔽”命令，对相应的模具元素（如参照零件、坯料、体积块、分型面）进行遮蔽。例如，对于参照零件的遮蔽，可选择模型树中的 HANDLE_MOLD_REF.PRT 项（图 2.10.2），然后右击，从弹出的快捷菜单中选择遮蔽命令。但在模具的某些设计过程中，无法采用这种方法对模具元素进行遮蔽或显示操作，这时就需要采用前面介绍的方法（即采用工具栏中按钮的方法）进行操作。因为在模具的任何操作过程中，用户随时都可以选择工具栏中的按钮，对所需要的模具元素进行遮蔽或显示。在模具（特别是复杂模具）的设计过程中，为了方便选取或查看一些模具元素，经常需要进行遮蔽或显示操作，建议读者熟练掌握采用按钮对模具元素进行遮蔽或显示的操作方法。

Step2. 遮蔽分型面。

（1）在对话框右边的“过滤”区域中按下分型面按钮，此时“遮蔽-取消遮蔽”对话框（二）如图 2.10.3 所示。

（2）在对话框的“可见曲面”列表中选择分型面 MAIN_PS。

（3）单击对话框下部的遮蔽按钮。

图 2.10.1　“遮蔽-取消遮蔽”对话框（一）

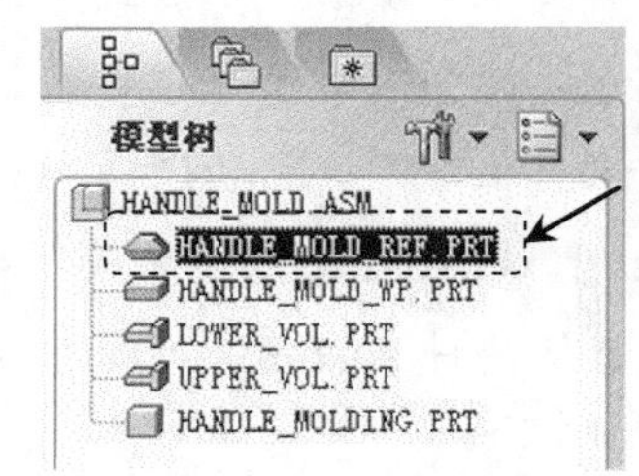

图 2.10.2　从模型树中选择参照零件

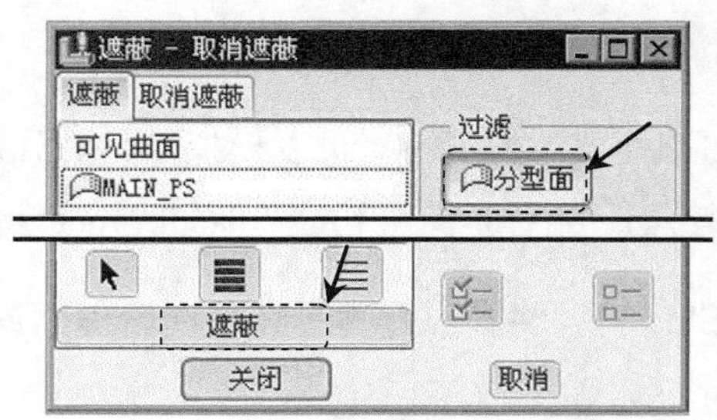

图 2.10.3　“遮蔽-取消遮蔽”对话框（二）

Step3. 单击对话框下部的 关闭 按钮，完成操作。

说明：如果要取消参照零件、坯料的遮蔽（即在模型中重新显示这两个元件），则可在“遮蔽-取消遮蔽”对话框中按下列步骤进行操作。

（1）单击对话框上部的 取消遮蔽 选项卡，系统打开该选项卡。

（2）在对话框右边的“过滤”区域中按下 元件 按钮，此时，“遮蔽-取消遮蔽”对话框（三）如图 2.10.4 所示。

（3）按住 Ctrl 键，在对话框的“遮蔽的元件”列表中选择参照零件 HANDLE_MOLD_REF 和坯料 HANDLE_MOLD_WP。

（4）单击对话框下部的 取消遮蔽 按钮。

如果要取消分型面的遮蔽，则可按下列步骤进行操作。

（1）打开 取消遮蔽 选项卡后，按下“过滤”区域中的 分型面 按钮，此时，“遮蔽-取消遮蔽”对话框（四）如图 2.10.5 所示。

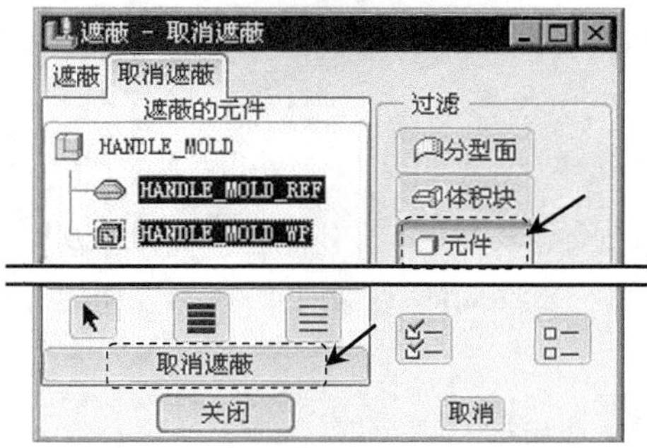

图 2.10.4 “遮蔽-取消遮蔽”对话框（三）

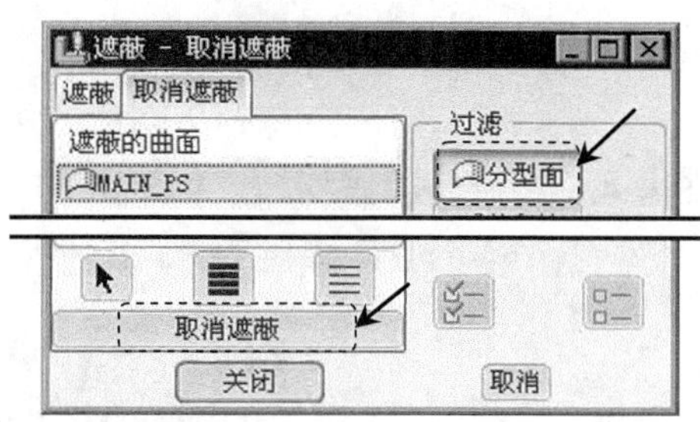

图 2.10.5 “遮蔽-取消遮蔽”对话框（四）

（2）在对话框的“遮蔽的曲面”列表中选择分型面 MAIN_PS。

（3）单击对话框下部的 取消遮蔽 按钮。

Stage2. 开模步骤 1：移动上模

Step1. 在 菜单管理器 的 ▼ MOLD（模具）菜单中选择 Mold Opening（模具开模）命令（注：此处应翻译为“开启模具”），在弹出的图 2.10.6 所示的 ▼ MOLD OPEN（模具开模）菜单中选择 Define Step（定义间距）命令（注：此处应翻译为“定义开模步骤”）。

Step2. 在图 2.10.7 所示的 ▼ DEFINE STEP（定义间距）菜单中选择 Define Move（定义移动）命令。

注意：对需要在移动前进行拔模检测的零件，可以选择 Draft Check（拔模检测）命令，进行拔模角度检测。由于该产品零件没有拔模角度，此处不进行拔模检测操作。

Step3. 用“列表选取”的方法选取要移动的模具元件。在系统 ➪为迁移号码1 选取构件。的提示下，选取上模，在“选取”对话框中单击 确定 按钮。

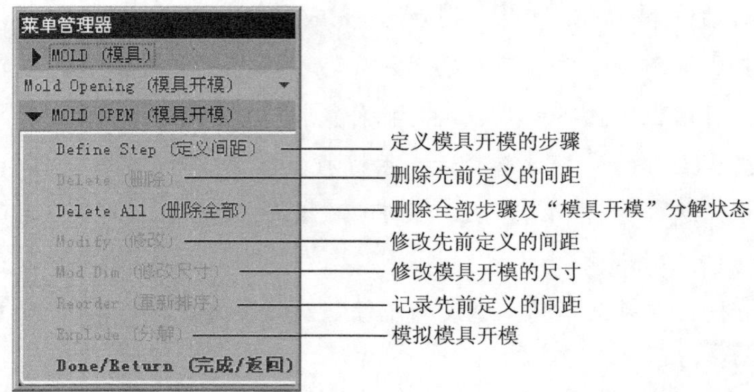

图 2.10.6　“模具开模”菜单

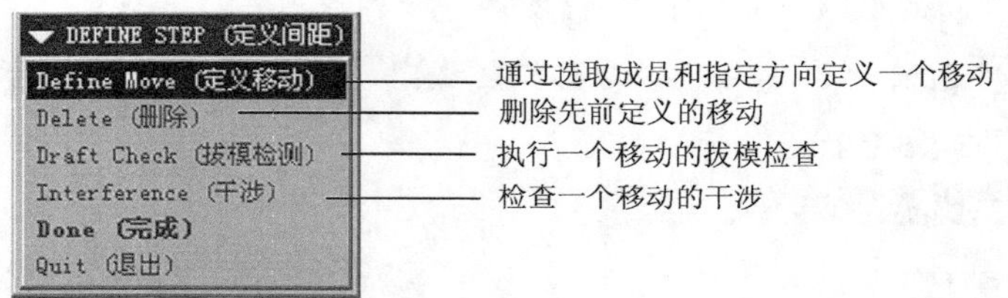

图 2.10.7　“定义间距”菜单

Step4. 在系统“通过选取边、轴或表面选取分解方向。”提示下，选取图 2.10.8 所示的边线为移动方向，然后在系统“输入沿指定方向的位移”的提示下，输入要移动的距离值 100.0，并按 Enter 键。

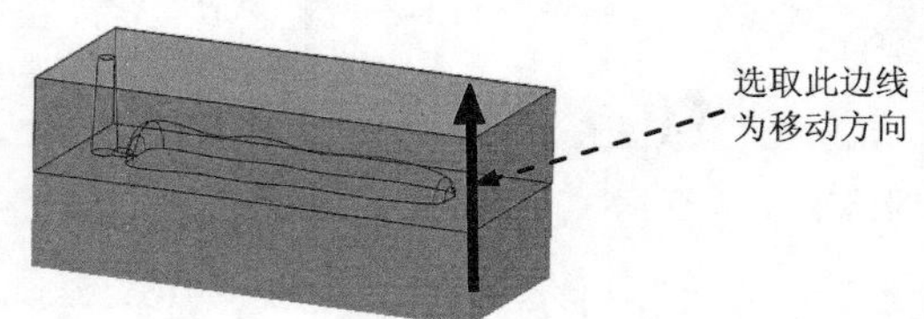

图 2.10.8　选取移动方向

Step5. 上模干涉检查。

（1）在 DEFINE STEP（定义间距）菜单中选择 Interference（干涉）命令，在系统弹出的 模具移动 菜单中选择 移动1，系统弹出 MOLD INTER（模具干涉）菜单。

（2）在系统“选取统计零件。”的提示下（注：此处应翻译为“选择静止的模具零件”），在模型树中选择注射零件 HANDLE_MOLDING.PRT 此时，系统提示“发现干扰，用加亮曲线指示。”，干涉出现在图 2.10.9 所示的位置。

（3）在 MOLD INTER（模具干涉）菜单中选择 Done/Return（完成/返回）命令。

说明：系统判断此处干涉是浇道完全穿透上模所致，并非实际的干涉情况。

（4）在 DEFINE STEP（定义间距）菜单中选择 Done（完成）命令。移动上模后，模型如图 2.10.10 所示。

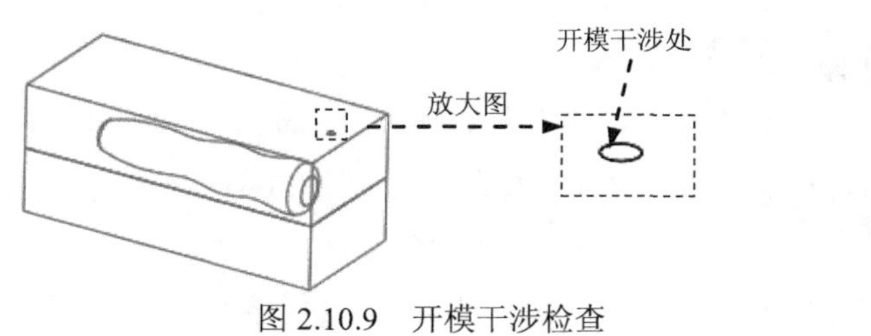

图 2.10.9　开模干涉检查

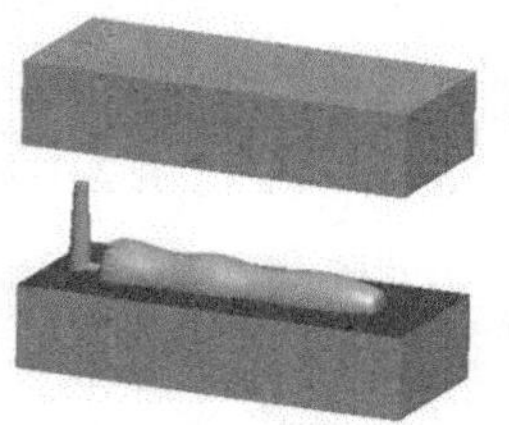
图 2.10.10　移动上模

Stage3. 开模步骤 2：移动下模

Step1. 参照开模步骤 1 的操作方法，选取下模，选取图 2.10.11 所示的边线为移动方向，然后输入要移动的距离值-100.0，并按 Enter 键。

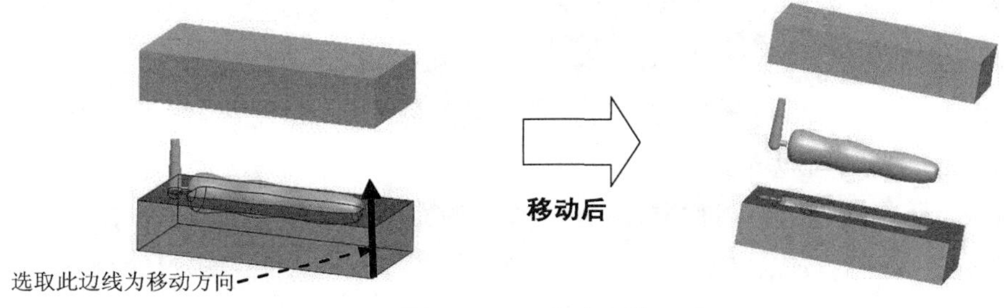

图 2.10.11　移动下模

Step2. 下模干涉检查。

（1）在 ▼ DEFINE STEP（定义间距） 菜单中选择 Interference（干涉） 命令，在系统弹出的 ▼ 模具移动 菜单中选择 移动1，系统弹出 ▼ MOLD INTER（模具干涉） 菜单。

（2）在系统 ⇨选取统计零件。 的提示下，在模型树中选择铸模零件 HANDLE_MOLDING.PRT，此时系统提示 • 没有发现干扰。。

（3）在 ▼ MOLD INTER（模具干涉） 菜单中选择 Done/Return（完成/返回） 命令。

Step3. 在 ▼ DEFINE STEP（定义间距） 菜单中选择 Done（完成） 命令，然后选择 Done/Return（完成/返回） 命令，完成上、下模的开模动作。

Step4. 保存设计结果。选择下拉菜单 文件(F) → 保存(S) 命令。

2.11　模具文件的有效管理

一个模具设计完成后将包含许多文件，例如，前文介绍的手柄（handle）零件模具就含有下列众多文件。

- handle.prt：（原始）设计模型（零件）文件。

- handle_mold.asm：模具设计文件。该文件名的前缀 handle_mold 由用户在新建模具时任意指定，扩展名 asm 由系统默认指定。
- handle_mold_ref.prt：参照模型（零件）文件。该文件名的前缀 handle_mold_ref 在“创建参照模型”对话框中由系统默认指定，系统指定时，handle_mold_ref 中的 handle_mold 与模具设计文件 handle_mold.asm 的前缀一致，而_ref 则由系统自动指定。当然，在“创建参照模型”对话框中，用户也可任意对参照模型（零件）文件进行命名，不过在模具的实际设计过程中，还是由系统默认指定比较好一些。
- handle_mold_wp.prt：坯料（工件）文件。该文件名的前缀 handle_mold_wp 是在“元件创建”对话框中由用户指定的。
- upper_vol.prt：上模型腔零件文件。在默认情况下，该文件名的前缀 upper_vol 与其对应的上模体积块的名称一致。当然，用户也可以在模具组件中将其打开，然后用下拉菜单 文件(F) ➡ 重命名(R) 命令对其进行重命名。
- lower_vol.prt：下模型腔零件文件。在默认情况下，该文件名的前缀 lower_vol 与其对应的下模体积块的名称一致。
- handle_molding.prt：浇注件文件。该文件名的前缀 handle_molding 是由用户指定的。

模具设计完成后会生成众多文件，而且这些模具文件都是相互关联的，如果管理不好，则模具设计文件会无法打开或者不能打开最新版本，进而给模具设计带来诸多不便，这一点必须引起读者的高度注意。

这里介绍一种有效组织和管理模具文件的方法，即为每个塑件的模具设计分别创建一个目录，将原始设计模型（零件）文件置于对应的目录中。模具设计开始前，需先将工作目录设置到对应的目录中，然后新建模具设计文件。下面还是以手柄（handle）零件为例，说明其操作过程。

Step1. 在硬盘 C:\创建一个 handle_mold_test 目录。

Step2. 将原始设计模型文件 handle.prt 复制到目录 C:\ handle_mold_test 下。

Step3. 启动 Pro/ENGINEER 软件。

Step4. 选择下拉菜单 文件(F) ➡ 设置工作目录(W)... 命令，将 Pro/ENGINEER 的工作目录设置至 C:\ handle_mold_test。

Step5. 在工具栏中单击“新建文件”按钮 ，新建模具设计文件 handle_mold. asm。

Step6. 完成设计后，选择下拉菜单 文件(F) ➡ 保存(S) 命令，保存模具设计文件 handle_mold. asm。

第 3 章　模具分析与检测

本章提要　模具分析一般包括拔模检测（Draft Check）、水线检测（Water Line Check）、厚度检查（Thickness Check）、计算投影面积（Project Area）和检测分型面（Part Surface Check），这些分析项目是模具设计中经常用到的工具，其中一些分析项目是拆模前必须要做的准备工作，有些则用于分析和查找拆模或浇注失败的原因。

3.1　模具分析

3.1.1　拔模检测

拔模检测（Draft Check）工具位于 分析(A) 下拉菜单的 模具分析(A)... 命令中（图 3.1.1），该项目用于检测参照模型的拔模角（Draft Angle）是否符合设计要求，只有拔模角在要求的范围内，才能进行后续的模具设计工作，否则要进一步修改参照模型。下面以图 3.1.2 中的模型为例来说明拔模检测的一般操作步骤。

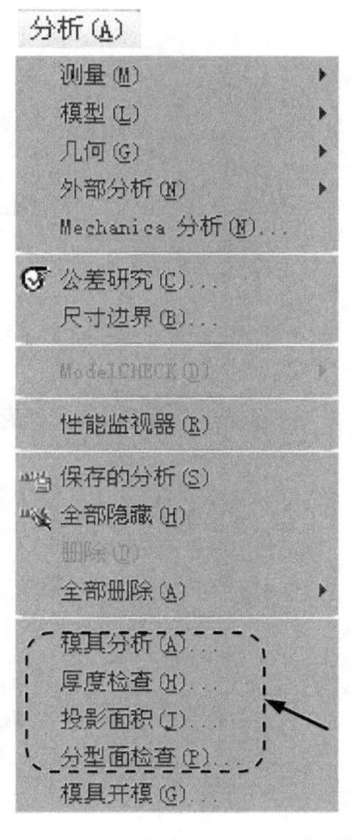

图 3.1.1　“分析”下拉菜单

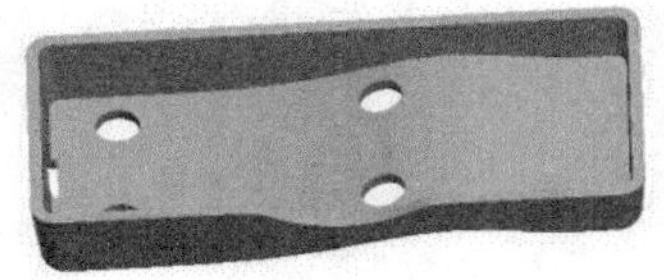

a）零件内表面

b）零件外表面

图 3.1.2　拔模检测的例子

Stage1．进行零件内表面的拔模检测分析

Step1．将工作目录设置至 D:\proewf5.3\work\ch03.01.01，然后打开模具文件 block1_ mold.asm。

Step2. 遮蔽坯料。在模型树中右击 BLOCK1_MOLD_WP.PRT，选择 遮蔽 命令。

Step3. 选择下拉菜单 分析(A) → 模具分析(A)... 命令，在系统弹出的图 3.1.3 所示的“模具分析”对话框中进行如下操作。

（1）选择分析类型。在 类型 区域的下拉列表中选择 拔模检测 选项。

（2）选择分析曲面。在 曲面 区域的下拉列表中选择 零件 选项，然后单击 按钮，选取零件 BLOCK1_MOLD_REF.PRT 为要拔模检测的对象，并单击“选取”对话框中的 确定 按钮。

（3）定义拖拉方向。在 拖拉方向 下拉列表中选择 平面 选项，选取 MAIN_PARTING_PLN 基准平面作为拔模参照平面。此时，系统显示出拔模方向，因为要对零件内表面进行拔模检测，所以该方向不是正确的拔模方向，单击 反向方向 按钮，结果如图 3.1.4 所示。

（4）设置拔模角度选项。在 角度选项 区域选择 ⊙ 单向 单选项，然后设置拔模角度检测值为 2.0。

（5）单击对话框中的 显示... 按钮，在弹出的图 3.1.5 所示的对话框中，将 色彩数目 设置为 3，选中 ☑ 条纹着色 复选框，选中 ☑ 动态更新 复选框，单击 确定 按钮。

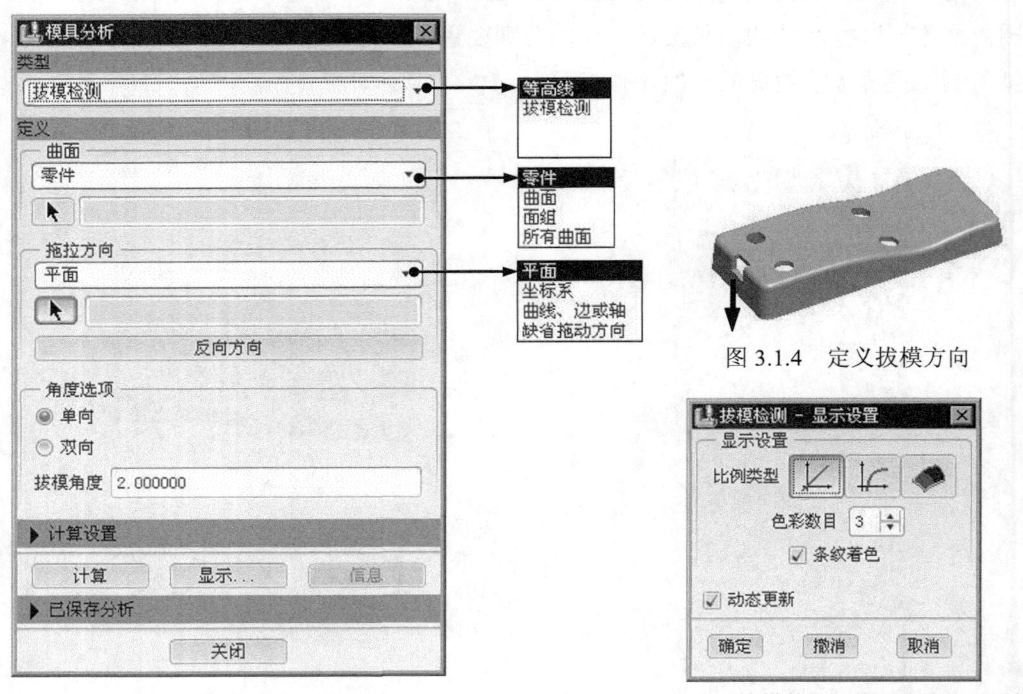

图 3.1.3 “模具分析”对话框

图 3.1.4 定义拔模方向

图 3.1.5 “拔模检测-显示设置”对话框

图 3.1.5 所示的对话框 显示设置 区域中的按钮介绍如下。

- （线性比例）：单击该按钮，以线性比例颜色来显示分析结果。
- （对数比例）：单击该按钮，以对数比例颜色来显示分析结果。

- （双色着色）：单击该按钮，以两种颜色来显示分析结果。
- ：用于设置“线性比列”和“对数比列”的颜色显示种类。

（6）在“模具分析”对话框中单击 计算 按钮，此时，系统开始进行分析，然后在参照模型上以色阶分布的方式显示出检测结果，同时弹出一个颜色窗口以作说明，如图 3.1.6 所示。从图中可以看出，零件的内表面显示为紫红色，表明在该拔模方向上和设定的拔模角度值内无拔模干涉现象。

说明：图 3.1.6 所示塑件上不同的部位显示不同颜色，不同的颜色代表不同的拔模面。在屏幕左部带有角度刻度的竖直颜色长条上，可查出每个部位的角度值。紫红色表示正值及拔模角度较大（最大可达 90°）的区域。青色表示负值及拔模角度较小（最小可达-90°）的区域。黄色则表示紫红色和青色值外的所有区域。

（7）保存分析结果。在对话框中单击 ▶ 已保存分析，在 名称 文本框中输入 draft_check_1，单击文本框后的“保存”按钮。

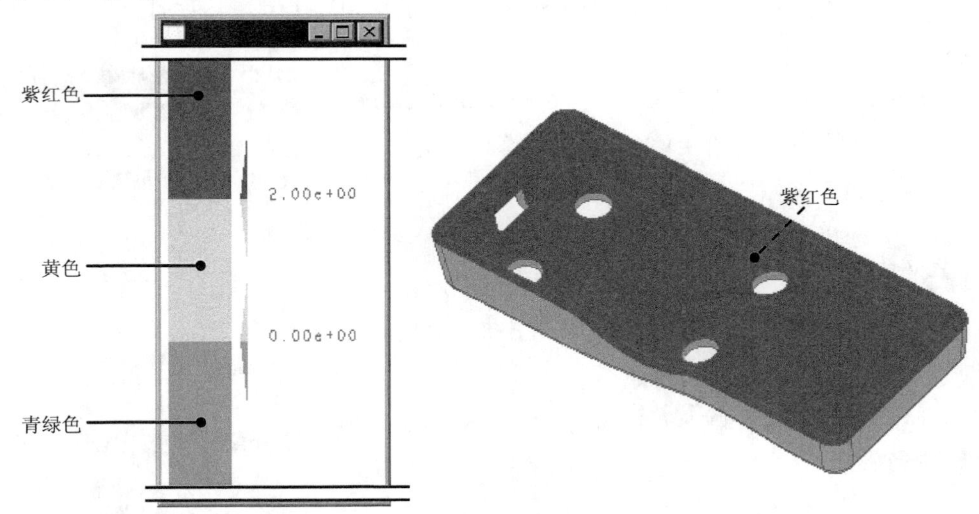

图 3.1.6　内表面拔模检测分析

Stage2．进行零件外表面的拔模检测分析

Step1．在图 3.1.3 所示的“模具分析”对话框中单击 反向方向 按钮，此时拔模方向如图 3.1.7 所示。

Step2．单击 计算 按钮，对零件外表面进行拔模检测，检测结果如图 3.1.8 所示。从图中可以看出，零件的外表面显示为紫红色，表明在该拔模方向上和设定的拔模角度值内无拔模干涉现象。

Step3．保存分析结果。在对话框中单击 ▶ 已保存分析，在 名称 文本框中输入 draft_check_2，单击文本框后的“保存”按钮。

Step4．在“模具分析”对话框中单击 关闭(C) 按钮，完成拔模检测分析。

Step5．选择下拉菜单 文件(F) ➡ 保存(S) 命令。

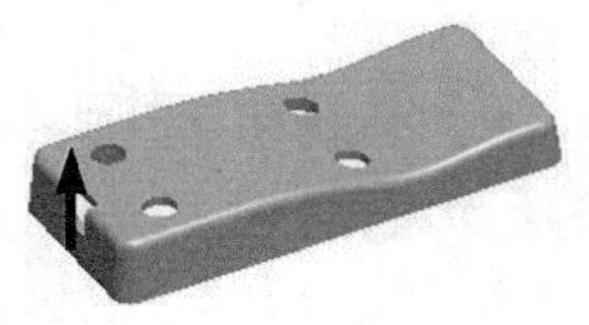
图 3.1.7 定义拔模方向

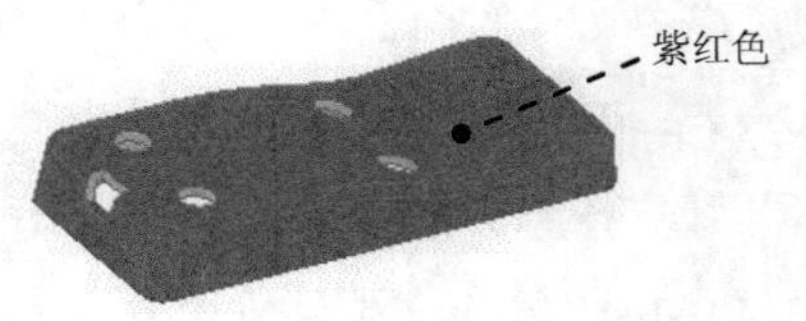

图 3.1.8 外表面拔模检测分析

3.1.2 水线分析

水线用于传输冷却液，以冷却熔融塑料。通过“水线分析”命令可以对水线与坯料或注塑件之间的间距进行检测，避免水线与坯料或注射件之间的间隙过小导致冷却不均匀。系统会根据用户输入的不同参数产生不同的结果，并以不同的颜色显示出来。下面以 cap_mold_ok.asm 模型为例来说明水线分析的一般操作步骤。

Step1. 将工作目录设置至 D:\proewf5.3\work\ch03.01.02，然后打开模具文件 cap_mold.asm。

Step2. 选择下拉菜单 分析(A) ➡ 模具分析(A)... 命令，在系统弹出的图 3.1.9 所示的“模具分析”对话框中进行如下操作。

（1）选择分析类型。在 类型 区域的下拉列表中选择 等高线（注：此处应翻译为“水线”）选项。

（2）选取零件。在 零件 选项下单击 按钮，选取零件 CAP_MOLD_WP.PRT。

（3）定义水线。在 等高线 区域的下拉列表中选择 所有等高线（注：此处应翻译为“所有水线”）选项。

（4）设置最小间隙选项。在 最小间隙 的文本框中输入数值 1.5。

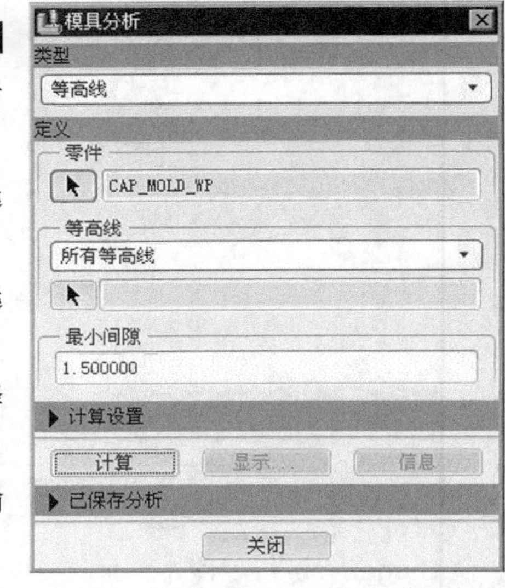

图 3.1.9 “模具分析”对话框

说明： 读者可以根据自己的需要输入相应的检测数值。

（5）在“模具分析”对话框中单击 计算 按钮，此时，系统开始进行分析，在工件上以色阶分布的方式显示出结果（图 3.1.10）。参照模型中的紫红色区域表示小于输入的最小间隙值，绿色区域表示大于输入的最小间隙值。

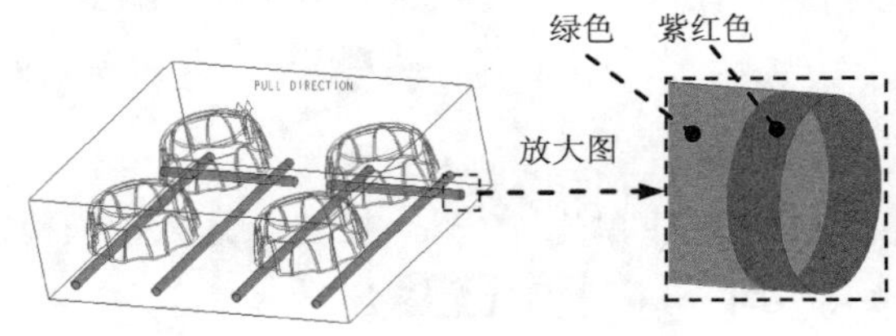

图 3.1.10 水线检测结果

说明：最小间隙指水线距离工件和参考模型之间的最小距离。若在最小间隙的文本框中输入数值 10.0 并单击 计算 按钮，则此时在工件上显示出的结果如图 3.1.11 所示。

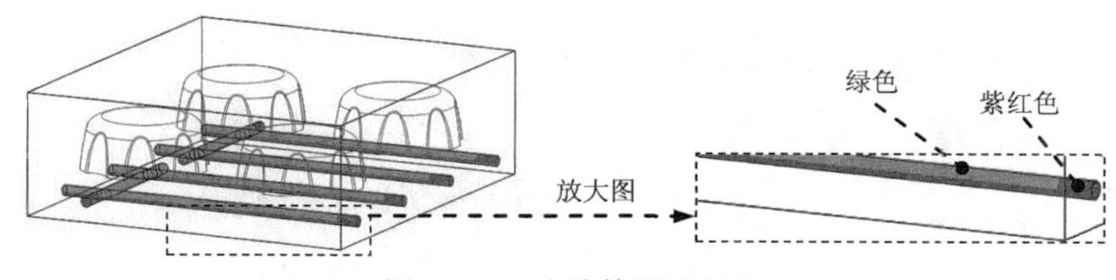

图 3.1.11　水线检测结果

Step3. 保存分析结果。在对话框中单击 ▶ 已保存分析，在 名称 文本框中输入 water_line_check，单击文本框后的"保存"按钮。

Step4. 在"模具分析"对话框中单击 关闭(C) 按钮，完成水线分析。

Step5. 选择下拉菜单 文件(F) → 保存(S) 命令。

3.2　厚 度 检 测

厚度检测（Thickness Check）用于检测参照模型的厚度是否有过大或过小的现象。厚度检测也是拆模前必须做的准备工作之一，其方式有平面（Planes）和切片（Slices）两种。"平面"检测法是以已存在的平面为基准，检测该基准平面与模型交截处的厚度，这是较为简单的检测方法，但一次仅能检测一个截面的厚度。"切片"检测法通过切片的产生来检查零件在切片处的厚度，切片法的设定较为复杂，但可以一次检测较多的剖面。下面以设计零件 front_cover.prt 为例，说明用切片检测法检测厚度的一般操作步骤。

Step1. 将工作目录设置至 D:\proewf5.3\work\ch03.02，然后打开模具文件 front_cover_mold.asm。

Step2. 遮蔽坯料。在模型树中右击 WP，选择 遮蔽 命令。

Step3. 选择下拉菜单 分析(A) → 厚度检查(H)... 命令，系统弹出图 3.2.1 所示的"模型分析"对话框，在此对话框中进行如下操作。

（1）此时 零件 区域的按钮自动按下，选择参照零件 FRONT_COVER_MOLD_REF.PRT 为要检测的零件。

（2）在 设置厚度检查 区域按下 层切面 按钮。

（3）定义层切面的起始和终止位置。此时 起点 区域的按钮自动按下，选取零件前部端面上的一个顶点，以定义切面的起点（图 3.2.2）；此时 终点 区域的按钮自动按下，选取零件后部端面上的一个顶点以定义切面的终点（图 3.2.2）。

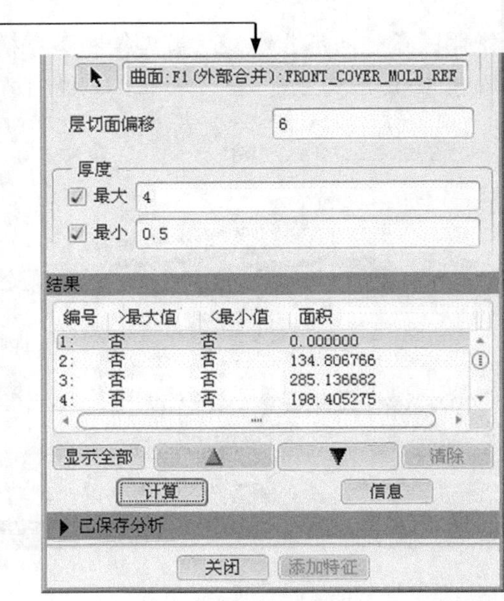

图 3.2.1　“模型分析”对话框

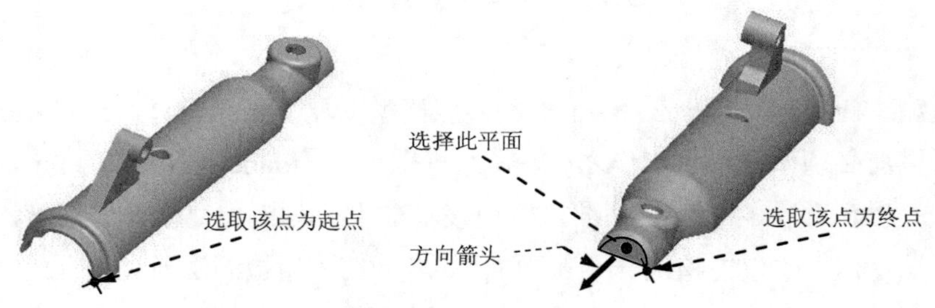

图 3.2.2　选择层切面的起点和终点

（4）定义层切面的排列方向。在层切面方向下拉列表中选择平面选项，然后在系统◆选取将垂直于此方向的平面。的提示下，选取图 3.2.2 所示的平面，再选择Okay（正向）命令，确认图中的箭头方向为层切面的方向。

（5）设置各切面间的偏距值。设置层切面偏移的值为 6。

（6）定义厚度的最大和最小值。在厚度区域，设置最大厚度值为 4，然后选中☑最小复选框，设置最小厚度值为 0.5。

（7）结果分析。

① 单击对话框中的计算按钮，系统开始进行分析，然后在结果栏中显示出检测的结果。也可以单击信息按钮，则系统弹出图 3.2.3 所示的信息窗口，从该窗口可以清晰地查看每一个切面的厚度是否超出设定范围及每个切面的截面积，查看后关闭该窗口。

② 单击对话框中的显示全部按钮，则参照模型上显示出全部剖面，如图 3.2.4 所示，图中的红色剖面表示大于设定的最大厚度值，黄色剖面表示介于设定最大厚度值和最小厚度值之间（即符合厚度范围）。

说明：在 厚度 区域的 ☑ 最小 文本框中输入厚度值 3，单击对话框中的 计算 按钮，再单击 显示全部 按钮。此时，参照模型上显示出全部剖面，如图 3.2.5 所示。图中淡蓝色剖面表示小于设定的最大厚度值。

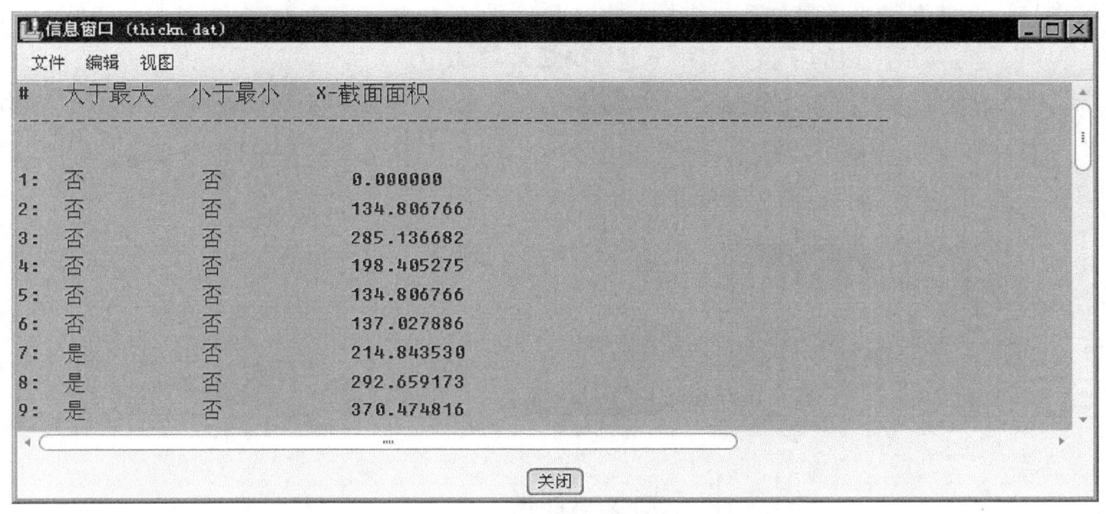

信息窗口 (thickn.dat)

文件　编辑　视图

#	大于最大	小于最小	X-截面面积
1:	否	否	0.000000
2:	否	否	134.806766
3:	否	否	285.136682
4:	否	否	198.405275
5:	否	否	134.806766
6:	否	否	137.027886
7:	是	否	214.843530
8:	是	否	292.659173
9:	是	否	370.474816

关闭

图 3.2.3　信息窗口

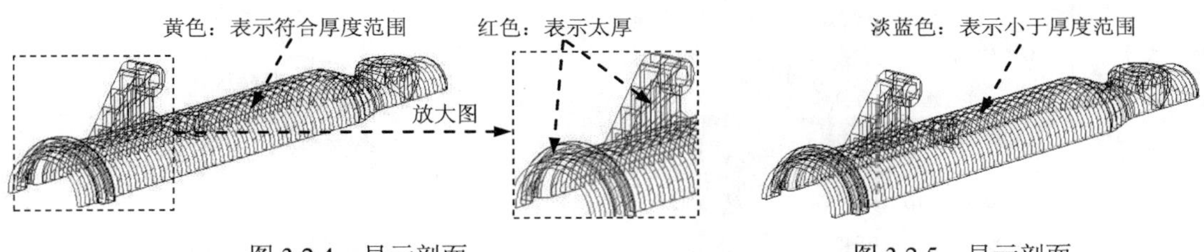

图 3.2.4　显示剖面　　　　图 3.2.5　显示剖面

Step4. 保存分析结果。在对话框中单击 ▶ 已保存分析，在 名称 文本框中输入 Thickness_Check，单击文本框后的“保存”按钮。

Step5. 在“模具分析”对话框中单击 关闭(C) 按钮，完成厚度检测。

Step6. 选择下拉菜单 文件(F) → 保存(S) 命令。

3.3　计算投影面积

投影面积（Project Area）项目用于检测参照模型在指定方向的投影面积，是模具设计和分析的辅助工具。下面仍以设计零件 front_cover.prt 为例，说明计算投影面积的一般操作步骤。

Step1. 将工作目录设置至 D:\proewf5.3\work\ch03.03，然后打开模具文件

front_cover_mold.asm。

Step2. 遮蔽坯料。在模型树中右击 WP，选择 遮蔽 命令。

Step3. 选择下拉菜单 分析(A) → 投影面积(J)... 命令，系统弹出图 3.3.1 所示的“测量”对话框，在此对话框中进行如下操作。

（1）在 图元 区域的下拉列表中选择 所有参照零件 选项。

（2）在 投影方向 下拉列表中选择 平面 选项，此时，系统提示 ➪选取将垂直于此方向的平面。，按下工具栏中的按钮，将基准平面显示出来，然后选取 MAIN_PARTING_PLN 基准平面以定义投影方向，如图 3.3.2 所示。

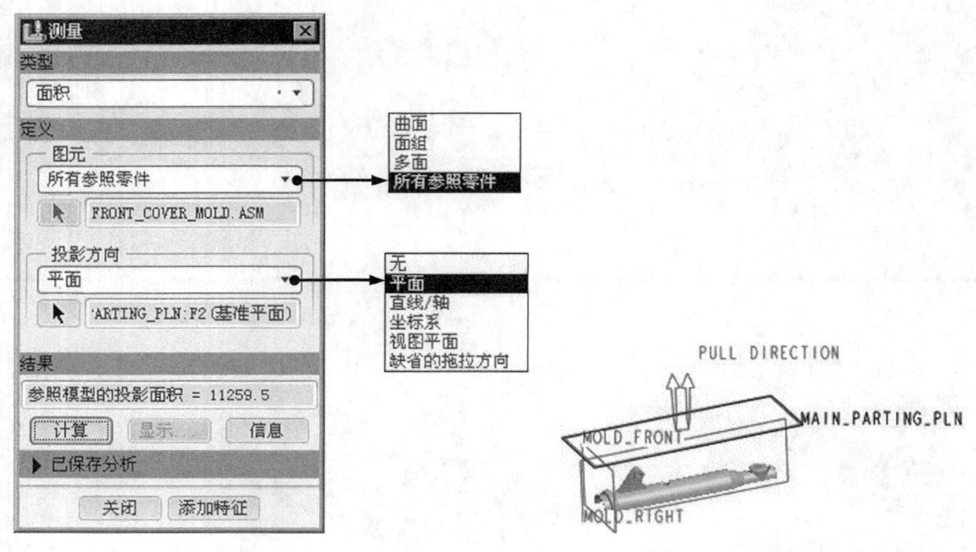

图 3.3.1　“测量”对话框　　　　图 3.3.2　定义投影方向

（3）单击对话框中的 计算 按钮，系统开始计算，然后在 结果 栏中显示出计算结果，投影面积为 11259.5，如图 3.3.1 所示。

Step4. 保存分析结果。在对话框中单击 ▶ 已保存分析，在 名称 文本框中输入 Thickness_Check，单击文本框后的“保存”按钮。

Step5. 在“模具分析”对话框中单击 关闭(C) 按钮，完成厚度检测。

Step6. 选择下拉菜单 文件(F) → 保存(S) 命令。

3.4　检测分型面

分型面检测（Part Surface Check）工具用于检查分型面是否有相交的现象，也可用来确认分型面是否有破孔，并检测分型面的完整性。下面以一个例子详细说明分型面检测的一般操作步骤。

Step1. 将工作目录设置至 D:\proewf5.3\work\ch03.04，然后打开模具文件 housing_mold.asm。

Step2. 遮蔽坯料和参照件。

Step3. 选择下拉菜单 分析(A) → 分型面检查(P)... 命令，系统弹出图 3.4.1 所示的 ▼ Part Srf Check (零件曲面检测) 菜单。

Step4. 检测分型面是否有自交。在 ▼ Part Srf Check (零件曲面检测) 菜单中选择 Self-int Ck (自交检测) 命令，系统提示 ➪选取要检测的曲面，选取分型面 MAIN_PT_SURF。此时，系统信息栏提示 • 分型面在加亮曲线中自交。（图 3.4.2）。

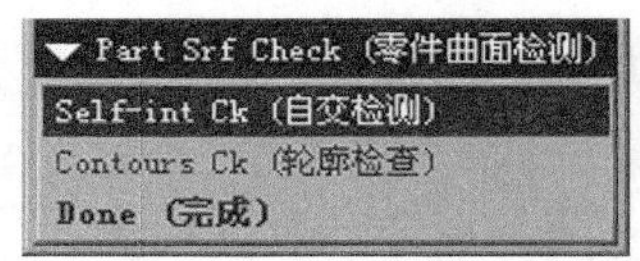

图 3.4.1　“零件曲面检测”菜单

图 3.4.2　系统信息栏提示

Step5. 检查分型面是否有孔隙。

（1）在 ▼ Part Srf Check (零件曲面检测) 菜单中，选择 Contours Ck (轮廓检查) 命令，然后选取分型面 MAIN_PT_SURF。此时，系统提示 • 分型面有 5 个轮廓线，确认每个都是必需的。，同时在分型面内部的一条边线上，首先出现了由若干点组成的围线（图 3.4.3）。围线在分型面内部表明此处有孔隙。

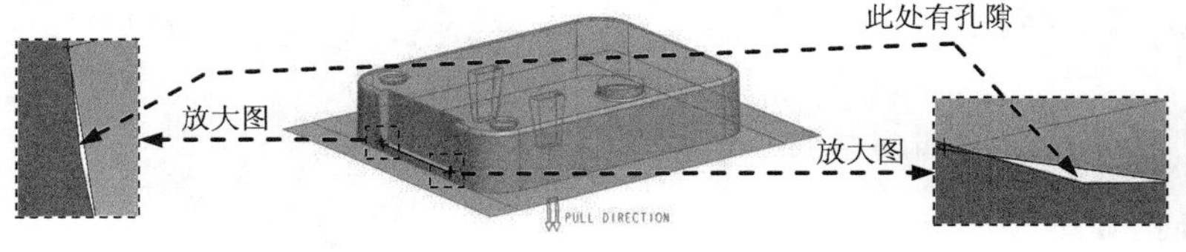

图 3.4.3　检测到的第一处围线

图 3.4.4　“轮廓检查”菜单

（2）选择 Next Loop (下一个环) 命令（图 3.4.4），分型面上出现了图 3.4.5 所示的围线，但由于此围线在分型面的外部四周，该围线不是孔隙。

（3）再选择 Next Loop (下一个环) 命令，此时分型面内部出现了图 3.4.6 所示的围线，表明此处有孔隙。

（4）再选择 Next Loop (下一个环) 命令，此时分型面内部出现了图 3.4.7 所示的围线，表明此处有孔隙。

（5）再选择 Next Loop (下一个环) 命令，此时分型面内部出现了图 3.4.8 所示的围线，表明此处有孔隙。

（6）至此，五处围线已检查完毕，选择 Done (完成) 命令，完成分型面的围线检测。

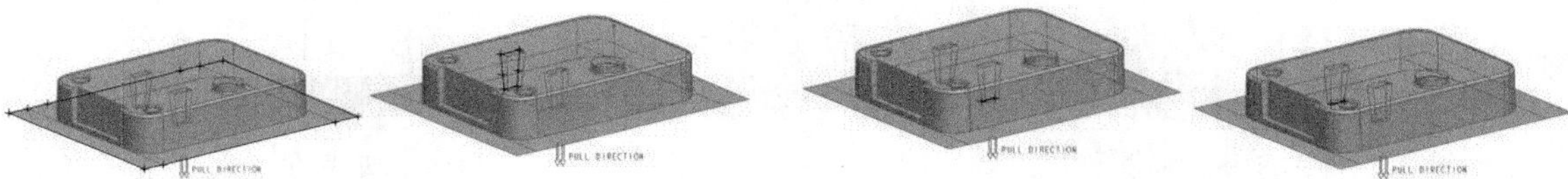

图 3.4.5　第二处围线　　图 3.4.6　第三处围线　　图 3.4.7　第四处围线　　图 3.4.8　第五处围线

第 4 章　分型面的设计

本章提要　使用分型面进行模具设计是模具设计中最常用的一种设计方法，分型面的设计方法分为三种：一般分型面的设计方法、阴影法和裙边法。本章将通过实际的例子对这三种分型面的设计方法进行详细讲解。通过本章的学习，读者能熟练掌握分型面的设计方法，并能根据实际情况，灵活地运用各种方法进行分型面的设计。

4.1　一般分型面的设计方法

在 Pro / ENGINEER 的模具设计中，创建分型面与一般曲面特征没有本质的区别，一般分型面创建方法包括拉伸法、填充法及复制延伸法等。其操作方法一般为选择主菜单 插入(I) 中的 模具几何 ▸，单击 分型面(S)... 命令，进入分型面的创建模式。

4.1.1　采用拉伸法设计分型面（一）

下面举例说明采用拉伸法设计分型面的一般方法和操作过程。

Stage1．打开模具模型

将工作目录设置至 D:\proewf5.3\work\ch04.01.01\01，然后打开文件 button_mold_1.asm。

注意：操作前，务必拭除内存中的所有文件，否则可能会使后面的操作紊乱。操作方法：选择下拉菜单 文件(F) ➡ 关闭窗口(C) 命令，关闭所有窗口；选择下拉菜单 文件(F) ➡ 拭除(E) ▸ ➡ 不显示(D)... 命令，拭除内存中的所有文件。

Stage2．创建分型面

Step1．选择下拉菜单 插入(I) ➡ 模具几何 ▸ ➡ 分型面(S)... 命令。

Step2．选择下拉菜单 编辑(E) ➡ 属性(R) 命令，在“属性”对话框中输入分型面的名称 main_ps，并单击 确定 按钮。

Step3．通过“拉伸”的方法创建主分型面（图 4.1.1）。

（1）选择下拉菜单 插入(I) ➡ 拉伸(E)... 命令，此时系统弹出“拉伸”操控板。

（2）定义草绘截面放置属性。右击，从弹出的快捷菜单中选择 定义内部草绘... 命令，在系统 ➪选取一个平面或曲面以定义草绘平面。 的提示下，选取图 4.1.2 所示的坯料表面 1 为草绘平面，接受图 4.1.2 中默认的箭头方向为草绘视图方向，然后选取图 4.1.2 所示的坯料表面 2 为参照平面，方向为右。

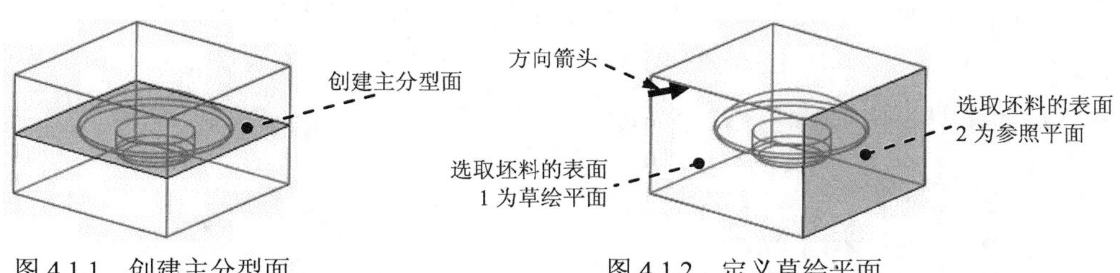

图 4.1.1　创建主分型面　　图 4.1.2　定义草绘平面

（3）绘制截面草图。选取图 4.1.3 所示的坯料边线和 MAIN_PARTING_PIN 基准平面为草绘参照，绘制图 4.1.3 所示的截面草图（截面草图为一条线段）。完成截面的绘制后，单击工具栏中的“完成”按钮✔。

（4）设置深度选项。

① 在操控板中选取深度类型（到选定的）。

② 将模型调整到图 4.1.4 所示的视图方位，选取图中所示的坯料表面为拉伸终止面。

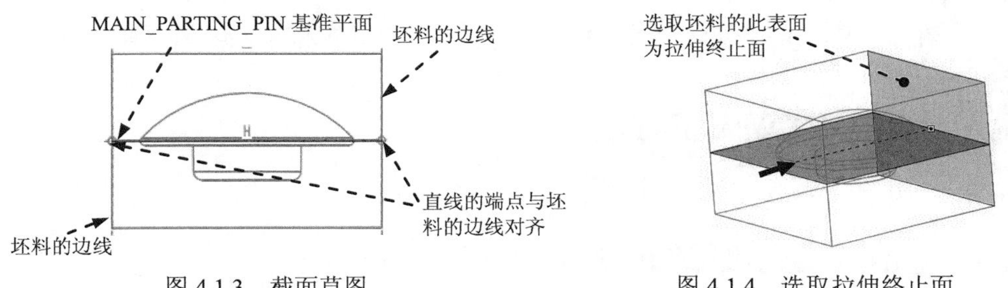

图 4.1.3　截面草图　　图 4.1.4　选取拉伸终止面

③ 在操控板中单击“完成”按钮✔，完成特征的创建。

Step4. 在工具栏中单击“分型面完成”按钮✔，完成分型面的创建。

Stage3. 构建模具元件的体积块

Step1. 选择下拉菜单 编辑(E) → 分割... 命令（即用“分割”法构建体积块）。

Step2. 在系统弹出的 ▼ SPLIT VOLUME (分割体积块) 菜单中依次选择 Two Volumes (两个体积块)、All Wrkpcs (所有工件)、Done (完成) 命令。此时，系统弹出“分割”对话框和“选取”对话框。

Step3. 用“列表选取”法选取分型面。

（1）在系统 ➜为分割工件选取分型面。 的提示下，先将鼠标指针移至模型中分型面的位置右击，从快捷菜单中选取 从列表中拾取 命令。

（2）在“从列表中拾取”对话框中单击列表中的 面组:F7(MAIN_PS) 分型面，然后单击 确定(O) 按钮。

（3）单击“选取”对话框中的 确定 按钮。

Step4. 单击“分割”对话框中的 确定 按钮。

Step5. 此时系统弹出“属性”对话框，同时下半部分变亮，在该对话框中单击 着色 按钮，着色后的模型如图 4.1.5 所示。然后在对话框中输入名称 lower_vol，单击 确定 按钮。

Step6. 此时系统弹出“属性”对话框，同时上半部分变亮，在该对话框中单击 着色 按钮，着色后的模型如图 4.1.6 所示。然后在对话框中输入名称 upper_vol，单击 确定 按钮。

图 4.1.5 着色后的下半部分体积块

图 4.1.6 着色后的上半部分体积块

Stage4. 抽取模具元件

Step1. 在 菜单管理器 的 ▼ MOLD（模具）菜单中选择 Mold Comp（模具元件）命令，然后在系统弹出的 ▼ MOLD COMP（模具元件）菜单中选择 Extract（抽取）命令。

Step2. 在系统弹出的“创建模具元件”对话框中单击 ▤ 按钮，选择所有体积块，然后单击 确定 按钮。

Step3. 选择 Done/Return（完成/返回）命令。

Stage5. 生成浇注件

Step1. 在 菜单管理器 的 ▼ MOLD（模具）菜单中选择 Molding（制模）命令，在系统弹出的 Molding（制模）菜单中选择 Create（创建）命令。

Step2. 在系统提示的文本框中输入浇注零件名称 button_molding，并按两次 Enter 键。

Step3. 保存设计结果。选择下拉菜单 文件(F) ➡ 备份(B)... 命令。

4.1.2 采用拉伸法设计分型面（二）

下面举例说明采用拉伸法设计分型面的一般方法和操作过程（图 4.1.7）。

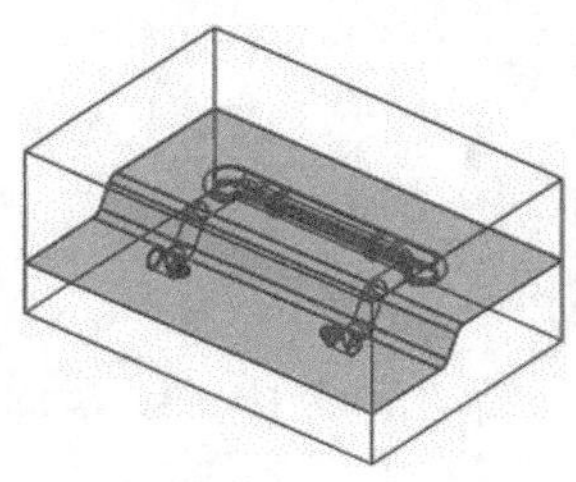

图 4.1.7 创建主分型面

说明：本例的详细操作过程请参见随书光盘中 video\ch04.01\文件下的语音视频讲解文

件。模型文件为 D:\proewf5.3\work\ch04.01.01\02\grip_mold.asm。

4.1.3　采用填充法设计分型面

下面举例说明采用填充法设计分型面的一般方法和操作过程。

Stage1. 打开模具模型

将工作目录设置至 D:\proewf5.3\work\ch04.01.02，然后打开文件 face_1.asm。

Stage2. 创建分型面

Step1. 选择下拉菜单 插入(I) → 模具几何 ▸ → 分型面(S)... 命令。

Step2. 选择下拉菜单 编辑(E) → 属性(R) 命令，在“属性”对话框中输入分型面的名称 main_ps，并单击 确定 按钮。

Step3. 创建图 4.1.8 所示的基准平面 1。

（1）单击工具栏上的“创建基准平面”按钮。

（2）系统弹出“基准平面”对话框，选取 MAIN_PARTING_PLN 基准平面为参照平面，偏移值为 1.00（若方向相反则应输入-1.00）。

（3）单击“基准平面”对话框中的 确定 按钮。

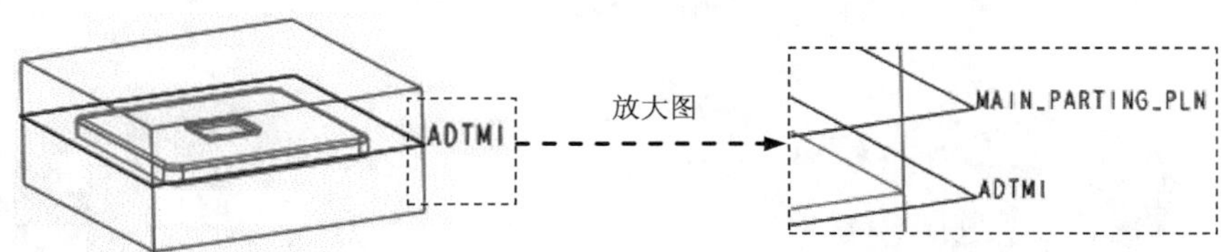

图 4.1.8　基准平面 1

Step4. 通过“填充”法创建主分型面（图 4.1.9）。

（1）选择下拉菜单 编辑(E) → 填充(L)... 命令，此时系统弹出“填充”操控板。

（2）定义草绘截面放置属性。右击，从弹出的快捷菜单中选择 定义内部草绘... 命令，在系统 ◆选取一个平面或曲面以定义草绘平面。 的提示下，选取图中的 ADTM1 为草绘平面，然后选取 MOLD_RIGHT 为参照平面，方向为 左。

（3）定义截面草图。通过“使用边”命令创建图 4.1.10 所示的截面草图，完成截面的绘制后，单击工具栏中的“完成”按钮✓。

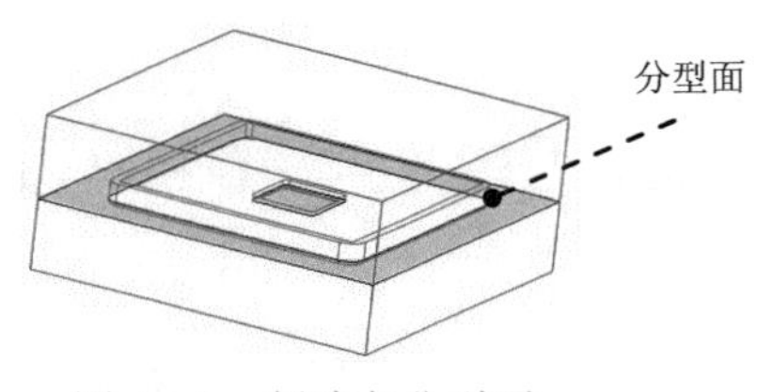

图 4.1.9　创建主分型面

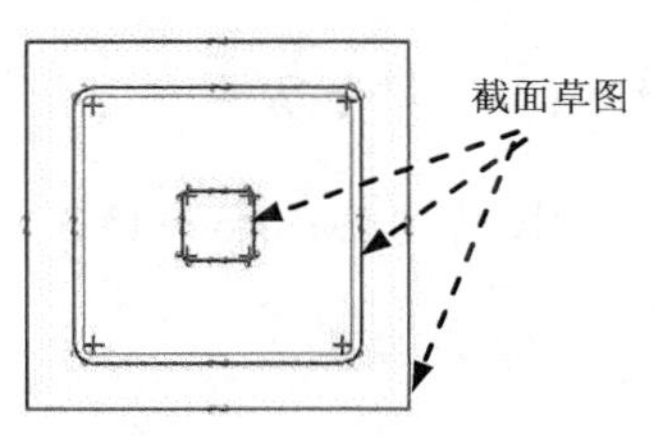

图 4.1.10　截面草图

（4）在操控板中单击“完成”按钮✓，完成特征的创建。

Step5. 在工具栏中单击“分型面完成”按钮✓，完成分型面的创建。

Stage3. 构建模具元件的体积块

Step1. 选择下拉菜单 编辑(E) ➡ 分割... 命令（即用“分割”的方法构建体积块）。

Step2. 在系统弹出的▼ SPLIT VOLUME (分割体积块)菜单中依次选择Two Volumes (两个体积块)、All Wrkpcs (所有工件)、Done (完成)命令。此时系统弹出“分割”对话框和“选取”对话框。

Step3. 用“列表选取”的方法选取分型面。

（1）在系统⬄为分割工件选取分型面。的提示下，先将鼠标指针移至模型中分型面的位置右击，从弹出的快捷菜单中选取从列表中拾取命令。

（2）在“从列表中拾取”对话框中单击列表中的面组:F7 (MAIN_PS)分型面，然后单击确定(O)按钮。

（3）单击“选取”对话框中的确定按钮。

Step4. 单击“分割”对话框中的确定按钮。

Step5. 此时系统弹出“属性”对话框，同时上半部分变亮，在该对话框中单击着色按钮，着色后的模型如图 4.1.11 所示。然后在对话框中输入名称 upper_vol，单击确定按钮。

Step6. 此时系统弹出“属性”对话框，同时下半部分变亮，在该对话框中单击着色按钮，着色后的模型如图 4.1.12 所示。然后在对话框中输入名称 lower_vol，单击确定按钮。

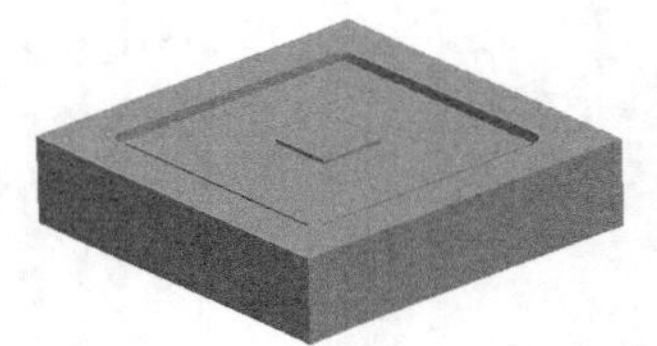

图 4.1.11 着色后的上半部分体积块

图 4.1.12 着色后的下半部分体积块

Stage4. 抽取模具元件并生成浇注件

浇注件命名为 MOLDING。

4.1.4 采用复制延伸法设计分型面

下面举例说明采用复制延伸法设计分型面的操作过程。

Stage1. 打开模具模型

将工作目录设置至 D:\proewf5.3\work\ch04.01.03，然后打开文件 bowl_mold_1.asm。

Stage2. 创建分型面

Step1. 选择下拉菜单插入(I) → 模具几何 ▸ → 分型面(S)... 命令。

Step2. 选择下拉菜单编辑(E) → 属性(R) 命令，在“属性”对话框中输入分型面的名称 main_ps，并单击确定按钮。

Step3. 遮蔽坯料。

Step4. 复制模型的外表面。

（1）采用“种子面与边界面”的方法选取所需要的曲面。在屏幕右上方的“智能选取栏”中选择“几何”选项。

① 将模型切换到线框模式下。在“模型显示”工具栏中单击“线框显示”按钮。

② 选取种子面。将模型调整到图 4.1.13 所示的视图方位，将鼠标指针移至模型中的目标位置，选取碗的内底面为种子面（图 4.1.13）。

③ 选取边界面（即模型的外表面）。按住 Shift 键不放，将鼠标指针移至图 4.1.14 所示的位置并右击，在弹出的快捷菜单中选取从列表中拾取命令，系统弹出“从列表中拾取”对话框，在对话框中选择曲面:F1(外部合并):BOWL_MOLD_REF_，单击确定(O)按钮；同样将鼠标指针移至图 4.1.15 所示的位置并右击，在弹出的快捷菜单中选取从列表中拾取命令，系统弹出“从列表中拾取”对话框，在对话框中选择曲面:F1(外部合并):BOWL_MOLD_REF_，单击确定(O)按钮，完成曲面的选取。

注意：在选取“边界面”的过程中，要保证 Shift 键始终被按下，直至完成边界面的选取，否则不能达到预期效果。

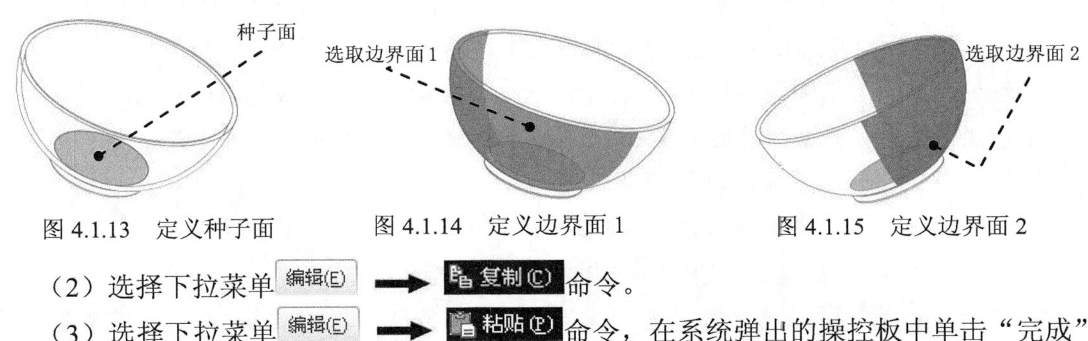

图 4.1.13　定义种子面　　图 4.1.14　定义边界面 1　　图 4.1.15　定义边界面 2

（2）选择下拉菜单编辑(E) → 复制(C) 命令。

（3）选择下拉菜单编辑(E) → 粘贴(P) 命令，在系统弹出的操控板中单击“完成”按钮✓。

Step5. 延伸分型面。

（1）选中隐藏的坯料并右击，在弹出的快捷菜单中选择取消遮蔽命令。

（2）选中图 4.1.16 所示的复制曲面边线，再按住 Shift 键，选取与圆弧边相接的另一条边线（系统自动加亮一圈边线的余下部分）。

（3）选择下拉菜单编辑(E) → 延伸(X)... 命令，此时系统弹出“延伸”操控板。

① 在操控板中按下按钮（延伸类型为至平面）。

② 在系统◆选取曲面延伸所至的平面。的提示下，选取图 4.1.17 所示的表面为延伸的终止面。

③ 单击按钮，预览延伸后的面组，确认无误后，单击“完成”按钮，完成后的延伸曲面如图 4.1.16 所示。

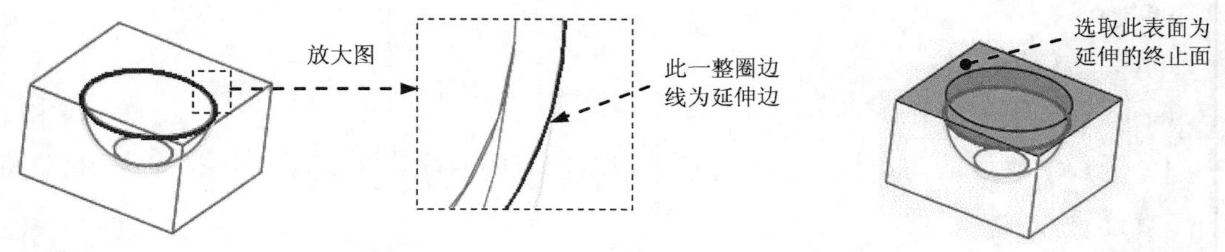

图 4.1.16 选取延伸边　　图 4.1.17 完成后的延伸曲面

Step6. 在工具栏中单击“分型面完成”按钮，完成分型面的创建。

Step7. 后面的详细操作过程请参见随书光盘中 video\ch04.01\reference\文件下的语音视频讲解文件 bowl_mold_1-r02.exe。

4.2 采用阴影法设计分型面

4.2.1 概述

在 Pro/ENGINEER 的模具模块中，可以采用阴影法设计分型面，即利用光线投射会产生阴影的原理，在模具模型中迅速创建所需要的分型面。例如，在图 4.2.1a 所示的模具模型中，确定光线的投影方向后，系统先在参照模型上对着光线的一侧确定能够产生阴影的最大曲面，然后将该曲面延伸到坯料的四周表面，最后得到图 4.2.1b 所示的分型面。

采用阴影法设计分型面的命令阴影曲面(W)位于编辑(E)下拉菜单中，利用该命令创建分型面应注意以下几点。

- 参照模型和坯料不得遮蔽，否则阴影曲面(W)命令呈灰色，无法使用。
- 使用该命令前，需对参照模型创建足够的拔模特征。
- 使用阴影曲面(W)命令创建的分型面是一个组件特征，如果删除一组边、一个曲面或改变环的数量，则系统会正确地再生该分型面。

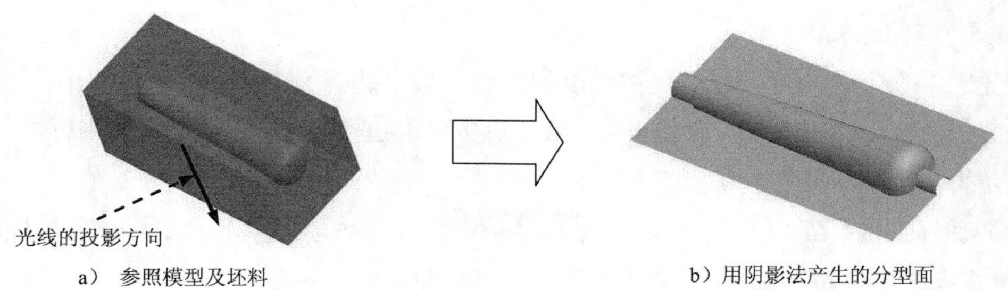

a） 参照模型及坯料　　b）用阴影法产生的分型面

图 4.2.1 用阴影法设计分型面

4.2.2　阴影法设计分型面的一般操作过程

采用阴影法设计分型面的一般操作过程如下。

Step1. 选择下拉菜单 插入(I) → 模具几何 ▸ → 分型面(S)... 命令。

Step2. 选择下拉菜单 编辑(E) → 属性(R) 命令，在“属性”对话框中为分型面指定名称并单击 确定 按钮。

Step3. 选择下拉菜单 编辑(E) → 阴影曲面(W) 命令，此时系统弹出图 4.2.2 所示的“阴影曲面”对话框。

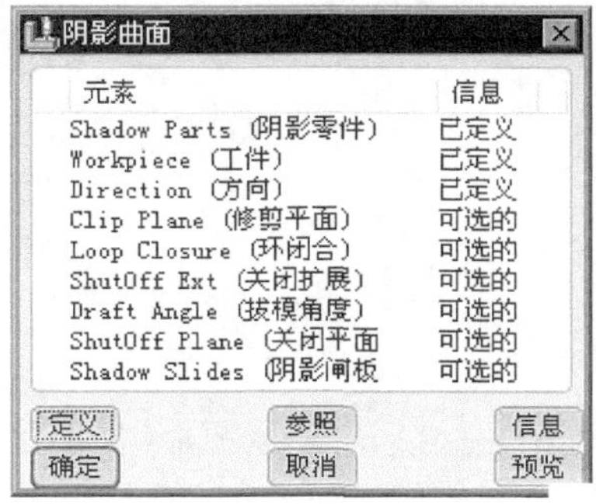

图 4.2.2　“阴影曲面”对话框

图 4.2.2 所示的“阴影曲面”对话框中各元素的说明如下。

- ShutOff Ext (关闭扩展) 元素：用于定义“束子”的外围轮廓，一般以草绘的方式来定义“束子”的轮廓。
- Draft Angle (拔模角度) 元素：用于定义“束子”四周侧面的拔模角度（倾斜角度）。
- ShutOff Plane (关闭平面 元素：用于定义“束子”的终止平面。

Step4. 指定阴影零件。可选取单个或多个参照模型。

- 如果模具模型中只有一个参照模型，则系统会默认选取它。此时，“阴影曲面”对话框中的 Shadow Parts (阴影零件) 元素信息状态为“已定义”。
- 如果模具模型中有多个参照模型（一模多穴时），则会出现“特征参照”菜单。按住 Ctrl 键，选取多个要使用的参照模型。如果选取了很多参照零件，则“阴影曲面”对话框中的 ShutOff Plane (关闭平面 元素会自动激活，用户必须选取或创建一个基准平面作为一个“切断”（Shutoff Plane）平面（也叫“关闭”平面）。

Step5. 指定工件（坯料）。必须选取 Pro/ENGINEER 在其上创建阴影特征的一个元件。如果模具模型中只有一个工件，则系统会默认选取该工件。此时，“阴影曲面”对话框中的 Workpiece (工件) 元素信息状态为“已定义”。

Step6. 选取平面、曲线、边、轴或坐标系，以指定光线投影的方向。

注意：如果用户已经定义了模型的“拖动方向”，则默认的光线投影方向自动为“拖动方向”的相反方向。选择下拉菜单 编辑(E) → 设置(T)... 命令，然后在弹出的“组件设置”菜单中选择 Pull Direction (拖拉方向) 命令，可定义模型的“拖动方向”。

Step7. 根据参照模型边缘的状况，可在阴影曲面上创建“束子”特征。“束子”特征是阴影曲面上的凸起状曲面，如图 4.2.3 所示。对于参照模型边缘比较复杂的模具，创建“束子”特征有利于模具的开启和加工。用户可使用“阴影曲面”对话框中的 ShutOff Ext (关闭扩展)、Draft Angle (拔模角度) 和 ShutOff Plane (关闭平面) 三个元素创建“束子”特征。

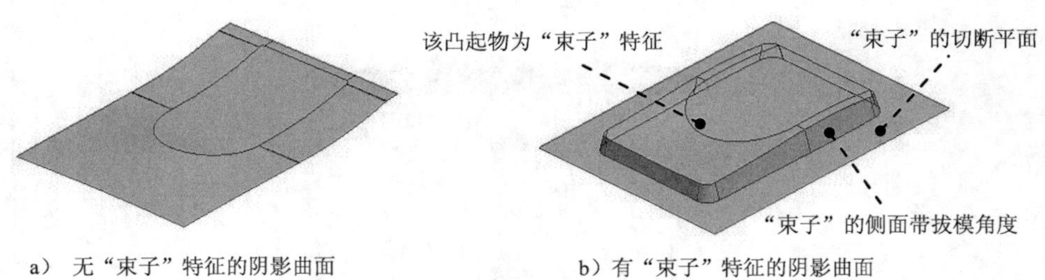

a） 无“束子”特征的阴影曲面　　b）有“束子”特征的阴影曲面

图 4.2.3　创建“束子”特征

Step8. 单击“阴影曲面”对话框中的 预览 按钮，预览所创建的阴影曲面，然后单击 确定 按钮完成操作。

4.2.3　阴影法范例（一）——玩具手柄的分模

下面以图 4.2.4 所示的模具为例，说明采用阴影法设计分型面的操作过程。

Stage1. 打开模具模型

将工作目录设置至 D:\proewf5.3\work\ch04.02.03，然后打开文件 handle1_mold.asm。

Stage2. 创建分型面

下面创建图 4.2.5 所示的分型面，以分离模具的上模型腔和下模型腔。

Step1. 选择下拉菜单 插入(I) → 模具几何 ▸ → 分型面(S)... 命令。

Step2. 选择下拉菜单 编辑(E) → 属性(R) 命令，在弹出的“属性”对话框中输入分型面名称 ps，单击对话框中的 确定 按钮。

Step3. 选择下拉菜单 编辑(E) → 阴影曲面(W) 命令，系统弹出“阴影曲面”对话框。

Step4. 定义光线投影的方向。如果用户已定义了模型的“拖动方向”，则默认的光线投影方向自动为“拖动方向”的相反方向；如果用户没有定义模型的“拖动方向”，则系统自动弹出 ▼ GEN SEL DIR (一般选取方向) 菜单，用户可进行下面的操作来定义光线投影的方向。

（1）在 ▼ GEN SEL DIR (一般选取方向) 菜单中选择 Plane (平面) 命令（系统默认选取该命令）。

（2）在系统 ➪选取将垂直于此方向的平面。 的提示下，选取图 4.2.6 所示的坯料表面。

（3）选择 Okay（确定）命令，确认图 4.2.6 中的箭头方向为光线投影的方向（若显示相反方向箭头，则应单击反向命令）。

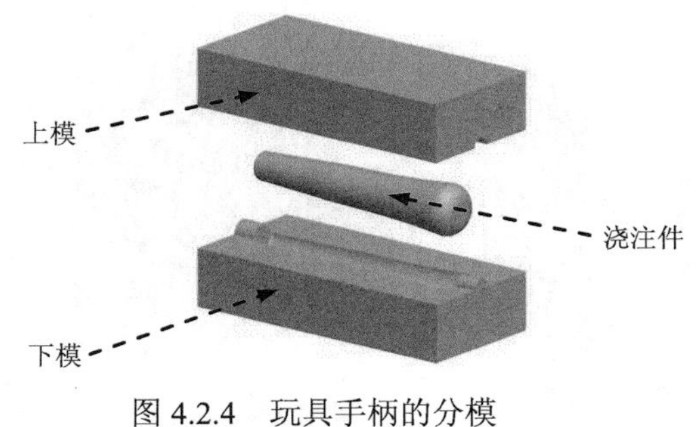

图 4.2.4　玩具手柄的分模

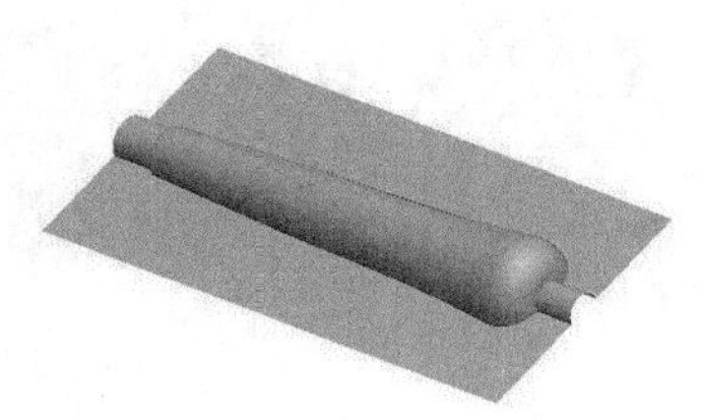

图 4.2.5　创建分型面

说明：如果选取图 4.2.7 所示的坯料表面，并认可该图中的箭头方向为投影的方向，则可创建图 4.2.8 所示的分型面。

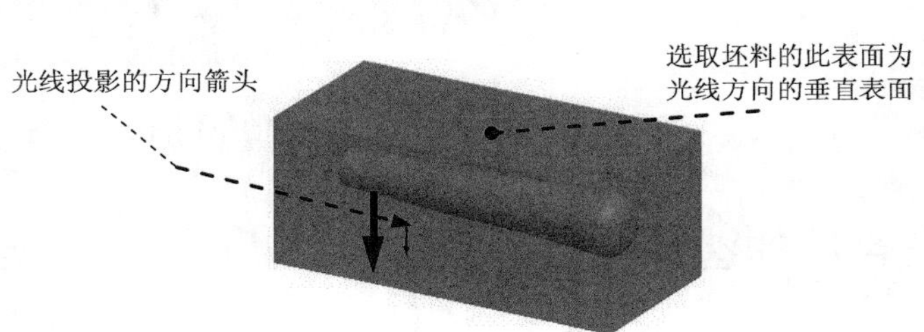

图 4.2.6　定义光线投影的方向

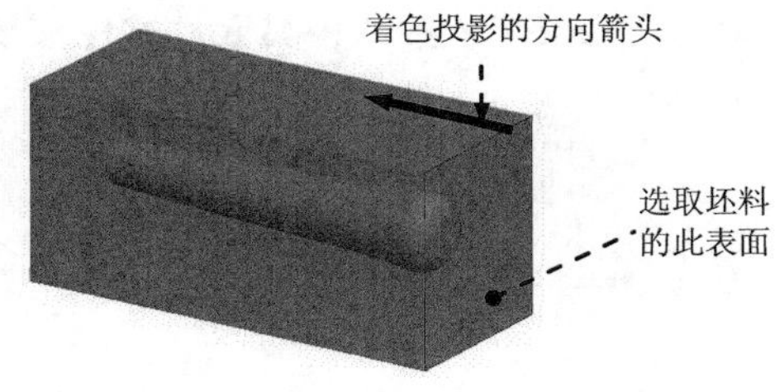

图 4.2.7　定义着色投影的方向

Step5. 单击“阴影曲面”对话框中的 预览 按钮，预览所创建的分型面，然后单击 确定 按钮完成操作。

Step6. 在工具栏中单击“完成”按钮 ✓，完成分型面的创建。

Stage3．用分型面创建上下两个体积块

Step1. 选择下拉菜单 编辑(E) ➞ 分割... 命令。

Step2. 在系统弹出的 ▼ SPLIT VOLUME（分割体积块）菜单中选择 Two Volumes（两个体积块） ➞ All Wrkpcs（所有工件） ➞ Done（完成）命令，此时系统弹出“分割”对话框。

Step3. 在系统 ➪为分割工件选取分型面。 的提示下，选取图 4.2.9 所示的分型面，然后单击“选取”对话框中的 确定 按钮。

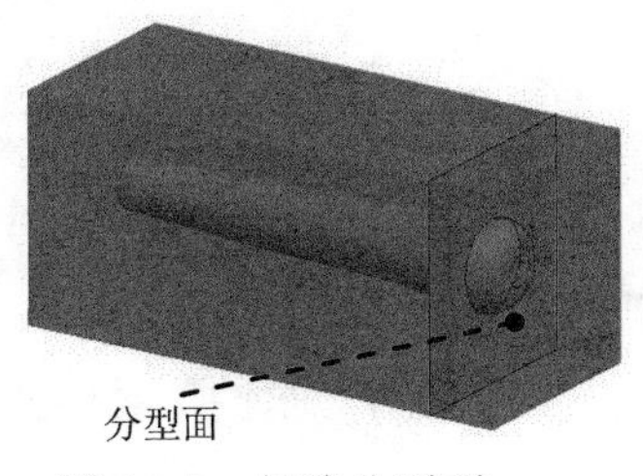

图 4.2.8　创建分型面

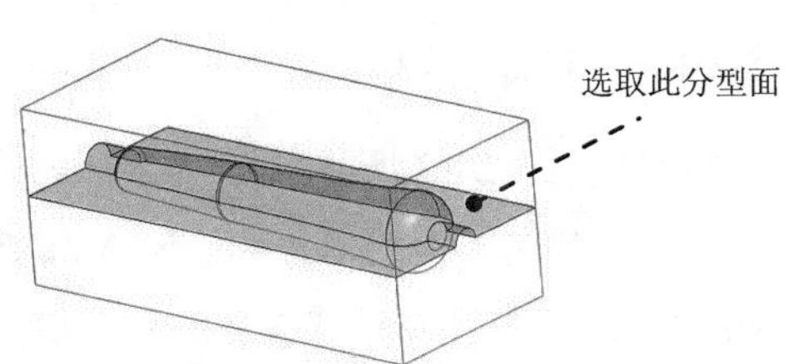

图 4.2.9　选取分型面

Step4. 在“分割”对话框中单击确定按钮。

Step5. 系统弹出“属性”对话框，同时坯料中分型面上侧的部分变亮，如图 4.2.10 所示，在对话框中输入名称 upper_mold，单击确定按钮。

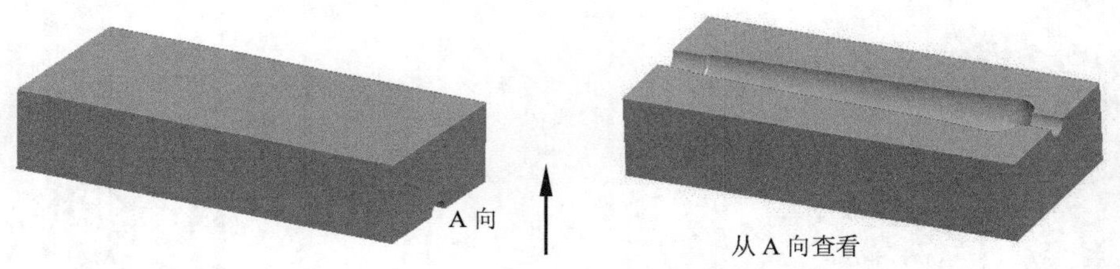

图 4.2.10 着色后的上侧部分

Step6. 系统再次弹出“属性”对话框，同时坯料中分型面下侧的部分变亮，如图 4.2.11 所示，输入名称 lower_mold，单击确定按钮。

图 4.2.11 着色后的下侧部分

Stage 4. 抽取模具元件并生成浇注件

将浇注件命名为 MOLDING。

4.2.4 阴影法范例（二）——带孔的塑料垫片分模

图 4.2.12 所示的模具分型面是采用阴影法设计的，下面说明其操作过程。

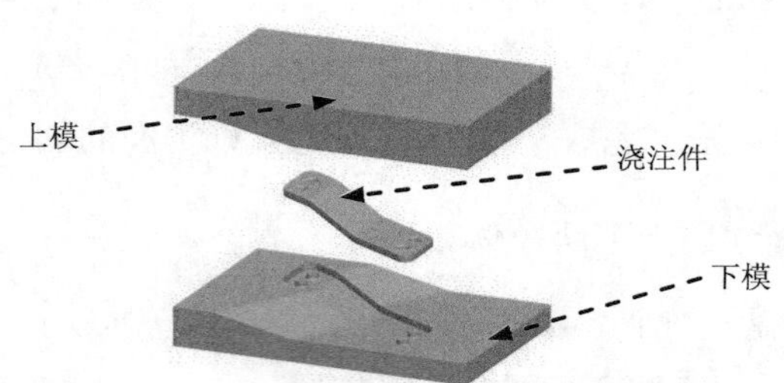

图 4.2.12 带孔的塑料垫片分模

Stage1. 打开模具模型

将工作目录设置至 D:\proewf5.3\work\ch04.02.04，然后打开文件 plate_mold.asm。

Stage2. 创建分型面

下面创建图 4.2.13 所示的分型面，以分离模具的上模型腔和下模型腔。

Step1. 选择下拉菜单 插入(I) → 模具几何 ▸ → 分型面(S)... 命令。

Step2. 选择下拉菜单 编辑(E) → 属性(R) 命令，在弹出的“属性”对话框中输入分型面名称 ps，单击对话框中的确定按钮。

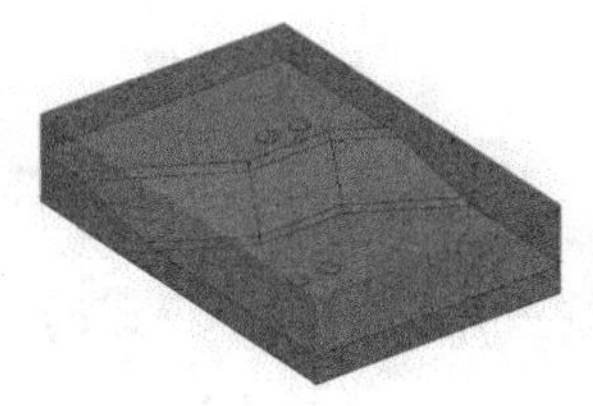
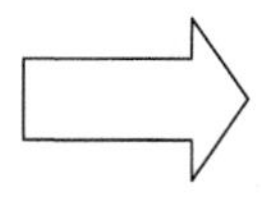

图 4.2.13　创建分型面

Step3. 选择下拉菜单 编辑(E) → 阴影曲面(W) 命令，此时系统弹出“阴影曲面”对话框。

Step4. 定义光线投影的方向。在弹出的 ▼ GEN SEL DIR (一般选取方向) 菜单中选择 Plane (平面) 命令，然后在系统 ➪选取将垂直于此方向的平面。 的提示下，选取图 4.2.14 所示的坯料表面为光线方向的垂直表面，选择 Okay (确定) 命令，认可图 4.2.14 中的箭头方向为投影方向。

Step5. 单击对话框中的 预览 按钮，预览所创建的分型面，然后单击 确定 按钮完成操作。

Step6. 在工具栏中单击“完成”按钮 ✓，完成分型面的创建。

Stage3．用分型面创建上下两个体积块

Step1. 选择下拉菜单 编辑(E) → 分割... 命令。

Step2. 在系统弹出的 ▼ SPLIT VOLUME (分割体积块) 菜单中选择 Two Volumes (两个体积块) → All Wrkpcs (所有工件) → Done (完成) 命令，此时系统弹出“分割”对话框。

Step3. 在系统 ➪为分割工件选取分型面。 的提示下，选取图 4.2.15 所示的分型面，并单击“选取”对话框中的 确定 按钮。

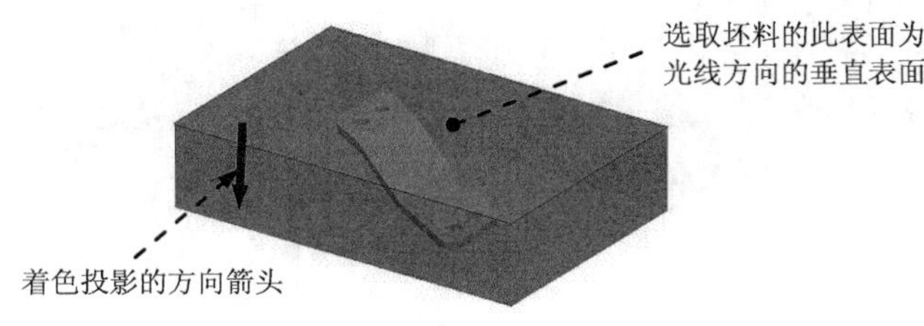

图 4.2.14　定义着色投影的方向

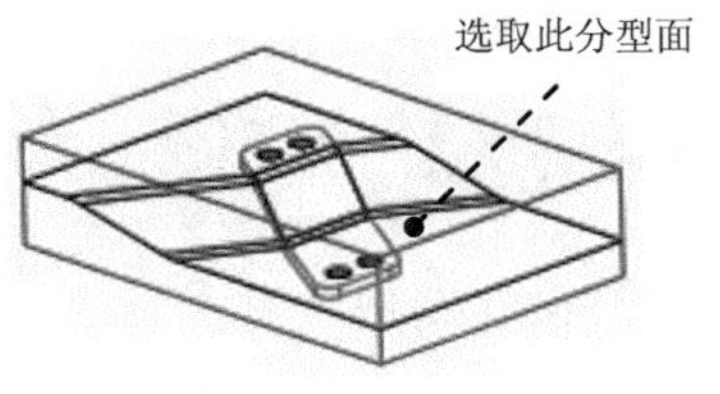

图 4.2.15　选取分型面

Step4. 在“分割”对话框中单击 确定 按钮。

Step5. 系统弹出“属性”对话框，同时坯料中分型面下侧的部分变亮，如图 4.2.16 所示，输入名称 lower_vol，单击 确定 按钮。

Step6. 系统再次弹出“属性”对话框，同时坯料中分型面上侧的部分变亮，如图 4.2.17 所示，输入名称 upper_vol，单击 确定 按钮。

Stage4．抽取模具元件并生成浇注件

将浇注件命名为 MOLDING。

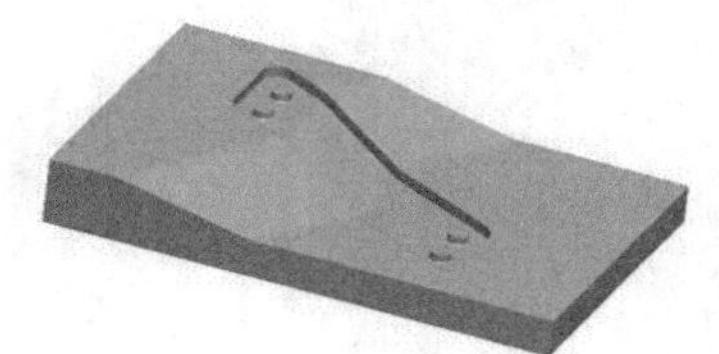

图 4.2.16　着色后的分型面下侧

图 4.2.17　着色后的分型面上侧

4.2.5　阴影法范例（三）——塑料鞋跟的分模

图 4.2.18 所示的模具分型面是采用阴影法设计的，下面说明其操作过程。

Stage1．打开模具模型

将工作目录设置至 D:\proewf5.3\work\ch04.02.05，然后打开文件 shoe_mold.asm。

Stage2．创建分型面

下面创建图 4.2.19 所示的分型面，以分离模具的上模型腔和下模型腔。

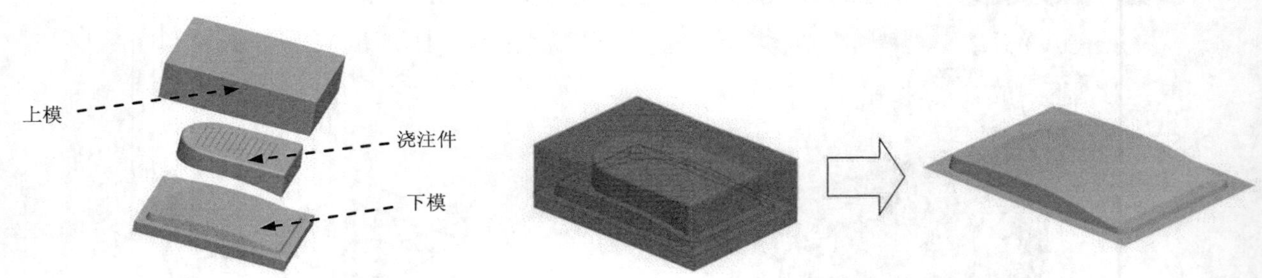

图 4.2. 18　塑料鞋跟的分模　　图 4.2.19　分型面

Step1. 选择下拉菜单 插入(I) → 模具几何 ▸ → 分型面(S)... 命令。

Step2. 选择下拉菜单 编辑(E) → 属性(R) 命令，在弹出的“属性”对话框中输入分型面名称 ps，单击对话框中的 确定 按钮。

Step3. 选择下拉菜单 编辑(E) → 阴影曲面(W) 命令，系统弹出“阴影曲面”对话框。

Step4. 定义光线投影的方向。在弹出的 ▼ GEN SEL DIR (一般选取方向) 菜单中选择 Plane (平面) 命令，然后在系统 ➪选取将垂直于此方向的平面。 的提示下，选取图 4.2.20 所示的坯料表面来定义光线方向，将投影的方向切换至图 4.2.20 中箭头所示的方向，然后选择 Okay (确定) 命令。

Step5. 在阴影曲面上创建“束子”特征。

（1）定义“束子”特征的轮廓。

① 在图 4.2.21 所示的“阴影曲面”对话框（一）中双击ShutOff Ext (关闭扩展)元素。

② 在系统弹出的▼ SHUTOFF EXT (关闭延拓)菜单中选择Boundary (边界) ➡ Sketch (草绘)命令。

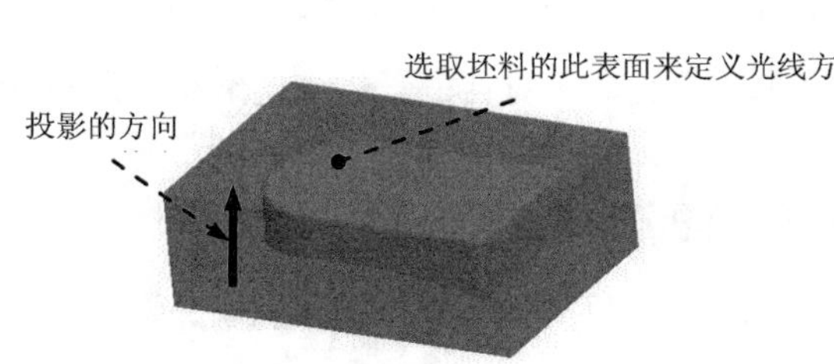

图 4.2.20　定义投影的方向

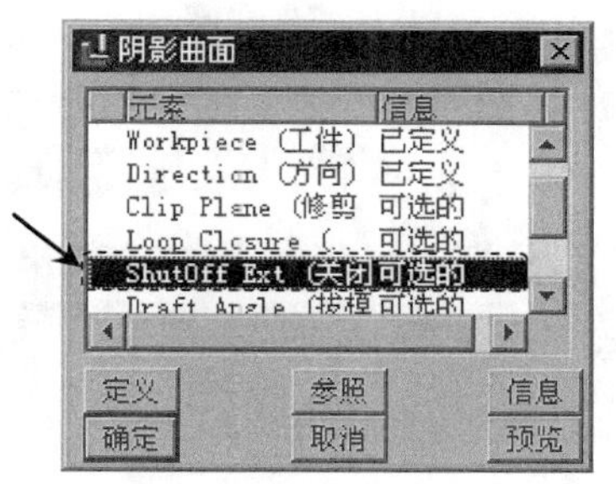

图 4.2.21　“阴影曲面”对话框（一）

③ 设置草绘平面。在▼ SETUP SK PLN (设置草绘平面)菜单中选择Setup New (新设置)命令，然后在系统➪选取或创建一个草绘平面。的提示下，选择图 4.2.22 所示的坯料表面为草绘平面，选择Okay (确定)命令，认可该图中的箭头方向为草绘平面的查看方向。在“草绘视图”菜单中选择Right (右)命令，然后在系统➪为草绘选取或创建一个水平或垂直的参照。的提示下，选取图 4.2.22 所示的坯料表面为参照平面。

④ 绘制“束子”轮廓。进入草绘环境后，选取 MOLD_FRONT 和 MOLD_RIGHT 基准平面为草绘参照，绘制图 4.2.23 所示的截面草图。完成绘制后，单击“草绘完成”按钮✔。

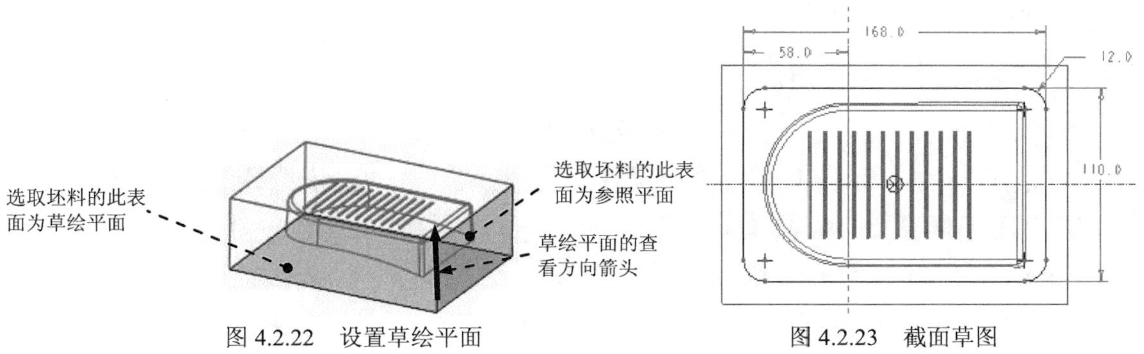

图 4.2.22　设置草绘平面　　图 4.2.23　截面草图

（2）定义“束子”的拔模角度。

① 在“阴影曲面”对话框中双击Draft Angle (拔模角度)元素。

② 在系统“输入拔模角值 15 ✔ ✖”的提示下，输入拔模角度值 15，并按 Enter 键。

（3）创建图 4.2.24 所示的基准平面 ADTM1，该基准平面将在下一步作为“束子”终止平面的参照平面。

① 单击工具栏上的“创建基准平面”按钮▱。

② 系统弹出“基准平面”对话框，选取 MAIN_PARTING_PLN 基准平面为参照平面，然后输入偏移值 40.0。

③ 单击“基准平面”对话框中的 确定 按钮。

（4）定义“束子”的终止平面。

① 在图 4.2.25 所示的“阴影曲面”对话框（二）中双击 ShutOff Plane（关闭平面 元素。

② 系统弹出 ▼ ADD RMV REF（加入删除参照）菜单和“选取”对话框，在系统 ➪选取一切断平面。的提示下，选取上一步创建的 ADTM1 为参照平面。

③ 在 ▼ ADD RMV REF（加入删除参照）菜单中选择 Done/Return（完成/返回）命令。

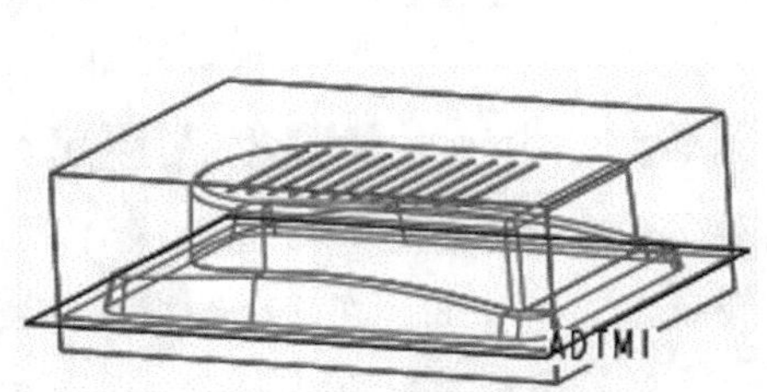

图 4.2.24 创建基准平面 ADTM1

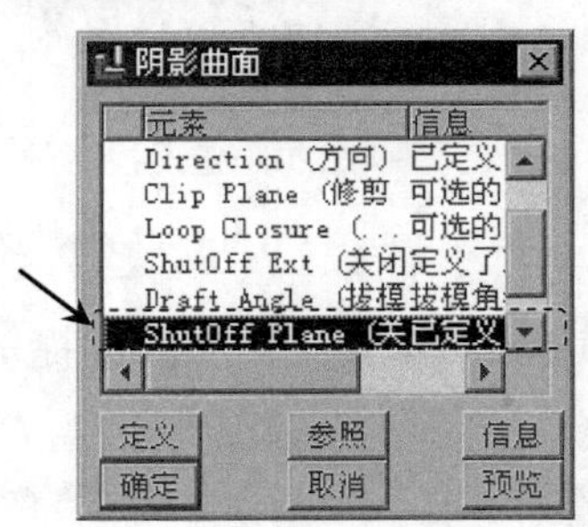

图 4.2.25 “阴影曲面”对话框（二）

Step6. 单击“阴影曲面”对话框（二）中的 预览 按钮，预览所创建的分型面，然后单击 确定 按钮完成操作。

Step7. 在工具栏中单击“完成”按钮 ✔，完成分型面的创建。

Stage3. 用分型面创建上下两个体积块

Step1. 选择下拉菜单 编辑(E) → 分割... 命令。

Step2. 在系统弹出的 ▼ SPLIT VOLUME（分割体积块）菜单中选择 Two Volumes（两个体积块）→ All Wrkpcs（所有工件）→ Done（完成）命令，此时系统弹出“分割”对话框。

Step3. 在系统 ➪为分割工件选取分型面。的提示下，选取图 4.2.26 所示的分型面，并单击“选取”对话框中的 确定 按钮，然后单击“分割”对话框中的 确定 按钮。

Step4. 系统弹出“属性”对话框，同时坯料中分型面下侧的部分变亮，如图 4.2.27 所示，在对话框中输入名称 lower_mold，单击 确定 按钮。

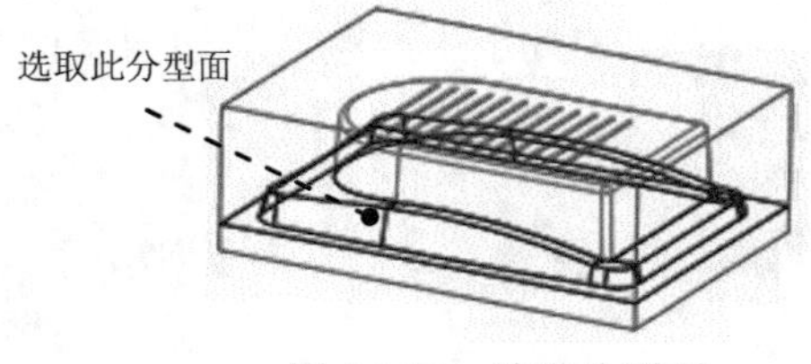

图 4.2.26 选取分型面

图 4.2.27 着色后的分型面下侧

Step5. 系统再次弹出“属性”对话框，同时坯料中分型面上侧的部分变亮，如图 4.2.28

所示，输入名称 upper_mold，单击确定按钮。

图 4.2.28 着色后的分型面上侧

Stage4. 抽取模具元件并生成浇注件

将浇注件命名为 MOLDING。

4.2.6 阴影法范例（四）——塑料盖的分模

图 4.2.29 所示的模具分型面是采用阴影法设计的，下面说明其操作过程。

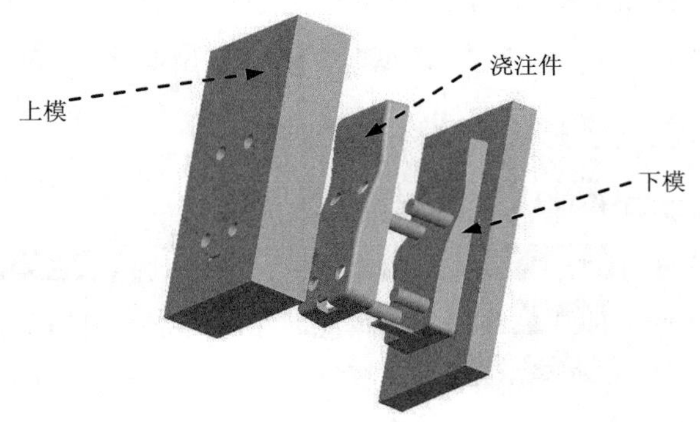

图 4.2.29 塑料盖的分模

Stage1. 打开模具模型

将工作目录设置至 D:\proewf5.3\work\ch04.02.06，然后打开文件 block1_mold_1.asm。

Stage2. 创建分型面

下面创建图 4.2.30 所示的分型面，以分离模具的上模型腔和下模型腔。

Step1. 选择下拉菜单插入(I) ➡ 模具几何 ▸ ➡ 分型面(S)... 命令。

Step2. 选择下拉菜单编辑(E) ➡ 属性(R)命令，在弹出的“属性”对话框中输入分型面名称 ps，单击对话框中的确定按钮。

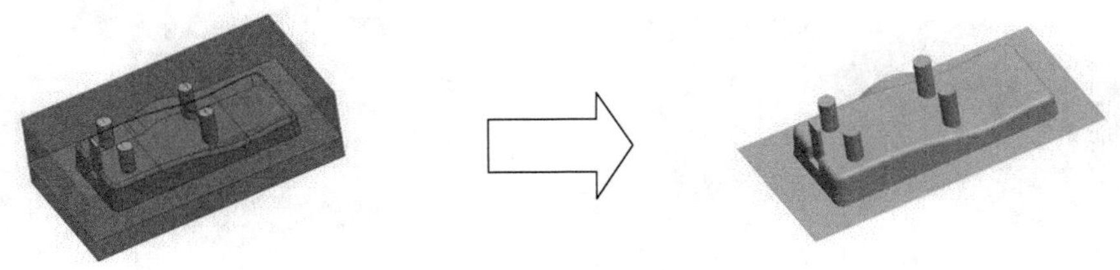

图 4.2.30 创建分型面

Step3. 选择下拉菜单编辑(E) ➡ 阴影曲面(W)命令，系统弹出“阴影曲面”对话框。

Step4. 定义光线投影的方向。在弹出的▼ GEN SEL DIR（一般选取方向）菜单中选择Plane（平面）命令，然后在系统➡选取将垂直于此方向的平面。的提示下，选取图 4.2.31 所示的坯料 A 表面，选择Okay（确定）命令，认可图 4.2.31 中的箭头方向为光线投影方向。

Step5. 定义环闭合。

（1）双击“阴影曲面”对话框中的Loop Closure (环闭合元素。

（2）在系统弹出的▼ CLOSURE (封合)菜单中接受默认的☑Cap Plane (顶平面)和☑All Inner Lps (所有内部环)复选框，然后选择该菜单中的Done (完成)命令。

（3）此时，系统弹出“选取”对话框，在系统➪选取或创建平面来覆盖聚合曲面。的提示下，选择图 4.2.31 所示的坯料 A 表面。

（4）选择▼ CLOSE LOOP (封闭环)菜单中的Done/Return (完成/返回)命令。

Step6. 单击对话框中的预览按钮，预览所创建的分型面，然后单击确定按钮完成操作。

Step7. 在工具栏中单击“完成”按钮✔，完成分型面的创建。

Stage3. 用分型面创建上下两个体积块

Step1. 选择下拉菜单编辑(E) ➡ 分割...命令。

Step2. 在系统弹出的▼ SPLIT VOLUME (分割体积块)菜单中选择Two Volumes (两个体积块) ➡ All Wrkpcs (所有工件) ➡ Done (完成)命令，此时系统弹出“分割”对话框。

Step3. 在系统➪为分割工件选取分型面。的提示下，选取前面创建的分型面，并单击“选取”对话框中的确定按钮。

Step4. 在“分割”对话框中单击确定按钮。

Step5 系统弹出“属性”对话框，同时坯料中分型面上侧的部分变亮，输入名称 upper_mold，单击确定按钮。

Step6. 系统再次弹出“属性”对话框，同时坯料中分型面下侧的部分变亮，输入名称 lower_mold，单击确定按钮。

Stage4. 抽取模具元件并生成浇注件

将浇注件命名为 MOLDING。

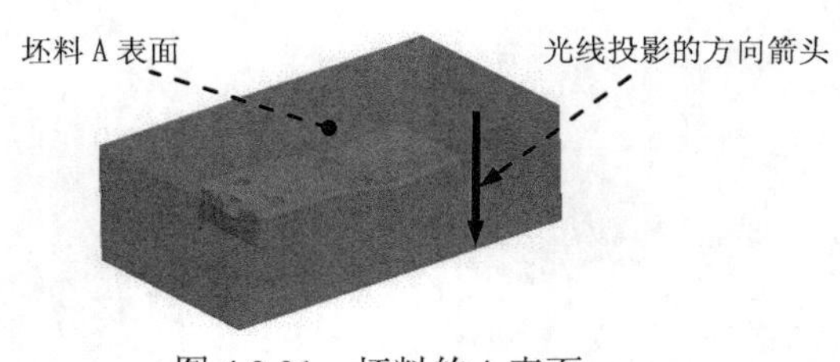

图 4.2.31 坯料的 A 表面

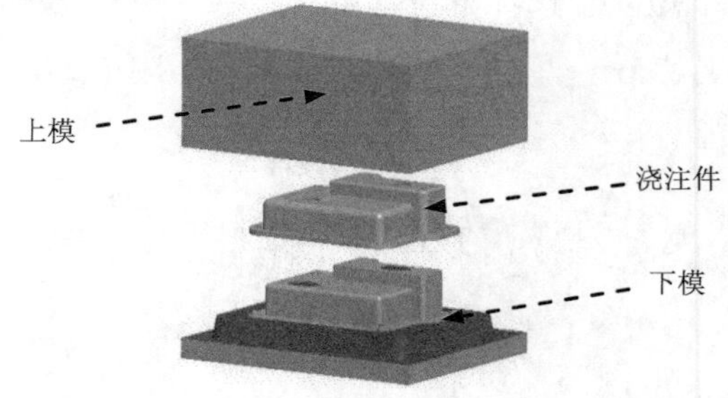

图 4.2.32 塑料座的分模

4.2.7 阴影法范例（五）——塑料座的分模

图 4.2.32 所示的模具分型面是采用阴影法设计的，下面说明其操作过程。

Stage1．打开模具模型

将工作目录设置至 D:\proewf5.3\work\ch04.02.07，然后打开文件 plastic_seat_mold.asm。

Stage2．创建分型面

下面创建图 4.2.33 所示的分型面，以分离模具的上模型腔和下模型腔。

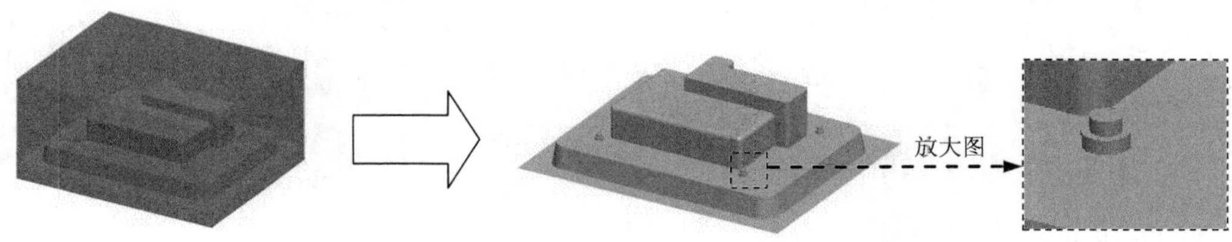

图 4.2.33　分型面

Step1. 选择下拉菜单 插入(I) → 模具几何 ▶ → 分型面(S)... 命令。

Step2. 选择下拉菜单 编辑(E) → 属性(R) 命令，在弹出的“属性”对话框中输入分型面名称 ps，单击对话框中的 确定 按钮。

Step3. 选择下拉菜单 编辑(E) → 阴影曲面(W) 命令，系统弹出“阴影曲面”对话框。

Step4. 定义光线投影的方向。在图 4.2.34 所示的“阴影曲面”对话框中双击 Direction (方向) 元素。在弹出的 ▼ GEN SEL DIR (一般选取方向) 菜单中选择 Plane (平面) 命令，然后在系统 ◆选取将垂直于此方向的平面。 的提示下，选取图 4.2.35 所示的坯料底面，将投影的方向切换至图 4.2.35 中箭头所示的方向，然后选择 Okay (确定) 命令。

Step5. 在阴影曲面上定义“封闭环”特征。

（1）定义封合类型。在图 4.2.34 所示的“阴影曲面”对话框中双击 Loop Closure (环闭合) 元素，在系统弹出的“封合”菜单中选中 ☑ Cap Plane (顶平面) 和 ☑ Sel Loops (选取环) 复选框，再选择 Done (完成) 命令。此时系统弹出“选取”对话框。

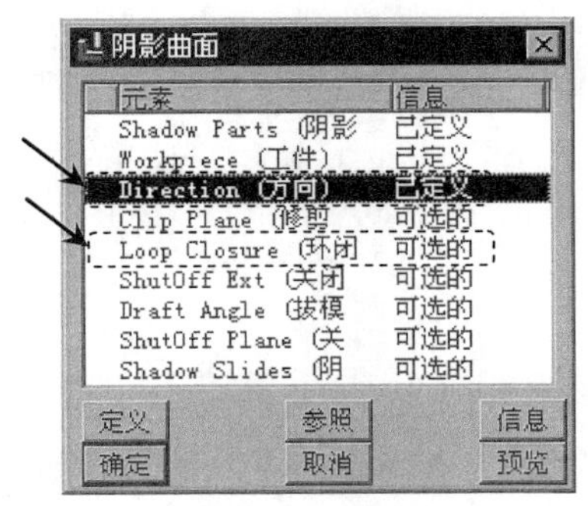

图 4.2.34　“阴影曲面”对话框

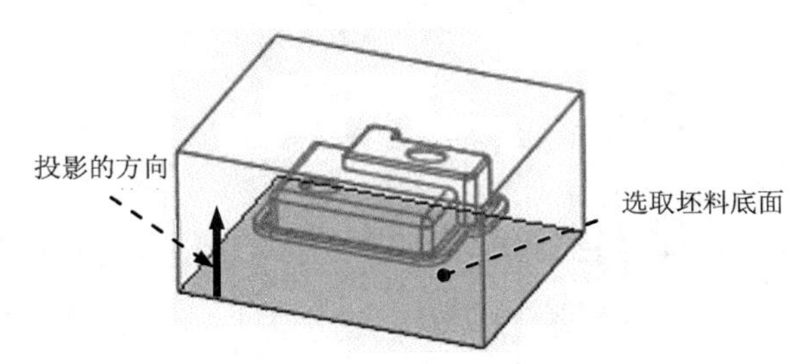

图 4.2.35　定义投影的方向

（2）定义聚合曲面。在系统 ◆选取或创建平面来覆盖聚合曲面。 的提示下，从列表中拾取图 4.2.36 所示的平面 曲面:F1(外部合并):PLASTIC_SEAT_MOLD_REF_ 为覆盖聚合曲面。

（3）定义需要关闭的边线。在系统 ◆选取要被罩平面关闭的邻接边。 的提示下，按住 Ctrl 键，选择图 4.2.37 所示的四条边线为关闭边线，单击“选取”对话框中的确定按钮，再选择 Done (完成) → Done/Return (完成/返回)命令。

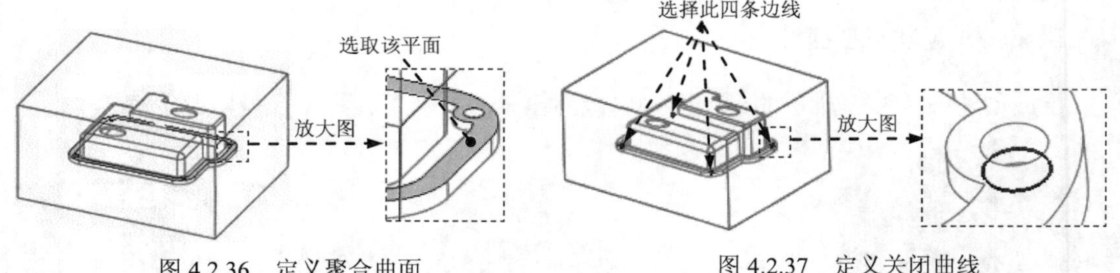

图 4.2.36 定义聚合曲面

图 4.2.37 定义关闭曲线

Step6. 在阴影曲面上创建“束子”特征。

(1) 定义“束子”特征的轮廓。

① 在图 4.2.34 所示的“阴影曲面”对话框中双击ShutOff Ext (关闭扩展)元素。

② 在系统弹出的▼ SHUTOFF EXT (关闭延拓)菜单中选择Boundary (边界) → Sketch (草绘)命令。

③ 设置草绘平面。在▼ SETUP SK PLN (设置草绘平面)菜单中选择Setup New (新设置)命令，然后在系统➪选取或创建一个草绘平面。的提示下，选择图 4.2.38 所示的坯料表面为草绘平面；选择Okay (确定)命令，认可该图中的箭头方向为草绘平面的查看方向；在“草绘视图”菜单中选择Right (右)命令，然后在系统➪为草绘选取或创建一个水平或垂直的参照。的提示下，选取图 4.2.38 所示的坯料表面为参照平面。

④ 绘制“束子”轮廓。进入草绘环境后，选取 MOLD_FRONT 和 MOLD_RIGHT 基准平面为草绘参照，绘制图 4.2.39 所示的截面草图。完成绘制后，单击“草绘完成”按钮✓。

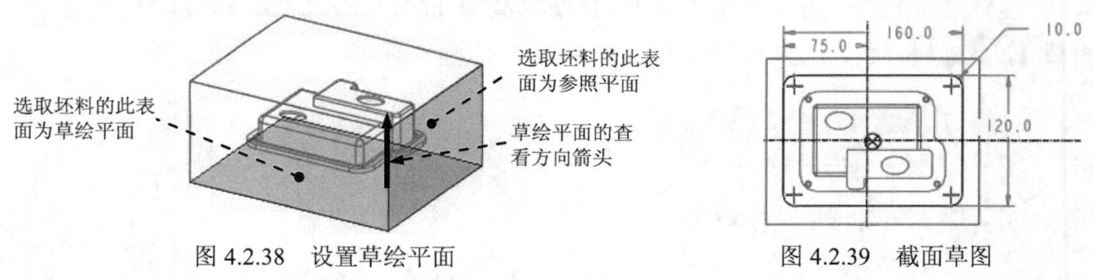

图 4.2.38 设置草绘平面

图 4.2.39 截面草图

(2) 定义“束子”的拔模角度。

① 在“阴影曲面”对话框中双击Draft Angle (拔模角度)元素。

② 在系统➪输入拔模角值的提示下，输入拔模角度值 10，并按 Enter 键。

(3) 创建图 4.2.40 所示的基准平面 ADTM1。单击工具栏上的“创建基准平面”按钮，选取图 4.2.41 所示的坯料底面为参照平面，然后输入偏移值-15.0，单击“基准平面”对话框中的确定按钮。

说明：该基准平面将在下一步作为“束子”终止平面的参照平面。

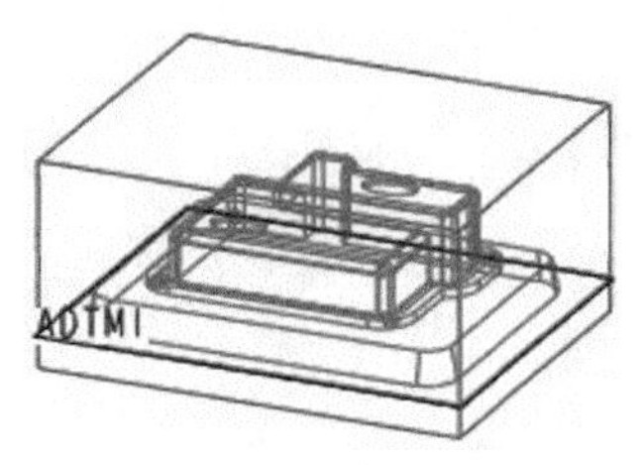

图 4.2.40 创建基准平面 ADTM1

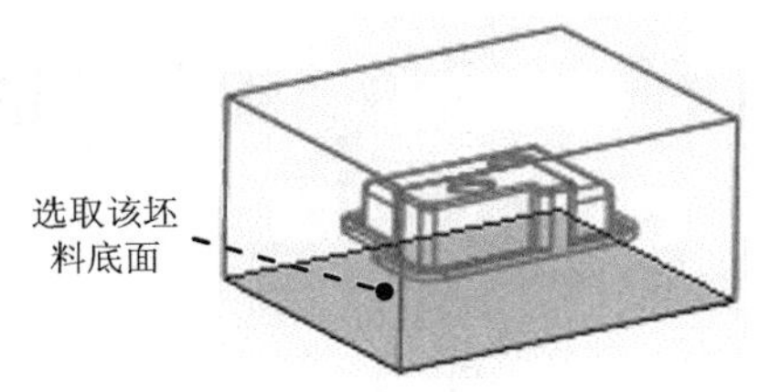

图 4.2.41 定义参照平面

（4）定义“束子”的终止平面。

① 在图 4.2.34 所示的“阴影曲面”对话框中双击ShutOff Plane (关闭平面)元素。

② 系统弹出▼ ADD RMV REF (加入删除参照)菜单和“选取”对话框，在系统➪选取一切断平面。的提示下，选取上一步创建的 ADTM1 为参照平面。

③ 在▼ ADD RMV REF (加入删除参照)菜单中选择Done/Return (完成/返回)命令。

Step7. 单击“阴影曲面”对话框中的预览按钮，预览所创建的分型面，然后单击确定按钮完成操作。

Step8. 在工具栏中单击“完成”按钮☑，完成分型面的创建。

Stage3．用分型面创建上下两个体积块

Step1. 选择下拉菜单编辑(E) ➡ 分割...命令。

Step2. 在系统弹出的▼ SPLIT VOLUME (分割体积块)菜单中选择Two Volumes (两个体积块) ➡ All Wrkpcs (所有工件) ➡ Done (完成)命令，此时系统弹出“分割”对话框。

Step3. 在系统➪为分割工件选取分型面。的提示下，选取图 4.2.42 所示的分型面，并单击“选取”对话框中的确定按钮，然后再单击对话框中的确定按钮。

Step4. 系统弹出“属性”对话框，同时坯料中分型面下侧的部分变亮，如图 4.2.43 所示，在对话框中输入名称 lower_mold，单击确定按钮。

Step5. 系统再次弹出“属性”对话框，同时坯料中分型面上侧的部分变亮，如图 4.2.44 所示，输入名称 upper_mold，单击确定按钮。

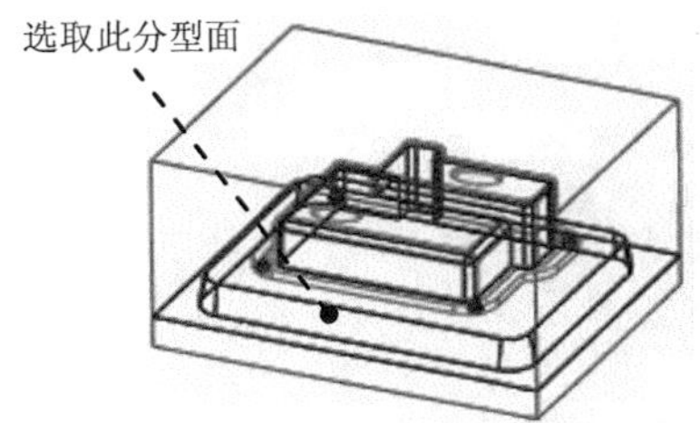

图 4.2.42 选取分型面

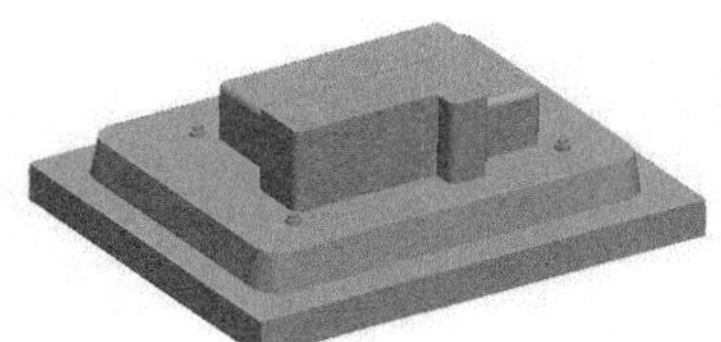
图 4.2.43 着色后的分型面下侧

图 4.2.44 着色后的分型面上侧

Stage4．抽取模具元件并生成浇注件

将浇注件命名为 MOLDING。

4.3 采用裙边法设计分型面

4.3.1 概述

裙边法（Skirt）是 Pro / ENGINEER 的模具模块所提供的另一种创建分型面的方法，这是一种沿着参照模型的轮廓线来建立分型面的方法。采用这种方法设计分型面时，首先要创建分型线（Parting Line），然后利用该分型线来产生分型面。分型线通常参照模型的轮廓线，一般可用侧面影像曲线（Silhouette）来建立。

完成分型线的创建后，通过指定开模方向，系统会自动将外部环路延伸至坯料表面并填充内部环路来产生分型面。

图 4.3.1 所示为采用裙边法设计分型面的例子，其中图 4.3.1a 是模具模型，图 4.3.1b 是根据参照模型创建的侧面影像曲线，图 4.3.1c 是在用户指定开模方向后，系统自动生成的裙边曲面，该裙边曲面就是模具的分型面。通过这个例子可以看出，采用裙边法构建出的分型面是一个不包含参照模型本身表面的破面，这种分型面有别于一般的覆盖型分型面，这是裙边法最重要的特点。

采用裙边法设计分型面的命令 裙边曲面(K) 位于 编辑(E) 下拉菜单中，利用该命令创建分型面应注意以下几点。

- 参照模型和坯料不得遮蔽，否则 裙边曲面(K) 命令呈灰色，无法使用。
- 使用该命令前，需创建分型曲线（Parting Line）。
- 使用 裙边曲面(K) 命令创建的分型面也是一个组件特征。
- 使用 裙边曲面(K) 命令创建分型面时，有时会出现延伸不完全的情况，此时用户必须手动定义其延伸要素。

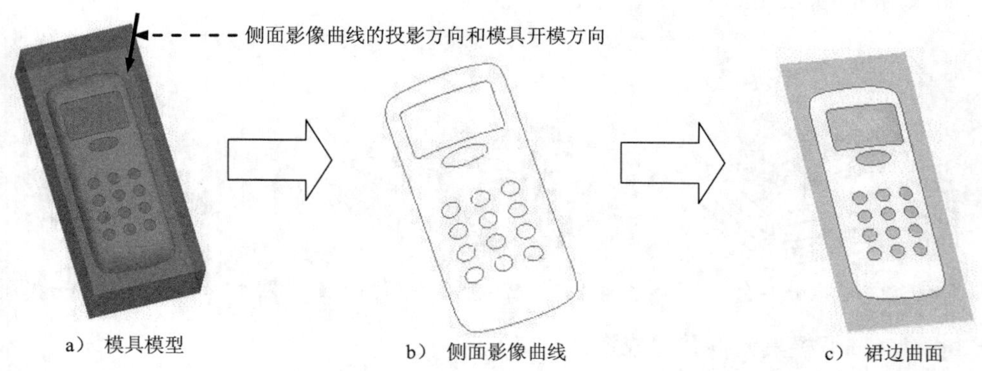

a） 模具模型　　b） 侧面影像曲线　　c） 裙边曲面

图 4.3.1 采用裙边法设计分型面

4.3.2　侧面影像曲线

侧面影像曲线是沿着特定的方向对模具模型进行投影而得到的参照模型的轮廓曲线，如图 4.3.1b 所示。由于参照模型形状的不同，所产生的侧面影像曲线也将有所差异，但所有侧面影像曲线都是由一个或数个封闭的内部环路及外部环路构成的。侧面影像曲线的主要作用是建立参照模型的分型线，辅助建立分型面。如果某些侧面影像曲线段不产生所需的分型面几何或引起分型面延伸重叠，则可将其排除并手工创建投影曲线。

Silhouette（侧面影像）命令位于▼ MOLD FEAT（模具特征）菜单中（图 4.3.2），用户选择该命令后，系统会弹出图 4.3.3 所示的“侧面影像曲线”对话框。

一般情况下，用户只需定义投影的方向，系统便可自动完成侧面影像曲线的建立，但如果参照模型的某些曲面与投影方向平行时，则在曲面的上方及下方都会产生一曲线链，而这两条曲线并不能同时使用，此时必须定义曲线对话框中的Loop Selection（环选取元素。双击该元素后，系统会弹出“环选取”对话框，该对话框包括两个选项卡，它们是环和链选项卡（图 4.3.4）。在环选项卡中，可以选择包括按钮来保留某个环路，或者选择排除按钮来去掉某个环路；在链选项卡中，则可以选择上部按钮来使用某个链的上半部分，或者选择下部按钮来使用某个链的下半部分。如果某个链仅是单个链，则其状态为“单一”，该链便没有“上部”或“下部”可供选择，因此选择该链后，上部和下部按钮均为灰色。

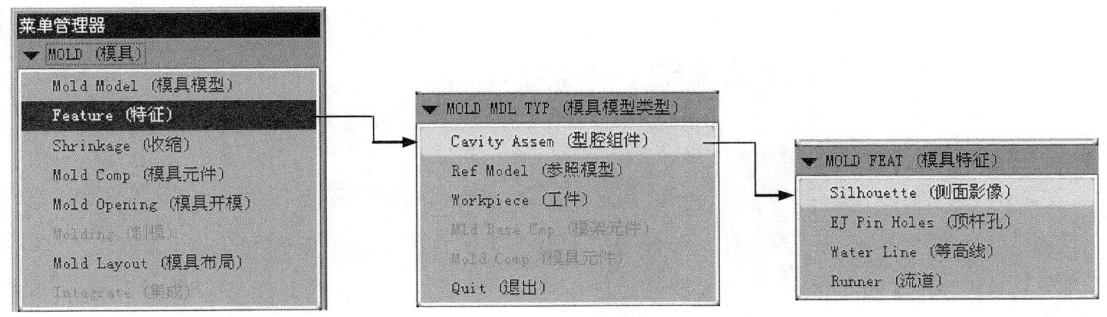

图 4.3.2　侧面影像曲线的操作过程和命令

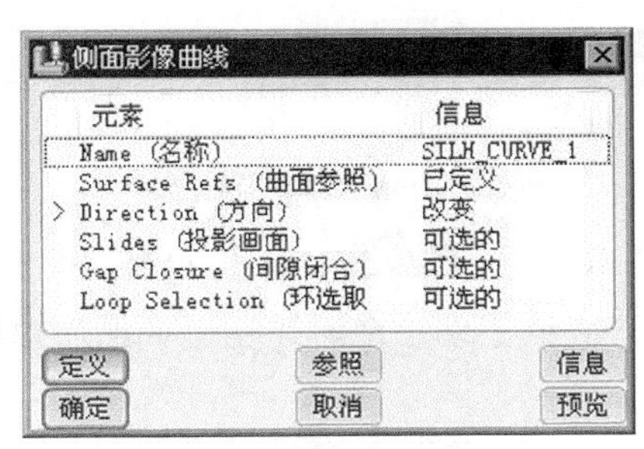

图 4.3.3　“侧面影像曲线”对话框

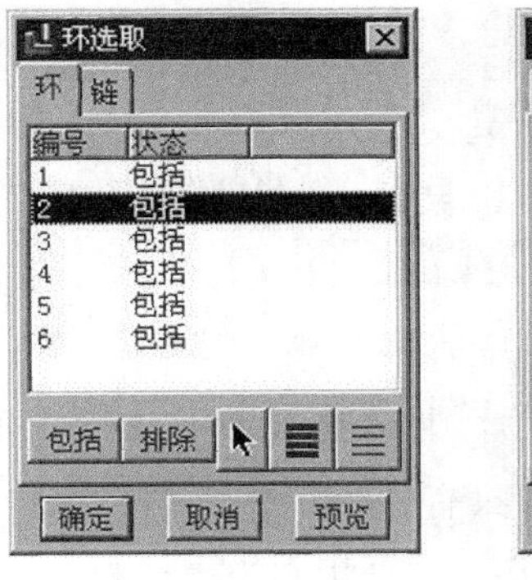

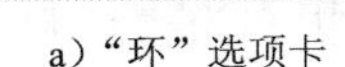
a）“环”选项卡

b）“链”选项卡

图 4.3.4　“环选取”对话框

创建侧面影像曲线的一般操作过程如下。

Step1. 在▼ MOLD（模具）菜单中选择Feature（特征）→ Cavity Assem（型腔組件）命令。

Step2. 在▼ MOLD FEAT（模具特征）菜单中选择Silhouette（侧面影像）命令，系统弹出“侧面影像曲线”对话框。

Step3. 为要创建的侧面影像曲线指定名称。系统会默认命名为 SILH_CURVE_1 或 SILH_CURVE_2 等。

Step4. 选取平面、曲线、边、轴或坐标系，以指定光线投影的方向。

注意：如果已经定义了模型的“拖动方向”，则默认的光线投影方向自动为“拖动方向”的相反方向。

Step5. 可根据需要，在“侧面影像曲线”对话框上指定以下任意一项元素。

- Slides（投影画面）：指定处理参照零件中底切区域的体积块和（或）元件。
- Gap Closure（间隙闭合）：处理初始侧面影像中的间隙。
- Loop Selection（环选取）：手工选取环或链，或二者都选，以解决底切和非拔模区中的模糊问题。

Step6. 单击“侧面影像曲线”对话框中的预览按钮，预览所创建的侧面影像曲线，如果发现问题，则可双击对话框中有关元素，进行定义或修改。

Step7. 确认无误后，单击“侧面影像曲线”对话框中的确定按钮，完成侧面影像曲线的创建。

4.3.3 裙边法设计分型面的一般操作过程

采用裙边法设计分型面的一般操作过程如下。

Step1. 选择下拉菜单插入(I) → 模具几何 ▸ → 分型面(S)...命令。

Step2. 选择下拉菜单编辑(E) → 属性(R)命令，在弹出的“属性”对话框中输入分型面名称 ps，单击对话框中的确定按钮。

Step3. 选择下拉菜单编辑(E) → 裙边曲面(K)命令，此时系统弹出“裙边曲面”对话框。

Step4. 指定参照模型。

- 如果模具模型中只有一个参照模型，系统会默认选取它。此时“裙边曲面”对话框中的Ref Model（参照模型）元素信息状态为“已定义”。
- 如果模具模型中有多个参照模型，则用户必须手动选取某个参照模型。

Step5. 指定工件（坯料）。必须选取 Pro/ENGINEER 在其上创建裙边曲面特征的一个元件。如果模具模型中只有一个工件，则系统会默认选取该工件。此时“裙边曲面”对话框中的Workpiece（工件）元素信息状态为“已定义”。

Step6. 选取平面、曲线、边、轴或坐标系，以指定光线投影的方向。

注意：如果已定义了模型的“拖动方向”，则默认的光线投影方向自动为“拖动方向”的相反方向。

Step7. 在参照零件上选取分型线，该分型线中可能含有内环（供将来填充用）和外环（供将来延伸用）。一般事先用侧面影像曲线创建分型线。

Step8. 如果要进行裙边曲面的延伸控制，可双击“裙边曲面”对话框中的Extension (延伸)元素，系统弹出图 4.3.5 所示的“延伸控制”对话框。

图 4.3.5 所示的“延伸控制”对话框中的各选项卡说明如下。

- 在“延伸曲线”选项卡中，可以选取曲线特征中的哪些线段要加入裙边延伸。
- 在“相切条件”选项卡中，可以指定裙边的延伸方向与相邻的参照模型表面相切。
- 在“延伸方向”选项卡中，可以更改裙边曲面的延伸方向。

Step9. 如果要改变处理内环的方法，可双击“裙边曲面”对话框中的Loop Closure (环闭合)元素，然后进行相关的操作。

Step10. 根据参照模型边缘的状况，可在裙边曲面上创建“束子”特征，用户可使用“裙边曲面”对话框中的ShutOff Ext (关闭扩展)、Draft Angle (拔模角度)和ShutOff Plane (关闭平面)三个元素创建“束子”特征。在裙边曲面上创建“束子”特征的方法，与在阴影曲面上创建“束子”特征的方法相同。

- ShutOff Ext (关闭扩展)元素：用于定义束子的外围轮廓，一般以草绘的方式来定义束子的轮廓。
- Draft Angle (拔模角度)元素：用于定义束子四周侧面的拔模角度（倾斜角度）。
- ShutOff Plane (关闭平面)元素：用于定义束子的终止平面。

Step11. 单击“裙边曲面”对话框中的 预览 按钮，预览所创建的裙边曲面，然后单击 确定 按钮完成操作。

4.3.4　裙边法范例（一）——玩具手柄的分模

下面以图 4.3.6 所示的玩具手柄为例，说明采用裙边法设计分型面的一般操作过程。

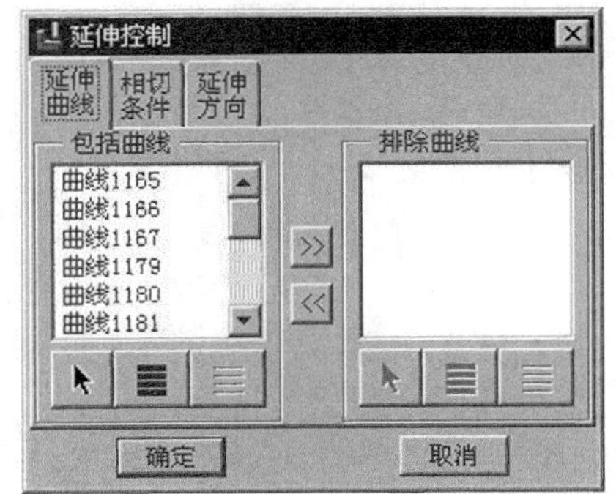

图 4.3.5　“延伸控制”对话框

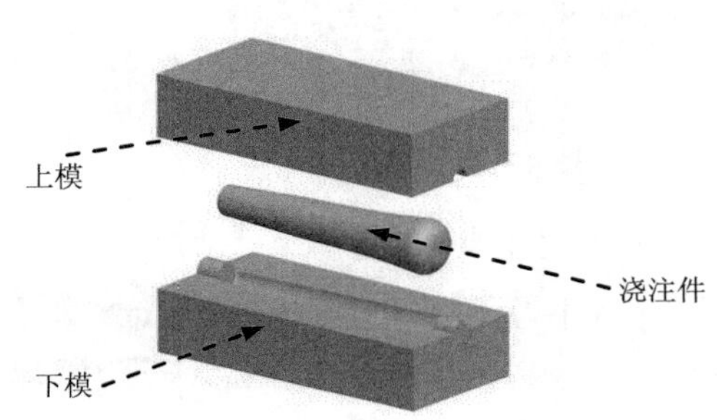

图 4.3.6　玩具手柄的分模

Stage1．打开模具模型

将工作目录设置至 D:\proewf5.3\work\ch04.03.04，打开文件 handle1_mold.asm。

Stage2．创建分型面

下面创建图 4.3.7 所示的分型面，以分离模具的上模型腔和下模型腔。

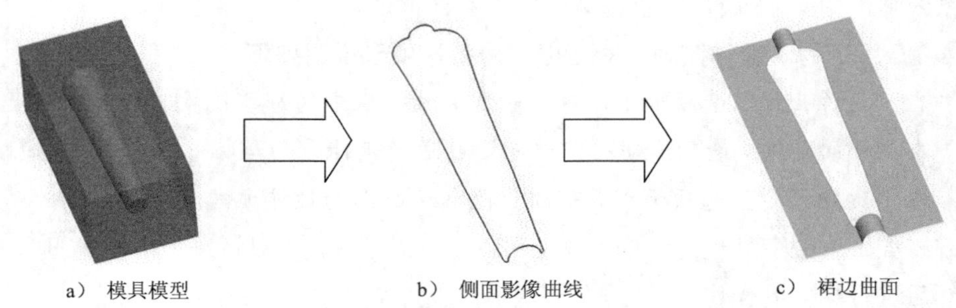

图 4.3.7　采用裙边法设计分型面

Step1．创建侧面影像曲线。

（1）在▼ MOLD (模具)菜单中选择Feature (特征) ➡ Cavity Assem (型腔组件)命令。

（2）在▼ MOLD FEAT (模具特征)菜单中选择Silhouette (侧面影像)命令，此时系统弹出“侧面影像曲线”对话框。

（3）定义光线投影的方向。在▼ GEN SEL DIR (一般选取方向)菜单中选择Plane (平面)命令，然后在➪选取将垂直于此方向的平面。的提示下，选取图 4.3.8 所示的坯料表面，选择Okay (确定)命令，认可图中的箭头方向为投影方向。

（4）单击“侧面影像曲线”对话框中的预览按钮，预览所创建的侧面影像曲线（图 4.3.9），然后单击确定按钮完成操作。

（5）选择Done/Return (完成/返回)命令。

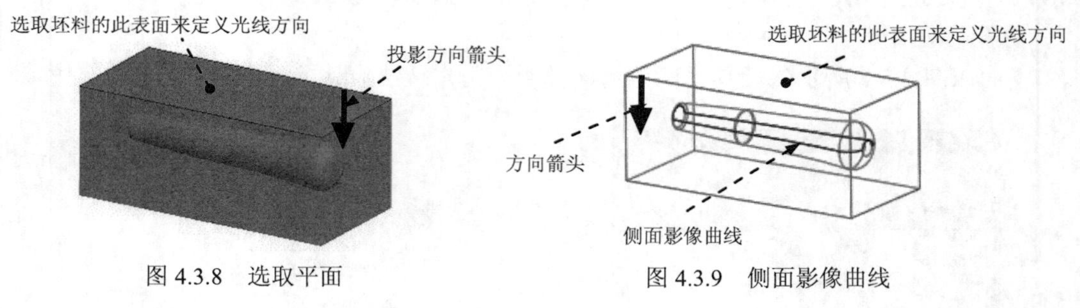

图 4.3.8　选取平面　　　图 4.3.9　侧面影像曲线

Step2．设计分型面。

（1）选择下拉菜单插入(I) ➡ 模具几何 ▸ ➡ 分型面(S)...命令。

（2）选择下拉菜单编辑(E) ➡ 属性(R)命令，在弹出的“属性”对话框中输入分型面名称 ps，单击对话框中的确定按钮。

（3）选择下拉菜单 编辑(E) → 裙边曲面(K) 命令，此时系统弹出“裙边曲面”对话框。

（4）定义光线投影的方向。在 ▼ GEN SEL DIR（一般选取方向）菜单中选择 Plane（平面）命令，然后在系统 ➪选取将垂直于此方向的平面。的提示下，选取图 4.3.9 所示的坯料表面，选择 Okay（确定）命令，接受图 4.3.9 中的箭头方向。

（5）在弹出的 ▼ CHAIN（链）菜单中，选择 Feat Curves（特征曲线）命令，然后在系统 ➪选择包含曲线的特征。的提示下，用“列表选取”的方法选取前面创建的侧面影像曲线。将鼠标指针移至模型中曲线的位置，右击，从弹出的菜单中选择 从列表中拾取 命令，在弹出的“从列表中拾取”对话框中选取 F7(SILH_CURVE_1) 项，然后单击 确定(O) 按钮，选择 Done（完成）命令。

（6）在“裙边曲面”对话框中单击 预览 按钮，预览所创建的分型面，然后单击 确定 按钮完成操作。

（7）在工具栏中单击“完成”按钮 ✔，完成分型面的创建。

Stage3. 用分型面创建上下两个体积块

Step1. 选择下拉菜单 编辑(E) → 分割... 命令。

Step2. 在系统弹出的 ▼ SPLIT VOLUME（分割体积块）菜单中选择 Two Volumes（两个体积块）→ All Wrkpcs（所有工件）→ Done（完成）命令，此时系统弹出“分割”对话框。

Step3. 在系统 ➪为分割工件选取分型面。的提示下，选取分型面，然后单击“选取”对话框中的 确定 按钮。

Step4. 在“分割”对话框中单击 确定 按钮。

Step5. 系统弹出“属性”对话框，同时坯料中分型面的下侧部分变亮（图 4.3.10），在对话框中输入名称 lower_vol，单击 确定 按钮。

Step6. 系统再次弹出“属性”对话框，同时坯料中分型面的上侧部分变亮（图 4.3.11），输入名称 upper_vol，单击 确定 按钮。

图 4.3.10 着色后的下侧部分

图 4.3.11 着色后的上侧部分

Stage4. 抽取模具元件并生成浇注件

将浇注件命名为 MOLDING。

4.3.5 裙边法范例（二）——面板的分模

图 4.3.12 所示的模具分型面是采用裙边法设计的，下面说明其操作过程。

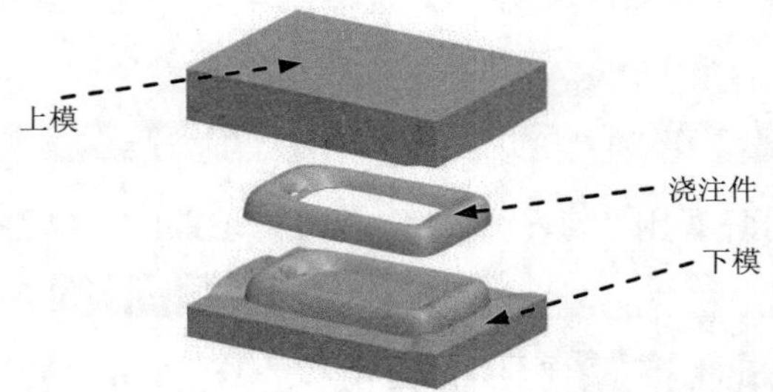

图 4.3.12 面板的分模

Stage1. 打开模具模型

将工作目录设置至 D:\proewf5.3\work\ch04.03.05，打开文件 panel_mold.asm。

Stage 2. 创建分型面

下面创建图 4.3.13 所示的分型面，以分离模具的上模型腔和下模型腔。

图 4.3.13 用裙边法设计分型面

Step1. 创建侧面影像曲线。

（1）在弹出的▼ MOLD (模具)菜单中选择Feature (特征) ➡ Cavity Assem (型腔组件) ➡ Silhouette (侧面影像)命令，系统弹出“侧面影像曲线”对话框。

（2）在系统➪选取将垂直于此方向的平面。的提示下，选取图 4.3.14 所示的坯料表面来定义光线的方向，选择Okay (确定)命令，认可图 4.3.14 中的箭头方向为投影方向。

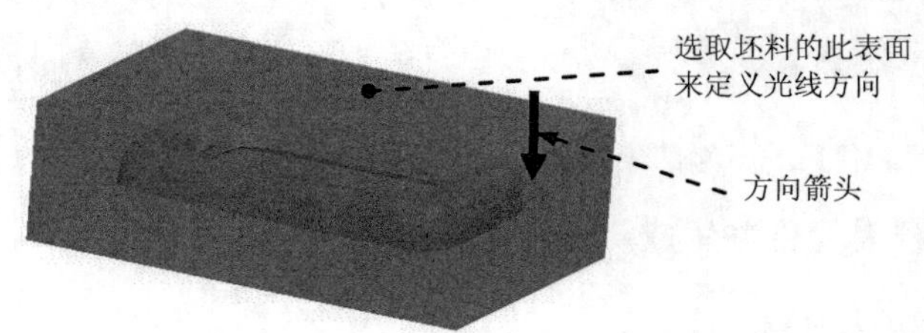

图 4.3.14 选取平面

（3）遮蔽参照件和坯料。单击按钮，在弹出的“遮蔽-取消遮蔽”对话框中按下元件按钮，在列表中选取 PANEL_MOLD_REF 和 WP，然后单击遮蔽按钮，再单击关闭按钮。

（4）排除侧面影像曲线中无用的环。在图 4.3.15 所示的“侧面影像曲线”对话框中双击 Loop Selection（环选取元素，系统弹出图 4.3.16 所示的“环选取”对话框，在对话框的列表中选取 2 包括（此时图 4.3.17 所示的“环 2”变亮），然后单击排除按钮，再选取 5 包括（此时图 4.3.17 所示的“环 5”变亮），然后单击排除按钮，最后单击确定按钮。

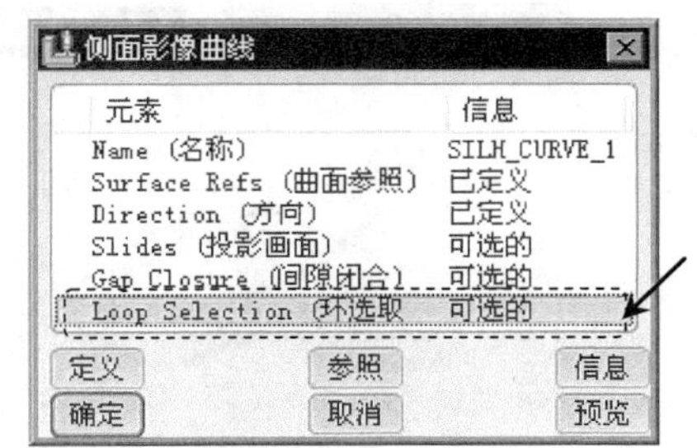

图 4.3.15　“侧面影像曲线”对话框

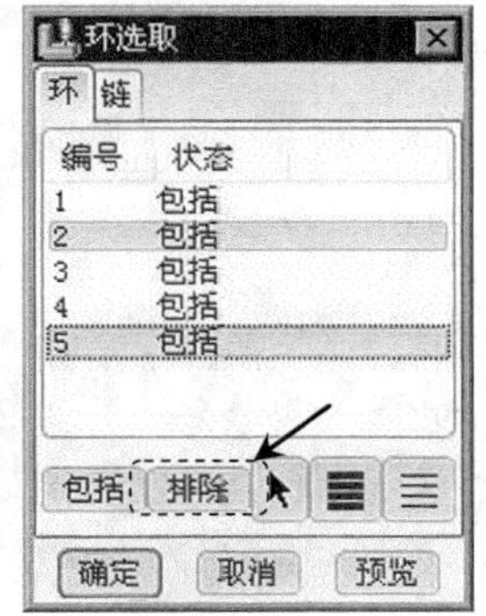

图 4.3.16　“环选取”对话框

（5）单击“侧面影像曲线”对话框中的预览按钮，预览所创建的侧面影像曲线，然后单击确定按钮完成操作。

（6）选择 Done/Return（完成/返回）命令。

（7）显示参照件和坯料。

Step2. 采用裙边法设计分型面。

（1）选择下拉菜单 插入(I) → 模具几何 ▸ → 分型面(S)... 命令。

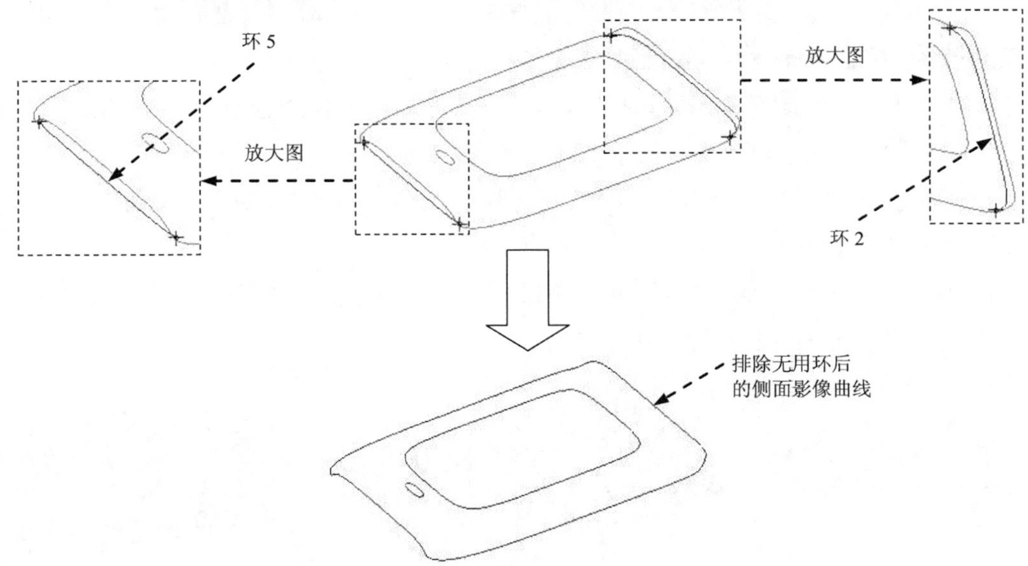

图 4.3.17　排除侧面影像曲线中无用的环

（2）选择下拉菜单 编辑(E) → 属性(R) 命令，在弹出的“属性”对话框中输入分型面名称 ps，单击对话框中的 确定 按钮。

（3）选择下拉菜单 编辑(E) → 裙边曲面(K) 命令，此时系统弹出“裙边曲面”对话框。

（4）在系统 ➪选取将垂直于此方向的平面。 的提示下，选取图 4.3.18 所示的坯料表面来定义光线方向，选择 Okay（确定）命令，认可图 4.3.18 中的箭头方向。

（5）在弹出的 ▼ CHAIN（链） 菜单中选择 Feat Curves（特征曲线） 命令，然后在系统 ➪选择包含曲线的特征。 的提示下，用“列表选取”的方法选取图 4.3.19 所示的侧面影像曲线。将鼠标指针移至模型中曲线的位置，右击，在弹出的菜单中选择 从列表中拾取 命令，在弹出的“从列表中拾取”对话框中选取 F7(SILH_CURVE_1) 项，然后单击 确定(O) 按钮，选择 Done（完成） 命令。

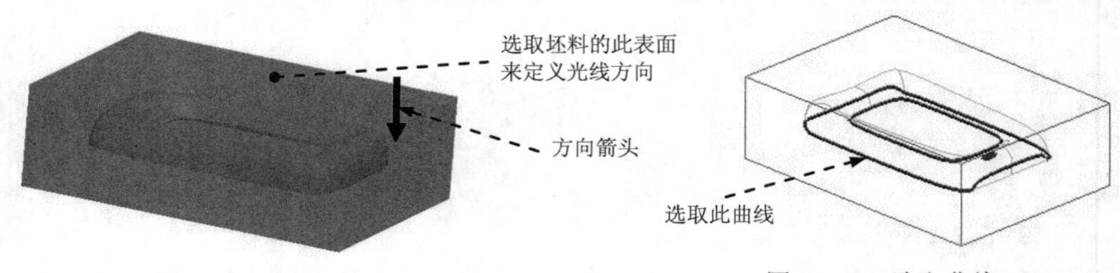

图 4.3.18 选取平面　　图 4.3.19 选取曲线

（6）单击“裙边曲面”对话框中的 预览 按钮，预览所创建的分型面（图 4.3.20），然后单击 确定 按钮完成操作。

（7）在工具栏中单击 ✓ 按钮，完成分型面的创建。

Stage3. 用分型面创建上下两个体积块

（1）选择下拉菜单 编辑(E) → 分割... 命令。

（2）在系统弹出的 ▼ SPLIT VOLUME（分割体积块） 菜单中选择 Two Volumes（两个体积块） → All Wrkpcs（所有工件） → Done（完成） 命令，此时系统弹出“分割”对话框。

（3）在系统 ➪为分割工件选取分型面。 的提示下，选取前面创建的分型面，并单击“选取”对话框中的 确定 按钮，再单击对话框中的 确定 按钮。

（4）系统弹出“属性”对话框，同时坯料中分型面的下侧部分变亮，如图 4.3.21 所示，在对话框中输入名称 lower_vol，单击 确定 按钮。

（5）系统再次弹出“属性”对话框，同时坯料中分型面的上侧部分变亮，如图 4.3.22 所示，输入名称 upper_vol，单击 确定 按钮。

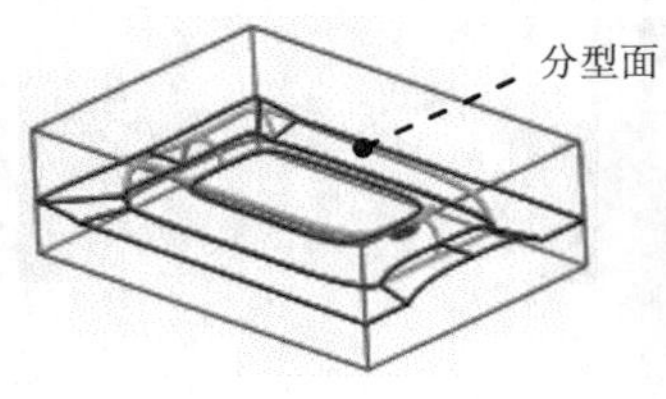

图 4.3.20 分型面

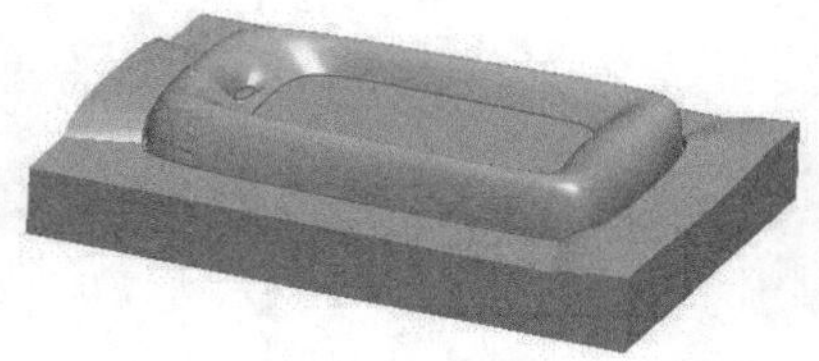

图 4.3.21 着色后的下侧部分

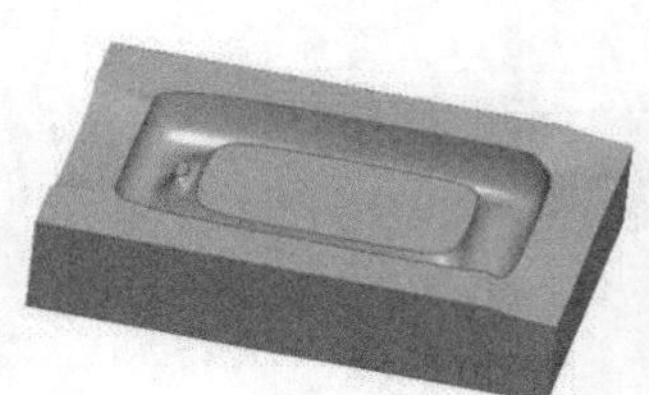

图 4.3.22 着色后的上侧部分

Stage4．抽取模具元件并生成浇注件

将浇注件命名为 MOLDING。

4.3.6　裙边法范例（三）——塑料盖的分模

图 4.3.23 所示的模具分型面是采用裙边法设计的，下面说明其操作过程。

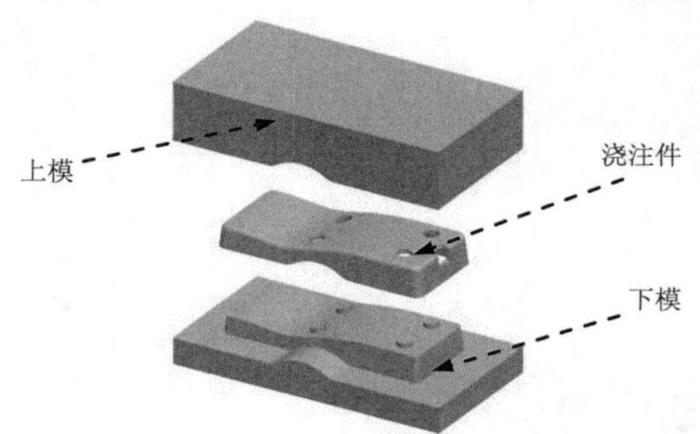

图 4.3.23　塑料盖的分模

Stage1．打开模具模型

将工作目录设置至 D:\proewf5.3\work\ch04.03.06，打开文件 block1_mold.asm。

Stage2．创建分型面

下面创建图 4.3.24 所示的分型面，以分离模具的上模型腔和下模型腔。

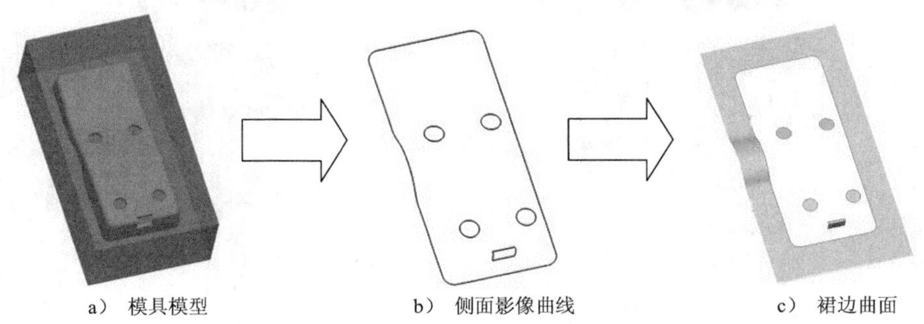

图 4.3.24　用裙边法设计分型面

Step1．创建侧面影像曲线。

（1）在弹出的 ▼ MOLD（模具）菜单中选择 Feature（特征） ➡ Cavity Assem（型腔组件） ➡ Silhouette（侧面影像）命令，系统弹出“侧面影像曲线”对话框。

（2）在系统 ➪选取将垂直于此方向的平面。的提示下，选取图 4.3.25 所示的坯料表面，选择 Okay（确定）命令，认可图 4.3.25 中的箭头方向为投影方向。

（3）遮蔽参照件和坯料。

（4）在侧面影像曲线中选取所需的链。在弹出的图 4.3.26 所示的“侧面影像曲线”对话框中，双击 Loop Selection (环选取 元素，在弹出的图 4.3.27 所示的“环选取”对话框中选择 链 选项卡，然后在列表中选取 6-1　上部 （此时图 4.3.28 所示的链变亮），单击 下部 按钮（此时图 4.3.29 所示的链变亮），单击 确定 按钮。

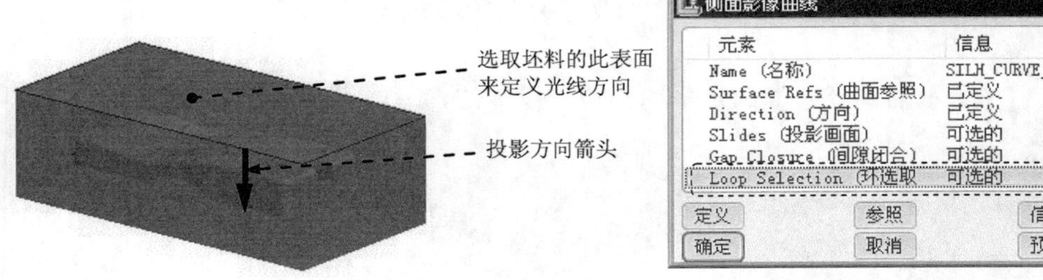

图 4.3.25　选取平面　　　　图 4.3.26 “侧面影像曲线”对话框

（5）单击“侧面影像曲线”对话框中的 预览 按钮，预览所创建的侧面影像曲线，然后单击 确定 按钮完成操作。

（6）选择 Done/Return (完成/返回) 命令。

（7）显示（去除遮蔽）参照件和坯料。

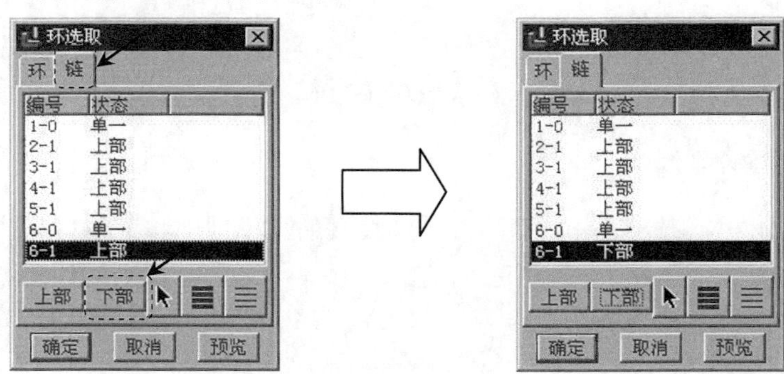

图 4.3.27　“环选取”对话框

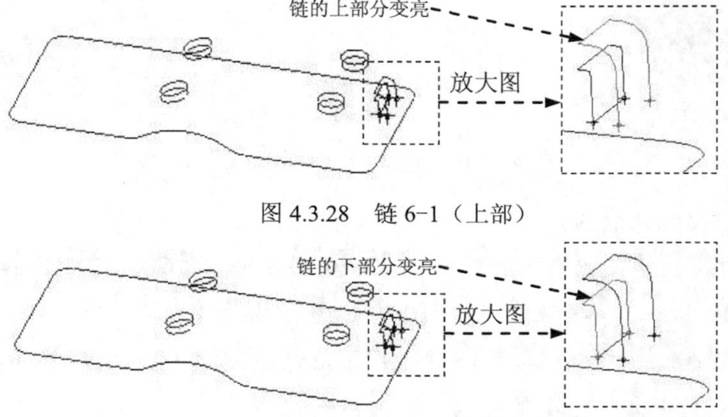

图 4.3.28　链 6-1（上部）

图 4.3.29　链 6-1（下部）

Step2. 采用裙边法设计分型面。

（1）选择下拉菜单 插入(I) → 模具几何 ▸ → 分型面(S)... 命令。

（2）选择下拉菜单 编辑(E) → 属性(R) 命令，在弹出的“属性”对话框中输入分型面名称 ps，单击对话框中的 确定 按钮。

（3）选择下拉菜单 编辑(E) → 裙边曲面(K) 命令，此时系统弹出“裙边曲面”对话框。

（4）在系统 ➪选取将垂直于此方向的平面。的提示下，选取图 4.3.30 所示的坯料表面，选择 Okay (确定) 命令，认可图 4.3.30 中的箭头方向为投影方向。

（5）在弹出的 ▼ CHAIN (链) 菜单中选择 Feat Curves (特征曲线) 命令，然后在系统 ➪选择包含曲线的特征。的提示下，选取图 4.3.31 所示的侧面影像曲线 F7(SILH_CURVE_1)，选择 Done (完成) 命令。

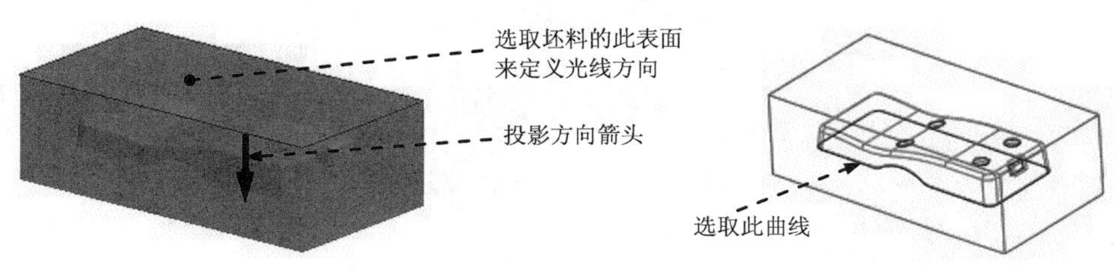

图 4.3.30　选取平面　　　　图 4.3.31　侧面影像曲线

（6）单击“裙边曲面”对话框中的 预览 按钮，预览所创建的分型面，然后单击 确定 按钮完成操作。

（7）在工具栏中单击“完成”按钮 ✓，完成分型面的创建。

Stage3．用分型面创建上下两个体积块

Step1．选择下拉菜单 编辑(E) → 分割... 命令。

Step2．在系统弹出的 ▼ SPLIT VOLUME (分割体积块) 菜单中选择 Two Volumes (两个体积块) → All Wrkpcs (所有工件) → Done (完成) 命令，此时系统弹出“分割”对话框。

Step3．在系统 ➪为分割工件选取分型面。的提示下，选取前面所创建的分型面，并单击“选取”对话框中的 确定 按钮，再单击对话框中的 确定 按钮。

Step4．系统弹出“属性”对话框，同时坯料中分型面的上侧部分变亮，如图 4.3.32 所示，在对话框中输入名称 upper_mold，单击 确定 按钮。

Step5．系统再次弹出“属性”对话框，同时坯料中分型面的下侧部分变亮，如图 4.3.33 所示，输入名称 lower_mold，单击 确定 按钮。

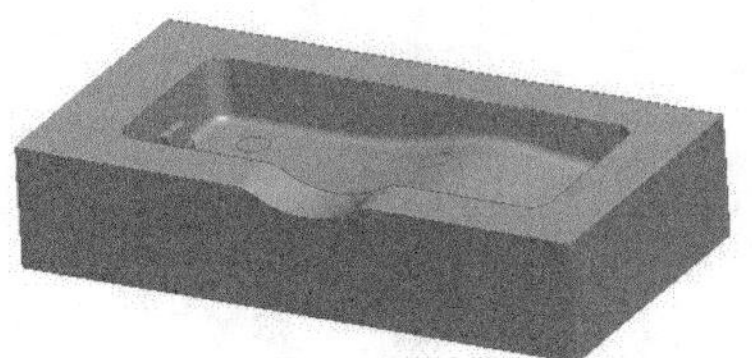

图 4.3.32　着色后的上侧部分

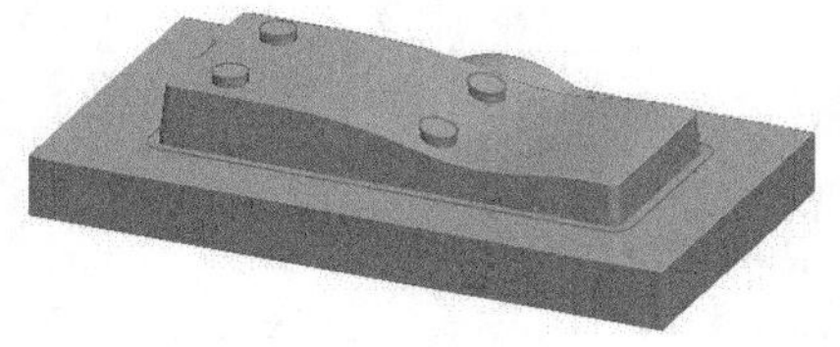

图 4.3.33　着色后的下侧部分

Stage4．抽取模具元件并生成浇注件

将浇注件命名为 MOLDING。

4.3.7 裙边法范例（四）——鼠标盖的分模

图 4.3.34 所示的模具分型面是采用裙边法设计的，下面说明其操作过程。

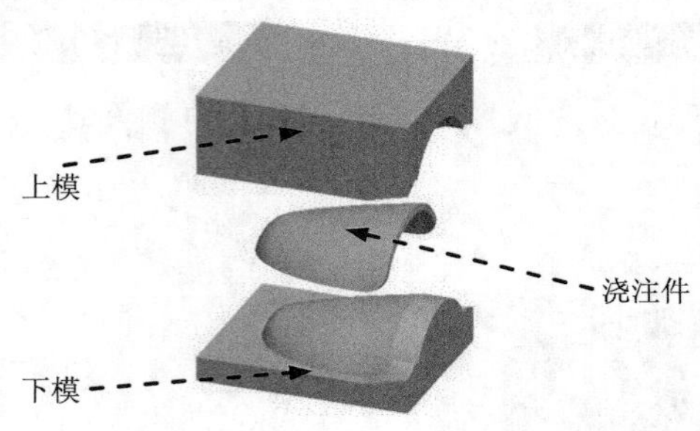

图 4.3.34 鼠标盖的分模

Stage1．打开模具模型

将工作目录设置至 D:\proewf5.3work\ch04.03.07，打开文件 cover3_mold.asm。

Stage2．创建分型面

下面创建图 4.3.35 所示的分型面，以分离模具的上模型腔和下模型腔。

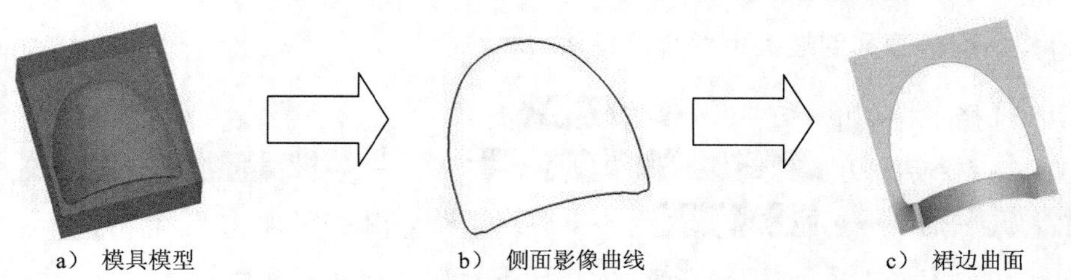

图 4.3.35 用裙边法设计分型面

Step1. 创建侧面影像曲线。

（1）在▼ MOLD (模具)菜单中依次选择Feature (特征) ➡ Cavity Assem (型腔组件) ➡ Silhouette (侧面影像)命令，系统弹出“侧面影像曲线”对话框。

（2）在系统◆选取将垂直于此方向的平面。的提示下，选取图 4.3.36 所示的坯料表面来定义光线方向，选择Okay (确定)命令，认可图 4.3.36 中的箭头方向为投影方向。

（3）遮蔽参照零件和坯料。

（4）定义间隙闭合。

① 在图 4.3.37 所示的“侧面影像曲线”对话框中双击Gap Closure (间隙闭合)元素。

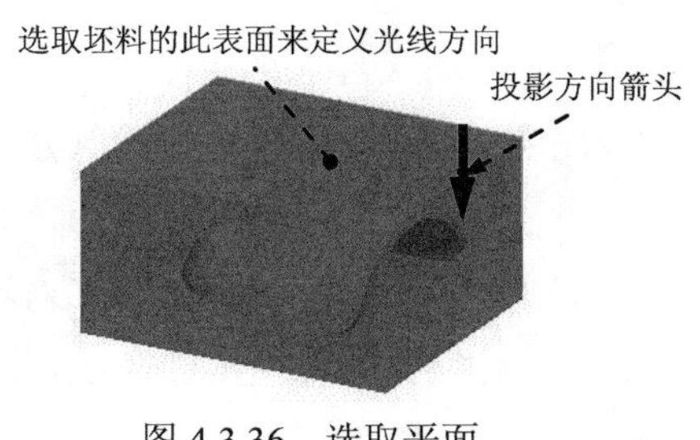

图 4.3.36　选取平面

侧面影像曲线

元素	信息
Name（名称）	SILH_CURVE_1
Surface Refs（曲面参照）	已定义
Direction（方向）	已定义
Slides（投影画面）	可选的
Gap Closure（间隙闭合）	可选的
Loop Selection（环选取	可选的

定义　参照　信息
确定　取消　预览

图 4.3.37　“侧面影像曲线”对话框

② 闭合间隙 1。系统弹出图 4.3.38 所示的“间隙闭合”对话框，在列表中选取 1　缺省（此时间隙 1 的闭合方式如图 4.3.39 所示），然后单击 上部 按钮，则间隙 1 的闭合方式如图 4.3.40 所示。

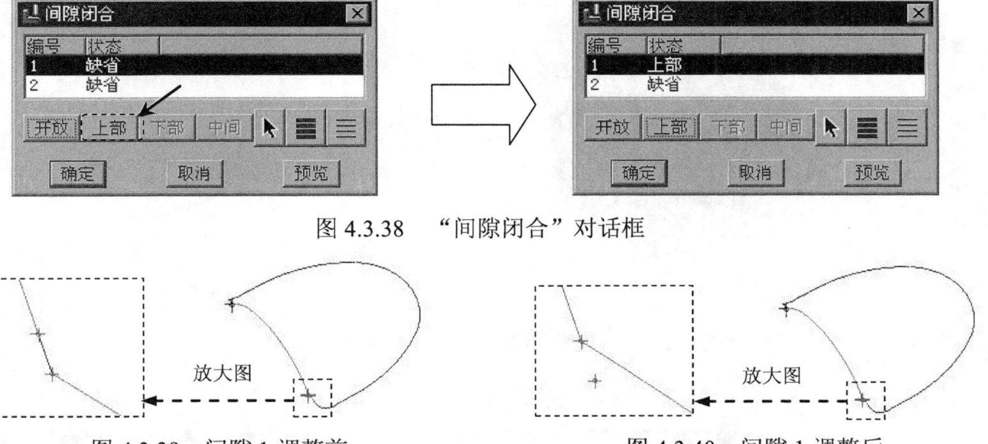

图 4.3.38　“间隙闭合”对话框

图 4.3.39　间隙 1 调整前　　图 4.3.40　间隙 1 调整后

③ 闭合间隙 2。在图 4.3.38 所示的列表中选取 2　缺省（此时间隙 2 的闭合方式如图 4.3.41 所示），然后单击 上部 按钮，则间隙 2 的闭合方式如图 4.3.42 所示。最后单击“间隙闭合”对话框中的 确定 按钮。

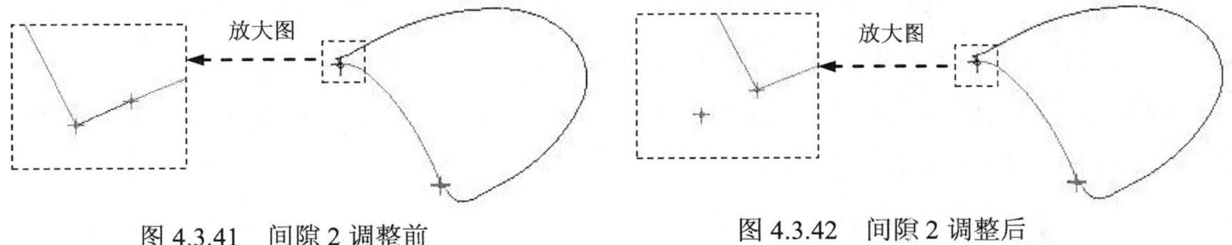

图 4.3.41　间隙 2 调整前　　图 4.3.42　间隙 2 调整后

（5）单击“侧面影像曲线”对话框中的 预览 按钮，预览所创建的侧面影像曲线，然后单击 确定 按钮完成操作。

（6）选择 Done/Return（完成/返回）命令。

（7）显示参照零件和坯料。

Step2. 采用裙边法设计分型面。

（1）选择下拉菜单 插入(I) → 模具几何 ▸ → 分型面(S)... 命令。

（2）选择下拉菜单 编辑(E) → 属性(R) 命令，在弹出的“属性”对话框中输入分型面名称 ps，单击对话框中的 确定 按钮。

（3）选择下拉菜单 编辑(E) → 裙边曲面(K) 命令，此时系统弹出“裙边曲面”对话框。

（4）在系统 ➪选取将垂直于此方向的平面。 的提示下，选取图 4.3.43 所示的坯料表面来定义光线方向，选择 Okay（确定） 命令，认可图 4.3.43 中的箭头方向为投影方向。

（5）在系统 ➪选择包含曲线的特征。 的提示下，用“列表选取”的方法选取图 4.3.44 中的曲线，然后选择 Done（完成） 命令。

（6）单击“裙边曲面”对话框中的 确定 按钮，完成分型面的创建。

（7）在工具栏中单击“完成”按钮 ✓，完成分型面的创建。

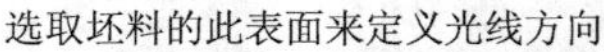

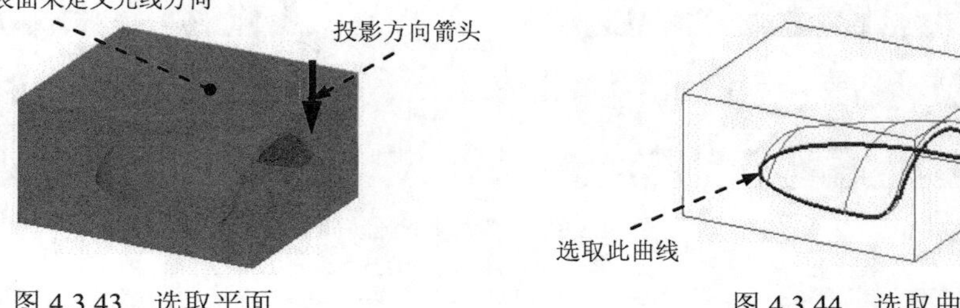

图 4.3.43 选取平面

图 4.3.44 选取曲线

Stage3. 用分型面创建上下两个体积块

（1）选择下拉菜单 编辑(E) → 分割... 命令。

（2）在系统弹出的 ▼ SPLIT VOLUME（分割体积块） 菜单中选择 Two Volumes（两个体积块） → All Wrkpcs（所有工件） → Done（完成） 命令，此时系统弹出“分割”对话框。

（3）在系统 ➪为分割工件选取分型面。 的提示下，选取分型面，并单击“选取”对话框中的 确定 按钮，再单击对话框中的 确定 按钮。

（4）系统弹出“属性”对话框，同时坯料中分型面的下侧部分变亮，如图 4.3.45 所示，输入体积块名称 lower_mold，单击 确定 按钮。

（5）系统再次弹出“属性”对话框，同时坯料中分型面的上侧部分变亮，如图 4.3.46 所示，输入体积块名称 upper_mold，单击 确定 按钮。

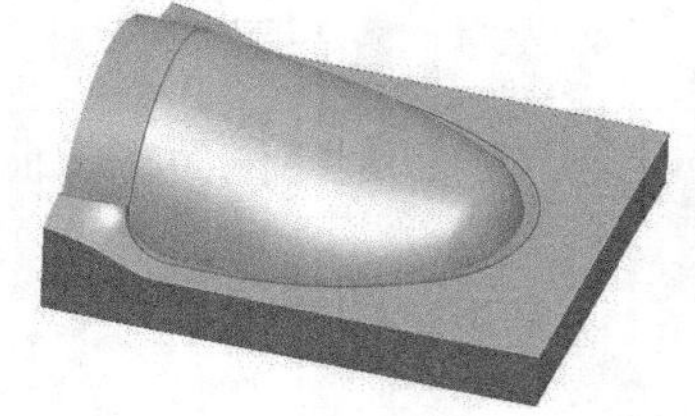

图 4.3.45 着色后的下侧部分

图 4.3.46 着色后的上侧部分

Stage4．抽取模具元件并生成浇注件

将浇注件命名为 MOLDING。

4.3.8　裙边法范例（五）——手机外壳的分模

图 4.3.47 所示的模具分型面是采用裙边法设计的，下面说明其操作过程。

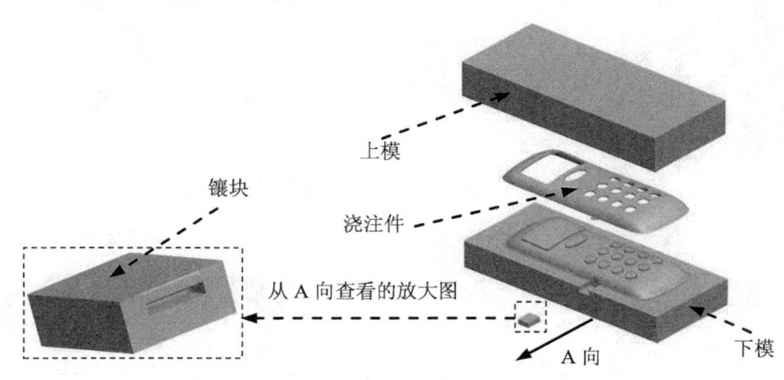

图 4.3.47　手机外壳的分模

Stage1．打开模具模型

将工作目录设置至 D:\proewf5.3\work\ch04.03.08，打开文件 phone_cover1_mold.asm。

Stage2．创建分型面

下面创建图 4.3.48 所示的分型面，以分离模具的上模型腔和下模型腔。

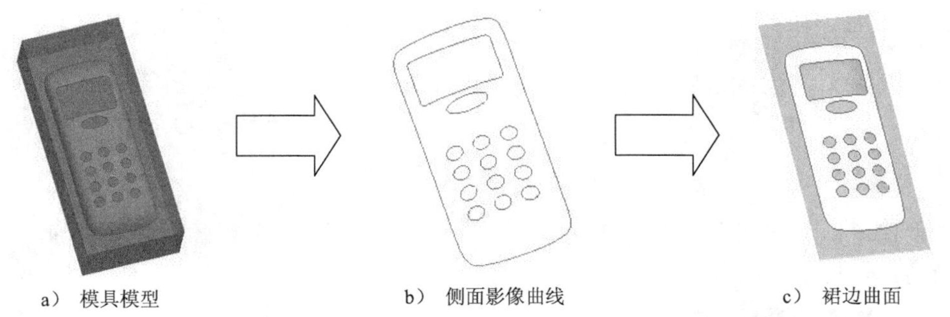

a）模具模型　　b）侧面影像曲线　　c）裙边曲面

图 4.3.48　用裙边法设计分型面

Step1. 创建侧面影像曲线。

（1）在▼ MOLD (模具)菜单中依次选择Feature (特征) ⟶ Cavity Assem (型腔組件) ⟶ Silhouette (侧面影像)命令，系统弹出“侧面影像曲线”对话框。

（2）在系统➪选取将垂直于此方向的平面。的提示下，选取图 4.3.49 所示的坯料表面来定义光线方向，选择Okay (确定)命令，认可图 4.3.49 中的箭头方向为投影方向。

（3）排除侧面影像曲线中无用的环。

① 选择工具栏中用于遮蔽（或显示）的按钮，将参照零件和坯料遮蔽起来。

② 在图 4.3.50 所示的对话框中双击 Loop Selection（环选取 元素，系统弹出图 4.3.51 所示的“环选取”对话框，在列表中选取 8　包括 （此时图 4.3.52 所示的“环 8”变亮），单击 排除 按钮，再单击 确定 按钮。

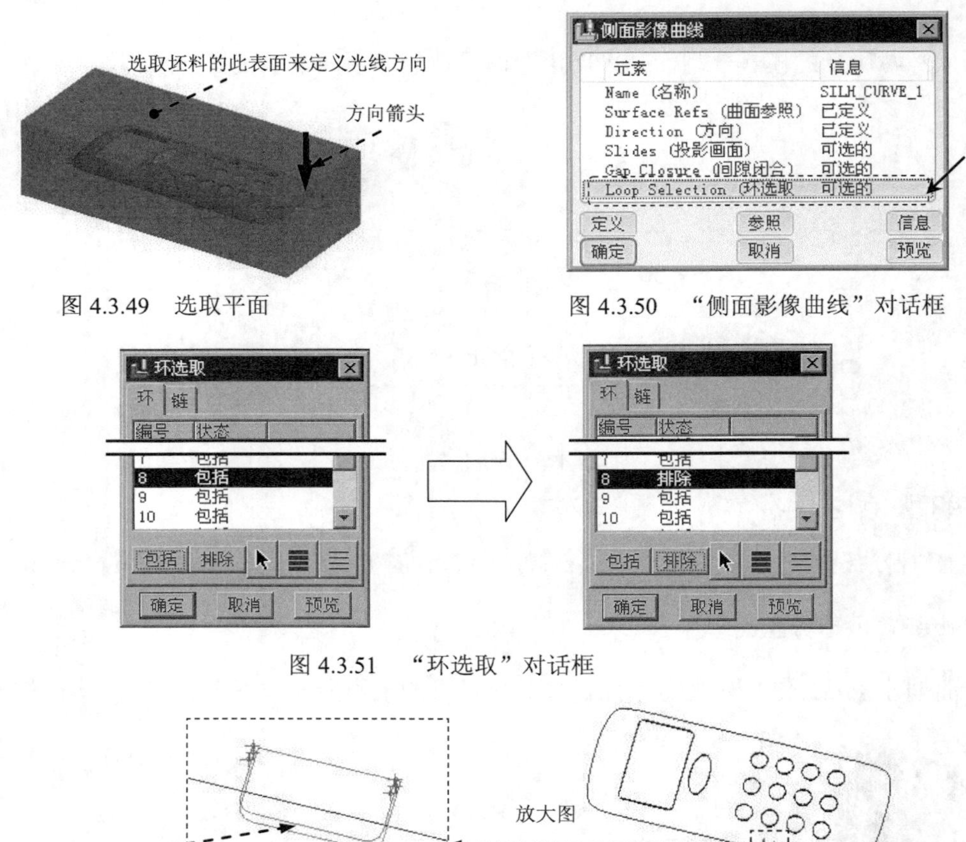

图 4.3.49　选取平面

图 4.3.50　“侧面影像曲线”对话框

图 4.3.51　“环选取”对话框

图 4.3.52　排除环

（4）单击“侧面影像曲线”对话框中的 预览 按钮，预览所创建的侧面影像曲线，然后单击 确定 按钮完成操作。

（5）选择 **Done/Return（完成/返回）** 命令。

（6）选择工具栏中用于遮蔽（或显示）的按钮，取消参照零件和坯料的遮蔽。

Step2. 采用裙边法创建主分型面。

（1）选择下拉菜单 插入(I) → 模具几何 ▸ → 分型面(S)... 命令。

（2）选择下拉菜单 编辑(E) → 属性(R) 命令，在弹出的“属性”对话框中输入分型面名称 ps，单击对话框中的 确定 按钮。

（3）选择下拉菜单 编辑(E) → 裙边曲面(K) 命令，此时系统弹出“裙边曲面”对话框。

（4）在系统 ➪选取将垂直于此方向的平面。 的提示下，选取图 4.3.53 所示的坯料表面来定义光线方向，选择Okay (确定)命令，认可图 4.3.53 中的箭头方向。

（5）在系统⇨选择包含曲线的特征。的提示下，用列表选取的方法选取侧面影像曲线（即列表中的F7(SILH_CURVE_1)项），然后选择Done (完成)命令。

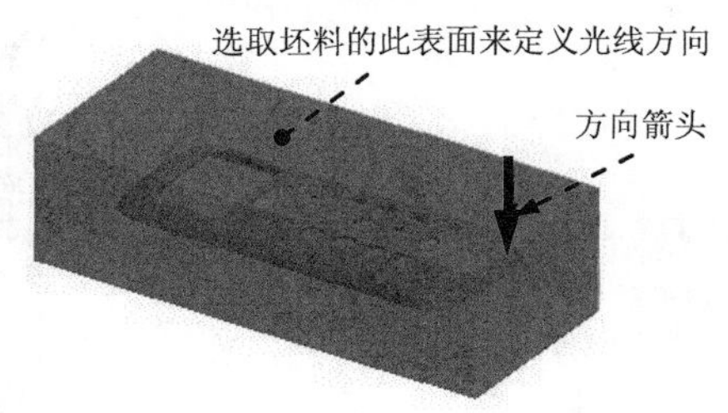

图 4.3.53　选取平面

（6）单击“裙边曲面”对话框中的确定按钮，完成分型面的创建。

（7）在工具栏中单击“完成”按钮✓，完成分型面的创建。

Stage3．创建镶块和上下模具的体积块

Step1．创建图 4.3.54 所示的镶块体积块。

（1）选择下拉菜单插入(I) ➡ 模具几何 ▸ ➡ 模具体积块(V)...命令。

（2）选择下拉菜单编辑(E) ➡ 属性(R)命令，在弹出的“属性”对话框中输入体积块名称 insert，单击对话框中的确定按钮。

（3）选择下拉菜单插入(I) ➡ 拉伸(E)...命令，此时系统弹出“拉伸”操控板。

（4）定义草绘截面放置属性。右击，从弹出的菜单中选择定义内部草绘...命令，在系统⇨选取一个平面或曲面以定义草绘平面。的提示下，选取图 4.3.55 所示的坯料表面为草绘平面，接受图 4.3.55 中默认的箭头方向为草绘视图方向，然后选取图 4.3.55 所示的坯料表面为参照平面，方向为右。

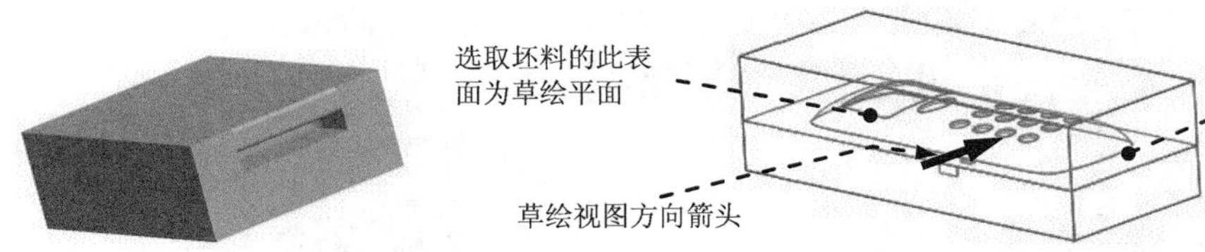

图 4.3.54　镶块体积块　　　　图 4.3.55　定义草绘平面

（5）进入草绘环境后，选取图 4.3.56 所示的边线为草绘参照，绘制图 4.3.56 所示的矩形截面草图。完成特征截面的绘制后，单击“完成”按钮✓。

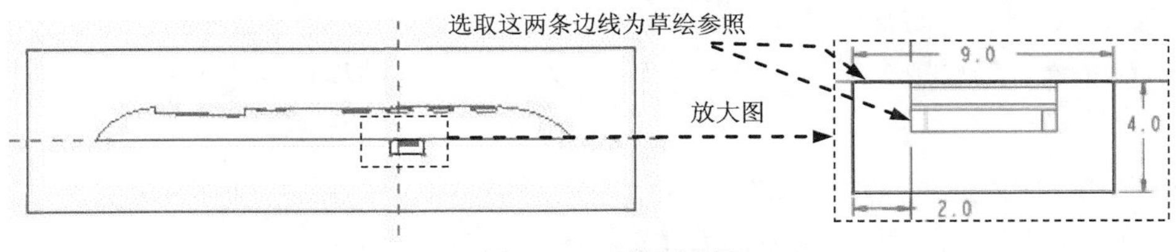

图 4.3.56　截面草图

（6）设置深度选项。在操控板中选取深度类型，然后将模型调整到图 4.3.57 所示的方位，用列表选取的方法选取图 4.3.57 所示的参照模型的表面为拉伸终止面，该终止面即图 4.3.58 所示“从列表中拾取”对话框中的曲面:F1(合并):PHONE_COVER1_MOLD_REF项。

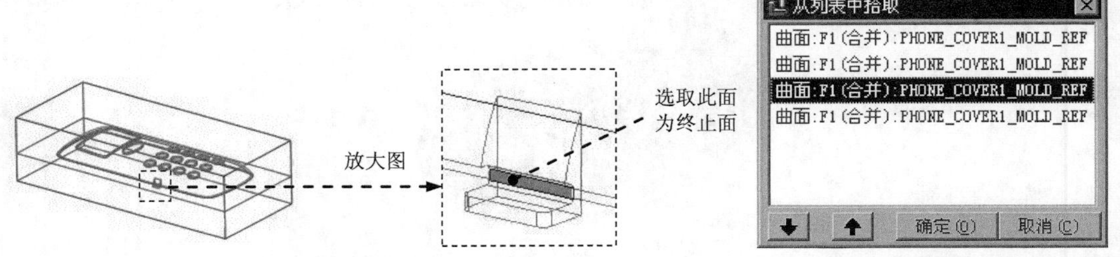

图 4.3.57 选取终止面　　图 4.3.58 “从列表中拾取”对话框

（7）在操控板中单击“完成”按钮，完成特征的创建。

（8）选择下拉菜单编辑(E) → 修剪(T) → 参照零件切除命令。

（9）在工具栏中单击“完成”按钮，完成镶块体积块的创建。

Step2. 创建主体积块。

图 4.3.59 所示的体积块是从坯料中减去镶块体积块后的剩余部分，这部分体积块称为主体积块，后面将用主分型面将该主体积块分割成上、下两个模具体积块。下面说明该主体积块的创建过程。

（1）选择下拉菜单编辑(E) → 分割...命令。

（2）在系统弹出的▼SPLIT VOLUME (分割体积块)菜单中依次选择One Volume (一个体积块)、All Wrkpcs (所有工件)和Done (完成)命令，此时系统弹出“分割”对话框。

（3）在系统➪为分割工件选取分型面。的提示下，选取图 4.3.60 所示的镶块分型面（即镶块体积块），并单击“选取”对话框中的确定按钮。系统弹出图 4.3.61 所示的▼岛列表菜单，将鼠标移至该菜单中的☑岛1单选项上，可观察到镶块以外的体积块加亮，因此在这里选中☑岛1单选项，然后选择Done Sel (完成选取)命令。

图 4.3.59 创建体积块

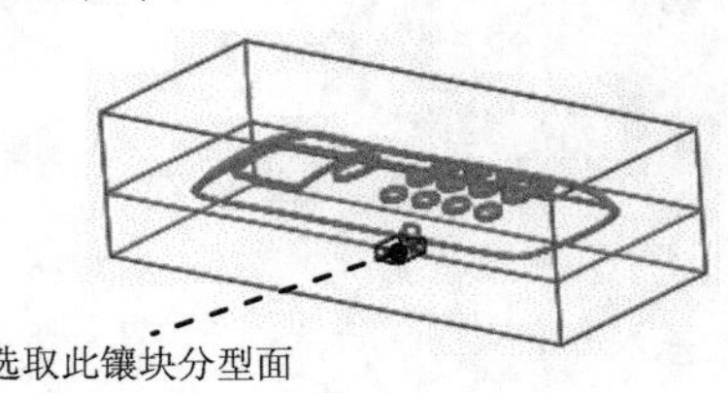

图 4.3.60 选取分型面

（4）在“分割”对话框中单击确定按钮。

（5）系统弹出图 4.3.62 所示的“属性”对话框，输入主体积块名称 body，单击确定按钮。

Step3. 用主分型面将主体积块分割成上、下两个体积块。

（1）选择下拉菜单编辑(E) → 分割...命令。

（2）在系统弹出的▼ SPLIT VOLUME（分割体积块）菜单中依次选择Two Volumes（两个体积块）、Mold Volume（模具体积块）和Done（完成）命令。此时系统弹出“分割”对话框和“搜索工具”对话框。

（3）在弹出的“搜索工具”对话框中选取列表中的面组:F12(BODY)体积块，然后单击>>按钮，将其加入到已选取 0 个项目:(预期 1 个)列表中，再单击关闭按钮。

（4）在系统➡为分割所选的模型量选取分型面。的提示下，用列表选取的方法选取图 4.3.63 所示的分型面面组:F8(PS)，并单击“选取”对话框中的确定按钮，再单击“分割”对话框中的确定按钮。

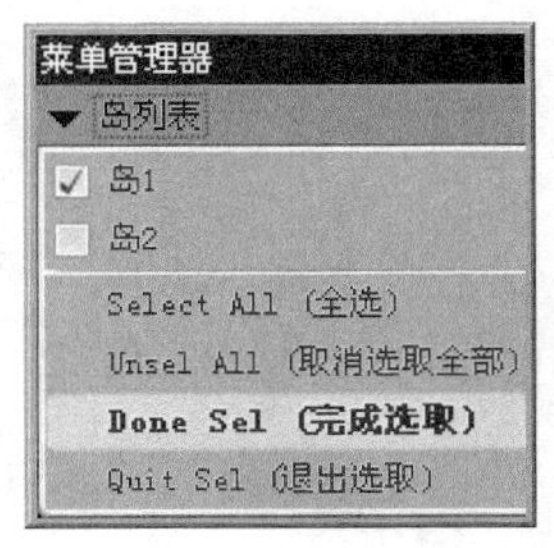

图 4.3.61　“岛列表”菜单

图 4.3.62　“属性”对话框

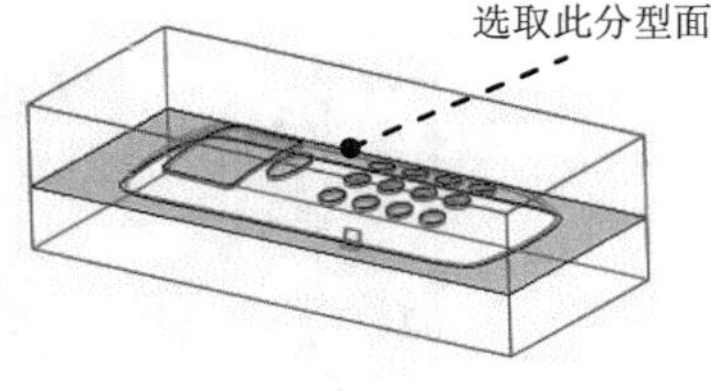

图 4.3.63　选取分型面

（5）系统弹出“属性”对话框，同时坯料中分型面的下侧部分变亮，如图 4.3.64 所示，输入体积块名称 lower_mold，单击确定按钮。

（6）系统再次弹出“属性”对话框，同时坯料中分型面的上侧部分变亮，如图 4.3.65 所示，输入体积块名称 upper_mold，单击确定按钮。

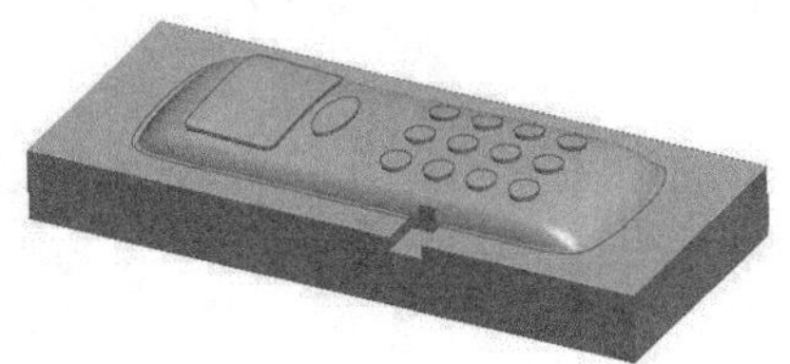

图 4.3.64　着色后的下侧部分

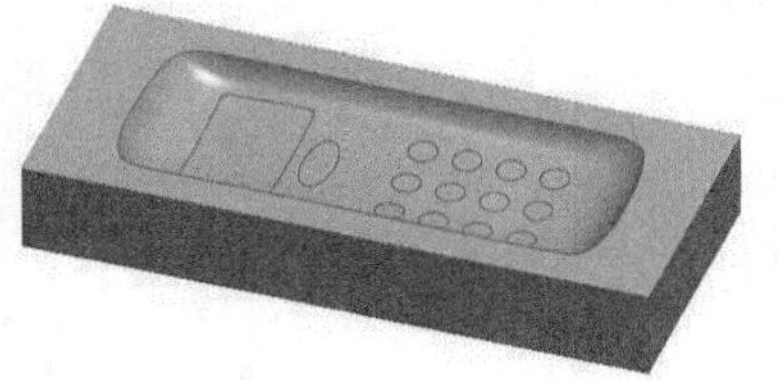

图 4.3.65　着色后的上侧部分

Stage4．抽取模具元件并生成浇注件

将浇注件命名为 MOLDING。

4.3.9　裙边法范例（六）——护盖的分模

图 4.3.66 所示的模具分型面是采用裙边法设计的，下面说明其操作过程。

Task1．打开模具模型

将工作目录设置至 D:\proewf5.3\work\ch04.03.09，打开文件 cover2_mold.asm。

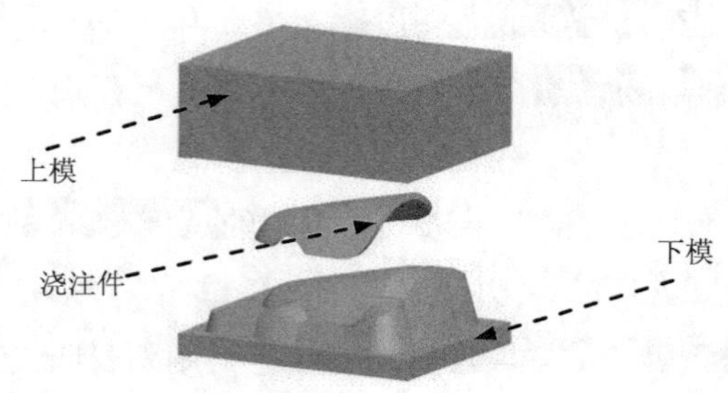

图 4.3.66　护盖的分模

Task2．创建分型面

下面创建图 4.3.67 所示的分型面，以分离模具的上模型腔和下模型腔。

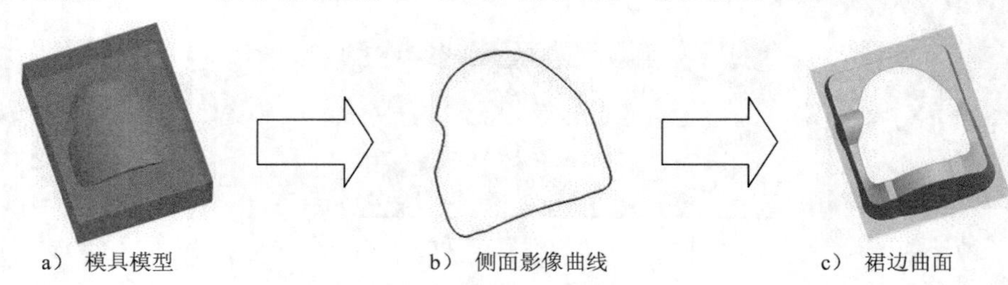

图 4.3.67　用裙边法设计分型面

Stage1．创建侧面影像曲线

Step1．在弹出的▼ MOLD（模具）菜单中选择 Feature（特征） ➡ Cavity Assem（型腔组件） ➡ Silhouette（侧面影像）命令，系统同时弹出“侧面影像曲线”对话框、“选取方向”菜单和“选取”对话框。

Step2．在系统 ➪选取将垂直于此方向的平面。的提示下，选取图 4.3.68 所示的坯料表面来定义光线方向，选择 Okay（确定）命令，认可图 4.3.68 中的箭头方向为投影方向。

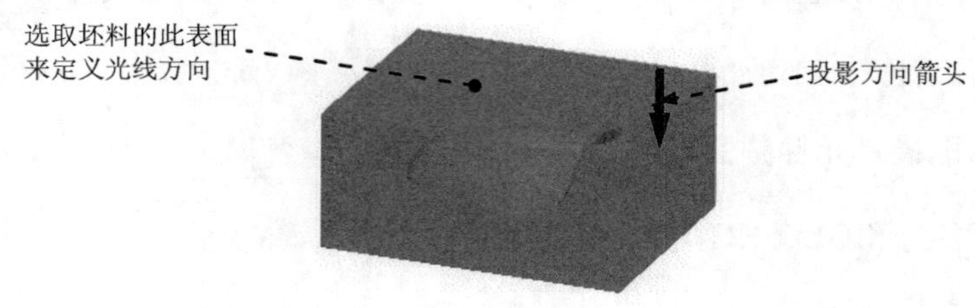

图 4.3.68　选取平面

Step3．单击对话框中的 确定 按钮，完成“侧面影像曲线”特征的创建。

Step4．选择 Done/Return（完成/返回）命令。

Stage2．采用裙边法设计分型面

Step1．选择下拉菜单 插入(I) ➡ 模具几何 ▸ ➡ 分型面(S)... 命令。

Step2. 选择下拉菜单 编辑(E) → 属性(R) 命令，在弹出的“属性”对话框中输入分型面名称 ps，单击对话框中的 确定 按钮。

Step3. 选择下拉菜单 编辑(E) → 裙边曲面(K) 命令，此时系统弹出“裙边曲面”对话框。

Step4. 在系统 ➪选取将垂直于此方向的平面。 的提示下，选取图 4.3.68 所示的坯料表面来定义光线方向，选择 Okay (确定) 命令，认可图 4.3.68 中的箭头方向为投影方向。

Step5. 在系统 ➪选择包含曲线的特征。 的提示下，用“列表选取”的方法选取侧面影像曲线（即列表中的 F7 (SILH_CURVE_1) 项），选择 Done (完成) 命令。

Step6. 延伸裙边曲面。单击“裙边曲面”对话框中的 预览 按钮，预览所创建的分型面，在图 4.3.69a 中可以看到，此时分型面还没有到达坯料的外表面。进行下面的操作后，可以使分型面延伸到坯料的外表面，如图 4.3.69b 所示。

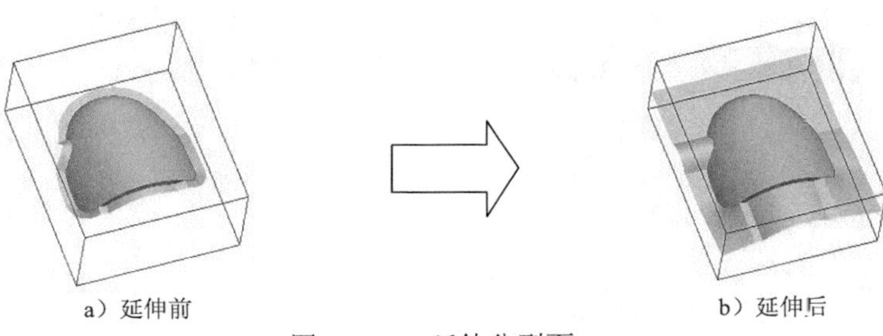

a）延伸前　　b）延伸后

图 4.3.69　延伸分型面

（1）在图 4.3.70 所示的“裙边曲面”对话框中双击 Extension (延伸) 元素，系统弹出“延伸控制”对话框，选择“延伸方向”选项卡（图 4.3.71）。

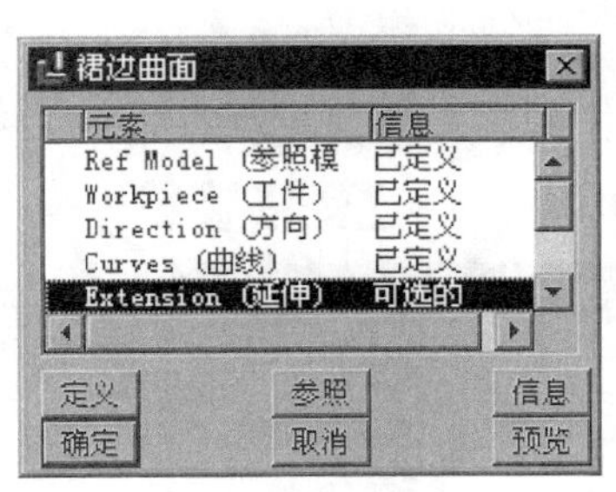

图 4.3.70　“裙边曲面”对话框

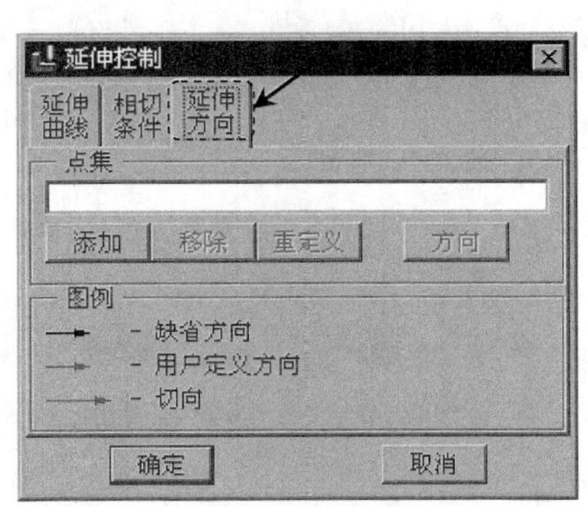

图 4.3.71　“延伸控制”对话框

（2）定义延伸点集 1。

① 在“延伸方向”选项卡中单击 添加 按钮，系统弹出 ▼GEN PNT SEL (一般点选取) 菜单，同时提示 ➪选择曲线端点和/或边界的其它点来设置方向。，按住 Ctrl 键，在模型中选取图 4.3.72 所示的四个点（虚线圈），然后单击“选取”对话框中的 确定 按钮，再在 ▼GEN PNT SEL (一般点选取) 菜单中选择 Done (完成) 命令。

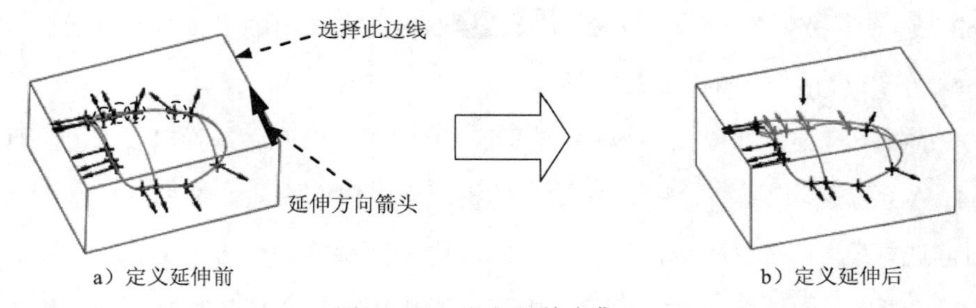

图 4.3.72　定义延伸点集 1

② 在▼GEN SEL DIR（一般选取方向）菜单中选择Crv/Edg/Axis（曲线/边/轴）命令，然后选取图 4.3.72 所示的边线，选择Okay（确定）命令，认可图 4.3.72 中的箭头方向为延伸方向。

（3）定义延伸点集 2。

① 在“延伸控制”对话框中单击添加按钮，在➡选择曲线端点和/或边界的其它点来设置方向。的提示下，按住 Ctrl 键，选取图 4.3.73 所示的六个点（虚线圈），然后单击“选取”对话框中的确定按钮，在▼GEN PNT SEL（一般点选取）菜单中选择Done（完成）命令。

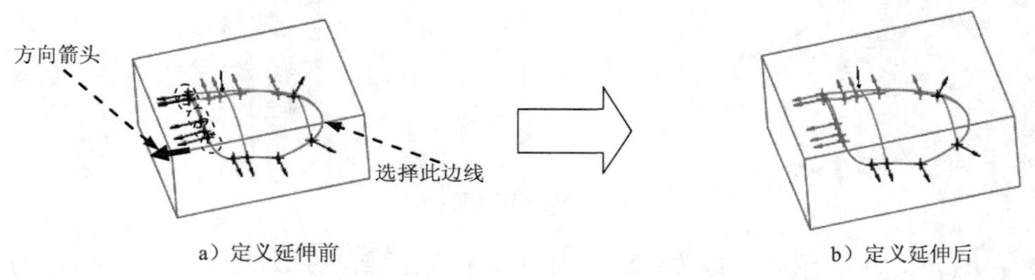

图 4.3.73　定义延伸点集 2

② 在弹出的▼GEN SEL DIR（一般选取方向）菜单中选择Crv/Edg/Axis（曲线/边/轴）命令，然后选取图 4.3.73 所示的边线，调整延伸方向，如图 4.3.73 所示，然后选择Okay（确定）命令。

（4）定义延伸点集 3。

① 在“延伸控制”对话框中单击添加按钮，按住 Ctrl 键，选取图 4.3.74 所示的三个点（虚线圈），然后单击“选取”对话框中的确定按钮，选择Done（完成）命令。

②在弹出的▼GEN SEL DIR（一般选取方向）菜单中选择Crv/Edg/Axis（曲线/边/轴）命令，然后选取图 4.3.74 所示的边线，选择Okay（确定）命令，认可图 4.3.74 中的箭头方向为延伸方向。

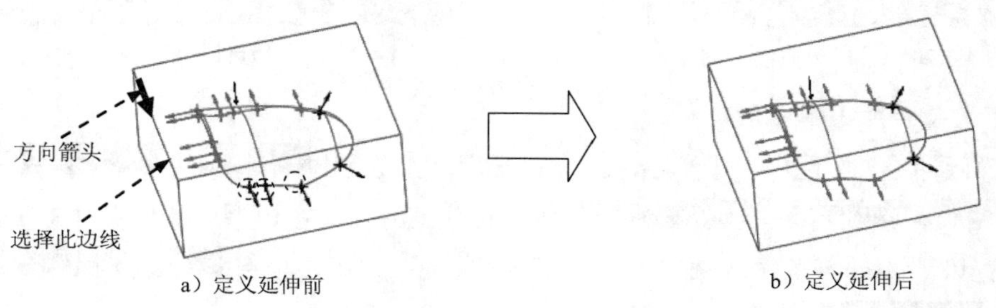

图 4.3.74　定义延伸点集 3

（5）定义延伸点集 4。

① 在“延伸控制”对话框中单击添加按钮，按住 Ctrl 键，选取图 4.3.75 所示的两个点（虚线圈），然后单击“选取”对话框中的确定按钮，选择Done（完成）命令。

②在弹出的▼GEN SEL DIR（一般选取方向）菜单中选择Crv/Edg/Axis（曲线/边/轴）命令，然后选取图 4.3.75 所示的边线，选择Okay（确定）命令，认可图 4.3.75 中的箭头方向为延伸方向。定义了以上四个延伸点集后，单击“延伸控制”对话框中的确定按钮。

（6）在“裙边曲面”对话框中单击预览按钮，预览所创建的分型面，可以看到此时分型面已向四周延伸至坯料的表面。

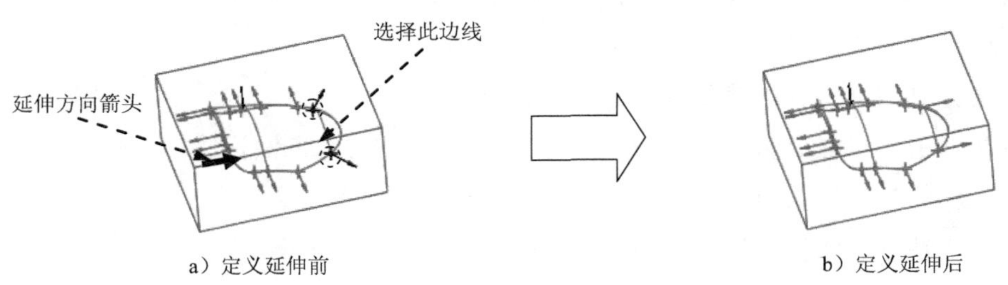

a）定义延伸前　　b）定义延伸后

图 4.3.75　定义延伸点集 4

Step7. 在裙边曲面上创建“束子”特征。

（1）定义“束子”的轮廓。

① 在图 4.3.76 所示的“裙边曲面”对话框中双击ShutOff Ext（关闭扩展）元素。

② 在图 4.3.77 所示的▼SHUTOFF EXT（关闭延拓）菜单管理器中依次选择Boundary（边界）➡Sketch（草绘）命令。

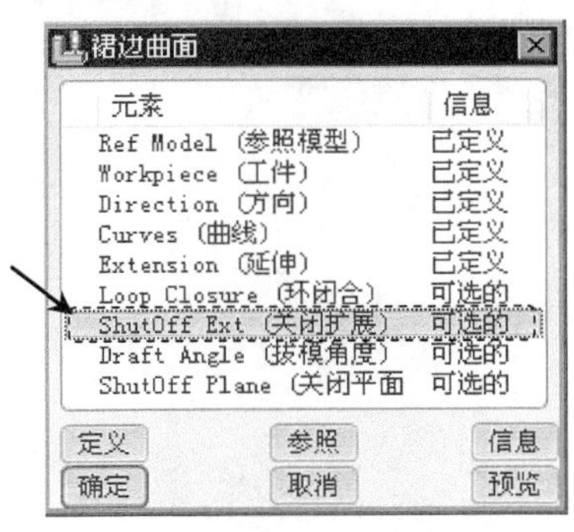

图 4.3.76　“裙边曲面”对话框

图 4.3.77　菜单管理器

③ 设置草绘平面。在弹出的▼SETUP SK PLN（设置草绘平面）菜单中选择Setup New（新设置）命令，在系统➡选取或创建一个草绘平面。的提示下，选取图 4.3.78 所示的坯料表面为草绘平面，选择Okay（确定）➡Right（右）命令，再选取图 4.3.78 所示的坯料表面为参照平面。

④ 绘制“束子”轮廓。进入草绘环境后，选取 MAIN_PARTING_PLN 和 MOLD_RIGHT 两个基准平面为草绘参照，绘制图 4.3.79 所示的截面草图。完成特征截面的绘制后，单击

“草绘完成”按钮✓。

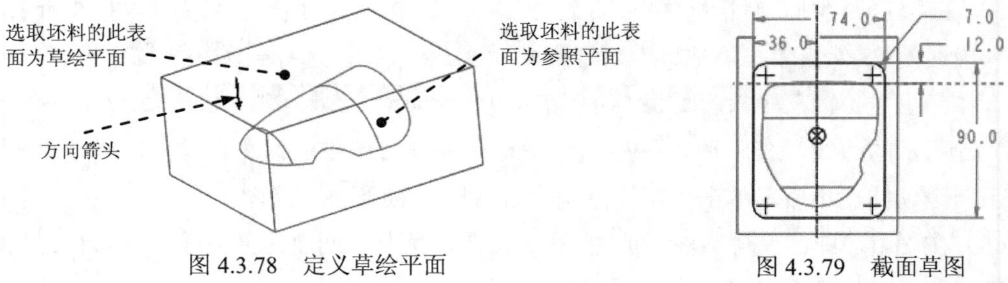

图 4.3.78 定义草绘平面　　图 4.3.79 截面草图

（2）创建图 4.3.80 所示的基准平面 ADTM1，该基准平面将在后面作为“束子”终止平面的参照平面。

① 单击工具栏上的“创建基准平面”按钮。

② 系统弹出“基准平面”对话框，选取 MOLD_FRONT 基准平面为参照平面，然后输入偏移值 5.0（此基准平面应在模型的下方，若方向相反则应输入负值）。

③ 单击“基准平面”对话框中的确定按钮。

（3）定义“束子”的拔模角度。

① 在“裙边曲面”对话框中双击 Draft Angle（拔模角度）元素。

② 在系统“输入拔模角值 15”的提示下，输入拔模角度值 15。

（4）定义“束子”的终止平面。

① 在“裙边曲面”对话框中双击 ShutOff Plane（关闭平面）元素，然后进行下面的操作。

② 系统弹出 ADD RMV REF（加入删除参照）菜单和“选取”对话框，在系统“选取一切断平面。”的提示下，选取上一步创建的 ADTM1 基准平面为参照平面。

③ 在 ADD RMV REF（加入删除参照）菜单中选择 Done/Return（完成/返回）命令。

Step8. 单击“裙边曲面”对话框中的预览按钮，预览所创建的分型面（图 4.3.81），然后单击确定按钮完成操作。

Step9. 在工具栏中单击“完成”按钮✓，完成分型面的创建。

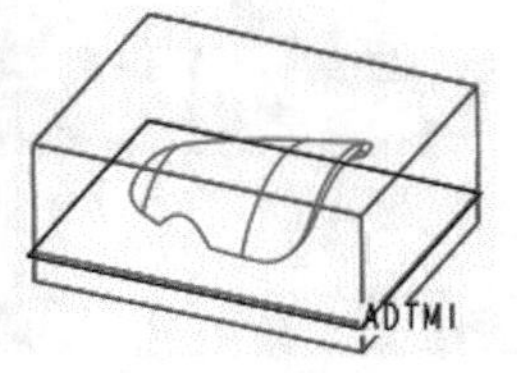

图 4.3.80 创建基准平面 ADTM1

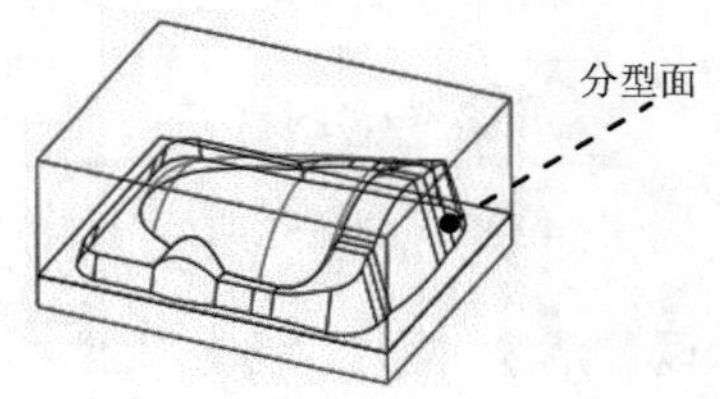

图 4.3.81 分型面

Task3. 用分型面创建上、下两个体积块

Step1. 选择下拉菜单 编辑(E) → 分割... 命令。

Step2. 在 ▼ SPLIT VOLUME（分割体积块）菜单中依次选择 Two Volumes（两个体积块）、All Wrkpcs（所有工件）和 Done（完成）命令，此时系统弹出“分割”对话框。

Step3. 在系统 ⇨为分割工件选取分型面。的提示下，选取分型面，并单击“选取”对话框中的 确定 按钮，再单击对话框中的 确定 按钮。

Step4. 系统弹出“属性”对话框，同时坯料中分型面的下侧部分变亮，如图 4.3.82 所示，输入体积块名称 lower_mold，单击 确定 按钮。

Step5. 系统再次弹出“属性”对话框，同时坯料中分型面的上侧部分变亮，如图 4.3.83 所示，输入体积块名称 upper_mold，单击 确定 按钮。

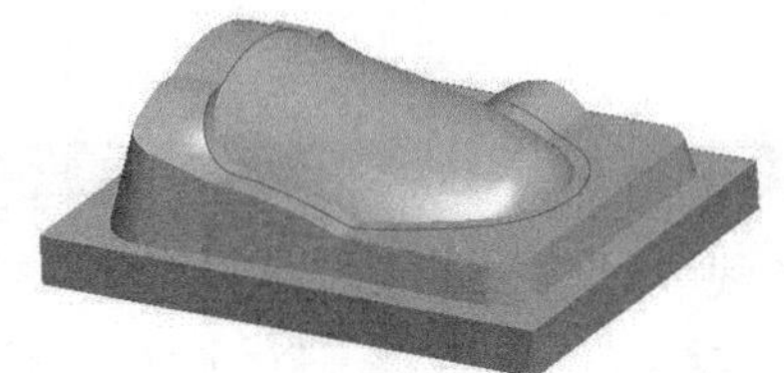

图 4.3.82　着色后的下侧部分

图 4.3.83　着色后的上侧部分

Task4．抽取模具元件并生成浇注件

将浇注件命名为 MOLDING。

4.3.10　裙边法范例（七）——塑料前盖的分模

图 4.3.84 所示的模具分型面是采用裙边法设计的，下面说明其操作过程。

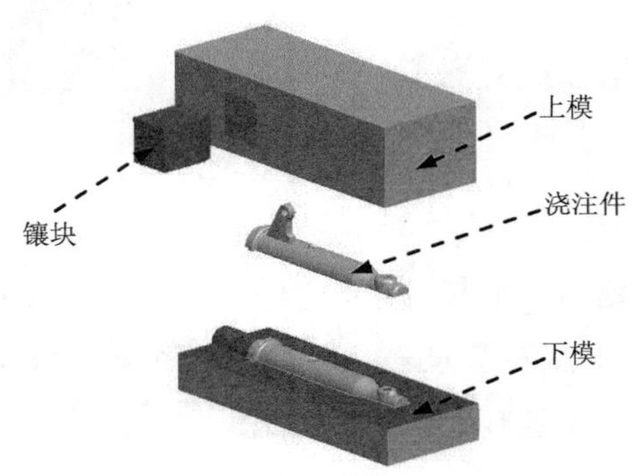

图 4.3.84　塑料前盖的分型

Stage1．打开模具模型

将工作目录设置至 D:\proewf5.3\work\ch04.03.10，打开文件 front_cover_mold.asm。

Stage2．创建主分型面

先采用裙边法创建模具的主分型面（图 4.3.85），主分型面的作用是分离模具的上模型腔和下模型腔。

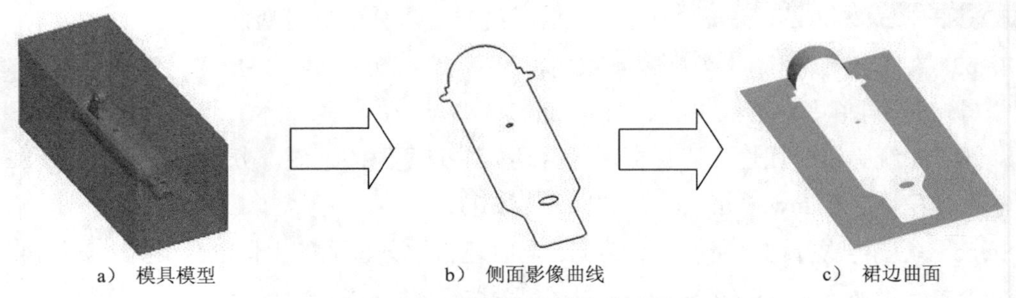

a） 模具模型　　b） 侧面影像曲线　　c） 裙边曲面

图 4.3.85　用裙边法设计分型面

Step1. 创建侧面影像曲线。

（1）在 ▼ MOLD（模具） 菜单中选择 Feature（特征） → Cavity Assem（型腔组件） → Silhouette（侧面影像） 命令，系统弹出“侧面影像曲线”对话框。

（2）在图 4.3.86 所示的对话框中双击 Direction（方向） 元素，在系统 ➪选取将垂直于此方向的平面。 的提示下，选取图 4.3.87 所示的坯料表面来定义光线方向，选择 Okay（确定） 命令，认可图 4.3.87 中的箭头方向为投影方向。

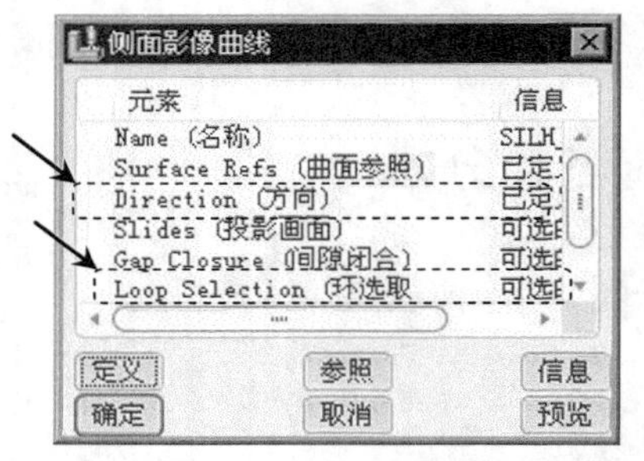

图 4.3.86　“侧面影像曲线”对话框

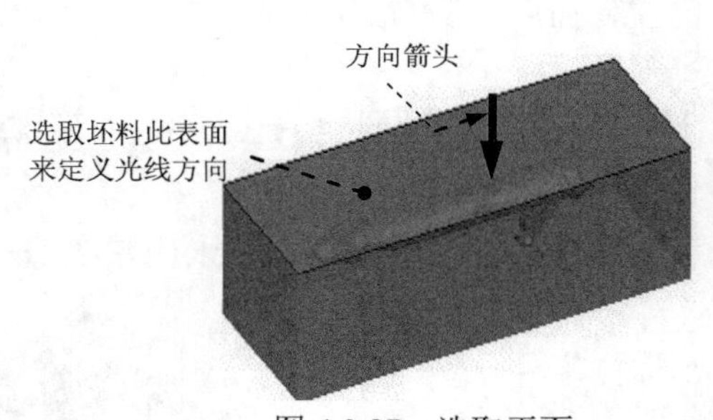

图 4.3.87　选取平面

（3）排除侧面影像曲线中无用的环。

① 选择工具栏中用于遮蔽（或显示）的按钮，将坯料遮蔽起来。

② 在图 4.3.86 所示的对话框中双击 Loop Selection（环选取 元素，系统弹出图 4.3.88 所示的“环选取”对话框，在该对话框的列表中选取 4　包括，此时模型中的“环 4”加亮，如图 4.3.89a 所示，单击 排除 按钮后，“环 4”曲线段便从侧面影像曲线中排除了。采用同样方法，分别排除“环 5”和“环 6”，然后单击“环选取”对话框中的 确定 按钮，完成排除环操作。

（4）预览所创建的侧面影像曲线，然后单击“侧面影像曲线”对话框中的 确定 按钮。

（5）选择 Done/Return（完成/返回） 命令。

（6）选择工具栏中用于遮蔽（或显示）的按钮，取消坯料的遮蔽。

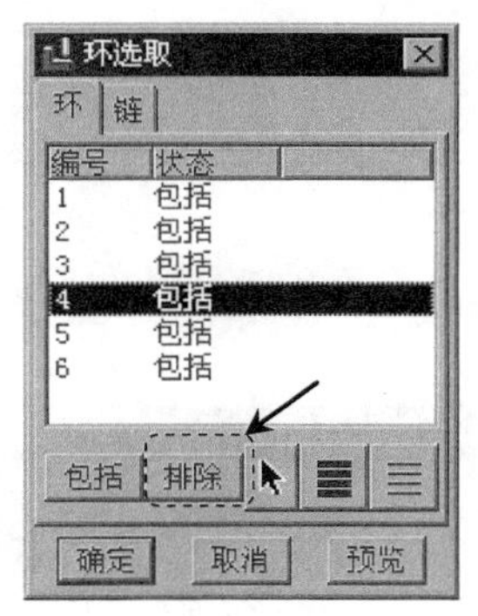

a）操作前

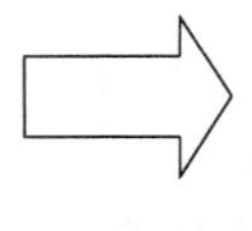

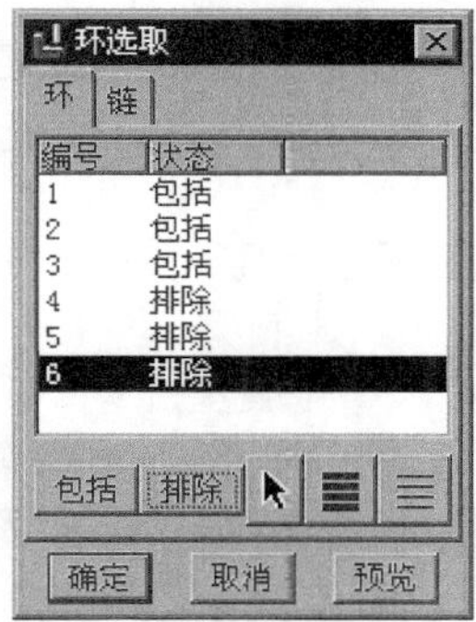

b）操作后

图 4.3.88　“环选取”对话框

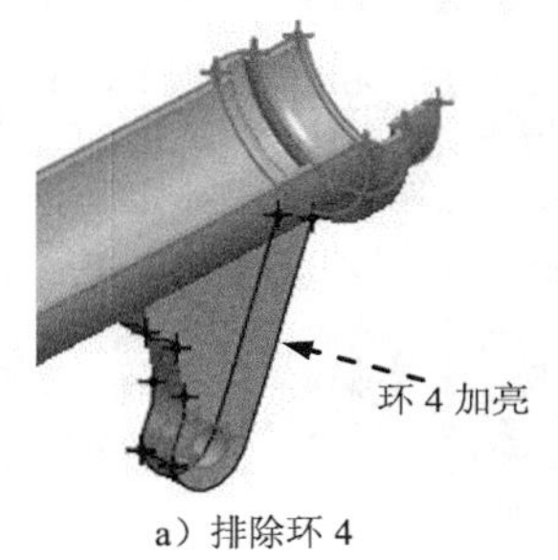

a）排除环 4

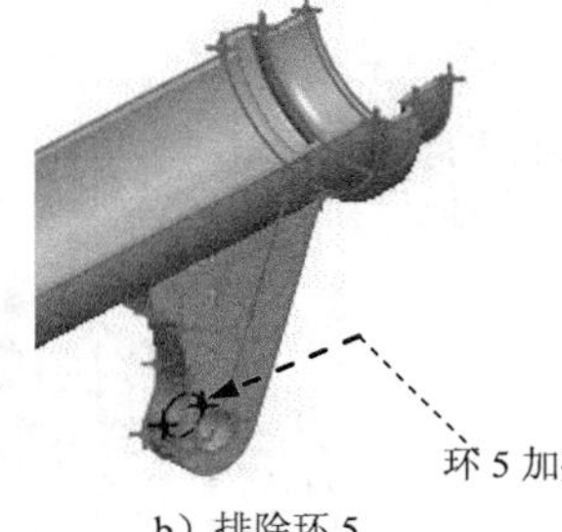

b）排除环 5

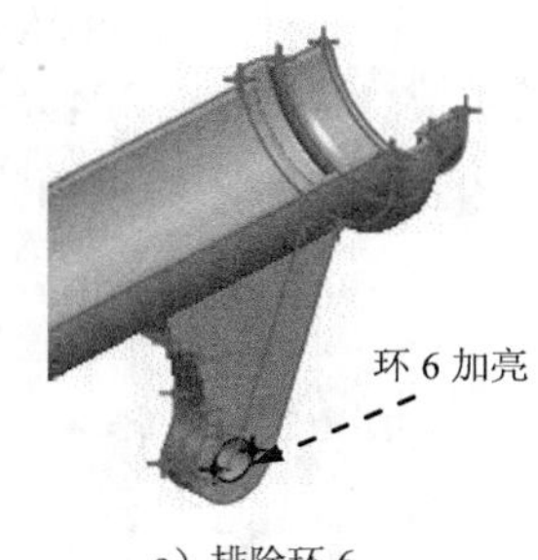

c）排除环 6

图 4.3.89　排除环 4、环 5 和环 6

Step2. 采用裙边法创建主分型面。

（1）选择下拉菜单 插入(I) ➡ 模具几何 ▸ ➡ 分型面(S)... 命令。

（2）选择下拉菜单 编辑(E) ➡ 属性(R) 命令，在“属性”对话框中输入分型面名称 main_ps，然后单击 确定 按钮。

（3）选择下拉菜单 编辑(E) ➡ 裙边曲面(K) 命令，此时系统弹出“裙边曲面”对话框。

（4）在弹出的 ▼CHAIN (链) 菜单中选择 Feat Curves (特征曲线) 命令，在系统 ➪选择包含曲线的特征。的提示下，用“列表选取”的方法选取前面创建的侧面影像曲线（F7(SILH_CURVE_1) 项），选择 Done (完成) 命令。

（5）在图 4.3.86 所示的对话框中双击 Direction (方向) 元素，在系统 ➪选取将垂直于此方向的平面。的提示下，选取图 4.3.90 所示的坯料表面来定义光线方向，选择 Okay (确定) 命令，认可图 4.3.90 中的箭头方向为投影方向。

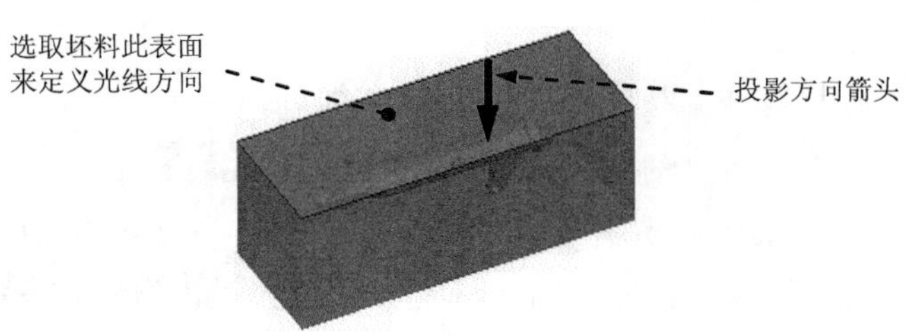

图 4.3.90　选取平面

（6）单击“裙边曲面”对话框中的确定按钮。

（7）在工具栏中单击“完成”按钮✓，完成分型面的创建。

Stage3．创建侧分型面

Step1．创建图 4.3.91 所示的镶块体积块。

（1）选择下拉菜单 插入(I) ➡ 模具几何 ▸ ➡ 模具体积块(V)... 命令。

（2）选择下拉菜单 编辑(E) ➡ 属性(R) 命令，在弹出的“属性”对话框中输入体积块名称 insert，单击对话框中的确定按钮。

（3）选择下拉菜单 插入(I) ➡ 拉伸(E)... 命令，此时系统弹出“拉伸”操控板。

（4）定义草绘截面放置属性。右击，从弹出的菜单中选择 定义内部草绘... 命令，在系统 ➪选取一个平面或曲面以定义草绘平面。 的提示下，选取图 4.3.92 所示的坯料表面为草绘平面，选取图 4.3.92 所示的坯料顶面为参照平面，方向为 顶。

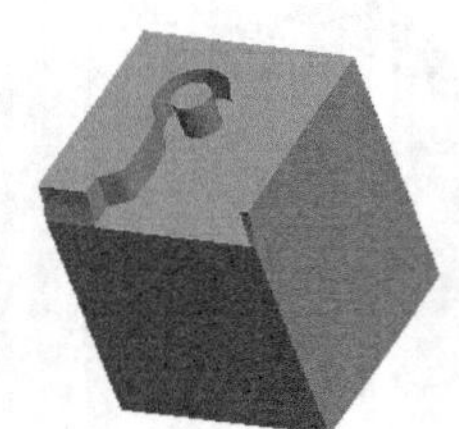

图 4.3.91 镶块体积块

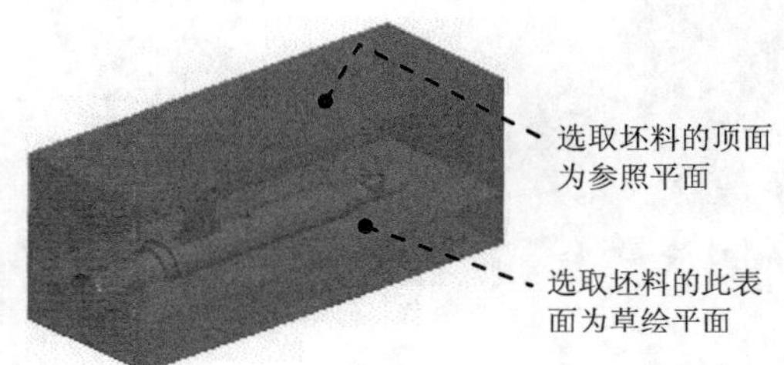

图 4.3.92 定义草绘平面

（5）进入草绘环境后，选取图 4.3.93 所示的边线为草绘参照，绘制图 4.3.93 所示的矩形截面草图。完成特征截面的绘制后，单击“草绘完成”按钮✓。

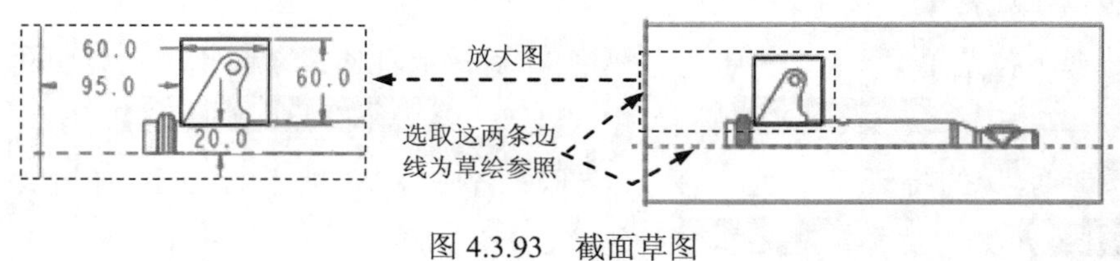

图 4.3.93 截面草图

（6）设置拉伸深度。

① 在操控板中选取深度类型（到选定的）。

② 将模型调整到图 4.3.94 所示的方位，选取图 4.3.94 所示的参照模型的表面为拉伸终止面。

③ 在操控板中单击“完成”按钮✓，完成特征的创建。

（7）选择下拉菜单 编辑(E) ➡ 修剪(T) ▸ ➡ 参照零件切除 命令。

（8）着色显示所创建的镶块体积块。选择下拉菜单 视图(V) ➡ 可见性(V) ▸ ➡ 着色 命令，系统自动将刚创建的镶块体积块着色，然后在 ▼ CntVolSel (继续体积块选取) 菜单中选择 Done/Return (完成/返回) 命令。

（9）在工具栏中单击“完成”按钮✓，完成镶块体积块的创建。

Step2. 创建主体积块。

图 4.3.95 所示的体积块是从坯料中减去镶块体积块后的剩余部分，这部分体积块称为主体积块，后面将用主分型面将该主体积块分割成上、下两个模具体积块。下面说明该主体积块的创建过程。

（1）选择下拉菜单 编辑(E) ➡ 分割... 命令。

（2）在系统弹出的 ▼ SPLIT VOLUME (分割体积块) 菜单中依次选择 One Volume (一个体积块)、All Wrkpcs (所有工件) 和 Done (完成) 命令，此时系统弹出“分割”对话框。

（3）在系统 ➪为分割工件选取分型面。 的提示下，选取图 4.3.96 所示的镶块分型面（即镶块体积块），并单击“选取”对话框中的 确定 按钮，系统弹出 ▼ 岛列表 菜单，将鼠标移至该菜单中的 ☑ 岛1 单选项上，可观察到镶块以外的体积块加亮，因此在这里选中 ☑ 岛1 单选项，然后选择 Done Sel (完成选取) 命令。

（4）在“分割”对话框中单击 确定 按钮。

（5）系统弹出“属性”对话框，输入主体积块名称 body，然后单击 确定 按钮。

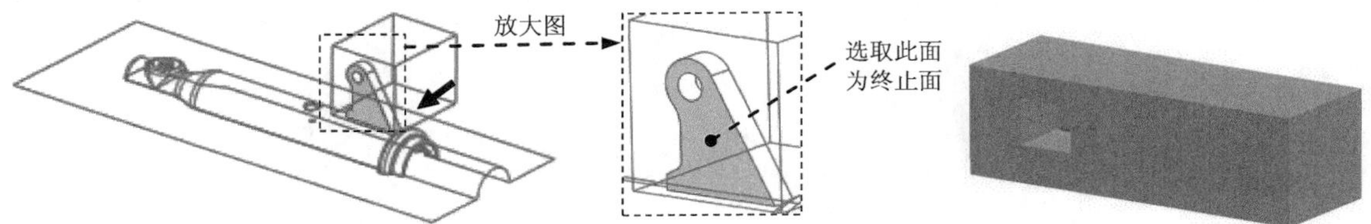

图 4.3.94　选取拉伸的终止面　　　图 4.3.95　创建主体积块

Step3. 用主分型面将主体积块分割成上、下两个体积块。

（1）选择下拉菜单 编辑(E) ➡ 分割... 命令。

（2）在系统弹出的 ▼ SPLIT VOLUME (分割体积块) 菜单中依次选择 Two Volumes (两个体积块)、Mold Volume (模具体积块) 和 Done (完成) 命令，此时系统弹出“分割”对话框和“搜索工具”对话框。

（3）在“搜索工具”对话框中选取列表中的 面组:F12(BODY) 体积块，然后单击 >> 按钮，将其加入到 已选取 0 个项目:(预期 1 个) 列表中，再单击 关闭 按钮。

（4）在系统 ➪为分割所选的模型量选取分型面。 的提示下，用列表选取的方法选取图 4.3.97 所示的主分型面（main_ps），并单击“选取”对话框中的 确定 按钮，再单击“分割”对话框中的 确定 按钮。

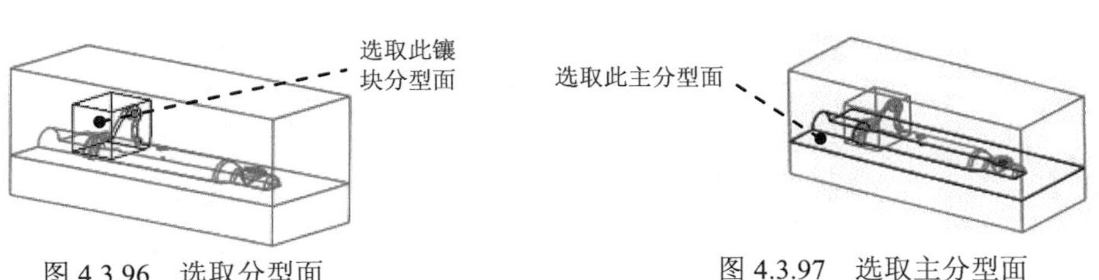

图 4.3.96　选取分型面　　　图 4.3.97　选取主分型面

（5）系统弹出“属性”对话框，同时坯料中分型面的上侧部分变亮，如图 4.3.98 所示，输入体积块名称 upper_mold，单击确定按钮。

（6）系统再次弹出“属性”对话框，同时坯料中分型面的下侧部分变亮，如图 4.3.99 所示，输入体积块名称 lower_mold，单击确定按钮。

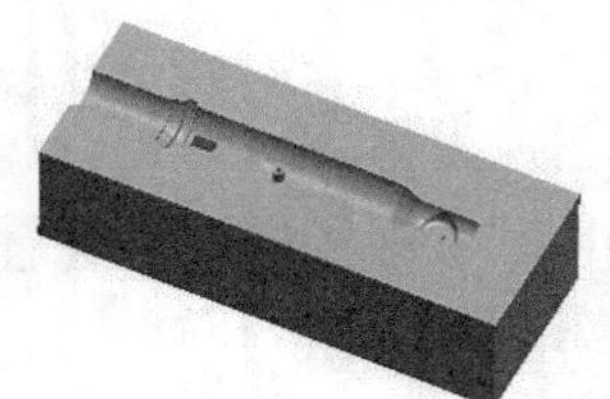

图 4.3.98　着色后的上侧部分

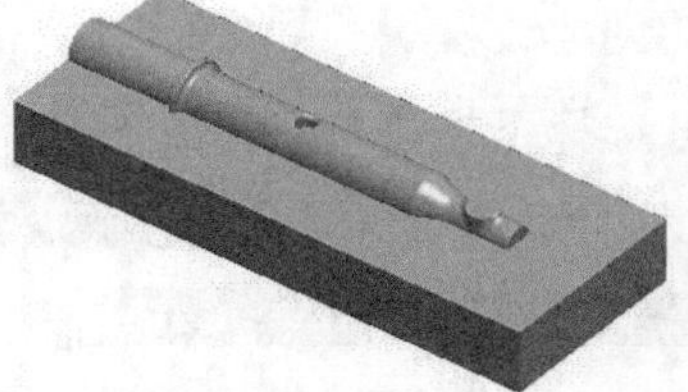

图 4.3.99　着色后的下侧部分

Stage4．抽取模具元件并生成浇注件

将浇注件命名为 MOLDING。

第 5 章　使用分型面法进行模具设计

本章提要　本章将通过几个范例来介绍使用分型面法进行模具设计的一般过程，并讲解一些复杂模具的设计方法，其中包括带型芯的模具、带滑块的模具、带销的模具、带破孔塑件的模具、一模多穴模具以及内外侧同时抽心的模具设计。学习本章后，读者能够熟练掌握使用分型面法进行模具设计的一般方法和技巧。

5.1　概　　述

使用分型面法进行模具设计是 Pro\ENGINEER 中最常用的一种模具设计方法。通过该方法几乎可以完成从简单到复杂的所有模具设计。在这种设计方法中，分型面的创建起着关键的作用，因此在学习本章之前，读者应该熟练掌握创建分型面的各种方法，详细内容可以参看本书第 4 章。

在第 2 章 Pro/ENGINEER 模具设计入门中，已经通过一个简单的例子详细地讲解了使用分型面设计模具的一般过程，因此本章将重点放在了一些较为复杂的模具设计上，如带型芯的模具设计、带滑块的模具设计、带销的模具设计、带破孔塑件的模具设计、一模多穴模具设计以及内外侧同时抽心的模具设计。

无论多么复杂的模具，其设计思路都是大致相同的：第一，将要开模的产品零件引入到 Pro/ENGINEER 模具模块中；第二，通过手动或自动的方式来完成坯料的创建；第三，设置产品零件的收缩率；第四，在进入创建分型面的环境下，使用各种方法来完成分型面的创建（创建分型面时，首先可以考虑的创建方法就是 Pro/ENGINEER 模具模块中自带的自动分模技术，其次是通过特征命令来创建分型面，在很多情况下是结合阴影法和裙边法两种方法来完成的）；第五，通过创建的分型面来提取模具体积块；第六，生成浇注件；第七，定义模具的开启。

5.2　带型芯的模具设计

本节介绍另一款手柄的模具设计，该手柄与第 2 章模具设计中所介绍的手柄的区别是多了一个不通孔（盲孔），如图 5.2.1 所示。如果在设计该手柄的模具时，仍然将模具的开模方向定义为竖直方向，那么手柄中不通孔（盲孔）的轴线方向就与开模方向垂直，这就需要设计型芯模具元件才能构建该孔，因此该手柄的设计过程会复杂一些。下面介绍该模具的设计过程。

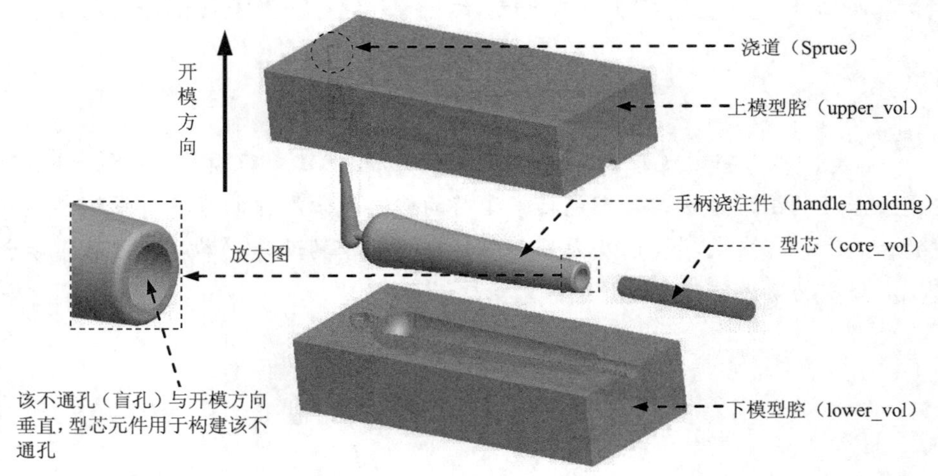

图 5.2.1 带型芯的手柄模具设计

Task1. 新建一个模具制造模型，进入模具模块

注意：以前所执行的操作可能导致内存中存在一些无用的文件，如果这些文件与将要进行的模具设计中的某些文件名称相同，则会造成模具设计紊乱，因此在开始一个新的模具设计前，务必清除这些无用的文件。操作方法为：先选择下拉菜单 文件(F) ➡ 关闭窗口(C) 命令，关闭所有窗口，然后选择 文件(F) ➡ 拭除(E) ➡ 不显示(D)... 命令，拭除所有不显示的文件。

Step1. 选择下拉菜单 文件(F) ➡ 设置工作目录(W)... 命令，将工作目录设置至 D:\proewf5.3\work\ch05.02。

Step2. 在工具栏中单击“新建文件”按钮。

Step3. 在“新建”对话框中选中 类型 区域中的 制造 单选项，选中 子类型 区域中的 模具型腔 单选项，在 名称 文本框中输入文件名 handle_mold，取消 使用缺省模板 复选框中的“√”号，单击对话框中的 确定 按钮。

Step4. 在“新文件选项”对话框中选取 mmns_mfg_mold 模板，单击 确定 按钮。

Task2. 建立模具模型

模具模型主要包括参照模型（Ref Model）和坯料（Workpiece），如图 5.2.2 所示。

Stage1. 引入参照模型

Step1. 在 菜单管理器 的 ▼ MOLD（模具）菜单中选择 Mold Model（模具模型）命令。

Step2. 在 ▼ MOLD MODEL（模具模型）菜单中选择 Assemble（装配）命令。

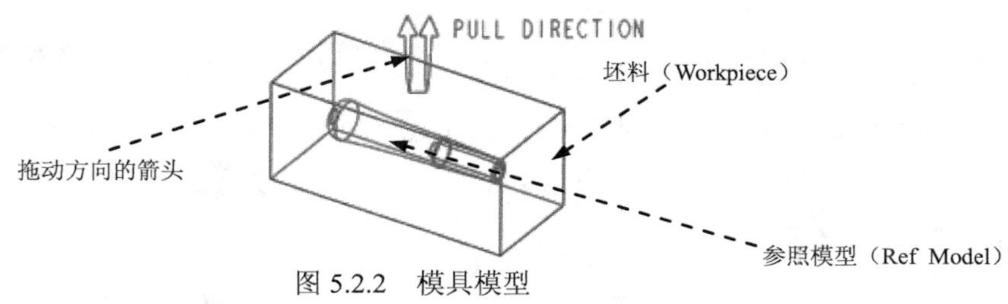

图 5.2.2　模具模型

Step3. 在▼ MOLD MDL TYP（模具模型类型）菜单中选择Ref Model（参照模型）命令。

Step4. 从弹出的文件"打开"对话框中选取三维零件模型 handle.prt 作为参照零件模型，并将其打开。

Step5. 定义约束参照模型的放置位置。

（1）指定第一个约束。在操控板中单击放置按钮，在"放置"界面的"约束类型"下拉列表中选择对齐，选取参照件的 RIGHT 基准平面作为元件参照，选取装配体的 MAIN_PARTING_PLN 基准平面为组件参照。

（2）指定第二个约束。单击→新建约束字符，在"约束类型"下拉列表中选择对齐，选取参照件的TOP基准平面为元件参照，选取装配体的MOLD_FRONT基准平面为组件参照。

（3）指定第三个约束。单击→新建约束字符，在"约束类型"下拉列表中选择对齐，选取参照件的 FRONT 基准平面为元件参照，选取装配体的 MOLD_RIGHT 基准平面为组件参照。

（4）至此，约束定义完成。在操控板中单击"完成"按钮✓，系统自动弹出"创建参照模型"对话框，单击确定按钮，完成后的结果如图 5.2.3 所示。

Step6. 在"创建参照模型"对话框中选中◉ 按参照合并单选项，然后在参照模型区域的名称文本框中，接受系统给出的默认参照模型名称 HANDLE_MOLD_REF，再单击确定按钮。

Stage2. 定义坯料

Step1. 在▼ MOLD MODEL（模具模型）菜单中选择Create（创建）命令。

Step2. 在弹出的▼ MOLD MDL TYP（模具模型类型）菜单中选择Workpiece（工件）命令。

Step3. 在系统弹出的▼ CREATE WORKPIECE（创建工件）菜单中选择Manual（手动）命令。

Step4. 在弹出的"元件创建"对话框中选中类型区域中的◉ 零件单选项、子类型区域中的◉ 实体单选项，在名称文本框中输入坯料的名称 handle_mold_wp，单击确定按钮。

Step5. 在弹出的"创建选项"对话框中选中◉ 创建特征单选项，然后单击确定按钮。

Step6. 创建坯料特征。

（1）在菜单中选择Solid（实体）→ Protrusion（伸出项）命令，在弹出的菜单中选择Extrude（拉伸）→ Solid（实体）→ Done（完成）命令，此时出现"拉伸"操控板。

（2）创建实体拉伸特征。

① 选取拉伸类型。在出现的操控板中确认“实体”按钮□被按下。

② 定义草绘截面放置属性。在绘图区中右击，从快捷菜单中选择定义内部草绘...命令。系统弹出“草绘”对话框，然后选择参照模型 MAIN_PARTING_PLN 基准平面作为草绘平面，草绘平面的参照平面为 MOLD_FRONT 基准平面，方位为左，单击草绘按钮，至此系统进入截面草绘环境。

③ 进入截面草绘环境后，系统弹出“参照”对话框，选取 MOLD_FRONT 基准平面和 MOLD_RIGHT 基准平面为草绘参照，然后单击关闭(C)按钮，绘制图 5.2.4 所示的截面草图。完成截面草图的绘制后，单击工具栏中的“完成”按钮✓。

④ 选取深度类型并输入深度值。在操控板中选取深度类型⊟（对称），在深度文本框中输入深度值 60.0，并按 Enter 键。

⑤ 预览特征。在操控板中单击“预览”按钮☑ 6o°，可浏览所创建的拉伸特征。

⑥ 完成特征。在操控板中单击“完成”按钮✓，完成特征的创建。

Step7. 选择 Done/Return (完成/返回) ➡ Done/Return (完成/返回) 命令。

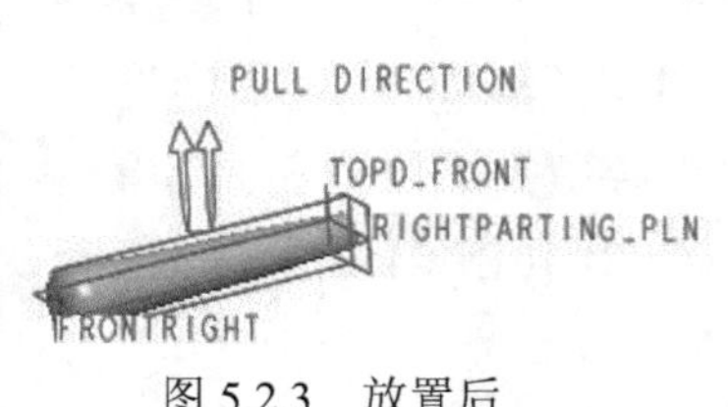

图 5.2.3 放置后

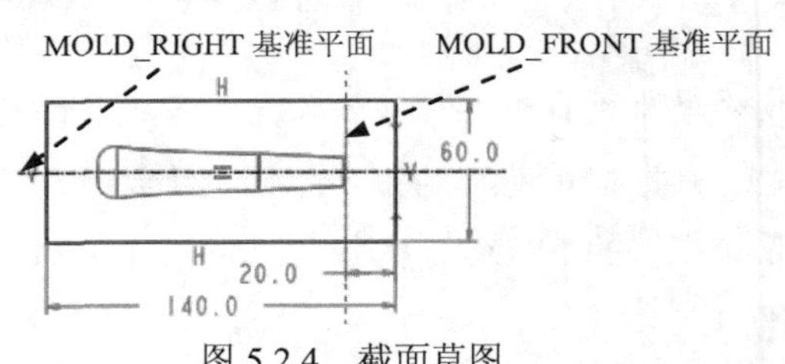

图 5.2.4 截面草图

Task3．设置收缩率

Step1. 在菜单管理器的▼ MOLD (模具)菜单中选择 Shrinkage (收缩)命令。

Step2. 在▼ SHRINKAGE (收缩)菜单中选择 By Dimension (按尺寸)命令。

Step3. 在“按尺寸收缩”对话框中确认公式区域中的 1+S 按钮被按下，在收缩选项区域选中☑更改设计零件尺寸复选框，在收缩率区域的比率栏中输入收缩率 0.006，并按 Enter 键，单击对话框中的✓按钮，选择 Done/Return (完成/返回)命令。

Task4．创建模具分型曲面

Stage1．定义型芯分型面

下面的操作是创建零件 handle.prt 模具的型芯分型曲面（图 5.2.5），以分离模具元件——型芯，其操作过程如下。

Step1. 选择下拉菜单插入(I) ➡ 模具几何 ▸ ➡ 分型面(S)... 命令。

Step2. 选择下拉菜单编辑(E) ➡ 属性(R)命令，在图 5.2.6 所示的对话框中输入分型面名称 core_ps，单击对话框中的确定按钮。

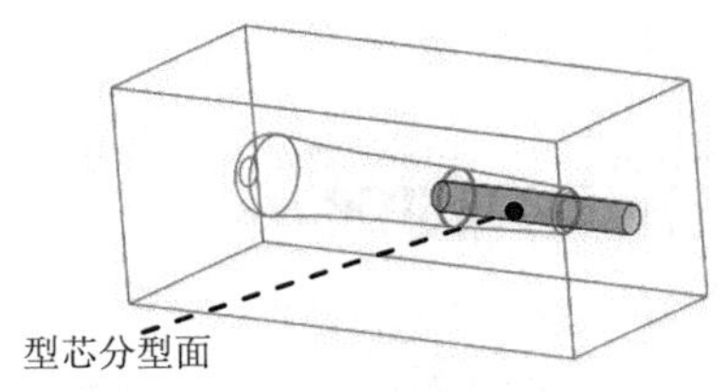

图 5.2.5　创建型芯分型曲面

图 5.2.6　“属性”对话框

Step3. 通过曲面“复制”的方法，复制参照模型（手柄）上孔的内表面。

（1）采用“种子面与边界面”的方法选取所需要的曲面。用户分别选取种子面和边界面后，系统会自动选取从种子曲面开始向四周延伸，直到边界曲面的所有曲面（其中包括种子曲面，但不包括边界曲面）。在屏幕右上方的“智能选取栏”中选择“几何”选项，如图 5.2.7 所示。

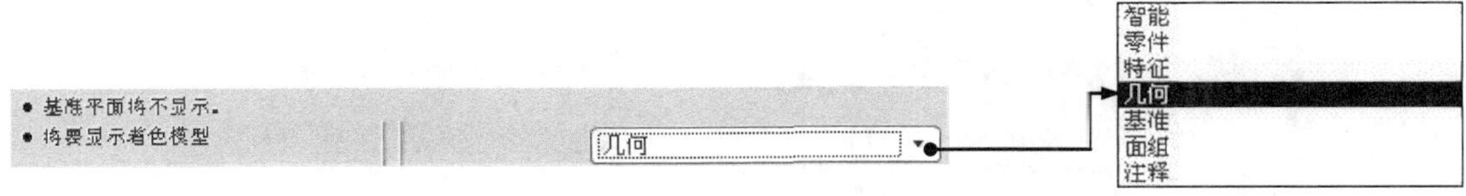

图 5.2.7　智能选取栏

（2）下面先选取“种子面”（Seed Surface），操作方法如下。

① 利用图 5.2.8 所示的“模型显示”工具栏（一般位于软件界面的右上部）可以切换模型的显示状态。按下按钮，将模型的显示状态切换到虚线线框显示方式。

图 5.2.8　“模型显示”工具栏

② 将模型调整到图 5.2.9 所示的视图方位，先将鼠标指针移至模型中的目标位置，即图 5.2.9 中孔的底面（种子面）附近，右击，然后在弹出的快捷菜单中选取 从列表中拾取 命令。

③ 选择图 5.2.10 中的列表项，此时图 5.2.9 中的孔底面会加亮，该底面就是所要选择的“种子面”。最后，在“从列表中拾取”对话框（一）中单击 确定(O) 按钮。

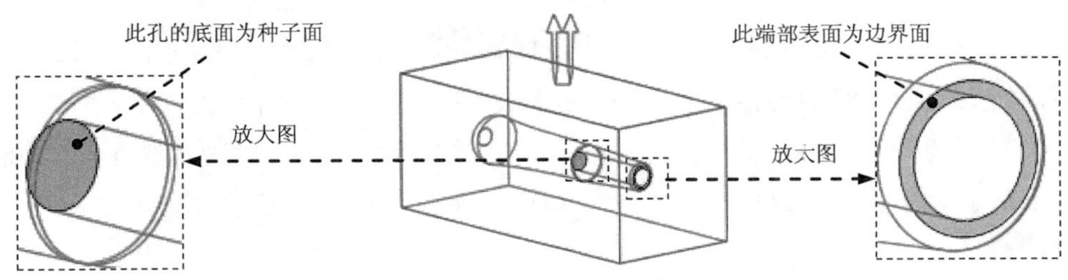

图 5.2.9　定义种子面和边界面

（3）然后选取“边界面”（boundary surface），其操作方法如下。

① 按住 Shift 键，先将鼠标指针移至模型中的目标位置，即图 5.2.9 中的模型端部表面（边界面）附近，再右击，然后在弹出的快捷菜单中选取从列表中拾取命令。

② 选择图 5.2.11 中的列表项，此时，图 5.2.9 中的端面会加亮，该端面就是所要选择的“边界面”。在“从列表中拾取”对话框（二）中单击确定(O)按钮，操作完成后的整个曲面如图 5.2.12 所示。

（4）选择下拉菜单编辑(E) → 复制(C)命令。

（5）选择下拉菜单编辑(E) → 粘贴(P)命令，系统弹出操控板。

（6）单击操控板中的“完成”按钮✔。

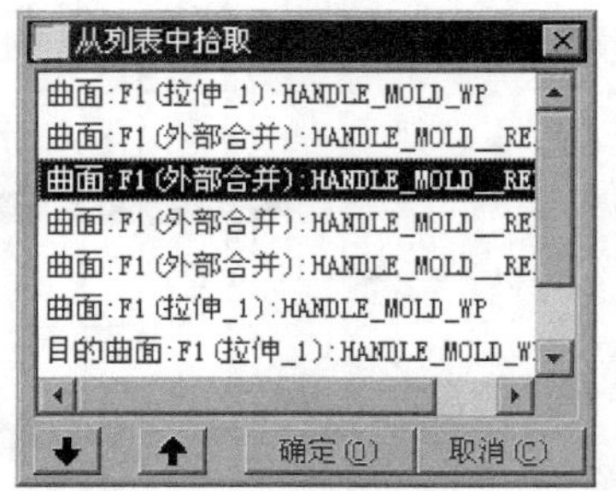

图 5.2.10　“从列表中拾取”对话框（一）

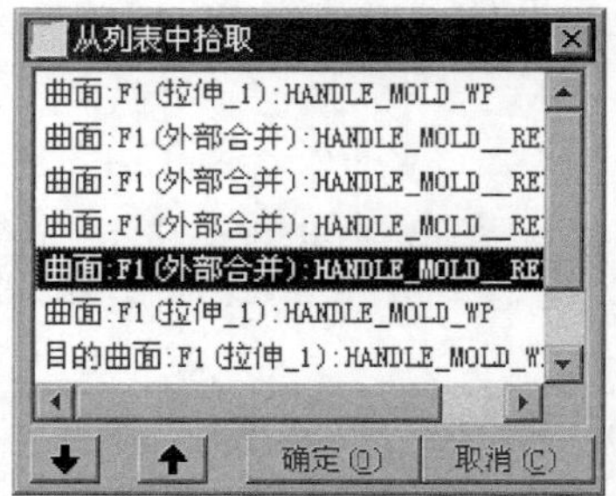

图 5.2.11　“从列表中拾取”对话框（二）

Step4. 将复制后的表面延伸至坯料的表面。

（1）采用“列表选取”的方法选取图 5.2.13 所示的圆弧为延伸边。首先要注意，我们要延伸的曲面是前面的复制曲面，延伸边线是该复制曲面端部的圆，该圆由两个半圆弧组成。

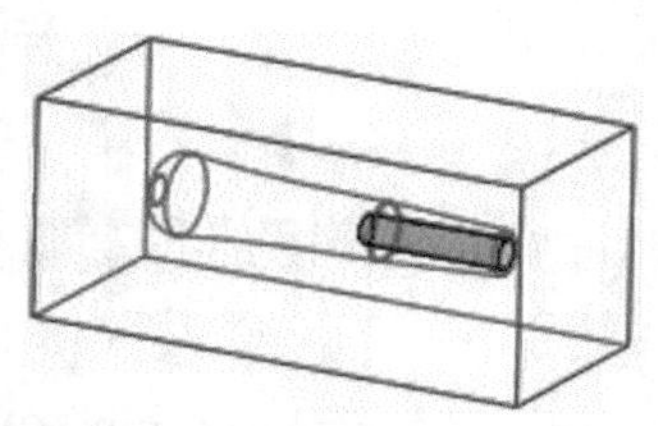
图 5.2.12　操作完成后的整个曲面

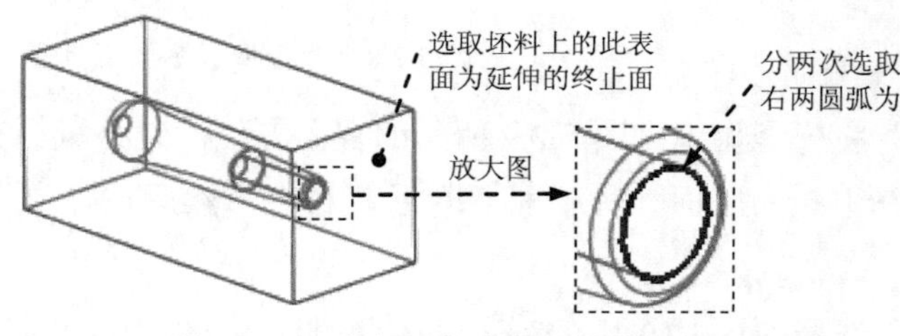

图 5.2.13　选取延伸边和延伸的终止面

① 选择第一个半圆弧为延伸边。将鼠标指针移至模型中的目标位置，即图 5.2.13 中的圆弧附近，再右击，在弹出的快捷菜单中选取从列表中拾取命令，选择图 5.2.14 中的列表项，单击确定(O)按钮。这里应特别注意：图 5.2.13 中箭头所指的位置上有两个重合的圆弧边，一个为手柄零件模型上表面的边线，另一个为复制曲面的边线，参见图 5.2.14 所示的列表对话框。因为要延伸复制的曲面，所以要选取的延伸边应该是复制曲面的边线，即列表对话框中的边:F7(复制_1)选项。

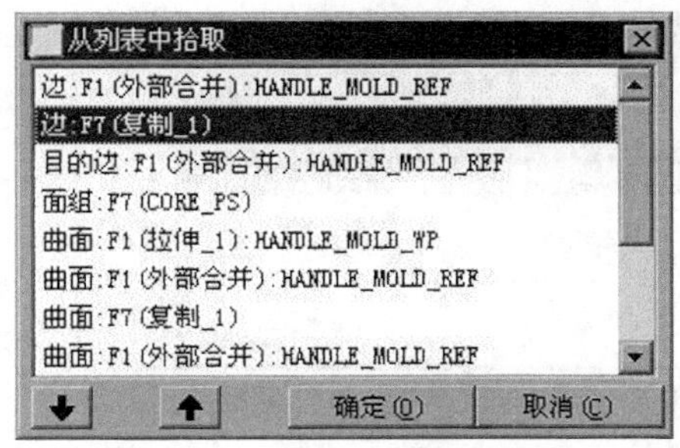

图 5.2.14　“从列表中拾取”对话框（三）

② 选择下拉菜单 编辑(E) ➡ 延伸(X)... 命令，此时出现图 5.2.15 所示的操控板。

③ 按住 Shift 键，选择第二个半圆弧为延伸边。

图 5.2.15　操控板

（2）选取延伸的终止面。

① 在操控板中按下按钮（延伸类型为至平面）。

② 在系统 选取曲面延伸所至的平面。 的提示下，选取图 5.2.13 所示的坯料表面为延伸的终止面。

③ 单击按钮，预览延伸后的面组，确认无误后，单击“完成”按钮。完成后的延伸曲面如图 5.2.16 所示。

Step5. 在工具栏中单击“完成”按钮，完成分型面的创建。

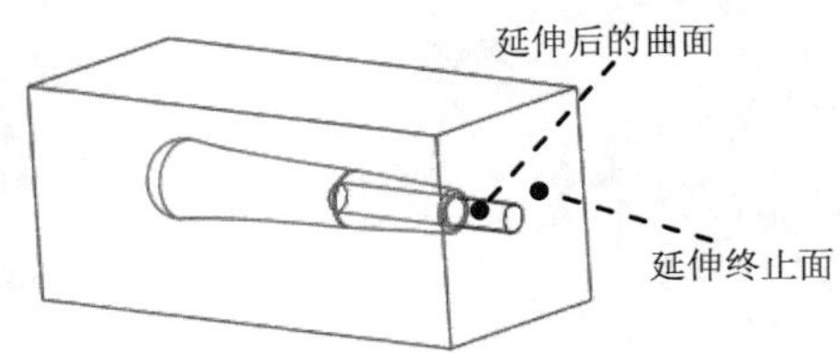

图 5.2.16　完成后的延伸曲面

Step6. 为方便查看前面创建的型芯分型面，将其着色显示。

（1）选择下拉菜单 视图(V) ➡ 可见性(V) ➡ 着色 命令。

（2）系统弹出图 5.2.17 所示的“搜索工具”对话框，系统在 找到1个项目: 列表中默认选择了 面组:F7(CORE_PS) 列表项，即型芯分型面，然后单击 >> 按钮，将其加入到已选取 0 个项目: (预期 1 个)列表中，再单击关闭按钮，着色后的型芯分型面如图 5.2.18 所示。

（3）在图 5.2.19 所示的▼CntVolSel (继续体积块选取)菜单中选择Done/Return (完成/返回)命令。

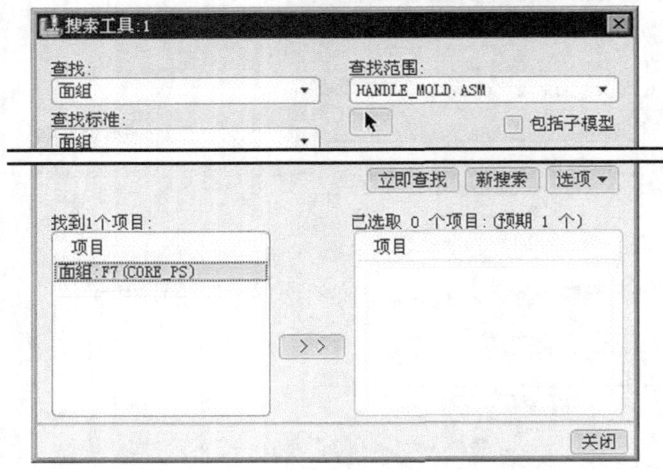

图 5.2.17 “搜索工具”对话框

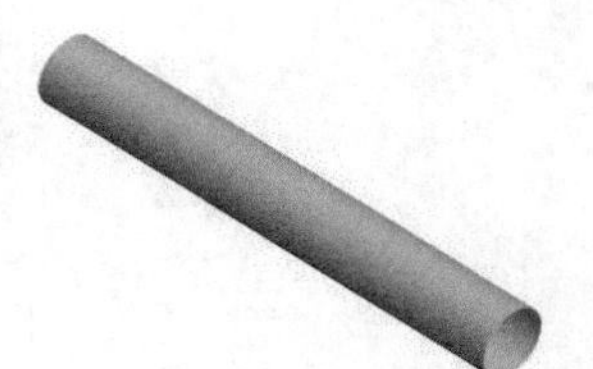

图 5.2.18 着色后的型芯分型面

图 5.2.19 “继续体积块选取”菜单

Step7. 在模型树中查看前面创建的型芯分型面特征。

（1）在图 5.2.20 所示的模型树界面中选择 ➡ 树过滤器(F)...命令。

（2）在系统弹出的对话框中选中☑特征复选框，然后单击该对话框中的确定按钮。此时，模型树中会显示型芯分型面的两个曲面特征：复制曲面特征和延伸曲面特征，如图 5.2.21 所示。通过在模型树上右击曲面特征，从弹出的快捷菜单中可以选择删除（Delete）、编辑定义（Edit Defintion）等命令进行相应的操作，如图 5.2.22 所示。

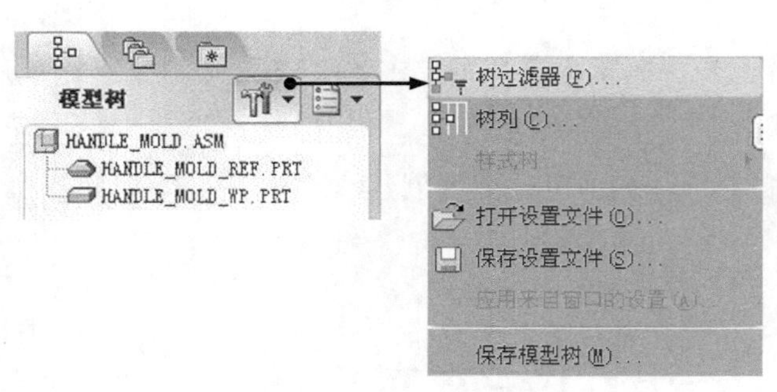

图 5.2.20 模型树界面

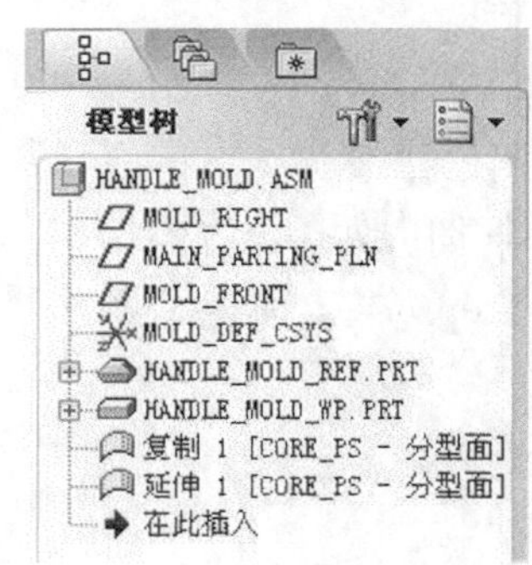

图 5.2.21 查看型芯分型面特征

Stage2. 定义主分型面

下面的操作是创建零件 handle.prt 模具的主分型面（图 5.2.23），以分离模具的上模型腔和下模型腔，其操作过程如下。

Step1. 选择下拉菜单插入(I) ➡ 模具几何 ▸ ➡ 分型面(S)...命令。

Step2. 选择下拉菜单编辑(E) ➡ 属性(R)命令，在“属性”对话框中输入分型面的名称 main_ps，并单击确定按钮。

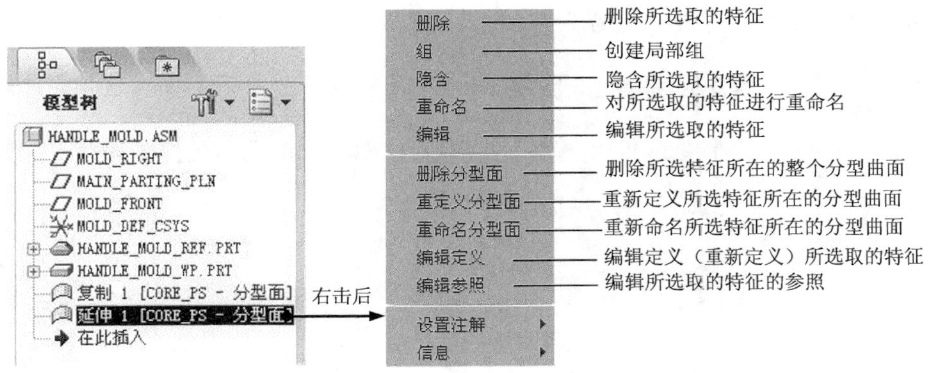

图 5.2.22　在模型树上右击

Step3. 通过“拉伸”的方法创建主分型面。

（1）选择下拉菜单插入(I) ➡ 拉伸(E)...命令，此时系统弹出“拉伸”操控板。

（2）定义草绘截面放置属性。右击，从弹出的菜单中选择定义内部草绘...命令，在系统◇选取一个平面或曲面以定义草绘平面。的提示下，选取图 5.2.24 所示的坯料表面 1 为草绘平面，接受图 5.2.24 中默认的箭头方向为草绘视图方向，然后选取图 5.2.24 所示的坯料表面 2 为参照平面，方向为右。

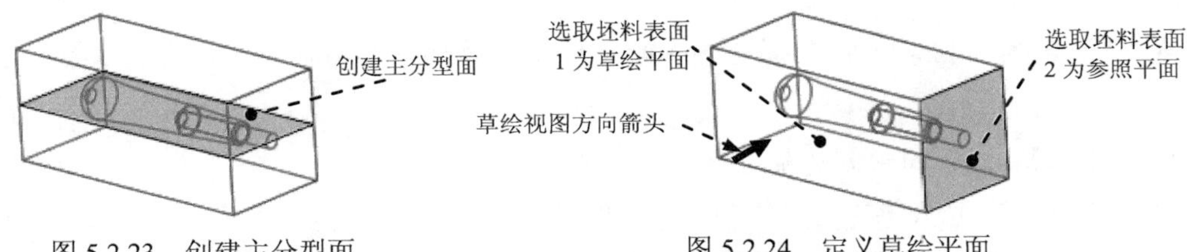

图 5.2.23　创建主分型面　　　图 5.2.24　定义草绘平面

（3）绘制截面草图。选取图 5.2.25 所示的坯料边线和 MAIN_PARTING_PIN 基准平面为草绘参照，绘制图 5.2.25 所示的截面草图（截面草图为一条线段）。完成截面的绘制后，单击工具栏中的“完成”按钮✓。

（4）设置深度选项。

① 在操控板中选取深度类型（到选定的）。

② 将模型调整到图 5.2.26 所示的视图方位，选取图 5.2.26 所示的坯料表面为拉伸终止面。

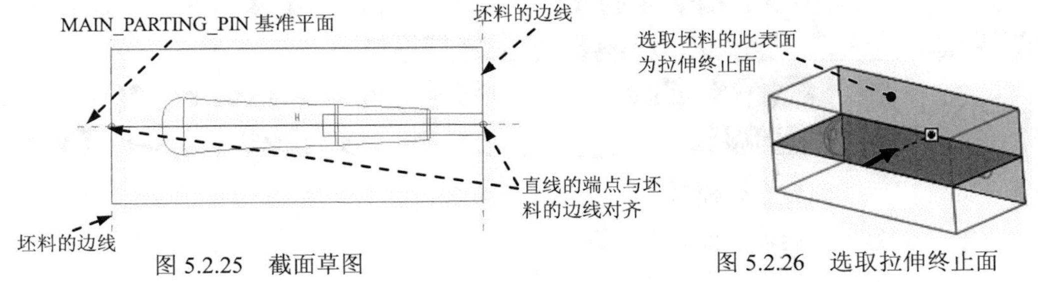

图 5.2.25　截面草图　　　图 5.2.26　选取拉伸终止面

③ 在操控板中单击“完成”按钮✔，完成特征的创建。

Step4. 在工具栏中单击“完成”按钮✔，完成分型面的创建。

Task5. 在模具中创建浇注系统

下面的操作是在零件 handle 的模具坯料中创建图 5.2.27 所示的浇注系统。

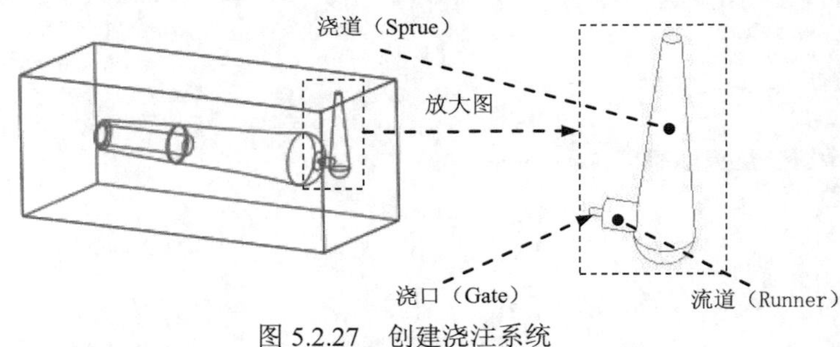

图 5.2.27　创建浇注系统

Stage1. 创建浇道（Sprue）

Step1. 为使屏幕简洁，将主分型面遮蔽起来。

（1）单击工具栏上的按钮，系统弹出“遮蔽-取消遮蔽”对话框。

（2）在该对话框中按下分型面按钮，选取MAIN_PS，单击下方的遮蔽按钮。

（3）单击对话框中的关闭按钮。

Step2. 创建图 5.2.28 所示的基准平面 ADTM1，该基准平面将在后面作为浇道特征的草绘平面。

（1）单击工具栏上的“创建基准平面”按钮。

（2）系统弹出“基准平面”对话框，选取图 5.2.29 所示的参照件顶面为参照平面，然后输入偏移值 10.0。

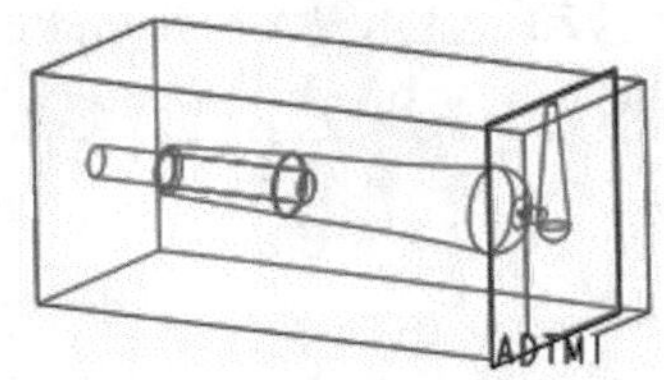

图 5.2.28　创建基准平面 ADTM1

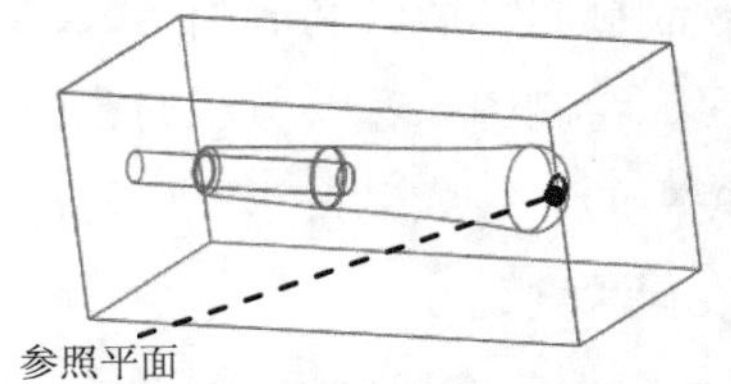

图 5.2.29　选取参照平面

（3）单击“基准平面”对话框中的确定按钮。

Step3. 在菜单管理器的▼ MOLD (模具)菜单中选择Feature (特征)命令，然后在弹出的▼ MOLD MDL TYP (模具模型类型)菜单中选择Cavity Assem (型腔组件)命令。

Step4. 在▼ FEAT OPER (特征操作)菜单中选择Solid (实体) ➞ Cut (切减材料)命令，在系统弹出的▼ SOLID OPTS (实体选项)菜单中选择Revolve (旋转) ➞ Solid (实体) ➞ Done (完成)命令，此时出现“旋转”操控板。

Step5. 创建一个旋转特征作为浇道。

（1）在出现的操控板中确认“实体”类型按钮被按下。

（2）定义草绘属性。右击，从快捷菜单中选择定义内部草绘...命令。选择图 5.2.30 所示的 ADTM1 基准平面为草绘平面，草绘平面的参照平面为图 5.2.30 所示的坯料表面，方位为顶，单击草绘按钮。至此系统进入截面草绘环境。

（3） 进入截面草绘环境后，选取图 5.2.31 所示的边线为草绘参照，然后绘制图 5.2.31 所示的截面草图。完成特征截面的绘制后，单击工具栏中的“完成”按钮。

注意：要绘制旋转中心轴。

（4）定义深度类型。在操控板中选取旋转角度类型，旋转角度为 360°。

（5）单击操控板中的按钮，完成特征创建。

Step6. 选择Done/Return (完成/返回)命令。

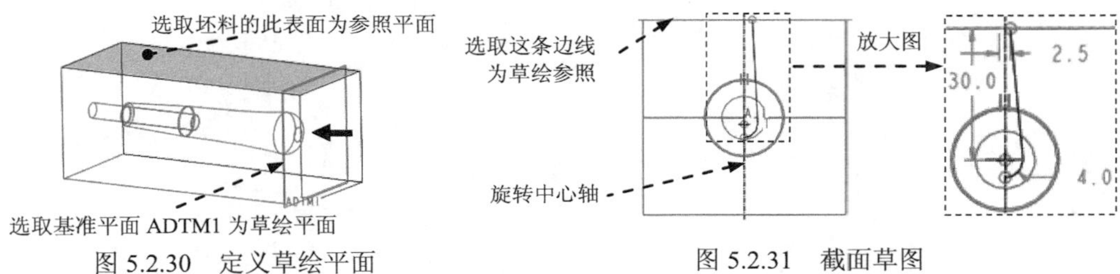

图 5.2.30 定义草绘平面

图 5.2.31 截面草图

Stage2. 创建流道（Runner）

Step1. 创建图 5.2.32 所示的基准平面 ADTM2，该基准平面将在后面作为流道特征的草绘平面。

（1）单击工具栏上的“创建基准平面”按钮，系统弹出“基准平面”对话框，选取参照件的顶面为参照平面，然后输入偏移值 2.0。

（2）单击“基准平面”对话框中的确定按钮。

Step2. 在菜单管理器的▼ MOLD (模具)菜单中先选择Feature (特征)命令，然后在弹出的▼ MOLD MDL TYP (模具模型类型)菜单中选择Cavity Assem (型腔组件)命令。

Step3. 在▼ FEAT OPER (特征操作)菜单中选择Solid (实体) ⟶ Cut (切减材料)命令，在系统弹出的菜单中选择Extrude (拉伸) ⟶ Solid (实体) ⟶ Done (完成)命令，此时系统在屏幕下方出现“拉伸”操控板。

Step4. 创建一个拉伸特征作为流道。

（1）在出现的操控板中确认“实体”按钮被按下。

（2）定义草绘属性。右击，从快捷菜单中选择定义内部草绘...命令。选择图 5.2.33 所示的 ADTM2 基准平面为草绘平面，草绘平面的参照平面为图 5.2.33 所示的坯料表面，方位为顶，单击草绘按钮。至此，系统进入截面草绘环境。

（3）进入截面草绘环境后，选取 MAIN_PARTING_PIN 基准平面和轴线为草绘参照，绘制图 5.2.34 所示的截面草图。完成截面草图后，单击工具栏中的“完成”按钮。

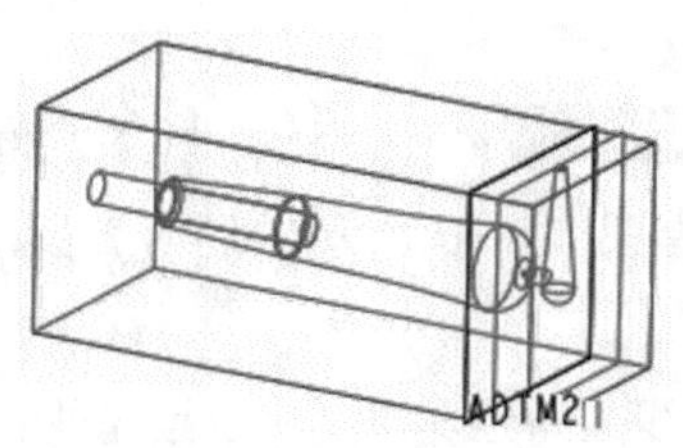

图 5.2.32　创建基准平面 ADTM2

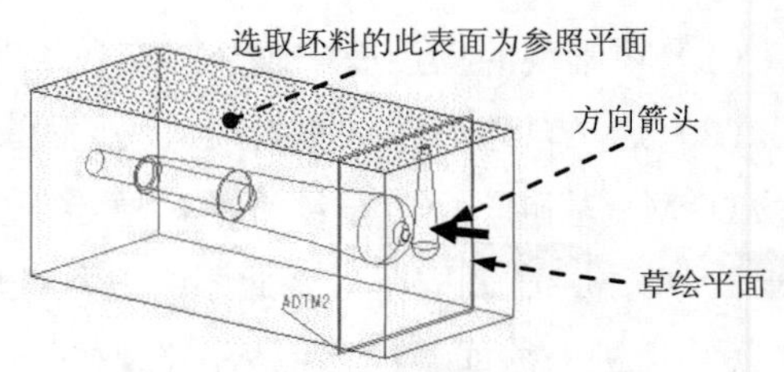

图 5.2.33　定义草绘平面

(4)在操控板中选取深度选项(至曲面)，然后选择图 5.2.35 所示的基准平面 ADTM1 为拉伸的终止面。

(5) 单击操控板中的✓按钮，完成特征创建。

Step5. 选择 Done/Return (完成/返回) 命令。

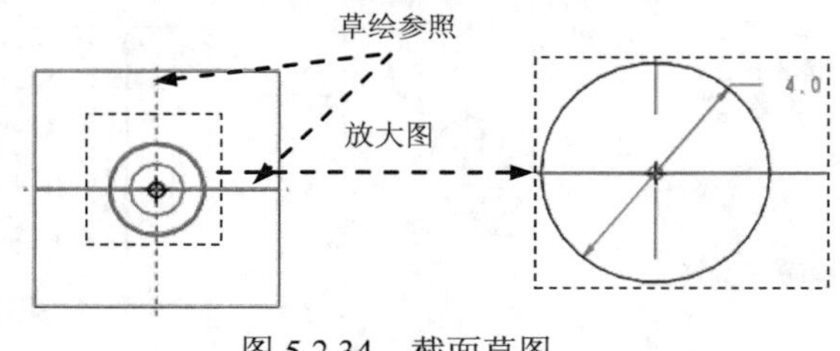

图 5.2.34　截面草图

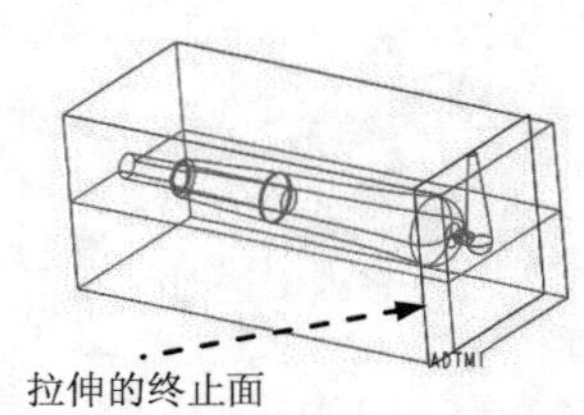

图 5.2.35　选取拉伸的终止面

Stage3. 创建浇口（Gate）

Step1. 在 菜单管理器 的 ▼ MOLD (模具) 菜单中选择 Feature (特征) 命令，然后在弹出的 ▼ MOLD MDL TYP (模具模型类型) 菜单中选择 Cavity Assem (型腔组件) 命令。

Step2. 在 ▼ FEAT OPER (特征操作) 菜单中选择 Solid (实体) ➞ Cut (切减材料) 命令，在系统弹出的菜单中选择 Extrude (拉伸) ➞ Solid (实体) ➞ Done (完成) 命令。此时系统在屏幕下方出现“拉伸”操控板。

Step3. 创建一个拉伸特征作为浇口。

(1) 在出现的操控板中确认“实体”按钮被按下。

(2) 定义草绘属性。右击，从快捷菜单中选择 定义内部草绘... 命令。选择图 5.2.36 所示的 ADTM2 基准平面为草绘平面，草绘平面的参照平面为图 5.2.36 所示的坯料表面，方位为 顶，单击 草绘 按钮。至此，系统进入截面草绘环境。

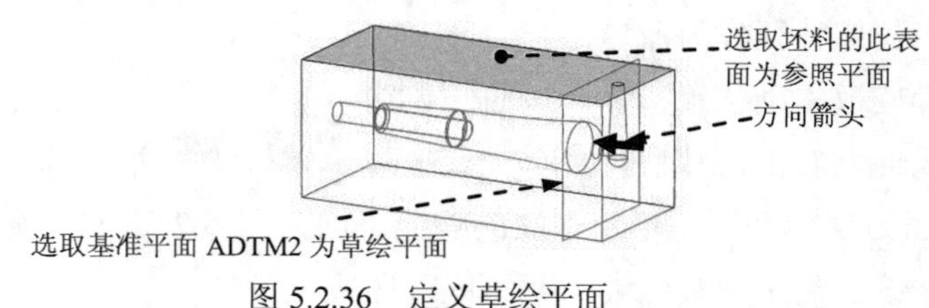

图 5.2.36　定义草绘平面

(3) 进入截面草绘环境后，选取 MAIN_PARTING_PIN 基准平面和轴线为草绘参照，绘制图 5.2.37 所示的截面草图。完成特征截面后，单击工具栏中的“完成”按钮✓。

（4）在操控板中选取深度选项⊥（至曲面），然后选择图 5.2.38 所示的参照件的顶面为拉伸的终止面。

（5）单击操控板中的✓按钮，完成特征创建。

Step4. 选择 Done/Return（完成/返回）命令。

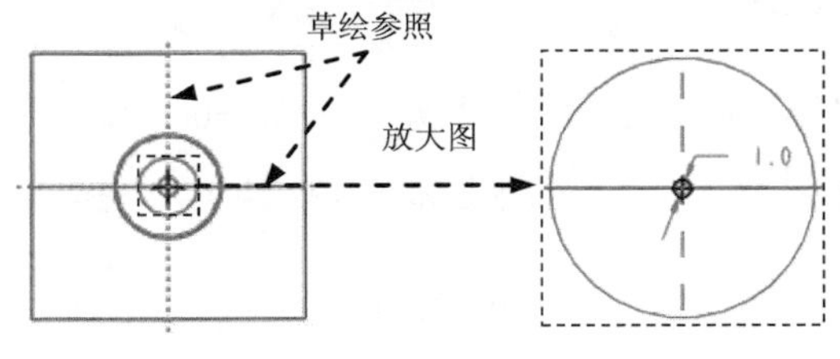

图 5.2.37　截面草图

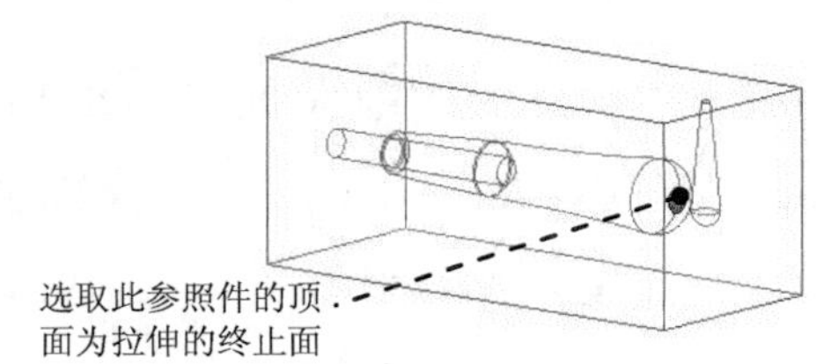

图 5.2.38　选取拉伸的终止面

Task6. 构建模具元件的体积块

Stage1. 用型芯分型面创建型芯元件的体积块

下面的操作是在零件 handle 的模具坯料中，用前面创建的型芯分型面——core_ps 来分割型芯元件的体积块，该体积块以后会抽取为模具的型芯元件。该例中，由于主分型面穿过型芯分型面，为便于分割出各模具元件，先从整个坯料中分割出型芯体积块，然后从其余的体积块（即分离出型芯体积块后的坯料）中分割出上、下型腔体积块。

Step1. 选择下拉菜单 编辑(E) ➡ 分割... 命令（即用“分割”的方法构建体积块）。

Step2. 在系统弹出的 ▼ SPLIT VOLUME（分割体积块）菜单中依次选择 Two Volumes（两个体积块）、All Wrkpcs（所有工件）和 Done（完成）命令。此时系统弹出图 5.2.39 所示的“分割”对话框。

Step3. 用“列表选取”的方法选取分型面。

（1）在系统 ➡为分割工件选取分型面。的提示下，先将鼠标指针移至模型中的型芯分型面位置并右击，然后从快捷菜单中选取 从列表中拾取 命令。

（2）在图 5.2.40 所示的“从列表中拾取”对话框中单击列表中的 面组:F7(CORE_PS) 分型面，然后单击 确定(O) 按钮。

（3）单击“选取”对话框中的 确定 按钮。

Step4. 单击“分割”对话框中的 确定 按钮。

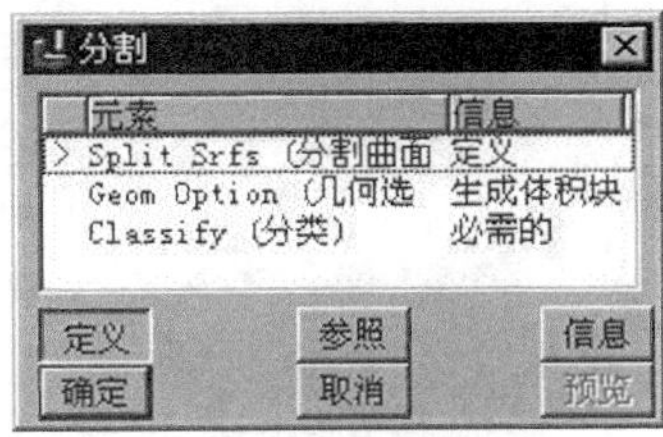

图 5.2.39　“分割”对话框

图 5.2.40　“从列表中拾取”对话框

Step5. 此时系统弹出“属性”对话框。同时模型中的其余部分变亮，输入其余部分体积的名称 body_vol，单击确定按钮。

Step6. 此时系统再次弹出“属性”对话框。同时模型中的型芯部分变亮，输入型芯模具元件体积的名称 core_vol，单击确定按钮。

Stage2. 用主分型面创建上下模腔的体积块

下面的操作是在零件 handle 的模具坯料中，用前面创建的主分型面——main_ps 来将前面生成的体积块 body_vol 分成上、下两个体积腔（块），这两个体积腔（块）将来会抽取为模具的上、下模具型腔。

Step1. 显示主分型面。

Step2. 选择下拉菜单编辑(E) → 分割...命令。

Step3. 在系统弹出的▼ SPLIT VOLUME (分割体积块)菜单中选择Two Volumes (两个体积块)、Mold Volume (模具体积块)和Done (完成)命令。

Step4. 在系统弹出的“搜索工具”对话框中单击列表中的面组:F16(BODY_VOL)体积块，然后单击 >> 按钮，将其加入到已选取 0 个项目:(预期 1 个)列表中再单击关闭按钮。

Step5. 用“列表选取”的方法选取分型面。

（1）在系统◆为分割所选的模型量选取分型面。的提示下，先将鼠标指针移至模型中主分型面的位置并右击，然后从快捷菜单中选取从列表中拾取命令。

（2）在弹出的“从列表中拾取”对话框中单击列表中的面组:F9(MAIN_PS)分型面，然后单击确定(O)按钮。

（3）单击“选取”对话框中的确定按钮。

Step6. 单击“分割”信息对话框中的确定按钮。

Step7. 此时系统弹出“属性”对话框。同时，body_vol 体积块的下半部分变亮（变为橙色），在该对话框中单击着色按钮，着色后的下半部分体积块如图 5.2.41 所示。然后在对话框中输入名称 lower_vol，单击确定按钮。

Step8. 此时系统再次弹出“属性”对话框。同时，body_vol 体积块的上半部分变亮（变青），在该对话框中单击着色按钮，着色后的上半部分体积块如图 5.2.42 所示。然后在对话框中输入名称 upper_vol，单击确定按钮。

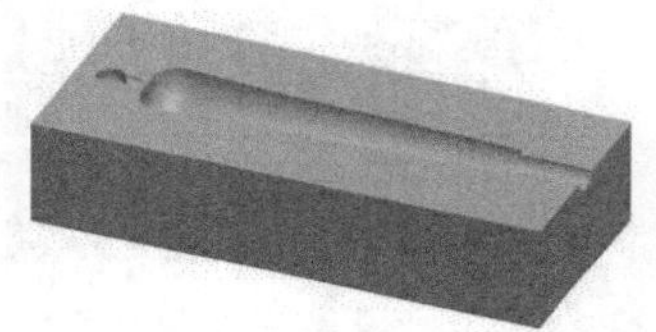
图 5.2.41 着色后的下半部分体积块

图 5.2.42 着色后的上半部分体积块

Task7．抽取模具元件并生成浇注件

将浇注件命名为 HANDLE_MOLDING。

Task8．定义模具开启

Stage1．将参照零件、坯料和分型面在模型中遮蔽起来

Stage2．开模步骤 1：移动型芯

Step1．在菜单管理器的▼ MOLD（模具）菜单中选择Mold Opening（模具开模）命令（注：此处应翻译成“开启模具”），在系统弹出的▼ MOLD OPEN（模具开模）菜单中选择Define Step（定义间距）命令（注：此处应翻译成“定义开模步骤”）。

Step2．在▼ DEFINE STEP（定义间距菜单中选择Define Move（定义移动）命令。

Step3．用“列表选取”的方法选取要移动的模具元件。

（1）在系统◆为迁移号码1 选取构件。提示下，先将鼠标指针移至图 5.2.43 所示模型中的位置 A 并右击，选取快捷菜单中的从列表中拾取命令。

（2）在系统弹出的“从列表中拾取”对话框中单击列表中的型芯模具零件CORE_VOL.PRT，然后单击确定(O)按钮。

（3）在“选取”对话框中单击确定按钮。

Step4．在系统◆通过选取边、轴或表面选取分解方向。提示下，选取图 5.2.43 所示的边线为移动方向，然后在系统 输入沿指定方向的位移 100 的提示下，输入要移动的距离值 100（因为图中箭头的指向与型芯要移动的方向相同，所以移动的距离值为正），并按 Enter 键。

Step5．干涉检查。

（1）检查型芯与上模的干涉。

① 在▼ DEFINE STEP（定义间距）菜单中选择Interference（干涉）命令。

② 系统提示◆选择移动进行干涉检查。，在“模具移动”菜单中选取移动1命令。

③ 在“模具干涉”菜单中选择Static Part（静态零件）命令，此时系统提示◆选取统计零件。（注：此处应翻译成“选择静止的模具零件”），从屏幕的模型中选取上模，系统在信息区提示 • 没有发现干扰。。

④ 选择Done/Return（完成/返回）命令，完成干涉检查。

（2）依照同样的方法，检查型芯与下模的干涉。

（3）依照同样的方法，检查型芯与浇注件的干涉。

Step6．在▼ DEFINE STEP（定义间距）菜单中选择Done（完成）命令，完成型芯的移动，如图 5.2.44 所示。

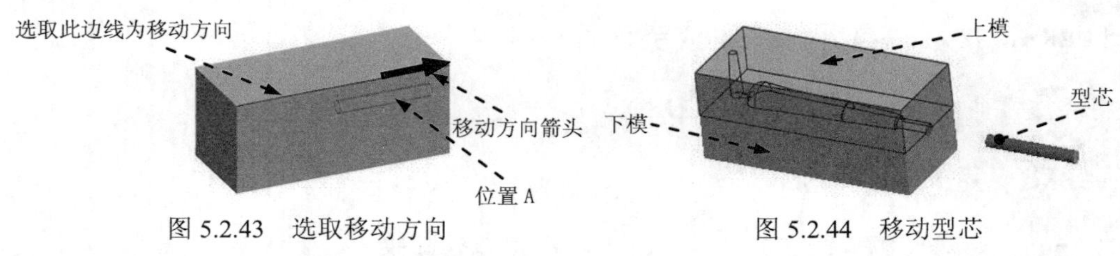

图 5.2.43 选取移动方向　　　　图 5.2.44 移动型芯

Stage3．开模步骤 2：移动上模

Step1. 参照开模步骤 1 的操作方法，选取上模，选取图 5.2.45 所示的边线为移动方向，然后输入要移动的距离值 100（如果移动方向箭头向下，则输入-100）。

Step2. 在▼ DEFINE STEP（定义间距）菜单中选择 Done（完成）命令，完成上模的移动。

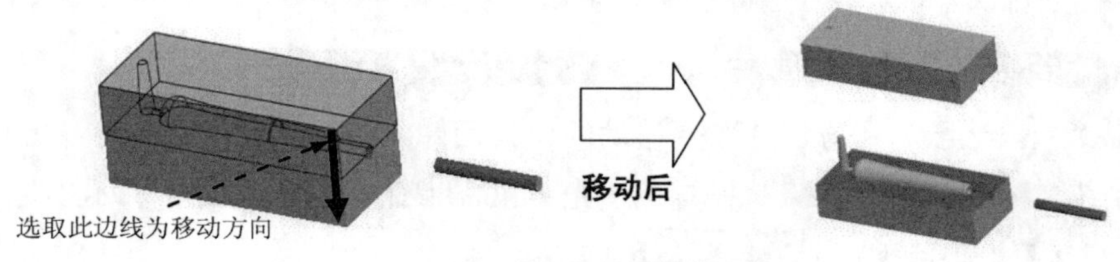

图 5.2.45 移动上模

Stage4．开模步骤 3：移动下模

Step1. 参考开模步骤 1 的操作方法，选取下模，选取图 5.2.46 所示的边线为移动方向，然后输入要移动的距离值-100（如果移动方向箭头向下，则输入 100）。

Step2. 在▼ DEFINE STEP（定义间距）菜单中选择 Done（完成）命令，完成下模的移动。

Step3. 在▼ MOLD OPEN（模具开模）菜单中选择 Done/Return（完成/返回）命令，完成模具的开启。

Step4. 保存设计结果。选择下拉菜单 文件(F) → 保存(S) 命令。

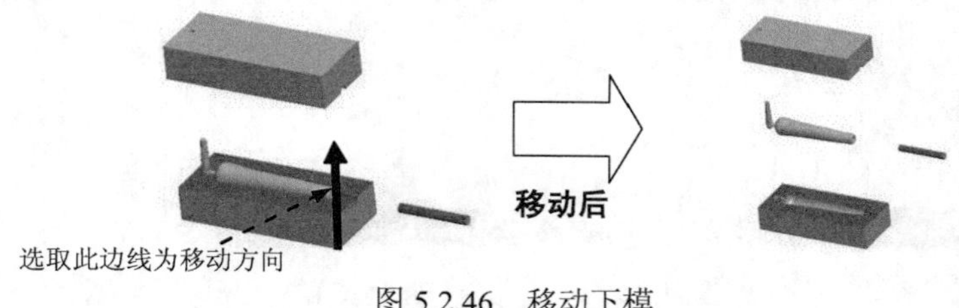

图 5.2.46 移动下模

5.3 带滑块的模具设计（一）

在图 5.3.1 所示的模具中，显示器的表面有许多破孔，因此，模具中必须设计滑块。开模时，先将滑块移出，上、下模具才能顺利脱模。下面介绍该模具的主要设计过程。

Task1．新建一个模具制造模型

Step1. 将工作目录设置至 D:\proewf5.3\work\ch05.03。

Step2. 新建一个模具型腔文件，命名为 display_mold，选取 mmns_mfg_mold 模板。

Task2. 建立模具模型

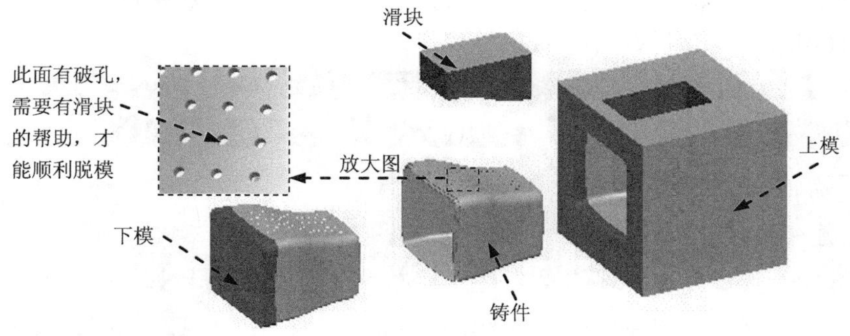

图 5.3.1　带滑块的模具设计

Stage1. 引入参照模型

Step1. 单击工具栏中的“模具型腔布局”按钮，系统弹出“打开”和“布局”对话框。

Step2. 从弹出的“打开”对话框中选取三维零件模型显示器外壳——display.prt 作为参照零件模型，并将其打开，系统弹出“创建参照模型”对话框。

Step3. 在“创建参照模型”对话框中选中 ◉ 按参照合并 单选项，然后接受参照模型区域的名称文本框中系统默认的名称，再单击 确定 按钮。

Step4. 在“布局”对话框的布局区域中单击 ⊙ 单一 单选项，在“布局”对话框中单击 预览 按钮，结果如图 5.3.2 所示，然后单击 确定 按钮。

Step5. 单击 Done/Return (完成/返回) 命令。

说明：使用上述方法引入参照模型，可以定义模型在模具中的放置位置和方向。

Stage2. 创建坯料

创建图 5.3.3 所示的坯料，操作步骤如下。

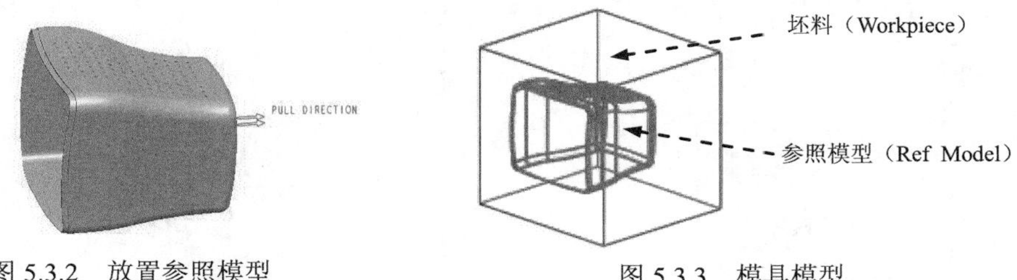

图 5.3.2　放置参照模型　　图 5.3.3　模具模型

Step1. 在 ▼ MOLD MODEL (模具模型) 菜单中选择 Create (创建) 命令。

Step2. 在弹出的 ▼ MOLD MDL TYP (模具模型类型) 菜单中选择 Workpiece (工件) 命令。

Step3. 在弹出的 ▼ CREATE WORKPIECE (创建工件) 菜单中选择 Manual (手动) 命令。

Step4. 在弹出的“元件创建”对话框中选中类型区域中的◉零件单选项，选中子类型区域中的◉实体单选项，在名称文本框中输入坯料的名称 display_mold_wp，单击确定按钮。

Step5. 在弹出的“创建选项”对话框中选中◉创建特征单选项，然后单击确定按钮。

Step6. 创建坯料特征。

（1）在▼FEAT OPER（特征操作）菜单中选择Solid（实体）→Protrusion（伸出项）命令，在弹出的▼SOLID OPTS（实体选项）菜单中选择Extrude（拉伸）→Solid（实体）→Done（完成）命令，此时系统显示“拉伸”操控板。

（2）创建实体拉伸特征。

① 选取拉伸类型。在出现的操控板中确认“实体”按钮被按下。

② 定义草绘截面放置属性。在绘图区中右击，从弹出的快捷菜单中选择定义内部草绘...命令。选择 MOLD_FRONT 基准平面作为草绘平面，草绘平面的参照平面为 MOLD_RIGHT 基准平面，方位为左，单击草绘按钮，至此系统进入截面草绘环境。

③ 绘制截面草图。进入截面草绘环境后，选取 MOLD_RIGHT 基准平面和 MAIN_PARTING_PLN 基准平面为草绘参照，截面草图如图 5.3.4 所示。完成截面草图的绘制后，单击工具栏中的“完成”按钮✓。

④ 选取深度类型并输入深度值。在操控板中选取深度类型（对称），在深度文本框中输入深度值 500.0，并按 Enter 键，单击“完成”按钮✓，完成特征的创建。

Step7. 选择Done/Return（完成/返回）→Done/Return（完成/返回）命令。

Task3．设置收缩率

将参照模型收缩率设置为 0.006。

Task4．创建主分型面

以下操作是创建显示器模具的主分型曲面（图 5.3.5），操作过程如下。

Step1. 选择下拉菜单插入(I)→模具几何▸→分型面(S)...命令。

Step2. 选择下拉菜单编辑(E)→属性(R)命令，在弹出的“属性”对话框中输入分型面名称 main_ps，单击对话框中的确定按钮。

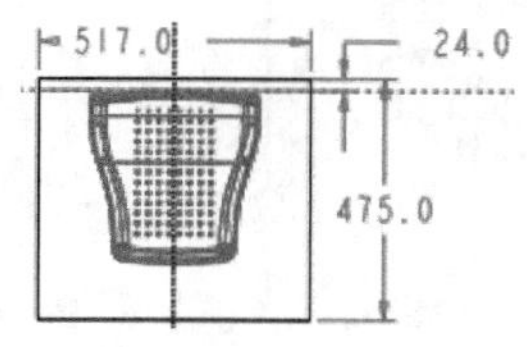

图 5.3.4 截面草图

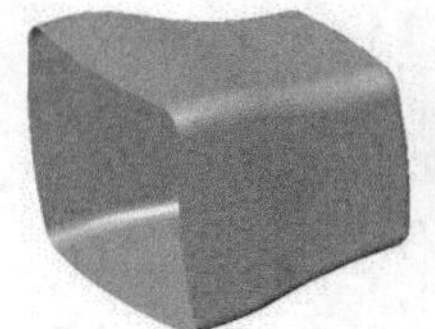
图 5.3.5 创建主分型曲面

Step3. 为了方便选取图元，将坯料遮蔽。在模型树中右击DISPLAY_MOLD_WP.PRT，从弹出的快捷菜单中选择遮蔽命令。

Step4. 通过曲面复制的方法，复制参照模型上的外表面。

（1）在屏幕右下方的“智能选取栏”中选择“几何”选项，选取模型上的外表面（按住 Ctrl 键依次选取），选取结果如图 5.3.6 所示。

（2）选择下拉菜单 编辑(E) → 复制(C) 命令。

（3）选择下拉菜单 编辑(E) → 粘贴(P) 命令，系统弹出操控板。

（4）填补复制曲面上的破孔。在操控板中单击 选项 按钮，在“选项”界面中选中 ◉ 排除曲面并填充孔 单选项，在系统 ⇨选取封闭的边环或曲面以填充孔。的提示下，按住 Ctrl 键，分别选择图 5.3.7 中的曲面 1、曲面 2 和曲面 3。

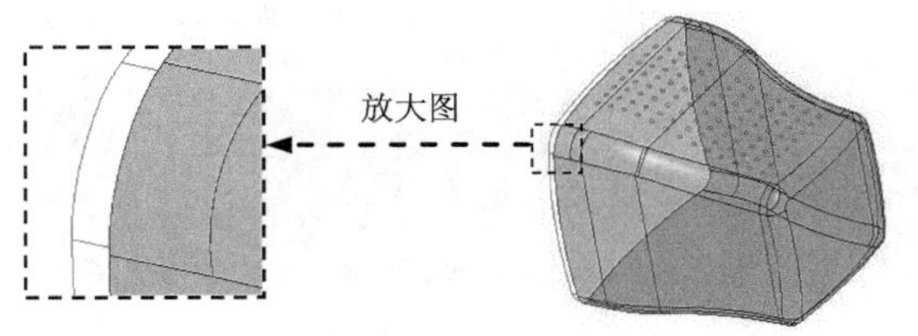

图 5.3.6　选取外表面

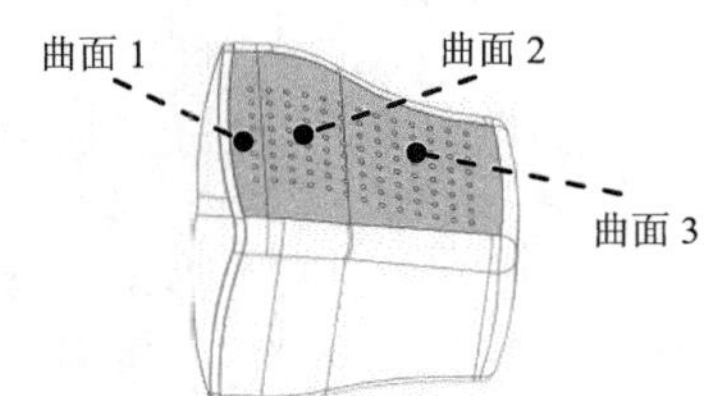

图 5.3.7　填补曲面上的破孔

（5）填补复制曲面 2 与曲面 3 之间的破孔。按住 Ctrl 键，选择图 5.3.8 所示的一条直线上的八条边线。

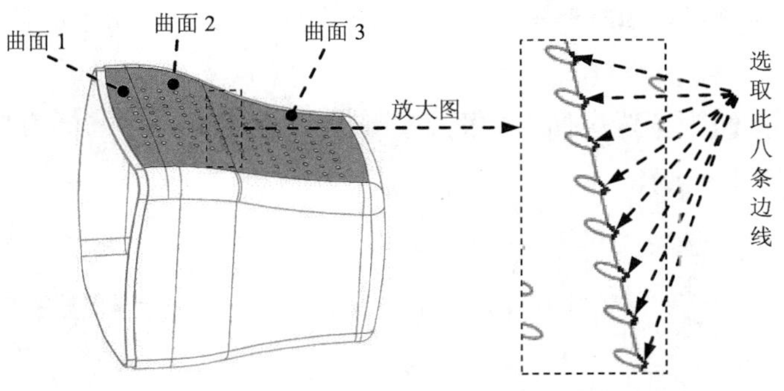

图 5.3.8　填补曲面与曲面之间的破孔

（6）单击操控板中的“完成”按钮 ✔。

Step5. 将复制后的表面延伸至坯料的表面。

（1）采用“列表选取”的方法选取图 5.3.9 所示的一整圈边线为延伸边。首先应注意，要延伸的曲面是前面的复制曲面，延伸边线是该复制曲面端部的边线，该边线由若干段圆弧和曲线组成。

① 选择第一个圆弧延伸边。将鼠标指针移至模型中的目标位置，即图 5.3.9 中的圆弧附近，再右击，从弹出的快捷菜单中选取 从列表中拾取 命令，选择图 5.3.10 中的列表项，单击 确定(O) 按钮。这里应特别注意：图 5.3.9 中箭头所指的位置上有两个重合的圆弧边，一个为显示器外壳零件模型端面的边线，另一个为复制曲面的边线，参见图 5.3.10 所示的“从列表中拾取”对

话框。因为要延伸复制的曲面，所以要选取的延伸边应该是复制曲面的边线，即“从列表中拾取”对话框中的 边:F7(复制_1) 选项。

② 将坯料的遮蔽取消。

③ 按住 Shift 键，将鼠标移到与图 5.3.9 中圆弧边相接的曲线链附近，系统自动将边线的余下部分加亮一圈，选择此边线作为另一段延伸边。

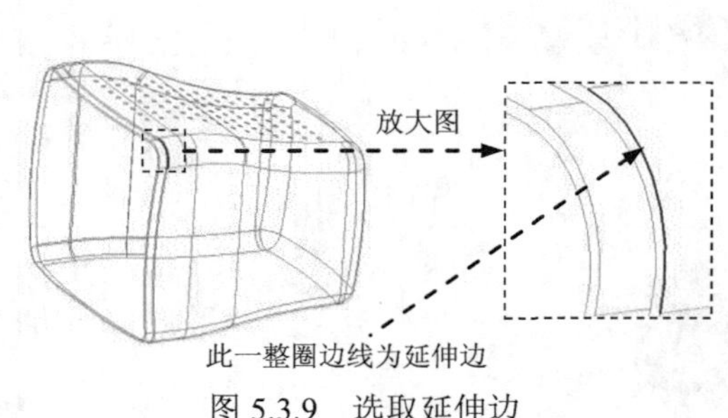

图 5.3.9　选取延伸边

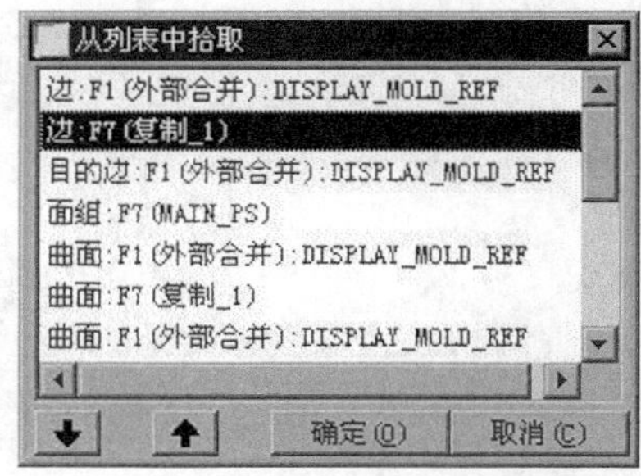

图 5.3.10　“从列表中拾取”对话框

（2）选取延伸的终止面。

① 选择下拉菜单 编辑(E) → 延伸(X)... 命令，此时系统出现操控板，在操控板中按下 按钮（延伸类型为至平面）。

② 在系统 ◆选取曲面延伸所至的平面。 的提示下，选取图 5.3.11 所示的坯料表面为延伸的终止面。

③ 单击 按钮，预览延伸后的面组，确认无误后，单击“完成”按钮 。完成后的延伸曲面如图 5.3.12 所示。

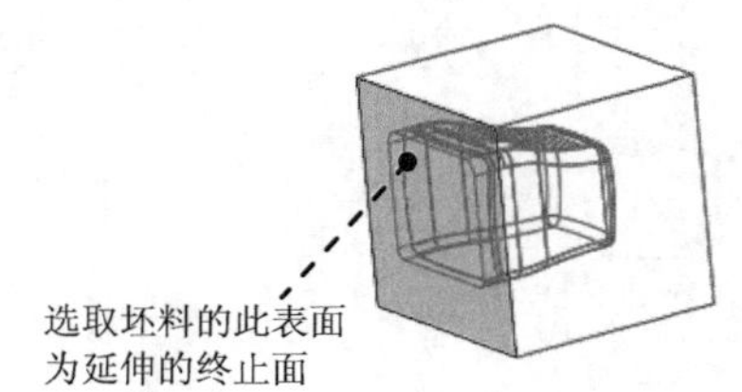

图 5.3.11　选取延伸的终止面

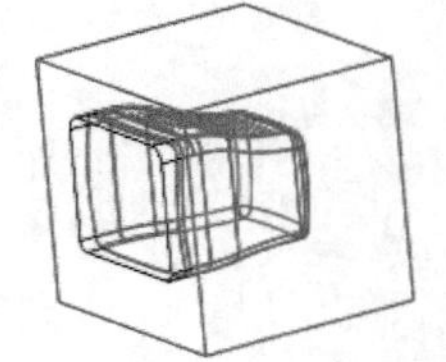

图 5.3.12　完成后的延伸曲面

Step6. 在工具栏中单击“完成”按钮 ，完成分型面的创建。

Task5. 创建滑块分型面

下面的操作是创建零件 display.prt 模具的滑块分型曲面（图 5.3.13），其操作过程如下。

Step1. 选择下拉菜单 插入(I) → 模具几何 ▸ → 分型面(S)... 命令。

Step2. 选择下拉菜单 编辑(E) → 属性(R) 命令，在“属性”对话框中输入分型面名称 slide_ps，单击对话框中的 确定 按钮。

Step3. 通过曲面复制的方法，复制显示器上的三个内表面。

（1）为了方便选取图元，再次遮蔽坯料和分型面。

（2）将模型调整到图 5.3.14 所示的视图方位，先将鼠标指针移至模型中的目标位置，即图 5.3.14 中显示器内表面的附近，按住 Ctrl 键，选取图 5.3.14 所示的三个曲面。

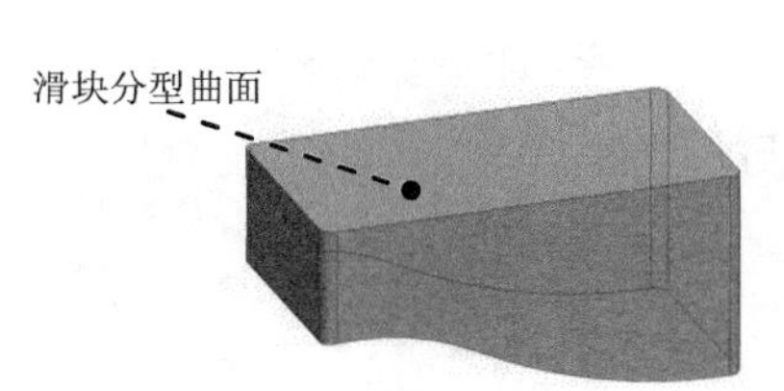

图 5.3.13　创建滑块分型曲面

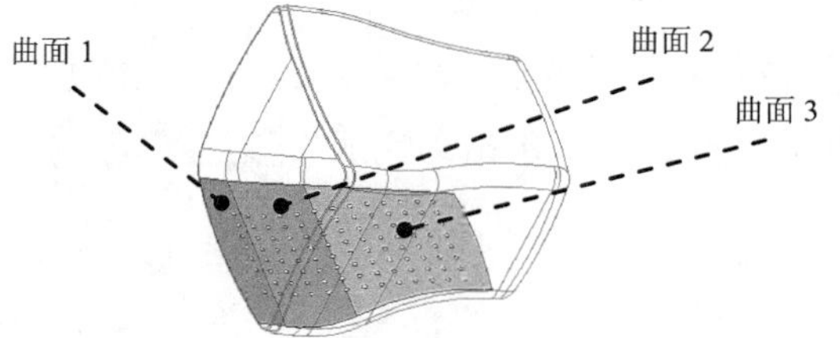

图 5.3.14　选取显示器的三个内表面

（3）选择下拉菜单 编辑(E) → 复制(C) 命令。

（4）选择下拉菜单 编辑(E) → 粘贴(P) 命令。

（5）填补复制曲面上的破孔。在操控板中单击 选项 按钮，在“选项”界面选中 ◉ 排除曲面并填充孔 单选项，在系统 ➪选取封闭的边环或曲面以填充孔。的提示下，按住 Ctrl 键，分别选择图 5.3.15 中的三个内表面。

（6）填补复制曲面 2 与曲面 3 之间的破孔。按住 Ctrl 键，选择图 5.3.16 所示的八条边线。

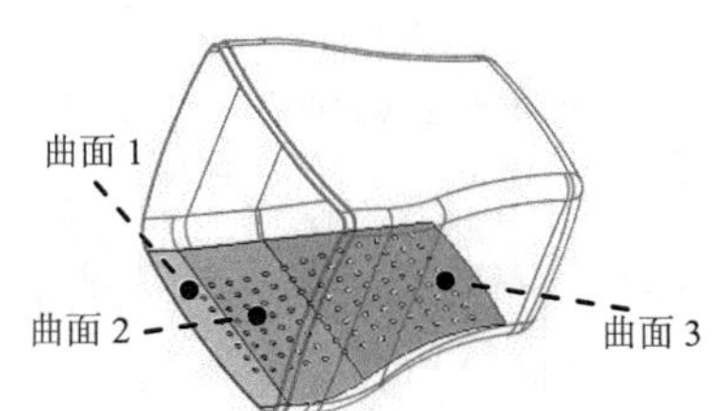

图 5.3.15　选取显示器的三个内表面

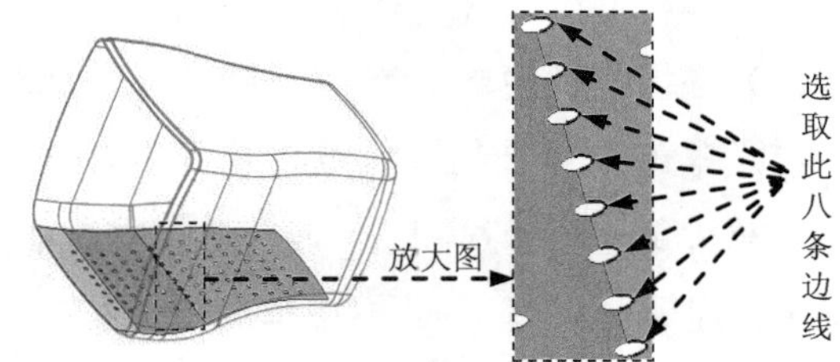

图 5.3.16　填补曲面与曲面之间的破孔

（7）单击操控板中的“完成”按钮 ✓。

Step4. 用拉伸的方法创建曲面。

（1）将坯料和分型面遮蔽取消。

（2）选择下拉菜单 插入(I) → 拉伸(E)... 命令，此时系统弹出“拉伸”操控板。

（3）定义草绘截面放置属性。右击，从弹出的菜单中选择 定义内部草绘... 命令，在系统 ➪选取一个平面或曲面以定义草绘平面。的提示下，选择图 5.3.17 所示的坯料表面 1 为草绘平面，接受图 5.3.17 中默认的箭头方向为草绘视图方向，然后选取图 5.3.17 所示的坯料表面 2 为参照平面，方向为 右。

（4）绘制截面草图。进入草绘环境后，选取 MAIN_PARTING_PLN 基准平面和 MOLD_RIGHT 基准平面为草绘参照，截面草图如图 5.3.18 所示。完成截面草图的绘制后，单击工具栏中的“完成”按钮 ✓。

注意：截面草图中的四个圆角半径相等。

（5）设置拉伸属性。

① 在操控板中选取深度类型（到选定的）。

② 采用“列表选取”的方法，选取 Step3 中创建的复制面组为终止面（可由列表选取，面组名称为面组:F9(SLIDE_PS)）。

③ 在操控板中单击选项按钮，在“选项”界面中选中☑封闭端复选框。

（6）在操控板中单击“完成”按钮，完成特征的创建。

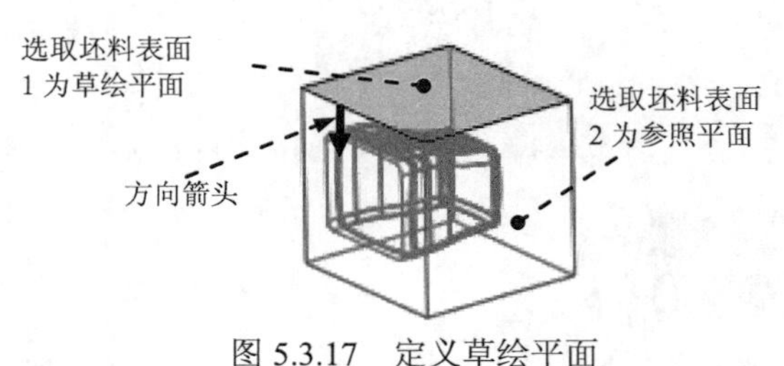

图 5.3.17　定义草绘平面

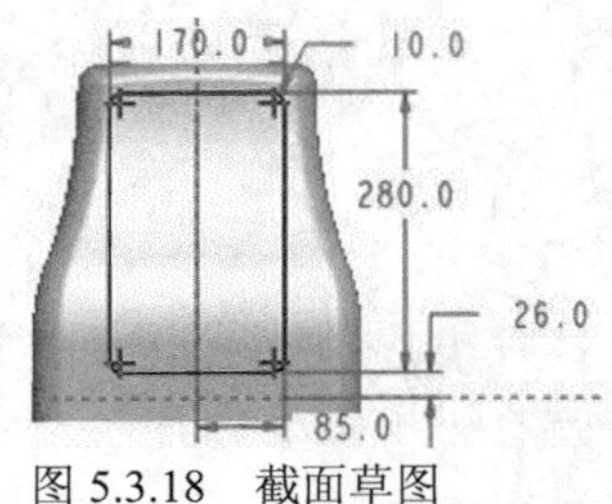

图 5.3.18　截面草图

Step5. 将前面的复制面组与拉伸面组进行合并。

（1）按住 Ctrl 键，选取 Step3 创建的复制面组和 Step4 创建的拉伸面组。

（2）选择下拉菜单编辑(E) ➞ 合并(G)命令，此时系统弹出“合并”操控板。

（3）在模型中选取要合并的面组，如图 5.3.19 所示。

（4）在操控板中单击选项按钮，在“选项”界面中选中◉相交单选项。

（5）单击☑ 按钮，预览合并后的面组，确认无误后，单击“完成”按钮。

注意：合并面组时，若先选择拉伸面组，再选择复制面组，则合并后的面组不能进行重定义。单击工具栏上的按钮，可以查看分型面的个数，此时只有一个分型面。

Step6. 在工具栏中单击“完成”按钮，完成分型面的创建。

Task6. 用滑块分型面创建滑块体积

Step1. 选择下拉菜单编辑(E) ➞ 分割...命令（即用“分割”的方法构建体积块）。

Step2. 在系统弹出的▼ SPLIT VOLUME (分割体积块)菜单中依次选择Two Volumes (两个体积块)、All Wrkpcs (所有工件)和Done (完成)命令，此时系统弹出“分割”对话框和“选取”对话框。

Step3. 用“列表选取”的方法选取分型面。

（1）在系统➜为分割工件选取分型面。的提示下，先将鼠标指针移至模型中的滑块分型面位置右击，从快捷菜单中选择从列表中拾取命令。

（2）在“从列表中拾取”对话框中单击列表中的面组:F9(SLIDE_PS)，然后单击确定(O)按钮。

（3）单击“选取”对话框中的确定按钮。

Step4. 单击“分割”对话框中的确定按钮。

Step5. 此时，系统弹出“属性”对话框。同时模型中的滑块以外部分变亮，在该对话框中单击 着色 按钮，着色后的体积块如图 5.3.20 所示。然后在对话框中输入名称 body_vol，单击 确定 按钮。

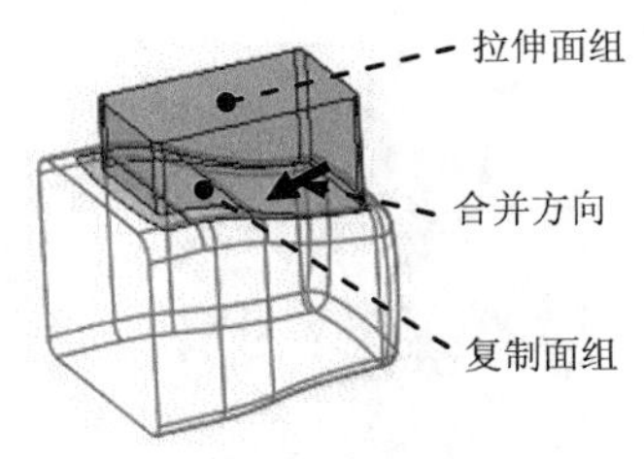

图 5.3.19　合并面组

图 5.3.20　着色后的主体积块

Step6. 此时，系统再次弹出“属性”对话框。同时模型中的滑块部分变亮，在该对话框中单击 着色 按钮，着色后的体积块如图 5.3.21 所示。然后在对话框中输入名称 slide_vol，单击 确定 按钮。

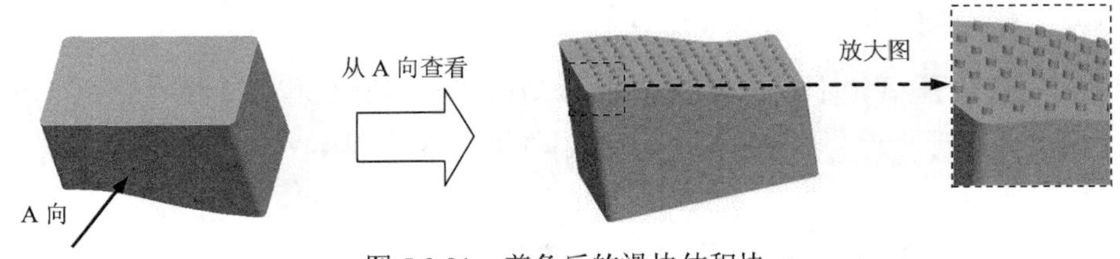

图 5.3.21　着色后的滑块体积块

Task7. 用主分型面创建上下模体积腔

Step1. 选择下拉菜单 编辑(E) → 分割... 命令。

Step2. 在系统弹出的 ▼ SPLIT VOLUME (分割体积块) 菜单中选择 Two Volumes (两个体积块)、Mold Volume (模具体积块) 和 Done (完成) 命令。

Step3. 在系统弹出的“搜索工具”对话框中单击列表中的 面组:F13(BODY_VOL) 体积块，然后单击 >> 按钮，将其加入到 已选取 0 个项目:(预期 1 个) 列表中，再单击 关闭 按钮。

Step4. 用“列表选取”的方法选取分型面。

（1）在系统 ◆为分割所选的模型量选取分型面。的提示下，先将鼠标指针移至模型中主分型面的位置右击，从快捷菜单中选取 从列表中拾取 命令。

（2）在系统弹出的“从列表中拾取”对话框中单击列表中的 面组:F7(MAIN_PS) 分型面，然后单击 确定(O) 按钮。

（3）单击“选取”对话框中的 确定 按钮。

Step5. 单击“分割”信息对话框中的 确定 按钮。

Step6. 此时，系统弹出“属性”对话框。同时 body_vol 体积块的外面变亮（变为橙色），在该对话框中单击 着色 按钮，着色后的上模体积块如图 5.3.22 所示，然后在对话框中输入名称 upper_vol，单击 确定 按钮。

Step7. 此时，系统再次弹出“属性”对话框。同时 body_vol 体积块的里面部分变亮（变青），在该对话框中单击 着色 按钮，着色后的下模体积块如图 5.3.23 所示，然后在对话框中输入名称 lower_vol，单击 确定 按钮。

图 5.3.22　着色后的上模体积块

图 5.3.23　着色后的下模体积块

Task8．抽取模具元件并生成浇注件

将浇注件命名为 DISPLAY_MOLDING。

Task9．定义开模动作（注：本步及后面的详细操作过程请参见随书光盘中 video\ch05.03\reference\文件下的语音视频讲解文件 display_mold-r01.avi）。

5.4　带滑块的模具设计（二）

在图 5.4.1 所示的模具中，设计模型中有凸肋，在上、下开模时，此凸肋区域会成为倒勾区，形成型腔与浇注件之间的干涉，因此必须设计滑块。开模时，先将滑块由侧面移出，然后才能移动浇注件，使该零件顺利脱模。下面将说明该模具的创建过程。

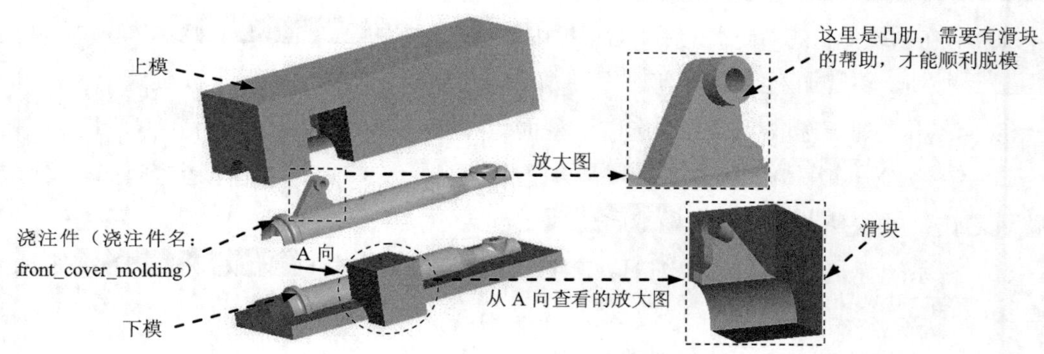

图 5.4.1　带滑块的复杂模具设计

Task1．新建一个模具制造模型，进入模具模块

Step1. 将工作目录设置至 D:\proewf5.3\work\ch05.04。

Step2. 新建一个模具型腔文件，命名为 front_cover_mold，选取 mmns_mfg_mold 模板。

Task2. 建立模具模型

开始设计一个模具前，应先创建一个“模具模型”，模具模型包括参照模型（Ref Model）和坯料（Workpiece），如图 5.4.2 所示。

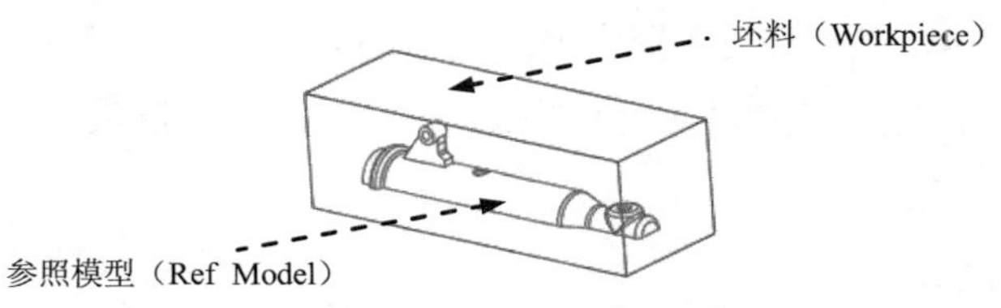

图 5.4.2　参照模型（Ref Model）和坯料（Workpiece）

Stage1. 引入参照模型

Step1. 在菜单管理器的▼ MOLD（模具）菜单中选择 Mold Model（模具模型）命令。

Step2. 在▼ MOLD MODEL（模具模型）菜单中选择 Assemble（装配）命令。

Step3. 在▼ MOLD MDL TYP（模具模型类型）菜单中选择 Ref Model（参照模型）命令。

Step4. 从弹出的文件“打开”对话框中选取三维零件模型 front_cover.prt 作为参照零件模型，并将其打开。

Step5. 定义约束参照模型的放置位置。

（1）指定第一个约束。在操控板中单击 放置 按钮，在“放置”界面的“约束类型”下拉列表中选择 对齐，选取参照件的 TOP 基准平面为元件参照，选取装配体的 MOLD_FRONT 基准平面为组件参照。

说明：若参照件的基准平面没有显示出来，则应先将基准平面显示出来。

（2）指定第二个约束。单击➔新建约束 字符，在“约束类型”下拉列表中选择 对齐，选取参照件的 RIGHT 基准平面为元件参照，选取装配体的 MOLD_RIGHT 基准平面为组件参照。

（3）指定第三个约束。单击➔新建约束 字符，在“约束类型”下拉列表中选择 配对，选取参照件的 FRONT 基准平面为元件参照，选取装配体的 MAIN_PARTING_PLN 基准平面为组件参照。

（4）至此，约束定义完成，在操控板中单击“完成”按钮✔，系统自动弹出“创建参照模型”对话框。

Step6. 在“创建参照模型”对话框中选中 ◉ 按参照合并 单选项，然后在参照模型区域的 名称 文本框中接受默认的名称，再单击 确定 按钮，完成后的结果如图 5.4.3 所示。

Stage2．创建坯料

Step1．在 ▼ MOLD MODEL（模具模型） 菜单中选择 Create（创建） 命令。

Step2．在弹出的 ▼ MOLD MDL TYP（模具模型类型） 菜单中选择 Workpiece（工件） 命令。

Step3．在弹出的 ▼ CREATE WORKPIECE（创建工件） 菜单中选择 Manual（手动） 命令。

Step4．在系统弹出的“元件创建”对话框的 类型 区域下选中 ◉ 零件 单选项，在 子类型 区域下选中 ◉ 实体 单选项，在 名称 文本框中输入坯料的名称 wp，然后再单击 确定 按钮。

Step5．在系统弹出的“创建选项”对话框中选中 ◉ 创建特征 单选项，然后再单击 确定 按钮。

Step6．创建坯料特征。

（1）在弹出的菜单管理器中选择 Solid（实体） ⟶ Protrusion（伸出项） 命令，在弹出的菜单中选择 Extrude（拉伸） ⟶ Solid（实体） ⟶ Done（完成） 命令。系统弹出“拉伸”操控板。

（2）创建实体拉伸特征。

① 选取拉伸类型。在出现的操控板中确认“实体”按钮 被按下。

② 定义草绘截面放置属性。在绘图区中右击，从系统弹出的快捷菜单中选择 定义内部草绘... 命令。系统弹出“草绘”对话框，然后选择参照模型 MOLD_RIGHT 基准平面作为草绘平面，草绘平面的参照平面为 MOLD_FRONT 基准平面，方向为 左，单击 草绘 按钮，至此系统进入截面草绘环境。

③ 进入截面草绘环境后，选取 MOLD_FRONT 基准平面和图 5.4.4 所示的参照件底边为草绘参照，绘制图 5.4.4 所示的截面草图。完成截面草图的绘制后，单击工具栏中的“完成”按钮 ✓。

④ 选取深度类型并输入深度值。在操控板中选取深度类型 （对称），再在深度文本框中输入深度值 111，并按 Enter 键。

⑤ 预览特征。在操控板中单击“预览”按钮 ，可浏览所创建的拉伸特征。

⑥ 完成特征。在操控板中单击“完成”按钮 ✓，完成特征的创建。

（3）选择 Done/Return（完成/返回） ⟶ Done/Return（完成/返回） 命令。

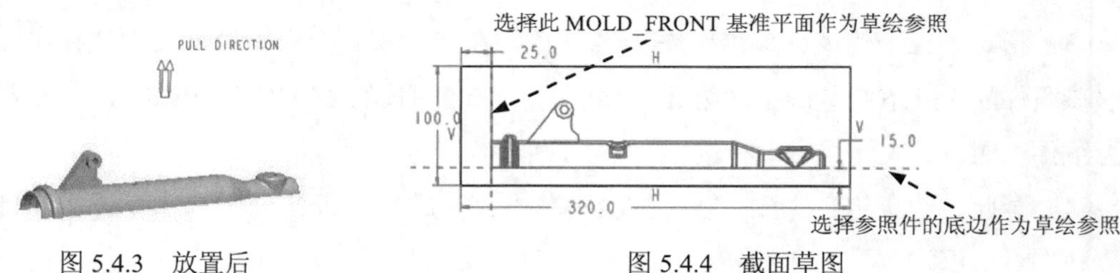

图 5.4.3 放置后　　　　图 5.4.4 截面草图

Task3．设置收缩率

将参照模型收缩率设置为 0.006。

Task4．创建模具分型曲面

Stage1．创建滑块分型曲面

下面的操作是创建图 5.4.5 所示的模具滑块分型曲面，以分离模具元件——滑块，操作过程如下。

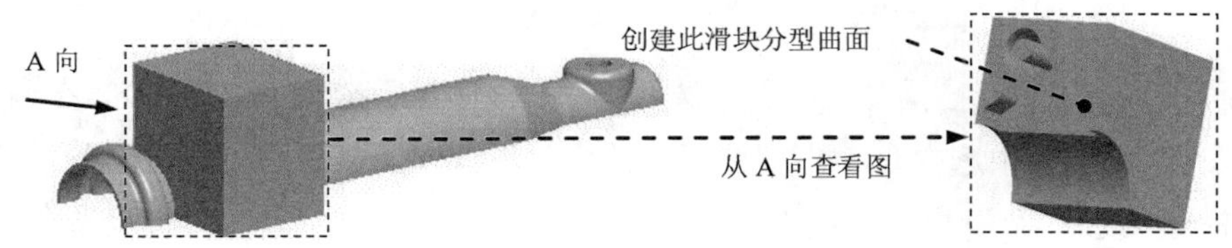

图 5.4.5　创建滑块分型曲面

Step1. 选择下拉菜单 插入(I) → 模具几何 ▸ → 分型面(S)... 命令。

Step2. 选择下拉菜单 编辑(E) → 属性(R) 命令，在弹出的“属性”对话框中输入分型面名称 slide_pt_surf，单击对话框中的 确定 按钮。

Step3. 通过拉伸的方法创建图 5.4.6 所示的曲面。

（1）选择下拉菜单 插入(I) → 拉伸(E)... 命令，此时系统弹出“拉伸”操控板。

（2）定义草绘截面放置属性。右击，从弹出的菜单中选择 定义内部草绘... 命令，在系统 ➪选取一个平面或曲面以定义草绘平面。的提示下，选择图 5.4.7 所示的坯料表面 1 为草绘平面，接受图 5.4.7 中默认的箭头方向为草绘视图方向，然后选取图 5.4.7 所示的坯料表面 2 为参照平面，方向为 顶。

（3）进入草绘环境后，选取 MOLD_FRONT 基准平面和图 5.4.8 所示的投影曲线为草绘参照，截面草图如图 5.4.8 所示。完成截面草图的绘制后，单击工具栏中的“完成”按钮 ✓。

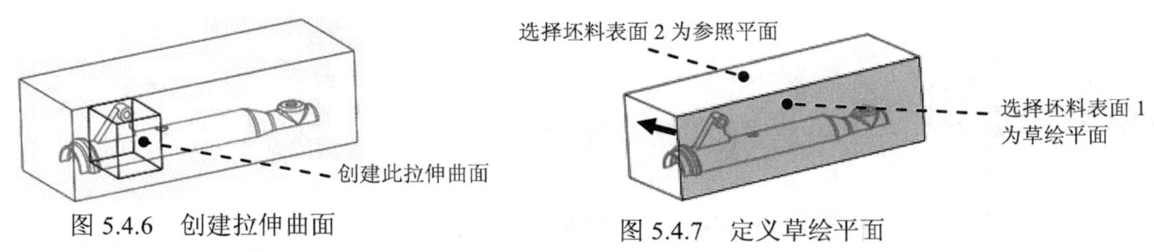

图 5.4.6　创建拉伸曲面　　图 5.4.7　定义草绘平面

（4）设置深度选项。

① 在操控板中选取深度类型 ⊥⊥（到选定的）。

② 将模型调整到图 5.4.9 所示的视图方位，采用“列表选取”的方法，选择图 5.4.9 所示的平面为拉伸终止面，在“从列表中拾取”对话框中选择 曲面:F1(外部合并):FRONT_COVER_MOLD_REF 选项，单击 确定(O) 按钮。

③ 在操控板中单击 选项 按钮，在“选项”界面中选中 ☑ 封闭端 复选框。

（5）在操控板中单击“完成”按钮，完成特征的创建。

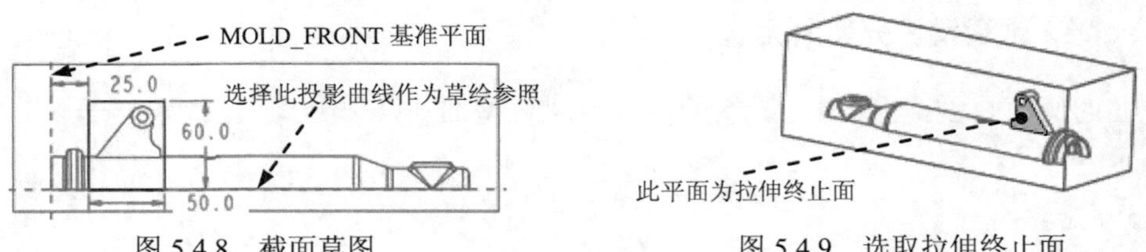

图 5.4.8 截面草图　　图 5.4.9 选取拉伸终止面

Step4. 设置模型树。在模型树界面中选择 → 树过滤器(F)... 命令。在系统弹出的“模型树项目”对话框中选中 特征 复选框，然后单击该对话框中的 确定 按钮。

Step5. 遮蔽坯料和滑块分型曲面。

Step6. 通过曲面复制的方法，复制图 5.4.10 所示模型上的表面。操作方法如下。

（1）第一部分要复制的模型表面是采用“种子面与边界面”的方法选取的，这部分表面选取的操作方法如下。

① 在屏幕右上方的“智能选取栏”中选择“几何”选项。

② 选取“种子面”（Seed Surface），操作方法如下。

a）将模型的显示状态切换到虚线线框显示方式。在“模型显示”工具栏（一般位于软件界面的右上部）中单击“虚线线框”按钮。

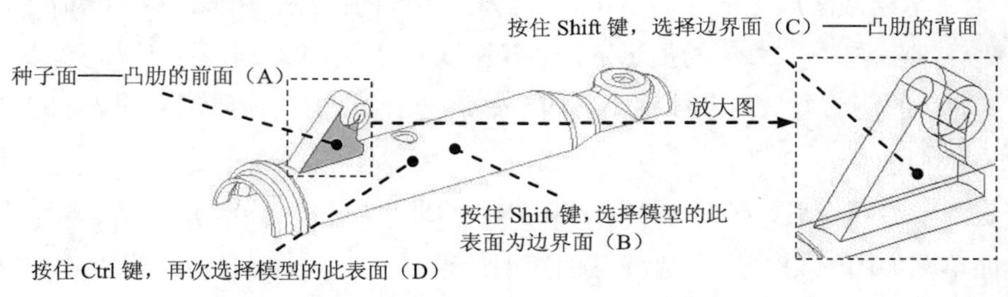

图 5.4.10 定义种子面和边界面

b）选取“种子面”。将鼠标指针移至图 5.4.10 所示目标位置并右击，从弹出菜单中选取 从列表中拾取 命令，然后从列表中选择图 5.4.10 所示的种子面（A）。

③ 选取“边界面”。

a）按住 Shift 键，从列表中选择图 5.4.10 所示的边界面（B）。

b）按住 Shift 键，从列表中选择图 5.4.10 所示的边界面（C）。

c）按住 Ctrl 键，从列表中选择图 5.4.10 所示的表面（D）。

说明： 表面（D）与边界面（B）其实是模型的同一个表面。

注意： 在选取“边界面（B）”和“边界面（C）”的过程中，要保证 Shift 键始终被按下，否则不能达到预期的效果。

（2）选择下拉菜单 编辑(E) → 复制(C) 命令。

（3）选择下拉菜单 编辑(E) → 粘贴(P) 命令，系统弹出“曲面复制”操控板。

（4）单击操控板中的“完成”按钮✓。

Step7. 将滑块分型面重新显示在画面上。

Step8. 将 Step3 中创建的拉伸曲面与 Step6 中创建的复制面合并在一起。

（1）按住 Ctrl 键，选取 Step3 创建的拉伸曲面和 Step6 创建的复制曲面，如图 5.4.11 所示。

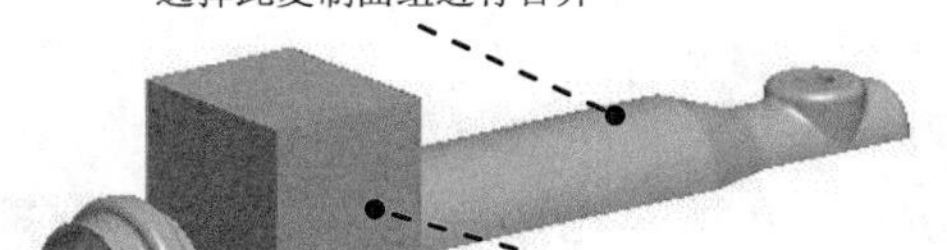

图 5.4.11　将复制面组与拉伸面组合并

（2）选择下拉菜单 编辑(E) → 合并(G). 命令，此时系统弹出“合并”操控板。

（3）在模型中选取要合并的面组，如图 5.4.12 所示。

（4）在操控板中单击 选项 按钮，在“选项”界面中选中 ◉ 相交 单选项。

（5）单击 ☑ 60 按钮，预览合并后的面组，确认无误后，单击“完成”按钮✓。

Step9. 着色显示所创建的分型面。

（1）选择下拉菜单 视图(V) → 可见性(V) ▸ → 着色 命令。

（2）系统自动将刚创建的滑块分型面 slide_pt_surf 着色，着色后的滑块分型曲面如图 5.4.13 所示。

（3）在 ▼ CntVolSel（继续体积块选取）菜单中选择 Done/Return（完成/返回）命令。

Step10. 在工具栏中单击“完成”按钮✓，完成滑块分型面的创建。

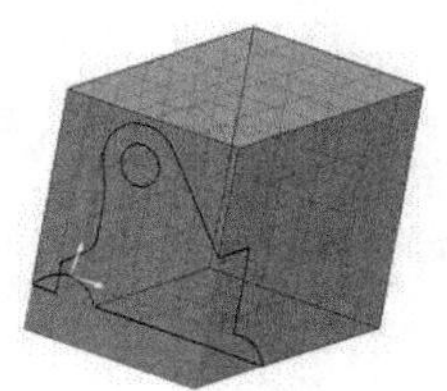

图 5.4.12　合并面组

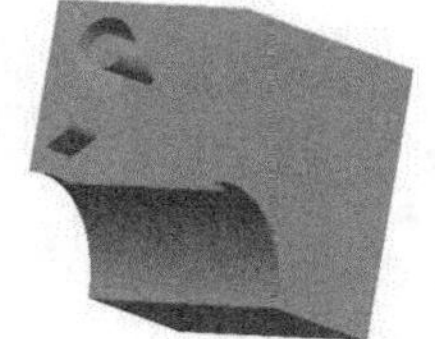

图 5.4.13　着色后的滑块分型曲面

Stage2. 定义主分型面

下面的操作是创建图 5.4.14 所示的主分型面，以分离模具的上模型腔和下模型腔，操作过程如下。

Step1. 选择下拉菜单 插入(I) → 模具几何 ▸ → 分型面(S)... 命令。

Step2. 选择下拉菜单 编辑(E) → 属性(R) 命令，在“属性”对话框中输入分型面名称 main_pt_surf，单击对话框中的 确定 按钮。

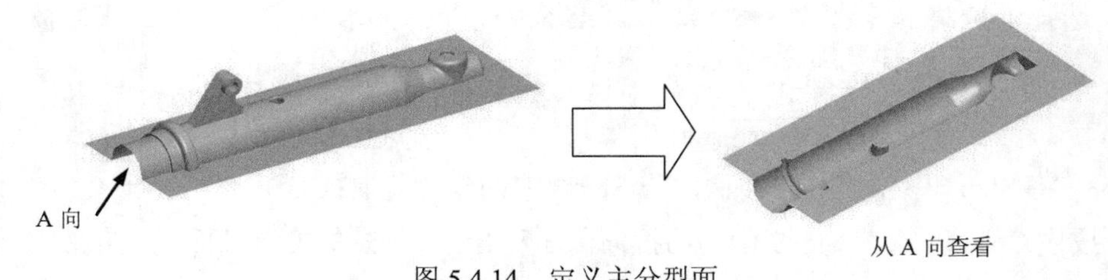

图 5.4.14 定义主分型面

Step3. 遮蔽分型面 SLIDE_PT_SURF。

Step4. 通过曲面复制的方法，复制参照模型上的内表面。

（1）采用“种子面与边界面”的方法选取所需要的曲面。在屏幕右上方的“智能选取栏”中选择“几何”选项。

（2）先选取“种子面”（Seed Surface），操作方法如下。

① 在“模型显示”工具栏中按下按钮，将模型的显示状态切换到无隐线显示状态。

② 将鼠标移至目标曲面位置并右击，在弹出的菜单中选取 从列表中拾取 命令，在列表中选取图 5.4.15 所示的种子面（A）。

（3）选取“边界面”（boundary surface），操作方法如下。

① 将鼠标移至目标曲面位置，按住 Shift 键并右击，在弹出的菜单中选取 从列表中拾取 命令，在列表中选取图 5. 4.15 所示的边界面（B）。

② 按住 Shift 键，并在目标曲面位置右击，在弹出的菜单中选取 从列表中拾取 命令，在列表中选取图 5. 4.15 所示的边界面（C）。

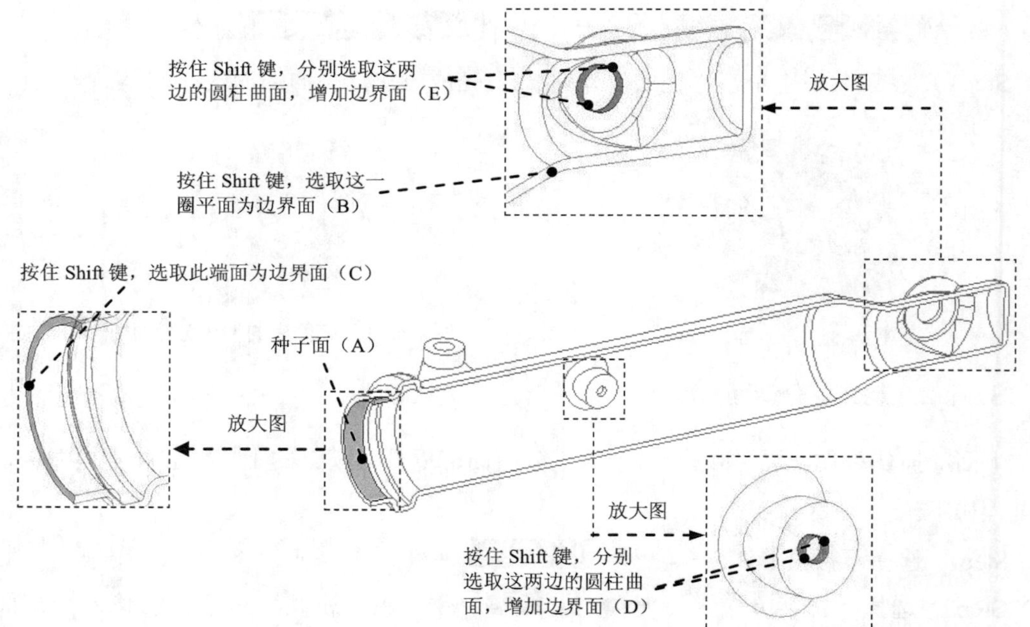

图 5.4.15 定义种子面和边界面

③ 按住 Shift 键，并在目标曲面位置右击，在弹出的菜单中选取从列表中拾取命令，在列表中选取图 5.4.15 所示的边界面（D）。

④ 按住 Shift 键，并在目标曲面位置右击，在弹出的菜单中选取从列表中拾取命令，在列表中选取图 5.4.15 所示的边界面（E）。

（4）选择下拉菜单编辑(E) ➡ 复制(C)命令。

（5）选择下拉菜单编辑(E) ➡ 粘贴(P)命令，系统弹出“曲面复制”操控板。

（6）填补复制曲面上的破孔。在操控板中单击选项按钮，在弹出的“选项”界面中选中◉ 排除曲面并填充孔单选项，在填充孔/曲面文本框中单击“单击此处添加项目”字符，在系统➪选取封闭的边环或曲面以填充孔。的提示下，按住 Ctrl 键，然后分别选取图 5.4.16 中的两个平面作为填充破孔的平面。

（7）单击操控板中的“完成”按钮✓，复制填充完成后的曲面，如图 5.4.17 所示。

Step5. 取消坯料的遮蔽。

Step6. 创建图 5.4.18 所示的（填充）曲面。

（1）选择下拉菜单编辑(E) ➡ 填充(L)...命令，此时系统弹出“填充”操控板。

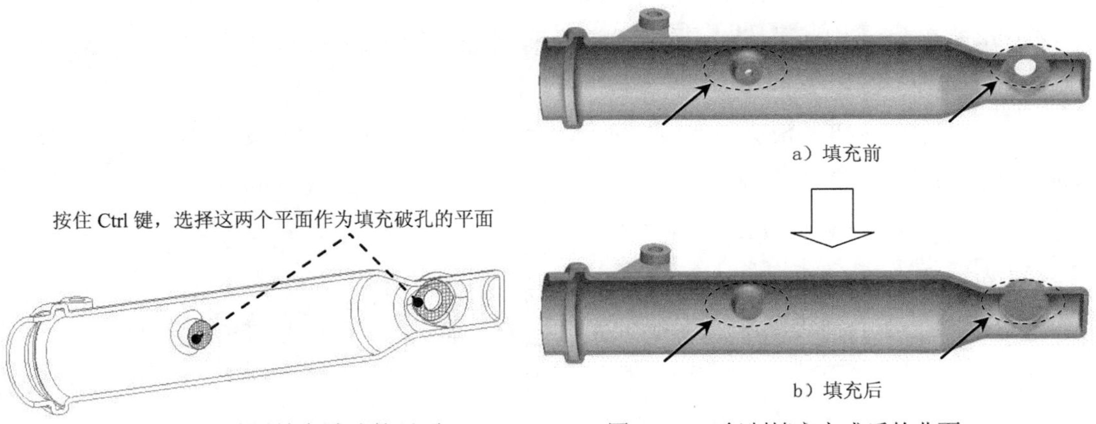

图 5.4.16　选取填充破孔的平面　　图 5.4.17　复制填充完成后的曲面

（2）定义草绘截面放置属性。右击，从弹出的菜单中选择定义内部草绘...命令，在系统➪选取一个平面或曲面以定义草绘平面。的提示下，选择图 5.4.19 所示的模型表面 1 为草绘平面，接受图 5.4.19 中默认的箭头方向为草绘视图方向，然后选取图 5.4.19 所示的坯料表面 2 为参照平面，方向为顶。

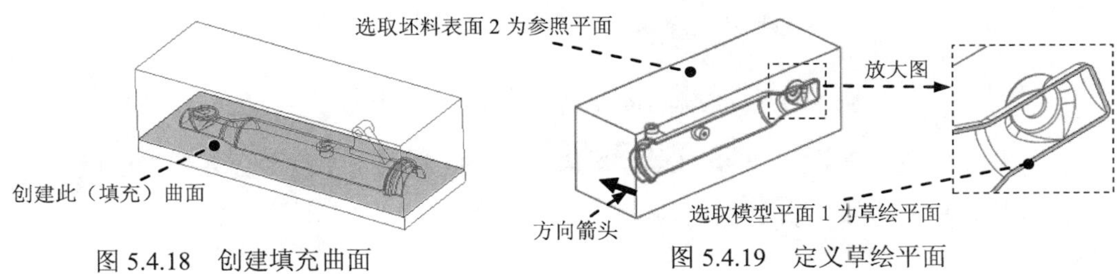

图 5.4.18　创建填充曲面　　图 5.4.19　定义草绘平面

（3）创建截面草图。进入草绘环境后，选择坯料的边线为参照，用“使用边”命令创建图 5.4.20 所示的截面草图。完成截面草图后，单击工具栏中的“完成”按钮✔。

（4）在操控板中单击“完成”按钮✔，完成特征的创建。

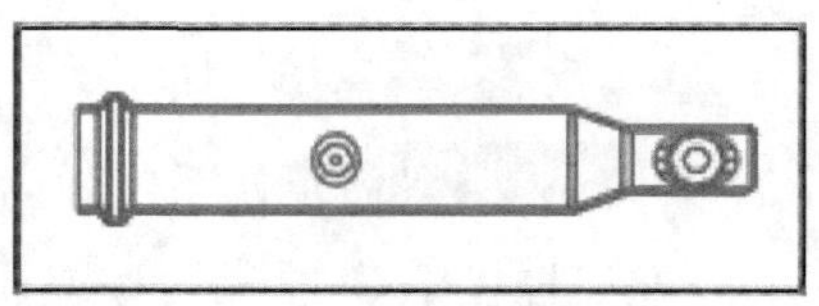

图 5.4.20　截面草图

Step7. 将 Step4 中创建的复制面组延伸至坯料的表面。

（1）采用“列表选取”的方法选取图 5.4.21 所示的圆弧为延伸边，操作方法：将鼠标指针移至图 5.4.21 所示的目标位置并右击，在弹出的菜单中选取从列表中拾取命令，在列表中选取边:F12(复制_2)选项。

（2）选择下拉菜单编辑(E) → 延伸(X)...命令，此时系统弹出“延伸”操控板。

（3）选取延伸的终止面。

① 在操控板中按下按钮（延伸类型为至平面）。

② 在系统◆选取曲面延伸所至的平面。的提示下，选取图 5.4.21 所示的坯料表面为延伸的终止面。

③ 单击☑ 👓按钮，预览延伸后的面组，确认无误后，单击“完成”按钮✔。完成后的延伸曲面如图 5.4.22 所示。

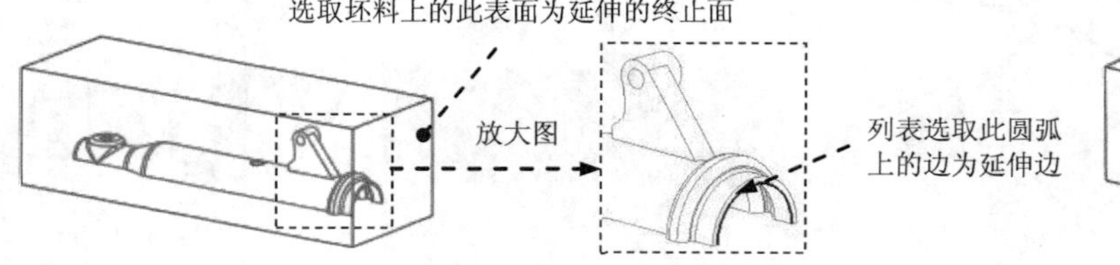

图 5.4.21　选取延伸边和延伸的终止面

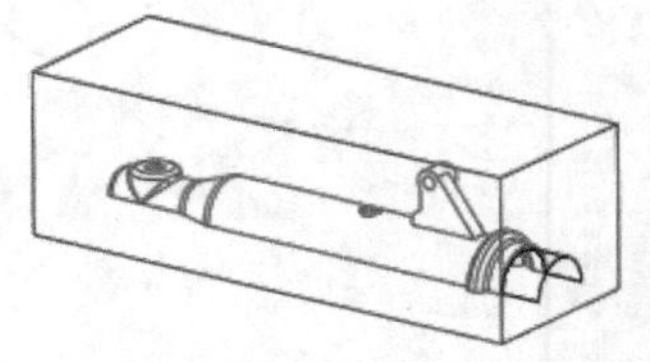

图 5.4.22　完成后的延伸曲面

Step8. 将复制面组（包含延伸部分）与 Step6 中创建的填充曲面合并，如图 5.4.23 所示。

（1）按住 Ctrl 键，选取复制面组和 Step6 中创建的填充曲面。

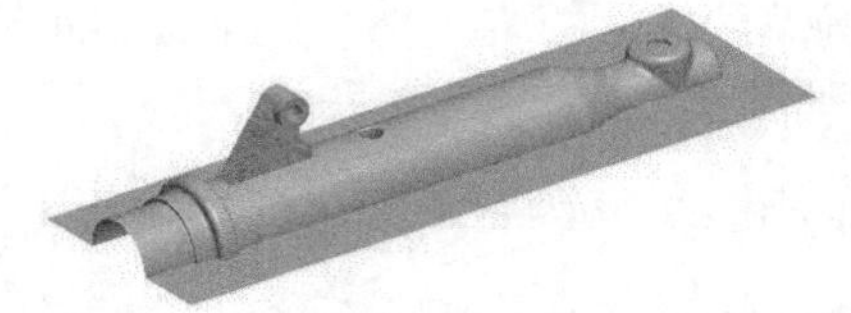

图 5.4.23　将延伸部分复制面组与填充曲面合并

（2）选择下拉菜单编辑(E) → 合并(G)命令，此时系统弹出“合并”操控板。

（3）在模型中选取要合并的面组。

（4）在操控板中单击 选项 按钮，在“选项”界面中选中 ◉ 相交 单选项。

（5）单击 ☑ 👓 按钮，预览合并后的面组，确认无误后，单击“完成”按钮 ✔。

Step9. 在工具栏中单击“完成”按钮 ✔，完成分型面的创建。

Step10. 将分型面 SLIDE_PT_SURF 重新显示在画面上。

Task5. 构建模具元件的体积块

Stage1. 用滑块分型面创建滑块元件的体积块

用前面创建的滑块分型面 SLIDE_PT_SURF 分离出滑块元件的体积块，该体积块此后会抽取为模具的滑块元件。

Step1. 选择下拉菜单 编辑(E) ➡ 分割... 命令（即用“分割”的方法构建体积块）。

Step2. 在系统弹出的 ▼ SPLIT VOLUME（分割体积块）菜单中，依次选择 Two Volumes（两个体积块） ➡ All Wrkpcs（所有工件） ➡ Done（完成）命令，此时系统弹出“分割”信息对话框。

Step3. 用“列表选取”的方法选取分型面。

（1）在系统 ➪为分割工件选取分型面。 的提示下，在模型中滑块分型面的位置右击，从弹出的快捷菜单中选择 从列表中拾取 命令。

（2）在“从列表中拾取”对话框中选取 面组:F9(SLIDE_PT_SURF) 分型面，然后单击 确定(O) 按钮。

（3）在“选取”对话框中单击 确定 按钮。

Step4. 在“分割”信息对话框中单击 确定 按钮。

Step5. 系统再次弹出“属性”对话框。同时坯料中的大部分体积块变亮，然后在对话框中输入名称 body_vol，单击 确定 按钮。

Step6. 系统弹出“属性”对话框。同时坯料中的滑块部分变亮，然后在对话框中输入名称 slide_vol，单击 确定 按钮。

Stage2. 用主分型面创建上下模体积块

用前面创建的主分型面 main_pt_surf 将前面生成的体积块 body_vol 分成上、下两个体积腔（块），这两个体积腔（块）此后会抽取为模具的上、下模具型腔。

Step1. 选择下拉菜单 编辑(E) ➡ 分割... 命令。

Step2. 在系统弹出的 ▼ SPLIT VOLUME（分割体积块）菜单中选择 Two Volumes（两个体积块） ➡ Mold Volume（模具体积块） ➡ Done（完成）命令。

Step3. 在系统弹出的“搜索工具”对话框中单击列表中的 面组:F17(BODY_VOL)，然后单击 >> 按钮，将其加入到 已选取 0 个项目:(预期 1 个) 列表中，再单击 关闭 按钮。

Step4. 用“列表选取”的方法选取分型面。

（1）在系统 ➪为分割所选的模型量选取分型面。 的提示下，先将鼠标指针移至模型中主分型面的位置右击，从快捷菜单中选取从列表中拾取命令。

（2）在系统弹出的“从列表中拾取”对话框中单击列表中的面组:F12(MAIN_PT_SURF)，然后单击确定(O)按钮。

（3）单击“选取”对话框中的确定按钮。

Step5. 单击“分割”信息对话框中的确定按钮。

Step6. 系统弹出“属性”对话框。同时 body_vol 体积块的下半部分变亮（变为橙色），在该对话框中单击着色按钮，着色后的下半部分体积块如图 5.4.24 所示，然后在对话框中输入名称 lower_vol，单击确定按钮。

Step7. 系统再次弹出“属性”对话框。同时 body_vol 体积块的上半部分变亮（变青），在该对话框中单击着色按钮，着色后的上半部分体积块如图 5.4.25 所示，然后在对话框中输入名称 upper_vol，单击确定按钮。

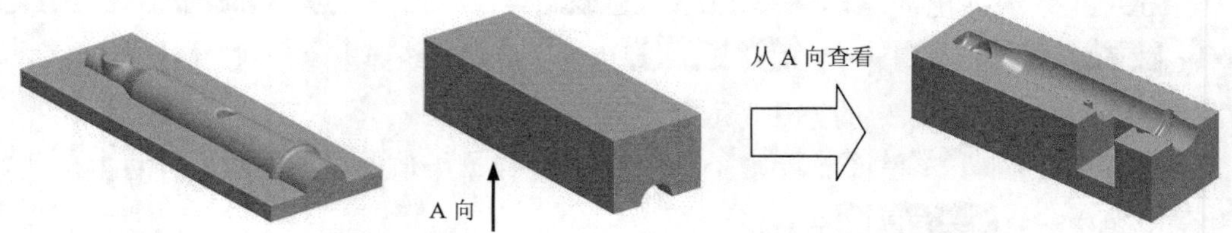

图 5.4.24　着色后的下半部分体积块　　图 5.4.25　着色后的上半部分体积块

Task6. 抽取模具元件并生成浇注件

将浇注件命名为 front_cover_molding。

Task7. 定义开模动作

（注：本步及后面的详细操作过程请参见随书光盘中 video\ch05.04\reference\文件下的语音视频讲解文件 front_cover_mold-r01.avi）。

5.5　带滑块的模具设计（三）

本实例将介绍图 5.5.1 所示的三通管的模具设计。该模具的设计重点和难点在于分型面的设计，分型面设计得是否合理直接影响到模具是否能够顺利地开模。通过对本实例的学习，读者会对“分型面法”有进一步的认识。

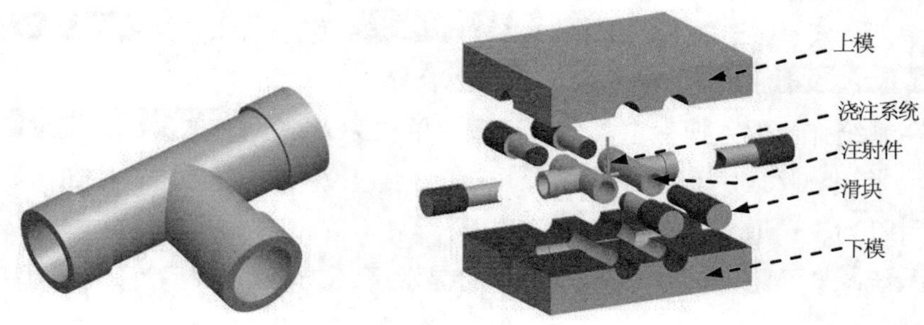

图 5.5.1　三通管的模具设计

说明：本范例的详细操作过程请参见随书光盘中 video\ch05.05\文件下的语音视频讲解文件。模型文件为 D:\proewf5.3\work\ch05.05\pipeline_mold。

5.6　含滑销的模具设计

图 5.6.1 所示为一个手机盖的模具，该手机盖上包含两个卡钩，要使手机盖能顺利脱模，必须有滑销的帮助才能完成，下面将介绍这套模具的设计过程。

Task1．新建一个模具制造模型，进入模具模块

Step1．将工作目录设置至 D:\proewf5.3\work\ch05.06。

Step2．新建一个模具型腔文件，命名为 phone_cover_mold，选取 mmns_mfg_mold 模板。

Task2．建立模具模型

开始设计一个模具前，应先创建一个“模具模型”，模具模型包括参照模型（Ref Model）和坯料（Workpiece），如图 5.6.2 所示。

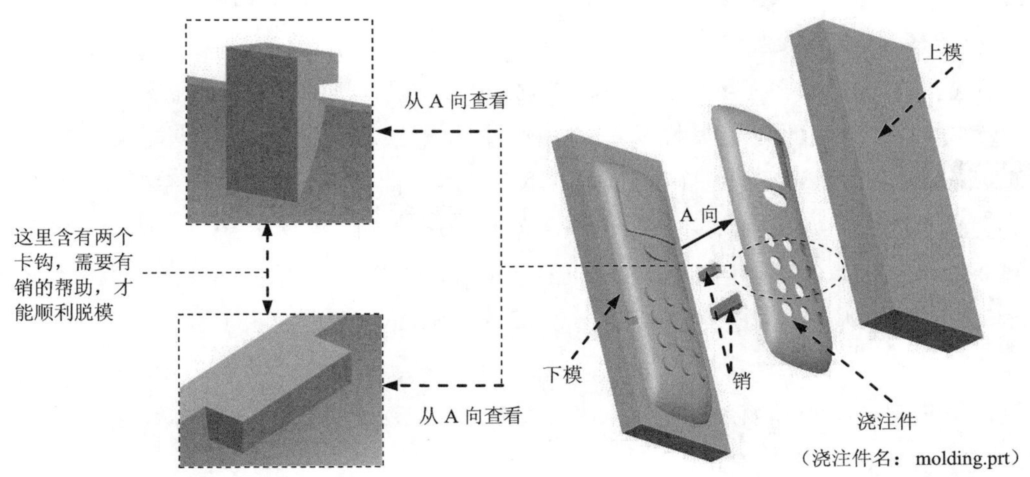

图 5.6.1　含滑销的模具设计

Stage1．引入参照模型

Step1．在 ▼ MOLD (模具) 菜单中选择 Mold Model (模具模型) 命令。

Step2．在 ▼ MOLD MODEL (模具模型) 菜单中选择 Assemble (装配) 命令。

Step3．在 ▼ MOLD MDL TYP (模具模型类型) 菜单中选择 Ref Model (参照模型) 命令。

Step4．从弹出的文件“打开”对话框中选取三维零件模型 phone_cover.prt 作为参照零件模型，并将其打开。

Step5. 在“元件放置”操控板的“约束”类型下拉列表中选择 缺省，将参照模型按默认放置，在操控板中单击“完成”按钮✓。

Step6. 在“创建参照模型”对话框中选中◉按参照合并单选项，然后在参照模型区域的名称文本框中接受默认的名称 PHONE_COVER_MOLD_REF，单击确定按钮。

Stage2. 创建坯料

Step1. 在▼MOLD MODEL (模具模型)菜单中选择Create (创建)命令。

Step2. 在弹出的▼MOLD MDL TYP (模具模型类型)菜单中选择Workpiece (工件)命令。

Step3. 在弹出的▼CREATE WORKPIECE (创建工件)菜单中选择Manual (手动)命令。

Step4. 在“元件创建”对话框中选中类型区域中的◉零件单选项，选中子类型区域中的◉实体单选项，在名称文本框中输入坯料的名称 wp，然后再单击确定按钮。

Step5. 在系统弹出的“创建选项”对话框中选中◉创建特征单选项，然后再单击确定按钮。

Step6. 创建坯料特征。

（1）在菜单管理器中选择Solid (实体) ➡ Protrusion (伸出项)命令，在弹出的菜单中选择Extrude (拉伸) ➡ Solid (实体) ➡ Done (完成)命令，系统弹出“拉伸”操控板。

（2）创建实体拉伸特征。

① 选取拉伸类型。在出现的操控板中确认“实体”按钮□被按下。

② 定义草绘截面放置属性。在绘图区中右击，从系统弹出的快捷菜单中，选择定义内部草绘...命令。然后选择 MOLD_FRONT 基准平面为草绘平面，草绘平面的参照平面为 MOLD_RIGHT 基准平面，方位为右，单击草绘按钮，至此系统进入截面草绘环境。

③ 进入截面草绘环境后，选取 MOLD_RIGHT 基准平面和图 5.6.3 所示的参照件的边线为草绘参照，然后绘制截面草图。完成截面草图的绘制后，单击工具栏中的“完成”按钮✓。

④ 选取深度类型并输入深度值。在操控板中选取深度类型⊟（对称），在深度文本框中输入深度值 70.0，并按 Enter 键。

⑤ 预览特征。在操控板中单击“预览”按钮☑ 👓，可浏览所创建的拉伸特征。

⑥ 完成特征。在操控板中单击“完成”按钮✓，完成特征的创建。

Step7. 选择Done/Return (完成/返回) ➡ Done/Return (完成/返回)命令。

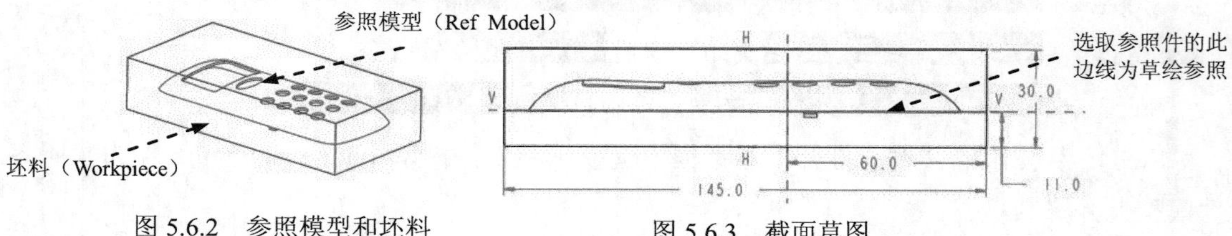

图 5.6.2 参照模型和坯料

图 5.6.3 截面草图

Task3．设置收缩率

将参照模型收缩率设置为 0.006。

Task4．建立浇道系统

在模具坯料中，应创建浇道（Sprue）和浇口（Gate），这里省略。

Task5．创建模具分型曲面

Stage1．定义主分型面

下面创建模具的主分型面，以分离模具的上模型腔和下模型腔，操作过程如下。

Step1．选择下拉菜单 插入(I) → 模具几何 ▸ → 分型面(S)... 命令。

Step2．选择下拉菜单 编辑(E) → 属性(R) 命令，在弹出的“属性”对话框中输入分型面名称 main_pt_surf，单击 确定 按钮。

Step3．通过“阴影曲面”的方法创建主分型面。

（1）选择下拉菜单 编辑(E) → 阴影曲面(W) 命令，此时系统弹出“阴影曲面”对话框，着色投影的方向箭头如图 5.6.4 所示。

（2）在“阴影曲面”对话框中单击 确定 按钮。

Step4．着色显示所创建的分型面。

（1）选择下拉菜单 视图(V) → 可见性(V) ▸ → 着色 命令。

（2）系统自动将刚创建的分型面 main_pt_surf 着色，着色后的滑块分型曲面如图 5.6.5 所示。

（3）在 ▼ CntVolSel (继续体积块选取 菜单中选择 Done/Return (完成/返回) 命令。

Step5．在工具栏中单击“完成”按钮 ✓，完成主分型面的创建。

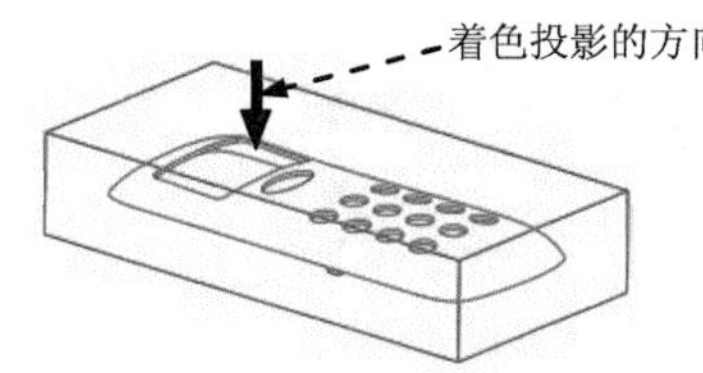

图 5.6.4 着色投影的方向

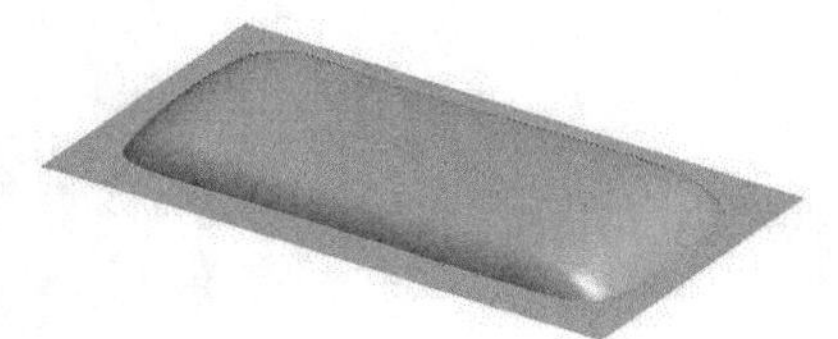

图 5.6.5 着色显示分型面

Stage2．定义第一个销分型曲面

下面创建模具的第一个销的分型面（图 5.6.6），以分离第一个销元件，操作过程如下。

Step1．遮蔽坯料和分型曲面。

Step2．选择下拉菜单 插入(I) → 模具几何 ▸ → 分型面(S)... 命令。

Step3．选择下拉菜单 编辑(E) → 属性(R) 命令，在弹出的“属性”对话框中输入分型面名称 pin_pt_surf_1，单击对话框中的 确定 按钮。

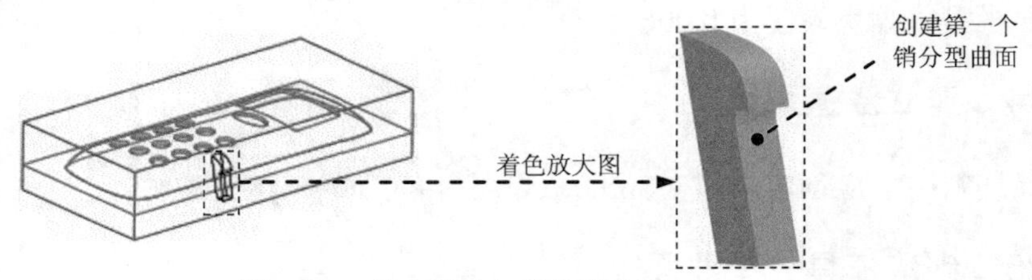

图 5.6.6 创建第一个销分型曲面

Step4. 通过“曲面复制”的方法复制模型上的表面。

（1）在屏幕右上方的“智能选取栏”中选择“几何”选项。

（2）右击，在弹出的菜单中选择 从列表中拾取 命令，选取图 5.6.7 所示的表面（A）。

（3）按住 Ctrl 键，增加面（B）～面（F），详细操作顺序如图 5.6.7 所示。

（4）选择下拉菜单 编辑(E) → 复制(C) 命令。

（5）选择下拉菜单 编辑(E) → 粘贴(P) 命令，系统弹出“曲面复制”操控板。

（6）单击操控板中的“完成”按钮✔。

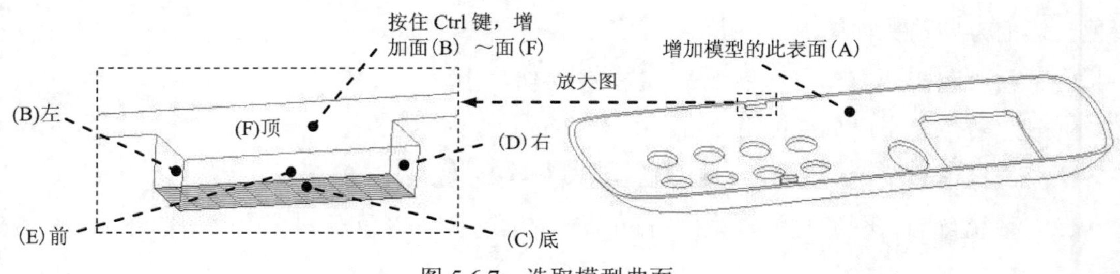

图 5.6.7 选取模型曲面

Step5. 将坯料和分型面重新显示在画面上。

Step6. 通过“拉伸”的方法建立图 5.6.8 所示的拉伸曲面。

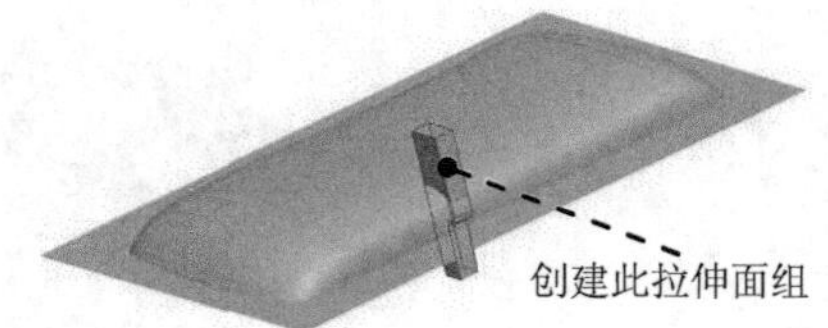

图 5.6.8 创建拉伸面组

（1）选择下拉菜单 插入(I) → 拉伸(E)... 命令，此时系统弹出“拉伸”操控板。

（2）定义草绘截面放置属性。右击，从弹出的菜单中选择 定义内部草绘... 命令，在系统 ➩选取一个平面或曲面以定义草绘平面。的提示下，采用“列表选取”的方法，选择图 5.6.9 所示的平面为草绘平面，接受图 5.6.9 默认的箭头方向为草绘视图方向，然后选取图 5.6.9 所示的坯料表面 2 为参照平面，方向为 右 。

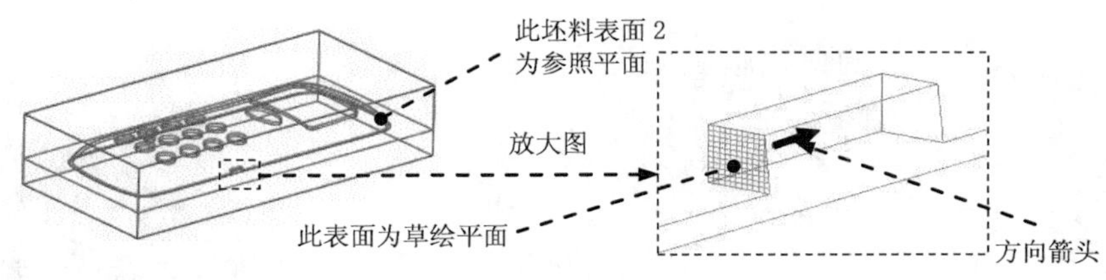

图 5.6.9　定义草绘平面

（3）绘制截面草图。进入草绘环境后，选取图 5.6.10 所示的边线为草绘参照，截面草图如图 5.6.10 所示。完成截面草图的绘制后，单击工具栏中的“完成”按钮✓。

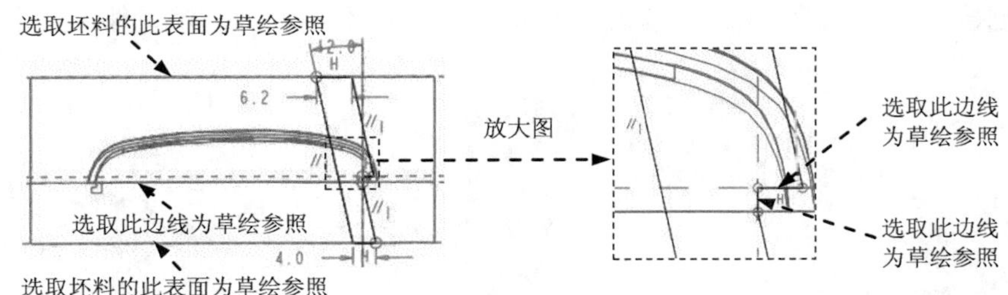

图 5.6.10　截面草图

（4）设置拉伸属性。

① 在操控板中选取深度类型⊥⊥（到选定的）。

② 将模型调整到图 5.6.11 所示的视图方位，采用“列表选取”的方法，选取图 5.6.11 所示的平面为拉伸终止面。

③ 在操控板中单击 选项 按钮，在“选项”界面中选中 ☑ 封闭端 复选框。

（5）在操控板中单击“完成”按钮✓，完成特征的创建。

Step7. 将 Step4 的复制曲面和 Step6 的拉伸曲面合并在一起。

（1）按住 Ctrl 键，选取 Step4 创建的复制曲面和 Step6 创建的拉伸曲面，如图 5.6.12 所示。

（2）选择下拉菜单 编辑(E) ➡ 合并(G)... 命令，此时系统弹出“合并”操控板。

（3）在模型中选取要合并的面组。

（4）在操控板中单击 选项 按钮，在“选项”界面中选择 ◉ 相交 单选项。

（5）单击 ☑ 👓 按钮，预览合并后的面组，确认无误后，单击“完成”按钮✓。

Step8. 着色显示所创建的分型面。

（1）选择下拉菜单 视图(V) ➡ 可见性(V) ▸ ➡ 着色 命令。

（2）系统自动将刚创建的分型面 pin_pt_surf-1 着色，着色后的第一个销分型曲面如图 5.6.13 所示。

（3）在 ▼ CntVolSel (继续体积块选取) 菜单中选择 Done/Return (完成/返回) 命令。

Step9. 在工具栏中单击“完成”按钮✓，完成分型面的创建。

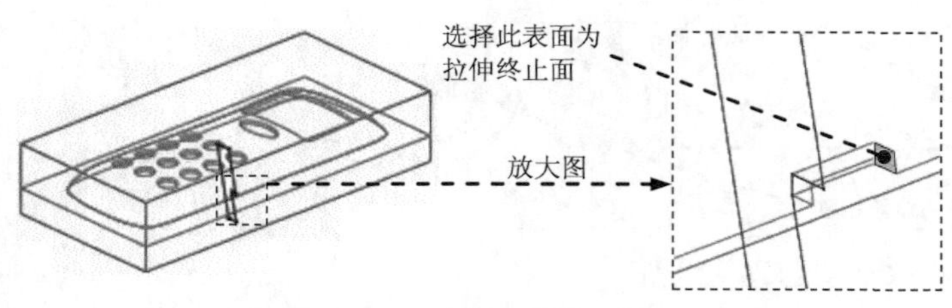

图 5.6.11　选择拉伸终止面

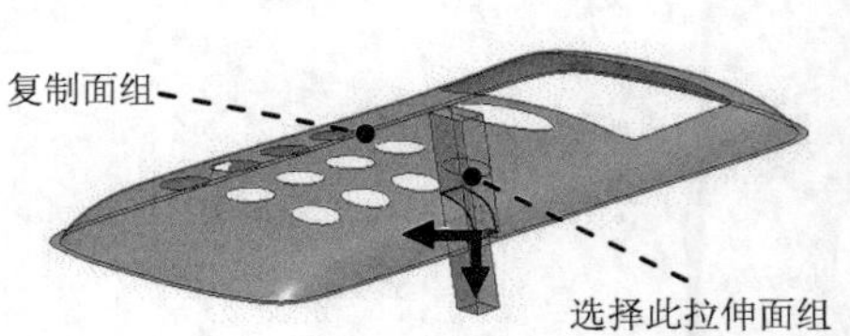

图 5.6.12　选取要合并的拉伸面组

Stage3. 定义第二个销分型曲面

下面创建零件模具的第二个销分型面（图 5.6.14），分离第二个销元件，操作过程如下。

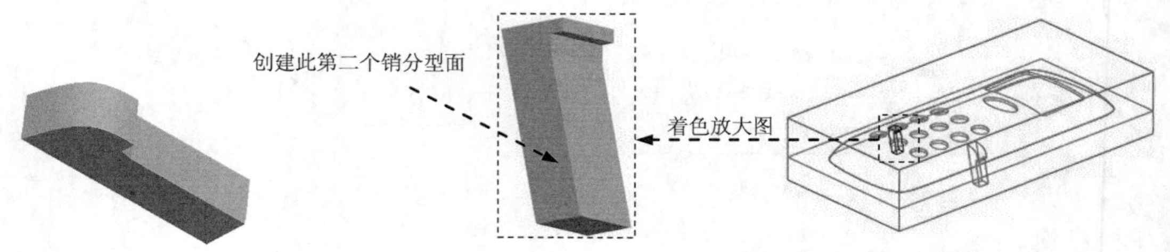

图 5.6.13　着色后的第一个销分型曲面　　图 5.6.14　创建第二个销分型面

Step1. 选择下拉菜单 插入(I) → 模具几何 ▸ → 分型面(S)... 命令。

Step2. 选择下拉菜单 编辑(E) → 属性(R) 命令，在弹出的“属性”对话框中输入分型面名称 pin_pt_surf_2，单击对话框中的 确定 按钮。

Step3. 通过“拉伸”的方法建立销的分型曲面。

（1）选择下拉菜单 插入(I) → 拉伸(E)... 命令，此时系统弹出“拉伸”操控板。

（2）定义草绘截面放置属性。右击，从弹出的菜单中选择 定义内部草绘... 命令，在系统 ➪选取一个平面或曲面以定义草绘平面。 的提示下，采用“列表选取”的方法，选择图 5.6.15 所示的模型表面 1 为草绘平面，接受图 5.6.15 默认的箭头方向为草绘视图方向，然后选取图 5.6.15 所示的坯料表面 2 为参照平面，方向为 右 。

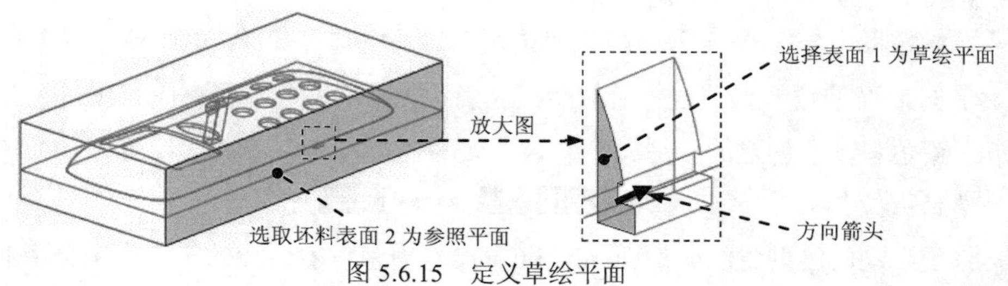

图 5.6.15　定义草绘平面

（3）绘制草图。进入草绘环境后，选择图 5.6.16 所示的边线为参照，绘制图 5.6.16 所示的截面草图。完成特征截面的绘制后，单击工具栏中的“完成”按钮 ✓ 。

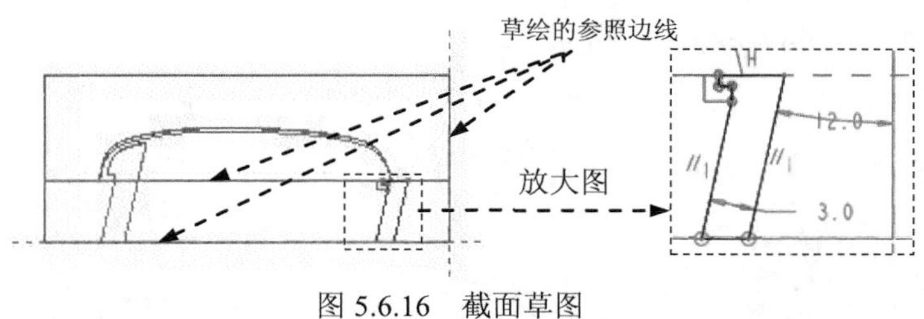

图 5.6.16　截面草图

（4）设置拉伸属性。

① 在操控板中选取深度类型（到选定的）。

② 将模型调整到图 5.6.17 所示的视图方位，采用“列表选取”的方法，选择图 5.6.17 所示的平面为拉伸终止面。

③ 在操控板中单击 选项 按钮，在“选项”界面中选中 ☑封闭端 复选框。

（5）在操控板中单击“完成”按钮，完成特征的创建。

Step4. 在工具栏中单击“完成”按钮，完成分型面的创建。

Task6. 构建模具元件的体积块

Stage1. 用主分型面创建元件的体积块

下面介绍用前面创建的主分型面 main_pt_surf 来分离各模具元件的体积块，操作过程如下。

Step1. 选择下拉菜单 编辑(E) → 分割... 命令。

Step2. 在系统弹出的 ▼ SPLIT VOLUME (分割体积块) 菜单中选择 Two Volumes (两个体积块)、All Wrkpcs (所有工件) 和 Done (完成) 命令，此时系统弹出“分割”对话框和“选取”对话框。

Step3. 用“列表选取”的方法选取分型面。在系统 ➪为分割工件选取分型面。的提示下，先将鼠标指针移至模型中分型面的位置右击，从快捷菜单中选取 从列表中拾取 命令。在弹出的图 5.6.18 所示的“从列表中拾取”对话框中单击列表中的 面组:F7 (MAIN_PT_SURF) 分型面，然后单击 确定(O) 按钮，单击“选取”对话框中的 确定 按钮。

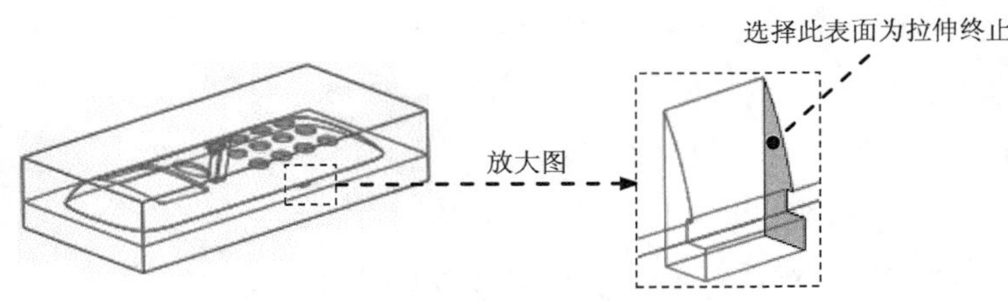

图 5.6.17　选取拉伸终止面

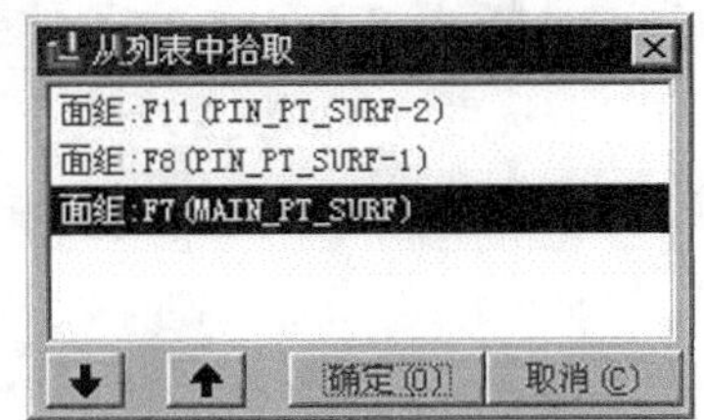

图 5.6.18 “从列表中拾取”对话框

Step4. 单击“分割”信息对话框中的 确定 按钮。

Step5. 系统弹出“属性”对话框。同时模型中的上半部分变亮，如图 5.6.19 所示，在对话框中输入名称 female_mold，单击 确定 按钮。

Step6. 系统再次弹出“属性”对话框，同时模型中的下半部分变亮，如图 5.6.20 所示，在对话框中输入名称 male_mold，单击 确定 按钮。

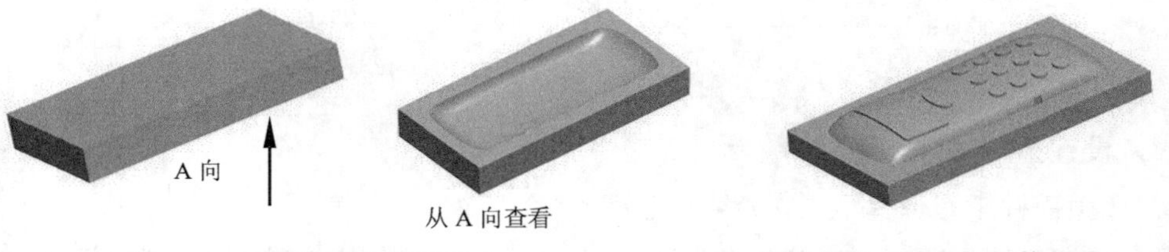

图 5.6.19　上半部分着色后　　　　图 5.6.20　下半部分着色后

Stage2. 创建第一个销的体积块

Step1. 选择下拉菜单 编辑(E) ➡ 分割... 命令。

Step2. 在系统弹出的 ▼ SPLIT VOLUME (分割体积块) 菜单中选择 One Volume (一个体积块)、Mold Volume (模具体积块) 和 Done (完成) 命令。

Step3. 在系统弹出的“搜索工具”对话框中单击列表中的 面组:F14(MALE_MOLD) 体积块，然后单击 >> 按钮，将其加入到 已选取 0 个项目:(预期 1 个) 列表中，再单击 关闭 按钮。

Step4. 用“列表选取”的方法选取分型面。

（1）在系统 ➡为分割所选的模型量选取分型面。 的提示下，将鼠标指针移至模型中分型面的位置右击，从快捷菜单中选取 从列表中拾取 命令。

（2）在系统弹出的“从列表中拾取”对话框中单击列表中的 面组:F8(PIN_PT_SURF-1) 分型面，然后单击 确定(O) 按钮。

（3）单击“选取”对话框中的 确定 按钮。

（4）系统弹出图 5.6.21 所示的 ▼ 岛列表 菜单，选中 ☑ 岛1 复选框，选择 Done Sel (完成选取) 命令。

说明：在上面的操作中，用 pin_pt_surf-1 分型面分割凸模（MALE_MOLD）体积块后，会产生两块互不连接的体积块，这些互不连接的体积块称为 Island（岛）。在图 5.6.21 所示的 ▼ 岛列表 菜单中，有 ☑ 岛1 和 ☐ 岛2 两个岛。将鼠标指针移至岛菜单中的这两个选项上，模型中相应的体积块会加亮，这样很容易发现：☑ 岛1 代表第一个销的体积块，☐ 岛2 是凸模（MALE_MOLD）体积块被第一个销的体积块减掉后剩余的部分。

Step5. 单击“分割”对话框中的 确定 按钮。

Step6. 系统弹出图 5.6.22 所示的“属性”对话框。同时 MALE_MOLD 体积块的第一个销部分变亮，然后在对话框中输入名称 pin-1，单击 确定 按钮。

Stage3. 用下分型面创建第二个滑块销体积块

Step1. 选择下拉菜单 编辑(E) ➡ 分割... 命令。

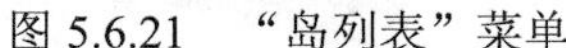

图 5.6.21　“岛列表”菜单

图 5.6.22　“属性”对话框

Step2. 在系统弹出的 SPLIT VOLUME (分割体积块) 菜单中选择 One Volume (一个体积块)、Mold Volume (模具体积块) 和 Done (完成) 命令。

Step3. 在系统弹出的“搜索工具”对话框中单击列表中的 面组:F14 (MALE_MOLD) 体积块，然后单击 >> 按钮，将其加入到 已选取 0 个项目:(预期 1 个) 列表中，再单击 关闭 按钮。

Step4. 用“列表选取”的方法选取分型面。

（1）在系统 ➡为分割所选的模型量选取分型面。的提示下，先将鼠标指针移至模型中分型面的位置右击，从快捷菜单中选取 从列表中拾取 命令。

（2）在系统弹出的“从列表中拾取”对话框中单击列表中的 面组:F11 (PIN_PT_SURF-2) 分型面，然后单击 确定(O) 按钮。

（3）在“选取”对话框中单击 确定 按钮，此时系统弹出 ▼岛列表 菜单，在菜单中选中 ☑岛2 复选框，然后选择 Done Sel (完成选取) 命令。

Step5. 在“分割”对话框中单击 确定 按钮。

Step6. 系统弹出“属性”对话框，同时 MALE_MOLD 体积块的第二个销部分变亮，然后在对话框中输入名称 pin-2，单击 确定 按钮。

Task7. 抽取模具元件并生成浇注件

将浇注件命名为 MOLDING。

Task8. 定义开模动作

Step1. 将参照零件、坯料和分型面在模型中遮蔽起来。

Step2. 移动上模，输入移动的距离值 150，结果如图 5.6.23 所示。

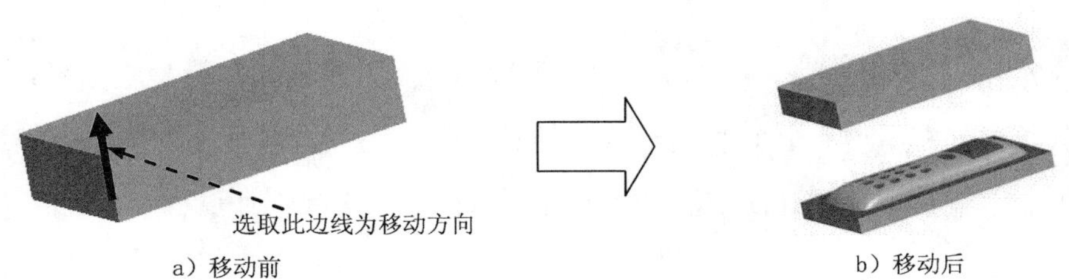

图 5.6.23　移动上模

Step3. 移动下模，输入移动的距离值-100，结果如图 5.6.24 所示。

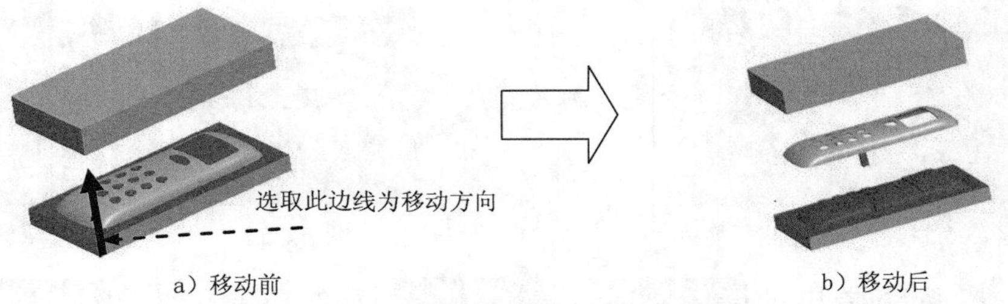

a）移动前　　b）移动后

图 5.6.24　移动下模

Step4. 移动 pin-1（销 1），输入移动的距离值-15，结果如图 5.6.25 所示。

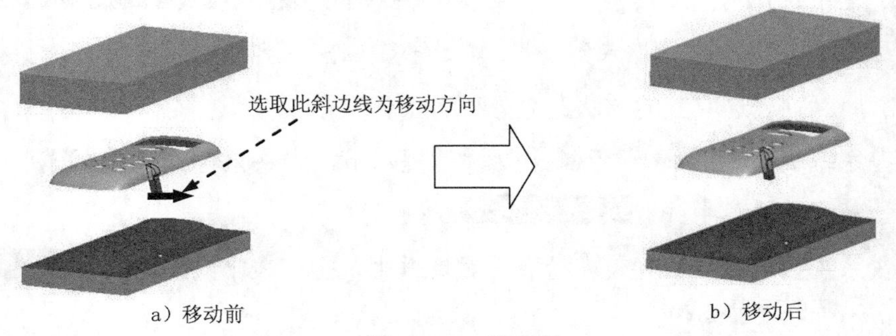

a）移动前　　b）移动后

图 5.6.25　移动销 1

移动 pin-2（销 2），输入要移动的距离值 15，结果如图 5.6.26 所示。

Step5. 保存设计结果。选择下拉菜单 文件(F) → 保存(S) 命令。

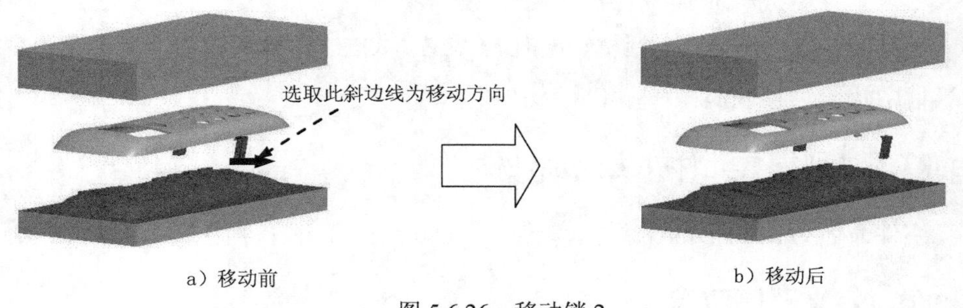

a）移动前　　b）移动后

图 5.6.26　移动销 2

5.7　含有复杂破孔的模具设计

在图 5.7.1 所示的模具中，设计模型中有一破孔，且该破孔不与模型底面平行。一般情况下，设计这样的模具时，必须将这一破孔填补，上、下模具才能顺利脱模，在这里给读者介绍一种非常有技巧性的开模方法。下面介绍该模具的主要设计过程。

Task1．新建一个模具制造模型

Step1．将工作目录设置至 D:\proewf5.3\work\ch05.07。

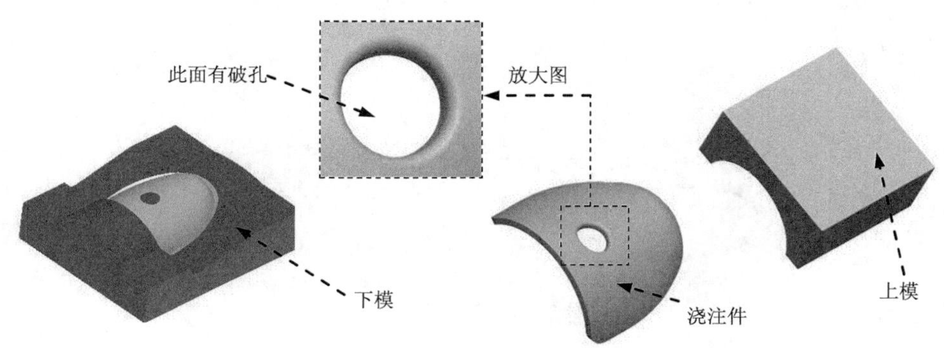

图 5.7.1 带破孔的模具设计

Step2．新建一个模具型腔文件，命名为 cover_mold，选取mmns_mfg_mold模板。

Task2．建立模具模型

Stage1．引入参照模型

Step1．单击工具栏中的“模具型腔布局”按钮，系统弹出“打开”和“布局”对话框。

Step2．从弹出的文件“打开”对话框中选取三维零件模型塑料杯盖——cover.prt 作为参照零件模型，并将其打开，系统弹出“创建参照模型”对话框。

Step3．在“创建参照模型”对话框中选中 按参照合并 单选项，然后在参照模型区域的 名称 文本框中接受默认的名称，再单击确定按钮。

Step4．在“布局”对话框中的布局区域中单击 单一 单选项，在“布局”对话框中单击预览按钮，结果如图 5.7.2 所示，然后单击确定按钮。

Step5．单击Done/Return (完成/返回)命令。

Stage2．创建坯料

创建图 5.7.3 所示的手动坯料，操作步骤如下。

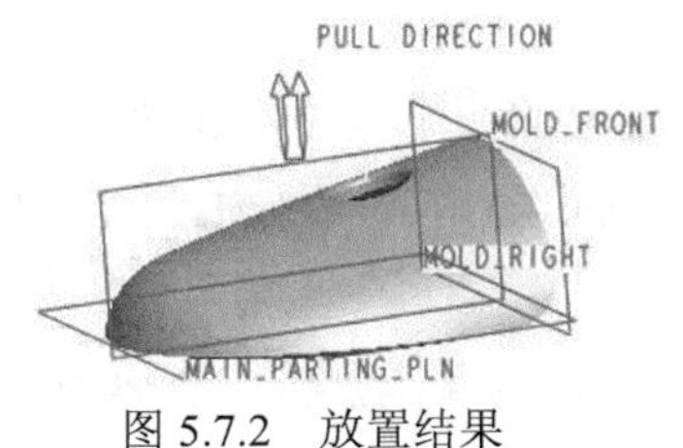

图 5.7.2 放置结果

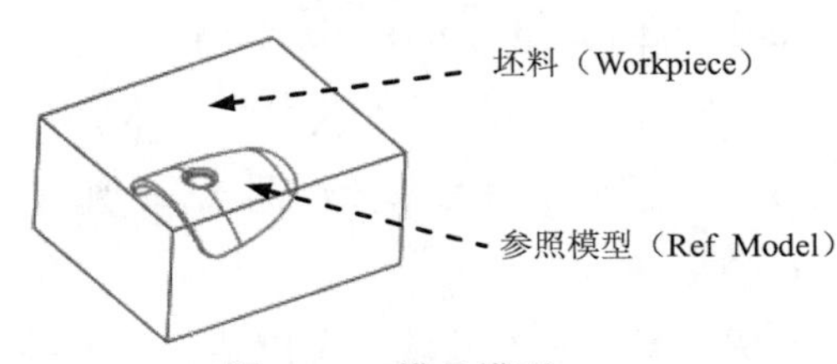

图 5.7.3 模具模型

Step1. 建立两个基准点。

（1）单击工具条中的 命令，系统弹出“基准点”对话框，选取图 5.7.4 所示的边线 1 为参照，在“基准点”对话框的偏移文本框中输入数值 0.5，单击确定按钮，创建的基准点 1 如图 5.7.4 所示。

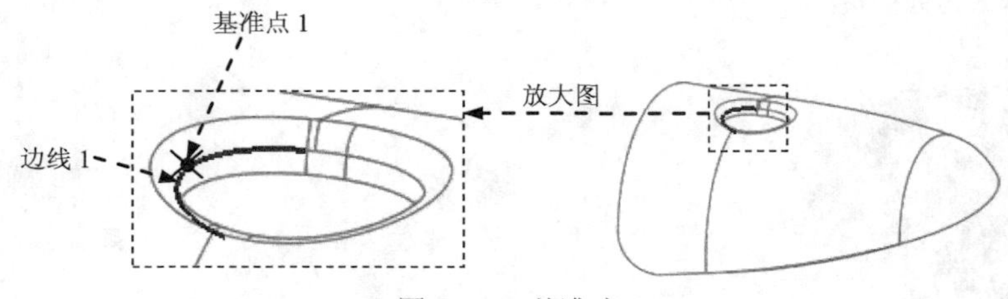

图 5.7.4 基准点 1

（2）单击工具条中的 命令，系统弹出“基准点”对话框，选取图 5.7.5 所示的边线 2 为参照，在“基准点”对话框的偏移文本框中输入数值 0.5，单击确定按钮，创建的基准点 2 如图 5.7.5 所示。

Step2. 在▼ MOLD MODEL（模具模型）菜单中选择Create（创建）命令。

Step3. 在弹出的▼ MOLD MDL TYP（模具模型类型）菜单中选择Workpiece（工件）命令。

Step4. 在弹出的▼ CREATE WORKPIECE（创建工件）菜单中选择Manual（手动）命令。

Step5. 在系统弹出的“元件创建”对话框中，在类型区域下选中◉ 零件单选项，在子类型区域下选中◉ 实体单选项，在名称文本框中输入坯料的名称 cover_mold_wp，然后再单击确定按钮。

Step6. 在系统弹出的“创建选项”对话框中选中◉ 创建特征单选项，然后再单击确定按钮。

Step7. 创建坯料特征。

（1）在菜单管理器中选择Solid（实体） ➡ Protrusion（伸出项）命令，然后在弹出的菜单中选择Extrude（拉伸） ➡ Solid（实体） ➡ Done（完成）命令，系统弹出“拉伸”操控板。

（2）创建实体拉伸特征。

① 选取拉伸类型。在出现的操控板中确认“实体”按钮被按下。

② 定义草绘截面放置属性。在绘图区中右击，从弹出的快捷菜单中选择定义内部草绘...命令。选择 MOLD_FRONT 基准平面为草绘平面，草绘平面的参照平面为 MOLD_RIGHT 基准平面，方向为右，单击草绘按钮，至此系统进入截面草绘环境。

③ 绘制截面草图。进入截面草绘环境后，选取 Step1 创建的两个基准点和图 5.7.6 所示的边线为草绘参照，截面草图如图 5.7.6 所示。完成截面草图的绘制后，单击工具栏中的“完成”按钮✔。

④ 选取深度类型并输入深度值。在操控板中单击 按钮，在“深度”文本框中输入深度值 120.0，并按 Enter 键。

⑤ 完成特征。在操控板中单击“完成”按钮✔，完成特征的创建。

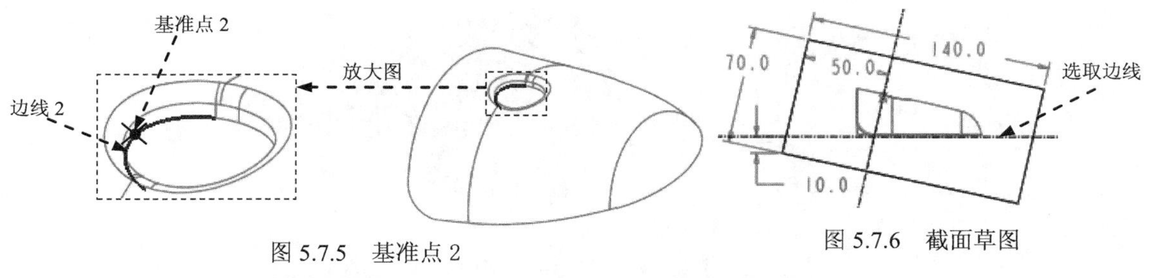

图 5.7.5　基准点 2

图 5.7.6　截面草图

Step8. 选择 Done/Return (完成/返回) → Done/Return (完成/返回) 命令。

Task3. 设置收缩率

将参照模型收缩率设置为 0.006。

Task4. 创建分型面

下面的操作是创建模具的分型曲面（图 5.7.7），其操作过程如下。

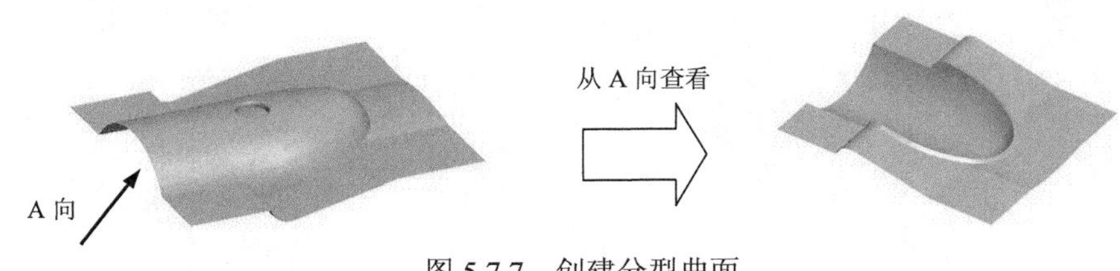

图 5.7.7　创建分型曲面

Step1. 选择下拉菜单 插入(I) → 模具几何 ▸ → 分型面(S)... 命令。

Step2. 选择下拉菜单 编辑(E) → 属性(R) 命令，在弹出的“属性”对话框中输入分型面名称 main_ps，单击对话框中的 确定 按钮。

Step3. 通过曲面复制的方法，复制参照模型上的内表面及周围边界的曲面。

（1）在屏幕右上方的“智能选取栏”中选择“几何”选项，按住 Ctrl 键，依次选取图 5.7.8 所示模型的 11 个曲面。

（2）选择下拉菜单 编辑(E) → 复制(C) 命令。

（3）选择下拉菜单 编辑(E) → 粘贴(P) 命令，系统弹出“曲面复制”操控板。

（4）填补复制曲面上的破孔。在操控板中单击 选项 按钮，在弹出的“选项”界面中选中 ◉ 排除曲面并填充孔 单选项，在 填充孔/曲面 文本框中单击“选取项目”字符，按住 Ctrl 键，然后选取图 5.7.8 所示的边线。

（5）单击操控板中的“完成”按钮✔。

Step4. 将复制后的表面延伸至坯料的表面。

（1）遮蔽参照件。

（2）选取图 5.7.9 所示的边线 1 为延伸对象。

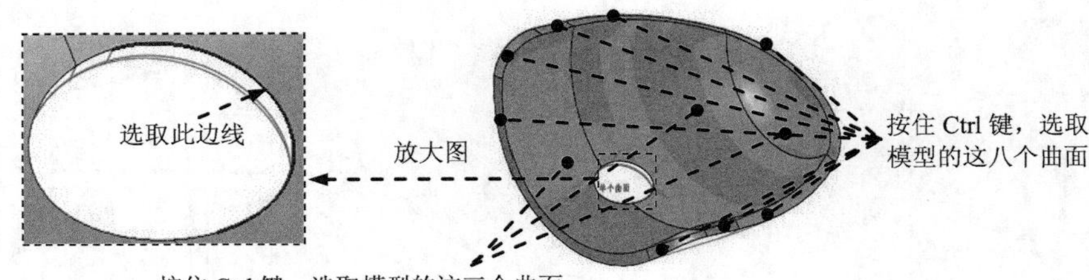

图 5.7.8 选取 11 个曲面

（3）选择下拉菜单 编辑(E) → 延伸(X)... 命令，系统弹出“延伸”操控板。

（4）取消坯料的遮蔽。

（5）选取延伸的终止面。

① 在操控板中按下按钮（延伸类型为至平面）。

② 在系统 选取曲面延伸所至的平面。的提示下，选取图 5.7.10 所示的坯料表面为延伸的终止面。

③单击按钮，预览延伸后的面组，确认无误后，单击“完成”按钮。完成后的延伸曲面如图 5.7.10 所示。

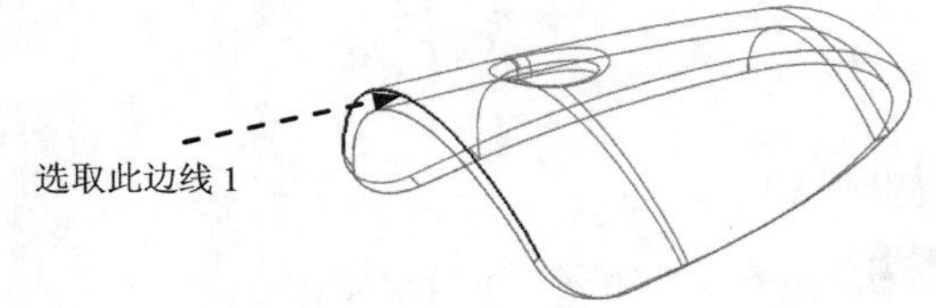

图 5.7.9 选取延伸边 1

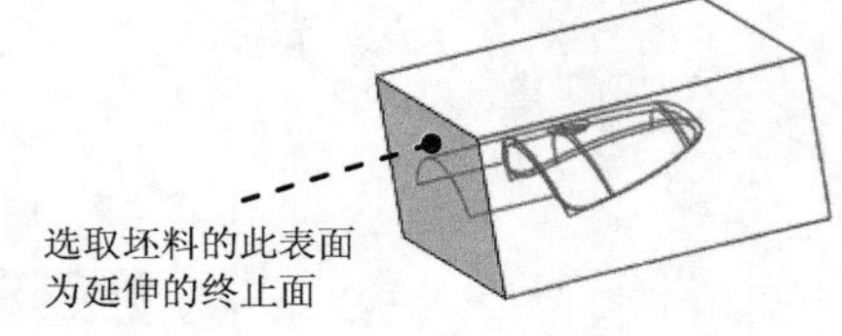

图 5.7.10 选取延伸的终止面（一）

Step5. 添加图 5.7.11 所示的延伸面。

（1）选取图 5.7.12 所示的边线 2 为延伸对象。

（2）选择下拉菜单 编辑(E) → 延伸(X)... 命令。

（3）按住 Shift 键，选取图 5.7.12 所示的其他相连边线。

（4）选取延伸的终止面。在操控板中按下按钮（延伸类型为至平面），在系统 选取曲面延伸所至的平面。的提示下，选取图 5.7.11 所示的坯料表面为延伸的终止面，单击“完成”按钮。

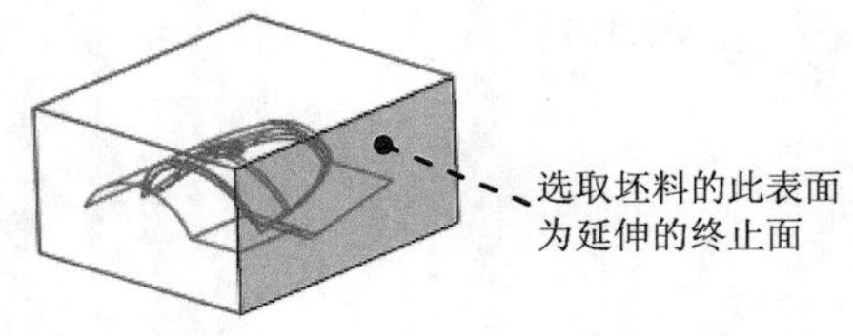

图 5.7.11 选取延伸的终止面（二）

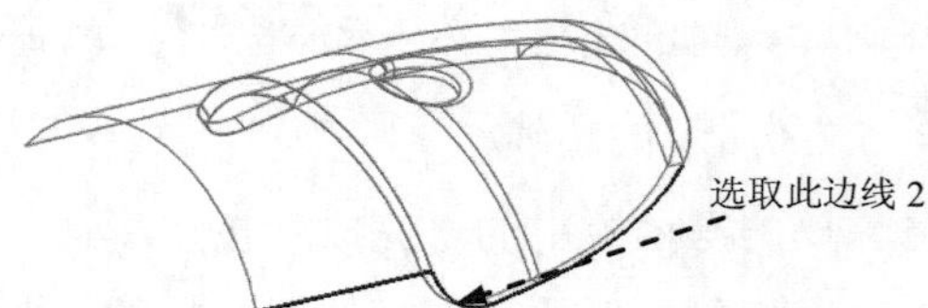

图 5.7.12 选取延伸边 2

Step6. 添加图 5.7.13 所示的延伸面。

（1）选取图 5.7.14 所示的边线 3 为延伸对象，选择下拉菜单 编辑(E) → 延伸(X)... 命令，按住 Shift 键，选取图 5.7.14 所示的其他相连边线。

（2）选取延伸的终止面。在操控板中按下按钮（延伸类型为至平面），在系统 ➪选取曲面延伸所至的平面。 的提示下，选取图 5.7.13 所示的坯料表面为延伸的终止面，单击“完成”按钮✔。

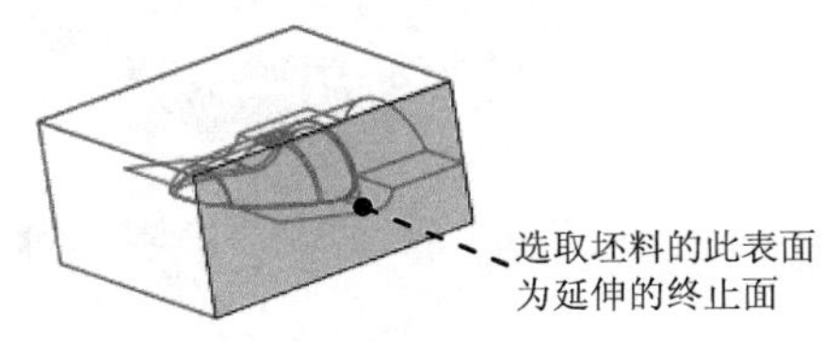

图 5.7.13　选取延伸的终止面（三）

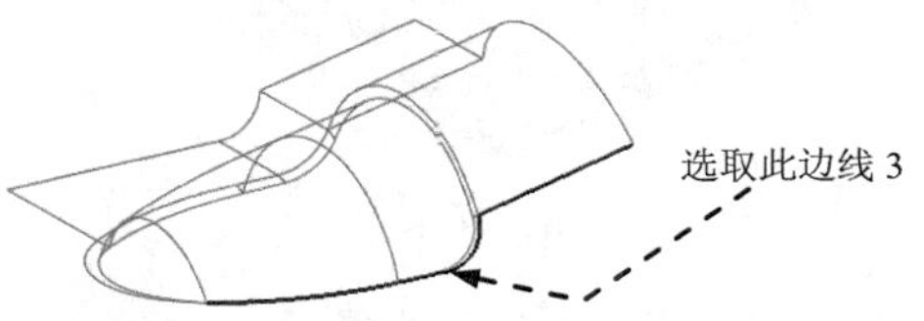

图 5.7.14　选取延伸边 3

Step7. 添加图 5.7.15 所示的延伸面。

（1）选取图 5.7.16 所示的边线 4 为延伸对象，选择下拉菜单 编辑(E) → 延伸(X)... 命令，按住 Shift 键，选取图 5.7.16 所示的其他相连边线。

（2）选取延伸的终止面。在操控板中按下按钮（延伸类型为至平面），在系统 ➪选取曲面延伸所至的平面。 的提示下，选取图 5.7.15 所示的坯料表面为延伸的终止面，单击“完成”按钮✔。

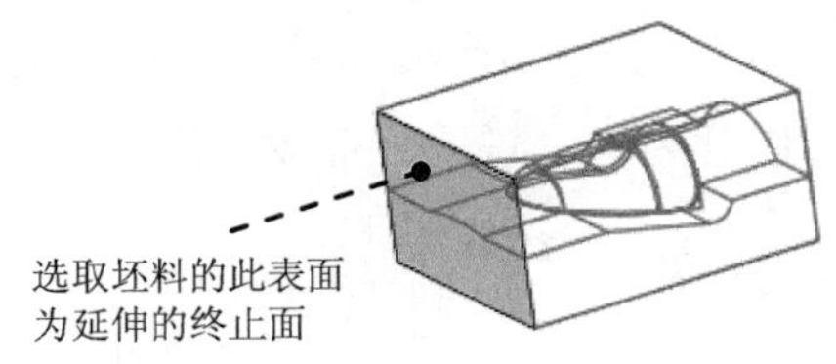

图 5.7.15　选取延伸的终止面（四）

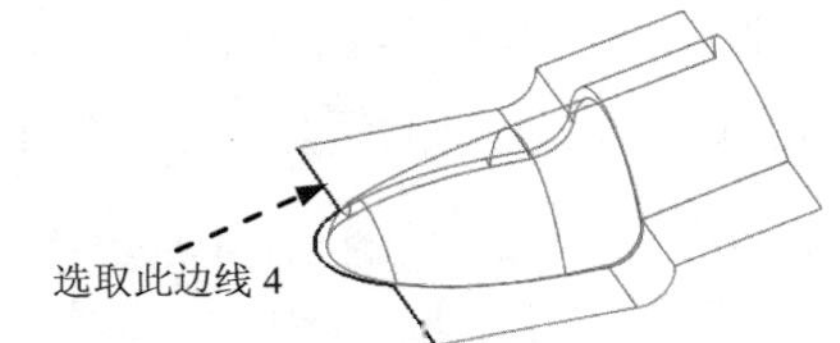

图 5.7.16　选取延伸边 4

Step8. 在工具栏中单击“完成”按钮✔，完成分型面的创建。

Task5. 构建模具元件的体积块

Step1. 选择下拉菜单 编辑(E) → 分割... 命令（即用“分割”的方法构建体积块）。

Step2. 在系统弹出的 ▼ SPLIT VOLUME (分割体积块) 菜单中选择 Two Volumes (两个体积块)、All Wrkpcs (所有工件) 和 Done (完成) 命令，此时系统弹出“分割”信息对话框。

Step3. 选取分型面。在系统 ➪为分割工件选取分型面。 的提示下，选取分型面 main_ps，然后单击“选取”对话框中的 确定 按钮。

Step4. 单击“分割”信息对话框中的 确定 按钮。

Step5. 系统弹出“属性”对话框。同时模型中的体积块下半部分变亮，在该对话框中单击 着色 按钮，着色后的体积块下半部分如图 5.7.17 所示，然后在对话框中输入名称

lower_vol，单击 确定 按钮。

Step6. 系统再次弹出“属性”对话框。同时模型中的体积块上半部分变亮，在该对话框中单击 着色 按钮，着色后的体积块上半部分如图 5.7.18 所示，然后在对话框中输入名称 upper_vol，单击 确定 按钮。

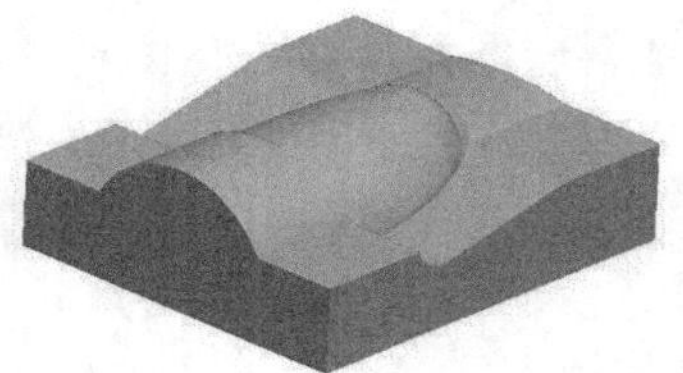

图 5.7.17 着色后的下半部分体积块

图 5.7.18 着色后的上半部分体积块

Task6. 抽取模具元件并生成浇注件

将浇注件命名为 cover_molding。

Task7. 定义开模动作（注：本步及后面的详细操作过程请参见随书光盘中 video\ch05.07\reference\文件下的语音视频讲解文件 cover_mold-r01.avi）。

5.8 一模多穴的模具设计

一个模具中可以含有多个相同的型腔，浇注时便可同时获得多个成型零件，这就是一模多穴模具。图 5.8.1 所示的便是一模多穴的例子，下面以此为例，说明一般设计流程。

Task1. 新建一个模具制造模型，进入模具模块

Step1. 将工作目录设置至 D:\proewf5.3\work\ch05.08。

Step2. 新建一个模具型腔文件，命名为 cap_mold，选取 mmns_mfg_mold 模板。

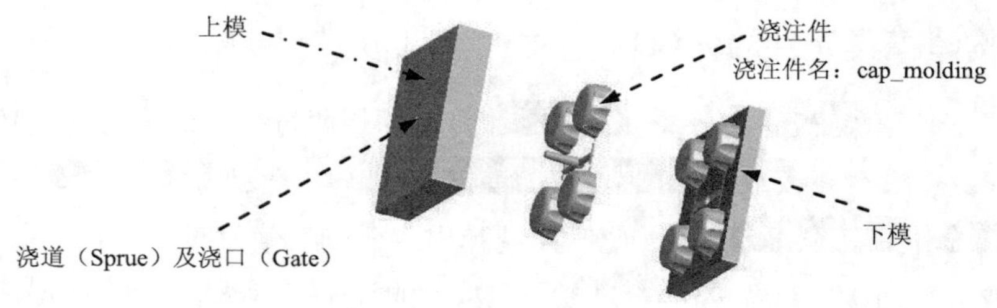

图 5.8.1 一模多穴模具的设计

Task2. 建立模具模型

开始设计模具前，应先创建一个“模具模型”，模具模型包括参照模型（Ref Model）和坯料（Workpiece），如图 5.8.2 所示。

Stage1. 引入第一个参照模型

Step1. 在▼ MOLD（模具）菜单中选择Mold Model（模具模型）命令。

Step2. 在▼ MOLD MODEL（模具模型）菜单中选择Assemble（装配）命令。

Step3. 在▼ MOLD MDL TYP（模具模型类型）菜单中选择Ref Model（参照模型）命令。

Step4. 从弹出的文件“打开”对话框中选取三维零件模型 cap.prt 作为参照零件模型，并将其打开。

Step5. 在“元件放置”操控板的“约束”类型下拉列表中选择 缺省，将参照模型按默认放置，再在操控板中单击“完成”按钮✔。

Step6. 系统弹出“创建参照模型”对话框，在该对话框中选中◉ 按参照合并单选项，然后在参照模型区域的名称文本框中接受默认的名称 CAP_MOLD_REF，单击确定按钮。

参照件组装完成后，模具的基准平面与参照模型的基准平面对齐，如图 5.8.3 所示。

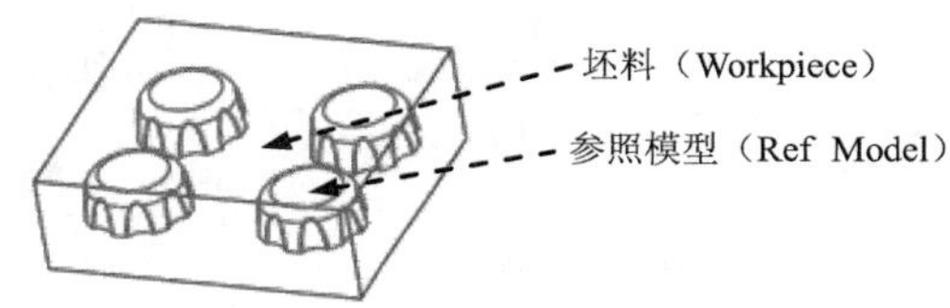

图 5.8.2　参照模型和坯料

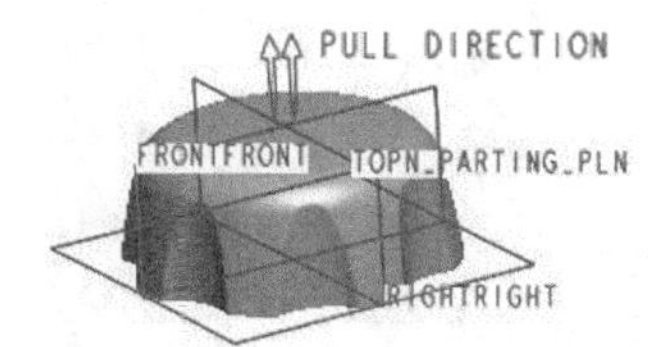

图 5.8.3　第一个参照模型组装完成后

Stage2. 隐藏第一个参照模型的基准平面

为使屏幕简洁，利用“层”的“遮蔽”功能将参照模型的三个基准平面隐藏起来。

Step1. 选择导航命令卡中的 → 层树(L) 命令，如图 5.8.4 所示。

Step2. 在导航命令卡中单击 CAP_MOLD.ASM（顶级模型，活动的）后面的按钮，选择CAP_MOLD_REF.PRT参照模型，如图 5.8.5 所示。

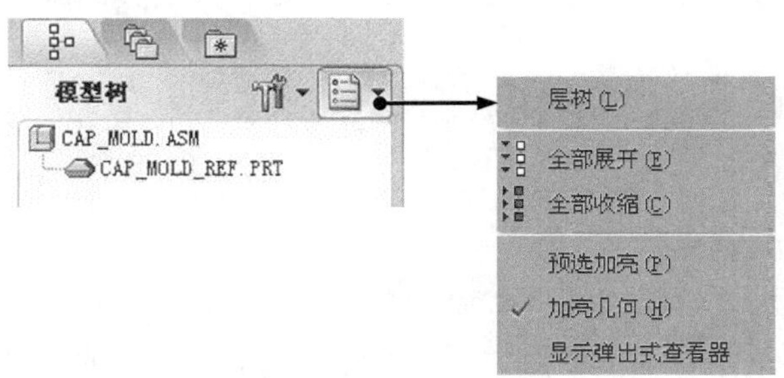

图 5.8.4　导航命令卡

Step3. 在图 5.8.5 所示的层树中，选择参照模型的基准平面层01__PRT_DEF_DTM_PLN，并右击，在弹出的图 5.8.6 所示的快捷菜单中选择隐藏命令，然后单击“屏幕刷新”按钮，这样模型的基准平面将不显示。

Step4. 操作完成后，选择导航命令卡中的 → 模型树(M)命令，切换到模型树状态。

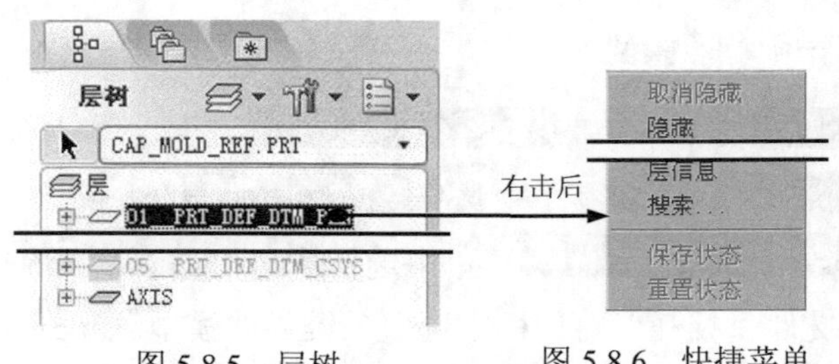

图 5.8.5 层树　　图 5.8.6 快捷菜单

Stage3. 引入第二个参照模型

Step1. 在▼ MOLD MODEL (模具模型)菜单中选择Assemble (装配)命令。

Step2. 在▼ MOLD MDL TYP (模具模型类型)菜单中选择Ref Model (参照模型)命令。

Step3. 从弹出的文件“打开”对话框中选取三维零件模型 cap.prt 为参照零件模型，并将其打开。

Step4. 系统弹出“元件放置”操控板。

（1）指定第一个约束。

① 在操控板中单击放置按钮。

② 在“放置”界面的“约束类型”下拉列表中选择对齐。

③ 选取参照件的 TOP 基准平面为元件参照，选取装配体的 MAIN_PARTING_PLN 基准平面为组件参照。

④ 在“偏移”区域中选择重合（默认为选中）。

（2）指定第二个约束。

① 单击➔新建约束 字符。

② 在“约束类型”下拉列表中选择对齐。

③ 选取参照件的 FRONT 基准平面为元件参照，选取装配体的 MOLD_FRONT 基准平面为参照项目。

④ 在“偏移”区域中选择重合（默认为选中）。

（3）指定第三个约束。

① 单击➔新建约束 字符。

② 在“约束类型”下拉列表中选择对齐。

③ 选取参照件的 RIGHT 基准平面为元件参照，选取装配体的 MOLD_RIGHT 基准平面为组件参照。

④ 先在“偏移”区域中选择偏移，然后在后面的文本框中输入值 100，并按 Enter 键。

（4）至此，约束定义完成，在操控板中单击“完成”按钮✔。

Step5. 系统弹出“创建参照模型”对话框，在该对话框中选中◉ 按参照合并 单选项，然后在参照模型区域的名称 文本框中接受默认的名称 CAP_MOLD_REF_1，再单击确定按钮。

完成的装配体如图 5.8.7 所示。

Stage4．引入第三个参照模型

Step1．在▼ MOLD MODEL（模具模型）菜单中选择Assemble（装配）命令。

Step2．在▼ MOLD MDL TYP（模具模型类型）菜单中选择Ref Model（参照模型）命令。

Step3．从弹出的文件“打开”对话框中选取三维零件模型 cap.prt 为参照零件模型，并将其打开。

Step4．系统弹出“元件放置”操控板。

（1）指定第一个约束。“约束类型”为对齐，选取参照件的 TOP 为元件参照，装配体的 MAIN_PARTING_PLN 为组件参照，将其设置为重合。

（2）指定第二个约束。“约束类型”为对齐，选取参照件的 RIGHT 为元件参照，装配体的 MOLD_RIGHT 为组件参照，将其设置为重合。

（3）指定第三个约束。“约束类型”为对齐，选取参照件的 FRONT 为元件参照，装配体的 MOLD_FRONT 为组件参照，将其设置为偏移，偏移值设为-80。

（4）在操控板中单击“完成”按钮✔。

Step5．在“创建参照模型”对话框中选中◉按参照合并单选项，然后接受默认的名称 CAP_MOLD_REF_2，再单击确定按钮。完成的装配体如图 5.8.8 所示。

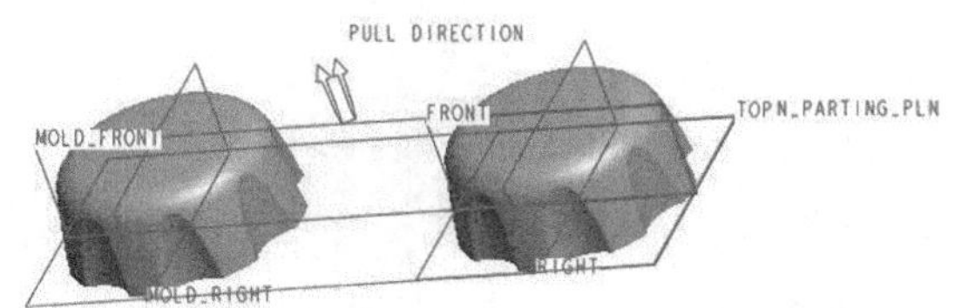

图 5.8.7　第二个参照模型组装完成后

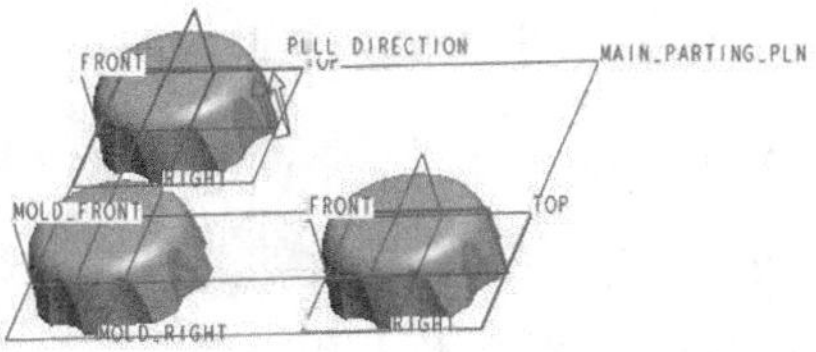

图 5.8.8　第三个参照模型组装完成后

Stage5．引入第四个参照模型

Step1．在▼ MOLD MODEL（模具模型）菜单中选择Assemble（装配）命令。

Step2．在▼ MOLD MDL TYP（模具模型类型）菜单中选择Ref Model（参照模型）命令。

Step3．从弹出的文件“打开”对话框中选取三维零件模型 cap.prt 为参照零件模型，并将其打开。

Step4．系统弹出“元件放置”操控板。

（1）指定第一个约束。“约束类型”为对齐，选取参照件的 TOP 为元件参照，装配体的 MAIN_PARTING_PLN 为组件参照，将其设置为重合。

（2）指定第二个约束。“约束类型”为对齐，选取参照件的 RIGHT 为元件参照，第二个参照件（CAP_MOLD_REF_1）的 RIGHT 为组件参照，将其设置为重合。

（3）指定第三个约束。“约束类型”为对齐，选取参照件的 FRONT 为元件参照，第

三个参照件（CAP_MOLD_REF_2）的 FRONT 为组件参照，将其设置为 重合。

（4）在操控板中单击“完成”按钮✔。

Step5. 在“创建参照模型”对话框中选中 ◉ 按参照合并 单选项，然后接受默认的名称 CAP_MOLD_REF_3，再单击 确定 按钮。完成的装配体如图 5.8.9 所示。

Stage6. 隐藏第二至第四个参照模型的基准平面

为使屏幕简洁，将所有参照模型的三个基准平面隐藏起来。

Step1. 隐藏第二个参照模型的三个基准平面。

（1）选择导航命令卡中的 → 层树(L) 命令。

（2）在屏幕左边的导航命令卡中单击 按钮，从下拉列表中选择第二个参照模型 CAP_MOLD_REF_1.PRT。

（3）在层树中选择参照模型的基准平面层 01__PRT_DEF_DTM_PLN，然后右击，在弹出的快捷菜单中选择 隐藏 命令，完成该参照模型三个基准平面的隐藏，然后单击屏幕刷新按钮 ，这样模型的基准平面将不显示。

Step2. 隐藏第三个参照模型的三个基准平面，详细步骤请参考 Step1。

Step3. 隐藏第四个参照模型的三个基准平面，详细步骤请参考 Step1。

Step4. 操作完成后，选择导航命令卡中的 → 模型树(M) 命令，切换到模型树状态。

Stage7. 创建基准平面 ADTM1

这里要创建的基准平面 ADTM1 将作为后面坯料特征的草绘平面。

Step1. 单击工具栏上的“创建基准平面”按钮 。

Step2. 系统弹出“基准平面”对话框，选取 MAIN_PARTING_PLN 基准平面为参照平面，偏移值为-20.0。

Step3. 在“基准平面”对话框中单击 确定 按钮，创建结果如图 5.8.10 所示。

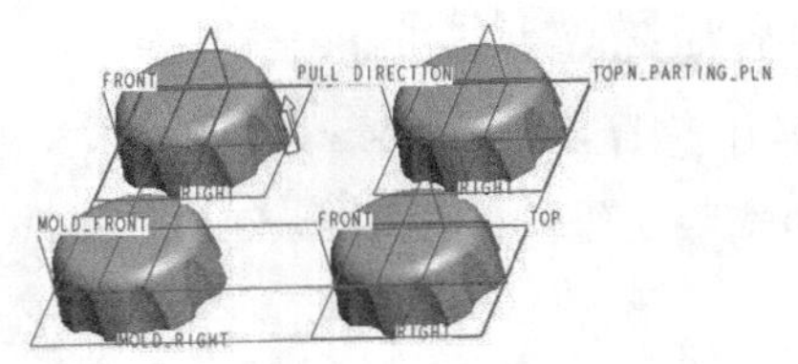

图 5.8.9 第四个参照模型组装完成后

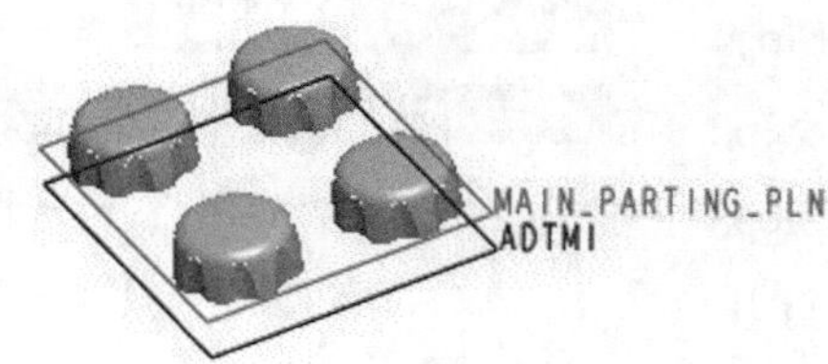

图 5.8.10 基准平面

Stage8. 创建坯料

Step1. 在 ▼ MOLD MODEL (模具模型) 菜单中选择 Create (创建) 命令。

Step2. 在弹出的 ▼ MOLD MDL TYP (模具模型类型) 菜单中选择 Workpiece (工件) 命令。

Step3. 在弹出的 ▼ CREATE WORKPIECE (创建工件) 菜单中选择 Manual (手动) 命令。

Step4. 在系统弹出的“元件创建”对话框中，在类型区域下选中◉零件单选项，在子类型区域下选中◉实体单选项，在名称文本框中输入坯料的名称 cap_mold_wp，然后单击确定按钮。

Step5. 在系统弹出的“创建选项”对话框中选中◉创建特征单选项，然后单击确定按钮。

Step6. 创建坯料特征。

（1）在菜单管理器中选择 Solid（实体） → Protrusion（伸出项）命令，在弹出的菜单管理器中选择 Extrude（拉伸） → Solid（实体） → Done（完成）命令，系统弹出“拉伸”操控板。

（2）创建实体拉伸特征。

① 选取拉伸类型。在出现的操控板中确认“实体”按钮被按下。

② 在绘图区中右击，从系统弹出的快捷菜单中选择 定义内部草绘... 命令。然后选择 ADTM1 基准平面作为草绘平面，草绘平面的参照平面为 MOLD_FRONT 基准平面，方位为 底部。单击草绘按钮，至此系统进入截面草绘环境。

③ 进入截面草绘环境后，选取 MOLD_FRONT 和 MOLD_RIGHT 基准平面为草绘参照，绘制图 5.8.11 所示的截面草图。完成截面草图的绘制后，单击工具栏中的“完成”按钮✓。

④ 选取深度类型并输入深度值。在操控板中选取深度类型（“定值”拉伸），在“深度”文本框中输入深度值 60.0，并按 Enter 键。

⑤ 完成特征。在操控板中单击“完成”按钮✓，完成特征的创建。

（3）选择 Done/Return（完成/返回） → Done/Return（完成/返回）命令。

Task3. 设置收缩率

将参照模型收缩率设置为 0.006。

说明：由于参照的是同一个模型，设置第一个模型的收缩率为 0.006 后，系统会自动将其余三个模型的收缩率调整到 0.006，不需要再设置其余三个模型的收缩率。

Task4. 建立浇注系统

下面讲解如何在零件 cap 的模具坯料中创建浇道、流道和浇口（图 5.8.12），以下是操作过程。此例中，创建浇注系统是通过在坯料中切除材料实现的。

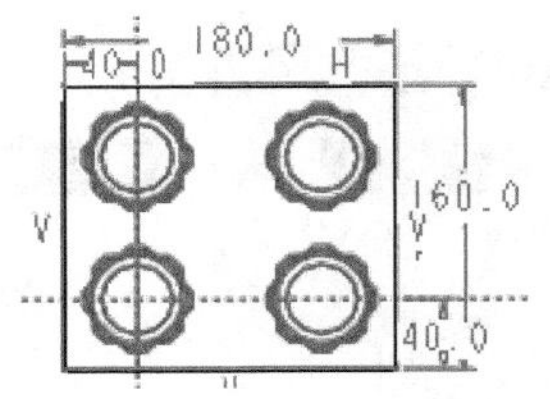

图 5.8.11　截面草图

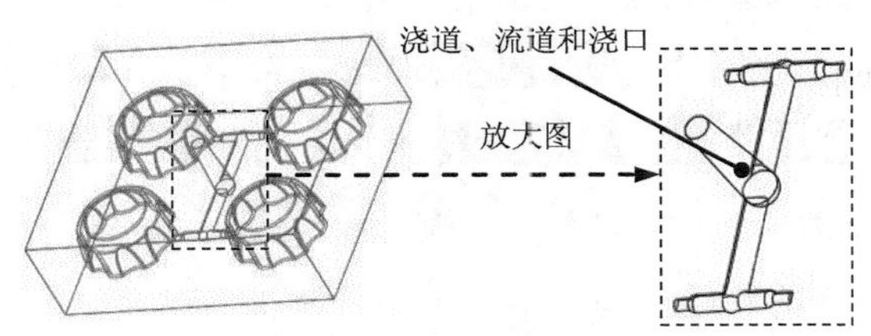

图 5.8.12　建立流道、浇道和浇口

Stage1. 创建基准平面

这里要创建的基准平面ADTM2和ADTM3将作为后面浇道和浇口特征的草绘平面及其参照平面。ADTM2 和 ADTM3 位于坯料的中间位置。

Step1. 创建基准平面 ADTM2。

（1）单击工具栏上的基准平面创建按钮。

（2）系统弹出“基准平面”对话框，选取 MOLD_FRONT 基准平面为参照平面，偏移值为-40.0（若方向相反则应输入 40.0）。

（3）在“基准平面”对话框中单击确定按钮。

Step2. 创建基准平面 ADTM3。

（1）单击工具栏上的基准平面创建按钮。

（2）系统弹出“基准平面”对话框，选取 MOLD_RIGHT 基准平面为参照平面，偏移值为-50.0（若方向相反则应输入 50.0）。

（3）在“基准平面”对话框中单击确定按钮，创建的两个基准平面如图 5.8.13 所示。

Stage2. 创建图 5.8.14 所示的浇道（Sprue）

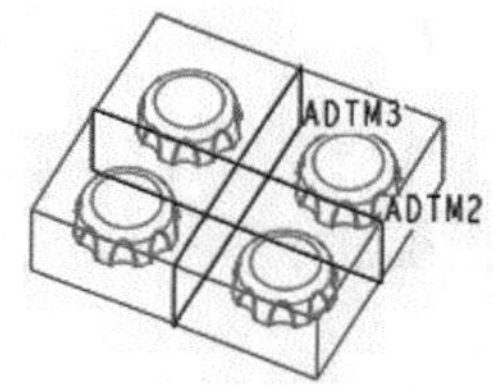

图 5.8.13 创建两个基准平面

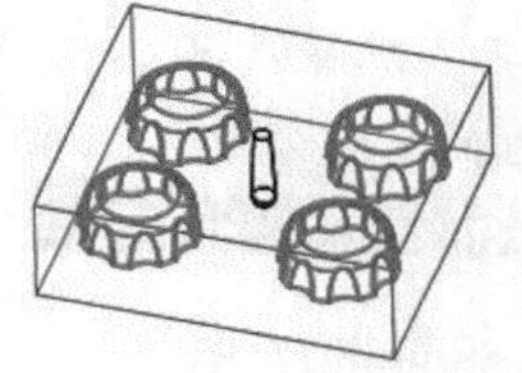

图 5.8.14 创建浇道

Step1. 创建图 5.8.15 所示的基准平面 ADTM4。

（1）单击工具栏上的“创建基准平面”按钮。

（2）系统弹出“基准平面”对话框，选取 ADTM1 基准平面为参照平面，偏移值为-8.0（若方向相反则应输入 8.0）。

（3）在“基准平面”对话框中单击确定按钮。

Step2. 在▼ MOLD（模具）菜单中选择Feature（特征）命令，即可进入模具特征菜单，在弹出的▼ MOLD MDL TYP（模具模型类型）菜单中选择Cavity Assem（型腔组件）命令。

Step3. 在▼ FEAT OPER（特征操作）菜单中选择Solid（实体）→ Cut（切减材料）命令，在系统弹出的▼ SOLID OPTS（实体选项）菜单中选择Revolve（旋转）→ Solid（实体）→ Done（完成）命令，此时出现“拉伸”操控板。

（1）选取旋转类型。在出现的操控板中确认“实体”按钮被按下。

（2）定义草绘截面放置属性。右击，从快捷菜单中选择定义内部草绘...命令。草绘平面为 ADTM2，草绘平面的参照平面为 MOLD_RIGHT 基准平面，草绘平面的参照方位是右，单击草绘按钮。至此，系统进入截面草绘环境。

（3）进入截面草绘环境后，选取 ADTM3 和 MAIN_PARTING_PLN 为草绘参照，绘制图 5.8.16 所示的截面草图。完成截面草图后，单击工具栏中的“完成”按钮✓。

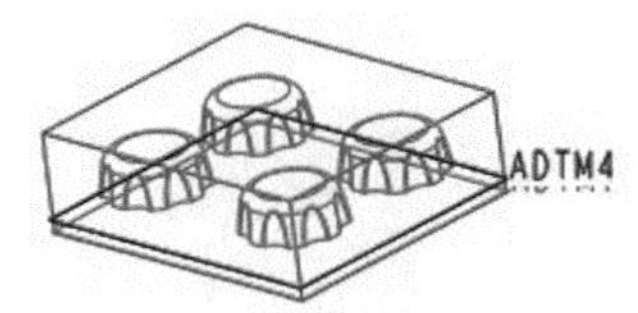

图 5.8.15 创建基准平面 ADTM4

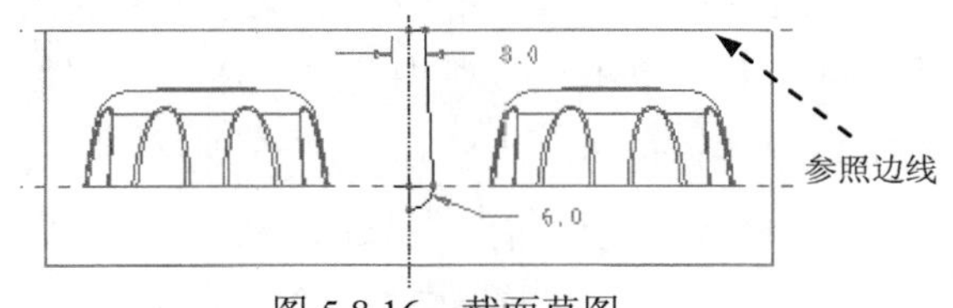

图 5.8.16 截面草图

注意：要绘制旋转中心轴。

（4）定义深度类型。在操控板中选取旋转角度类型，旋转角度为 360°。

（5）单击操控板中的✓按钮，完成特征创建。

Stage3．创建图 5.8.17 所示的主流道（Runner）

在▼ FEAT OPER (特征操作)菜单中选择Solid (实体) → Cut (切减材料)命令，在系统弹出的菜单中选择Revolve (旋转) → Solid (实体) → Done (完成)命令，此时出现“旋转”操控板。

（1）选取旋转类型。在出现的操控板中确认“实体”按钮被按下。

（2）定义草绘截面放置属性。右击，从快捷菜单中选择定义内部草绘...命令。草绘平面为 MAIN_PARTING_PLN 基准平面，草绘平面的参照平面为 MOLD_RIGHT 基准平面，草绘平面的参照方位是右。单击草绘按钮，系统进入截面草绘环境。

（3）进入截面草绘环境后，选取 MOLD_FRONT 和 ADTM3 为参照，绘制图 5.8.18 所示的截面草图。完成截面草图的绘制后，单击工具栏中的“完成”按钮✓。

（4）定义旋转角度。旋转角度类型为，旋转角度为-180°。

（5）单击操控板中的✓按钮，完成特征创建。

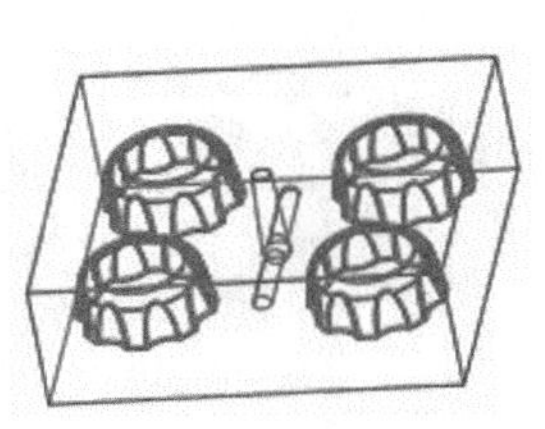
图 5.8.17 创建主流道

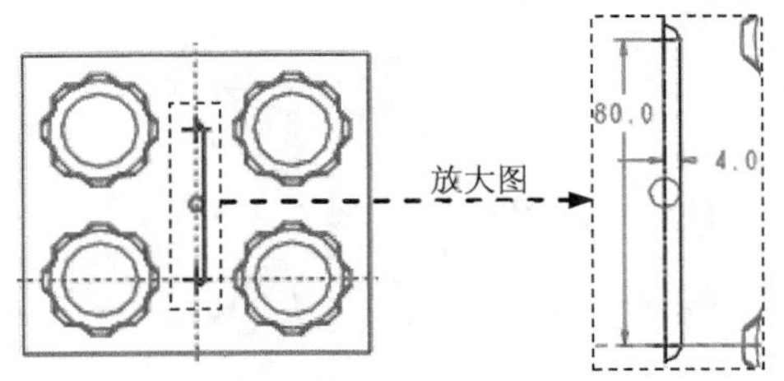

图 5.8.18 截面草图

Stage4．创建图 5.8.19 所示的分流道（Sub_Runner）

在▼ FEAT OPER (特征操作)菜单中选择Solid (实体) → Cut (切减材料)命令，在系统弹出的菜单中选择Revolve (旋转) → Solid (实体) → Done (完成)命令。

（1）选取旋转类型。在出现的操控板中确认“实体”按钮□被按下。

（2）定义草绘截面放置属性。右击，从快捷菜单中选择定义内部草绘...命令。草绘平面为 MAIN_PARTING_PLN，草绘平面的参照平面为 MOLD_RIGHT 基准平面，草绘平面的参照方位是右，单击草绘按钮，系统进入截面草绘环境。

（3）进入截面草绘环境后，接受系统默认的参照，绘制图 5.8.20 所示的截面草图。完成截面草图后，单击工具栏中的“完成”按钮✓。

（4）定义旋转角度。旋转角度类型为⊥⊥，旋转角度为-180°。

（5）单击操控板中的✓按钮，完成特征创建。

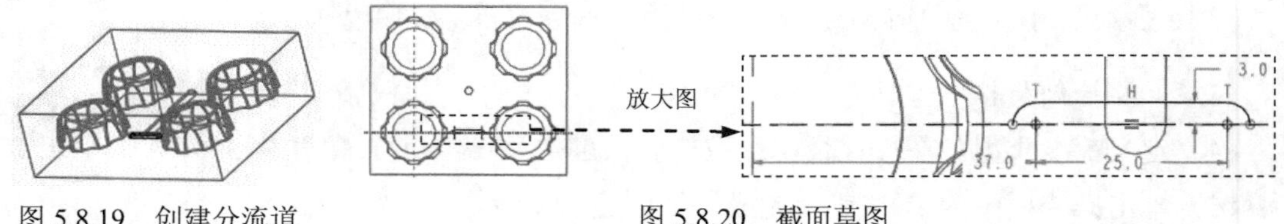

图 5.8.19　创建分流道　　　图 5.8.20　截面草图

Stage5. 创建图 5.8.21 所示的浇口（gate）

Step1. 在▼ FEAT OPER (特征操作)菜单中选择Solid (实体) ➡ Cut (切减材料)命令，在弹出的▼ SOLID OPTS (实体选项)菜单中选择Extrude (拉伸) ➡ Solid (实体) ➡ Done (完成)命令，此时出现“拉伸”操控板。

Step2. 创建拉伸特征。

（1）在出现的操控板中确认“实体”按钮□被按下。

（2）右击，从快捷菜单中选择定义内部草绘...命令。草绘平面为 ADTM3，草绘平面的参照平面为 MAIN_PARTING_PLN 基准平面，草绘平面的参照方位为左，单击草绘按钮，系统进入截面草绘环境。

（3）进入截面草绘环境后，选择图 5.8.22 所示的圆弧边线和 MAIN_PARTING_PLN 基准平面为草绘参照，绘制图 5.8.22 所示的封闭截面草图。完成封闭截面草图后，单击工具栏中的“完成”按钮✓。

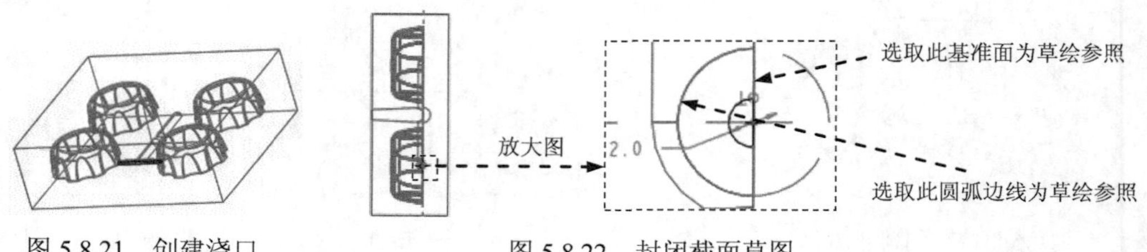

图 5.8.21　创建浇口　　　图 5.8.22　封闭截面草图

（4）在操控板中单击选项按钮，在弹出的界面中，选取双侧的深度选项均为⊥⊥（至曲面），然后选择图 5.8.23 所示的参照零件表面为左、右拉伸的终止面。

（5）单击操控板中的✓按钮，完成特征创建。

Stage6. 以镜像的方式在另一端建立分流道和浇口

Step1. 在 ▼ FEAT OPER (特征操作) 菜单中选择 Feature Oper (特征操作) 命令，在 ▼ FEATURE OPER (特征操作) 菜单中选择 Copy (复制) 命令，在 ▼ COPY FEATURE (复制特征) 菜单中选择 Mirror (镜像) ➡ Select (选取) ➡ Dependent (从属) ➡ Done (完成) 命令。

（1）按住 Ctrl 键，在模型树中选取已建立好的分流道和浇口，单击 确定 按钮。

（2）选取镜像的中心平面 ADTM2，单击 确定 按钮。

（3）在系统弹出的“相交元件”对话框中单击 自动添加 按钮，然后单击 确定 按钮。

（4）镜像完成后的分流道和浇口如图 5.8.24 所示。

Step2. 选择 Done (完成) ➡ Done/Return (完成/返回) 命令。

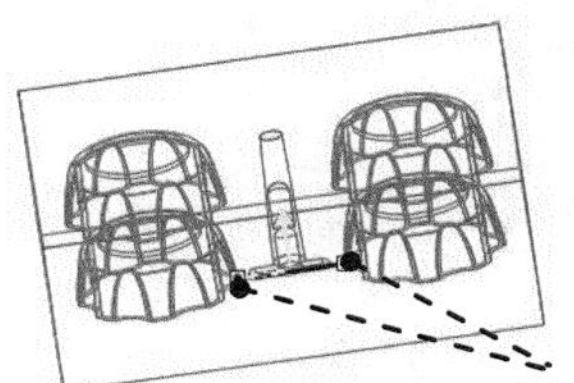

图 5.8.23 选取拉伸的终止面

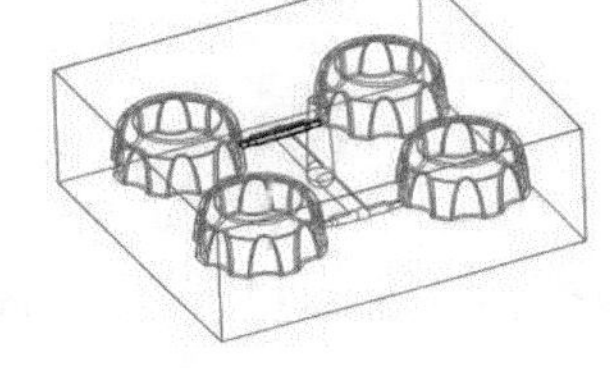
图 5.8.24 镜像后的分流道和浇口

Task5. 创建模具分型曲面

下面的操作是创建零件 cap. prt 的主分型面（图 5.8.25），以分离模具的上模型腔和下模型腔，操作过程如下。

Step1. 选择下拉菜单 插入(I) ➡ 模具几何 ▸ ➡ 分型面(S)... 命令。

Step2. 选择下拉菜单 编辑(E) ➡ 属性(R) 命令，在“属性”对话框中输入分型面名称 main_ps，单击对话框中的 确定 按钮。

Step3. 通过拉伸的方法，创建主分型面。

（1）选择下拉菜单 插入(I) ➡ 拉伸(E)... 命令，此时系统弹出“拉伸”操控板。

（2）定义草绘截面放置属性。右击，从弹出的菜单中选择 定义内部草绘... 命令，在系统 ◆选取一个平面或曲面以定义草绘平面。 的提示下，选择图 5.8.26 所示的坯料表面 1 为草绘平面，然后选取图 5.8.26 所示坯料表面 2 为参照平面，方向为 右 。

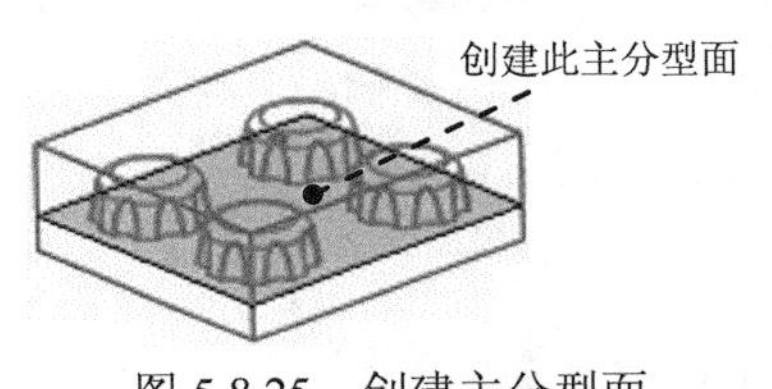

图 5.8.25 创建主分型面

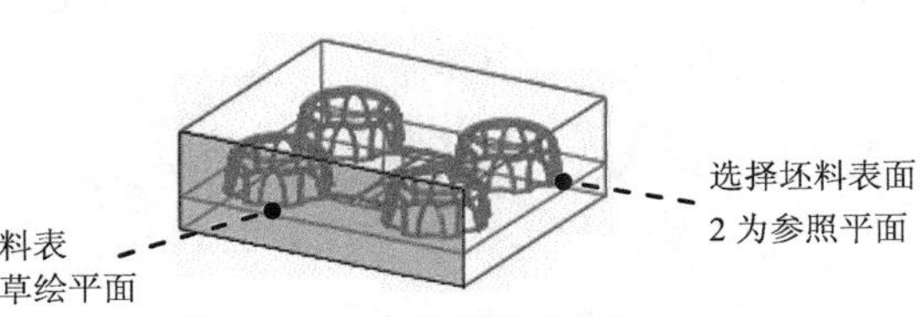

图 5.8.26 定义草绘平面

（3）绘制截面草图。选取图 5.8.27 所示的坯料边线和 MAIN_PARTING_PLN 基准平面为草绘参照，截面草图为一条线段。绘制完成图 5.8.27 所示的截面草图后，单击工具栏中的“完成”按钮✓。

（4）设置深度选项。

① 在操控板中选取深度类型（到选定的）。

② 将模型调整到图 5.8.28 所示的视图方位，然后选取该图中的坯料表面 3 为拉伸终止面。

③ 在操控板中单击“完成”按钮✓，完成特征的创建。

Step4. 在工具栏中单击“完成”按钮✓，完成分型面的创建。

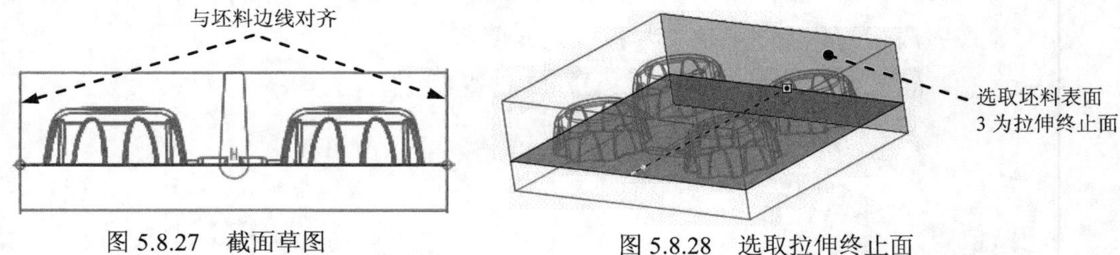

图 5.8.27　截面草图　　　图 5.8.28　选取拉伸终止面

Task6．构建模具元件的体积块

Step1. 选择下拉菜单 编辑(E) → 分割... 命令（即用“分割”的方法构建体积块）。

Step2. 在 ▼ SPLIT VOLUME (分割体积块) 菜单中选择 Two Volumes (两个体积块)、All Wrkpcs (所有工件) 和 Done (完成) 命令，此时系统弹出“分割”信息对话框和“选取”对话框。

Step3. 用“列表选取”的方法选取分型面。

（1）在系统 ➪为分割工件选取分型面。 的提示下，在模型中分型面的位置右击，从弹出的快捷菜单中选择 从列表中拾取 命令。

（2）在弹出的“从列表中拾取”对话框中单击列表中的 面组:F21 (MAIN_PS) 分型面，然后单击 确定(O) 按钮。

（3）单击“选取”对话框中的 确定 按钮。

Step4. 系统弹出图 5.8.29 所示的 ▼ 岛列表 菜单，在菜单中选中 ☑ 岛2 复选框，选择 Done Sel (完成选取) 命令。

说明：*在上面的操作中，用分型面分割坯料后，坯料中会产生多个互不连接的体积块，这些互不连接的体积块称为 Island（岛）。在图 5.8.29 所示的 ▼ 岛列表 菜单中有六个岛，将鼠标指针分别移至岛菜单中的这六个岛名称上，则坯料中相应的体积块会加亮，这样我们很容易发现，□ 岛2 代表上模体积块。*

Step5. 单击“分割”信息对话框中的 确定 按钮。

Step6. 系统弹出“属性”对话框。同时模型中的上半部分变亮，在该对话框中单击 着色 按钮，着色后的上半部分体积块如图 5.8.30 所示，然后在对话框中输入名称 upper_vol，单击 确定 按钮。

Step7. 系统弹出“属性”对话框。同时模型中的下半部分变亮（变青），在该对话框中单击 着色 按钮，着色后的下半部分体积块如图 5.8.31 所示，然后在对话框中输入名称 lower_vol，单击 确定 按钮。

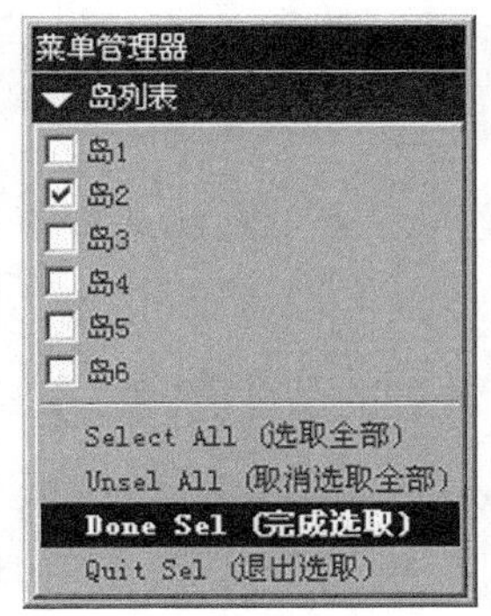

图 5.8.29　“岛列表”菜单

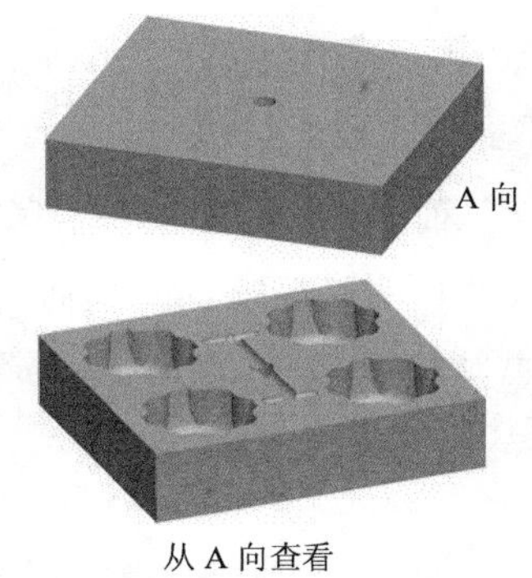

图 5.8.30　着色后的上半部分体积块

图 5.8.31　着色后的下半部分体积块

Task7．抽取模具元件并生成浇注件

将浇注件命名为 cap_molding。

Task8．定义开模动作（注：本步及后面的详细操作过程请参见随书光盘中 video\ch05.08\reference\文件下的语音视频讲解文件 cap_mold-r01.avi）。

5.9　内外侧同时抽芯的模具设计

本节将介绍图 5.9.1 所示的内外侧同时抽芯的模具设计，该模型中有三个比较复杂的滑块。其中，滑块 1 为内侧抽芯机构，滑块 2 和滑块 3 为外侧抽芯机构，因此这是比较复杂的模具设计范例。下面介绍该模具的设计过程。

Task1．新建一个模具制造模型，进入模具模块

Step1. 将工作目录设置至 D:\proewf5.3\work\ch05.09。

Step2. 新建一个模具型腔文件，命名为 top_cover_mold，选取 mmns_mfg_mold 模板。

Task2．建立模具模型

模具模型主要包括参照模型（Ref Model）和坯料（Workpiece），如图 5.9.2 所示。

Stage1．引入参照模型

Step1. 在 菜单管理器 的 ▼ MOLD（模具）菜单中选择 Mold Model（模具模型）命令。

Step2. 在 ▼ MOLD MODEL（模具模型）菜单中选择 Assemble（装配）命令。

Step3. 在▼ MOLD MDL TYP（模具模型类型）菜单中选择Ref Model（参照模型）命令。

Step4. 从弹出的文件“打开”对话框中选取三维零件模型 top_cover.prt 作为参照零件模型，并将其打开。

Step5. 系统弹出“元件放置”操控板，在“约束”类型下拉列表中选择缺省，将参照模型按默认放置，再在操控板中单击“完成”按钮✔。

Step6. 在系统的“创建参照模型”对话框中选中◉ 按参照合并单选项（系统默认选中该单选项），然后在参照模型区域的名称文本框中接受默认的名称 TOP_COVER_MOLD_REF，单击对话框中的确定按钮。参照模型装配后，模具的基准平面与参照模型的基准平面对齐。

Stage2. 定义坯料

Step1. 在▼ MOLD MODEL（模具模型）菜单中选择Create（创建）命令。

Step2. 在弹出的▼ MOLD MDL TYP（模具模型类型）菜单中选择Workpiece（工件）命令。

Step3. 在系统弹出的▼ CREATE WORKPIECE（创建工件）菜单中选择Manual（手动）命令。

Step4. 在弹出的“元件创建”对话框中选中类型区域中的◉ 零件单选项，选中子类型区域中的◉ 实体单选项，在名称文本框中输入坯料的名称 wp，单击确定按钮。

Step5. 在弹出的“创建选项”对话框中选中◉ 创建特征单选项，然后单击确定按钮。

Step6. 创建坯料特征。

（1）在菜单中选择Solid（实体）➡ Protrusion（伸出项）命令，在弹出的菜单中选择Extrude（拉伸）➡ Solid（实体）➡ Done（完成）命令，此时出现“拉伸”操控板。

（2）创建实体拉伸特征。

① 选取拉伸类型。在出现的操控板中确认“实体”按钮□被按下。

② 定义草绘截面放置属性。在绘图区中右击，从快捷菜单中选择定义内部草绘...命令。系统弹出对话框，然后选择参照模型 MOLD_RIGHT 基准平面作为草绘平面，草绘平面的参照平面为 MAIN_PARTING_PLN 基准平面，方位为左，单击草绘按钮，至此系统进入截面草绘环境。

③ 进入截面草绘环境后，系统弹出“参照”对话框，选取图 5.9.3 所示的 MOLD_FRONT 基准平面和图 5.9.3 所示的边线为草绘参照，然后单击关闭(C)按钮，绘制图 5.9.3 所示的截面草图。完成截面草图的绘制后，单击工具栏中的“完成”按钮✔。

④ 选取深度类型并输入深度值。在操控板中选取深度类型⊟（对称），在深度文本框中输入深度值 120.0，并按 Enter 键。

⑤ 完成特征。在操控板中单击“完成”按钮✔，完成特征的创建。

Step7. 选择Done/Return（完成/返回）➡ Done/Return（完成/返回）命令。

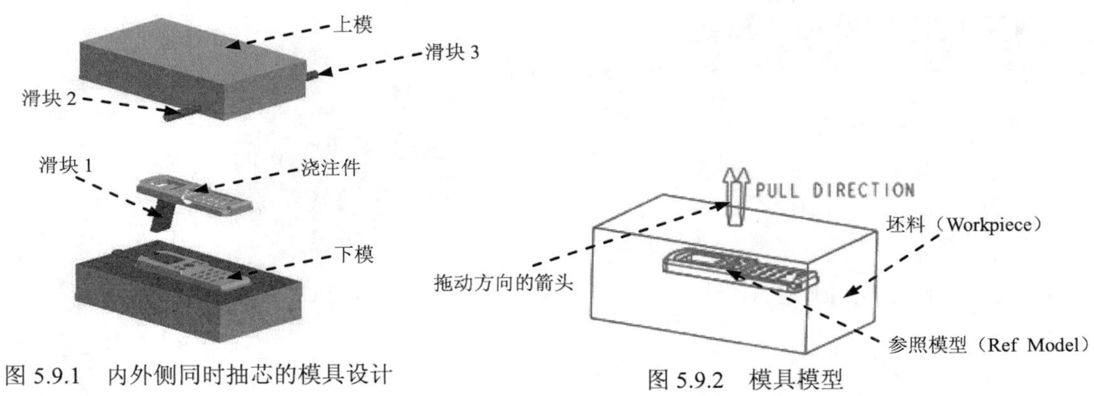

图 5.9.1　内外侧同时抽芯的模具设计

图 5.9.2　模具模型

Task3．设置收缩率

将参照模型收缩率设置为 0.006。

Task4．创建主分型面

下面创建图 5.9.4 所示的主分型面，以分离模具的上模型腔和下模型腔。

图 5.9.3　截面草图

图 5.9.4　用裙边法设计主分型面

Stage1．创建侧面影像曲线

Step1. 在▼ MOLD（模具）菜单中依次选择Feature（特征） ➡ Cavity Assem（型腔組件） ➡ Silhouette（侧面影像）命令，系统弹出“侧面影像曲线”对话框。

Step2. 在“侧面影像曲线”对话框中双击图 5.9.5 所示的元素，在系统➡选取将垂直于此方向的平面。的提示下，选取图 5.9.6 所示的坯料表面，选择Okay（确定）命令，认可图 5.9.6 中的箭头方向为投影方向。

Step3. 排除边线。双击“侧面影像曲线”对话框中的Loop Selection（环选取元素，在弹出的“环选取”对话框中将边线 2、边线 25 和边线 26 排除，如图 5.9.7 所示，单击确定按钮，再选择Done/Return（完成/返回）命令。

Step4. 遮蔽参照零件和坯料、创建的侧面影像曲线，结果如图 5.9.8 所示。

Step5. 显示参照零件。

Step6. 复制边线 1。

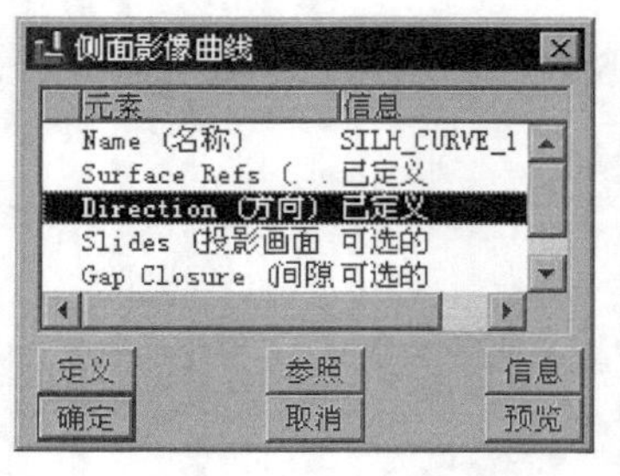

图 5.9.5　“侧面影像曲线”对话框

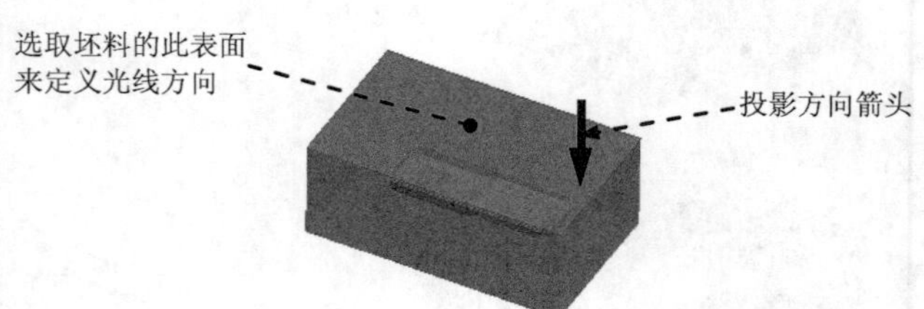

图 5.9.6　选取平面

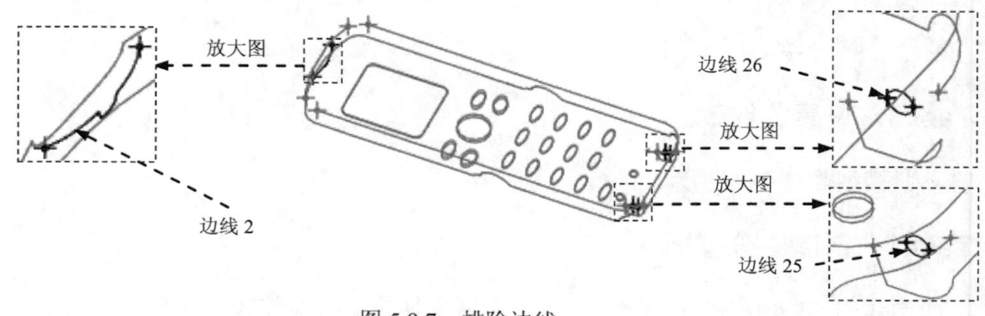

图 5.9.7　排除边线

（1）选取复制对象。选取图 5.9.9 所示的三条边线（按住 Shift 键选取）。

（2）选择下拉菜单 编辑(E) → 复制(C) 命令。

（3）选择下拉菜单 编辑(E) → 粘贴(P) 命令，在系统弹出的操控板中单击“完成”按钮✓，复制结果如图 5.9.10 所示。

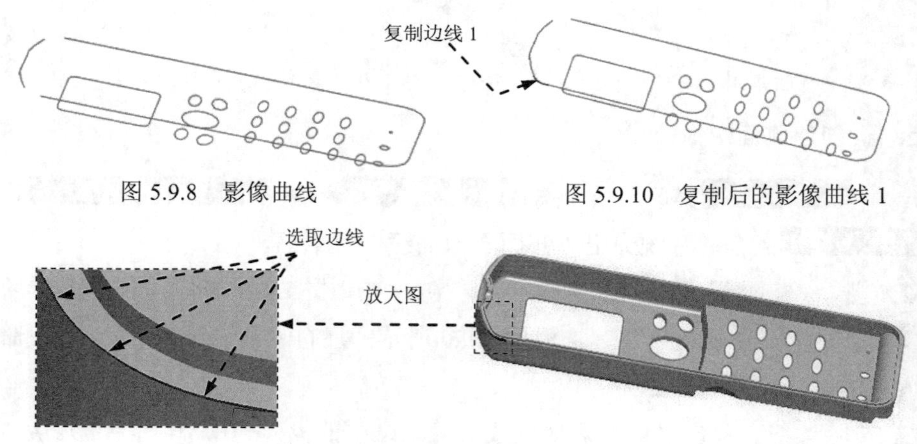

图 5.9.8　影像曲线

图 5.9.10　复制后的影像曲线 1

图 5.9.9　选取边线 1

Step7. 复制边线 2。

（1）选取复制对象。选取图 5.9.11 所示的三条边线（按住 Shift 键选取）。

（2）选择下拉菜单 编辑(E) → 复制(C) 命令。

（3）选择下拉菜单 编辑(E) → 粘贴(P) 命令，在系统弹出的操控板中单击“完成”按钮✓，复制结果如图 5.9.12 所示。

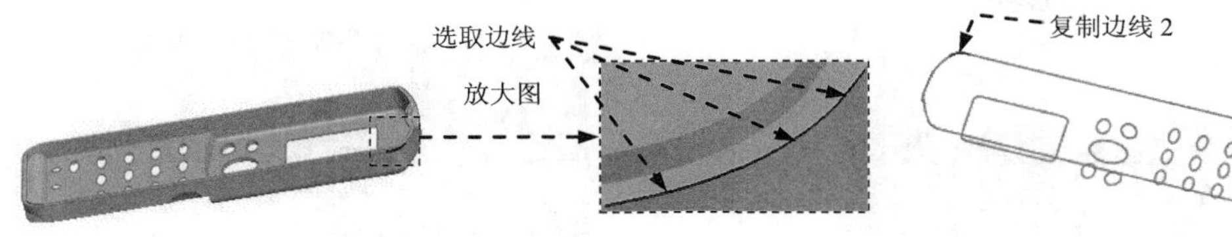

图 5.9.11　选取边线 2　　图 5.9.12　复制后的影像曲线 2

Step8. 显示坯料。

Stage2. 采用裙边法设计分型面

Step1. 选择下拉菜单 插入(I) → 模具几何 ▸ → 分型面(S)... 命令。

Step2. 选择下拉菜单 编辑(E) → 属性(R) 命令，在弹出的“属性”对话框中输入分型面名称 main_ps，单击对话框中的 确定 按钮。

Step3. 选择下拉菜单 编辑(E) → 裙边曲面(K) 命令，此时系统弹出“裙边曲面”对话框。

Step4. 在弹出的 ▼ CHAIN (链) 菜单中选择 Feat Curves (特征曲线) 命令，然后在系统 ➡选择包含曲线的特征。的提示下，用“列表选取”的方法分别选取图 5.9.13 所示的侧面影像曲线、复制边线 1 和复制边线 2：将鼠标指针移至模型中曲线的位置，右击，选择 从列表中拾取 命令，在弹出的“从列表中拾取”对话框中分别选取 F7(SILH_CURVE_1) 项、F8(复制_1) 项和 F9(复制_2) 项，然后单击 确定(O) 按钮，选择 Done (完成) 命令。

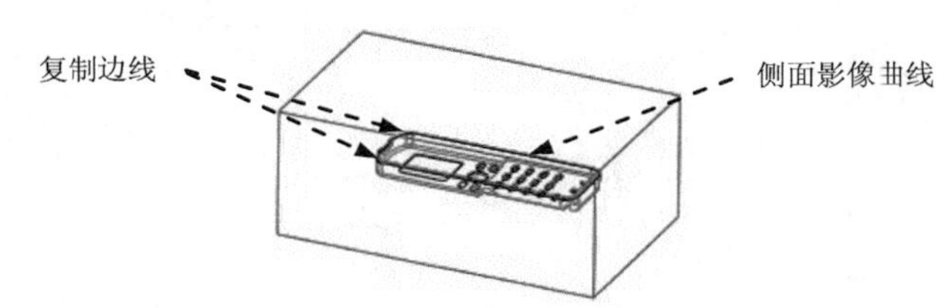

图 5.9.13　选取曲线

Step5. 延伸裙边曲面。单击“裙边曲面”对话框中的 预览 按钮，预览所创建的分型面，在图 5.9.14a 中可以看到，此时分型面还没有到达坯料的外表面。进行下面的操作后，可以使分型面延伸到坯料的外表面，如图 5.9.14b 所示。

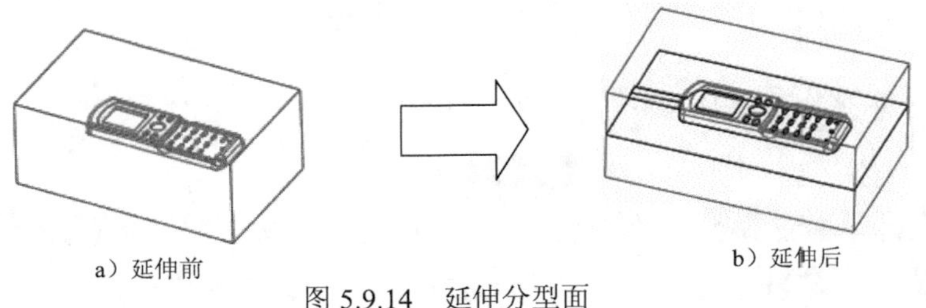

图 5.9.14　延伸分型面

（1）在图 5.9.15 所示的“裙边曲面”对话框中双击 Extension (延伸) 元素，系统弹出“延伸控制”对话框，选择“延伸方向”选项卡（图 5.9.16）。

（2）定义延伸点集 1。

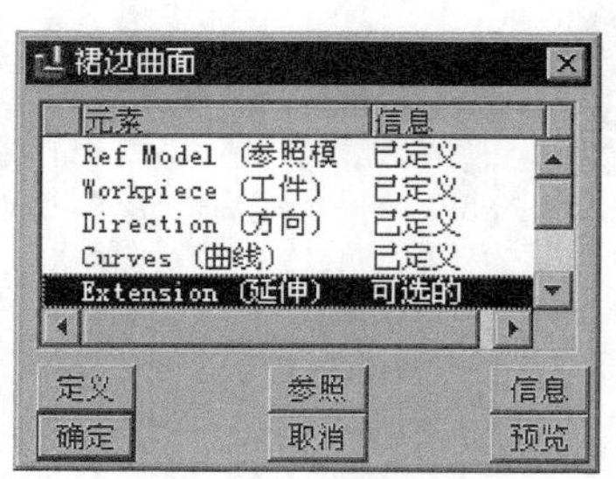

图 5.9.15　“裙边曲面”对话框

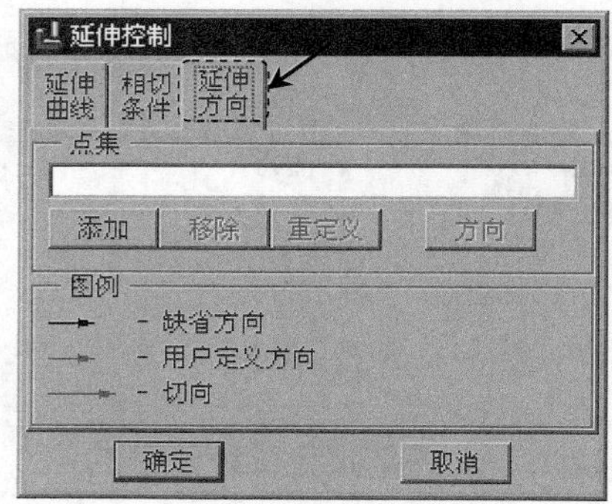

图 5.9.16　“延伸控制”对话框

① 在“延伸方向”选项卡中单击添加按钮，系统弹出▼ GEN PNT SEL（一般点选取）菜单，同时提示➡选择曲线端点和/或边界的其它点来设置方向。，按住 Ctrl 键，在模型中选取图 5.9.17 所示的两个点，然后单击“选取”对话框中的确定按钮，再在▼ GEN PNT SEL（一般点选取）菜单中选择Done（完成）命令。

② 在▼ GEN SEL DIR（选取方向）菜单中选择Crv/Edg/Axis（曲线/边/轴）命令，然后选取图 5.9.17 所示的边线，选择Okay（确定）命令，认可该图中的箭头方向为延伸方向。单击“延伸控制”对话框中的确定按钮。

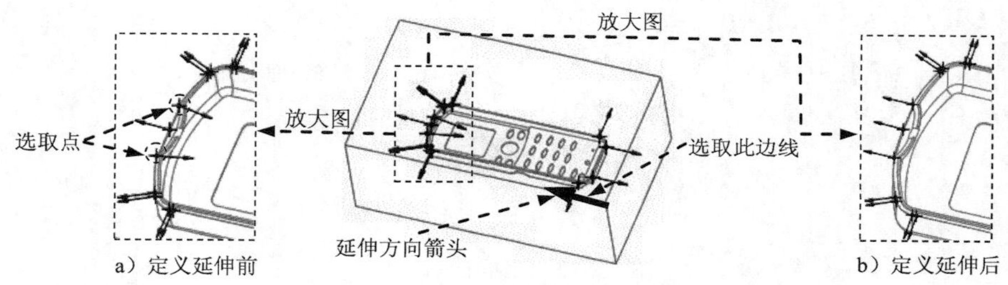

图 5.9.17　定义延伸点集

（3）在“裙边曲面”对话框中单击预览按钮，预览所创建的分型面可以看到，此时分型面已向四周延伸至坯料的表面，单击确定按钮。

Step6. 在工具栏中单击“完成”按钮✔，完成分型面的创建。

Task5. 用主分型面创建上、下两个体积块

Step1. 选择下拉菜单编辑(E) ➡ 分割... 命令。

Step2. 在▼ SPLIT VOLUME（分割体积块）菜单中依次选择Two Volumes（两个体积块）、All Wrkpcs（所有工件）和Done（完成）命令，此时系统弹出“分割”对话框。

Step3. 在系统➡为分割工件选取分型面。的提示下，选取主分型面，并单击“选取”对话框中的确定按钮，再单击对话框中的确定按钮。

Step4. 系统弹出“属性”对话框。同时坯料中分型面的下侧部分变亮，如图 5.9.18 所

示，输入体积块名称 lower_vol，单击确定按钮。

Step5. 系统再次弹出“属性”对话框。同时坯料中分型面的上侧部分变亮，如图 5.9.19 所示，输入体积块名称 upper_vol，单击确定按钮。

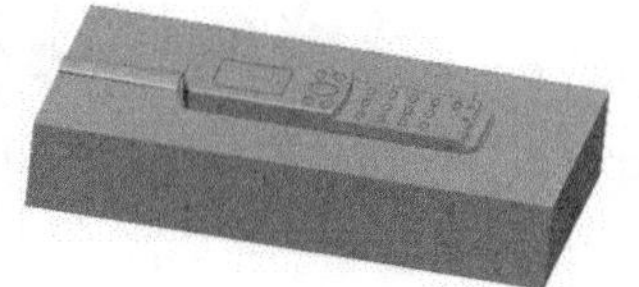

图 5.9.18　着色后的下侧部分

图 5.9.19　着色后的上侧部分

Task6. 创建第一个滑块

Stage1. 通过复制法设计分型面

Step1. 选择下拉菜单 插入(I) ➡ 模具几何 ▸ ➡ 分型面(S)... 命令。

Step2. 选择下拉菜单 编辑(E) ➡ 属性(R) 命令，在弹出的“属性”对话框中输入分型面名称 pin_ps，单击对话框中的确定按钮。

Step3. 在屏幕右上方的“智能选取栏”中选择“几何”选项。

Step4. 复制曲面。选取图 5.9.20 所示的五个曲面为复制对象。

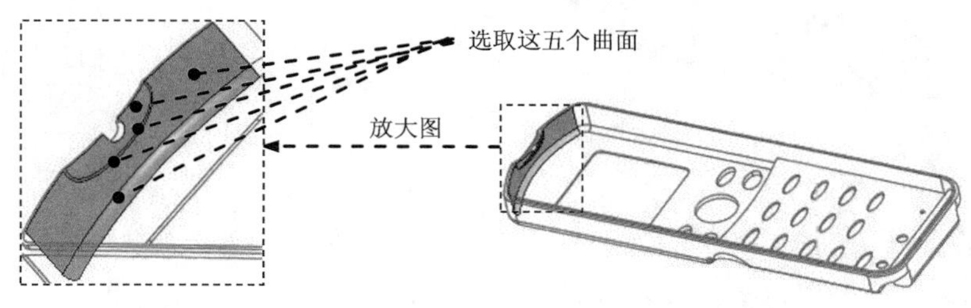

图 5.9.20　选取曲面

Step5. 延伸复制的设计分型面

（1）选取图 5.9.21a 所示的复制曲面边线，再按住 Shift 键，选取与圆弧边相接的另两条边线。

（2）选择下拉菜单 编辑(E) ➡ 延伸(X)... 命令，此时系统弹出“延伸”操控板。

① 在操控板中按下按钮（延伸类型为至平面）。

② 在系统 ◆选取曲面延伸所至的平面。 的提示下，选取图 5.9.21a 所示的表面为延伸的终止面。

③ 单击按钮，预览延伸后的面组，确认无误后，单击“完成”按钮✔。完成后的延伸曲面如图 5.9.21b 所示。

Step6. 通过“拉伸”的方法创建图 5.9.22 所示的拉伸曲面。

（1）选择下拉菜单 插入(I) ➡ 拉伸(E)... 命令，此时系统弹出“拉伸”操控板。

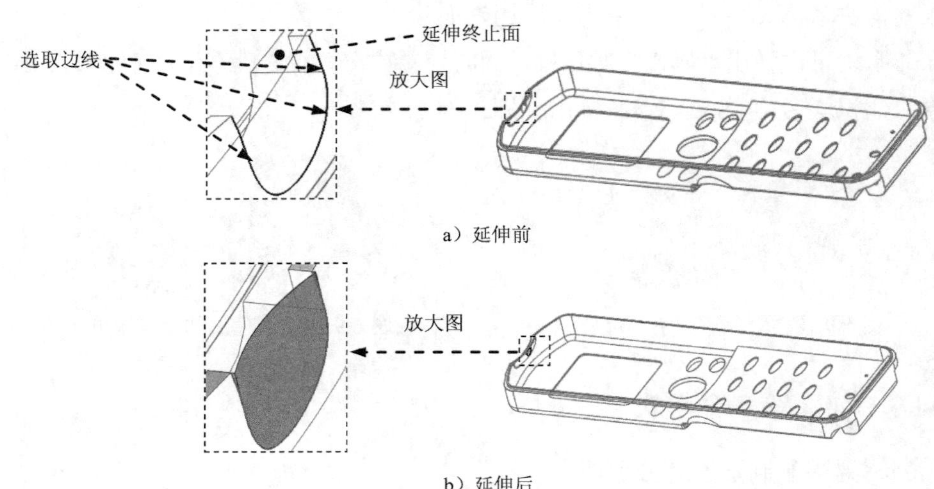

图 5.9.21 延伸分型面

（2）定义草绘截面放置属性。右击，从弹出的菜单中选择 定义内部草绘... 命令，在系统 ➪选取一个平面或曲面以定义草绘平面。的提示下，选取 MOLD_RIGHT 基准平面为草绘平面，选取图 5.9.23 所示的坯料表面为参照平面，方向为 右 。

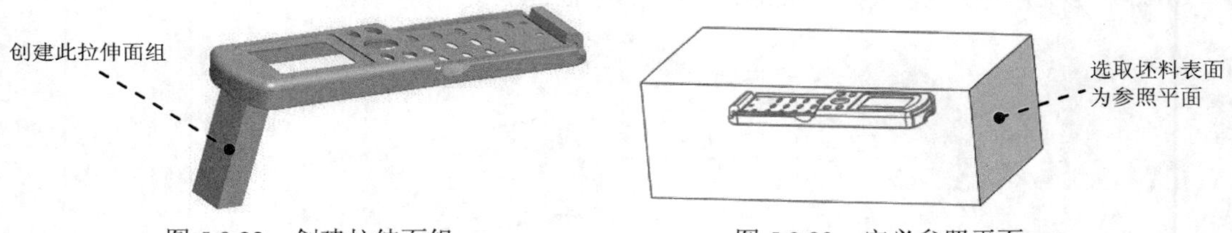

图 5.9.22 创建拉伸面组　　图 5.9.23 定义参照平面

（3）绘制截面草图。选取图 5.9.24 所示的边线为草绘参照，绘制图 5.9.24 所示的截面草图。完成截面草图的绘制后，单击工具栏中的“完成”按钮✓。

（4）选取深度类型并输入深度值。在操控板中选取深度类型，再在深度文本框中输入深度值 20.0，在操控板中单击 选项 按钮，在“选项”界面中选中☑封闭端复选框。

（5）在操控板中单击“完成”按钮✓，完成特征的创建。

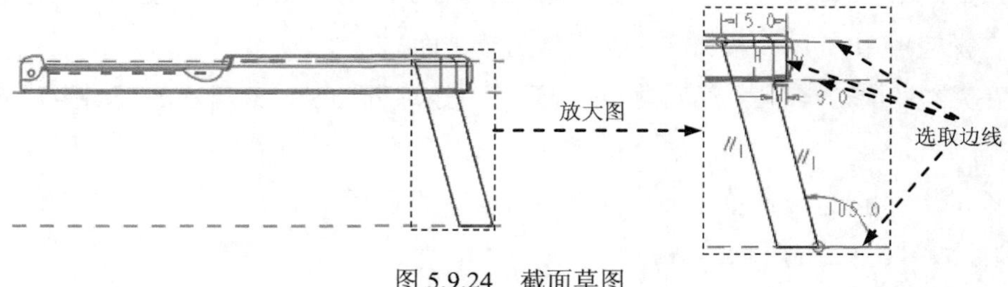

图 5.9.24 截面草图

Step7. 通过“修剪”的方法修剪复制曲面。

（1）选取图 5.9.25 所示的修剪面组，从列表中拾取 面组:F14(PIN_PS) 项。

（2）选择下拉菜单 编辑(E) → 修剪(T)... 命令，此时，系统弹出“修剪”操控板。

（3）选择修剪对象。选取图 5.9.26 所示的面组。

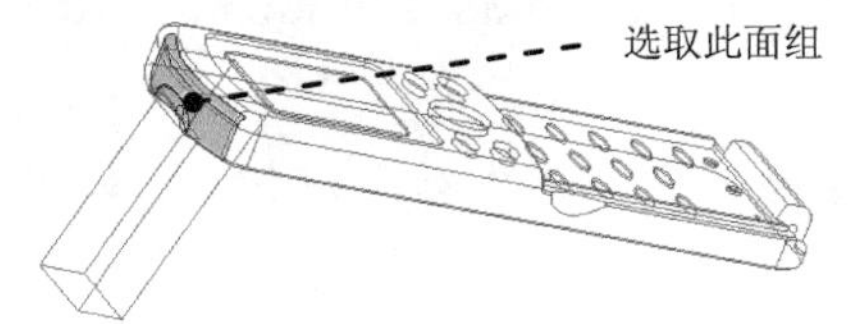

图 5.9.25　选取修剪面组

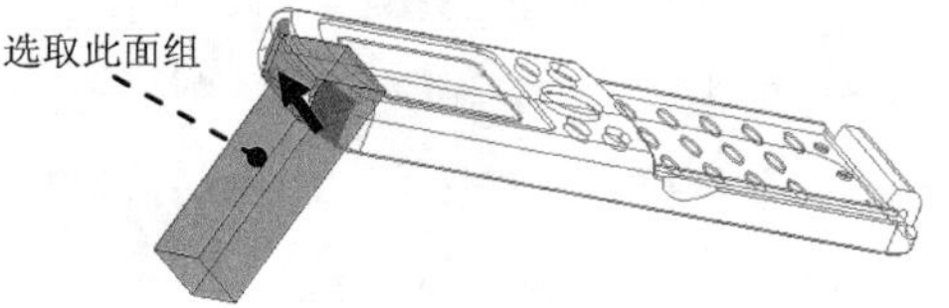

图 5.9.26　选取修剪对象

Step8. 将 Step4 的复制曲面和 Step6 的拉伸曲面合并在一起。

（1）按住 Ctrl 键，选取 Step4 创建的复制曲面和 Step6 创建的拉伸曲面。

（2）选择下拉菜单 编辑(E) → 合并(G) 命令，此时系统弹出“合并”操控板。

（3）在模型中选取要合并的面组。

（4）在操控板中单击 选项 按钮，在“选项”界面中选择 ◉ 相交 单选项。

（5）单击 ☑ 60 按钮，预览合并后的面组，确认无误后，单击“完成”按钮 ✔，合并结果如图 5.9.27 所示。

Step9. 着色显示所创建的分型面。

（1）选择下拉菜单 视图(V) → 可见性(V) ▸ → 着色 命令。

（2）系统自动将刚创建的分型面 pin_ps 着色，着色后的滑块分型曲面如图 5.9.28 所示。

（3）在 ▼ CntVolSel (继续体积块选取) 菜单中选择 Done/Return (完成/返回) 命令。

Step10. 在工具栏中单击“完成”按钮 ✔，完成分型面的创建。

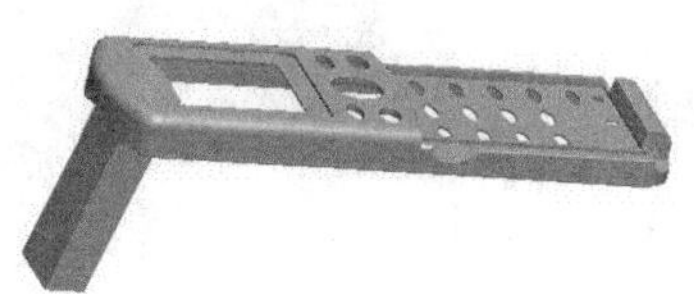

图 5.9.27　合并的拉伸面组

图 5.9.28　着色后的滑块分型曲面

Stage2. 创建第一个滑块的体积块

Step1. 选择下拉菜单 编辑(E) → 分割... 命令。

Step2. 在系统弹出的 ▼ SPLIT VOLUME (分割体积块) 菜单中选择 One Volume (一个体积块)、Mold Volume (模具体积块) 和 Done (完成) 命令。

Step3. 在系统弹出的“搜索工具”对话框中单击列表中的 面组:F12(LOWER_VOL) 体积块，然后单击 >> 按钮，将其加入到 已选取 0 个项目:(预期 1 个) 列表中，再单击 关闭 按钮。

Step4. 用“列表选取”的方法选取分型面。

（1）在系统 ➪为分割所选的模型量选取分型面。 的提示下，将鼠标指针移至模型中分型面的位置右击，从快捷菜单中选取 从列表中拾取 命令。

（2）在系统弹出的“从列表中拾取”对话框中单击列表中的 面組:F14(PIN_PS) 分型面，

然后单击 确定(O) 按钮。

（3）单击“选取”对话框中的 确定 按钮。

（4）系统弹出 ▼岛列表 菜单，选中 ☑ 岛2 复选框，选择 Done Sel（完成选取）命令。

Step5. 单击“分割”对话框中的 确定 按钮。

Step6. 系统弹出“属性”对话框。同时体积块的滑块部分变亮，然后在对话框中输入名称 pin_vol_1，单击 确定 按钮。

Step7. 后面的详细操作过程请参见随书光盘中 video\ch05.09\reference\文件下的语音视频讲解文件 top_cover_mold-r01.exe。

5.10 带内螺纹的模具设计

本实例将介绍图 5.10.1 所示的带内螺纹瓶盖的模具设计，其脱模方式采用的是内侧抽脱螺纹。下面介绍该模具的主要设计过程。

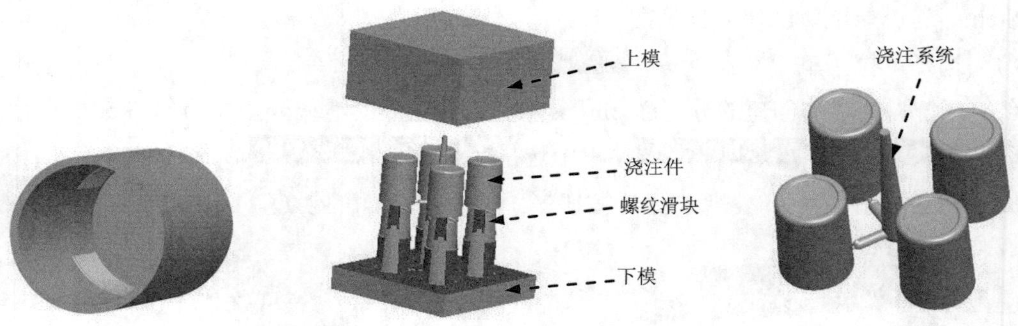

图 5.10.1 带内螺纹的模具设计

说明：本实例的详细操作过程请参见随书光盘中 video\ch05.10\文件下的语音视频讲解文件。模型文件为 D:\proewf5.3\work\ch05.10\cover。

第 6 章　使用体积块法进行模具设计

本章提要　体积块法是 Pro/MOLDESIGN 模块中设计模具的一种常用方法，通过此方法可以完成一些形状不规则的零件模型的模具设计。

6.1　概　述

在 Pro/ENGINEER 的 Pro/MOLDESIGN 模块里进行模具设计，除了使用分型面法外，读者还可以使用体积块法。与分型面法不同的是，使用体积块法进行模具设计不需要设计分型面，直接通过零件建模的方式创建出体积块，即可抽取出模具元件，完成模具设计。本章将通过一个塑料杯盖模型、充电器后盖（一模四腔）和塑料板凳的模具设计来说明使用体积块法进行模具设计的一般过程。

6.2　塑料杯盖的模具设计

下面以一款塑料杯盖的模具设计为例（图 6.2.1），讲解通过体积块法进行模具设计的一般过程。在创建该模具中的体积块时，读者需领会使用体积块法进行模具设计的优势及种子面和边界面的选取技巧。下面介绍该模具的设计过程。

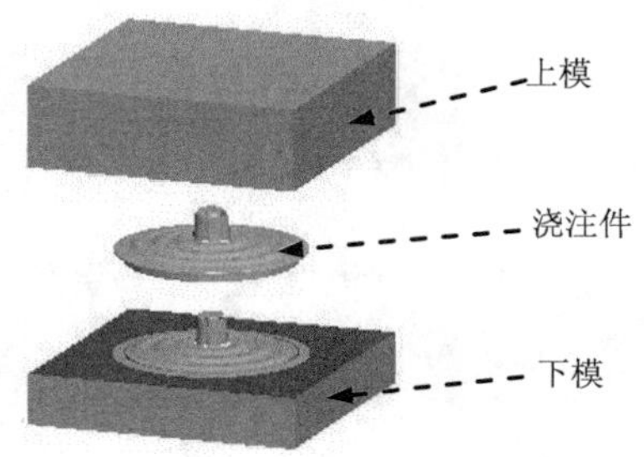

图 6.2.1　塑料杯盖模具

Task1．新建一个模具制造模型

Step1．将工作目录设置至 D:\proewf5.3\work\ch06.02。

Step2．新建一个模具型腔文件，命名为 cup_cover_mold，选取 mmns_mfg_mold 模板。

Task2. 建立模具模型

Stage1. 引入参照模型

Step1. 单击工具栏中的“选取零件/定义零件在模具中的放置方向”按钮，系统弹出“打开”和“布局”对话框。

Step2. 从弹出的文件“打开”对话框中选取三维零件模型塑料杯盖 cup_cover.prt 作为参照零件模型，并将其打开，系统弹出“创建参照模型”对话框。

Step3. 在“创建参照模型”对话框中选中 按参照合并 单选项，然后在参照模型区域的 名称 文本框中接受默认的名称，再单击 确定 按钮。

Step4. 在“布局”对话框的 布局 区域中单击 单一 单选项，在“布局”对话框中单击 预览 按钮，结果如图 6.2.2 所示。

Step5. 调整模具坐标系。

（1）在“布局”对话框的 参照模型起点与定向 区域中单击按钮，系统弹出“坐标系类型”菜单。

（2）定义坐标系类型。在“坐标系类型”菜单中选择 Dynamic（动态）命令，系统弹出图 6.2.3 所示的“元件”窗口和“参考模型方向”对话框。

（3）旋转坐标系。在“参考模型方向”对话框的值文本框中输入值 180。

说明：在值文本框中输入 180 是绕 X 轴旋转 180°。

（4）在“参考模型方向”对话框中单击 确定 按钮，在“布局”对话框中单击 确定 按钮，单击 Done/Return（完成/返回）命令，完成坐标系的调整，结果如图 6.2.4 所示。

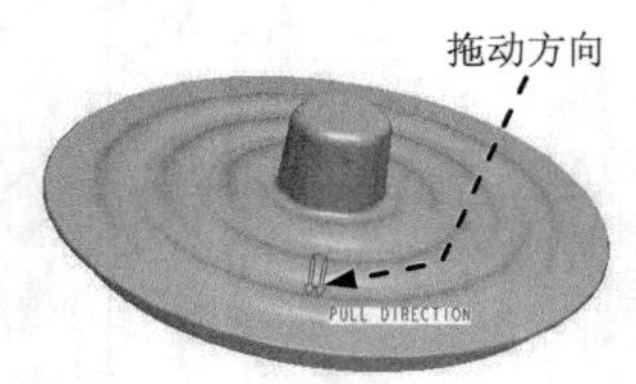

图 6.2.2 调整模具坐标系前

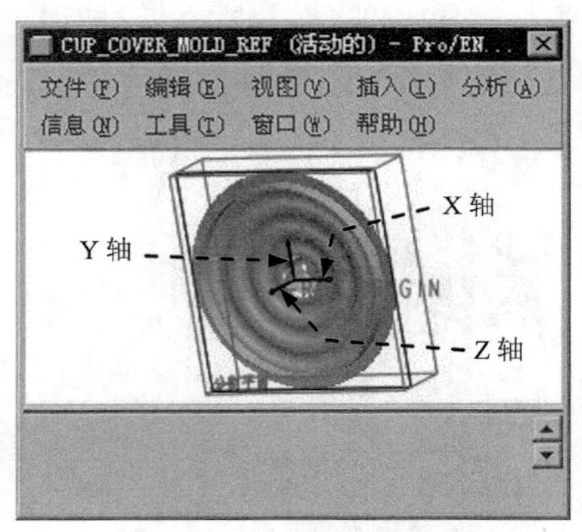

图 6.2.3 “元件”窗口

图 6.2.4 调整模具坐标系后

Stage2. 创建坯料

自动创建图 6.2.5 所示的坯料，操作步骤如下。

Step1. 单击工具栏中的“根据与铸模零件的偏移距离和/或整体尺寸来创建工件” 按钮，此时系统弹出“自动工件”对话框。

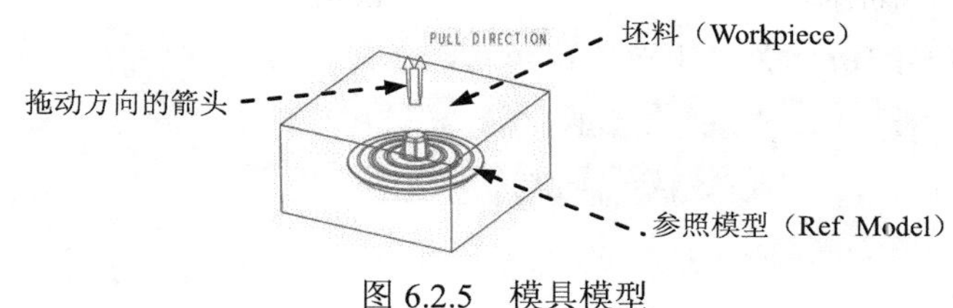

图 6.2.5 模具模型

Step2. 根据系统提示 ➪选择铸模原点坐标系。，在模型中选择坐标系 MOLD_DEF_CSYS。

Step3. 在“自动工件”对话框 偏移 区域中的 统一偏移 文本框中输入值 20，然后按 Enter 键。

Step4. 单击 确定 按钮，完成坯料的创建。

Task3. 设置收缩率

将参照模型收缩率设置为 0.006。

Task4. 创建下模体积块

Step1. 选择命令。在工具栏中单击“模具体积块”按钮，系统进入体积块创建模式。

Step2. 收集体积块。

（1）选择命令。选择下拉菜单 编辑(E) ➡ 收集体积块... 命令，此时系统弹出图 6.2.6 所示的“聚合步骤”菜单。

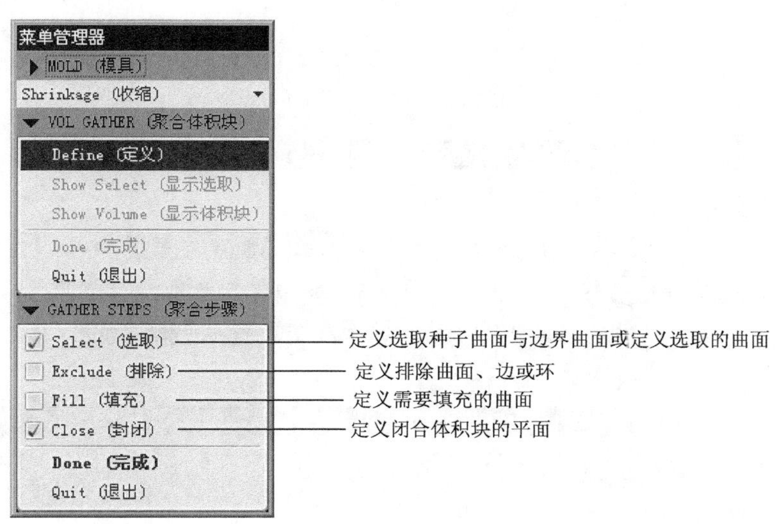

图 6.2.6 “聚合步骤”菜单

（2）定义选取步骤。在“聚合步骤”菜单中选择 ☑ Select（选取） ➡ ☑ Close（封闭） 复选框，单击 Done（完成） 命令，此时系统显示“聚合选取”菜单。

（3）定义聚合选取。

① 在“聚合选取”菜单中选择 Surf & Bnd（曲面和边界） ➡ Done（完成） 命令。

② 定义种子曲面。在系统 ➪选取一个种子曲面。的提示下，先将鼠标指针移至模型中的目

标位置并右击，在弹出的快捷菜单中选取从列表中拾取命令，系统弹出“从列表中拾取”对话框，在对话框中选择曲面:F1(外部合并):CUP_COVER_MOLD_REF，单击确定(O)按钮。

说明：在列表选项中选中曲面:F1(外部合并):CUP_COVER_MOLD_REF，此时图 6.2.7 中的塑料杯盖内部底面会加亮，该侧面就是所要选择的“种子面”。

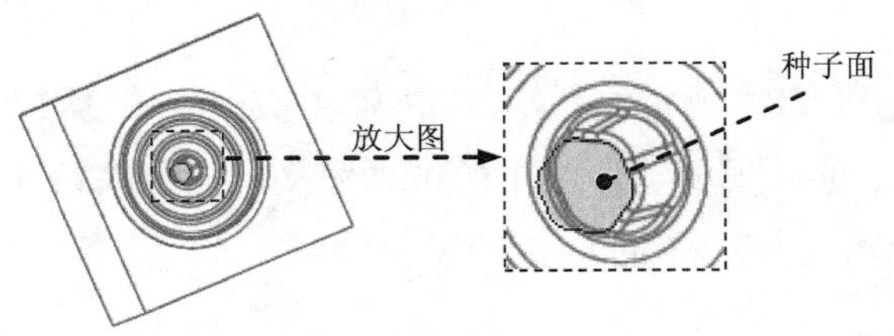

图 6.2.7 定义种子面

③ 定义边界曲面。在系统➪指定限制这些曲面的边界曲面。的提示下，从列表中拾取图 6.2.8a 所示的边界曲面 1；按住 Ctrl 键，同样从列表中拾取图 6.2.8b 所示的边界曲面 2。

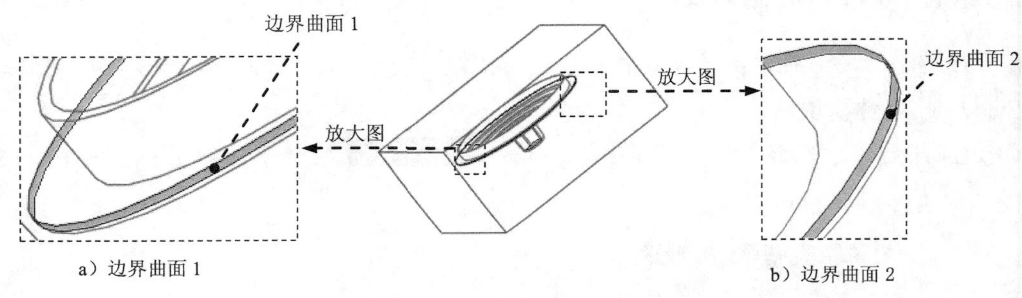

图 6.2.8 定义边界曲面

④ 单击确定 → Done Refs (完成参考) → Done/Return (完成/返回)命令，此时系统显示“封合”菜单。

（4）定义封合类型。在“封合”菜单中选中☑ Cap Plane (顶平面) → ☑ All Loops (全部环)复选框，单击Done (完成)命令，此时系统显示“封闭环”菜单。

（5）定义封闭环。根据系统提示➪选取或创建一平面，盖住闭合的体积块。，选取图 6.2.9 所示的平面为封闭面，此时系统显示“封合”菜单。

（6）在菜单栏中单击Done (完成) → Done/Return (完成/返回) → Done (完成)命令，完成收集体积块创建，结果如图 6.2.10 所示。

Step3. 拉伸体积块。

（1）选择命令。选择下拉菜单插入(I) → 拉伸(E)...命令，此时系统弹出“拉伸”操控板。

（2）定义草绘截面放置属性。在图形区右击，从弹出的菜单中选择定义内部草绘...命令，在系统➪选取一个平面或曲面以定义草绘平面。的提示下，选取图 6.2.11 所示的毛坯表面为草绘平面，接受默认的箭头方向为草绘视图方向，然后选取图 6.2.11 所示的毛坯侧面为参照平面，方向为右。

（3）绘制截面草图。进入草绘环境后，选取图 6.2.12 所示的坯料边线为参考，绘制图 6.2.12 所示的截面草图（为一矩形）。完成截面草图的绘制后，单击工具栏中的“完成”按钮。

（4）定义深度类型。在操控板中选取深度类型（到选定的），选择草绘平面的背面为拉伸终止面。

（5）在操控板中单击“完成”按钮，完成特征的创建。

Step4. 在工具栏中单击“完成”按钮，完成下模体积块的创建。

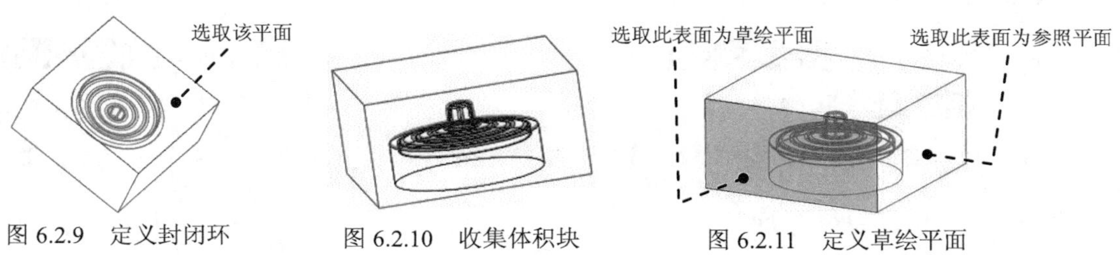

图 6.2.9　定义封闭环　　图 6.2.10　收集体积块　　图 6.2.11　定义草绘平面

Task5. 分割新的模具体积块

Step1. 选择命令。选择下拉菜单 编辑(E) → 分割... 命令，系统弹出“分割体积块”菜单。

Step2. 在系统弹出的 ▼ SPLIT VOLUME（分割体积块）菜单中选择 Two Volumes（两个体积块） → All Wrkpcs（所有工件） → Done（完成）命令，此时系统弹出“分割”对话框和“选取”对话框。

Step3. 定义分割对象。选择 Task4 创建的下模体积块为分割对象，单击“选取”对话框中的 确定 按钮。

Step4. 在“分割”对话框中单击 确定 按钮。

Step5. 系统弹出“属性”对话框。同时模型的下半部分变亮，在该对话框中单击 着色 按钮，着色后的下半部分体积块如图 6.2.13 所示，然后在对话框中输入名称 lower_vol，单击 确定 按钮。

Step6. 系统再次弹出“属性”对话框。同时模型的上半部分变亮，在该对话框中单击 着色 按钮，着色后的上半部分体积块如图 6.2.14 所示，然后在对话框中输入名称 upper_vol，单击 确定 按钮。

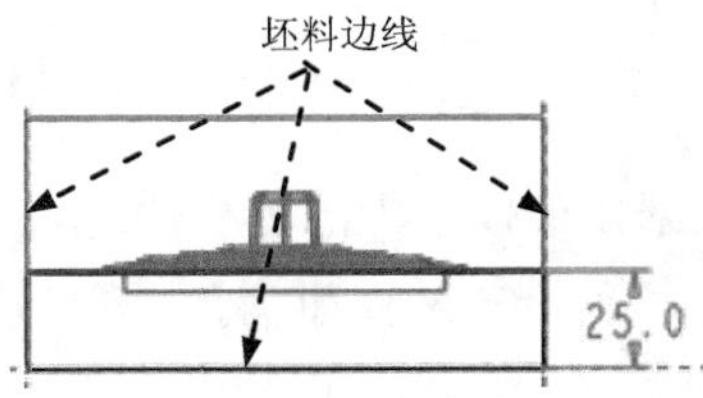

图 6.2.12　截面草图

图 6.2.13　着色后的下半部分体积块

图 6.2.14　着色后的上半部分体积块

Task6. 抽取模具元件

Step1. 选择命令。在菜单管理器的▼ MOLD（模具）菜单中选择Mold Comp（模具元件）命令，在弹出的▼ MOLD COMP（模具元件）菜单中选择Extract（抽取）命令。

Step2. 在系统弹出的“创建模具元件”对话框中选取体积块UPPER_VOL和LOWER_VOL，然后单击确定按钮。

Step3. 在▼ MOLD COMP（模具元件）菜单栏中单击Done/Return（完成/返回）命令。

Task7. 生成浇注件

Step1. 选择命令。在▼ MOLD（模具）菜单中选择Molding（制模）命令，在弹出的▼ MOLDING（铸模）菜单中选择Create（创建）命令。

Step2. 在系统提示文本框中输入浇注零件名称 cup_cover_molding，并按两次 Enter 键。

Task8. 定义模具开启

Step1. 将参照零件、坯料和体积块在模型中遮蔽起来。

Step2. 移动上模，输入要移动的距离值 50，结果如图 6.2.15 所示。

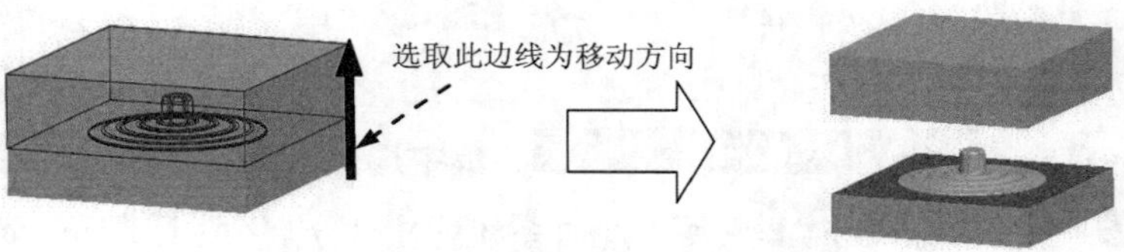

图 6.2.15 移动上模

Step3. 移动下模，输入要移动的距离值-50，结果如图 6.2.16 所示。

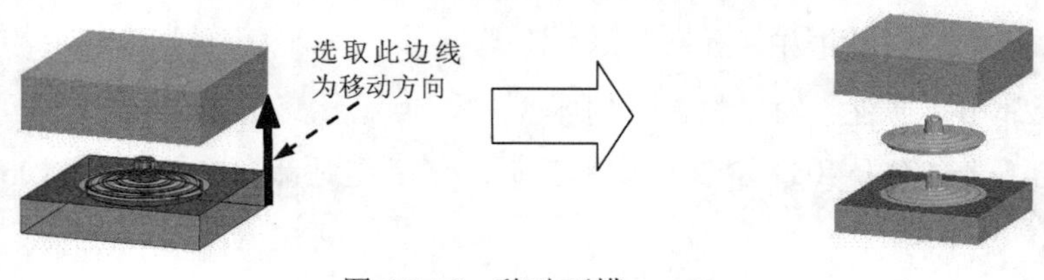

图 6.2.16 移动下模

Step4. 保存设计结果。选择下拉菜单文件(F) → 保存(S)命令。

6.3 充电器后盖的模具设计

下面将介绍一款充电器后盖的模具设计，如图 6.3.1 所示。在创建该模具中的体积块时，读者须仔细体会模具参考模型的布置和斜滑块的创建方法。该模具的设计过程如下。

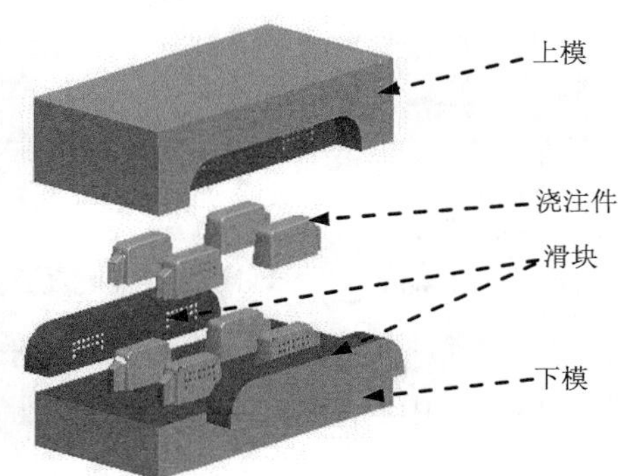

图 6.3.1　充电器后盖的模具设计

Task1．新建一个模具制造模型

Step1．将工作目录设置至 D:\proewf5.3\work\ch06.03。

Step2．新建一个模具型腔文件，命名为 charger_cover_mold，选取 mmns_mfg_mold 模板。

Task2．建立模具模型

Stage1．引入第一个参照模型

Step1．在 ▼ MOLD (模具) 菜单中依次选择 Mold Model (模具模型) → Assemble (装配) → Ref Model (参照模型) 命令。

Step2．从弹出的文件“打开”对话框中选取三维零件模型充电器后盖 charger_cover_ok.prt 作为参照零件模型，并将其打开。

Step3．定义约束参照模型的放置位置。

（1）指定第一个约束。在操控板中单击 放置 按钮，在“放置”界面的“约束类型”下拉列表中选择 对齐，选取参照件的 FRONT 基准平面为元件参照，选取装配体的 MAIN_PARTING_PLN 基准平面为组件参照。单击“放置”界面的“反向”按钮 反向。

说明：单击“反向”按钮 反向 以确定拖动方向与开模方向一致。

（2）指定第二个约束。单击 ➜新建约束 字符，在“约束类型”下拉列表中选择 对齐，选取参照件的 TOP 基准平面为元件参照，选取装配体的 MOLD_FRONT 基准平面为组件参照，在 偏移 下拉列表中选择 偏移，文本框中输入值-30.0。

（3）指定第三个约束。单击 ➜新建约束 字符，在“约束类型”下拉列表中选择 配对，选取参照件的 RIGHT 基准平面为元件参照，选取装配体的 MOLD_RIGHT 基准平面为组件参照，在 偏移 下拉列表中选择 偏移，文本框中输入值 60.0。

（4）至此，约束定义完成，在操控板中单击“完成”按钮 ✔，系统自动弹出“创建参照模型”对话框，单击 确定 按钮。

Step4．隐藏第一个参考模型的基准平面。

为使屏幕简洁，利用“层”的“遮蔽”功能将参照模型的三个基准平面隐藏起来。

（1）选择导航命令卡中的 → 层树(L) 命令。

（2）在导航命令卡中单击 CHARGER_COVER_MOLD.ASM (顶级模型，活动的) 后面的 按钮，选择 CHARGER_COVER_MOLD_REF.PRT 参照模型。

（3）在层树中，选择参照模型的基准平面层 01___PRT_ALL_DTM_PLN，右击，在弹出的快捷菜单中选择 隐藏 命令，然后单击屏幕刷新按钮，这样模型的基准曲线将不显示。

（4）操作完成后，选择导航命令卡中的 → 模型树(M) 命令，切换到模型树状态，结果如图 6.3.2 所示。

Stage2．引入第二个参照模型

Step1．在 MOLD (模具) 菜单中依次选择 Mold Model (模具模型) → Create (创建) → Ref Model (参照模型) 命令，此时系统弹出“元件创建”对话框。

Step2．在对话框的 子类型 区域中选择 镜像 单选项，在 名称 文本框中输入 charger_cover_mold_ref_02，单击 确定 按钮，系统弹出“镜像零件”对话框。

Step3．定义零件参考。在绘图区域中选择 Stage1 引入的第一个参考模型为镜像对象。

Step4．定义平面参考。选择装配体的 MOLD_RIGHT 基准平面为镜像平面，单击 确定 按钮，结果如图 6.3.3 所示。

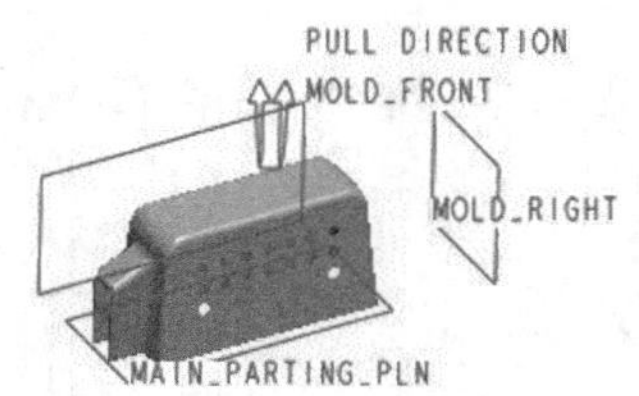

图 6.3.2　第一个参照模型组装完成后

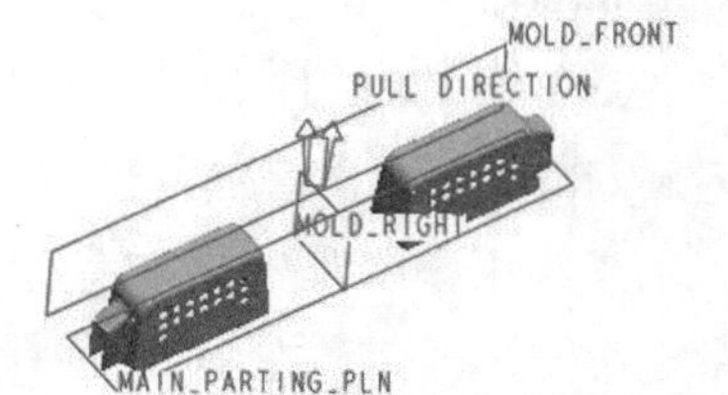

图 6.3.3　第二个参照模型组装完成后

Stage3．引入第三个参照模型

Step1．在 MOLD (模具) 菜单中依次选择 Mold Model (模具模型) → Create (创建) → Ref Model (参照模型) 命令，此时系统弹出“元件创建”对话框。

Step2．在对话框的 子类型 区域中选择 镜像 单选项，在 名称 文本框中输入 charger_cover_mold_ref_03，单击 确定 按钮，系统弹出“镜像零件”对话框。

Step3．定义零件参考。在绘图区域中选择 Stage1 引入的第一个参考模型为镜像对象。

Step4．定义平面参考。选择装配体的 MOLD_ FRONT 基准平面为镜像平面，单击 确定 → Done/Return (完成/返回) 按钮，结果如图 6.3.4 所示。

Stage4．引入第四个参照模型

Step1．在 MOLD (模具) 菜单中依次选择 Mold Model (模具模型) → Create (创建)

➡ Ref Model（参照模型）命令，此时系统弹出“元件创建”对话框。

Step2. 在对话框的 子类型 区域中选择 ◉ 镜像 单选项，在 名称 文本框中输入 charger_cover_mold_ref_04，单击 确定 按钮，系统弹出“镜像零件”对话框。

Step3. 定义零件参考。在绘图区域中选择 Stage2 引入的第二个参考模型为镜像对象。

Step4. 定义平面参考。选择装配体的 MOLD_FRONT 基准平面为镜像平面，单击 确定 ➡ Done/Return（完成/返回）按钮，结果如图 6.3.5 所示。

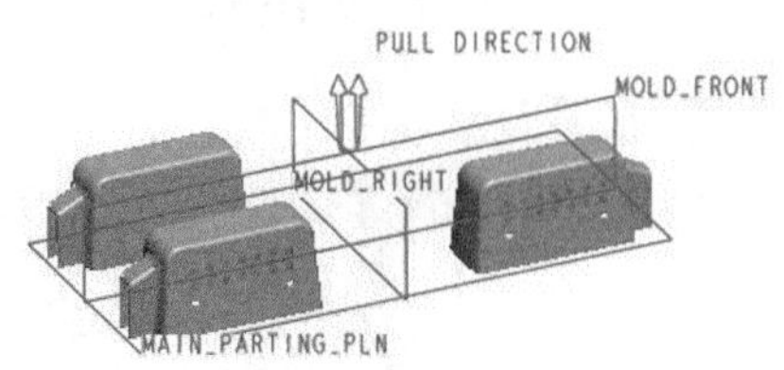

图 6.3.4　第三个参照模型组装完成后

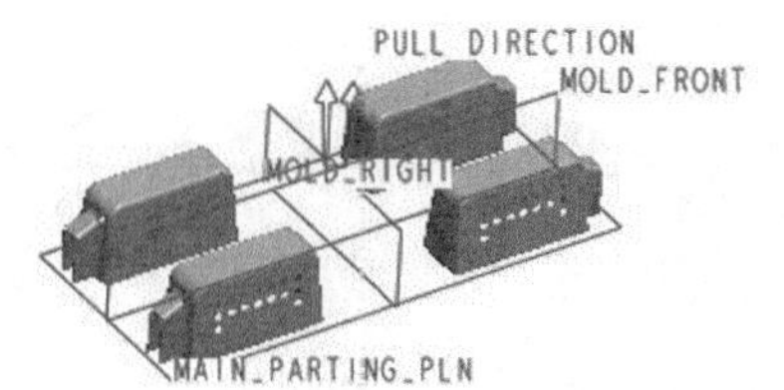

图 6.3.5　第四个参照模型组装完成后

Stage5. 创建坯料

手动创建图 6.3.6 所示的坯料，操作步骤如下。

Step1. 在 ▼ MOLD MODEL（模具模型）菜单中选择 Create（创建）命令。

Step2. 在弹出的 ▼ MOLD MDL TYP（模具模型类型）菜单中选择 Workpiece（工件）命令。

Step3. 在弹出的 ▼ CREATE WORKPIECE（创建工件）菜单中选择 Manual（手动）命令。

Step4. 在弹出的“元件创建”对话框中选中 类型 区域中的 ◉ 零件 单选项，选中 子类型 区域中的 ◉ 实体 单选项，在 名称 文本框中输入坯料的名称 wp，单击 确定 按钮。

Step5. 在弹出的“创建选项”对话框中选中 ◉ 创建特征 单选项，然后单击 确定 按钮。

Step6. 创建坯料特征。

（1）在 ▼ FEAT OPER（特征操作）菜单中选择 Solid（实体）➡ Protrusion（伸出项）命令，在弹出的 ▼ SOLID OPTS（实体选项）菜单中选择 Extrude（拉伸）➡ Solid（实体）➡ Done（完成）命令，此时系统显示“拉伸”操控板。

（2）创建实体拉伸特征。

① 选取拉伸类型。在出现的操控板中确认“实体”按钮 □ 被按下。

② 定义草绘截面放置属性。在绘图区中右击，从弹出的快捷菜单中选择 定义内部草绘... 命令。选择 MLOD_FRONT 基准平面作为草绘平面，草绘平面的参照平面为 MOLD_RIGHT 基准平面，方位为 右，单击 草绘 按钮，至此系统进入截面草绘环境。

③ 绘制截面草图。进入截面草绘环境后，选取 MOLD_RIGHT 基准平面和 MAIN_PARTING_PLN 基准平面为草绘参照，截面草图如图 6.3.7 所示。完成截面草图的绘制后，单击工具栏中的“完成”按钮 ✓。

④ 选取深度类型并输入深度值。在操控板中选取深度类型 ⊟（对称），在深度文本框中输入深度值 150.0，并按 Enter 键。

⑤ 完成特征。在操控板中单击“完成”按钮，完成特征的创建。

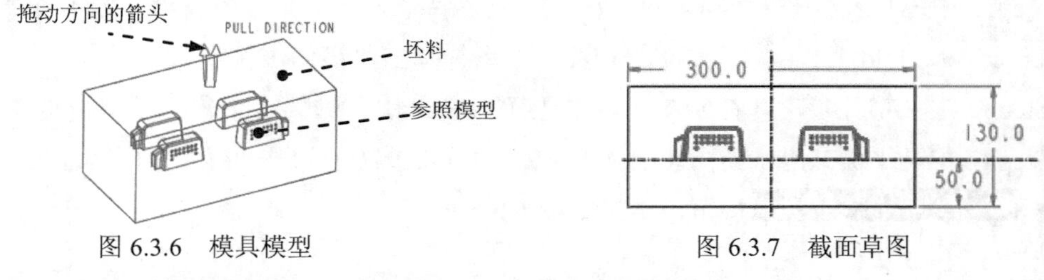

图 6.3.6　模具模型　　　　图 6.3.7　截面草图

Step7. 选择 Done/Return（完成/返回） → Done/Return（完成/返回）命令。

Task3. 设置收缩率

将参照模型收缩率设置为 0.006。

Task4. 创建下模体积块

Step1. 选择命令。在工具栏中单击“模具体积块”按钮，系统进入体积块创建模式。

Step2. 收集第一个体积块。

（1）选择命令。选择下拉菜单 编辑(E) → 收集体积块... 命令，此时系统弹出“聚合步骤”菜单。

（2）定义选取步骤。在“聚合步骤”菜单中选择 Select（选取）、Fill（填充）和 Close（封闭）复选框，单击 Done（完成）命令，此时系统显示“聚合选取”菜单。

说明：为方便后面选取曲面，可以先将毛坯遮蔽起来。遮蔽方法：单击工具栏中用于遮蔽（或显示）的按钮，在“遮蔽-取消遮蔽”对话框左边的“可见元件”列表中选择坯料零件 WP，单击对话框下部的 遮蔽 按钮。

（3）定义聚合选取。

① 在“聚合选取”菜单中选择 Surf & Bnd（曲面和边界） → Done（完成）命令。

② 定义种子曲面。在系统 ◆选取一个种子曲面。的提示下，先将鼠标指针移至模型中的目标位置，选择图 6.3.8 所示模型的内底面为种子曲面，单击 确定(O) 按钮。

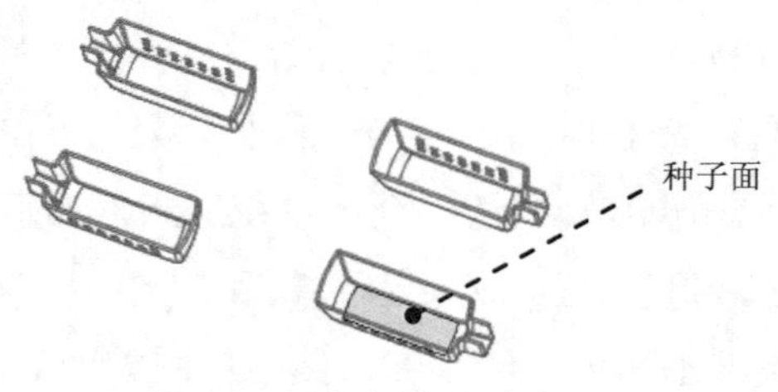

图 6.3.8　定义种子面

③ 定义边界曲面。在系统 ◆指定限制这些曲面的边界曲面。的提示下，按住 Ctrl 键，选择图 6.3.9 所示的模型上表面和侧面为边界曲面。

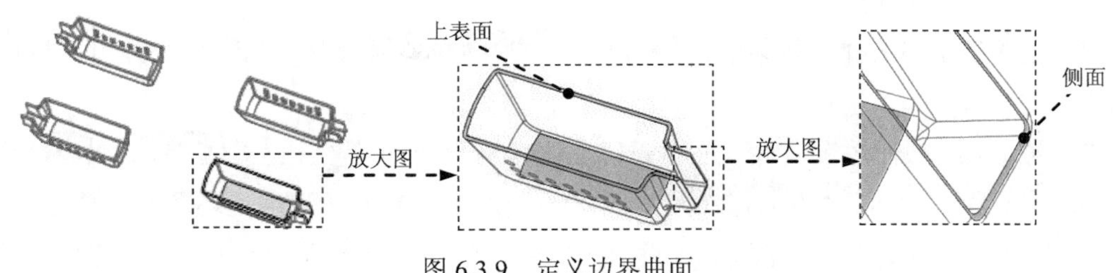

图 6.3.9　定义边界曲面

④ 单击确定 → Done Refs（完成参考） → Done/Return（完成/返回）命令，此时系统显示“聚合填充”菜单。

（4）定义填充曲面。选取图 6.3.10 所示的侧面（有破孔）为填充曲面，单击确定 → Done Refs（完成参考） → Done/Return（完成/返回）命令，此时系统显示“封合”菜单。

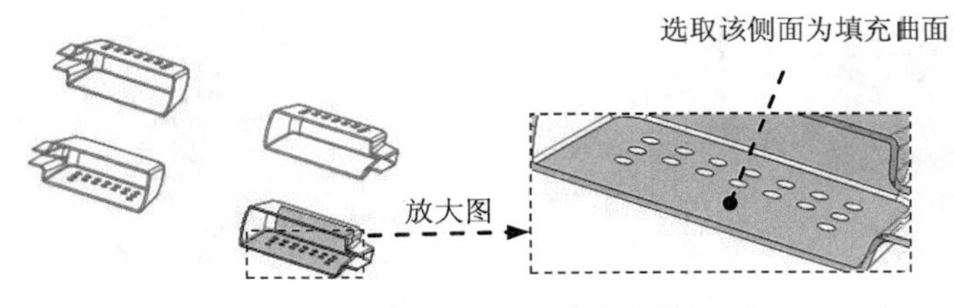

图 6.3.10　定义填充曲面

（5）定义封合类型。在“封合”菜单中选中 Cap Plane（顶平面） → All Loops（全部环）复选框，单击 Done（完成）命令，此时系统显示“封闭环”菜单。

说明：此处需要将前面遮蔽的坯料零件 WP 去除遮蔽。

（6）定义封闭环。根据系统提示 ➩选取或创建一平面，盖住闭合的体积块。，选取图 6.3.11 所示的平面为封闭面，此时系统显示“封合”菜单。

（7）在菜单栏中单击 Done（完成） → Done/Return（完成/返回） → Done（完成）命令，完成收集体积块的创建，结果如图 6.3.12 所示。

Step3. 收集其余三个体积块。参照 Step1 的操作，完成其余三个体积块的收集，结果如图 6.3.13 所示。

注意：收集其余三个体积块和下面创建的拉伸体积块时均不需要退出体积块创建模式，直接在该模式下操作完成。

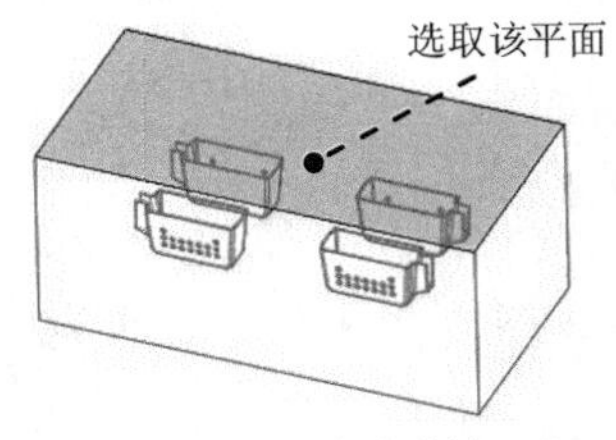

图 6.3.11　定义封闭环

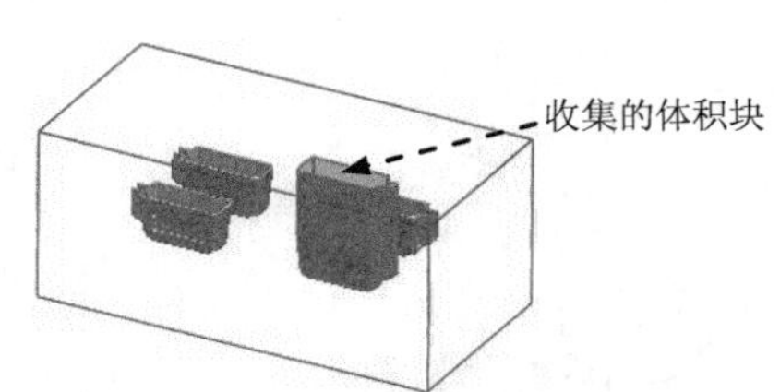

图 6.3.12　收集第一个体积块

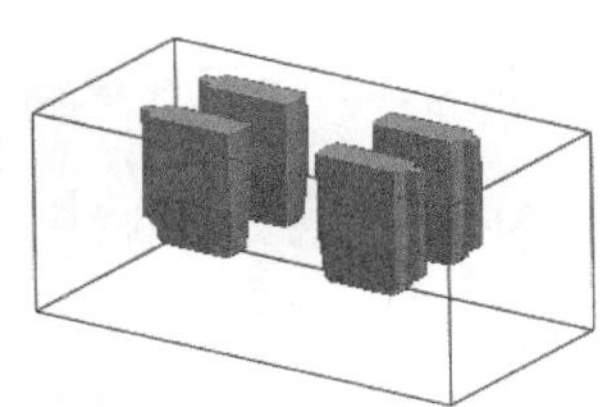

图 6.3.13　收集其余三个体积块

Step4. 创建拉伸体积块。

（1）选择命令。选择下拉菜单 插入(I) → 拉伸(E)... 命令，此时系统弹出“拉伸”操控板。

（2）定义草绘截面放置属性。在图形区右击，从弹出的菜单中选择 定义内部草绘... 命令；在系统 ◆选取一个平面或曲面以定义草绘平面。的提示下，选取图 6.3.14 所示的毛坯表面为草绘平面，接受默认的箭头方向为草绘视图方向，然后选取图 6.3.14 所示的毛坯侧面为参照平面，方向为 右 。

（3）绘制截面草图。进入草绘环境后，选取图 6.3.15 所示的坯料边线为参考，绘制图 6.3.15 所示的截面草图（为一矩形）。完成截面草图的绘制后，单击工具栏中的“完成”按钮✓。

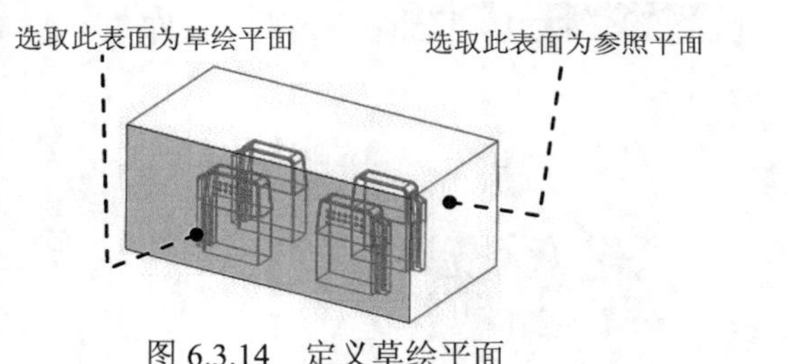

图 6.3.14　定义草绘平面

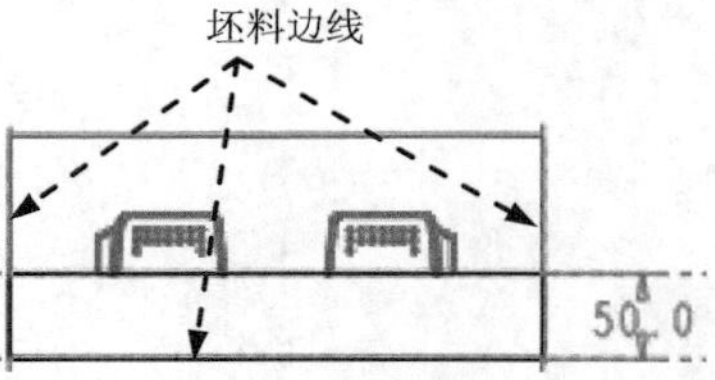

坯料边线

50.0

图 6.3.15　截面草图

（4）定义深度类型。在操控板中选取深度类型 ⊥⊥（到选定的），选择草绘平面的背面为拉伸终止面。

（5）在操控板中单击“完成”按钮✓，完成特征的创建。

Step5. 在工具栏中单击“完成”按钮✓，完成下模体积块的创建，结果如图 6.3.16 所示。

说明：在体积块模式下创建的所有特征均属于同一个体积块，系统会自动将这些特征合并在一起。

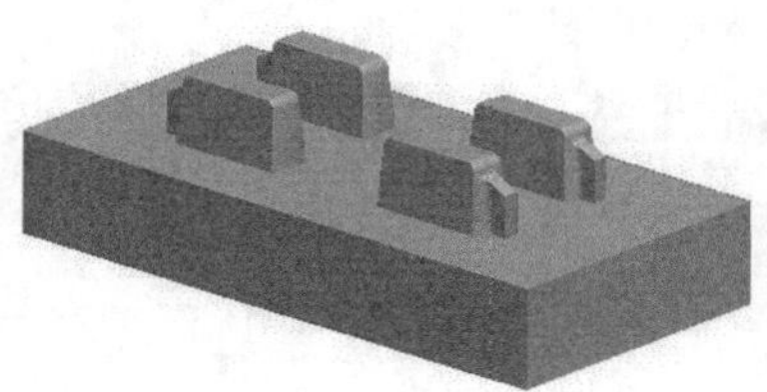

图 6.3.16　下模体积块

Task5. 创建滑块体积块

Stage1. 创建滑块体积块 1

Step1. 创建拉伸特征。

（1）选择命令。在工具栏中单击“模具体积块”按钮，系统进入体积块创建模式。

（2）选择下拉菜单 插入(I) → 拉伸(E)... 命令，选取图 6.3.17 所示的毛坯表面为草绘平面，接受默认的箭头方向为草绘视图方向，然后选取图 6.3.17 所示的毛坯侧面为参照平面，方向为 右 。

（3）绘制图 6.3.18 所示的截面草图，单击工具栏中的“完成”按钮✔。

（4）定义深度类型。在操控板中单击“切换方向”按钮，选取深度类型（给定深度），在文本框中输入值 30.0。

（5）在操控板中单击“完成”按钮✔，完成拉伸特征的创建。

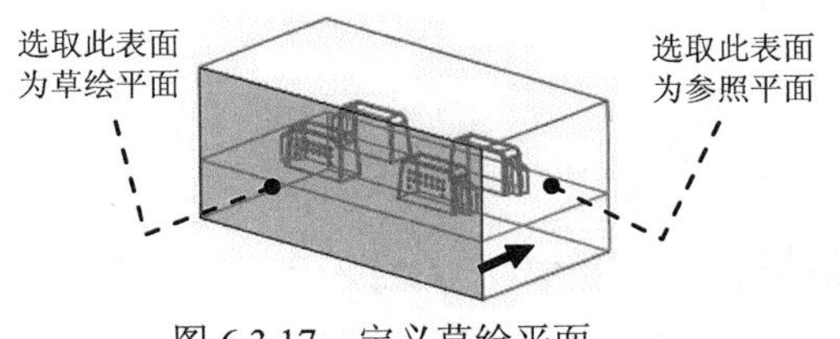

图 6.3.17　定义草绘平面

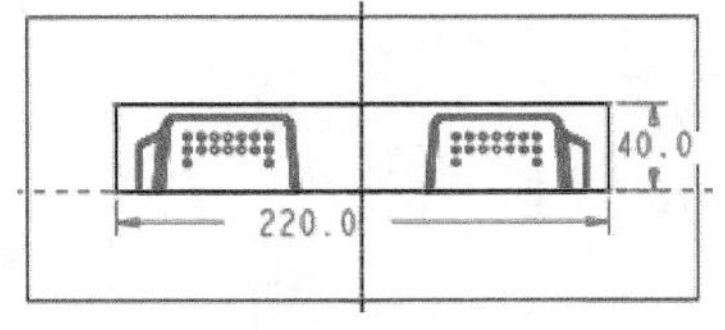

图 6.3.18　截面草图

Step2. 添加图 6.3.19 所示的圆角特征。

（1）选择下拉菜单 插入(I) ➡ 倒圆角(O)... 命令，此时系统弹出“倒圆角”操控板。

（2）定义圆角对象。选取图 6.3.19a 所示的两条边线为圆角对象。

（3）定义圆角半径。在半径文本框中输入值 30.0。

（4）在操控板中单击“完成”按钮✔，完成圆角特征的创建。

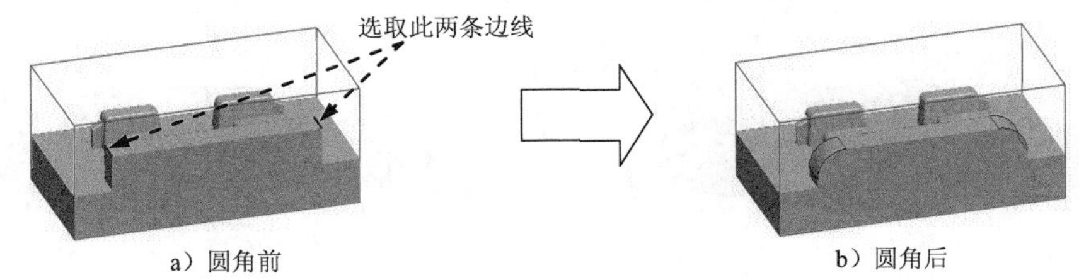

a）圆角前　　b）圆角后

图 6.3.19　添加圆角特征

Step3. 添加拉伸特征。

（1）选择下拉菜单 插入(I) ➡ 拉伸(E)... 命令，选取图 6.3.20 所示的表面为草绘平面，接受默认的箭头方向为草绘视图方向，然后选取图 6.3.20 所示的表面为参照平面，方向为 左 。

（2）绘制图 6.3.21 所示的截面草图，单击工具栏中的“完成”按钮✔。

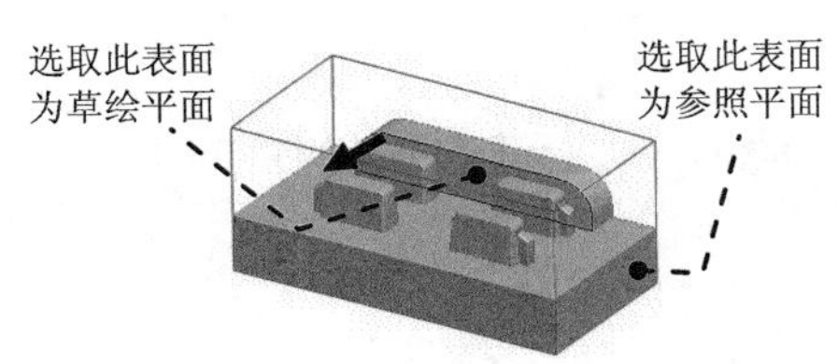

图 6.3.20　定义草绘平面

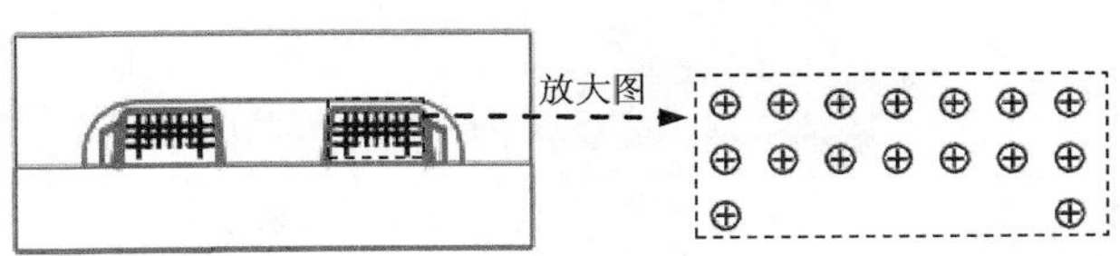

图 6.3.21　截面草图

（3）定义深度类型。在操控板中选取深度类型（到选定的），选取图 6.3.22 所示的内侧面为拉伸终止面。

（4）在操控板中单击“完成”按钮✓，完成拉伸特征的创建。

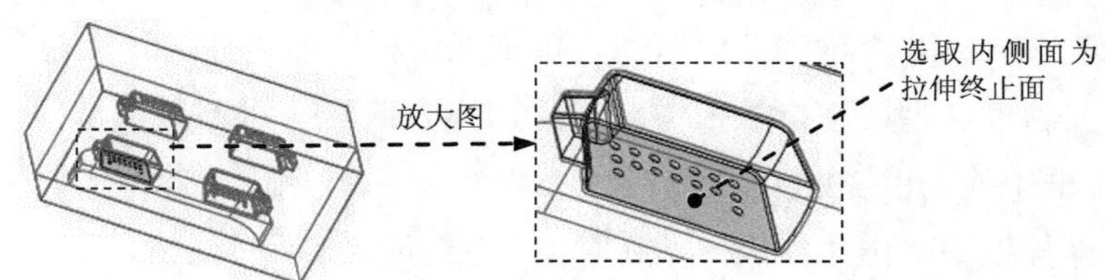

图 6.3.22　定义拉伸终止面

Stage2．创建滑块体积块 2

Step1．创建拉伸特征。

（1）选择下拉菜单 插入(I) → 拉伸(E)... 命令，选取图 6.3.23 所示的毛坯表面为草绘平面，接受默认的箭头方向为草绘视图方向，然后选取图 6.3.23 所示的毛坯侧面为参照平面，方向为 左。

（2）绘制图 6.3.24 所示的截面草图，单击工具栏中的“完成”按钮✓。

（3）定义深度类型。在操控板中单击“切换方向”按钮，选取深度类型（给定深度），在文本框中输入值 30.0。

（4）在操控板中单击“完成”按钮✓，完成拉伸特征的创建。

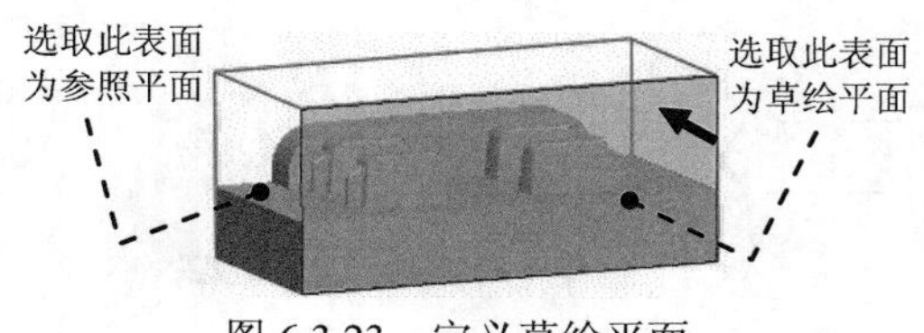

图 6.3.23　定义草绘平面

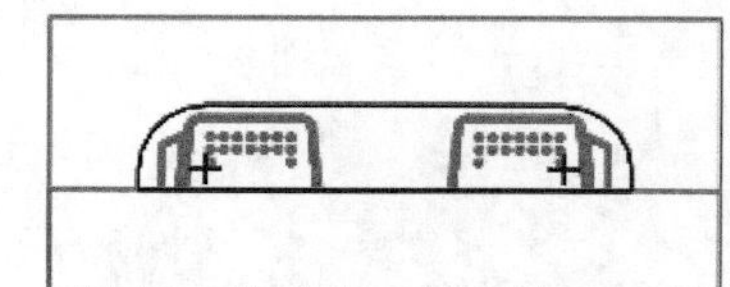

图 6.3.24　截面草图

Step2．添加拉伸特征。

（1）选择下拉菜单 插入(I) → 拉伸(E)... 命令，选取图 6.3.25 所示的表面为草绘平面，接受默认的箭头方向为草绘视图方向，然后选取图 6.3.25 所示的表面为参照平面，方向为 左。

（2）绘制图 6.3.26 所示的截面草图，单击工具栏中的“完成”按钮✓。

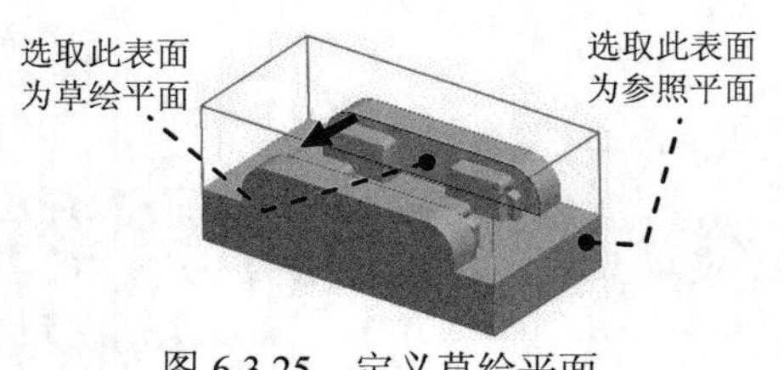

图 6.3.25　定义草绘平面

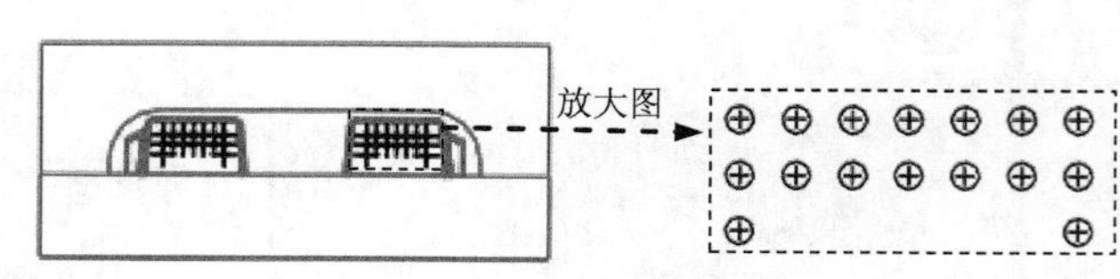

图 6.3.26　截面草图

（3）定义深度类型。在操控板中选取深度类型（到选定的），选取图 6.3.27 所示的侧面（有破孔）为拉伸终止面。

（4）在操控板中单击“完成”按钮✓，完成拉伸特征的创建。

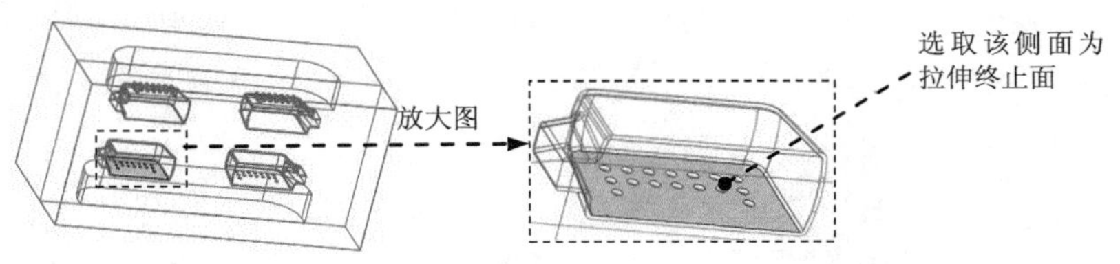

图 6.3.27　定义拉伸终止面

（5）在工具栏中单击“完成”按钮✓，完成下模体积块的创建。

Task6．分割上下模体积块

Step1. 选择命令。选择下拉菜单 编辑(E) → 分割... 命令，系统弹出“分割体积块”菜单。

Step2. 在系统弹出的 ▼ SPLIT VOLUME（分割体积块）菜单中选择 Two Volumes（两个体积块） → All Wrkpcs（所有工件） → Done（完成） 命令，此时系统弹出“分割”对话框和“选取”对话框。

Step3. 定义分割对象。选择 Task4 创建的下模体积块为分割对象，单击“选取” 对话框中的 确定 按钮。

Step4. 在“分割”对话框中单击 确定 按钮。

Step5. 系统弹出“属性”对话框。同时模型的上半部分变亮，在该对话框中单击 着色 按钮，着色后的上半部分体积块如图 6.3.28 所示，然后在对话框中输入名称 upper_vol，单击 确定 按钮。

Step6. 系统再次弹出“属性”对话框。同时模型的下半部分变亮，在该对话框中单击 着色 按钮，着色后的下半部分体积块如图 6.3.29 所示，然后在对话框中输入名称 lower_vol，单击 确定 按钮。

图 6.3.28　着色后的上半部分体积块

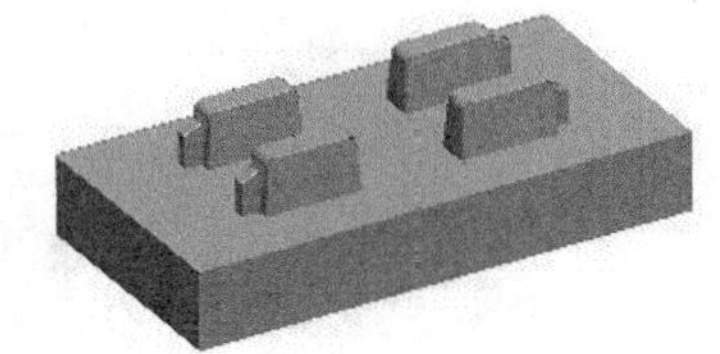

图 6.3.29　着色后的下半部分体积块

Task7．分割滑块体积块

Stage1．分割滑块体积块 1

Step1. 选择命令。选择下拉菜单 编辑(E) → 分割... 命令，系统弹出“分割体积块”菜单。

Step2. 在系统弹出的▼ SPLIT VOLUME (分割体积块)菜单中选择One Volume (一个体积块) ➡ Mold Volume (模具体积块) ➡ Done (完成)命令，此时系统弹出“搜索工具”对话框。

Step3. 在系统弹出的“搜索工具”对话框中单击列表中的面组:F21 (UPPER_VOL)，然后单击 >> 按钮，将其加入到已选取 0 个项目: (预期 1 个)列表中，再单击关闭按钮。

Step4. 定义分割对象。

（1）先将鼠标指针移至模型中的目标位置（Task5 创建的滑块体积块 1）并右击，在弹出的快捷菜单中选取从列表中拾取命令，系统弹出“从列表中拾取”对话框，在对话框中选择面组:F15 (MOLD_VOL_2)，单击确定(O)按钮，再单击“选取”对话框中的确定按钮，系统弹出“岛列表”菜单。

说明： 在列表选项中选中面组:F15 (MOLD_VOL_2)时，体积块 1 会加亮。

（2）在弹出的▼岛列表菜单中选中☑岛3复选框，选择Done Sel (完成选取)命令。

说明： 在系统弹出的“岛列表”菜单中，有☑岛1、☑岛2和☑岛3三个岛。将鼠标指针移至岛菜单中的这三个选项上，模型中相应的体积块就会加亮，这样很容易发现：☑岛1代表的是上模（UPPER_VOL）体积块被第一个滑块的体积块减掉后剩余的部分；☑岛2代表 Task5 创建的滑块体积块 2；☑岛3代表 Task5 创建的滑块体积块 1。

Step5 在“分割”对话框中单击确定按钮。

Step6. 系统弹出“属性”对话框，在该对话框中单击着色按钮，着色后的滑块体积块 1 如图 6.3.30 所示，然后在对话框中输入名称 slide_vol_1，单击确定按钮。

Stage2. 分割滑块体积块 2

Step1. 选择下拉菜单编辑(E) ➡ 分割...命令，系统弹出“分割体积块”菜单，在系统弹出的▼ SPLIT VOLUME (分割体积块)菜单中选择One Volume (一个体积块) ➡ Mold Volume (模具体积块) ➡ Done (完成)命令，此时系统弹出“搜索工具”对话框。

Step2. 在系统弹出的“搜索工具”对话框中单击列表中的面组:F21 (UPPER_VOL)体积块，然后单击 >> 按钮，将其加入到已选取 0 个项目: (预期 1 个)列表中，再单击关闭按钮。

Step3. 定义分割对象。

（1）先将鼠标指针移至模型中的目标位置（Task5 创建的滑块体积块 2）并右击，在弹出的快捷菜单中选取从列表中拾取命令，系统弹出“从列表中拾取”对话框，在对话框中选择面组:F15 (MOLD_VOL_2)，单击确定(O)按钮，再单击“选取”对话框中的确定按钮，系统弹出“岛列表”菜单。

（2）在弹出的▼岛列表菜单中选中☑岛2复选框，选择Done Sel (完成选取)命令，在“分割”对话框中单击确定按钮。

Step4. 在系统弹出的“属性”对话框中单击着色按钮，着色后的滑块体积块 2 如图 6.3.31 所示，然后，在对话框中输入名称 slide_vol_2，单击确定按钮。

图 6.3.30　着色后的滑块体积块 1

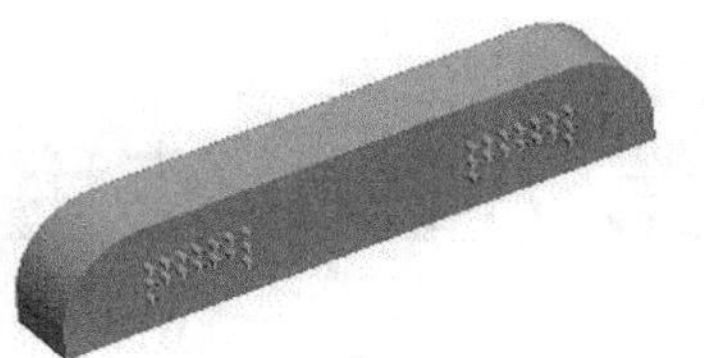

图 6.3.31　着色后的滑块体积块 2

Task8．抽取模具元件

Step1．选择命令。在菜单管理器的▼ MOLD（模具）菜单中选择Mold Comp（模具元件）命令，在弹出的▼ MOLD COMP（模具元件）菜单中选择Extract（抽取）命令。

Step2．在系统弹出的“创建模具元件”对话框中选取体积块LOWER_VOL、SLIDE_VOL_1、SLIDE_VOL_2和UPPER_VOL，然后单击确定按钮。

Step3．在▼ MOLD COMP（模具元件）菜单栏中单击Done/Return（完成/返回）命令。

Task9．生成浇注件

将浇注件命名为 CHARGER_COVER_MOLDING。

Task10．定义开模动作（注：本步及后面的详细操作过程请参见随书光盘中 video\ch06.03\reference\文件下的语音视频讲解文件 charger_cover_mold-r01.avi）。

6.4　塑料凳的模具设计

下面介绍一款塑料凳的模具设计过程，如图 6.4.1 所示。在创建该模具中的体积块时，读者可以对种子面和边界面的选取有进一步的认识。

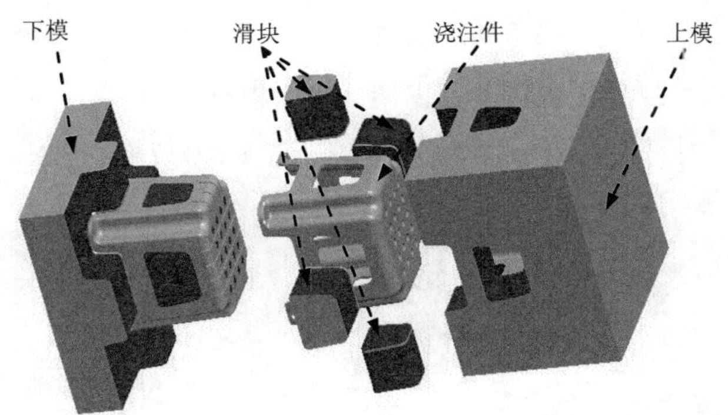

图 6.4.1　塑料凳的模具设计

说明：本范例的详细操作过程请参见随书光盘中 video\ch06.04\文件下的语音视频讲解文件。模型文件为 D:\proewf5.3\work\ch06.04\plastic_stool_mold。

第 7 章　使用组件法进行模具设计

本章提要　通过组件法可以完成一些比较简单的零件模具设计，该方法主要运用了曲面复制、元件切除和曲面实体化操作。

7.1 概　　述

在创建模具设计的过程中，除了运用 Pro/ENGINEER 的 Pro/MOLDESIGN 模块外，用户还可以使用 Assembly 模块，使用此模块进行模具设计的方法有以下两种。

（1）以配合件方式进行模具设计。

（2）以 Top—Down 方式进行模具设计。

其中，组件法进行模具设计的开模过程主要是通过 Assembly 模块中的 视图(V) → 分解(X) → 编辑位置(E) 命令来完成的。本章将通过一个杯子的模型设计来说明使用组件法进行模具设计的一般过程。通过本章的学习，读者能够进一步熟悉模具设计的方法，并能根据实际情况，灵活运用各种方法进行模具设计。

7.2 以配合件方式进行模具设计

以配合件方式进行模具设计主要通过创建一个实体特征作为模具的上模（或下模），再通过复制前面创建的实体特征作为模具的下模（或上模），最后通过元件的切除和曲面实体化来完成模具的设计。下面以杯子为例介绍以配合件方式进行模具设计的一般过程，如图 7.2.1 所示。

图 7.2.1　杯子的模具设计

Stage1．设置收缩率

Step1. 设置工作目录。选择下拉菜单 文件(F) → 设置工作目录(W)... 命令，将工作目录设置至 D:\ proewf5.3.\work\ch07.02。

Step2. 打开文件 cup.prt 零件。

Step3. 设置收缩率。

（1）选择下拉菜单 编辑(E) → 缩放模型(L) 命令。

（2）在系统 输入比例[1.0000]: 1.006 的提示下，输入比例 1.006，并按 Enter 键。

（3）系统弹出“确认”对话框，并单击 是 按钮。

说明：此处输入的比例无法更改。

Step4. 保存文件并关闭窗口。选择下拉菜单 文件(F) → 保存(S) 命令，再选择下拉菜单 文件(F) → 关闭窗口(C) 命令。

Stage2．新建一个装配模块

Step1. 在工具栏中单击“新建文件”按钮。

Step2. 在“新建”对话框中选中 类型 区域中的 组件 单选项，选中 子类型 区域中的 设计 单选项，在 名称 文本框中输入文件名 cup_mold，取消 使用缺省模板 复选框中的“√”号，单击对话框中的 确定 按钮。

Step3. 在“新文件选项”对话框中选取 mmns_asm_design 模板，单击 确定 按钮。

Stage3．装配产品零件

Step1. 选择下拉菜单 插入(I) → 元件(C) → 装配(A)... 命令，此时系统弹出“打开”对话框。

Step2. 在系统弹出的“打开”对话框中选择 cup.prt 零件，单击 打开 按钮，此时系统弹出“元件放置”操控板。

Step3. 在该操控板中单击 放置 按钮，在“放置”界面的 约束类型 下拉列表中选择 缺省 选项，将元件按缺省设置放置，此时 状态 区域显示的信息为 完全约束，单击操控板中的 ✓ 按钮，完成装配件的放置。

Stage4．创建模块

Step1. 选择下拉菜单 插入(I) → 元件(C) → 创建(C)... 命令，此时系统弹出“元件创建”对话框。

Step2. 定义元件的类型及创建方法。

（1）在弹出的“元件创建”对话框中选中类型区域中的◉零件单选项，选中子类型区域中的◉实体单选项，然后在名称文本框中输入文件名 cup_core_mold，单击确定按钮，此时系统弹出“创建选项”对话框。

（2）设置模型树。在模型树界面中选择 → 树过滤器(F)...命令，在系统弹出的“模型树项目”对话框中选中☑特征复选框，然后单击对话框中的确定按钮。

（3）在弹出的对话框的创建方法区域中选择◉定位缺省基准单选项，在定位基准的方法区域中选择◉对齐坐标系与坐标系单选项，单击确定按钮，在系统➪选取坐标系。的提示下，选取装配坐标系 ASM_DEF_CSYS，完成新零件的装配。

Step3. 隐藏装配件的基准平面。

说明：为使屏幕简洁，可利用“层”的“隐藏”功能，将装配件的三个基准平面隐藏起来。

（1）在导航选项卡中选择 → 层树(L)命令。

（2）选取基准平面层 01__ASM_DEF_DTM_PLN 并右击，在弹出的快捷菜单中选择隐藏命令，再单击“屏幕刷新”按钮，这样参照模型的基准平面将不显示。

（3）完成操作后，选择导航选项卡中的 → 模型树(M)命令，切换到模型树状态，结果如图 7.2.2 所示。

Step4. 创建型芯模块。

（1）选择命令。选择下拉菜单插入(I) → 拉伸(E)...命令，此时系统弹出“拉伸”操控板。

（2）定义草绘截面放置属性。在图形区右击，从弹出的菜单中选择定义内部草绘...命令，在系统➪选取一个平面或曲面以定义草绘平面。的提示下，选取图 7.2.2 所示的 DTM1 基准平面为草绘平面，接受默认的箭头方向为草绘视图方向，然后选取 DTM2 基准平面为参照平面，方向为左。

（3）绘制截面草图。接受默认参照，绘制图 7.2.3 所示的截面草图。完成截面草图的绘制后，单击工具栏中的“完成”按钮✔。

（4）定义深度类型。在操控板中选取深度类型（即“对称”），再在深度文本框中输入深度值 160，并按 Enter 键。

（5）在操控板中单击“完成”按钮✔，完成特征的创建。

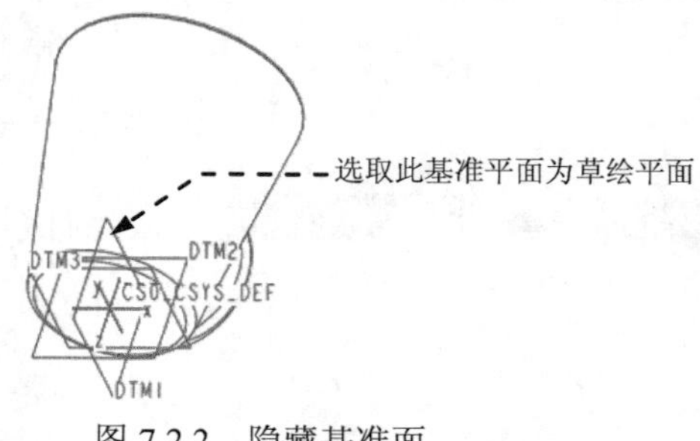

图 7.2.2　隐藏基准面

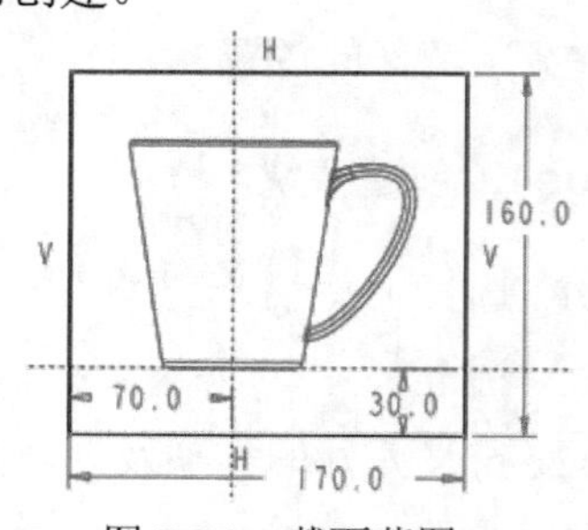

图 7.2.3　截面草图

Step5. 创建上模模块。

说明：此处采用复制的方式来创建上模模块，操作起来简单快捷。

（1）激活总装配体。在模型树中选择 CUP_MOLD.ASM 装配体并右击，在弹出的快捷菜单中选择 激活 命令。

（2）保存装配体。选择下拉菜单 文件(F) → 保存(S) 命令。

（3）选择下拉菜单 插入(I) → 元件(C) → 创建(C)... 命令，此时系统弹出“元件创建”对话框。

（4）定义元件的类型及创建方法。

① 在弹出的“元件创建”对话框中选中 类型 区域中的 ◉ 零件 单选项，选中 子类型 区域中的 ◉ 实体 单选项，然后在 名称 文本框中输入文件名 cup_upper_mold，单击 确定 按钮，此时系统弹出“创建选项”对话框。

② 在弹出对话框的 创建方法 区域中选择 ◉ 复制现有 单选项，在 复制自... 区域中单击 浏览... 按钮，在弹出的“选择模板”对话框中选择 cup_core_mold.prt 零件，单击 打开 按钮，再单击 确定 按钮，此时系统弹出“元件放置”操控板。

③ 定义模块放置。在该操控板中单击 放置 按钮，在“放置”界面的 约束类型 下拉列表中选择 缺省 选项，将元件按缺省设置放置，此时 状态 区域显示的信息为 完全约束，单击操控板中的 ✓ 按钮，完成模块复制操作。

Step6. 创建下模模块。参照 Step5 中的步骤（3）和（4）的操作，在弹出的“元件创建”对话框的 名称 文本框中输入文件名 cup_lower_mold，同样选取 cup_core_mold.prt 零件为复制对象，放置位置选择 缺省 选项，完成模块的复制。

说明：此时要处于激活状态，模型树如图 7.2.4 所示。

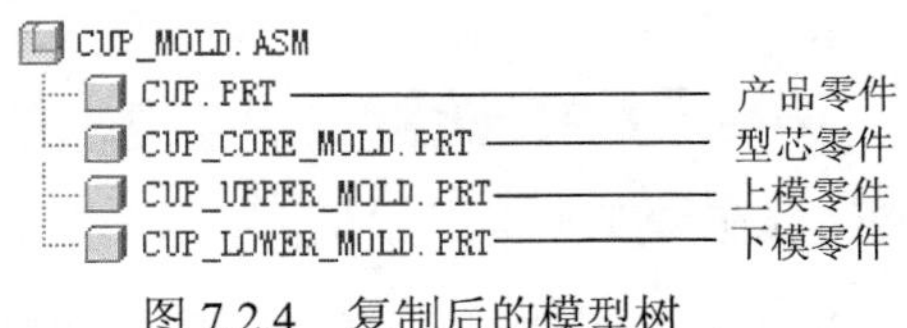

图 7.2.4　复制后的模型树

Stage5. 创建型芯分型面

Step1. 复制杯子的内表面。

（1）隐藏模块零件。在模型树中选择 CUP_CORE_MOLD.PRT、CUP_UPPER_MOLD.PRT 和 CUP_LOWER_MOLD.PRT 并右击，在弹出的快捷菜单中选择 隐藏 命令。

（2）采用“种子与边界面”的方法选取所需要的曲面。

① 将模型切换到线框模式下。在“模型显示”工具栏中单击“线框显示”按钮。

② 选取种子面。将模型调整到图 7.2.5 所示的视图方位，将鼠标指针移至模型中的目标位置，选取杯子的内底面为种子面（图 7.2.5）。

③ 选取边界面。按住 Shift 键，将鼠标移至图 7.2.6 所示的位置并右击，在弹出的快捷菜单中选取 从列表中拾取 命令，系统弹出“从列表中拾取”对话框，在对话框中选择 曲面:F5(旋转_1):CUP ，单击 确定(O) 按钮；同样将鼠标移至图 7.2.7 所示的位置并右击，在弹出的快捷菜单中选取 从列表中拾取 命令，系统弹出“从列表中拾取”对话框，在对话框中选择 曲面:F5(旋转_1):CUP ，单击 确定(O) 按钮，完成曲面的选取。

注意：在选取“边界面”的过程中，要保证 Shift 键始终被按下，直至完成边界面的选取，否则不能达到预期的效果。

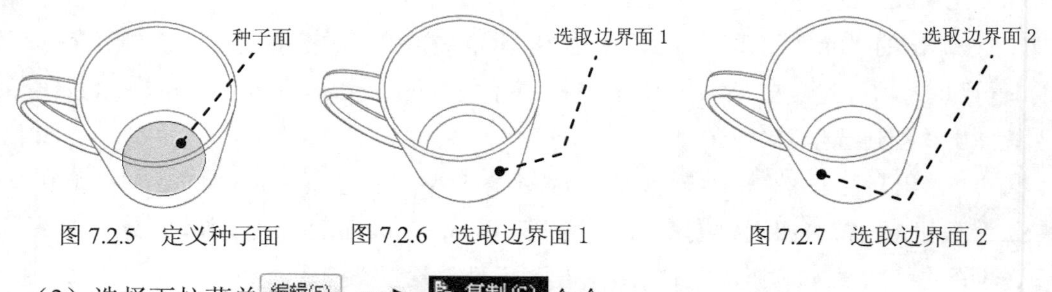

图 7.2.5 定义种子面　图 7.2.6 选取边界面 1　图 7.2.7 选取边界面 2

（3）选择下拉菜单 编辑(E) ➡ 复制(C) 命令。

（4）选择下拉菜单 编辑(E) ➡ 粘贴(P) 命令，在系统弹出的操控板中单击“完成”按钮✔。

Step2. 延伸分型面。

（1）取消隐藏模块零件。选中 Step1 中隐藏的模块零件并右击，在弹出的快捷菜单中选择 取消隐藏 命令。

（2）选取图 7.2.8 所示的复制曲面边线，再按住 Shift 键，选取与圆弧边相接的另一条边线（系统自动加亮一圈边线的余下部分）。

（3）选择下拉菜单 编辑(E) ➡ 延伸(X)... 命令，系统弹出“延伸”操控板。

① 在操控板中按下 按钮（延伸类型为至平面）。

② 在系统 ➪选取曲面延伸所至的平面。 的提示下，选取图 7.2.9 所示的表面为延伸的终止面。

③ 单击 ☑ 👓 按钮，预览延伸后的面组，确认无误后，单击“完成”按钮✔。完成后的延伸曲面如图 7.2.9 所示。

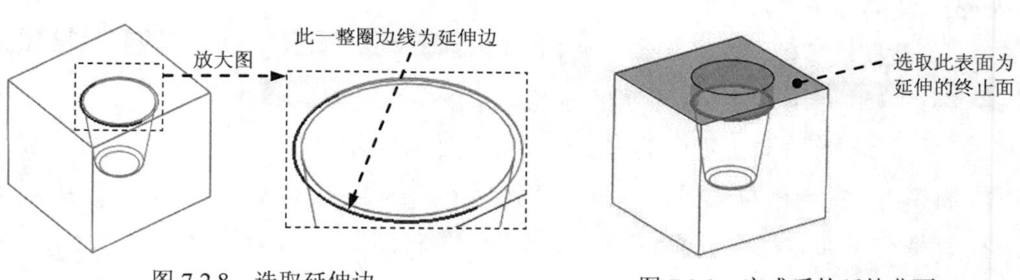

图 7.2.8 选取延伸边　图 7.2.9 完成后的延伸曲面

Stage6. 创建主分型面

Step1. 选择下拉菜单 插入(I) → 拉伸(E)... 命令，此时系统弹出“拉伸”操控板，在操控板中单击“曲面”类型按钮，再单击“切除实体”按钮，确定其为未选中状态。

Step2. 定义草绘截面放置属性。在图形区右击，从弹出的菜单中选择 定义内部草绘... 命令，在系统 ➪选取一个平面或曲面以定义草绘平面。 的提示下，选择图 7.2.10 所示的表面为草绘平面，接受默认的箭头方向为草绘视图方向，然后选取图 7.2.10 所示的表面为参照平面，方向为 右。

Step3. 绘制截面草图。进入草绘环境后，选取 DTM1 基准平面和模块上下表面为草绘参照，绘制图 7.2.11 所示的截面草图（为一条线段）。完成截面草图的绘制后，单击工具栏中的“完成”按钮✔。

Step4. 设置拉伸属性。

（1）在操控板中选取深度类型（到选定的），选取图 7.2.12 所示的表面为拉伸终止面。

（2）在操控板中单击“完成”按钮✔，完成特征的创建。

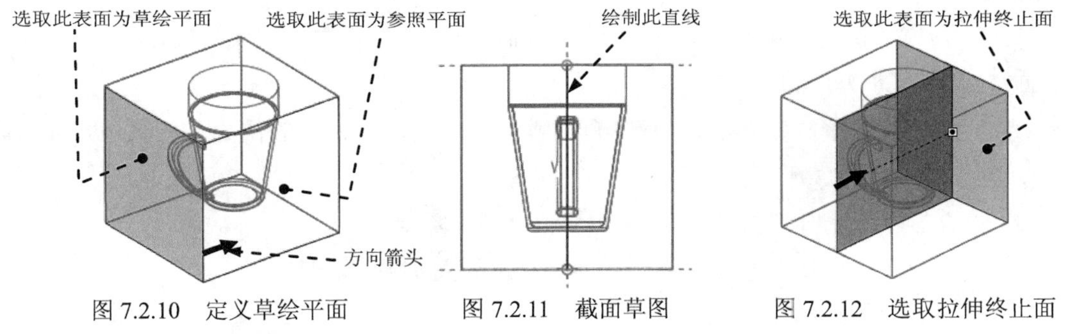

图 7.2.10　定义草绘平面　　图 7.2.11　截面草图　　图 7.2.12　选取拉伸终止面

Stage7. 生成模具型腔

说明：将产品零件从模具模块中切除，即产生模具型腔。

Step1. 选择命令。选择下拉菜单 编辑(E) → 元件操作(O) 命令，系统弹出“元件”菜单管理器。

Step2. 定义切除处理的零件。在弹出的菜单管理器中选择 Cut Out (切除) 命令，根据系统的提示 ➪选取要对其执行切出处理的零件。，在模型树中选取 CUP_CORE_MOLD.PRT、CUP_UPPER_MOLD.PRT 和 CUP_LOWER_MOLD.PRT 模块零件为切除处理零件，单击 确定 按钮。

Step3. 定义切除参考零件。根据系统 ➪为切出处理选取参照零件。 的提示，在模型树中选择 CUP.PRT 产品零件为切除参考零件，单击 确定 按钮，在“元件”菜单管理器中依次选择 Done (完成) 命令，再选择 Done/Return (完成/返回) 命令，完成元件的切除。

Stage8. 生成型芯、上模和下模

Step1. 显示特征。

（1）在导航选项卡中选择 → 树过滤器(F)... 命令。

（2）在弹出的“模型树项目”对话框中选中 特征 复选框，然后单击 确定 按钮。此时，模型树中会显示出前面创建的分型面特征。

Step2. 生成型芯。

（1）激活型芯零件。在模型树中选择型芯零件 CUP_CORE_MOLD.PRT 并右击，在弹出的快捷菜单中选择 激活 命令。

（2）切除实体。

① 选取型芯分型面。在窗口右上方的“智能选取栏”中选择 面组，在模型中选取型芯分型面，如图 7.2.13 所示。

② 选择命令。选择下拉菜单 编辑(E) → 实体化(Y)... 命令，系统弹出“实体化”操控板。

③ 定义切除方向。在操控板中单击“切除实体”按钮，定义切除方向向外，如图 7.2.14 所示。

④ 单击 按钮，预览切除后的实体，确认无误后，单击“完成”按钮。

（3）保存型芯零件。

① 在模型树中选择型芯零件 CUP_CORE_MOLD.PRT 并右击，在弹出的快捷菜单中选择 打开 命令，结果如图 7.2.15 所示。

② 保存零件。选择下拉菜单 文件(F) → 保存(S) 命令。

③ 关闭窗口。选择下拉菜单 文件(F) → 关闭窗口(C) 命令。

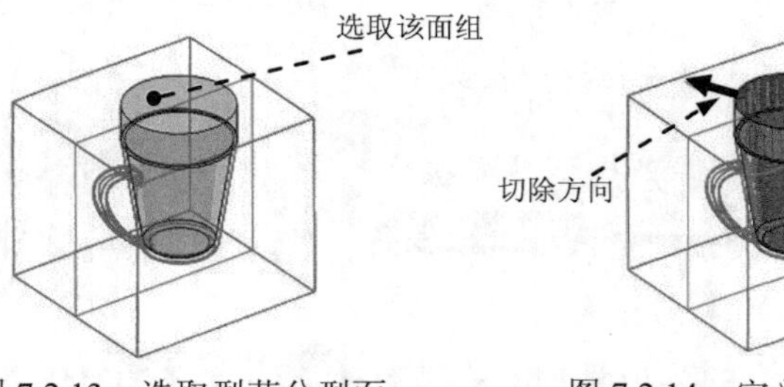

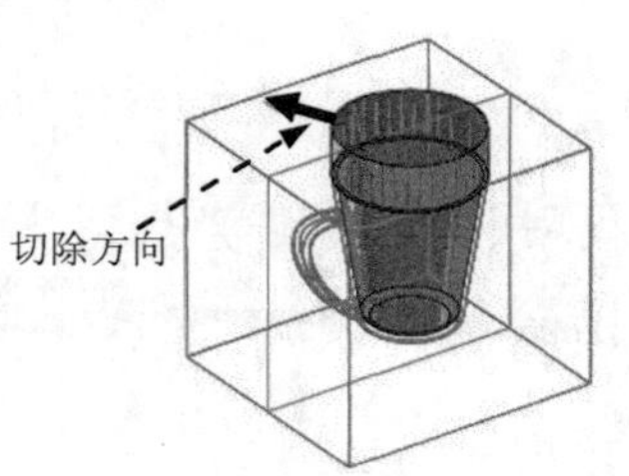

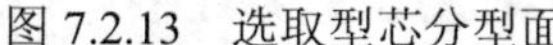

图 7.2.13　选取型芯分型面　　图 7.2.14　定义切除方向　　图 7.2.15　型芯零件

Step3. 生成上模。

（1）激活上模零件。在模型树中选择上模零件 CUP_UPPER_MOLD.PRT 并右击，在弹出的快捷菜单中选择 激活 命令。

（2）切除实体 1。

① 选取型芯分型面。在模型中选取型芯分型面，如图 7.2.16 所示。

② 选择命令。选择下拉菜单 编辑(E) → 实体化(Y)... 命令，系统弹出“实体化”操控板。

③ 定义切除方向。在操控板中单击“切除实体”按钮，定义切除方向向内，如图 7.2.17 所示。

④单击按钮，预览切除后的实体，确认无误后，单击“完成”按钮。

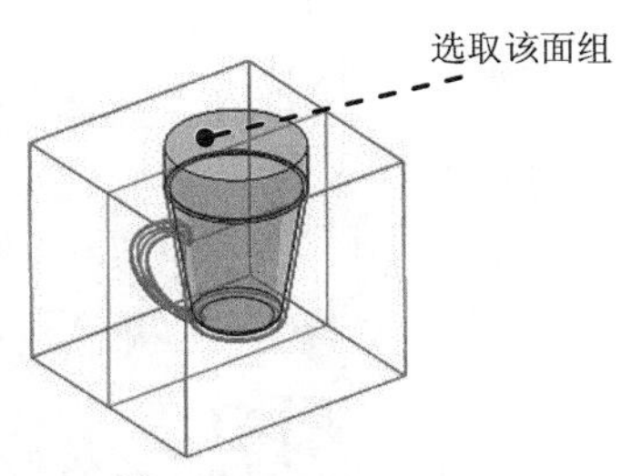

图 7.2.16　选取型芯分型面

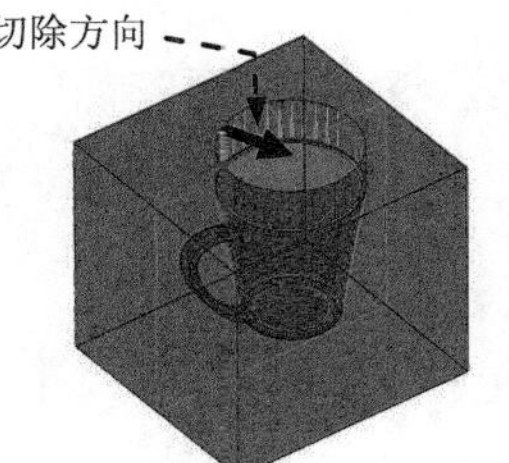

图 7.2.17　定义切除方向

（3）切除实体 2。

① 选取主分型面。在模型中选取主分型面，如图 7.2.18 所示。

② 选择命令。选择下拉菜单 编辑(E) → 实体化(Y)... 命令，系统弹出“实体化”操控板。

③ 定义切除方向。在操控板中单击“切除实体”按钮，单击“切换切除方向”按钮，定义切除方向如图 7.2.19 所示。

④单击按钮，预览切除后的实体，确认无误后，单击“完成”按钮。

（4）保存上模零件。

① 在模型树中选择上模零件 CUP_UPPER_MOLD.PRT 并右击，在弹出的快捷菜单中选择 打开 命令，结果如图 7.2.20 所示。

② 保存零件。选择下拉菜单 文件(F) → 保存(S) 命令。

③ 关闭窗口。选择下拉菜单 文件(F) → 关闭窗口(C) 命令。

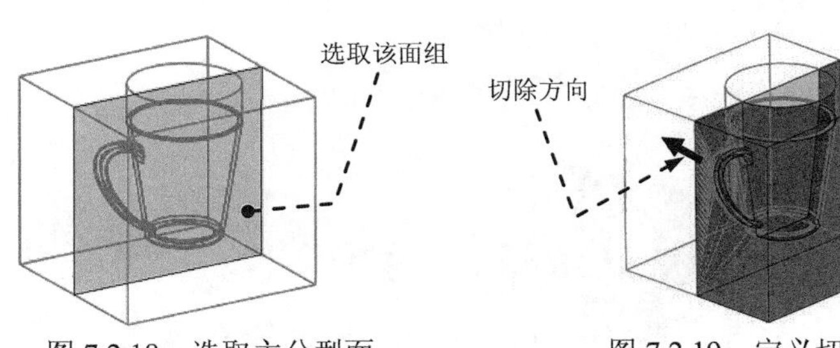

图 7.2.18　选取主分型面

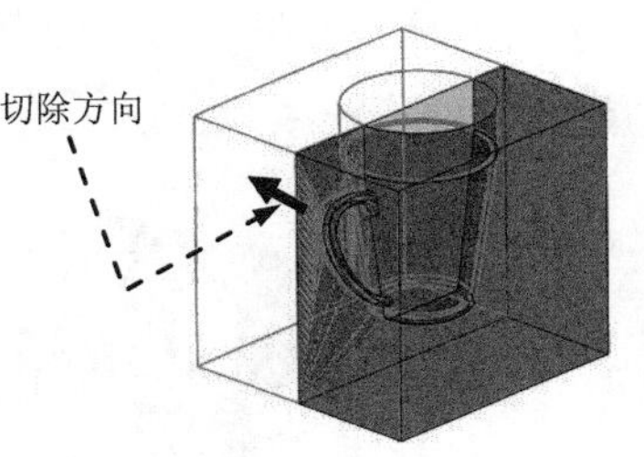

图 7.2.19　定义切除方向

图 7.2.20　上模零件

Step4. 生成下模。

（1）激活下模零件。在模型树中选择下模零件 CUP_LOWER_MOLD.PRT 并右击，在弹出的快捷菜单中选择 激活 命令。

（2）切除实体 1。

① 选取型芯分型面。在模型中选取型芯分型面，如图 7.2.21 所示。

② 选择命令。选择下拉菜单 编辑(E) → 实体化(Y)... 命令，系统弹出“实体化”操控板。

③ 定义切除方向。在操控板中单击“切除实体”按钮，定义切除方向向内，如图 7.2.22 所示。

④单击按钮，预览切除后的实体，确认无误后，单击“完成”按钮。

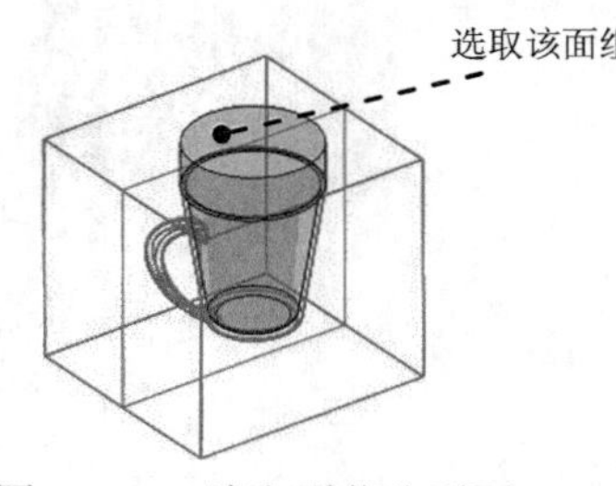

图 7.2.21 选取型芯分型面

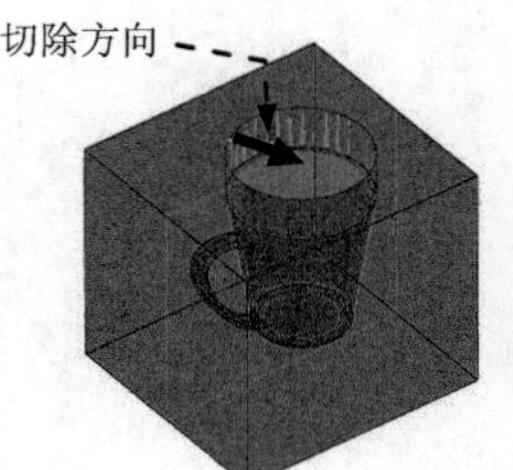

图 7.2.22 定义切除方向

（3）切除实体 2。

① 选取主分型面。在模型中选取主分型面，如图 7.2.23 所示。

② 选择命令。选择下拉菜单 编辑(E) → 实体化(Y)... 命令，系统弹出“实体化”操控板。

③ 定义切除方向。在操控板中单击“切除实体”按钮，定义切除方向如图 7.2.24 所示。

④ 单击按钮，预览切除后的实体，确认无误后，单击“完成”按钮。

（4）保存下模零件。

① 在模型树中选择下模零件 CUP_LOWER_MOLD.PRT 并右击，在弹出的快捷菜单中选择 打开 命令，结果如图 7.2.25 所示。

② 保存零件。选择下拉菜单 文件(F) → 保存(S) 命令。

③ 关闭窗口。选择下拉菜单 文件(F) → 关闭窗口(C) 命令。

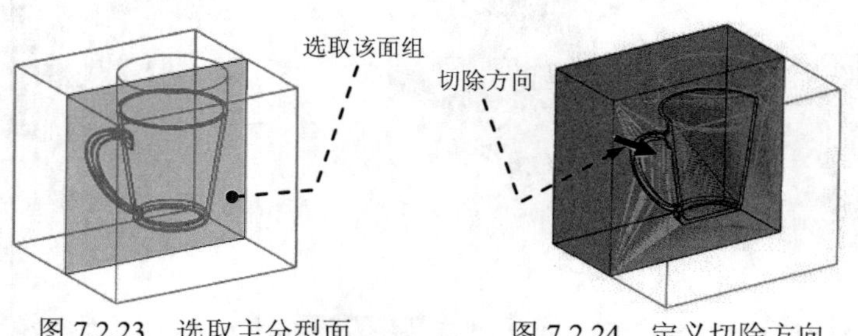

图 7.2.23 选取主分型面　　图 7.2.24 定义切除方向

图 7.2.25 下模零件

Stage9．定义开模动作

Step1．隐藏分型面。

（1）在导航选项卡中选择 → 层树(L) 命令。

（2）选取 QUILT 并右击，在弹出的快捷菜单中选择 隐藏 命令，再单击“屏幕刷新”按钮，这样参照模型的基准平面将不显示。

（3）完成操作后，选择导航选项卡中的 → 模型树(M) 命令，切换到模型树状态。

Step2. 开模步骤。

（1）选择命令。选择下拉菜单 视图(V) → 分解(X) → 编辑位置(E) 命令，系统弹出图 7.2.26 所示的操控板。

（2）移动型芯元件。单击按钮，选择型芯零件，此时系统会在选择的位置出现一个坐标系，然后移动鼠标至移动方向的坐标轴使其变黑，按住左键，同时拖动鼠标将零件移动至一个合适的位置，结果如图 7.2.27 所示。

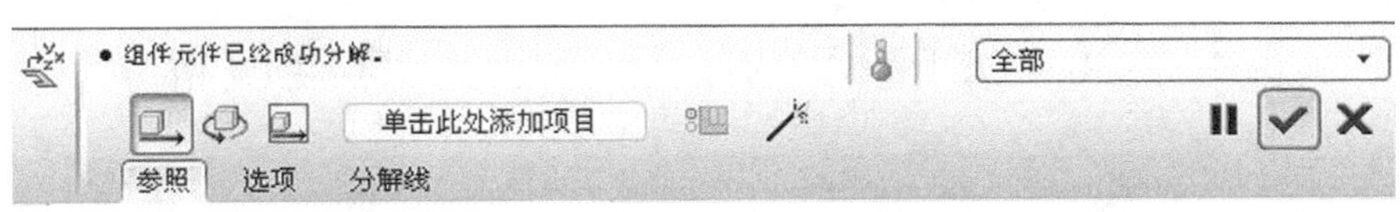

图 7.2.26 操控板

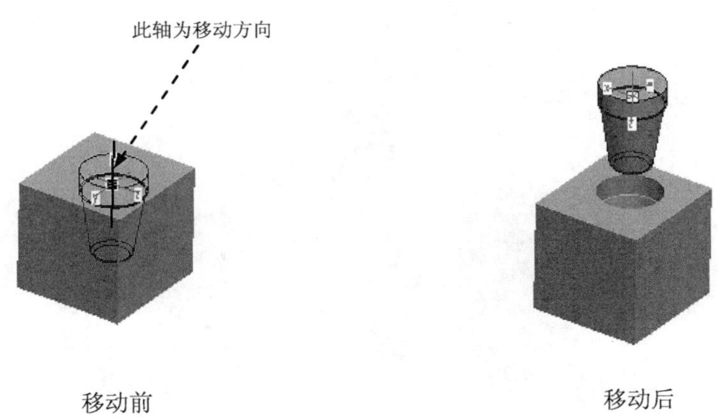

图 7.2.27 移动型芯

（3）移动上模元件。单击按钮，选择上模零件，此时系统会在选择的位置出现一个坐标系，然后移动鼠标至移动方向的坐标轴使其变黑，按住左键，拖动鼠标将零件移动至一个合适的位置，结果如图 7.2.28 所示。

（4）移动下模元件。单击按钮，选择下模零件，此时系统会在选择的位置出现一个坐标系，然后移动鼠标至移动方向的坐标轴使其变黑，按住左键，拖动鼠标将零件移动至一个合适的位置，结果如图 7.2.29 所示。

Step3. 单击操控板中的按钮。

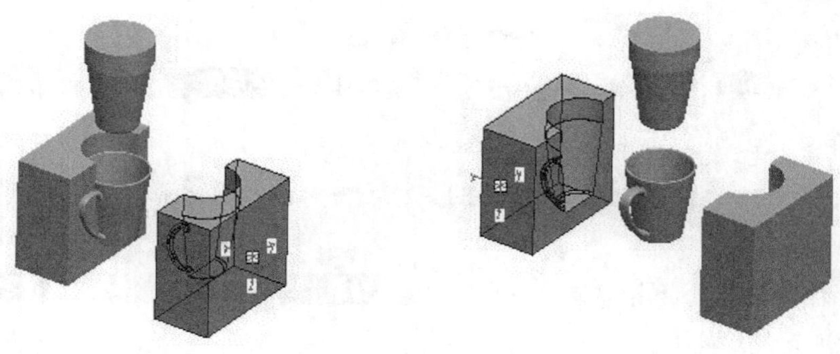

图 7.2.28 移动上模　　图 7.2.29 移动下模

Step4. 保存装配体。选择下拉菜单 文件(F) → 保存(S) 命令，完成以配合件方式创建模具设计。

7.3 以 Top—Down 方式进行模具设计

使用 Top—Down 方式进行模具设计，首先通过创建实体特征作为模具毛坯，然后通过元件的切除操作及使用“曲面实体化”命令来生成模具型腔，最后通过装配完成模具的设计。下面以杯子为例，介绍以 Top—Down 方式进行模具设计的一般过程，如图 7.3.1 所示。

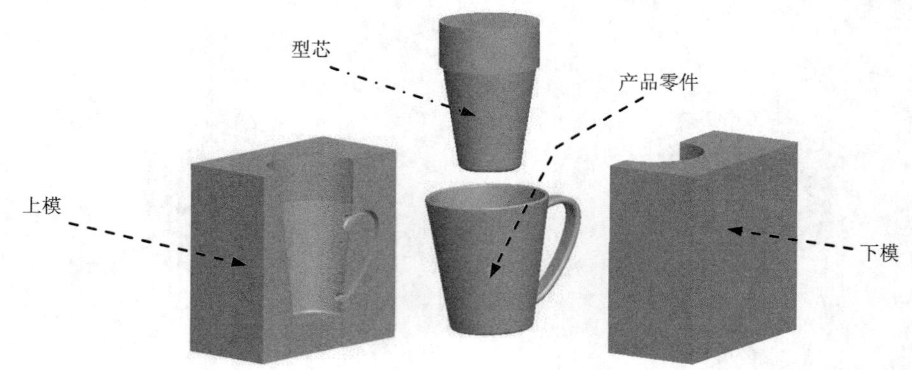

图 7.3.1 以 Top—Down 方式进行模具设计的一般过程

Stage1. 设置收缩率

Step1. 设置工作目录。选择下拉菜单 文件(F) → 设置工作目录(W)... 命令，将工作目录设置至 D:\ proewf5.3.\work\ch07.03。

Step2. 打开文件 D:\ proewf5.3\work\ch07.03\cup.prt。

Step3. 设置收缩率。

（1）选择下拉菜单 编辑(E) → 缩放模型(L) 命令。

（2）在系统 输入比例[1.0000]: 1.006 的提示下，输入比例 1.006，并按 Enter 键。

（3）系统弹出“确认”对话框，并单击 是 按钮。

说明：此处输入的比例无法更改。

Step4. 保存文件并关闭窗口。选择下拉菜单 文件(F) → 保存(S) 命令，再选择下拉菜单 文件(F) → 关闭窗口(C) 命令。

Stage2. 新建一个装配文件

Step1. 在工具栏中单击“新建文件”按钮。

Step2. 在“新建”对话框中选中 类型 区域的 组件 单选项，选中 子类型 区域的 设计 单选项，在 名称 文本框中输入文件名 cup_mold，取消 使用缺省模板 复选框中的“√”号，单击对话框中的 确定 按钮。

Step3. 在“新文件选项”对话框中选取 mmns_asm_design 模板，单击 确定 按钮。

Stage3. 装配参照零件

Step1. 选择下拉菜单 插入(I) → 元件(C) → 装配(A)... 命令，此时系统弹出“打开”对话框。

Step2. 在系统弹出的“打开”对话框中选择 cup.prt 零件，单击 打开 按钮，此时系统弹出“元件放置”操控板。

Step3. 在该操控板中单击 放置 按钮，在“放置”界面的 约束类型 下拉列表中选择 缺省 选项，将元件按缺省设置放置，此时 状态 区域显示的信息为 完全约束，单击操控板中的 ✓ 按钮，完成装配件的放置。

Stage4. 创建坯料

Step1. 选择下拉菜单 插入(I) → 元件(C) → 创建(C)... 命令，此时系统弹出“元件创建”对话框。

Step2. 定义元件的类型及创建方法。

（1）在“元件创建”对话框中选中 类型 区域的 零件 单选项，选中 子类型 区域的 实体 单选项，然后在 名称 文本框中输入文件名 cup_core_wp，单击 确定 按钮，此时系统弹出“创建选项”对话框。

（2）设置模型树。在模型树界面中选择 → 树过滤器(F)... 命令。在系统弹出的“模型树项目”对话框中选中 特征 复选框，然后单击对话框中的 确定 按钮。

（3）在弹出对话框的 创建方法 区域中选择 定位缺省基准 单选项，在 定位基准的方法 区域中选择 对齐坐标系与坐标系 单选项，单击 确定 按钮，根据系统 选取坐标系。 的提示，选取装配坐标系 ASM_DEF_CSYS，完成新零件的装配。

Step3. 隐藏装配件的基准平面。

说明：为使屏幕简洁，可利用“层”的“隐藏”功能，将装配件的三个基准平面隐藏起来。

（1）在导航选项卡中选择 ▾ ➡ 层树(L) 命令。

（2）选取基准平面层 01__ASM_DEF_DTM_PLN 并右击，在弹出的快捷菜单中选择 隐藏 命令，再单击“屏幕刷新”按钮，这样参照模型的基准平面将不显示。

（3）完成操作后，选择导航选项卡中的 ▾ ➡ 模型树(M) 命令，切换到模型树状态，结果如图 7.3.2 所示。

Step4. 通过拉伸来创建毛坯料。

（1）选择命令。选择下拉菜单 插入(I) ➡ 拉伸(E)... 命令，此时系统弹出“拉伸”操控板。

（2）定义草绘截面放置属性。在图形区右击，从弹出的菜单中选择 定义内部草绘... 命令，在系统 ➪选取一个平面或曲面以定义草绘平面。 的提示下，选取图 7.3.2 所示的 DTM1 基准平面为草绘平面，接受默认的箭头方向为草绘视图方向，然后选取 DTM2 基准平面为参照平面，方向为 左。

（3）绘制截面草图。接受默认参照，绘制图 7.3.3 所示的截面草图。完成截面草图的绘制后，单击工具栏中的“完成”按钮 ✓。

（4）定义深度类型。在操控板中选取深度类型（对称），在深度文本框中输入深度值 160，并按 Enter 键。

（5）在操控板中单击“完成”按钮 ✓，完成特征的创建。

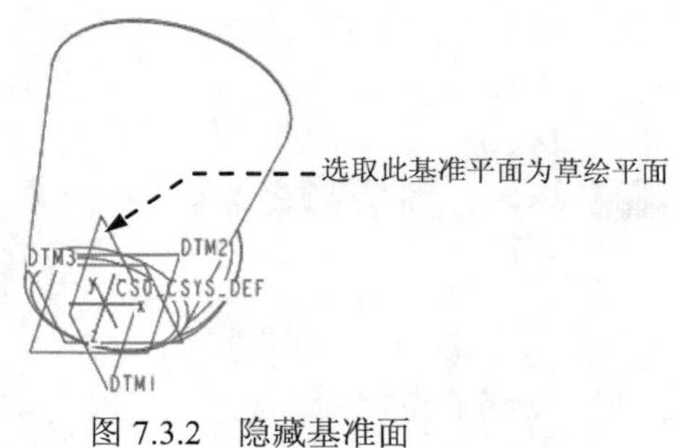

图 7.3.2　隐藏基准面

图 7.3.3　截面草图

Stage5. 创建型芯分型面

Step1. 复制杯子的内表面。

（1）隐藏模块零件。在模型树中选择毛坯零件 CUP_MOLD_WP.PRT 并右击，在弹出的快捷菜单中选择 隐藏 命令。

注意：下面的操作步骤中一定要保证毛坯零件 CUP_MOLD_WP.PRT 处于被激活的状态。

（2）采用“种子与边界面”的方法选取所需要的曲面。

① 将模型切换到线框模式下。在“模型显示”工具栏中单击“线框显示”按钮。

② 选取种子面。将模型调整到图 7.3.4 所示的视图方位，先将鼠标指针移至模型中的目标位置，再选取杯子的内底面为种子面（图 7.3.4）。

③ 选取边界面。按住 Shift 键不放，将鼠标移至图 7.3.5 所示的位置并右击，在弹出的快捷菜单中选取从列表中拾取命令，系统弹出“从列表中拾取”对话框，在对话框中选择曲面:F5(旋转_1):CUP，单击确定(O)按钮；同样将鼠标移至图 7.3.6 所示的位置并右击，在弹出的快捷菜单中选取从列表中拾取命令，系统弹出“从列表中拾取”对话框，在对话框中选择曲面:F5(旋转_1):CUP，单击确定(O)按钮，完成边界面的选取。

注意：在选取“边界面”的过程中，要保证 Shift 键始终被按下，直至完成边界面的选取，否则不能达到预期的效果。

（3）选择下拉菜单编辑(E) → 复制(C)命令。

（4）选择下拉菜单编辑(E) → 粘贴(P)命令，在系统弹出的操控板中单击“完成”按钮。

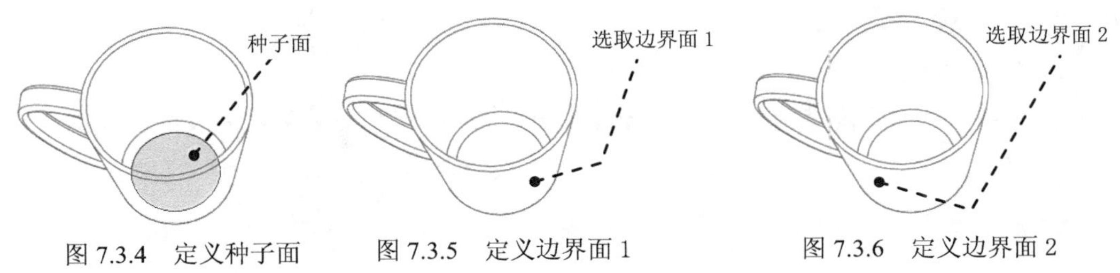

图 7.3.4　定义种子面　　图 7.3.5　定义边界面 1　　图 7.3.6　定义边界面 2

Step2. 延伸分型面。

（1）取消隐藏毛坯零件。选中 Step1 中隐藏的毛坯零件并右击，在弹出的快捷菜单中选择取消隐藏命令。

（2）选取图 7.3.7 所示的延伸边，再按住 Shift 键，选取与圆弧边相接的另一条边线（系统自动加亮一圈边线的余下部分）。

说明：操作时，要在屏幕右下方的“智能选取栏”中选择“几何”选项。

（3）选择下拉菜单编辑(E) → 延伸(X)...命令，此时系统弹出“延伸”操控板。

① 在操控板中按下按钮（延伸类型为至平面）。

② 在系统◆选取曲面延伸所至的平面。的提示下，选取图 7.3.8 所示的表面为延伸的终止面。

③ 单击按钮，预览延伸后的面组，确认无误后，单击“完成”按钮。完成后的延伸曲面如图 7.3.8 所示。

Stage6. 创建主分型面

Step1. 选择下拉菜单插入(I) → 拉伸(E)...命令，此时系统弹出“拉伸”操控板，在操控板中单击“曲面”类型按钮。

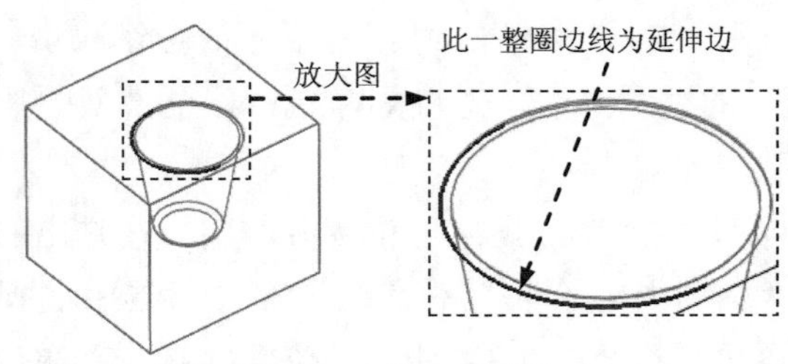

图 7.3.7　选取延伸边

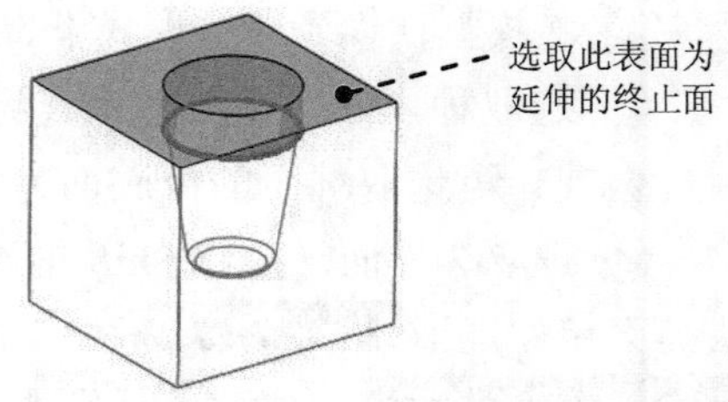

图 7.3.8　完成后的延伸曲面

Step2. 定义草绘截面放置属性。在图形区右击，从弹出的菜单中选择 定义内部草绘... 命令，在系统 ➡选取一个平面或曲面以定义草绘平面。 的提示下，选择图 7.3.9 所示的表面为草绘平面，接受默认的箭头方向为草绘视图方向，然后选取图 7.3.9 所示的表面为参照平面，方向为 右 。

Step3. 绘制截面草图。进入草绘环境后，选取 DTM1 基准平面和模块上下表面为草绘参照，绘制图 7.3.10 所示的截面草图（为一条直线）。完成截面草图的绘制后，单击工具栏中的“完成”按钮✔。

Step4. 设置拉伸属性。

（1）在操控板中选取深度类型（到选定的），选取图 7.3.11 所示的表面为拉伸终止面。

（2）在操控板中单击“完成”按钮✔，完成特征的创建。

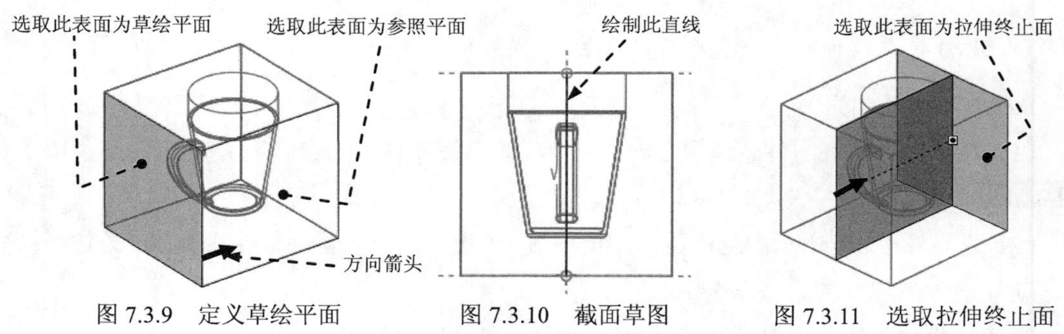

图 7.3.9　定义草绘平面　　图 7.3.10　截面草图　　图 7.3.11　选取拉伸终止面

Stage7. 生成模具型腔

说明：将产品零件从模具模块中切除，即产生模具型腔。

Step1. 激活装配体 CUP_MOLD.ASM 。在模型树中选择装配体 CUP_MOLD.ASM 并右击，在弹出的快捷菜单中选择 激活 命令。

Step2. 选择命令。选择下拉菜单 编辑(E) → 元件操作(O) 命令，系统弹出“元件”菜单管理器。

Step3. 定义切除处理的零件。在弹出的菜单管理器中选择 Cut Out（切除） 命令，根据系统 ➡选取要对其执行切出处理的零件。 的提示，在模型树中选取毛坯零件 CUP_MOLD_WP.PRT 为切除处理零件，单击 确定 按钮。

Step4. 定义切除参考零件。根据系统 ➪为切出处理选取参照零件。的提示，在模型树中选择 CUP.PRT 产品零件为切除参考零件，单击 确定 按钮，在“元件”菜单管理器中单击 Done (完成) → Done/Return (完成/返回) 命令，完成元件的切除。

Stage8. 生成型芯、上模和下模零件

Step1. 生成型芯零件。

（1）在模型树中选择毛坯零件 CUP_MOLD_WP.PRT 并右击，在弹出的快捷菜单中选择 打开 命令。

（2）隐藏分型面。

① 在导航选项卡中选择 → 层树(L) 命令。

② 选取 QUILT 并右击，在弹出的快捷菜单中选择 隐藏 命令，再单击“屏幕刷新”按钮，这样参照模型的分型面便被隐藏。

③ 完成操作后，选择导航选项卡中的 → 模型树(M) 命令，切换到模型树状态。

（3）切除实体。

① 选取型芯分型面。在模型树中选择延伸特征 延伸 1 。

② 选择命令。选择下拉菜单 编辑(E) → 实体化(Y)... 命令，系统弹出“实体化”操控板。

③ 定义切除方向。在操控板中单击“切除实体”按钮，定义切除方向向外，如图 7.3.12 所示。

④单击 按钮，预览切除后的实体，确认无误后，单击“完成”按钮。完成切除的实体如图 7.3.13 所示。

（4）保存零件。选择下拉菜单 文件(F) → 保存副本(A)... 命令，在弹出的“保存副本”对话框的新名称文本框后输入 cup_core_mold，单击 确定 按钮，完成型芯的创建。

Step2. 生成上模零件。

（1）切除实体 1。

① 在模型树中选择 实体化 1 特征并右击，在弹出的快捷菜单中选择 编辑定义 命令，系统弹出“实体化”操控板。

② 定义切除方向。在操控板中单击“切换切除方向”按钮，定义切除方向向内，如图 7.3.14 所示。

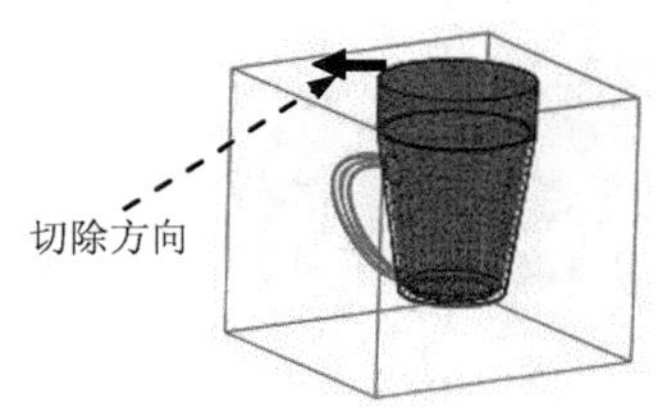

图 7.3.12　定义切除方向

图 7.3.13　型芯零件

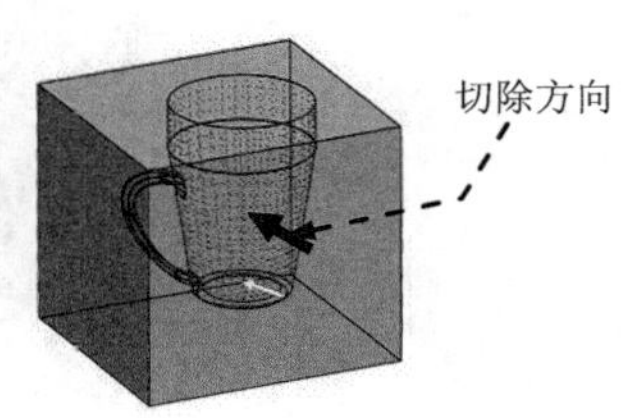

图 7.3.14　定义切除方向

③ 单击☑ 6o按钮，预览切除后的实体，确认无误后，单击“完成”按钮✔。完成切除的实体如图 7.3.15 所示。

（2）切除实体 2。

① 选取主分型面。在模型树中选取主分型面拉伸 2。

② 选择命令。选择下拉菜单编辑(E) ➡ 实体化(Y)...命令，系统弹出“实体化”操控板。

③ 定义切除方向。在操控板中单击“切除实体”按钮，单击“切换切除方向”按钮，定义切除方向如图 7.3.16 所示。

④ 单击☑ 6o按钮，预览切除后的实体，确认无误后，单击“完成”按钮✔。完成切除的实体如图 7.3.17 所示。

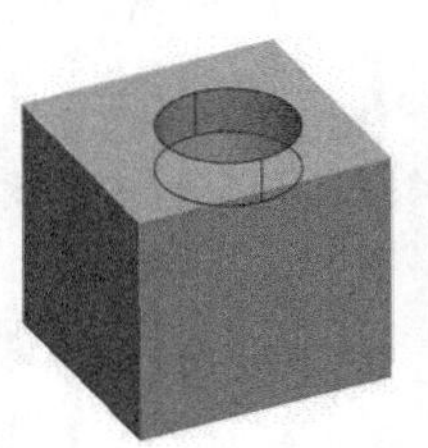

图 7.3.15 切除型芯后

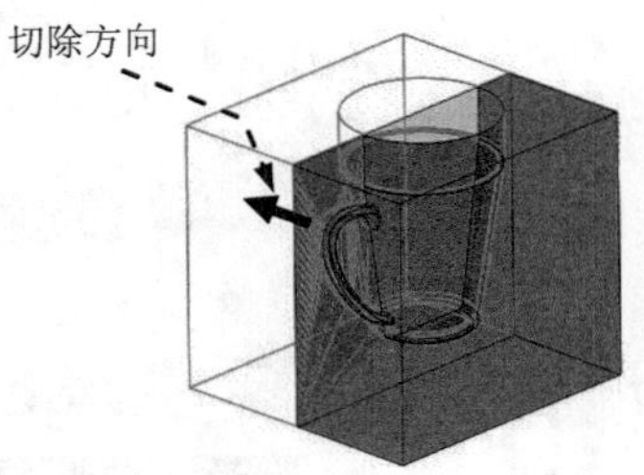

图 7.3.16 定义切除方向

图 7.3.17 上模零件

（3）保存零件。选择下拉菜单文件(F) ➡ 保存副本(A)...命令，在弹出的“保存副本”对话框的新名称文本框中输入 cup_upper_mold，单击确定按钮，完成上模的创建。

Step3. 生成下模零件。

（1）切除实体。

① 在模型树中选择实体化 2特征并右击，在弹出的快捷菜单中选择编辑定义命令，系统弹出“实体化”操控板。

② 定义切除方向。在操控板中单击“切换切除方向”按钮，定义切除方向如图 7.3.18 所示。

③单击☑ 6o按钮，预览切除后的实体，确认无误后，单击“完成”按钮✔，完成切除的实体如图 7.3.19 所示。

（2）保存零件。选择下拉菜单文件(F) ➡ 保存副本(A)...命令，在系统弹出的“保存副本” 对话框的新名称文本框中输入 cup_lower_mold，单击确定按钮，完成上模的创建。

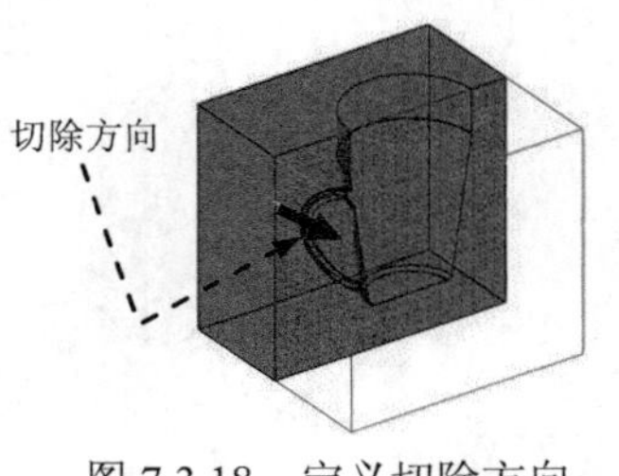

图 7.3.18 定义切除方向

图 7.3.19 下模零件

（3）关闭窗口。选择下拉菜单 文件(F) → 关闭窗口(C) 命令，系统自动转到装配环境。

Stage9．装配上模、下模和型芯

Step1．隐含毛坯零件。在模型树中选取毛坯零件 CUP_MOLD_WP.PRT 并右击，在弹出的快捷菜单中选择 隐含 命令，在系统弹出的“隐含”对话框中单击 确定 按钮。

Step2．装配上模。

（1）选择命令。选择下拉菜单 插入(I) → 元件(C) → 装配(A)... 命令，此时系统弹出“打开”对话框。

（2）在系统弹出的“打开”对话框中选择 cup_upper_mold.prt 零件，单击 打开 按钮，此时系统弹出“元件放置”操控板。

（3）在该操控板中单击 放置 按钮，在“放置”界面的 约束类型 下拉列表中选择 缺省 选项，将元件按缺省设置放置，此时 状态 区域显示的信息为 完全约束，单击操控板中的 ✓ 按钮，完成装配件的放置，结果如图 7.3.20 所示。

Step3．装配下模。参照 Step2 操作，在“打开”对话框中选择 cup_lower_mold.prt 零件，定义放置类型为 缺省 选项，结果如图 7.3.21 所示。

Step4．装配型芯。参照 Step2 操作，在“打开”对话框中选择 cup_core_mold.prt 零件，定义放置类型为 缺省 选项，结果如图 7.3.22 所示。

图 7.3.20　装配上模

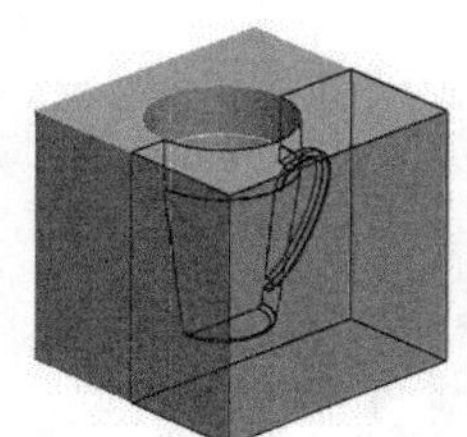

图 7.3.21　装配下模

图 7.3.22　装配型芯

Stage10．定义开模动作

参照上一节用组件法创建的开模步骤。

第 8 章　流道与水线设计

本章提要　流道和水线是模具的重要结构。Pro/ENGINEER 模具模块提供了建立流道和水线的专用命令和功能，本章将详细介绍流道和水线的设计过程。

8.1　流 道 设 计

8.1.1　概述

在前面的章节中，我们都是用切削（Cut）的方法创建流道，这种方法比较繁琐。在 Pro/ENGINEER 的模具模块中，系统提供了建立流道的专用命令和功能，该命令就是位于 ▼ MOLD FEAT（模具特征）菜单中的 Runner（流道） 命令（图 8.1.1），利用 Runner（流道） 命令可以快速创建所需要的标准流道几何。

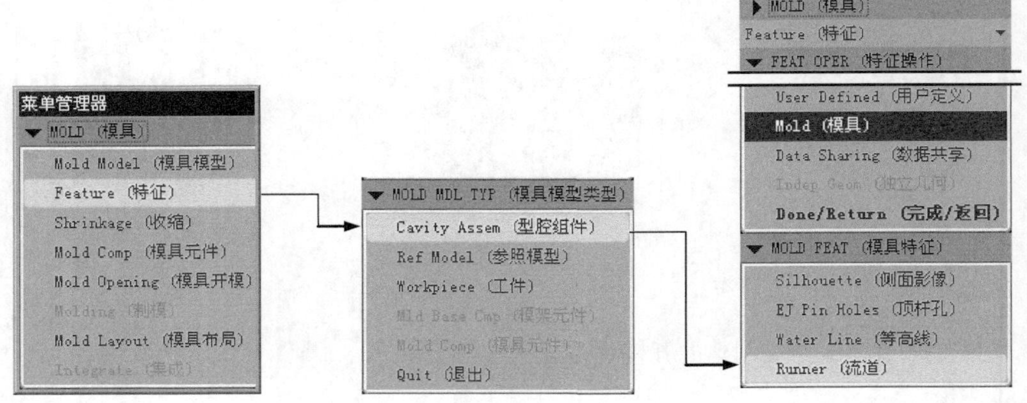

图 8.1.1　菜单管理器

选择 Runner（流道） 命令后，系统弹出图 8.1.2 所示的菜单，该菜单提供了五种类型的流道，分别为 Round（圆形）、Half Round（半圆形）、Hexagon（六角形）、Trapezoid（梯形）及 Round Trapezoid（圆角梯形），这五种流道几何形状如图 8.1.3 所示。

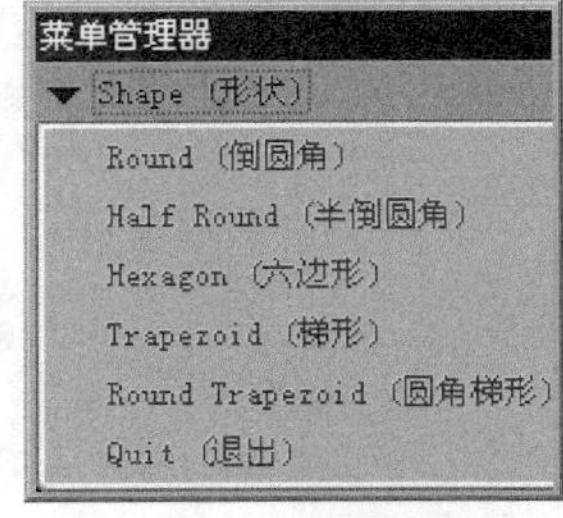

图 8.1.2　“形状”菜单

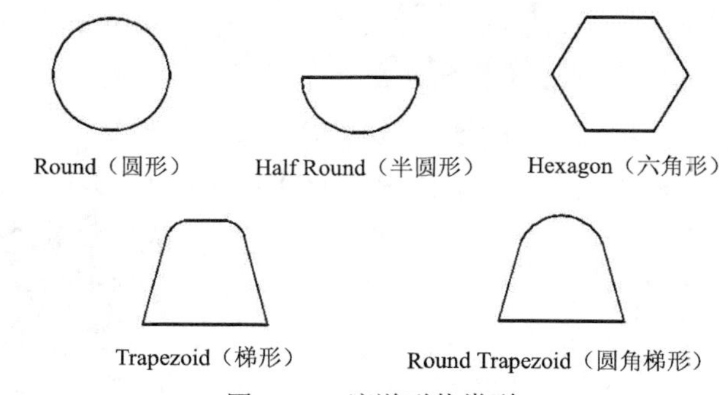

图 8.1.3　流道形状类型

五种流道所需要定义的截面参数说明如下。

- Round（圆形）：只需给定流道直径，如图 8.1.4 所示。
- Half Round（半圆形）：与 Round 相同，也只需给定直径，如图 8.1.5 所示。

图 8.1.4　Round（圆形）流道截面参数　　　图 8.1.5　Half Round（半圆形）流道截面参数

- Hexagon（六角形）：只需给定流道宽度，如图 8.1.6 所示。
- Trapezoid（梯形）：梯形流道的截面参数较多，需给定流道宽度、流道深度、流道侧角度及流道拐角半径，如图 8.1.7 所示。

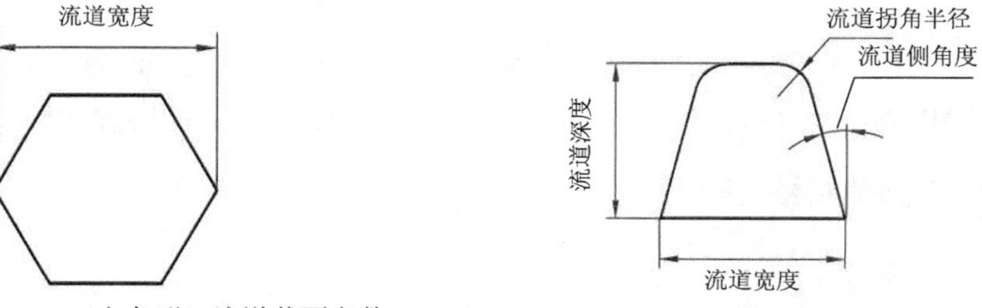

图 8.1.6　Hexagon（六角形）流道截面参数　　　图 8.1.7　Trapezoid（梯形）流道截面参数

- Round Trapezoid（圆角梯形）：需给定流道直径及流道角度，这两个参数尚不能唯一确定圆角梯形的流道，还需要一个参数（深度或宽度），如图 8.1.8 所示。

8.1.2　创建流道的一般过程

创建流道的一般过程如下。

Step1. 在 ▼ MOLD (模具) 菜单中选择 Feature (特征) ➡ Cavity Assem (型腔组件) 命令，在

▼ FEAT OPER (特征操作) 菜单中选择 Mold (模具) 命令（该命令为系统默认选取），然后在 ▼ MOLD FEAT (模具特征) 菜单中选择 Runner (流道) 命令。

Step2. 定义流道名称（可选）。系统会默认名称为 RUNNER_1、RUNNER_2 等，如果用户要修改其名称，则可在“流道”对话框中双击流道名称进行修改，如图 8.1.9 所示。

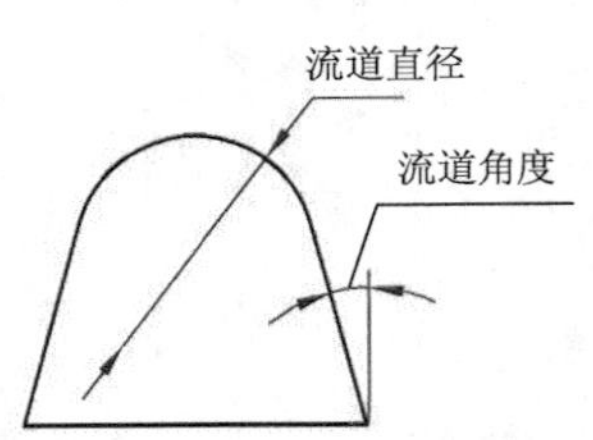

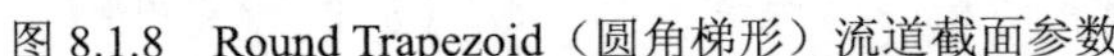
图 8.1.8 Round Trapezoid（圆角梯形）流道截面参数

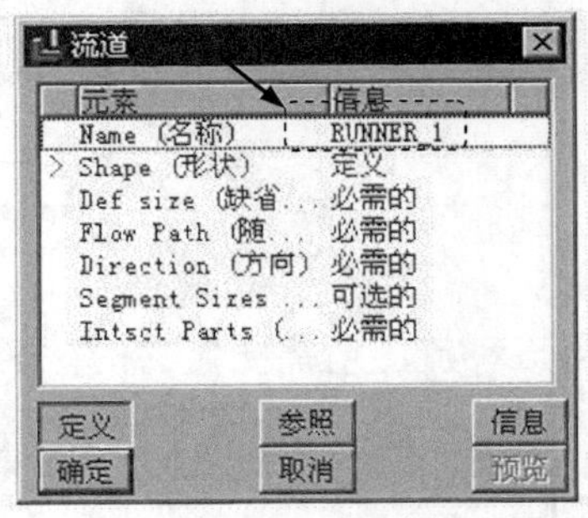

图 8.1.9 “流道”对话框

Step3. 在系统弹出的 ▼ Shape (形状) 菜单中选择所需要的流道类型。

Step4. 根据所选流道类型，在系统提示下输入所需的截面尺寸参数。

Step5. 在草绘环境中绘制流道的路径，然后退出草绘环境。

Step6. 定义相交元件。在图 8.1.10 所示的“相交元件”对话框中按下 自动添加 按钮，选中 ☑ 自动更新 项，在确认相交元件的选取之后，单击该对话框中的 确定 按钮。

注意：要顺利创建各种流道，就需安装“Mold component catalog”子组件，请参见本书 1.3 节“Pro/ENGINEER 模具部分的安装说明”。

8.1.3 流道创建范例

在图 8.1.11 所示的浇注系统中，浇道和浇口仍采用实体切削的方法设计，而主流道和支流道则采用 Pro / MOLDDESIGN 提供的流道命令创建，操作过程按以下说明进行。

图 8.1.10 “相交元件”对话框

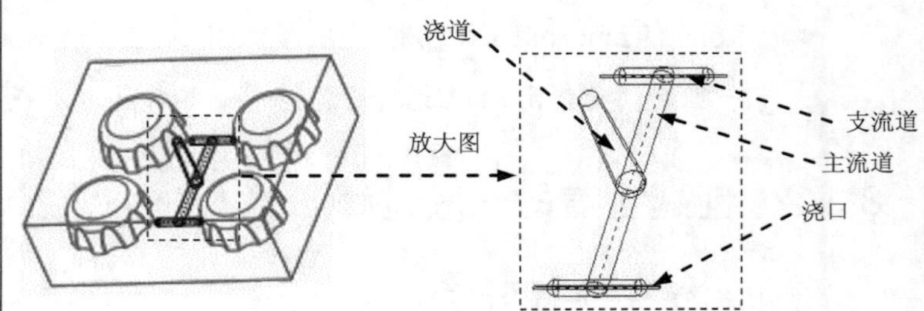

图 8.1.11 浇注系统

Task1．打开模具模型

Step1．设置工作目录。选择下拉菜单 文件(F) ➡ 设置工作目录(W)... 命令，将工作目录设置至 D:\proewf5.3\work\ch08.01.03。

Step2．打开文件 cap_mold.asm，将显示调整到无隐线状态。

Step3．设置模型树的过滤器。

（1）在模型树界面中选择 ➡ 树过滤器(F)... 命令。

（2）在弹出的对话框中选中 ☑ 特征 和 ☑ 隐含的对象 复选框，并单击 确定 按钮。

Task2．创建三个基准平面

Stage1．创建图 8.1.12 所示的第一个基准平面

Step1．创建图 8.1.13 所示的基准点 APNT0。

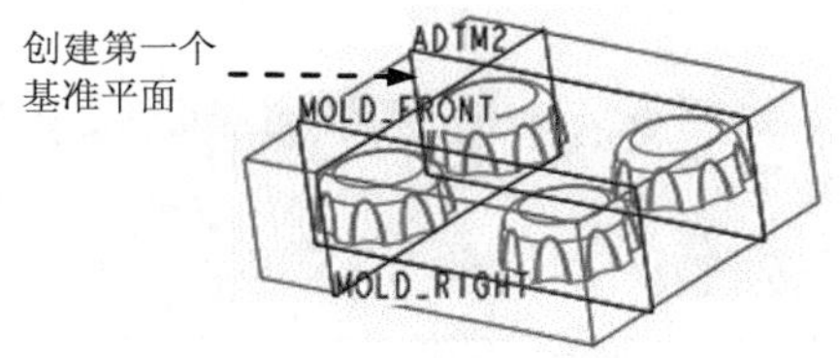

图 8.1.12　创建第一个基准平面

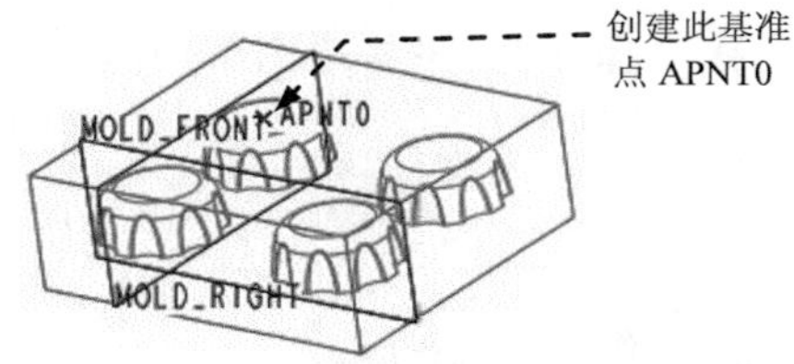

图 8.1.13　创建基准点 APNT0

（1）单击基准点的创建按钮。

（2）在图 8.1.14 中选取参照模型上表面的边线。

（3）在图 8.1.15 所示的“基准点”对话框的下拉列表中选取 居中 选项。

（4）在“基准点”对话框中单击 确定 按钮。

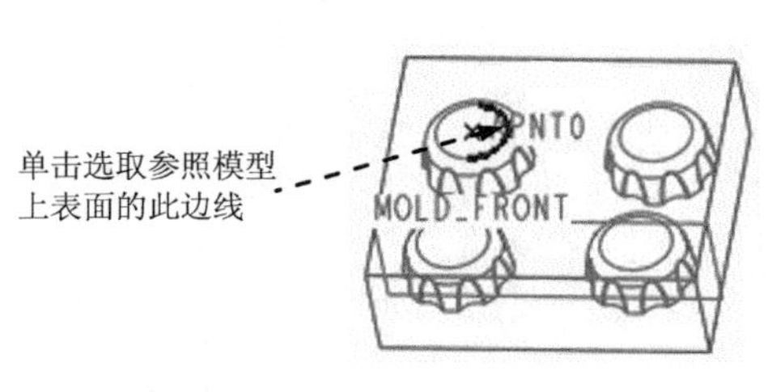

图 8.1.14　创建基准点

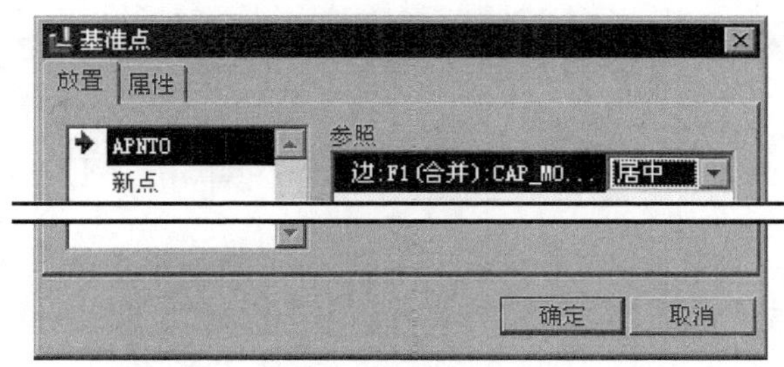

图 8.1.15　“基准点”对话框

Step2．穿过基准点 APNT0，创建图 8.1.12 所示的基准平面 ADTM2，操作过程如下。

（1）单击工具栏中的基准平面创建按钮。

（2）在图 8.1.16 中选取基准点 APNT0。

（3）按住 Ctrl 键，选择图 8.1.16 所示的坯料表面。

（4）在“基准平面”对话框中单击 确定 按钮。

Stage2．创建图 8.1.17 所示的第二个基准平面

Step1．创建图 8.1.18 所示的基准点 APNT1。

（1）单击基准点的创建按钮。

（2）在图 8.1.18 中选取坯料的边线。

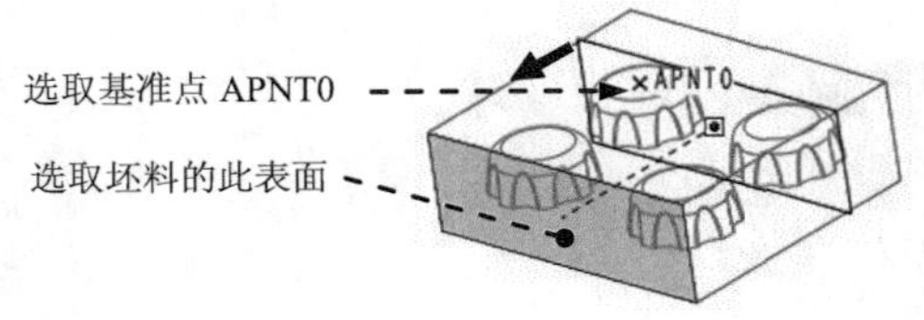

图 8.1.16 操作过程

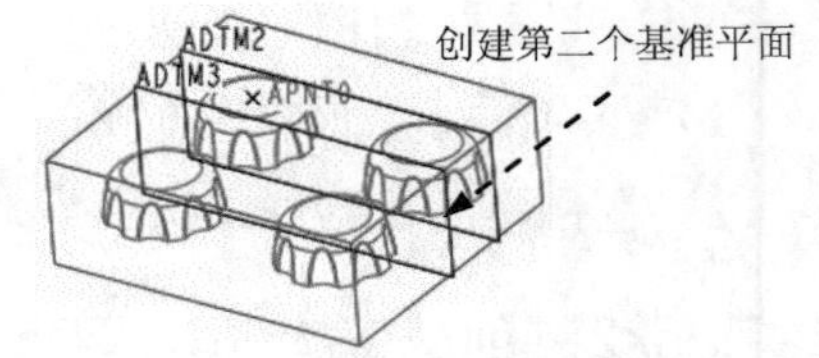

图 8.1.17 创建第二个基准平面

（3）在图 8.1.19 所示的“基准点”对话框中，先选择基准点的定位方式 比率，然后在左边的文本框中输入基准点的定位数值（比率系数）0.5。

（4）在“基准点”对话框中单击 确定 按钮。

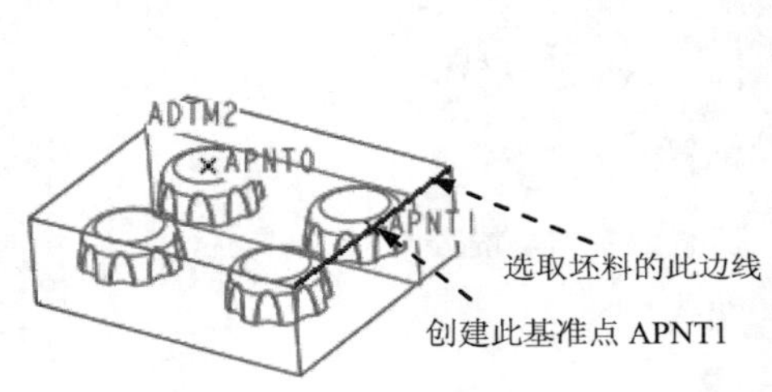

图 8.1.18 创建基准点 APNT1

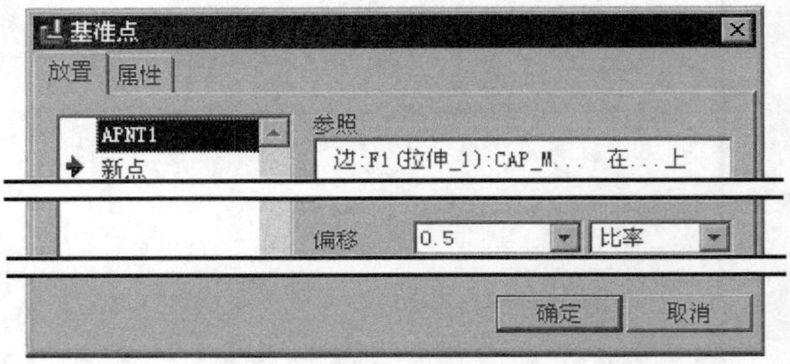

图 8.1.19 “基准点”对话框

Step2．穿过基准点 APNT1，创建图 8.1.17 所示的基准平面 ADTM3。操作过程如下。

（1）单击工具栏中的基准平面创建按钮。

（2）在图 8.1.20 中选取基准点 APNT1。

（3）按住 Ctrl 键，选择图 8.1.20 所示的坯料表面。

（4）在“基准平面”对话框中单击 确定 按钮。

Stage3．创建图 8.1.21 所示的第三个基准平面

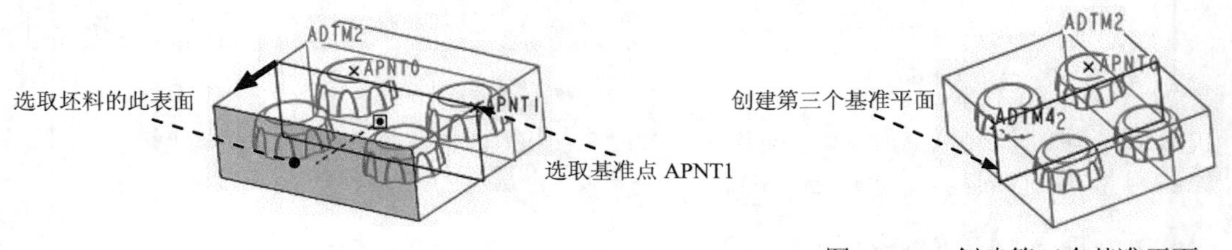

图 8.1.20 操作过程

图 8.1.21 创建第三个基准平面

Step1．创建图 8.1.22 所示基准点 APNT2。

（1）单击基准点的创建按钮。

（2）在图 8.1.22 中选取坯料的边线。

（3）在“基准点”对话框中，先选择基准点的定位方式比率，然后在左边的文本框中输入基准点的定位数值（比率系数）0.5。

（4）在“基准点”对话框中单击确定按钮。

Step2. 穿过基准点 APNT2，创建图 8.1.21 所示的基准平面 ADTM4。操作过程如下。

（1）单击工具栏中的基准平面创建按钮。

（2）在图 8.1.23 中选取基准点 APNT2。

（3）按住 Ctrl 键，选择图 8.1.23 所示的坯料表面。

（4）在“基准平面”对话框中单击确定按钮。

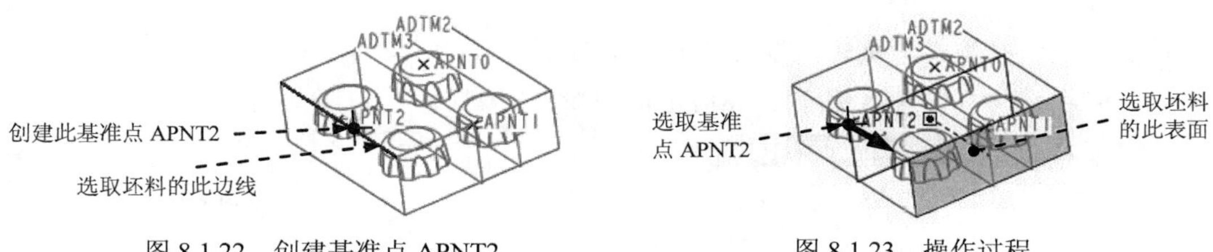

图 8.1.22　创建基准点 APNT2　　图 8.1.23　操作过程

Task3. 浇道的设计（图 8.1.24）

Stage1. 隐藏基准平面

为使屏幕简洁，可以将暂时不用的基准平面隐藏起来，操作方法如下。

Step1. 在图 8.1.25 所示的模型树中右击 MOLD_RIGHT，然后从弹出的快捷菜单中选择隐藏命令。

Step2. 用同样的方法隐藏 MOLD_FRONT 基准平面、ADTM1 基准平面和 ADTM2 基准平面。

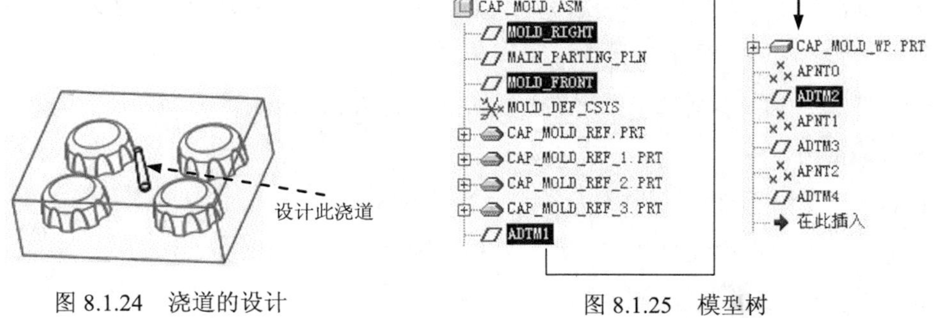

图 8.1.24　浇道的设计　　图 8.1.25　模型树

Stage2. 创建浇道

Step1. 在▼ MOLD（模具）菜单中选择 Feature（特征）命令，进入模具特征菜单，在弹出的▼ MOLD MDL TYP（模具模型类型）菜单中选择 Cavity Assem（型腔组件）命令。

Step2. 在▼ FEAT OPER（特征操作）菜单中选择Solid（实体）→Cut（切减材料）命令，在弹出的▼ SOLID OPTS（实体选项）菜单中选择Revolve（旋转）→Solid（实体）→Done（完成）命令，此时出现“旋转”操控板。

（1）选取旋转类型。在出现的操控板中确认“实体”按钮□被按下。

（2）定义草绘截面放置属性。右击，从快捷菜单中选择定义内部草绘...命令。草绘平面为 ADTM3 基准平面，草绘平面的参照平面为 ADTM4 基准平面，草绘平面的参照方位是右。单击草绘按钮，至此系统进入截面草绘环境。

（3）进入截面草绘环境后，选取 MAIN_PARTING_PLN 基准平面、ADTM4 基准平面和图 8.1.26 所示的坯料边线为草绘参照，绘制图 8.1.26 所示的截面草图。完成截面草图的绘制后，单击工具栏中的“完成”按钮✓。

（4）定义特征属性。旋转角度类型为⊥，旋转角度为 360°。

（5）单击操控板中的✓按钮，完成特征创建。

Step3. 选择Done/Return（完成/返回）命令。

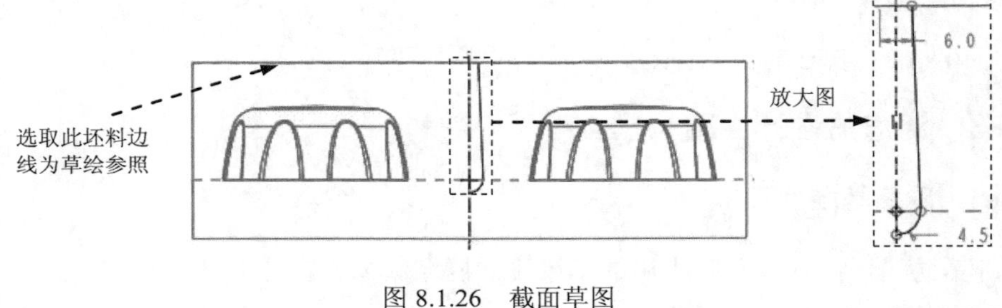

图 8.1.26　截面草图

Task4. 主流道的设计（图 8.1.27）

Stage1. 隐藏和显示基准平面

为使屏幕简洁，可以将暂时不用的基准平面隐藏起来，然后显示需要的基准平面，操作方法如下。

Step1. 隐藏 ADTM3 基准平面。在模型树中右击 ADTM3 基准平面，然后从弹出的快捷菜单中选择隐藏命令。

Step2. 显示基准平面。

（1） 显示 MOLD_FRONT 基准平面。在模型树中右击 MOLD_FRONT 基准平面，然后从弹出的快捷菜单中选择取消隐藏命令。

（2）用同样的方法显示 ADTM2 基准平面。

Stage2. 创建主流道

Step1. 在▼ MOLD（模具）菜单中选择Feature（特征）命令，在弹出的▼ MOLD MDL TYP（模具模型类型）

菜单中选择Cavity Assem（型腔组件）命令。

Step2. 在▼ FEAT OPER（特征操作）菜单中选择Mold（模具）命令，在▼ MOLD FEAT（模具特征）菜单中选择Runner（流道）命令，系统弹出“流道”对话框，在系统弹出的▼ Shape（形状）菜单中选择Round（倒圆角）命令。

Step3. 定义流道的直径。在系统输入流道直径的提示下，输入直径值 6，然后按 Enter 键。

Step4. 在▼ FLOW PATH（流道）菜单中选择Sketch Path（草绘轨迹）命令，在▼ SETUP SK PLN（设置草绘平面）菜单中选择Setup New（新设置）命令，系统弹出“选取”对话框。

Step5. 草绘平面。执行命令后，在系统➪选取或创建一个草绘平面。的提示下，选择图 8.1.28 所示的 MAIN_PARTING_PLN 基准平面为草绘平面。在▼ DIRECTION（方向）菜单中选择Okay（确定）命令，即认可图 8.1.28 中的箭头方向为草绘方向。在▼ SKET VIEW（草绘视图）菜单中选择Right（右）命令，选取图 8.1.28 所示的坯料表面为参照平面。

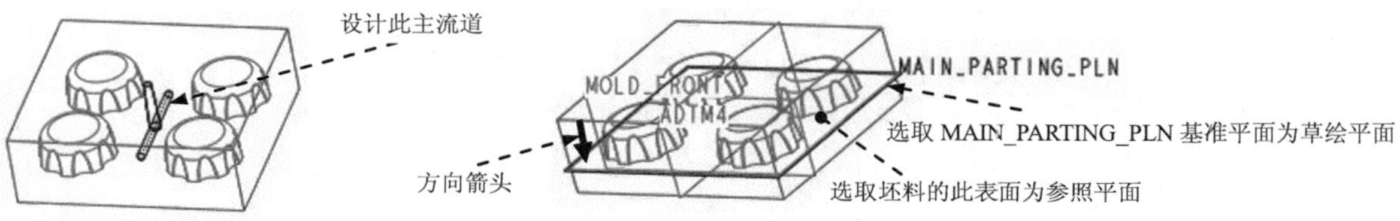

图 8.1.27　主流道的设计　　图 8.1.28　定义草绘平面

Step6. 绘制截面草图。进入草绘环境后，选取 MOLD_FRONT 基准平面、ADTM2 基准平面和 ADTM4 基准平面为草绘参照，然后在工具栏中单击按钮，绘制图 8.1.29 所示的截面草图(即一条中间线段)。完成截面草图的绘制后，单击工具栏中的“完成”按钮✓。

Step7. 定义相交元件。在系统弹出的“相交元件”对话框中按下自动添加按钮，选中☑自动更新复选框，然后单击确定按钮。

Step8. 单击“流道”信息对话框中的预览按钮，再单击“重画”命令按钮，预览所创建的“流道”特征，然后单击确定按钮完成操作。

Step9. 选择Done/Return（完成/返回）命令。

Task5. 分流道的设计（图 8.1.30）

Step1. 在▼ MOLD（模具）菜单中选择Feature（特征）命令，在弹出的▼ MOLD MDL TYP（模具模型类型）菜单中选择Cavity Assem（型腔组件）命令。

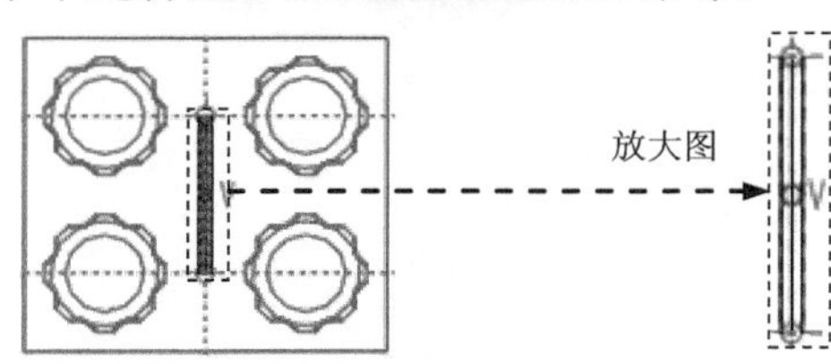

图 8.1.29　截面草图

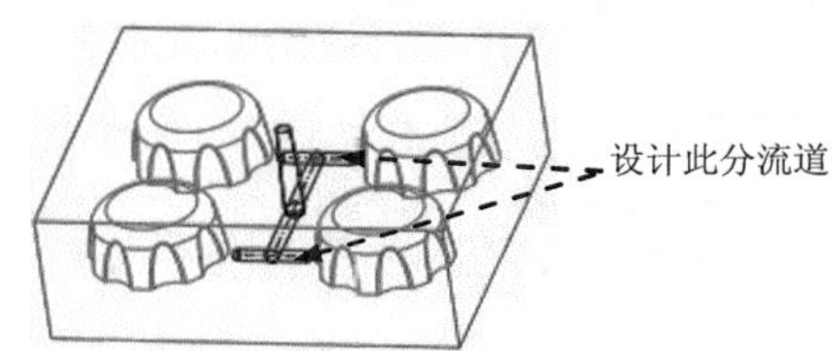

图 8.1.30　分流道的设计

Step2. 在▼ FEAT OPER (特征操作)菜单中选择Mold (模具)命令，在▼ MOLD FEAT (模具特征)菜单中选择Runner (流道)命令，在系统弹出的▼ Shape (形状)菜单中选择Round (倒圆角)命令。

Step3. 定义流道的直径。在系统 输入流道直径 5 的提示下，输入直径值 5，然后按 Enter 键。

Step4. 在弹出的▼ FLOW PATH (流道)菜单中选择Sketch Path (草绘轨迹)命令，在弹出的▼ SETUP SK PLN (设置草绘平面)菜单中选择Setup New (新设置)命令。

Step5. 草绘平面。执行命令后，在系统➪选取或创建一个草绘平面。的提示下，选择图 8.1.31 所示的 MAIN_PARTING_PLN 基准平面为草绘平面。在▼ DIRECTION (方向)菜单中选择Okay (确定)命令，即认可图 8.1.31 中的箭头方向为草绘方向。在▼ SKET VIEW (草绘视图)菜单中选择Right (右)命令，选取图 8.1.31 所示的坯料表面为参照平面。

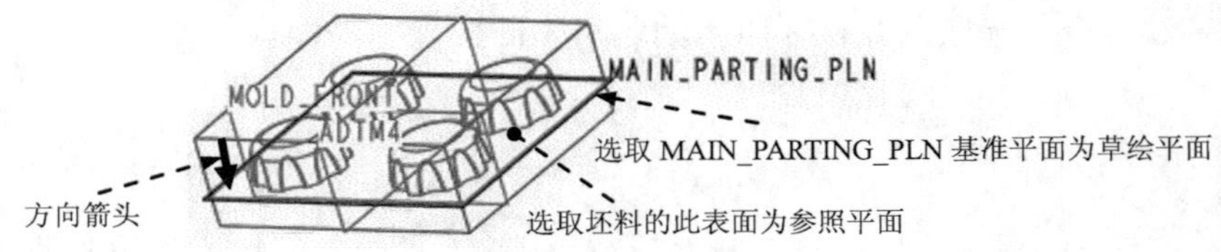

图 8.1.31　定义草绘平面

Step6. 绘制截面草图。进入草绘环境后，选取 MOLD_FRONT 基准平面、ADTM2 基准平面和 ADTM4 基准平面为草绘参照，然后在工具栏中单击＼按钮，绘制图 8.1.32 所示的截面草图(即中间线段)。完成截面草图的绘制后，单击工具栏中的“完成”按钮✓。

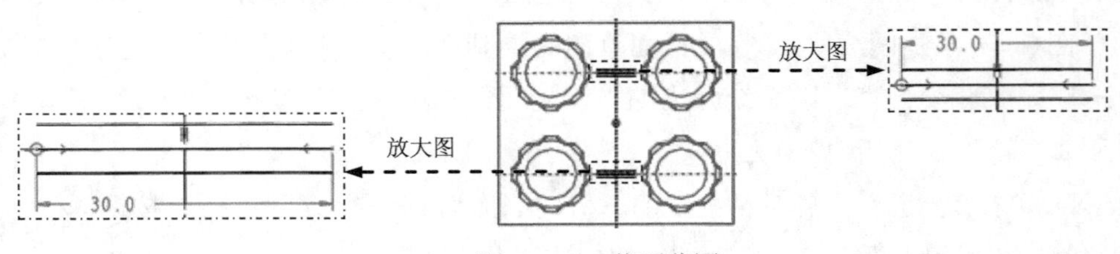

图 8.1.32　截面草图

Step7. 定义相交元件。在“相交元件”对话框中选中 ☑自动更新 复选框，然后单击确定按钮。

Step8. 单击“流道”信息对话框中的预览按钮，再单击“重画”按钮，预览所创建的“流道”特征，然后单击确定按钮完成操作。

Step9. 选择Done/Return (完成/返回)命令。

Task6. 浇口的设计（图 8.1.33）

Stage1. 隐藏和显示基准平面

为使屏幕简洁，可以将暂时不用的基准平面隐藏起来，操作方法如下。

Step1. 隐藏 MOLD_FRONT 基准平面。在模型树中右击 MOLD_FRONT 基准平面，然后从弹出的快捷菜单中选择 隐藏 命令。

Step2. 用同样的方法隐藏 ADTM2 基准平面。

Stage2. 创建图 8.1.34 所示的第一个浇口

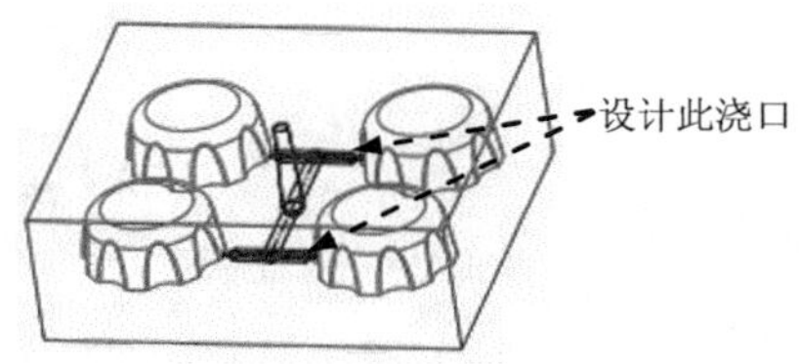

图 8.1.33　浇口的设计

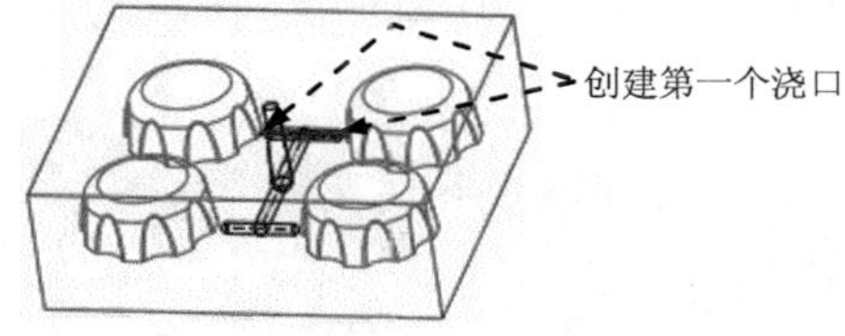

图 8.1.34　创建第一个浇口

Step1. 在 ▼ MOLD（模具）菜单中选择 Feature（特征）命令，在 ▼ MOLD MDL TYP（模具模型类型）菜单中选择 Cavity Assem（型腔组件）命令。

Step2. 在 ▼ FEAT OPER（特征操作）菜单中选择 Solid（实体） ⟶ Cut（切减材料）命令，在系统弹出的 ▼ SOLID OPTS（实体选项）菜单中选择 Extrude（拉伸） ⟶ Solid（实体） ⟶ Done（完成）命令，此时出现“拉伸”操控板。

Step3. 创建拉伸特征。

（1）在出现的操控板中确认“实体”按钮 被按下。

（2）定义草绘属性。右击，从快捷菜单中选择 定义内部草绘... 命令。草绘平面为 ADTM4 基准平面，草绘平面的参照平面为图 8.1.35 所示的坯料表面，草绘平面的参照方位为 项。单击 草绘 按钮，至此系统进入截面草绘环境。

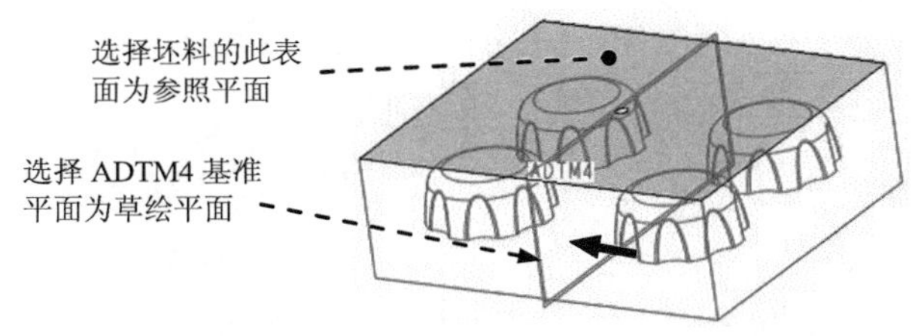

图 8.1.35　定义草绘平面

（3）进入截面草绘环境后，选择图 8.1.36 所示的圆弧边线和 MAIN_PARTING_PLN 基准平面为草绘参照，绘制图 8.1.36 所示的截面草图。完成截面草图后，单击工具栏中的“完成”按钮 ✓。

（4）在图 8.1.37 所示的操控板中单击 选项 按钮，在弹出的界面中，选取双侧的深度选项均为 ⊥⊥（至曲面），然后选择图 8.1.38 所示的参照零件的表面为左、右拉伸的终止面。

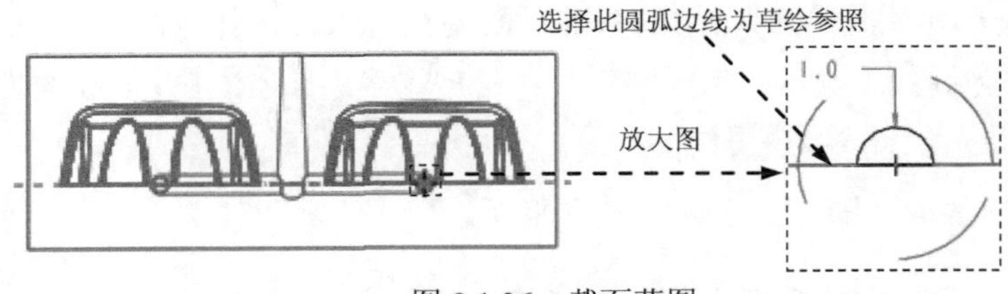

图 8.1.36 截面草图

（5）单击操控板中的✔按钮，完成特征创建。

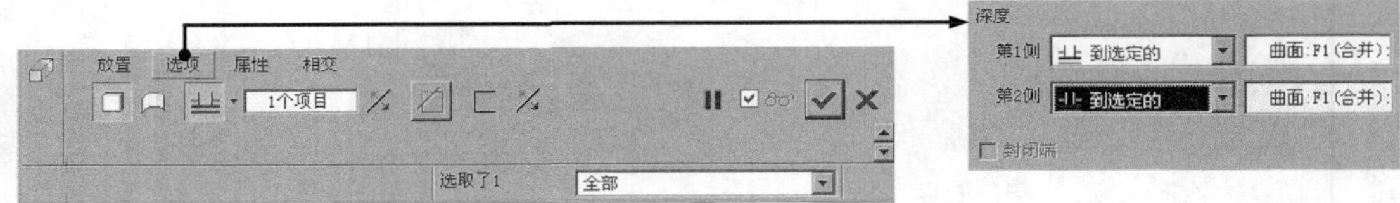

图 8.1.37 操控板

Stage3．创建图 8.1.39 所示的第二个浇口

详细操作步骤参见 Stage2。

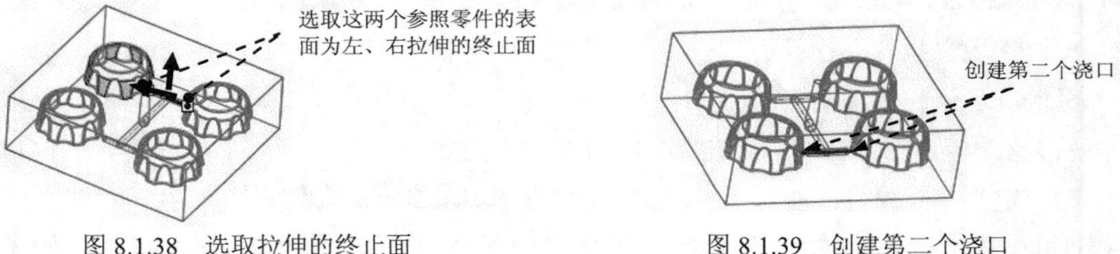

图 8.1.38 选取拉伸的终止面

图 8.1.39 创建第二个浇口

选择 Done/Return (完成/返回) 命令，然后保存设计结果。

8.2 水 线 设 计

8.2.1 概述

在注射成型生产过程中，塑料熔融物注射到模具型腔后，需要使塑料熔融物快速冷却和固化，这样可以迅速脱模，提高生产效率。

水线（Water Line）是控制和调节模具温度的结构，它实际上是由模具中的一系列孔组成的环路，在孔环路中注入冷却介质——水（也可以是油或压缩空气），便可将注射成型过程中产生的大量热量迅速导出，使塑料熔融物以较快的速度冷却、固化。

Pro / ENGINEER 的模具模块提供了建立水线的专用命令和功能，利用此功能可以快速构建出所需的水线环路。当然，与流道（Runner）一样，水线也可用切削（Cut、Hole）的方法来创建，但是远不如用水线（Water Line）专用命令有效。

水线（Water Line）专用命令就是位于▼ MOLD FEAT (模具特征)菜单中的Water Line (等高线)命令，如图 8.2.1 所示。

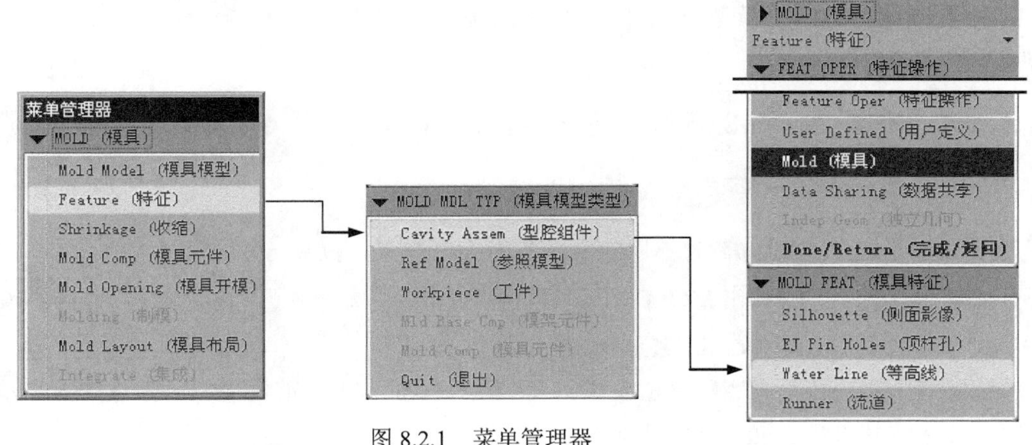

图 8.2.1　菜单管理器

说明： Water Line (等高线)命令此处应翻译为“水线”，翻译成“等高线”不太好。

8.2.2　创建水线的一般过程

水线的截面形状为圆形，使用水线专用命令创建水线结构的一般过程如下。

Step1. 选择命令。在▼ MOLD (模具)菜单中选择Feature (特征) ➡ Cavity Assem (型腔组件)命令，在▼ FEAT OPER (特征操作)菜单中选择Mold (模具)命令（该命令为系统默认选取），在▼ MOLD FEAT (模具特征)菜单中选择Water Line (等高线)命令。

Step2. 定义水线名称（可选）。系统会自动默认命名为 WATERLINE_1、WATERLINE_2 等，用户要修改其名称，可在“等高线（水线）”对话框中双击其名称进行修改。

Step3. 输入水线的截面直径。

Step4. 在草绘环境中绘制水线的回路路径，然后退出草绘环境。

Step5. 定义相交元件。在系统弹出的“相交元件”对话框中按下自动添加按钮，选中☑自动更新复选框，在确认相交元件的选取后，单击该对话框中的确定按钮。

8.2.3　水线创建范例

下面以创建图 8.2.2 所示的水线为例，说明其操作过程。

Task1. 打开模具模型

Step1. 选择下拉菜单文件(F) ➡ 设置工作目录(W)...命令，将工作目录设置至 D:\proewf5.3\work\ch08.02.03。

Step2. 打开文件 cap_mold.asm。

Step3. 设置模型树的过滤器。

（1）在模型树界面中选择 → 树过滤器(F)...命令。

（2）在系统弹出的“模型树项目”对话框中选中 ☑ 特征 和 ☑ 隐含的对象 复选框，并单击 确定 按钮。

Task2. 创建图 8.2.3 所示的基准平面 ADTM5

Stage1. 隐藏基准平面

为使屏幕简洁，可以将暂时不用的基准平面隐藏起来，操作方法如下。

Step1. 在模型树中，右击 MOLD_RIGHT 基准平面，然后从弹出的快捷菜单中选择 隐藏 命令。

Step2. 用同样的方法隐藏 MOLD_FRONT 基准平面、ADTM1 基准平面、ADTM2 基准平面、ADTM3 基准平面和 ADTM4 基准平面。

Stage2. 创建基准平面

Step1. 单击工具栏中的基准平面创建按钮。

Step2. 在图 8.2.4 中选取基准平面 MAIN_PARTING_PLN 为参照平面。

Step3. 在“基准平面”对话框中输入偏移值-10.0，最后在对话框中单击 确定 按钮。

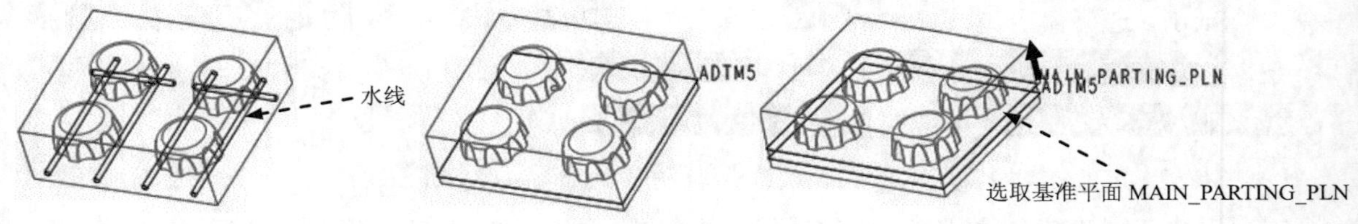

图 8.2.2 设计水线　　图 8.2.3 创建基准平面 ADTM5　　图 8.2.4 选取参照平面

Task3. 创建水线特征

Stage1. 隐藏基准平面

为使屏幕简洁，可以将暂时不用的基准平面隐藏起来，然后显示需要的基准平面，操作方法如下。

Step1. 隐藏基准平面 MAIN_PARTING_PLN。在模型树中右击 MAIN_PARTING_PLN 基准平面，然后从弹出的快捷菜单中选择 隐藏 命令。

Step2. 显示基准平面 MOLD_FRONT。在模型树中右击 MOLD_FRONT 基准平面，然后从弹出的快捷菜单中选择 取消隐藏 命令。

Step3. 用相同的方法显示基准平面 MOLD_RIGHT。

Stage2. 创建水线

Step1. 在▼ MOLD（模具）菜单中选择Feature（特征）命令，在弹出的▼ MOLD MDL TYP（模具模型类型）菜单中选择Cavity Assem（型腔组件）命令。

Step2. 在▼ FEAT OPER（特征操作）菜单中选择Mold（模具）命令，在▼ MOLD FEAT（模具特征）菜单中选择Water Line（等高线）命令，系统弹出“水线”对话框。

Step3. 定义水线的直径。在系统输入等高线圆环的直径提示下，输入直径值 5，然后按 Enter 键。

Step4. 在▼ SETUP PLANE（设置平面）菜单中选择Setup New（新设置）命令。

Step5. 草绘平面。执行命令后，在系统➪选取或创建一个草绘平面。提示下，选择图 8.2.5 所示的 ADTM5 基准平面为草绘平面。在▼ SKET VIEW（草绘视图）菜单中选择Right（右）命令，选取图 8.2.5 所示的 MOLD_RIGHT 基准平面为参照平面。

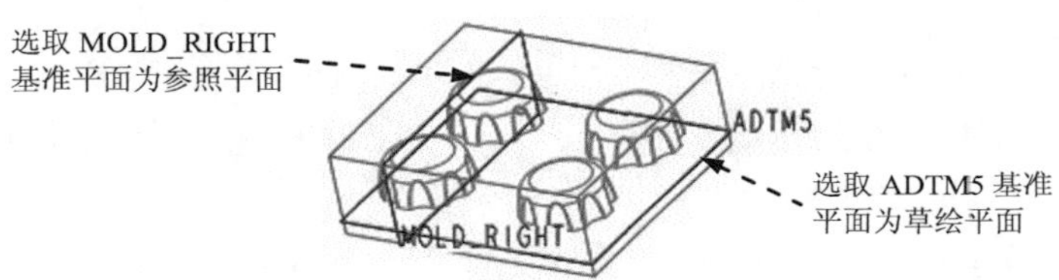

图 8.2.5　定义草绘平面

Step6. 绘制截面草图。

（1）进入草绘环境后，选取 MOLD_FRONT 基准平面和图 8.2.6 所示的坯料边线为草绘参照，单击“直线”按钮中的按钮，绘制图 8.2.6 所示的两条参照线。

（2）在工具栏中单击“直线”按钮中的按钮，绘制图 8.2.7 所示的截面草图。完成截面草图的绘制后，单击工具栏中的“完成”按钮。

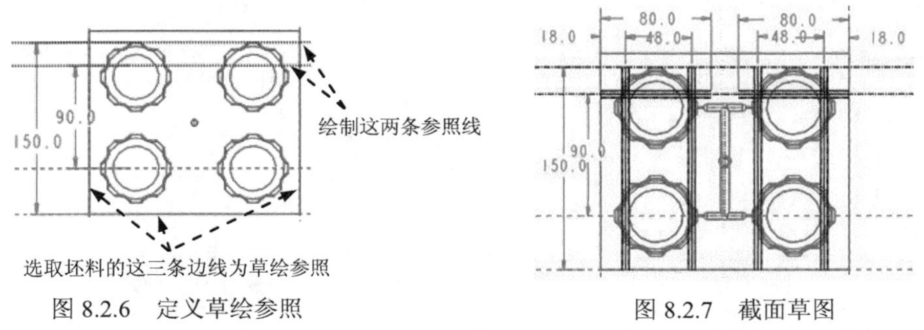

图 8.2.6　定义草绘参照　　图 8.2.7　截面草图

Step7. 定义相交元件。系统弹出“相交元件”对话框，在该对话框中选中☑自动更新复选框，然后单击确定按钮。

Step8. 单击“等高线（水线）”对话框中的预览按钮，再单击“重画”命令按钮，预览所创建的“水线”特征，然后单击确定按钮完成操作。

Step9. 选择Done/Return（完成/返回）命令，然后保存设计结果。

第 9 章　修改模具设计

本章提要　在模具设计或产品更新换代的过程中，经常要修改模具设计，本章将针对模具的修改过程进行详细讲解，内容包括修改名称、修改流道系统和水线、修改设计零件和分型面、修改体积块和模具开启。

9.1　修 改 名 称

在模具设计中，可以修改下列模具元件和模具设计要素的名称：原始设计零件（模型）、模具设计文件、模具组件、参照模型（零件）、坯料（工件）、模具型腔零件、浇注件、分型面和体积块。

图 9.1.1 所示为一个模具设计的模型树，下面说明该模具的各元件和要素名称的修改方法。

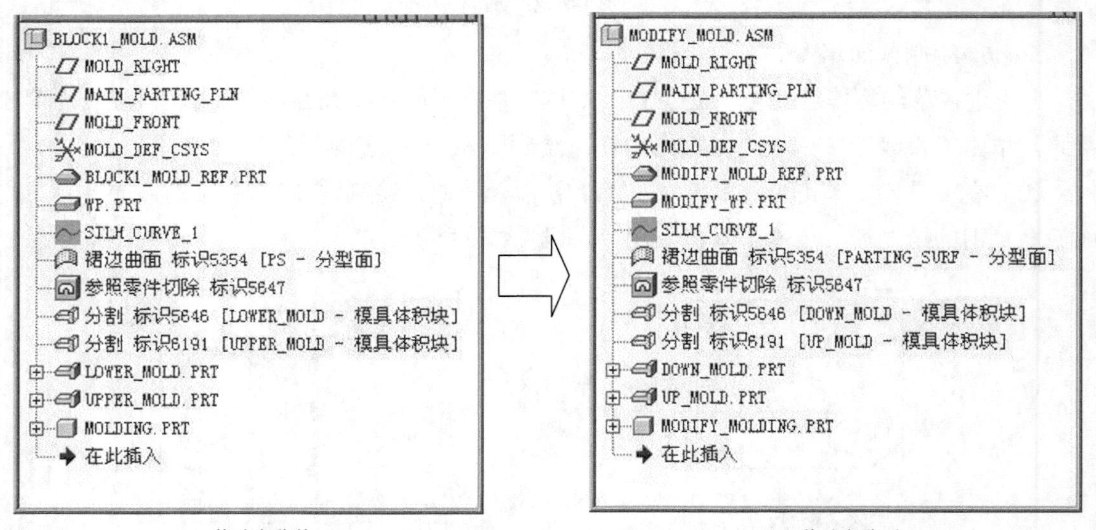

a）修改名称前　　　　b）修改名称后

图 9.1.1　模型树

Task1．打开模具模型

Step1. 将工作目录设置至 D:\proewf5.3\work\ch09.01。

Step2. 打开文件 block1_mold.asm。

Task2．修改原始设计零件的名称

Step1. 选择下拉菜单 文件(F) → 打开(O)... 命令，打开零件 block1.prt。

Step2. 选择下拉菜单 文件(F) → 重命名(R) 命令。

Step3. 系统弹出图 9.1.2 所示的“重命名”对话框，在对话框的 新名称: 文本框中输入新名称 MODIFY（大小写均可），然后确认 ◉ 在磁盘上和会话中重命名 单选项被选中，单击 确定 按钮。

Step4. 系统弹出图 9.1.3 所示的“改名成功”对话框，单击 确定 按钮。

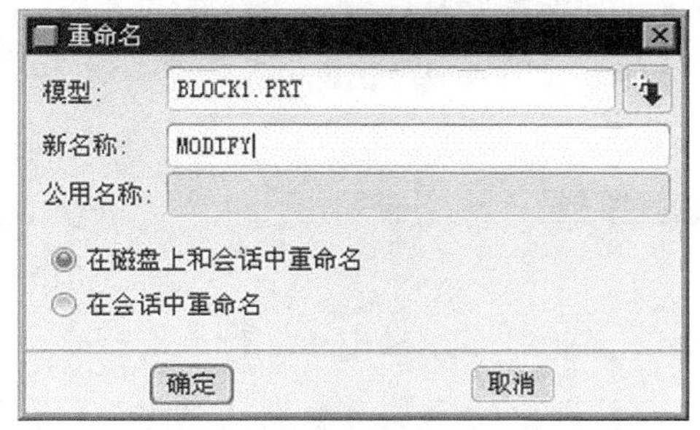

图 9.1.2　“重命名”对话框

图 9.1.3　“改名成功”对话框

Step5. 选择下拉菜单 窗口(W) → 1 BLOCK1_MOLD.ASM 命令，返回到模具环境。

Task3. 修改模具设计文件的名称

Step1. 选择下拉菜单 文件(F) → 重命名(R) 命令。

Step2. 系统弹出“重命名”对话框，输入新名称 MODIFY_MOLD，单击 确定 按钮。

Step3. 系统弹出“改名成功”对话框，单击 确定 按钮。

Task4. 修改模具参照零件、坯料等模具元件的名称

Stage1. 修改参照零件 BLOCK1_MOLD_REF.PRT 的名称

Step1. 选择下拉菜单 文件(F) → 重命名(R) 命令。

Step2. 在弹出的图 9.1.4 所示的“重命名”对话框中单击 按钮，在弹出的菜单中选择 选取... 命令，然后在模型树中选取 BLOCK1_MOLD_REF.PRT。

Step3. 在“重命名”对话框中输入新名称 MODIFY_MOLD_REF.PRT，如图 9.1.4 所示，单击 确定 按钮，在弹出的“改名成功”对话框中单击 确定 按钮。

Stage2. 修改坯料 WP.PRT 的名称

参考 Stage1，将坯料的名称改为 MODIFY_WP.PRT。

Stage3. 修改浇注件 MOLDING.PRT 的名称

参考 Stage1，将浇注件的名称改为 MODIFY_MOLDING.PRT。

Stage4. 修改下模型腔零件 LOWER_MOLD.PRT 的名称

参考 Stage1，将下模型腔零件的名称改为 DOWN_MOLD.PRT。

Stage5．修改上模型腔零件 UPPER_MOLD.PRT 的名称

参考 Stage1，将上模型腔零件的名称改为 UP_MOLD.PRT。

Task5．修改分型面的名称

Step1．在模型树界面中选择 → 树过滤器(F)... 命令。

Step2．在系统弹出的“模型树项目”对话框中选中 ☑特征 复选框，然后单击对话框中的 确定 按钮。

Step3．在模型树中单击 裙边曲面 标识5354 [PS - 分型面] 项，然后右击，从弹出的快捷菜单中选择 重定义分型面 命令。

Step4．选择下拉菜单 编辑(E) → 属性(R) 命令，此时系统弹出“属性”对话框。

说明：在此步操作之前，应保证模型树中没有被选中的项目，否则“编辑”下拉菜单中的“属性”项为灰色（即不可选）。

Step5．在“属性”对话框中输入分型面的新名称 PARTING_SURF，如图 9.1.5 所示，然后单击对话框中的 确定 按钮。

Step6．在工具栏中单击“完成”按钮，完成分型面名称的修改。

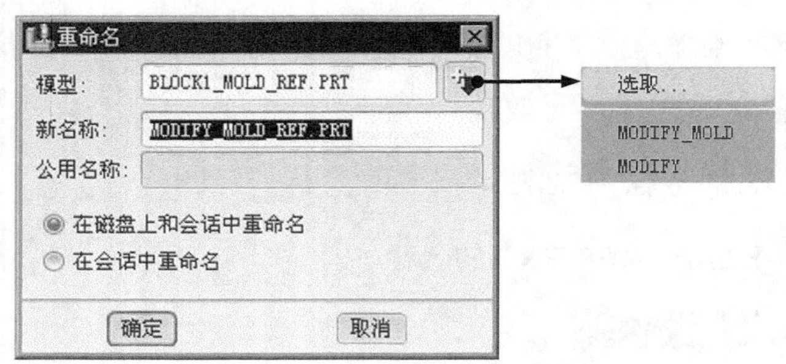

图 9.1.4　“重命名”对话框

图 9.1.5　“属性”对话框

Task6．修改体积块的名称

Stage1．修改下模型腔体积块的名称

Step1．着色查看要改名的下模型腔体积块 LOWER_MOLD。

（1）选择下拉菜单 视图(V) → 可见性(V) → 着色 命令。

（2）系统弹出“搜索工具”对话框，在 找到3个项目 列表中选取 LOWER_MOLD 列表项，然后单击 >> 按钮，将其加入到 已选取 0 个项目：(预期 1 个) 列表中，再单击 关闭 按钮。

（3）系统显示着色后的下模型腔体积块（图 9.1.6），在 ▼CntVolSel (继续体积块选取) 菜单（图 9.1.7）中选择 Done/Return (完成/返回) 命令。

Step2．修改下模型腔体积块 LOWER_MOLD 的名称。

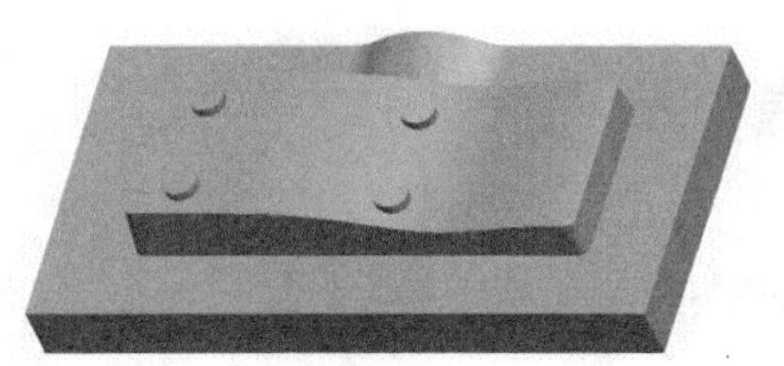
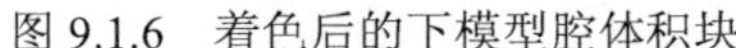

图 9.1.6　着色后的下模型腔体积块

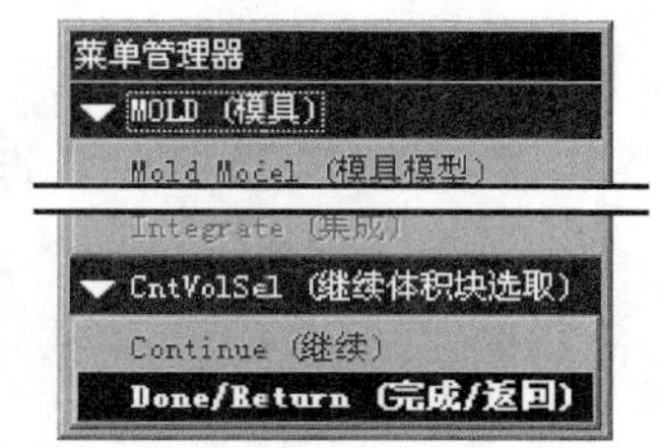

图 9.1.7　“继续体积块选取”菜单

（1）在模型树中单击 分割 标识5646 项，然后右击，从弹出的快捷菜单中选择 重定义模具体积块 命令。

（2）选择下拉菜单 编辑(E) → 属性(R) 命令，此时系统弹出“属性”对话框。

注意：在此步操作之前，应保证模型树中没有被选中的项目，否则“编辑”下拉菜单中的“属性”项为灰色（即不可选）。

（3）在“属性”对话框中输入新名称 DOWN_MOLD，单击对话框中的 确定 按钮。

（4）在工具栏中单击“完成”按钮 ，完成体积块名称的修改。

Stage2．修改上模型腔体积块 UPPER_MOLD 的名称

Step1. 着色查看上模型腔体积块 UPPER_MOLD。

（1）选择下拉菜单 视图(V) → 可见性(V) ▸ → 着色 命令。

（2）在弹出的“搜索工具”对话框中选取要着色的体积块 UPPER_MOLD，着色后的 UPPER_MOLD 如图 9.1.8 所示。

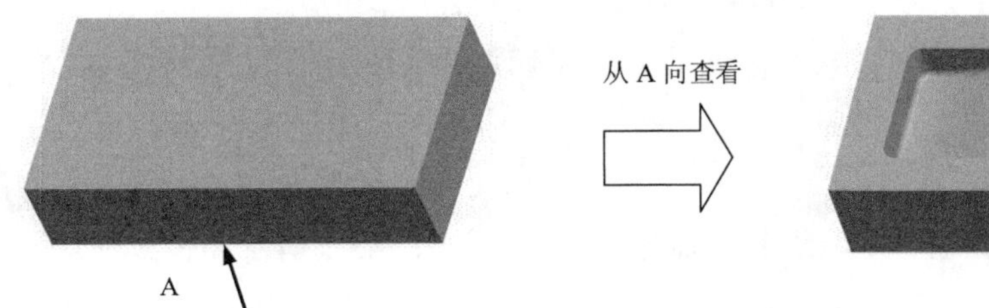

图 9.1.8　着色后的上模型腔体积块

（3）在 ▼ CntVolSel (继续体积块选取) 菜单中选择 Done/Return (完成/返回) 命令。

Step2. 修改上模型腔体积块 UPPER_MOLD 的名称。

（1）在模型树中单击 分割 标识6191 项，然后右击，从弹出的快捷菜单中选择 重定义模具体积块 命令。

（2）选择下拉菜单 编辑(E) → 属性(R) 命令，此时系统弹出“属性”对话框。

（3）在“属性”对话框中输入新名称 UP_MOLD，然后单击对话框中的 确定 按钮。

（4）在工具栏中单击“完成”按钮 ，完成体积块名称的修改。

Step3. 选择下拉菜单 文件(F) → 保存(S) 命令，保存文件。

9.2　修改流道系统与水线

在下面的范例中，我们将先修改模具的浇道和流道，然后在模具中增加水线。

Task1．设置工作目录及打开模具模型文件

Step1．将工作目录设置至 D:\proewf5.3\work\ch09.02。

Step2．打开文件 head_mold.asm。

Task2．准备工作

Stage1．显示参照零件及坯料

Step1．单击工具栏上的按钮。

Step2．在弹出的“遮蔽-取消遮蔽”对话框的取消遮蔽选项卡中按下元件按钮，然后按住 Ctrl 键，从列表中选取参照件 HEAD_MOLD_REF、HEAD_MOLD_REF_1、HEAD_MOLD REF_2、HEAD_MOLD_REF_3 及坯料 WP，单击取消遮蔽按钮，再单击关闭按钮。

Stage2．设置模型树的显示

Step1．在模型树界面中选择 → 树过滤器(F)...命令。

Step2．在弹出的“模型树项目”对话框中选中☑特征复选框，单击确定按钮。

Task3．修改流道系统

流道系统包括浇道、流道（主流道和支流道）和浇口，图 9.2.1 所示为模具流道系统修改前后的示意图。

a）修改前　　b）修改后

图 9.2.1　修改流道

Stage1．修改浇道的形状

图 9.2.2 所示为将圆柱形浇道改为圆锥形浇道。

Step1．在模型树中右击旋转 1，然后在弹出的快捷菜单中选择编辑定义命令，此时，

出现“旋转”操控板。

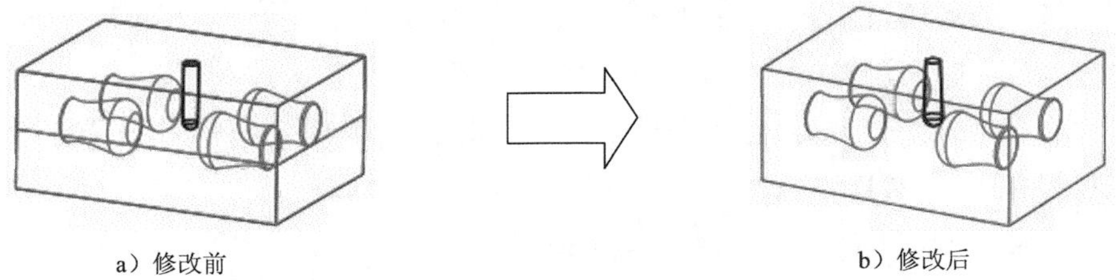

a）修改前　　b）修改后

图 9.2.2 修改浇道形状

Step2. 在绘图区右击，选择编辑内部草绘...命令。

Step3. 修改截面草图。

（1）进入草绘环境后，删除图 9.2.3a 中的竖直约束。

（2）添加所需的尺寸，修改后的草图如图 9.2.3b 所示。

（3）完成修改后，单击“草绘完成”按钮✔。

Step4. 单击操控板中的✔按钮，完成操作。

Stage2. 修改主流道及分流道的形状

下面将把主流道和分流道的六角形截面修改为圆形截面。

Step1. 修改主流道的形状。

（1）在模型树中右击RUNNER_1，选择编辑定义命令。

（2）在图 9.2.4 所示的“流道”对话框中双击Shape (形状)元素，在弹出的图 9.2.5 所示的▼Shape (形状)菜单中选择Round (倒圆角)命令。单击对话框中的预览按钮，再单击“重画”按钮，预览所修改的流道特征，然后单击确定按钮完成操作。

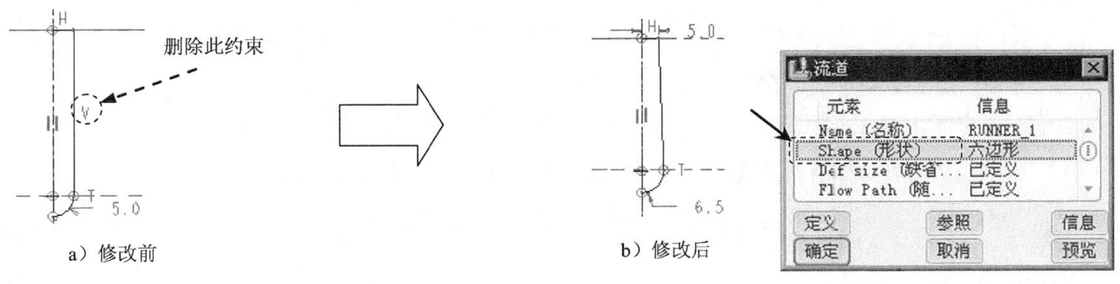

a）修改前　　b）修改后

图 9.2.3 浇道的截面草图　　图 9.2.4 “流道”对话框

Step2. 参照 Step1，将分流道RUNNER_2的截面形状也改为圆形。

注意：要顺利进行流道修改，需安装“Mold component catalog”子组件，请参见本书 1.3 节“Pro/ENGINEER 模具部分的安装说明”。

Stage3. 修改浇口尺寸

下面将把模具的浇口尺寸从 Ø1.5 改为 Ø1.0。

Step1. 修改第一个浇口的尺寸。在模型树中右击拉伸 1，在弹出的快捷菜单中选择编辑命令，此时该浇口的尺寸在模型中显示出来，如图 9.2.6a 所示，双击图 9.2.6a 中的浇口尺寸 Ø1.5，然后输入新的尺寸 1.0。

Step2. 修改第二个浇口的尺寸。在模型树中右击拉伸 2，在弹出的快捷菜单中选择编辑命令，在模型中将尺寸 Ø1.5 改为 Ø1.0。

Step3. 单击“再生模型”按钮，再生模型。

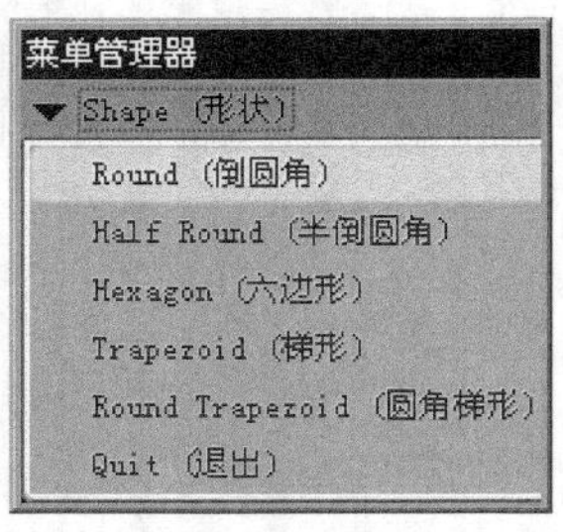

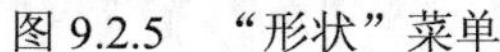
图 9.2.5 “形状”菜单

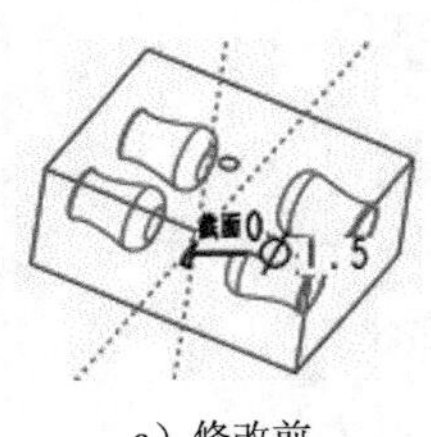
a）修改前
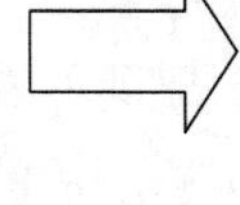
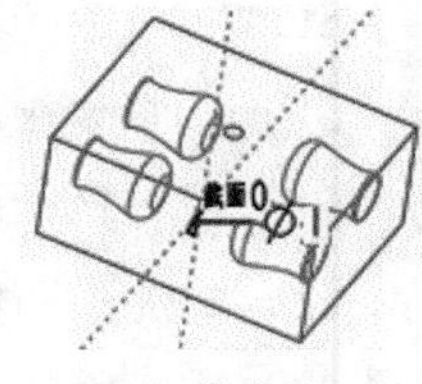
b）修改后

图 9.2.6 修改浇口尺寸

Task4. 增加水线

下面将在模具中增加水线（图 9.2.7），操作步骤如下。

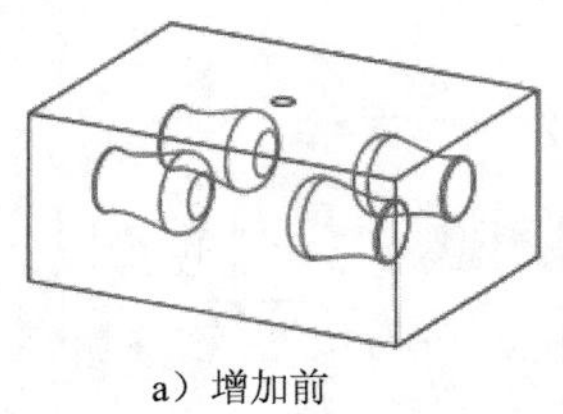
a）增加前
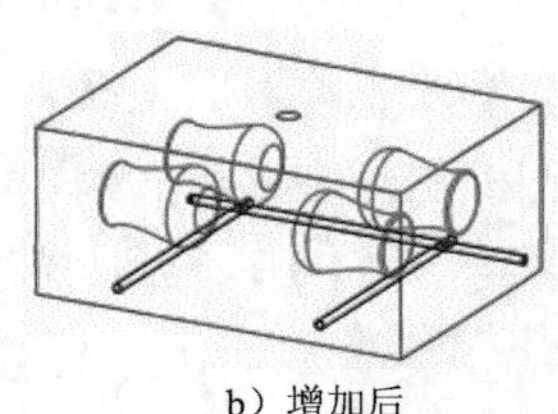
b）增加后

图 9.2.7 增加水线

Step1. 在模型树中单击在此插入符号，然后按住左键不放并移动鼠标，将其拖至拉伸 2特征的下面。

Step2. 创建图 9.2.8 所示的基准平面 ADTM3，该基准平面将作为水线的草绘平面。

（1）单击基准平面的创建按钮，系统弹出“基准平面”对话框。

（2）选取图 9.2.9 中的坯料底面为参照面，然后在对话框中输入偏移值 10.0，单击确定按钮。

Step3. 创建水线。

（1）在 MOLD (模具)菜单中依次选择Feature (特征) ➡ Cavity Assem (型腔组件) ➡ Water Line (等高线)命令，系统弹出“信息”对话框。

（2）定义水线的直径。在系统输入水线圆环的直径的提示下，输入直径值 4.0，并按 Enter 键。

（3）设置草绘平面。在 SETUP SK PLN (设置草绘平面)菜单中选择Setup New (新设置)命令，然后在系统选取或创建一个草绘平面。的提示下，选取 ADTM3 基准平面为草绘平面，在“草绘视图”菜单中选择Right (右)命令，然后选取图 9.2.10 所示的坯料表面为参照平面。此时，系统进入草绘环境。

（4）绘制截面草图。选取坯料边线为草绘参照，并绘制参照中心线（图 9.2.11），单击“直线”按钮，绘制图 9.2.12 所示的截面草图，完成后单击“完成”按钮。

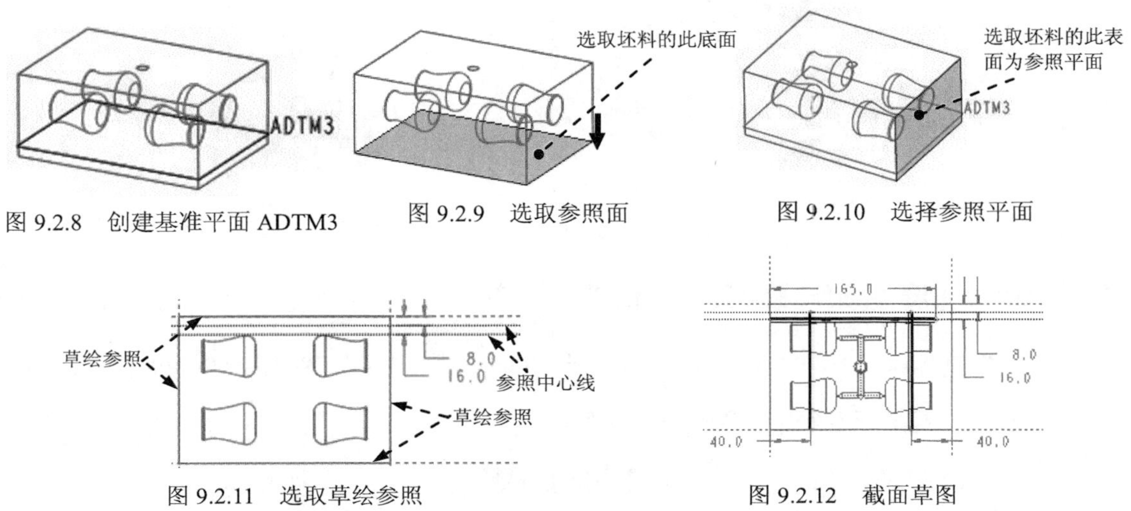

图 9.2.8　创建基准平面 ADTM3　　图 9.2.9　选取参照面　　图 9.2.10　选择参照平面

图 9.2.11　选取草绘参照　　图 9.2.12　截面草图

（5）定义相交元件。此时系统弹出“相交元件”对话框，在对话框中选中 自动更新 复选框，单击 确定 按钮。

（6）单击信息对话框中的 预览 按钮，再单击“重画”按钮，预览所创建的“水线”特征，然后单击 确定 按钮完成操作。

Step4. 选择 Done/Return (完成/返回) 命令。

Step5. 将模型树中的 在此插入 符号拖至模型树的最下面。

Step6. 单击“再生模型”按钮，再生模型。

Step7. 选择下拉菜单 文件(F) ➡ 保存(S) 命令，保存文件。

9.3　修改原始设计零件及分型面

升级换代时，如果产品的变化不大，则可以直接在原来的模具设计基础上，通过修改原始设计零件及分型面来修改和更新，这样可极大提高模具设计效率，加快新产品的上市时间。下面通过几个范例来说明修改原始设计零件及分型面的几种情况及一般的操作方法。

9.3.1　范例 1——修改原始设计零件的尺寸

本例中，只是对原始设计零件的尺寸进行修改（图 9.3.1），因为这种尺寸修改不会引起模具分型面的本质变化，所以无需重新定义分型面，只需对坯料的大小进行适当的修改即可。

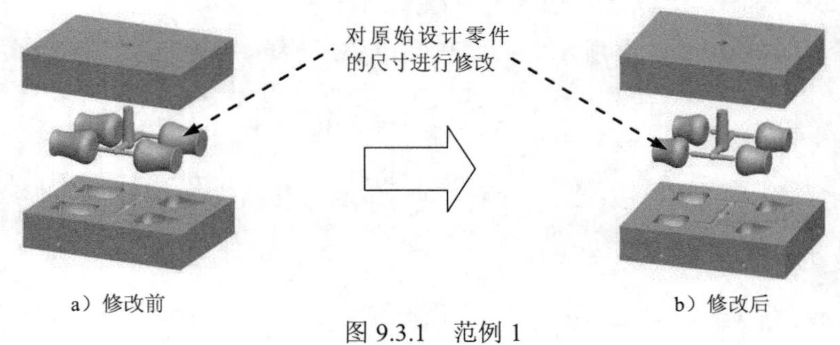

a）修改前　　b）修改后

图 9.3.1　范例 1

Task1．设置工作目录及打开模具模型文件

将工作目录设置至 D:\proewf5.3\work\ch09.03.01，打开文件 head_mold.asm。

Task2．修改原始设计零件的尺寸

Step1．选择下拉菜单 文件(F) ➡ 打开(O)... 命令，打开零件 head.prt。

Step2．在模型树中右击 旋转 1，从快捷菜单中选择 编辑 命令，此时该旋转特征的尺寸在模型中显示出来（图 9.3.2），对各尺寸值进行修改。

Step3．在工具栏中单击“再生模型”按钮，再生原始设计零件。

Task3．修改坯料尺寸

Step1．选择下拉菜单 窗口(W) ➡ 1 BLOCK1_MOLD.ASM 命令，返回模具环境。

Step2．单击工具栏中的按钮，对参照模型 HEAD_MOLD_REF、HEAD_MOLD_REF_1、HEAD_MOLD_REF_2、HEAD_MOLD_REF_3 和坯料 WP 取消遮蔽。

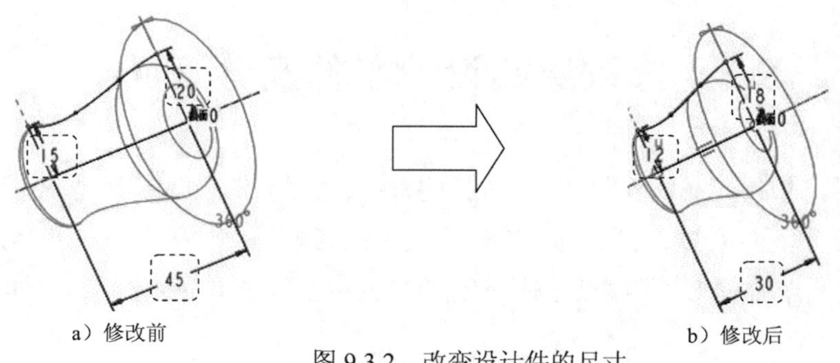

a）修改前　　b）修改后

图 9.3.2　改变设计件的尺寸

Step3．对模型树进行设置，使“特征”项目在模型树中显示出来。选择屏幕左侧导航卡中的 ➡ 树过滤器(F)... 命令，在弹出的“模型树项目”对话框中选中 ☑特征 复选框，单击 确定 按钮。

Step4. 修改坯料的尺寸。在模型树中单击 WP.PRT 前面的"+"号，然后右击 拉伸 1，从快捷菜单中选择 编辑 命令。此时该拉伸特征的尺寸在模型中显示出来，如图 9.3.3 所示，可对各尺寸值进行修改。

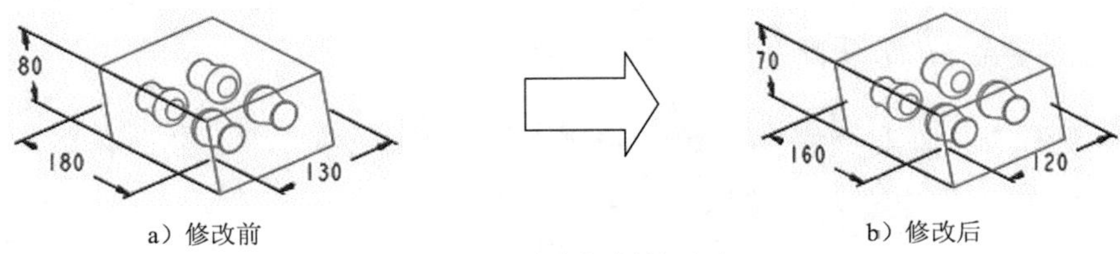

a）修改前　b）修改后

图 9.3.3　改变坯料的尺寸

Task4. 更新模具设计

单击"再生模型"按钮，更新模具设计。

Task5. 通过开模重新验证更新后的模具

Step1. 单击工具栏中的 按钮，将参照模型 HEAD_MOLD_REF、HEAD_MOLD_REF_1、HEAD_MOLD_REF_2、HEAD_MOLD_REF_3 和坯料 WP 遮蔽。

Step2. 在 ▼ MOLD（模具） 菜单中选择 Mold Opening（模具开模） 命令，可观察到更新后的模具开启成功，单击 Done/Return（完成/返回） 命令。

Step3. 选择下拉菜单 文件(F) → 保存(S) 命令，保存文件。

9.3.2　范例 2——删除原始设计零件中的孔

本例中，删除了原始设计零件中的几个孔（图 9.3.4），由于模具分型面是采用裙边法创建的，原始设计零件中孔的删除并不影响裙边曲面的生成，因此无需重新定义分型面。

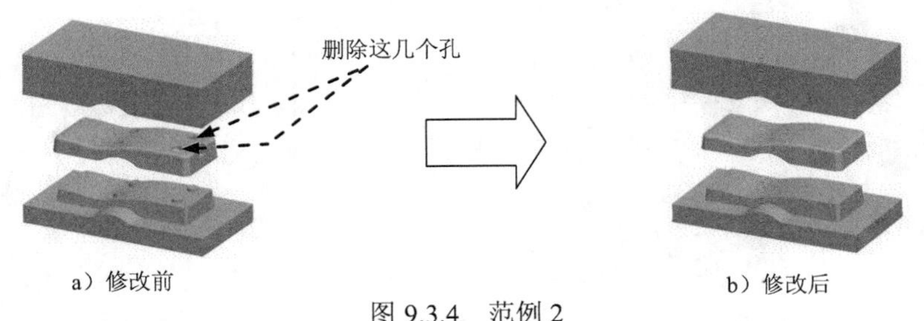

a）修改前　b）修改后

图 9.3.4　范例 2

Task1. 设置工作目录及打开模具模型文件

将工作目录设置至 D:\proewf5.3\work\ch09.03.02，打开文件 block1_mold.asm。

Task2. 修改原始设计零件

Step1. 选择下拉菜单 文件(F) → 打开(O)... 命令，打开零件 block1.prt。

Step2. 在模型树中将零件的阵列（孔）和拉伸 2 两个特征删除（在模型树中选取这几项特征，然后右击，选择 删除 命令）。

Step3. 在工具栏中单击“再生模型”按钮，再生原始设计零件。

Task3. 更新模具设计

Step1. 选择下拉菜单 窗口(W) → 1 BLOCK1_MOLD.ASM 命令，切换到模具窗口。

Step2. 单击“再生模型”按钮，更新模具设计。

Task4. 通过开模重新验证更新后的模具

选择 ▼ MOLD (模具) 菜单中的 Mold Opening (模具开模) 命令，可观察到更新后的模具开启成功，单击 Done/Return (完成/返回) 命令，选择下拉菜单 文件(F) → 保存(S) 命令，保存文件。

9.3.3　范例 3 ——在原始设计零件中添加孔

本例中，在原始设计零件上添加了一个破孔（如图 9.3.5 所示，该孔的轴线方向与开模方向平行），由于模具分型面是采用复制参照模型表面的方法创建的，需要重新定义分型面以填补破孔。

Task1. 设置工作目录及打开模具模型文件

将工作目录设置至 D:\proewf5.3\work\ch09.03.03，打开文件 front_cover_mold_ok.asm。

Task2. 修改原始设计零件

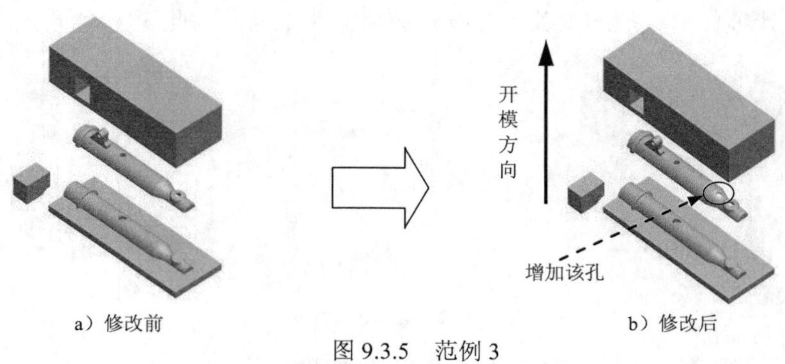

a）修改前　　b）修改后

图 9.3.5　范例 3

在原始设计零件中添加图 9.3.6 所示的切削孔特征。

Step1. 选择下拉菜单 文件(F) → 打开(O)... 命令，打开零件 front_cover.prt。

Step2. 将模型树中的 ➔ 在此插入 符号移至 按尺寸收缩 标识1608 的上面。

Step3. 进行层的操作，取消包含基准平面的层的隐藏。

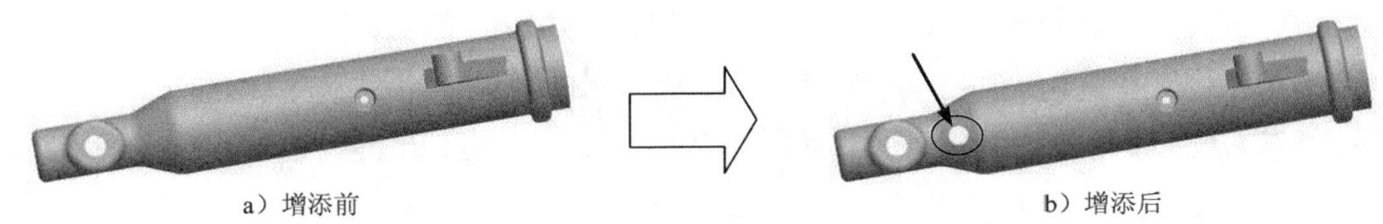

图 9.3.6　在设计件上增添剪切特征

Step4. 创建剪切特征。选择下拉菜单 插入(I) → 拉伸(E)... 命令，在操控板中按下“切除实体”按钮，选取图 9.3.7 所示的 FRONT 基准平面为草绘平面，RIGHT 基准平面为参照平面，方向为 底部，截面草图如图 9.3.8 所示，拉伸方式为（穿透），单击“完成”按钮。

Step5. 将模型树中的 在此插入 符号移至模型树的最下面。

Step6. 在工具栏中单击“再生模型”按钮，再生原始设计零件。

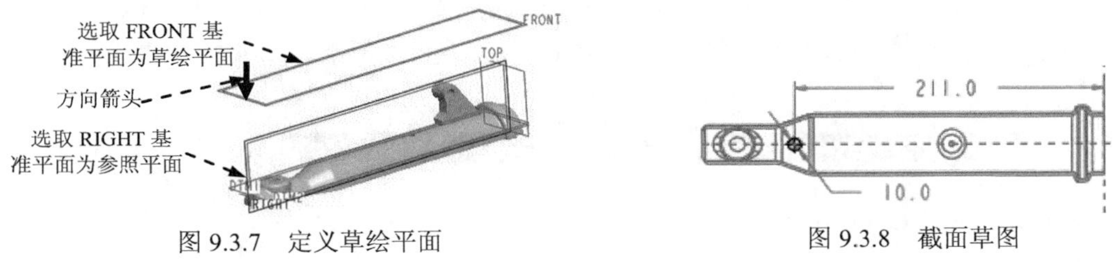

图 9.3.7　定义草绘平面　　图 9.3.8　截面草图

Task3．更新参照模型

Step1. 选择下拉菜单 窗口(W) → 1 FRONT_COVER_MOLD_OK.ASM 命令，切换到模具窗口。

Step2. 单击工具栏中的按钮，取消参照模型、坯料和分型面的遮蔽。

Step3. 对模型树进行设置，使“特征”项目在模型树中显示出来。选择屏幕左侧导航卡中的 → 树过滤器(F)... 命令，在弹出的“模型树项目”对话框中选中 ☑ 特征 复选框，单击 确定 按钮。

Step4. 将模型树中的 在此插入 符号移至 WP.PRT 的下面，然后单击“再生”按钮，更新参照模型。这时可观察到参照模型上出现了前面增加的破孔。

Task4．重新定义主分型面

Step1. 模型树中的 合并 2 是分型面的最后一个特征，为了顺利进行主分型面重新定义，需将 在此插入 符号移至 复制 2 的下面。

注意： 如果直接将 在此插入 符号移至模型树的最下面，可能会出现“故障排除器”对话框，这会给主分型面的重新定义带来麻烦。

Step2. 在模型树中右击 复制 2 项，从弹出的快捷菜单中选择 编辑定义 命令，此时系统弹出“曲面复制”操控板。

Step3. 填补复制曲面上的破孔。在操控板中单击 选项 按钮，此时系统已选中 ◉ 排除曲面并填充孔 单选项，然后单击 填充孔/曲面 文本框，在系统 ➪选取要填充的任何数量的参照，如封闭轮廓(环)或曲面。的提示下，按住 Ctrl 键，选取图 9.3.9 所示的模型内表面。完成后，单击操控板上的“完成”按钮✔。

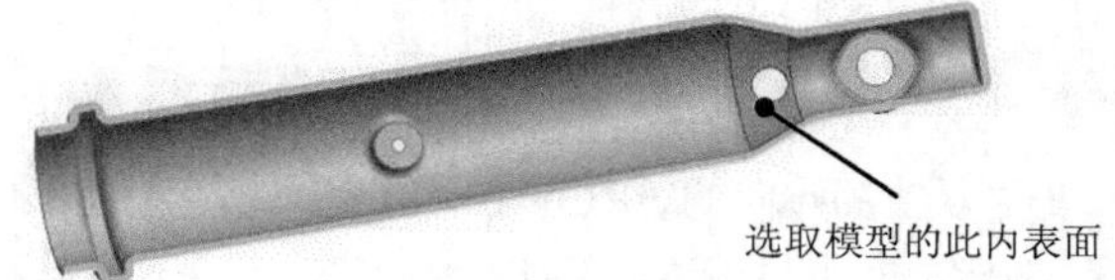

图 9.3.9 选取模型内表面

Step4. 通过着色主分型面，查看填充后的破孔。

（1）选择下拉菜单 视图(V) ➡ 可见性(V) ▸ ➡ 着色 命令。

（2）系统弹出“搜索工具”对话框，选择主分型面 MAIN_PT_SURF，然后单击 >> 按钮，将其加入到 已选取 0 个项目：(预期 1 个) 列表中，再单击 关闭 按钮。此时可查看到破孔已被成功填充。

（3）在 ▼ CntVolSel (继续体积块选取) 菜单中选择 Done/Return (完成/返回) 命令。

Task5. 更新模具设计

Step1. 将模型树中的 ➡ 在此插入 符号移至模型树的最下面。

Step2. 单击“再生模型”按钮，更新模具设计。

Task6. 通过开模重新验证更新后的模具

选择 ▼ MOLD (模具) 菜单中的 Mold Opening (模具开模) 命令，可观察到更新后的模具开启成功，单击 Done/Return (完成/返回) 命令，选择下拉菜单 文件(F) ➡ 保存(S) 命令，保存文件。

9.3.4 范例 4 ——在原始设计零件中删除破孔

本例中，在原始设计零件中删除了一个破孔（图 9.3.10），该孔的轴线方向与开模方向平行。由于模具分型面是采用“复制”参照模型表面的方法创建的，需要重新定义分型面。

Task1. 设置工作目录及打开模具模型文件

将工作目录设置至 D:\proewf5.3\work\ch09.03.04，打开文件 front_cover_mold_ok.asm。

Task2. 修改原始设计零件

Step1. 选择下拉菜单 文件(F) ➡ 打开(O)... 命令，打开零件 front_cover.prt。

Step2. 删除原始设计零件上如图 9.3.11 所示的孔特征。在模型树中右击切剪 标识964，选择快捷菜单中的删除命令。

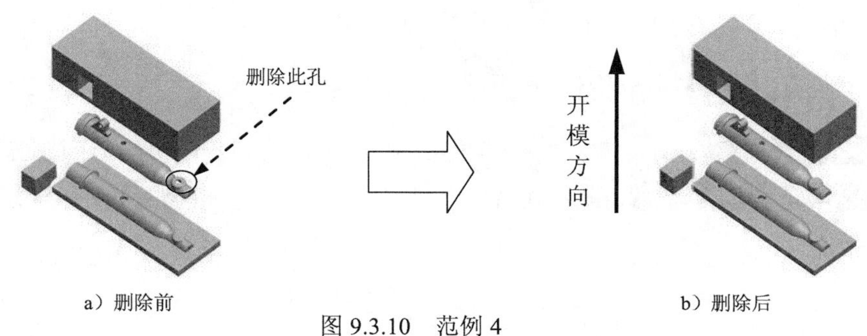

a）删除前　　b）删除后

图 9.3.10　范例 4

Task3. 更新参照模型

Step1. 选择下拉菜单窗口(W) ➡ 1 FRONT_COVER_MOLD_OK.ASM命令，切换到模具窗口。

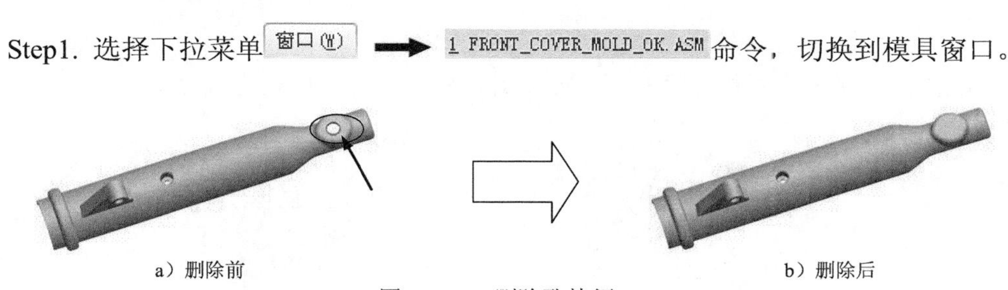

a）删除前　　b）删除后

图 9.3.11　删除孔特征

Step2. 选择工具栏中的按钮，显示参照模型、坯料和分型面 MAIN_PT_SURF。

Step3. 对模型树进行设置，使“特征”项目在模型树中显示出来。选择屏幕左侧导航卡中的 ➡ 树过滤器(F)...命令，在弹出的“模型树项目”对话框中选中☑特征复选框，单击确定按钮。

Step4. 将模型树中的➔在此插入符号移至WP.PRT的下面，然后单击“再生模型”按钮，更新参照模型。

Task4. 重新定义主分型面

Step1. 将➔在此插入符号移至合并 2 的下面。

Step2. 系统弹出“某些特征再生失败。”显示框来提示我们某些特征再生失败。

（1）在“模型树”中，我们发现复制 2 为第一个失败特征，右击复制 2，从弹出的快捷菜单中选择编辑定义命令，此时系统弹出“菜单管理器”对话框，在▼ CHILD OPTS（子选项）菜单中选择Suspend All（保留全部）命令。

（2）在操控板中单击“完成”按钮，完成分型面的定义。

Task5. 更新模具设计

Step1. 将模型树中的 → 在此插入 符号移至模型树的最下面。

Step2. 单击“再生模型”按钮，更新模具设计。

Task6. 通过开模重新验证更新后的模具

选择 ▼ MOLD (模具) 菜单中的 Mold Opening (模具开模) 命令，可观察到更新后的模具开启成功，单击 Done/Return (完成/返回) 命令，选择下拉菜单 文件(F) → 保存(S) 命令，保存文件。

9.4 修改体积块

9.4.1 概述

图 9.4.1 所示是一个手机盖模具，下面将对该模具中的体积块进行修改。

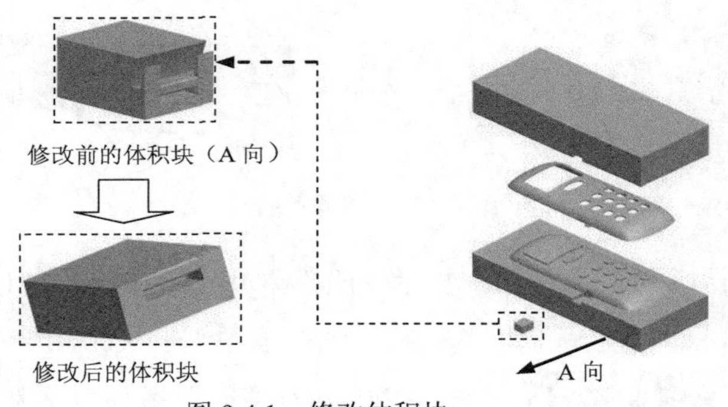

图 9.4.1 修改体积块

9.4.2 范例

Task1. 设置工作目录及打开模具模型文件

将工作目录设置至 D:\proewf5.3\work\ch09.04.02，打开 phone_cover1_mold.asm。

Task2. 准备工作

Step1. 显示参照模型、坯料和分型面。

Step2. 设置模型树，使“特征”项目在模型树中显示出来。

Task3. 修改体积块

Step1. 在模型树中右击 伸出项 标识584，在弹出的快捷菜单中选择 编辑定义 命令。

Step2. 在绘图区中右击，从快捷菜单中选择 编辑内部草绘... 命令。

Step3. 进入草绘环境后，将图 9.4.2 所示的截面草图修改为图 9.4.3 所示的截面草图，然后单击“完成”按钮✔。

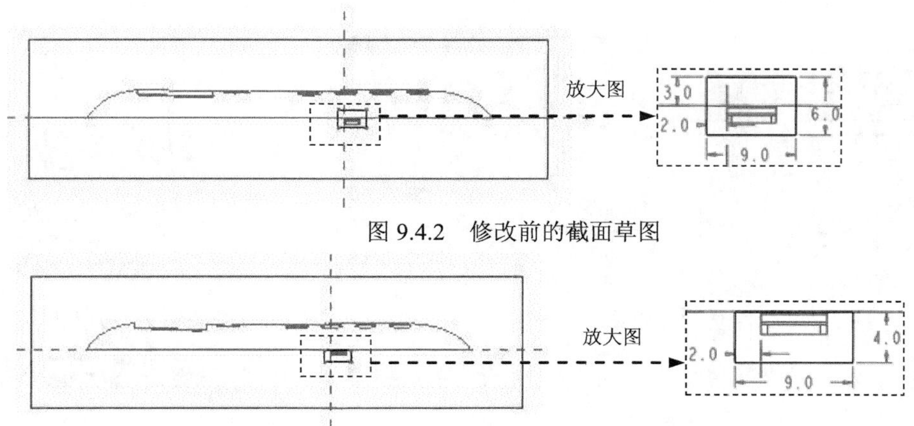

图 9.4.2　修改前的截面草图

图 9.4.3　修改后的截面草图

Step4. 在操控板中单击“完成”按钮✔，完成特征的修改。

Task4. 更新模具设计

单击“再生模型”按钮，更新模具设计。

Task5. 通过开模重新验证更新后的模具

Step1. 选择▼ MOLD（模具）菜单中的Mold Opening（模具开模）命令，可观察到更新后的模具开启成功，单击Done/Return（完成/返回）命令。

Step2. 选择下拉菜单文件(F) ➡ 保存(S)命令，保存文件。

9.5　修改模具开启

本例中，将对模具的开启进行修改，包括调整开模顺序和修改模具元件移动的尺寸。

Task1. 设置工作目录及打开模具模型文件

将工作目录设置至 D:\proewf5.3\work\ch09.05，打开文件 display_mold.asm。

Task2. 准备工作

选择工具栏中的按钮，遮蔽参照模型、坯料和分型面。

Task3. 修改模具开启

Stage1. 查看当前的开模步骤

Step1. 在▼ MOLD（模具）菜单中选择Mold Opening（模具开模）→ Explode（分解）命令，如图 9.5.1 所示，此时的模具如图 9.5.2 所示。

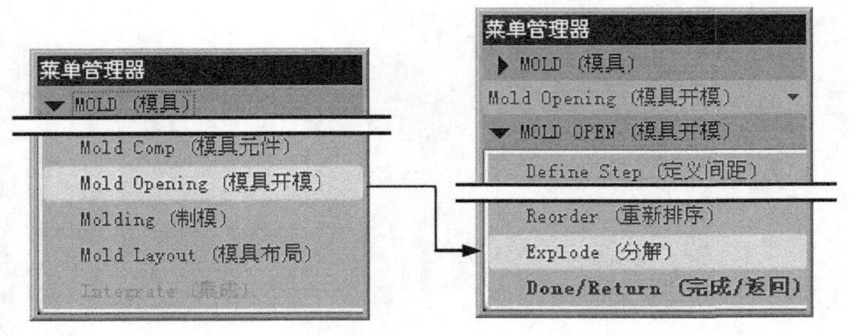

图 9.5.1　菜单管理器

图 9.5.2　分解状态（一）

Step2. 在弹出的图 9.5.3 所示的▼ STEP BY STEP（逐步）菜单中选择Open Next（打开下一个）命令，此时的模具如图 9.5.4 所示。

Step3. 再选择Open Next（打开下一个）命令，此时的模具如图 9.5.5 所示。

Step4. 再选择Open Next（打开下一个）命令，此时的模具如图 9.5.6 所示。

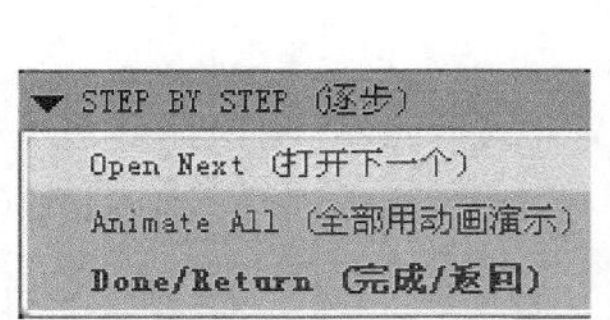

图 9.5.3　“逐步”菜单

图 9.5.4　分解状态（二）

图 9.5.5　分解状态（三）

Stage2．调整开模顺序

Step1. 在▼ MOLD OPEN（模具开模）菜单中选择Reorder（重新排序）命令。

Step2. 将开模步骤 1 调整为步骤 2。在▼ 模具间距 菜单中选择步骤1，然后选择步骤2。

Step3. 查看调整顺序后的开模步骤。

（1）在▼ MOLD OPEN（模具开模）菜单中选择Explode（分解）→ Open Next（打开下一个）命令，此时的模具如图 9.5.7 所示。

（2）选择Open Next（打开下一个）命令，此时的模具如图 9.5.8 所示。可以看出，开模顺序已经被调整。

Step4. 选择Done/Return（完成/返回）命令。

Stage3．修改开模移动距离

Step1. 在▼ MOLD OPEN（模具开模）菜单中选择Mod Dim（修改尺寸）命令。

Step2. 在系统➪选取"成员"以显示开口尺寸。的提示下，在模型中选取下模 LOWER_VOL.PRT，此时下模的移动尺寸在模型中显示出来（图 9.5.9），将移动尺寸 600.0 修改为 1200.0（双击要修改的尺寸）。

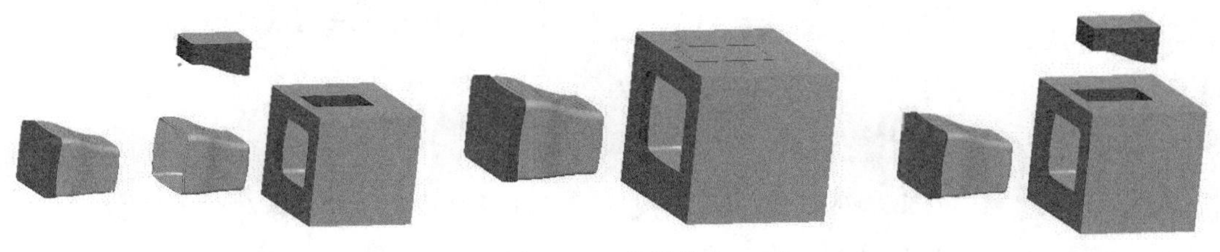

图 9.5.6　分解状态（四）　　图 9.5.7　分解状态（五）　　图 9.5.8　分解状态（六）

Step3. 选择 Done/Return（完成/返回）命令。

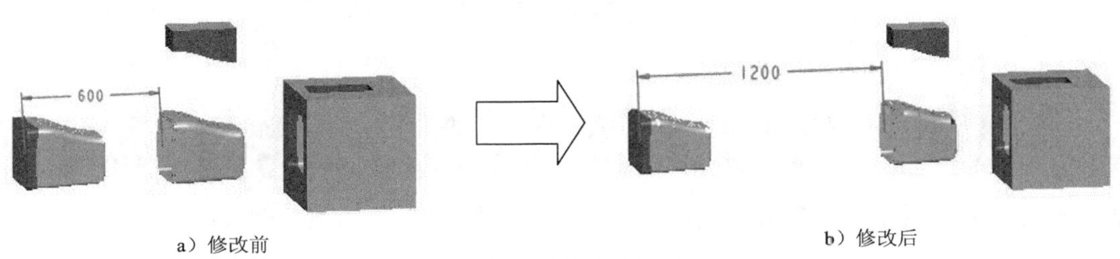

a）修改前　　b）修改后

图 9.5.9　修改开模移动尺寸

Stage4. 改变移动的模具元件

Step1. 在 ▼ MOLD（模具）菜单中选择 Mold Opening（模具开模） ➡ Modify（修改） ➡ 步骤3 命令。

Step2. 在弹出的 ▼ DEFINE STEP（定义间距）菜单中选择 Delete（删除） ➡ 移动1 命令。

Step3. 在 ▼ DEFINE STEP（定义间距）菜单中选择 Define Move（定义移动）命令，选取浇注件（DISPLAY_MOLDING.PRT）为要移动的模具元件，定义移动方向（图 9.5.10），移动距离值为 600.0。移出后的浇注件如图 9.5.11 所示。

Step4. 选择 Done/Return（完成/返回）命令。

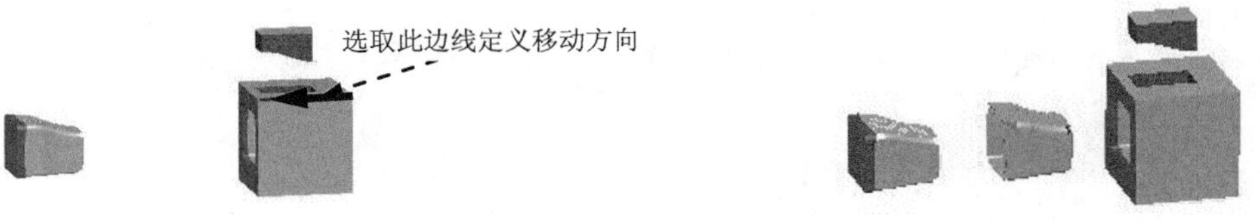

图 9.5.10　选取移动方向　　图 9.5.11　移出后的浇注件

Stage5. 查看修改后的开模步骤

在 ▼ MOLD（模具）菜单中选择 Mold Opening（模具开模） ➡ Explode（分解） ➡ Open Next（打开下一个）命令，查看修改后的开模步骤，单击 Done/Return（完成/返回）命令，选择下拉菜单 文件(F) ➡ 保存(S) 命令，保存文件。

第 10 章 塑料顾问模块

本章提要 本章将讲解塑料顾问模块的功能及操作，内容包括从设置参数到分析计算，再到生成完整的分析报告的全过程。

10.1 塑料顾问模块概述

塑料顾问模块（Plastic Advisor）是 Pro/ENGINEER 系统的分析模块之一，在该模块中，通过用户的简单设定，系统会自动进行塑料注射成型的模流分析。这样在模具设计阶段，设计人员就能够对塑料在模腔中的填充情况、注射时产生的气泡、融合线和塑料变形等有所把握，便于及早改进设计。

使用“塑料顾问模块”进行模流分析，应该注意：

- 分析时，系统直接读取 Pro/ENGINEER 三维模型数据，不用另外建立分析网格。
- 计算时将熔化的塑料视为牛顿流体，即线性的假设。
- 该分析模块着重在初期充填分析，并不支持后充填及冷却。

Pro/ENGINEE 模具安装成功后，Plastic Advisor (T) 模块位于 应用程序(P) 下拉菜单中，如图 10.1.1 所示。塑料顾问模块的安装参见本书 1.3 节“Pro/ENGINEER 模具部分的安装说明”。

10.2 塑料顾问模块范例操作

下面以浇注件 cap_molding.prt 为例，详细介绍用塑料顾问模块进行零件模流分析的一般操作方法。

Step1. 设置工作目录及打开文件。

（1）将工作目录设置至 D:\proewf5.3\work\ch10。

（2）选择下拉菜单 文件(F) ➡ 打开(O)... 命令，打开浇铸件 cap_molding_.prt。

Step2. 创建图 10.2.1 所示的基准点 PNT0，该基准点将作为模流分析时的浇注位置点，操作方法如下。

（1）单击创建基准点的按钮 ，系统弹出“基准点”对话框。

（2）在模型中选取图 10.2.1 所示的边线为参照，在“基准点”对话框中选择约束类型为居中，如图 10.2.2 所示。

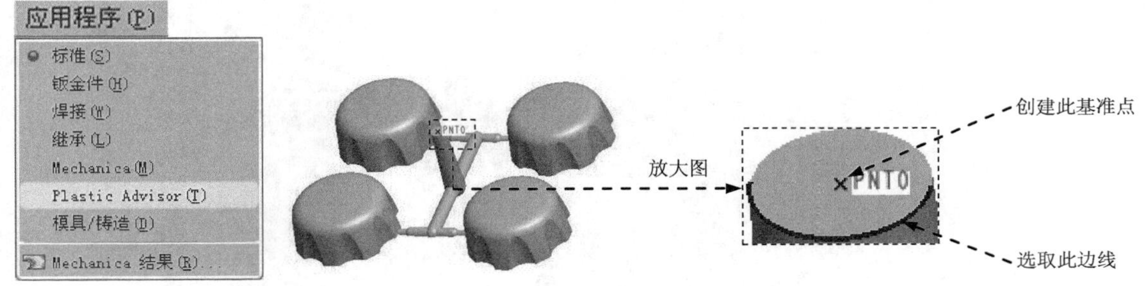

图 10.1.1 “应用程序”下拉菜单

图 10.2.1 创建基准点 PNT0

图 10.2.2 “基准点”对话框

（3）单击对话框中的确定按钮。

Step3. 在应用程序(P)下拉菜单中选择Plastic Advisor(T)（塑料顾问）命令，进入“塑料顾问”模块。

Step4. 选取浇注位置点。此时系统的提示如图 10.2.3 所示，选取前面创建的基准点 PNT0 为浇注点，并单击“选取”对话框中的确定按钮。

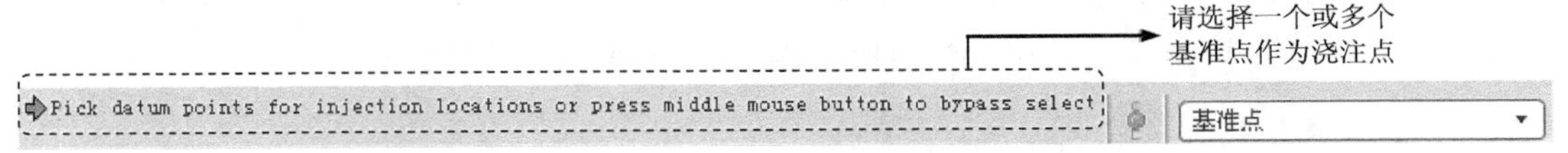

图 10.2.3 系统提示信息

Step5. 此时出现图 10.2.4 所示的 PLASTIC Advisor 7.0 操作界面，若在此操作界面中显示的是“没有可以显示的页面”窗口，则可单击操作界面下方的 cap_molding 按钮来进行切换，显示 cap_molding 窗口。

Step6. 在图 10.2.4 所示的 PLASTIC Advisor 7.0 操作界面工具栏中单击按钮，系统弹出图 10.2.5 所示的“Analysis Wizard-Analysis Selection”（分析选择）对话框（一），在该对话框中选中☑Plastic Filling 复选框，然后单击下一步(N) >按钮。此时 “Analysis Wizard- Select Material”对话框（二）如图 10.2.6 所示，在此对话框中可以设置零件的塑料材料类型及工艺参数，方法如下。

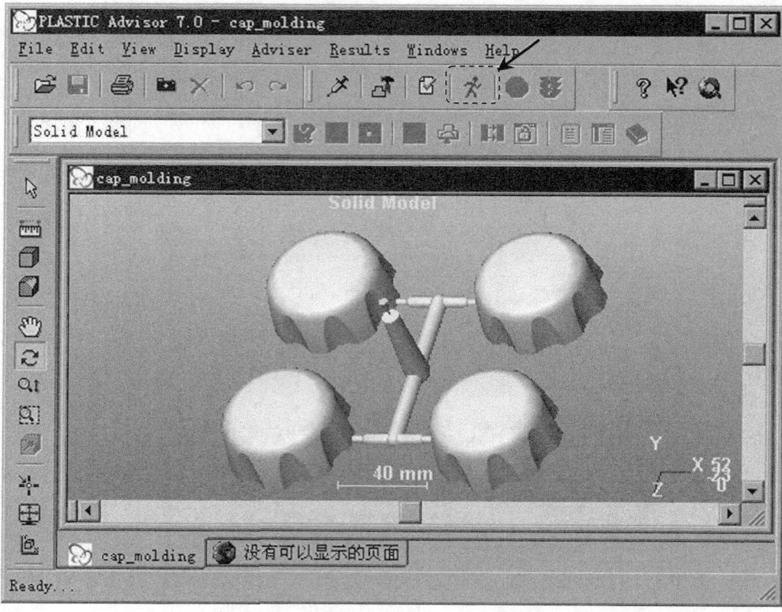

图 10.2.4 PLASTIC Advisor 7.0 操作界面

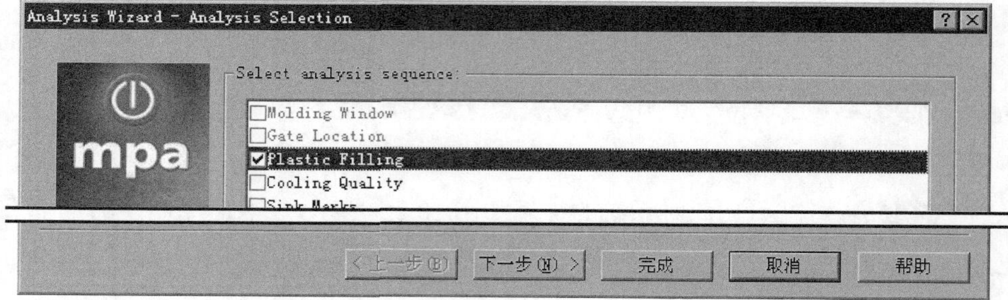

图 10.2.5 “Analysis Wizard-Analysis Selection”对话框（一）

（1）选择塑料材料的供应商及其产品名。

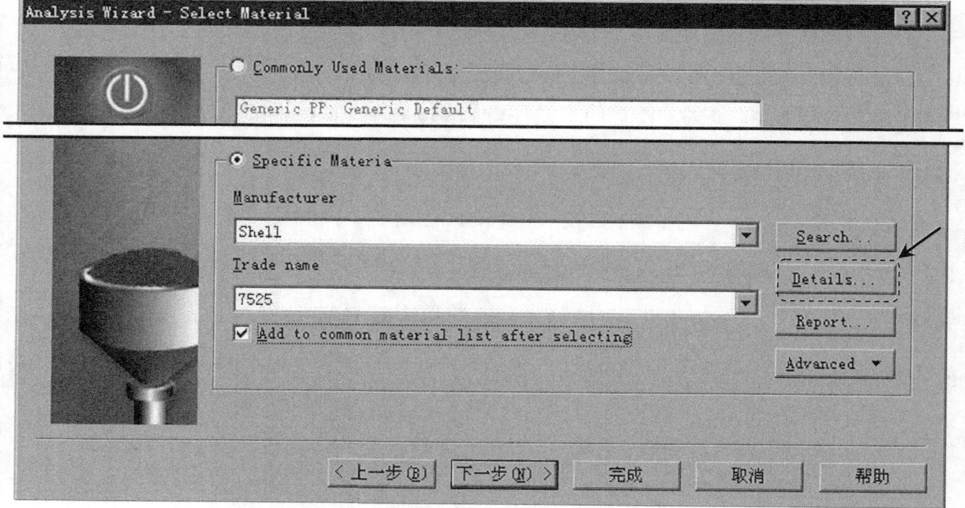

图 10.2.6 “Analysis Wizard- Select Material”对话框（二）

① 选中 Specific Materia （指定材料）单选项。

② 在 Manufacturer （供应商）列表中选择 Shell（壳牌）。

③ 在 Trade name （产品名称）列表中选择 7525，这样便选取了 Shell（壳牌）公司的 7525 聚丙烯塑料。

（2）查看所选材料的相关属性。

① 单击对话框中的 Details... （详细资料）按钮，系统弹出图 10.2.7 所示的对话框，在 Description （一般属性）选项卡中，可以了解有关该材料的基本信息。

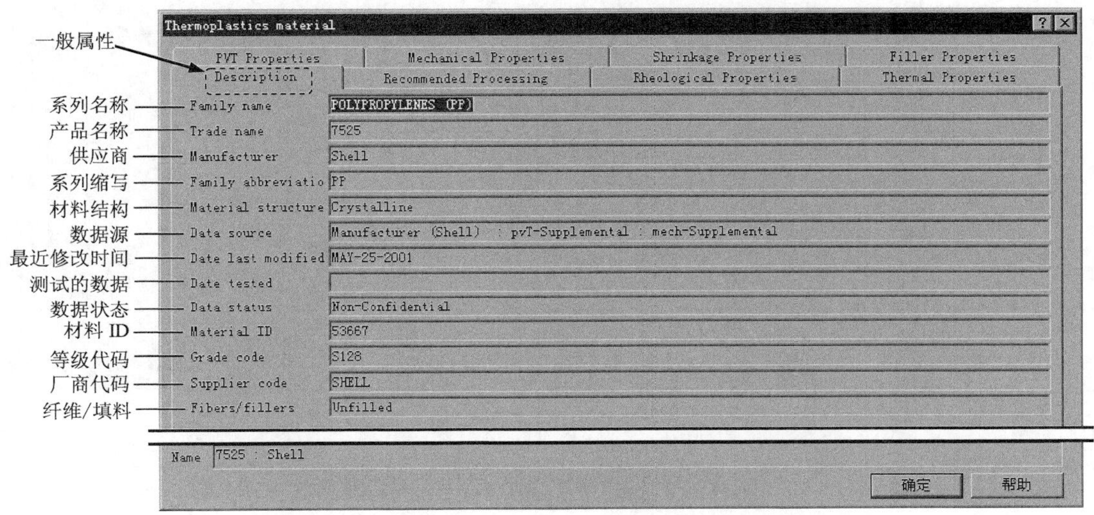

图 10.2.7　“一般属性”选项卡

② 选择 Recommended Processing （推荐工艺参数）选项卡（图 10.2.8），查看相关信息。

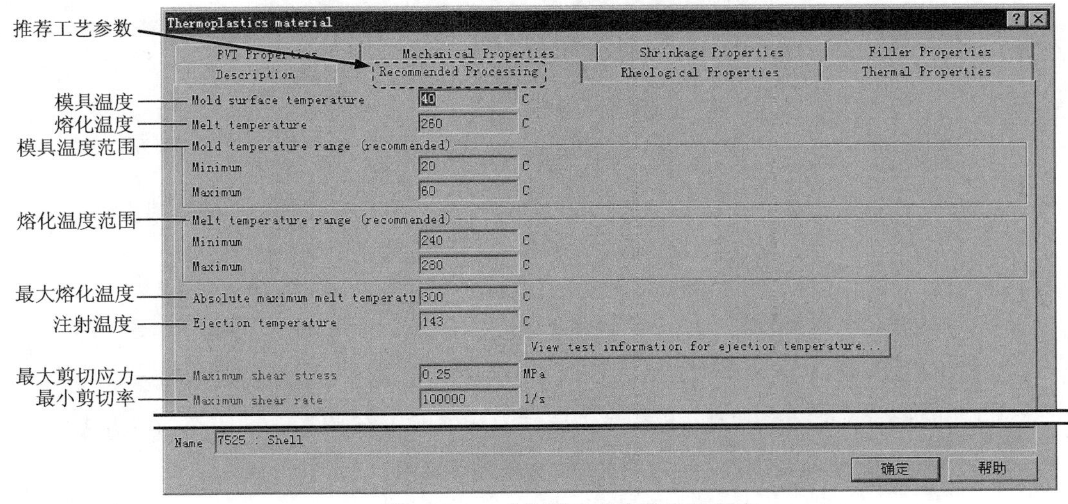

图 10.2.8　“推荐工艺参数”选项卡

③ 打开Rheological Properties（流变学属性）选项卡（图 10.2.9），查看相关信息。在该选项卡中，可以单击Default viscosity model区域的View viscosity model coefficients...（显示）按钮，系统会弹出图 10.2.10 所示的对话框，可以了解相关信息。

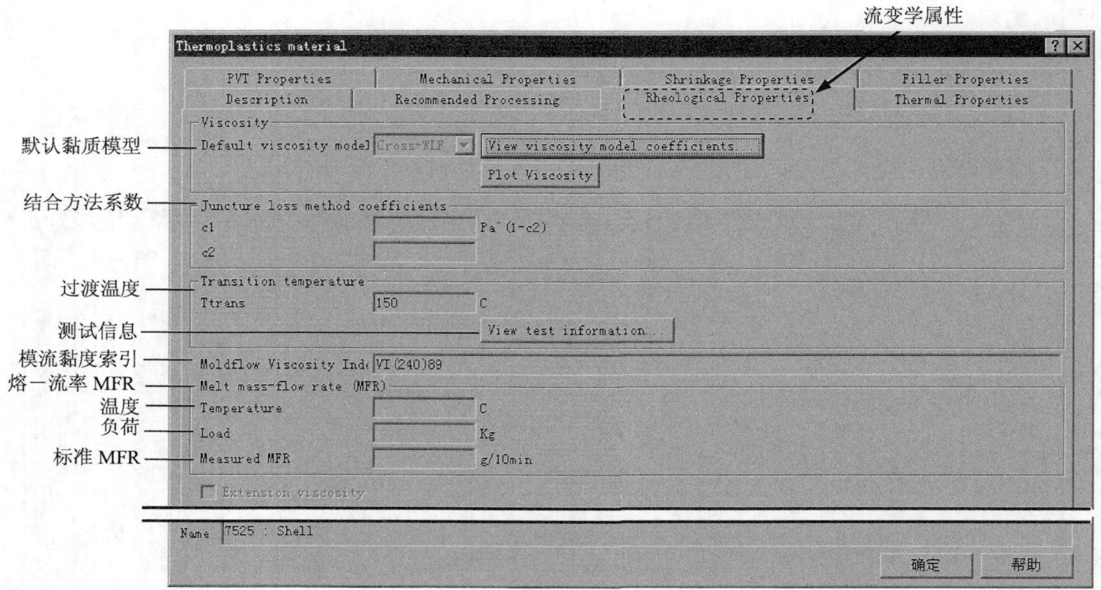

图 10.2.9　“流变学属性”选项卡

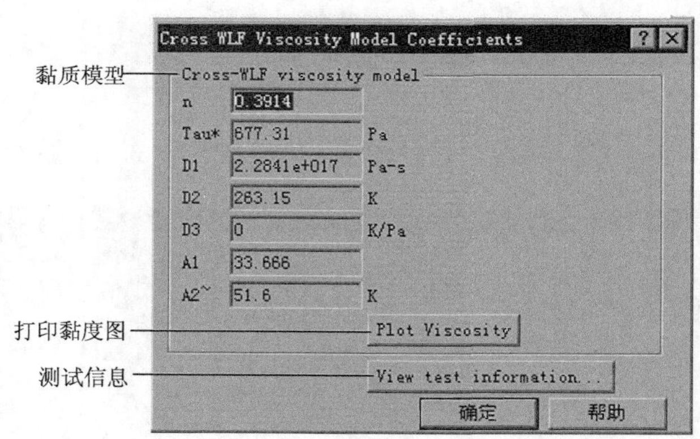

图 10.2.10　“默认黏质模型”对话框

④ 打开Thermal Properties（热力学属性）选项卡（图 10.2.11），查看相关信息。

⑤ 打开PVT Properties（压力、体积和温度）选项卡（图 10.2.12），查看相关信息。

⑥ 打开Mechanical Properties（机械动力属性）选项卡（图 10.2.13），查看相关信息。

⑦ 查看了所选材料的相关信息后，单击确定按钮。

（3）模拟注射分析。在“Analysis Wizard- Select Material”对话框中单击下一步(N) >按钮，系统弹出“Analysis Wizard-Processing Conditions”对话框，在该对话框中接受厂商推荐的

设置值，然后单击 完成 按钮，此时系统开始注射模拟分析，如图 10.2.14 所示。

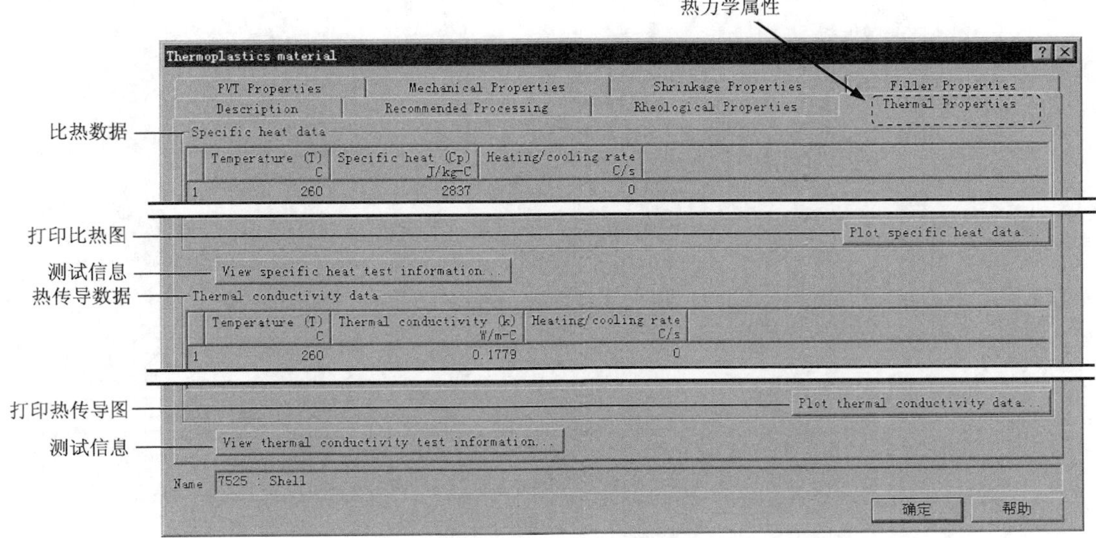

图 10.2.11　“热力学属性”选项卡

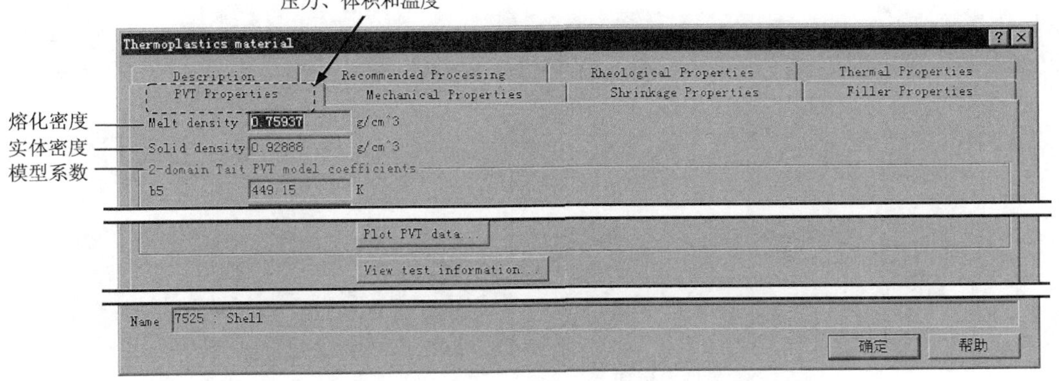

图 10.2.12　“压力、体积和温度”选项卡

Step7. 进行分析计算。

（1）查看注射模拟分析结果。注射模拟分析后，系统弹出图 10.2.15 所示的“Results Summary”对话框，显示大概的分析结果。该对话框中有一个信号灯的标志，若显示绿灯，则表示分析结果合格；若显示红灯，则表示分析结果不合格。查看结果后，单击 Close 按钮，关闭对话框。

（2）对塑件进行熔接痕分析。在工具栏中单击“熔接痕分析”按钮，可以检查塑件上出现的 Weld Line（熔接痕）位置。此时系统会在塑件上给出可能产生熔接痕的位置，分析结果表明该注射件在注射的过程中不会产生熔接痕。

说明：熔接痕是来自不同方向的熔融塑料前端被冷却，在结合处未能完全融合产生的。在结合处开设冷料穴、提高喷嘴温度、提高塑料温度、提高模具温度，可避免产生熔接痕。

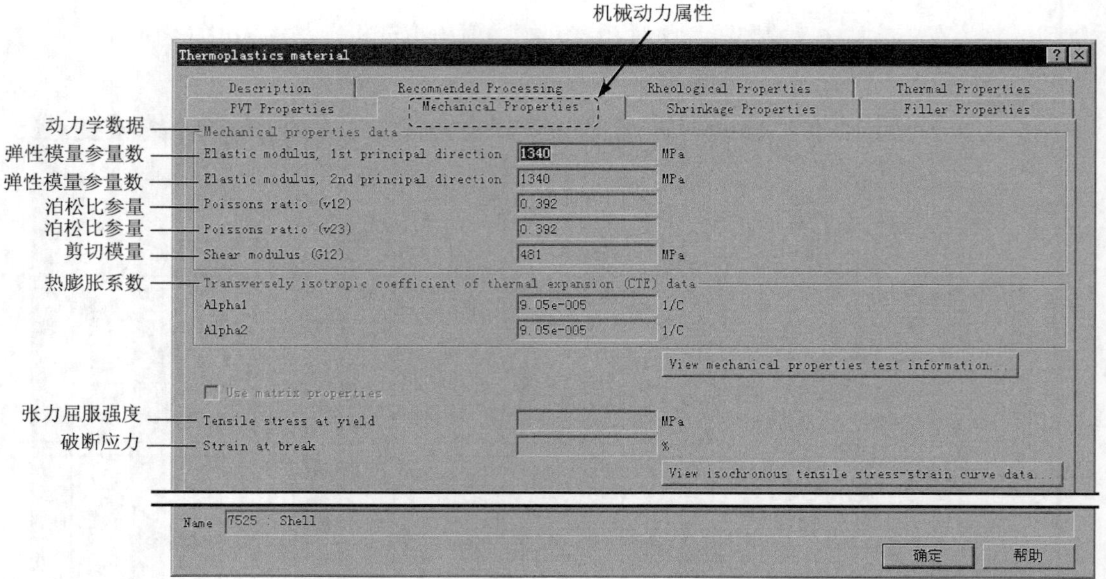

图 10.2.13 “机械动力属性”选项卡

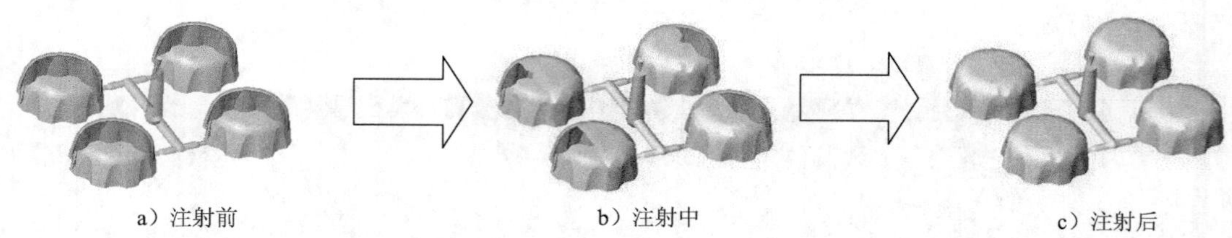

a）注射前　　b）注射中　　c）注射后

图 10.2.14 注射模拟分析

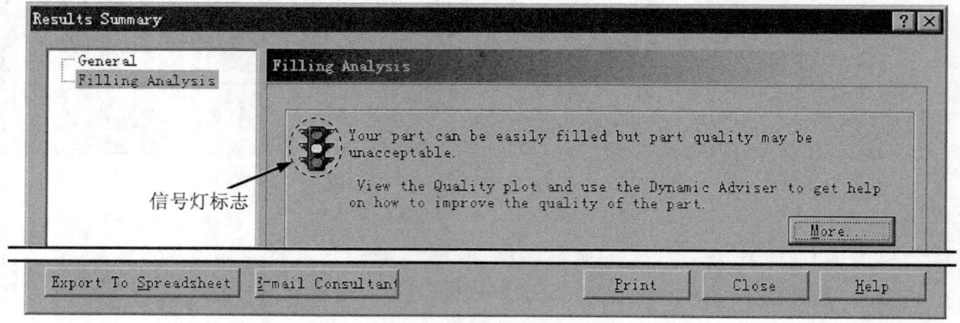

图 10.2.15 “Results Summary”对话框

（3）对塑件进行气泡分析。在工具栏中单击按钮，可以检查塑件上出现的 Air Trap（气泡）位置。此时，系统会在塑件上给出可能产生气泡的位置，分析结果表明该塑件在注射的过程中会产生气泡，结果如图 10.2.16 所示。

说明： 熔融塑料进入模腔后，如果模腔内的气体没有完全排除，则会在塑件表面产生气泡。在气泡出现的位置开设排气结构，可防止气泡的产生。

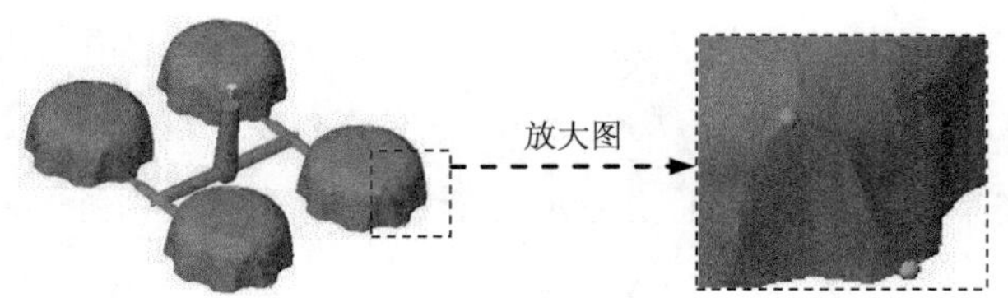

图 10.2.16　进行气泡分析结果

（4）对塑件进行填充时间分析。

① 在图 10.2.17 所示的工具栏下拉列表中选择分析项目 Fill Time（填充时间），可观察熔融塑料填充整个模腔的时间，分析结果如图 10.2.17 所示。

② 在工具栏的播放控制工具条 100% 中单击“播放”按钮，查看塑料填充的先后过程。

说明：

① 图 10.2.17 所示模腔中（塑件上），不同部位显示不同颜色，不同颜色代表不同填充时刻。在屏幕右部带有时间刻度的竖直颜色长条上，可查出每个部位的填充时间。在颜色长条上，红色区域表示填充时间最短，蓝色区域表示填充时间最长。

② 根据填充时间可以计算塑件生产时间并安排产能，更主要的是根据填充时间可以设置推料杆的压力（推力），控制熔融塑料填充模腔的速度，减少注射过程中产生的银丝和缺料缺陷。

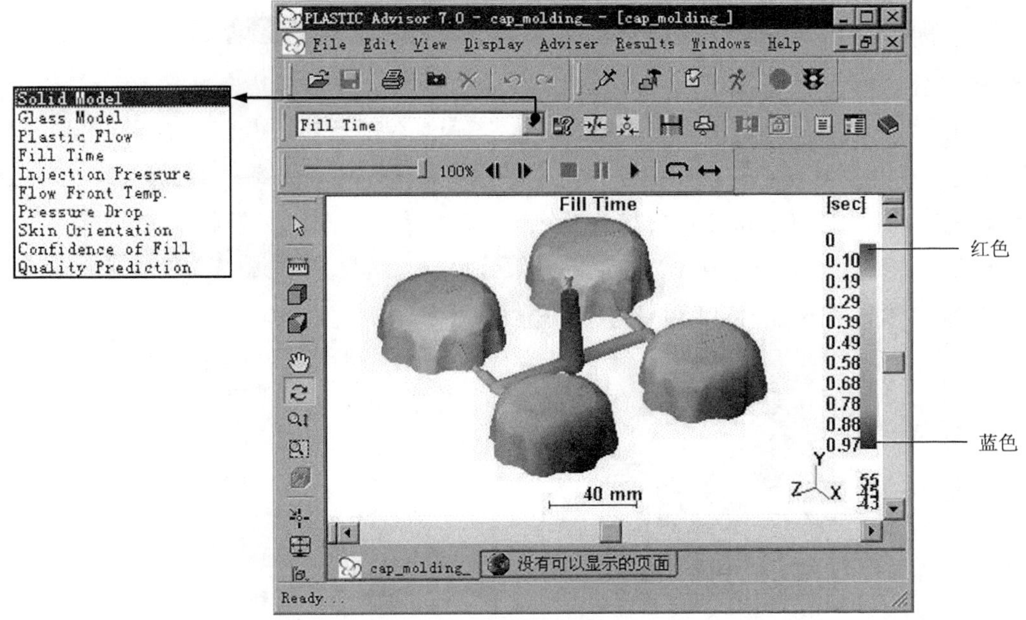

图 10.2.17　填充时间分析

（5）对塑件进行注射压力分析。

① 在图 10.2.17 所示的工具栏下拉列表中选择分析项目 Injection Pressure（注射压

力），可观察熔融塑料填充整个模腔的压力分布情况，分析结果如图 10.2.18 所示。

说明：图 10.2.18 所示模腔中（塑件上），不同部位显示不同颜色，不同颜色代表不同压力值。在屏幕右部带有压力刻度的竖直颜色长条上，可查出每个部位的压力。在压力长条上，红色区域表示注射压力最大，蓝色区域表示注射压力最小。根据注射压力的大小，可选择合适压力规格的注射机。另外，注射压力分析结果还可帮助模具设计师合理安排浇注点的位置和模穴的数量，以确定模具的结构。

② 在工具栏的播放控制工具条中单击“播放”按钮，查看注射过程中的压力分布情况。

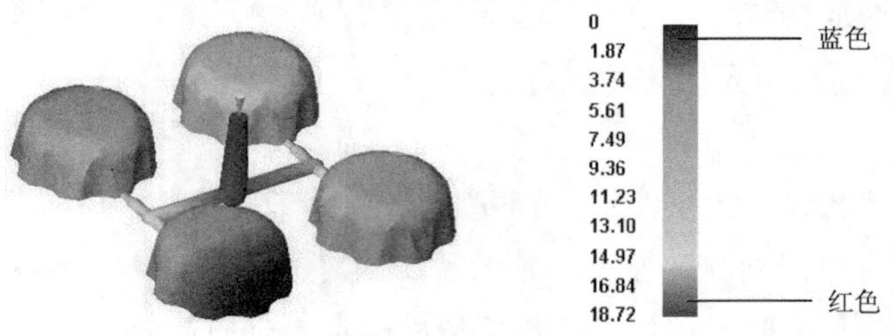

图 10.2.18 注射压力分析

注意：对于较复杂的模具，可以尝试选择多个浇注点分别进行模流分析，然后根据各自的分析结果选择一个最佳的浇注点。

（6）对塑件进行注射温度分析。

① 在图 10.2.17 所示的工具栏下拉列表中选择分析项目Flow Front Temp.（注射温度），可观察熔融塑料填充整个模腔的温度分布情况，分析结果如图 10.2.19 所示。

说明：图 10.2.19 所示模腔中（塑件上），不同部位显示不同颜色，不同颜色代表不同注射温度。在屏幕右部带有时间刻度的竖直颜色长条上，可查出每个部位的注射温度。在颜色长条上，红色区域表示注射温度最大，蓝色区域表示注射温度最小。

② 在工具栏的播放控制工具条中单击“播放”按钮，查看注射过程中的温度分布情况。

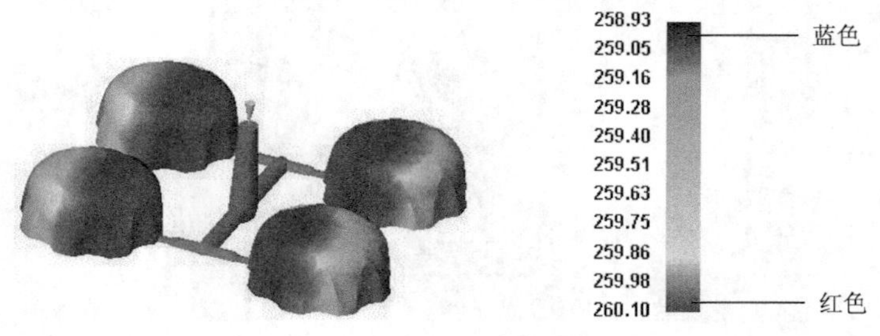

图 10.2.19 注射温度分析

说明：根据注射温度的大小，可以确定创建冷却系统或加热系统的位置分布情况，以完成模具上冷却系统或加热系统的结构设计。

（7）对塑件进行注射压力损失分析。

① 在图 10.2.17 所示的工具栏下拉列表中选择分析项目 Pressure Drop（压力损失），可观察熔融塑料填充整个模腔的注射压力损失分布情况，分析结果如图 10.2.20 所示。

说明：图 10.2.20 所示模腔中（塑件上），不同部位显示不同颜色，不同颜色代表不同注射压力损失值。在屏幕右部带有压力损失刻度的竖直颜色长条上，可查出每个部位的注射压力损失值。在颜色长条上，蓝色区域表示注射压力损失最小，红色区域表示注射压力损失最大。

② 在工具栏的播放控制工具条 中单击“播放”按钮，查看注射过程中的压力损失分布情况。

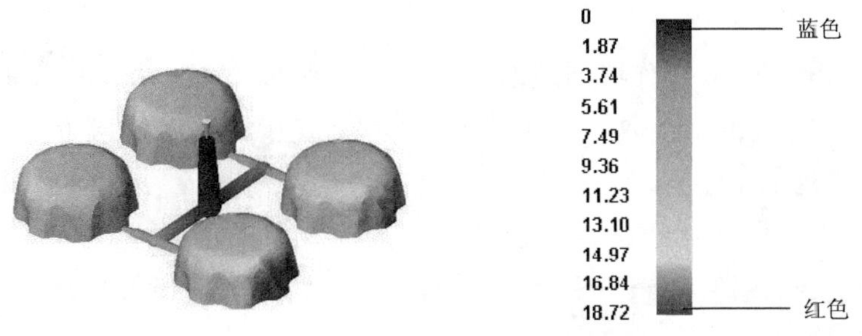

图 10.2.20　注射压力损失分析

（8）对注射件进行填充质量分析。

在图 10.2.17 所示的工具栏下拉列表中选择分析项目 Quality Prediction（填充质量），可观察熔融塑料填充整个模腔的质量分布情况，分析结果如图 10.2.21 所示。

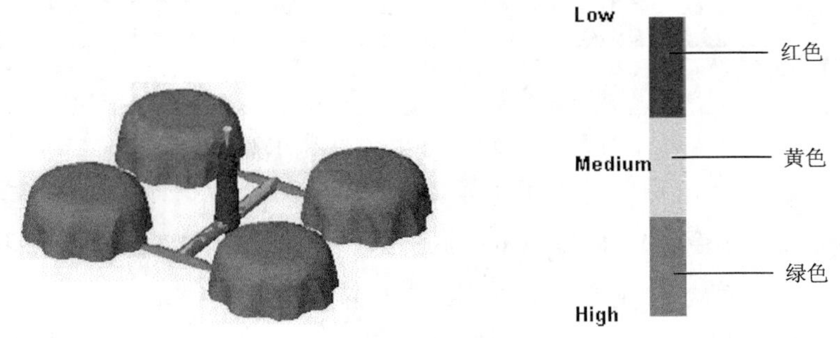

图 10.2.21　填充质量分析

说明：

- 图 10.2.21 所示模腔中（塑件上），不同部位显示不同颜色，不同颜色代表不同填充质量。在屏幕右部带有质量刻度的竖直颜色长条上，可查出每个部位的填充质量。在颜色长条上，红色区域表示填充质量低，黄色区域表示填充质量适中，绿色区域表示填充质量高。
- 根据填充质量分析得到的结论，可以提前得知注射件的质量，若分析出存在问题可提前将其解决，以提高设计效率，减少后续的返工。

（9）对注射件进行流动取向分析。

在图 10.2.17 所示的工具栏下拉列表中选择分析项目Skin Orientation（流动取向），可观察熔融塑料填充整个模腔的流动情况，分析结果如图 10.2.22 所示。

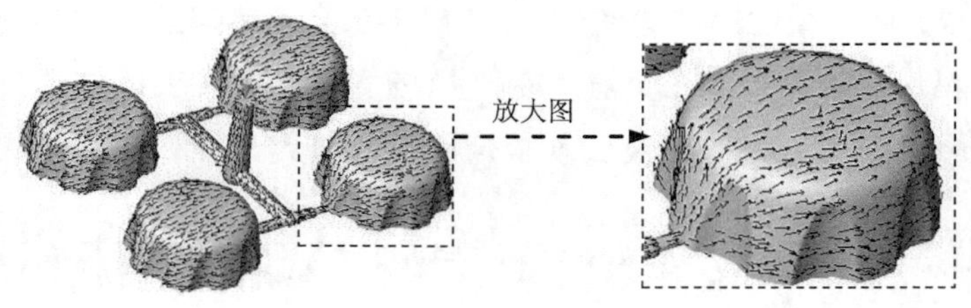

图 10.2.22　流动取向分析

Step8. 制作分析报告书。

（1）在 PLASTIC Advisor 7.0 操作界面中选择下拉菜单 File ➡ Preferences... 命令，在弹出的“Preferences”对话框中选取 External Programs 选项，指定浏览器的路径，如图 10.2.23 所示，再单击 Cancel 按钮。

说明：单击工具栏中的按钮，可以编辑要加入报告书的批注。

（2）单击工具栏中的按钮，系统弹出“Report Wizard”对话框，选择 Create new report（创建新报表）单选项，然后单击 下一步(N) > 按钮。

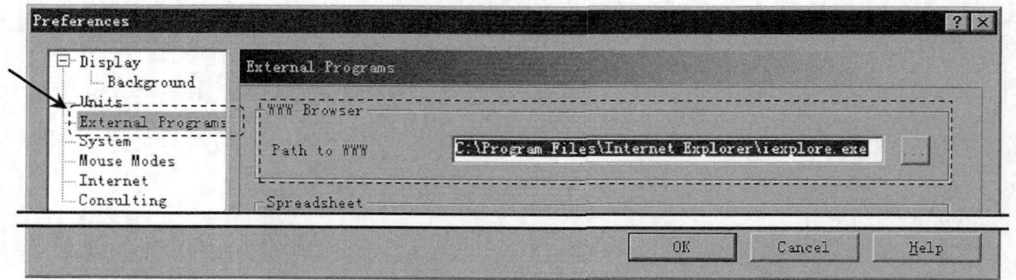

图 10.2.23　指定浏览器的路径

（3）在“Report Wizard”对话框中可以输入 Title（标题）、Author（作者）、Company（公司）、Recipient（接受者）、Recipient Company（接受公司）及 Logo（标识）等信息，此处接受默认（不输入信息），直接单击 下一步(N) > 按钮。

（4）在系统弹出的“Report Wizard”对话框 Select Results 区域下拉列表中选择要报告其分析结果的零件为 cap_molding_，然后选择要加入报告书中的分析项目（本例中按默认设置），单击 下一步(N) > 按钮。

（5）在系统弹出的“Report Wizard”对话框中接受默认设置，然后单击 Generate（生成报告）按钮，系统弹出“Select target directory. . .”对话框，在该对话框中单击选择路径按钮 Select（本例中按默认路径）。此时系统便开始制作报告书，制作完成后系统会自动打开生成的报告。

第 11 章　模架的结构与设计

本章提要　本章从模架的作用和结构入手，通过一个具体的范例详细讲解手动模架的设计过程，读者可以按照步骤进行操作，并体会其中的设计思想。相信在结束本章的学习后，读者会对模架的结构设计有一个全新的认识。

11.1　模架的作用和结构

1．模架的作用

模架（Moldbase）是模具的基座，模架作用如下。

- 引导熔融塑料从注射机喷嘴流入模具型腔。
- 固定模具的塑件成型元件（上模型腔、下模型腔和滑块等）。
- 将整个模具可靠地安装到注射机上。
- 调节模具温度。
- 将浇注件从模具中顶出。

2．模架的结构

图 11.1.1 是一个塑件（pad.prt）的完整模具，它包括模具型腔零件和模架，读者可以将工作目录设置至 D:\proewf5.3\work\ch11.01，然后打开文件 pad_mold.asm，查看其模架结构。模架中主要元件（或结构要素）的作用说明如下。

- 定座板（top_plate）1：该元件的作用是固定 A 板（a_plate）6。
- 定座板螺钉（top_plate_screw）2：通过该螺钉将定座板（top_plate）1 和 A 板（a_plate）6 紧固在一起。
- 注射浇口 3：注射浇口位于定座板（top_plate）1 上，它是熔融塑料进入模具的入口。由于浇口与熔融塑料和注射机喷嘴反复接触、碰撞，在实际模具设计中，一般浇口不直接开设在定座板（top_plate）1 上，而是将其制成可拆卸的浇口套，用螺钉固定在定座板上。
- A 板（a_plate）6：该元件的作用是固定上模型腔（upper_mold）4。
- 隔套（bush）5：该元件固定在 A 板（a_plate）6 上。工作中，模具会反复开启，隔套（bush）起耐磨作用，保护 A 板（a_plate）零件不被磨坏。

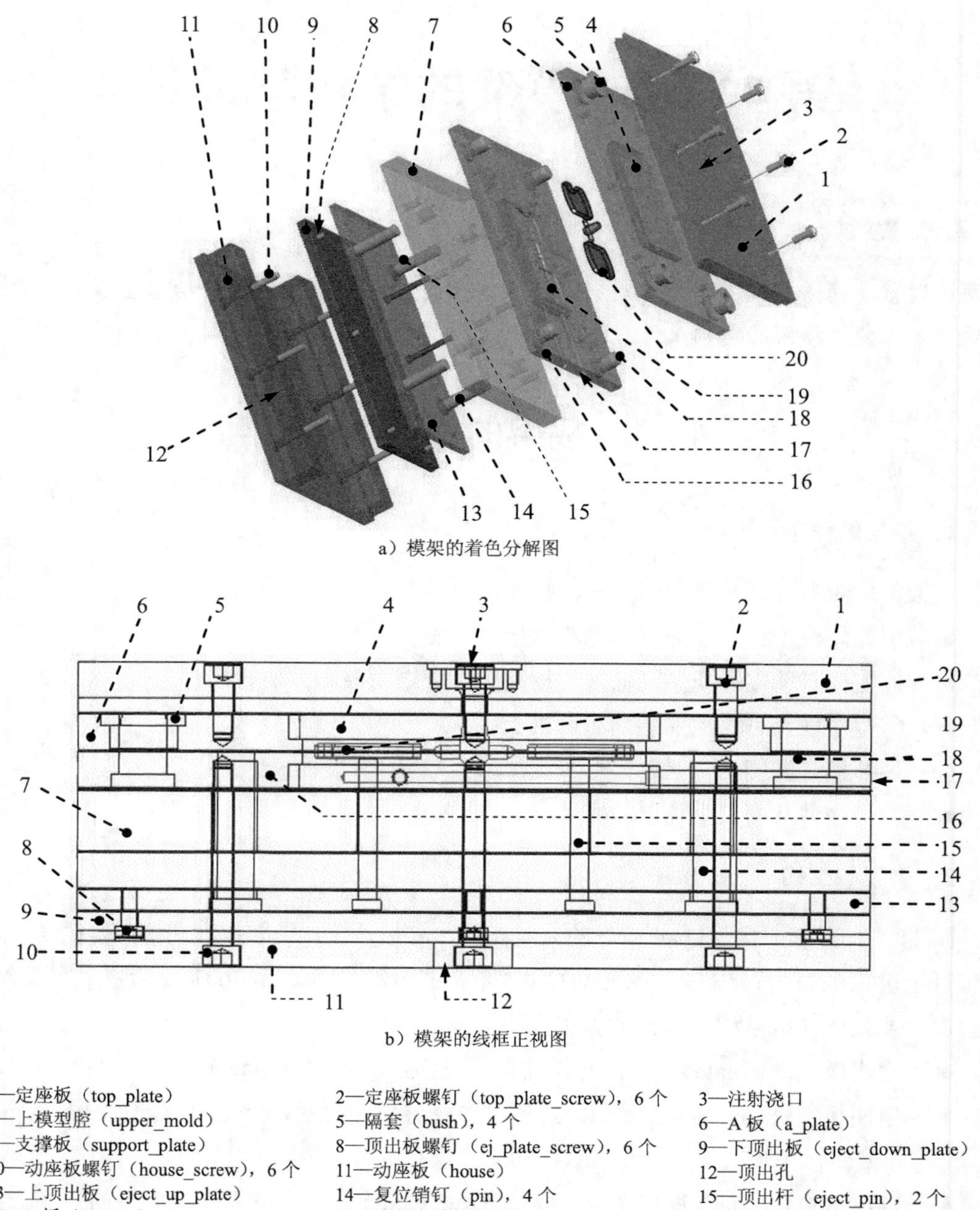

1—定座板（top_plate）
2—定座板螺钉（top_plate_screw），6 个
3—注射浇口
4—上模型腔（upper_mold）
5—隔套（bush），4 个
6—A 板（a_plate）
7—支撑板（support_plate）
8—顶出板螺钉（ej_plate_screw），6 个
9—下顶出板（eject_down_plate）
10—动座板螺钉（house_screw），6 个
11—动座板（house）
12—顶出孔
13—上顶出板（eject_up_plate）
14—复位销钉（pin），4 个
15—顶出杆（eject_pin），2 个
16—B 板（b_plate）
17—冷却水道的进出孔
18—导向柱（pillar），4 个
19—下模型腔（lower_mold）
20—浇注件（pad_molding）

图 11.1.1　模架（Moldbase）的结构

- B 板（b_plate）16：该元件的作用是固定下模型腔（lower_mold）19。如果冷却水道（水线）设计在下模型腔（lower_mold）19 上，则 B 板（b_plate）16 上应设有冷却水道的进出孔 17。

- 导向柱（pillar）18：该元件安装在 B 板（b_plate）16 上，开模后复位时，该元件起导向作用。
- 动座板（house）11：该元件的作用是固定 B 板（b_plate）16。
- 动座板螺钉（house_screw）10：通过该螺钉将动座板（house）11、支撑板（support_plate）7 和 B 板（b_plate）16 紧固在一起。
- 顶出板螺钉（ej_plate_screw）8：通过该螺钉将下顶出板（eject_down_plate）9 和上顶出板（eject_up_plate）13 紧固在一起。
- 顶出孔 12：该孔位于动座板（house）11 的中部。开模时，动模部分移开后，注塑机在此孔处推动下顶出板（eject_down_plate）9 带动顶出杆（eject_pin）15 上移，直至将浇注件（pad_molding）20 顶出上模型腔（upper_mold）4。
- 顶出杆（eject_pin）15：该元件用于把浇注件（pad_molding）20 从模具型腔中顶出。
- 复位销钉（pin）14：该元件的作用是使顶出杆（eject_pin）15 复位，为下一次注射做准备。在实际的模架中，复位销钉（pin）14 上套有复位弹簧。在浇注件（pad_molding）20 落下，顶出孔 12 处的推力撤销后，在弹簧力作用下，上顶出板（eject_up_plate）13 会带着顶出杆（eject_pin）15 下移，直至复位。

11.2　模架设计

模架一般由浇注系统、导向部分、推出装置、温度调节系统和结构零部件组成。模架的设计方法主要分为：手动设计法和自动设计法。

手动设计指用户在设计一些特殊产品模具时，标准模架满足不了生产需要，这种情况下，必须根据产品的结构来自行定义模架，以便后续使用。

自动设计指用户在设计模具时，采用标准模架来完成一套完整的模具设计，并且采用标准模架可以减少设计成本、缩短设计周期并保证设计质量。Pro/ENGINEER 软件提供了一个外挂的模架设计专家（EMX）模块，供用户选择使用。

本章将详细介绍使用手动设计法来创建模架的一般设计过程。在第 12 章中，我们将详细介绍模架的自动设计法（即 EMX）。

为说明模架设计的要点，下面介绍模具的设计过程，这是一个一模两穴的模具，即通过一次注射成型可以生成两个零件。该模具的主要设计内容如下。

- 模具型腔元件（上模型腔和下模型腔）的设计。
- 模具型腔元件与模架的装配。
- 上模型腔与 A 板配合部分的设计。
- 下模型腔与 B 板配合部分的设计。

- 在下模型腔中设计冷却水道。
- 在 B 板中设计冷却水道进出孔。
- 含模架的模具开启设计。

Task1．新建一个模具制造模型，进入模具模块

注意：操作前，务必拭除内存中的所有文件，否则可能会使后面的操作紊乱。操作方法：选择下拉菜单 文件(F) → 关闭窗口(C) 命令，关闭所有窗口；选择下拉菜单 文件(F) → 拭除(E) ▸ → 不显示(D)... 命令，拭除内存中的所有文件。

Step1．选择下拉菜单 文件(F) → 设置工作目录(W)... 命令，将工作目录设至 D:\proewf5.3\work\ch11.02。

Step2．单击新建文件按钮。

Step3．系统弹出“新建”对话框，选中 类型 区域中的 ◉ 制造 单选项，选中 子类型 区域中的 ◉ 模具型腔 单选项，在 名称 后的文本框中输入文件名 pad_mold，取消选中 ☑ 使用缺省模板 复选框，单击 确定 按钮。

Step4．在弹出的“新文件选项”对话框的 模板 区域选取 mmns_mfg_mold 模板，然后单击 确定 按钮。

Task2．建立模具模型

设计模具前，需要先创建图 11.2.1 所示的模具模型（包括参照模型和坯料）。

Stage1．引入第一个参照模型

Step1．在 ▼ MOLD（模具）菜单中选择 Mold Model（模具模型） → Assemble（装配）命令。

Step2．在弹出的 ▼ MOLD MDL TYP（模具模型类型）菜单中选择 Ref Model（参照模型）命令。

Step3．系统弹出文件“打开”对话框，选取零件模型 pad.prt 作为参照零件模型，并将其打开。

Step4．系统弹出“放置”操控板，在“约束类型”下拉列表中选择 缺省，将参照模型按默认放置，再在操控板中单击“完成”按钮✔。

Step5．系统弹出图 11.2.2 所示的“创建参照模型”对话框，选中 ◉ 按参照合并 单选项（系统默认选中该单选项），然后在 参照模型 区域的 名称 文本框中接受默认的名称 PAD_MOLD_REF，单击对话框中的 确定 按钮。参照模型装配后，模具的基准平面与参照模型的基准平面对齐，如图 11.2.3 所示。

Stage2．隐藏第一个参照模型的基准平面

为使屏幕简洁，可利用层的隐藏功能，将参照模型的三个基准平面隐藏起来。

Step1．在导航选项卡中选择 → 层树(L) 命令。

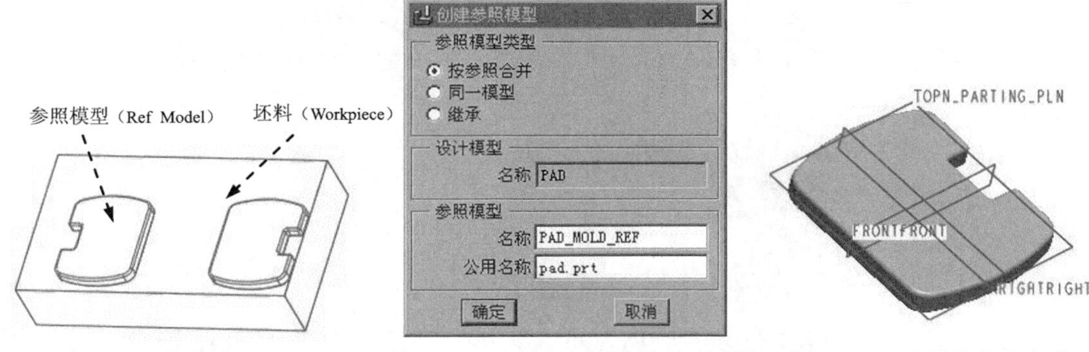

图 11.2.1　模具模型　　图 11.2.2 "创建参照模型"对话框　　图 11.2.3　参照件组装完成后

Step2. 在导航选项卡中单击 PAD_MOLD.ASM (顶级模型，活动的) 后面的按钮，选择参照模型 PAD_MOLD_REF.PRT 为活动层对象。

Step3. 在参照模型的层树中选取基准平面层 01__PRT_DEF_DTM_PLN，然后右击，在弹出的快捷菜单中选择 隐藏 命令，再单击"屏幕刷新"按钮，这样参照模型的基准平面将不显示。

Step4. 完成操作后，选择导航选项卡中的 → 模型树(M) 命令，切换到模型树状态。

Stage3. 引入第二个参照模型

Step1. 在 ▼ MOLD MODEL (模具模型) 菜单中选择 Assemble (装配) 命令，然后在弹出的菜单中选择 Ref Model (参照模型) 命令。

Step2. 在弹出的文件"打开"对话框中选取零件模型 pad.prt 作为参照零件模型，并将其打开。

Step3. 系统弹出图 11.2.4 所示的"元件放置"操控板，在操控板中进行如下操作。

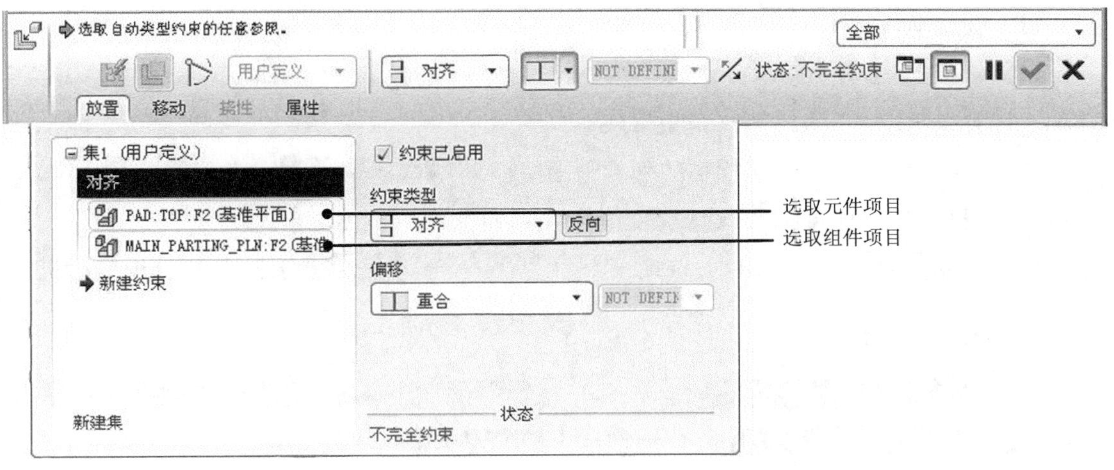

图 11.2.4 "元件放置"操控板

（1）指定第一个约束。

① 在操控板中单击 放置 按钮。

② 在“放置”界面的“约束类型”下拉列表中选择 对齐。

③ 选取参照件的 TOP 基准平面为元件参照，选取装配体的 MAIN_PARTING_PLN 基准平面为组件参照。

④ 在“偏移”区域中选择 重合（默认为选中）。

（2）指定第二个约束。

① 单击 新建约束 字符。

② 在“约束类型”下拉列表中选择 配对。

③ 选取参照件的 FRONT 基准平面为元件参照，选取装配体的 MOLD_FRONT 基准平面为组件参照。

④ 在“偏移”区域中选择 重合（默认为选中）。

（3）指定第三个约束。

① 单击 新建约束 字符。

② 在“约束类型”下拉列表中选择 配对。

③ 选取参照件的 RIGHT 基准平面为元件参照，选取装配体的 MOLD_RIGHT 基准平面为组件参照。

④ 先在“偏移”区域中选择 偏移，然后在后面的文本框中输入值-80，并按 Enter 键。

（4）至此，约束定义完成，在操控板中单击“完成”按钮，系统自动弹出“创建参照模型”对话框，单击 确定 按钮，完成后的装配体如图 11.2.5 所示。

Stage4．隐藏第二个参照模型的基准平面

Step1. 为使屏幕简洁，将第二个参照模型的三个基准平面隐藏起来。

（1）在导航选项卡中选择 → 层树(L) 命令。

（2）在导航选项卡的 PAD_MOLD.ASM (顶级模型，活动的) 列表框中选择第二个参照模型（PAD_MOLD_REF_1.PRT）为活动层对象。

（3）在层树中，右击参照模型的基准平面层 01__PRT_DEF_DTM_PLN，选择 隐藏 命令，然后单击“屏幕刷新”按钮，这样参照模型的基准平面将不再显示。

Step2. 操作完成后，选择导航选项卡中的 → 模型树(M) 命令，切换到模型树状态。

Stage5．创建坯料

Step1. 在 ▼ MOLD MODEL (模具模型) 菜单中选择 Create (创建) → Workpiece (工件) 命令，在弹出的 ▼ CREATE WORKPIECE (创建工件) 菜单中选择 Manual (手动) 命令。

Step2. 系统弹出“元件创建”对话框。选中 类型 区域的 ◉ 零件 单选项，选中 子类型 区域的 ◉ 实体 单选项，在 名称 文本框中输入坯料的名称 wp，单击 确定 按钮。

Step3. 在弹出的“创建选项”对话框中选中 ◉ 创建特征 单选项，单击 确定 按钮。

Step4. 创建坯料特征。

（1）在弹出的▼ FEAT OPER（特征操作）菜单中选择 Solid（实体）→ Protrusion（伸出项）→ Extrude（拉伸）→ Solid（实体）→ Done（完成）命令，此时出现“拉伸”操控板。

（2）创建实体拉伸特征。

① 选取拉伸类型。在操控板中确认“实体”类型按钮□被按下。

② 定义截面放置属性。右击，选择 定义内部草绘... 命令，选择 MAIN_PARTING_PLN 基准平面为草绘平面，MOLD_FRONT 基准平面为参照平面，方向为 底部，单击 草绘 按钮，系统进入草绘环境。

③ 进入草绘环境后，选取 MOLD_FRONT 和 MOLD_RIGHT 基准平面为参照，绘制图 11.2.6 所示的截面草图。完成绘制后，单击“完成”按钮✓。

④ 设置拉伸深度。在操控板中选取深度类型 （对称），深度值为 30。

⑤ 单击操控板中的“完成”按钮✓，完成特征的创建。

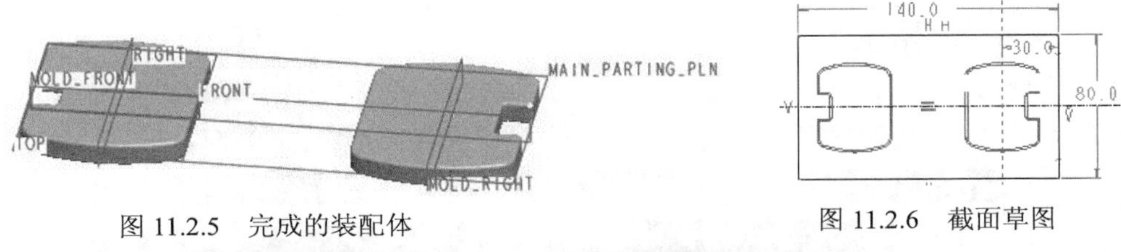

图 11.2.5　完成的装配体　　　　图 11.2.6　截面草图

Step5. 选择 Done/Return（完成/返回）→ Done/Return（完成/返回）命令。

Task3. 设置收缩率

Step1. 在▼ MOLD（模具）菜单中选择 Shrinkage（收缩）命令，然后在系统 ◆为收缩选取参照模型。的提示下，选取任意一个参照模型。

Step2. 在系统弹出的▼ SHRINKAGE（收缩）菜单中选择 By Dimension（按尺寸）命令。

Step3. 系统弹出“按尺寸收缩”对话框，确认 公式 区域的 1+S 按钮被按下，在 收缩选项 区域选中 ☑ 更改设计零件尺寸 复选框，在 收缩率 区域的 比率 栏中输入收缩率 0.006，单击对话框中的✓按钮。

Step4. 选择 Done/Return（完成/返回）命令。

说明：参照模型为同一设计模型，故设置任意一个参照模型即可。

Task4. 建立浇道系统

下面在模具坯料中创建图 11.2.7 所示的浇道、流道和浇口。

Stage1. 创建基准平面 ADTM1

下面将在模型中创建一个基准平面 ADTM1（图 11.2.8），这是一个装配级的基准特征，其作用如下。

- 作为浇道特征的草绘参照。
- 作为流道特征的草绘参照。
- 作为浇口特征的草绘平面。

Step1. 单击基准平面的创建按钮，系统弹出“基准平面”对话框。

Step2. 选取 MOLD_RIGHT 基准平面为参照平面（图 11.2.9），偏移值为-40，单击 确定 按钮。

Stage2. 创建浇道

下面将创建图 11.2.10 所示的浇道（Sprue）。

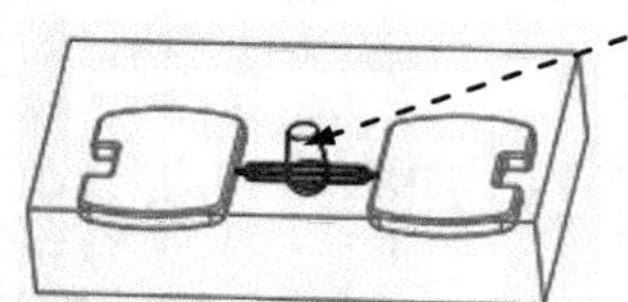

图 11.2.7 创建浇道和浇口系统

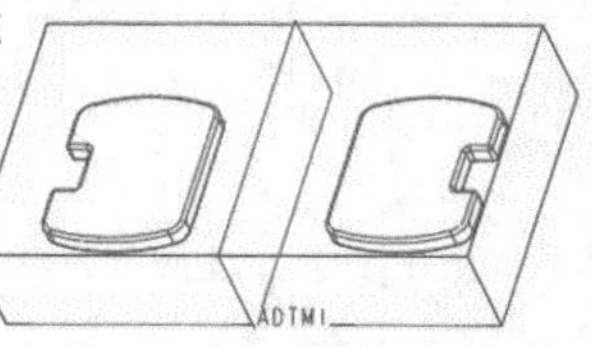

图 11.2.8 创建基准平面 ADTM1

选取此基准平面为参照平面

40

ADTM1

MOLD_RIGHT

图 11.2.9 选取参照平面

Step1. 在 ▼ MOLD（模具） 菜单中选择 Feature（特征） ➞ Cavity Assem（型腔组件） 命令。

Step2. 在弹出的 ▼ FEAT OPER（特征操作） 菜单中选择 Solid（实体） ➞ Cut（切减材料） ➞ Revolve（旋转） ➞ Solid（实体） ➞ Done（完成） 命令，此时出现“旋转”操控板。

Step3. 创建旋转特征。设置 MOLD_FRONT 基准平面为草绘平面，MOLD_RIGHT 基准平面为参照平面，方向为 右 ，草绘参照为 ADTM1 基准平面、MAIN_PARTING_PLN 基准平面及图 11.2.11 中的边线，截面草图如图 11.2.11 所示，旋转角度类型为，旋转角度为 360°。单击操控板中的“完成”按钮，完成特征的创建。

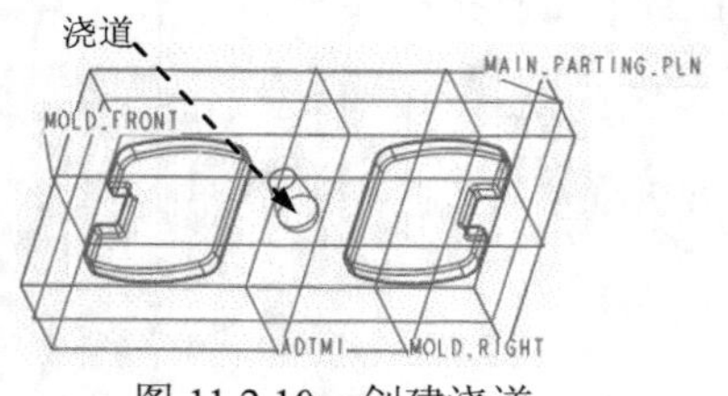

图 11.2.10 创建浇道

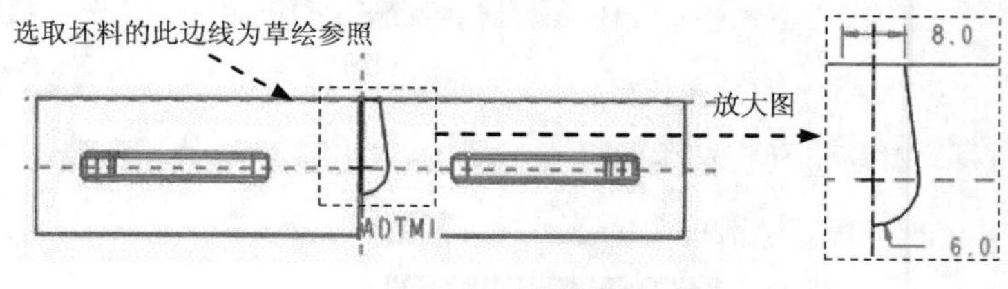

图 11.2.11 截面草图

Stage3. 创建流道

下面创建图 11.2.12 所示的主流道（Runner）。

Step1. 在弹出的 ▼ FEAT OPER（特征操作） 菜单中选择 Solid（实体） ➞ Cut（切减材料） ➞ Revolve（旋转） ➞ Solid（实体） ➞ Done（完成） 命令，此时出现“旋转”操控板。

Step2. 创建旋转特征。设置 MOLD_FRONT 基准平面为草绘平面，图 11.2.13 所示的坯料上表面为参照平面，方向为顶，选取 ADTM1 和 MAIN_PARTING_PLN 基准平面为参照，绘制图 11.2.14 所示的截面草图，选取旋转角度类型，旋转角度值为 360°。单击操控板中的“完成”按钮，完成特征的创建。

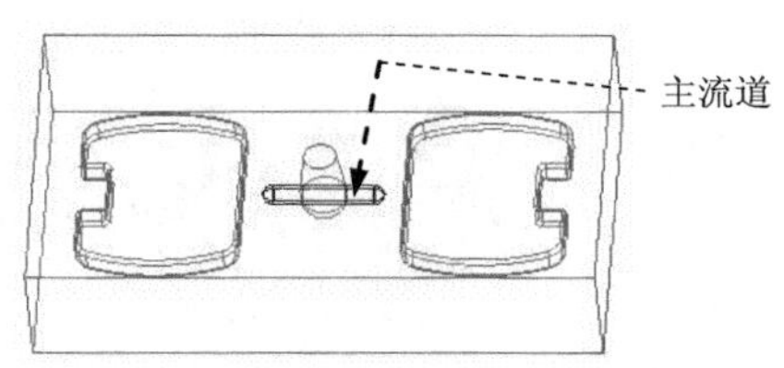

图 11.2.12　创建主流道

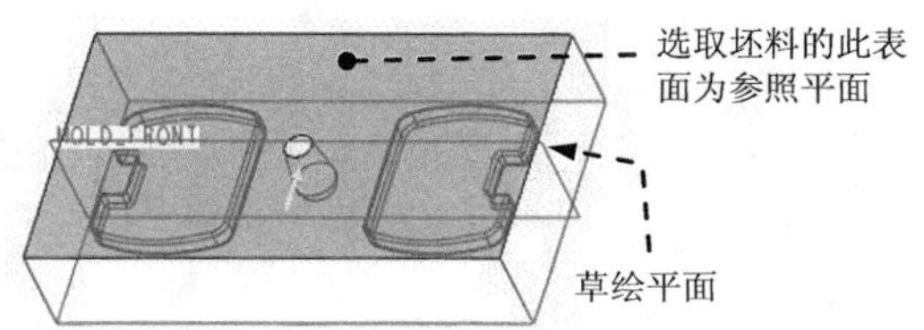

图 11.2.13　定义草绘平面

Stage4．创建浇口

下面创建图 11.2.15 所示的浇口（gate）。

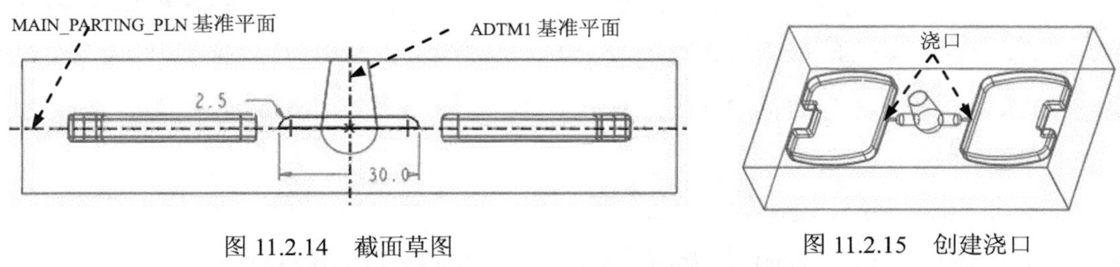

图 11.2.14　截面草图　　图 11.2.15　创建浇口

Step1．在弹出的▼ FEAT OPER（特征操作）菜单中选择 Solid（实体） → Cut（切减材料） → Extrude（拉伸） → Solid（实体） → Done（完成）命令，此时出现“拉伸”操控板。

Step2．创建拉伸特征。设置 ADTM1 基准平面为草绘平面，MAIN_PARTING_PLN 基准平面为参照平面，方向为顶，选取 MAIN_PARTING_PLN 和 MOLD_FRONT 基准平面为参照，绘制图 11.2.16 所示的截面草图，在操控板的选项界面中，选取两侧的深度类型均为（至曲面），两侧的拉伸终止面如图 11.2.17 所示。单击操控板中的“完成”按钮，完成特征的创建。

Step3．选择 Done/Return（完成/返回）命令。

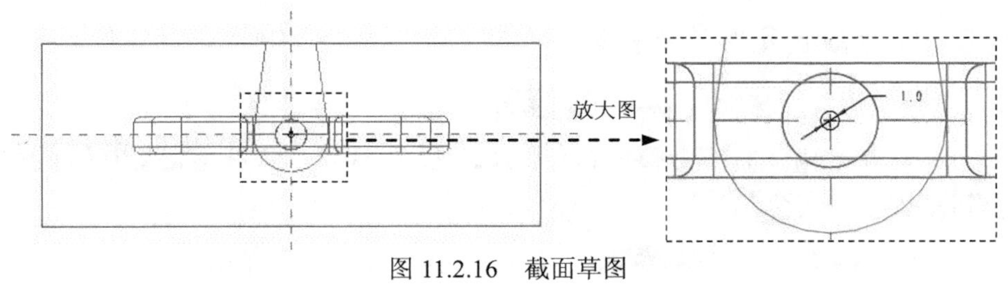

图 11.2.16　截面草图

Task5．创建模具分型面

下面创建图 11.2.18 所示的分型面，以分离模具的上模型腔和下模型腔。

Step1. 选择下拉菜单 插入(I) ➡ 模具几何 ▸ ➡ 分型面(S)... 命令。

Step2. 选择下拉菜单 编辑(E) ➡ 属性(R) 命令，在弹出的“属性”对话框中输入分型面名称 ps，单击对话框中的 确定 按钮。

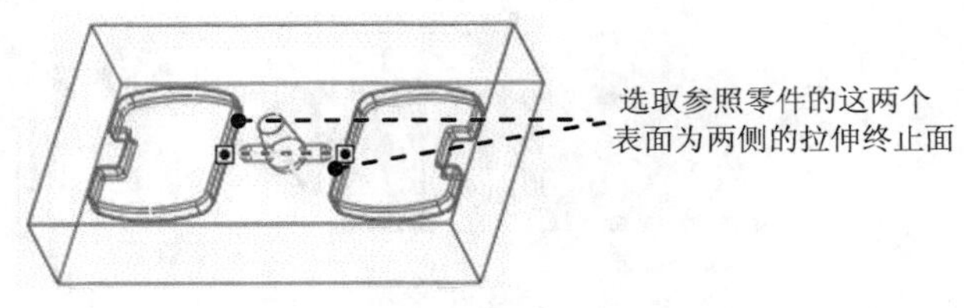

图 11.2.17 选取拉伸的终止面　　图 11.2.18 创建分型面

Step3. 用拉伸的方法创建分型面。

（1）选择下拉菜单 插入(I) ➡ 拉伸(E)... 命令，此时系统弹出“拉伸”操控板。

（2）定义草绘截面放置属性。在绘图区右击，从弹出的菜单中选择 定义内部草绘... 命令，在系统 ➪选取一个平面或曲面以定义草绘平面。 的提示下，选取图 11.2.19 所示的坯料表面 1 为草绘平面，接受默认的箭头方向为草绘视图方向，然后选取图 11.2.19 所示的坯料表面 2 为参照平面，方向为 顶。

（3）绘制截面草图。进入草绘环境后，选取 MAIN_PARTING_PLN 基准平面和图 11.2.20 所示的坯料边线为参照，绘制图 11.2.20 所示的截面草图（为一条线段）。

（4）设置深度选项。在操控板中选取深度类型 ，选取图 11.2.21 所示的坯料表面（虚线面）为拉伸终止面，然后在操控板中单击“完成”按钮 ，完成特征的创建。

Step4. 在工具栏中单击“完成”按钮 ，完成分型面的创建。

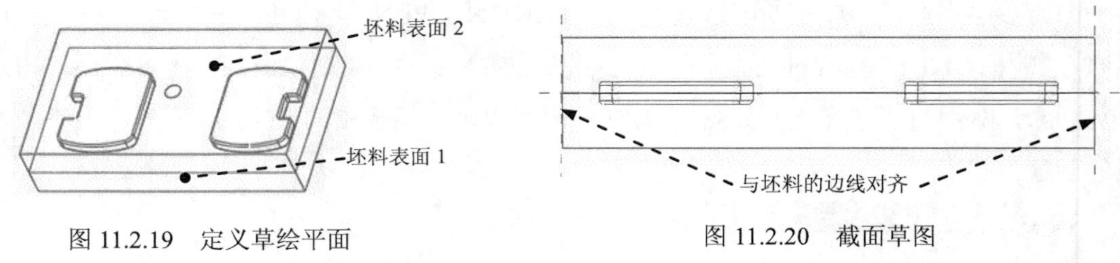

图 11.2.19 定义草绘平面　　图 11.2.20 截面草图

Task6. 创建模具元件的体积块

Step1. 选择下拉菜单 编辑(E) ➡ 分割... 命令。

Step2. 在系统弹出的 ▼ SPLIT VOLUME (分割体积块) 菜单中选择 Two Volumes (两个体积块)、All Wrkpcs (所有工件) 和 Done (完成) 命令，此时系统弹出“分割”信息对话框。

Step3. 在系统 ➪为分割工件选取分型面。 的提示下，选取前面创建的分型面，并单击“选取”对话框中的 确定 按钮，在信息对话框中单击 确定 按钮。

Step4. 系统弹出“属性”对话框。同时模型中分型面下侧的部分变亮，单击对话框中的 着色 按钮，着色后的下侧体积块如图 11.2.22 所示，输入体积块名称 lower_mold，单击确定按钮。

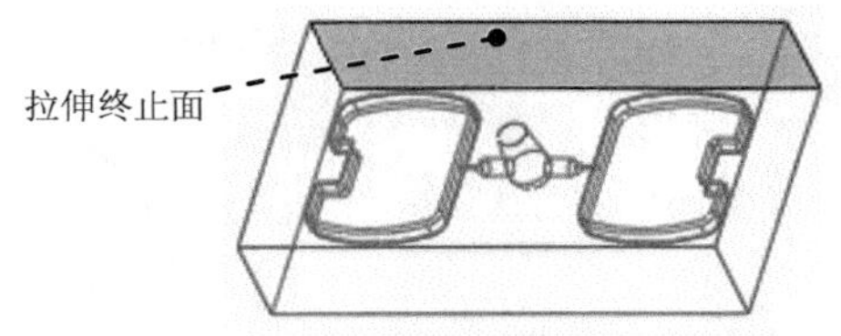

图 11.2.21 选择拉伸终止面

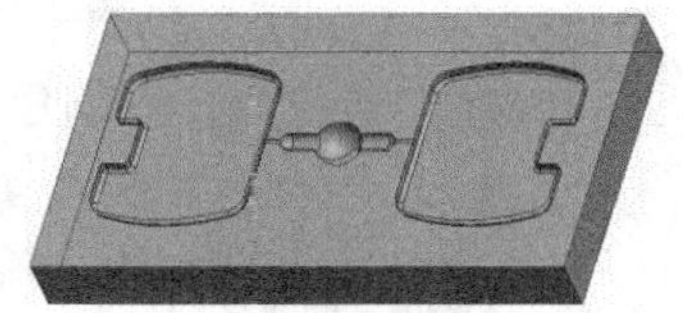

图 11.2.22 着色后的下侧体积块

Step5. 系统再次弹出“属性”对话框。同时模型中分型面上侧的部分变亮，单击着色按钮，着色后的上侧体积块如图 11.2.23 所示，输入体积块名称 upper_mold，单击确定按钮。

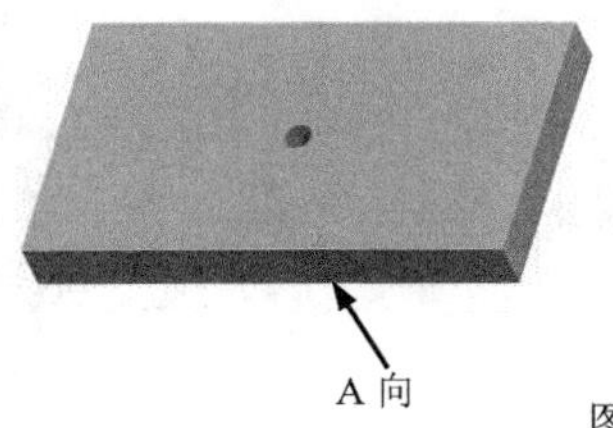

从 A 向查看

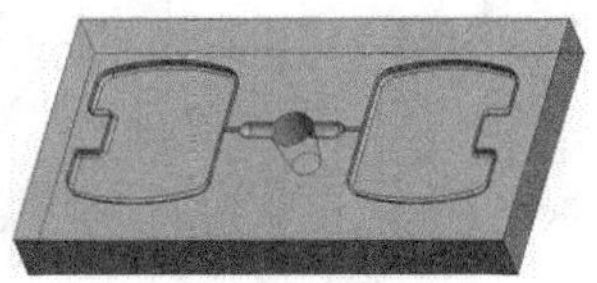

图 11.2.23 着色后的上侧体积块

Task7. 抽取模具元件

Task8. 对上、下型腔的四条边进行倒角

下面对上、下模具型腔的四条边进行倒角（图 11.2.24）。

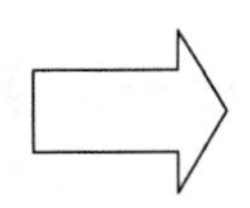

图 11.2.24 创建倒角特征

Stage1. 对上型腔的四条边进行倒角

Step1. 在模型树中右击 UPPER_MOLD.PRT，从快捷菜单中选择 打开 命令。

Step2. 选择下拉菜单 插入(I) → 倒角(M) ▸ → 边倒角(E)... 命令，系统弹出“倒角”操控板。

Step3. 按住 Ctrl 键，在模型中选取图 11.2.25 所示的四条边线。

Step4. 在操控板中选取 D x D 边倒角方案，输入倒角尺寸值 4.0，并按 Enter 键，单击“完成”按钮✔，完成倒角特征的创建。

Step5. 选择下拉菜单 窗口(W) → ✕ 关闭(C) 命令。

Stage2. 对下型腔的四条边进行倒角

Step1. 在模型树中右击 LOWER_MOLD.PRT，选择 打开 命令。

Step2. 选择下拉菜单 插入(I) → 倒角(M) ▸ → 边倒角(E)... 命令。

Step3. 按住 Ctrl 键，在模型中选取下型腔的四条边线。

Step4. 在操控板中选取 D x D 边倒角方案，输入倒角尺寸值 4.0，并按 Enter 键，单击“完成”按钮，完成倒角特征的创建。

Step5. 选择下拉菜单 窗口(W) → 关闭(C) 命令。

Task9．创建凹槽

在上、下模具型腔的结合处，挖出图 11.2.26 所示的凹槽，以便将上、下模具型腔固定在模架上。

Step1. 遮蔽参照件、坯料及分型面。

（1）单击按钮，在弹出的“遮蔽-取消遮蔽”对话框中按下 元件 按钮，按住 Ctrl 键，从列表中选取参照零件 PAD_MOLD_REF、PAD_MOLD_REF_1 和坯料 WP，单击 遮蔽 按钮。

（2）按下 分型面 按钮。从列表中选取分型面 PS，单击 遮蔽 按钮，再单击 关闭 按钮。

图 11.2.25　选取要倒角的四条边线　　图 11.2.26　挖出阶梯形凹槽

Step2. 在 MOLD（模具）菜单中选择 Feature（特征） → Cavity Assem（型腔组件）命令。

Step3. 在系统弹出的 FEAT OPER（特征操作）菜单中选择 Solid（实体） → Cut（切减材料） → Extrude（拉伸） → Solid（实体） → Done（完成）命令，此时出现“拉伸”操控板。

Step4. 创建拉伸特征。设置 MAIN_PARTING_PLN 基准平面为草绘平面，图 11.2.27 所示的模型表面为参照平面，方向为 右，选取 ADTM1 和 MOLD_FRONT 基准平面为参照平面，绘制如图 11.2.28a 所示的截面草图，选取深度类型（对称），深度值为 10，设置剪切方向如图 11.2.28b 所示。

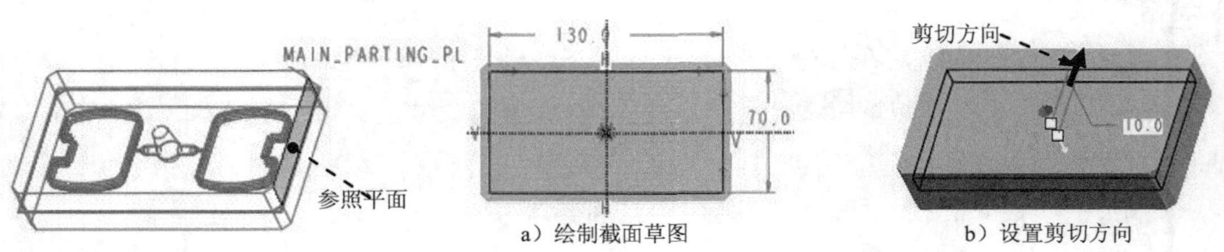

a）绘制截面草图　　b）设置剪切方向

图 11.2.27　定义参照平面　　图 11.2.28　截面草图及剪切方向

Step5. 选择 Done/Return（完成/返回）命令。

Task10．生成浇注件

Step1．在▼ MOLD（模具）菜单中选择Molding（制模）→ Create（创建）命令。

Step2．在系统提示的文本框中输入浇注零件名称 pad_molding，并按两次 Enter 键。

Task11．模具型腔元件与模架的装配设计

下面将把前面设计的模具型腔元件与模架组件装配起来，模架组件模型如图 11.2.29 所示，读者可以直接调用随书光盘中提供的模架组件。模架组件中的各零件可在零件模式下分别创建，然后将它们组装起来。另外，PTC 公司提供一张包含各种标准规格模架的 Moldbase 光盘，如果安装了该光盘，则可以使用▼ MOLD（模具）菜单中的Mold Layout（模具布局）命令调用所需要的标准模架。

Step1．选择下拉菜单文件(F) → 打开(O)... 命令，打开文件 moldbase.asm。

Step2．设置模型树的显示内容。在模型树界面中选择 → 树过滤器(F)... 命令，在弹出的“模型树项目”对话框中选中☑ 特征复选框，单击确定按钮。

Step3．使装配模型仅显示出 B 板（图 11.2.30），可使此后与型腔装配时的画面更简单，且易于操作。操作方法如下。

图 11.2.29　模架组件模型

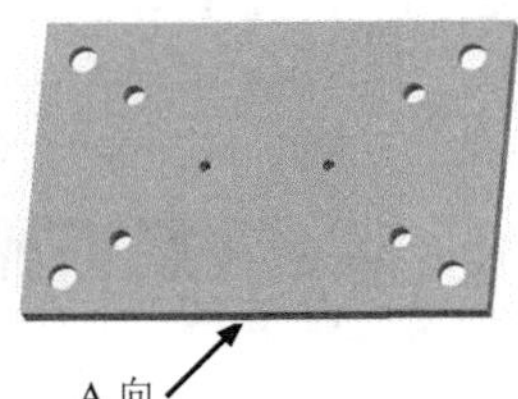

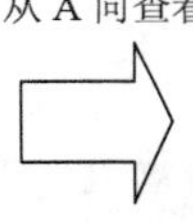

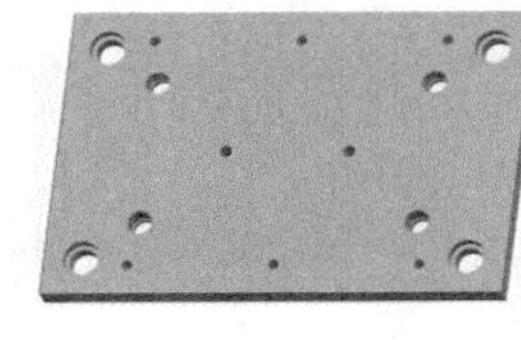

图 11.2.30　使装配模型仅显示出 B 板

（1）在模型树中对除 B 板零件 B_PLATE.PRT 外的所有零件，逐一选择进行隐藏（分别右击每个零件，从弹出的快捷菜单中选择隐藏命令）。隐藏操作后的模型树如图 11.2.31 所示。

（2）隐藏组件的 ASM_RIGHT、ASM_TOP 和 ASM_FRONT 基准平面，如图 11.2.31 所示。

（3）隐藏零件中的 DTM1、DTM2、DTM3 和 DTM4 基准平面，如图 11.2.31 所示。

说明：对于除 B 板零件 B_PLATE.PRT 外的所有零件的隐藏，可以用图 11.2.32 所示的“搜索工具”选取要隐藏的元件，然后对其进行隐藏。操作方法如下。

- 选择下拉菜单编辑(E) → 查找(F)... 命令。
- 在系统弹出的“搜索工具”对话框中选择查找:列表中的元件项，单击立即查找按钮，系统列出了找到的 39 个零件，单击 >> 按钮，将除 B 板零件（B_PLATE）外的所有元件移至右边的栏中，然后单击关闭按钮。
- 在模型树的空白处右击，从弹出的快捷菜单中选择隐藏命令。

Step4．选择下拉菜单窗口(W) → 1 PAD_MOLD.ASM 命令，切换到模具文件窗口。

Step5. 遮蔽上模 UPPER_MOLD 和浇注件 PAD_MOLDING，使模具仅显示出下模。

Step6. 装配模架。

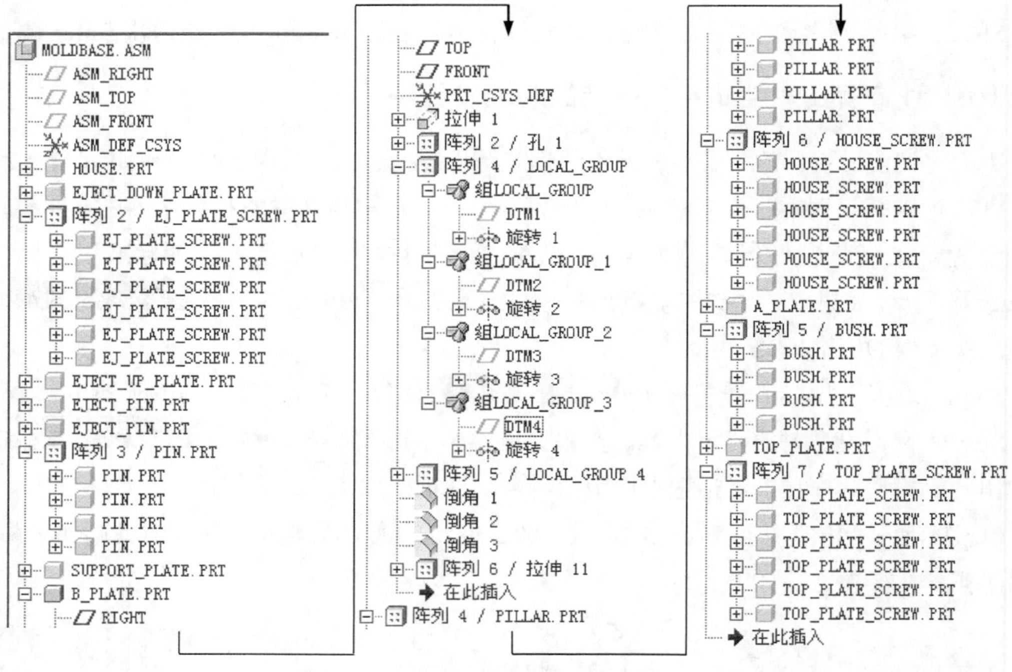

图 11.2.31　隐藏操作后的模型树

（1）在系统弹出的 ▼ MOLD（模具） 菜单中选择 Mold Model（模具模型） ➡ Assemble（装配） ➡ Mld Base Cmp（模架元件） 命令。

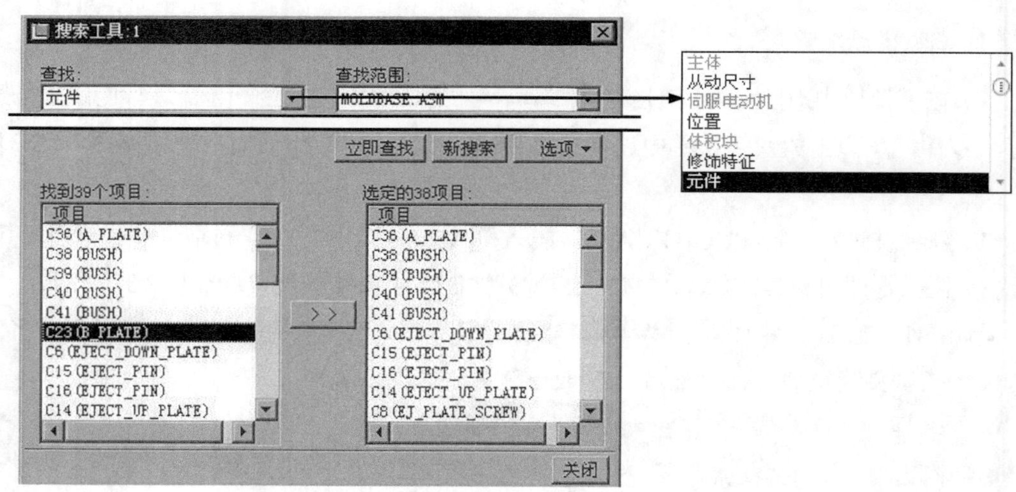

图 11.2.32　“搜索工具”对话框

（2）在弹出的图 11.2.33 所示的“打开”对话框中单击 在会话中 按钮，然后打开当前进程中（内存中）的模架文件 moldbase.asm。

（3）在弹出的“元件放置”操控板中进行如下操作。

① 定义第一个约束。选择 对齐 选项，使 B 板的模型表面和下模的模型表面（图 11.2.34）重合对齐。

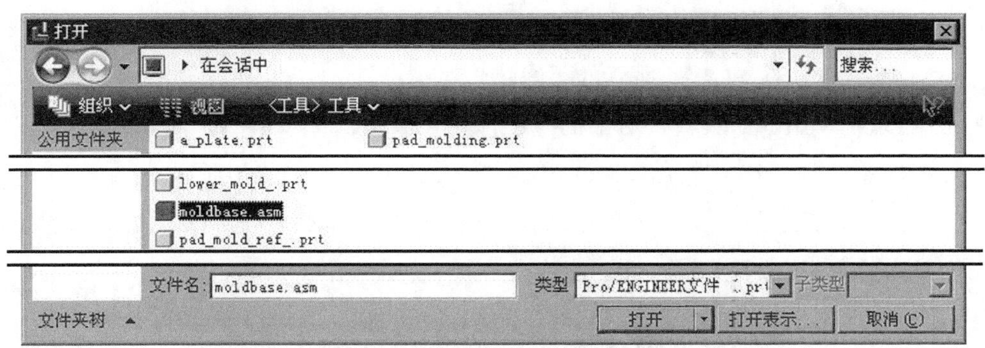

图 11.2.33　“打开”对话框

② 定义第二个约束。选择 配对 选项，使 B 板的 FRONT 基准平面和下模的 MOLD_FRONT 基准平面（图 11.2.34）重合对齐。

③ 定义第三个约束。选择 对齐 选项，使 B 板的 RIGHT 基准平面和下模的 ADTM1 基准平面匹配重合。

④ 在操控板中单击“完成”按钮，完成对装配件的全部约束。模架装配后如图 11.2.35 所示。

Step7. 取消上模 UPPER_MOLD 遮蔽。

Step8. 显示模架 MOLDBASE.ASM 中的隐藏元件。选取所有被隐藏的模架元件，然后右击，选择 取消隐藏 命令。

Step9. 选择 Done/Return (完成/返回) 命令。

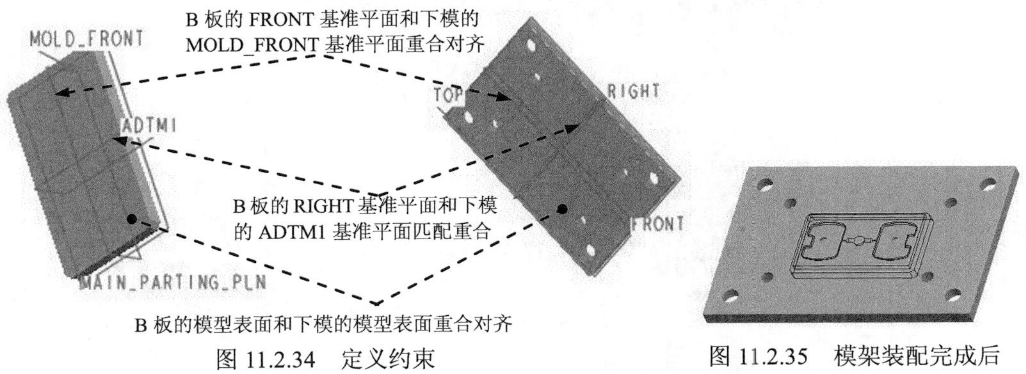

图 11.2.34　定义约束

图 11.2.35　模架装配完成后

Task12．设置简化表示

在下面的操作中，将简化表示 a_upper 和 b_lower，把此后有配合关系的零件置入同一个简化表示中。关于简化表示的细节，请参见詹友刚主编的《Pro/ENGINEER 中文野火版 5.0 快速入门教程》一书（机械工业出版社出版）。

Step1. 创建简化表示 a_upper，包含 A 板和上模这两个零件。

（1）选择下拉菜单 视图(V) → 视图管理器(W) 命令，系统弹出“视图管理器”对话框。

（2）在对话框的 简化表示 选项卡中单击 新建 按钮，输入视图名称 a_upper，并按 Enter 键。此时，系统弹出图 11.2.36 所示的“编辑”对话框。

（3）在系统弹出的“编辑”对话框中进行如下操作。

① 找到零件 UPPER_MOLD.PRT 和 A_PLAE.PRT，分别单击后面的 排除（衍生），变为 衍生，再单击选择下拉列表中的 包括 选项，如图 11.2.37 所示。

② 单击“编辑”对话框中的 确定 按钮，完成视图的编辑。

图 11.2.36 “编辑”对话框

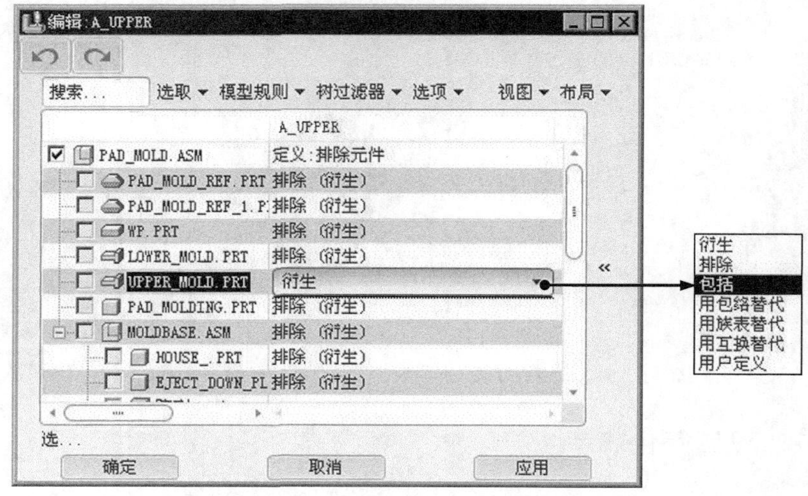

图 11.2.37 “编辑”对话框

Step2. 创建简化表示 b_lower，该简化表示中仅包含 B 板和下模这两个零件。

（1）在“视图管理器”对话框的简化表示选项卡中单击新建按钮，输入视图名称 b_lower，并按 Enter 键，此时系统弹出“编辑”对话框。

（2）在“编辑”对话框中找到零件 LOWER_MOLD.PRT 和 B_PLATE.PRT，分别单击后面的排除（衍生），变为衍生，再单击选择下拉列表中的包括选项。此时模型树的显示如图 11.2.38 所示。

（3）单击“编辑”对话框中的确定按钮，完成视图的编辑。

（4）单击“视图管理器”对话框中的关闭按钮。

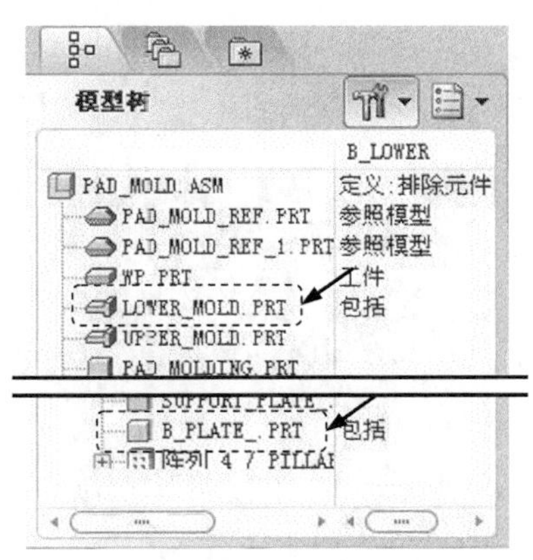

图 11.2.38　模型树

Task13. 上模型腔与 A 板配合部分的设计

下面将在 A 板上挖出放置上模型腔的凹槽，如图 11.2.39 所示。

Stage1. 创建剪切特征 1

下面将创建图 11.2.40 所示的剪切特征 1。

图 11.2.39　在 A 板上挖出放置上模型腔的凹槽　　图 11.2.40　创建剪切特征 1

Step1. 设置到简化表示视图 a_upper。选择下拉菜单 视图(V) → 视图管理器(W) 命令，在“视图管理器”对话框中右击 a_upper，选择 设置为活动 命令，然后单击 关闭 按钮。

Step2. 在模型树中右击 A_PLATE.PRT，选择 激活 命令。

Step3. 在弹出的图 11.2.41 所示的 MODIFY PART（修改零件）菜单中选择 Feature（特征） → Create（创建）命令。

Step4. 在弹出的 FEAT CLASS（特征类）菜单中选择 Solid（实体） → Cut（切减材料） → Extrude（拉伸） → Solid（实体） → Done（完成）命令，此时出现“拉伸”操控板。

Step5. 创建拉伸特征。

（1）设置草绘平面。选取图 11.2.42 中的模型表面 1 为草绘平面，模型表面 2 为参照平面，方向为右。

（2）创建截面草图。

① 进入草绘环境后，先按下按钮，切换到虚线线框显示方式。

② 单击“使用边”按钮□，选取图 11.2.44 所示的四条边线为“使用边”（这四条边线为图 11.2.43 所示的上模阶梯凹槽的内边界线），从而得到截面草图。

图 11.2.41　“修改零件”菜单

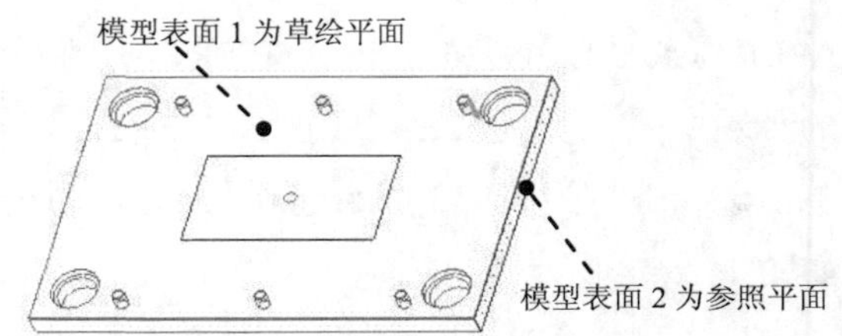

图 11.2.42　定义草绘平面

（3）定义拉伸深度。选取深度类型为（穿透）。

（4）单击操控板中的“完成”按钮。

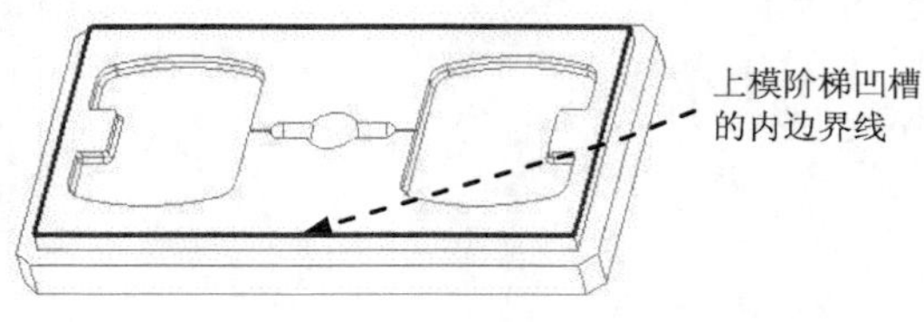

图 11.2.43　上模的背面

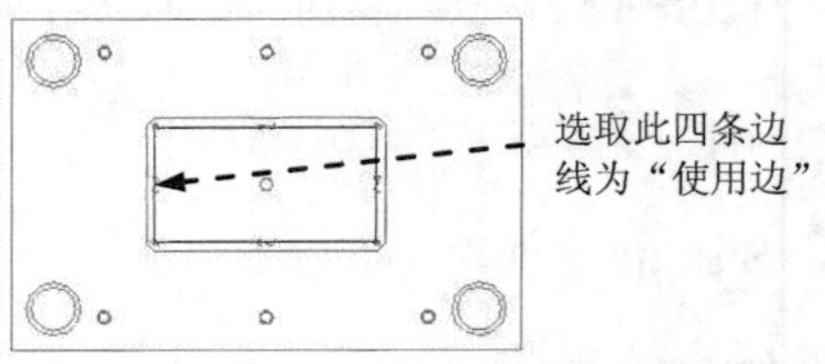

图 11.2.44　截面草图

Stage2．创建图 11.2.45 所示的剪切特征 2

Step1．在 PART FEAT（零件特征）菜单中选择 Create（创建）命令。

Step2．在 FEAT CLASS（特征类）菜单中依次选择 Solid（实体） → Cut（切减材料） → Extrude（拉伸） → Solid（实体） → Done（完成）命令，此时出现“拉伸”操控板。

Step3．创建拉伸特征。

（1）设置草绘平面。设置图 11.2.46 所示的模型表面 1 为草绘平面，模型表面 2 为参照平面，方向为 右。

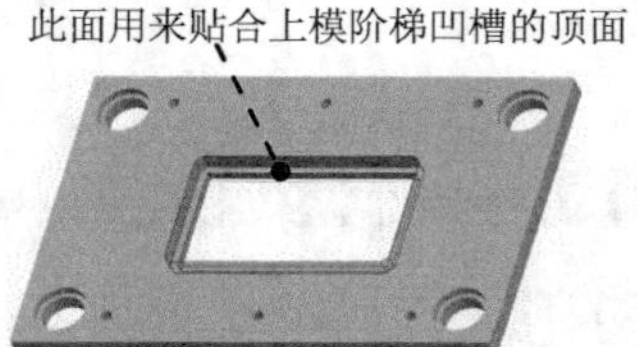

图 11.2.45　创建剪切特征 2

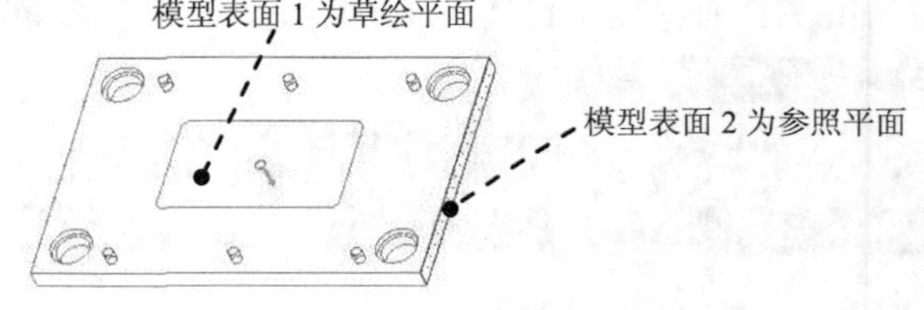

图 11.2.46　定义草绘平面

（2）创建截面草图。切换到虚线线框显示方式，然后选取图 11.2.47 所示的八条边线为“使用边”（这八条边线为图 11.2.48 所示的上模阶梯凹槽的外边界线），从而得到截面草图。

（3）定义拉伸深度。选取深度类型为（到选定的），然后用“列表选取”的方法，选取图 11.2.49 所示的上模（upper_mold）凹槽表面（列表中的曲面:F3(组件切剪):UPPER_MOLD选项）为拉伸终止面。

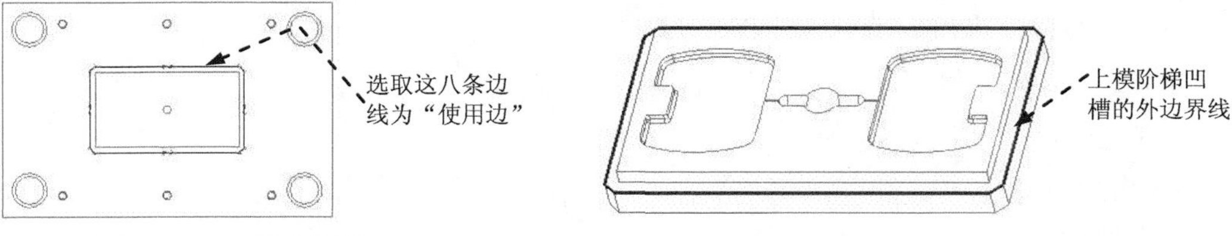

图 11.2.47　截面草图　　图 11.2.48　上模的背面

Step4. 查看挖出的凹槽。

（1）在模型树中右击 A_PLATE.PRT，选择打开命令，即可看到挖出的凹槽。

（2）选择下拉菜单窗口(W) → 关闭(C)命令。

Step5. 选择下拉菜单窗口(W) → 1 PAD_MOLD.ASM命令。

Task14. 下模型腔与 B 板配合部分的设计

下面将在 B 板上挖出放置下模型腔的凹槽，如图 11.2.50 所示。

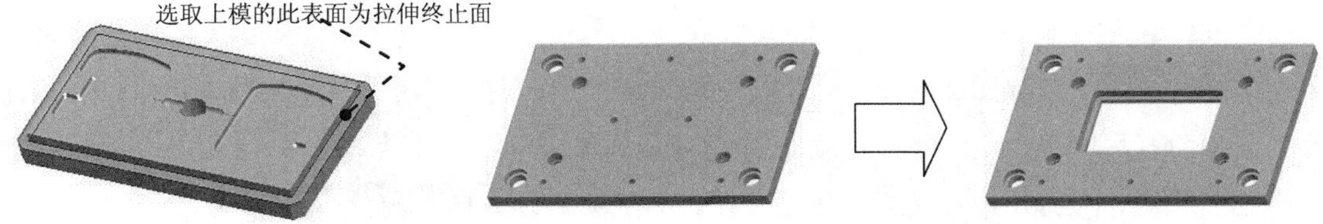

图 11.2.49　选取拉伸终止面　　图 11.2.50　在 B 板上挖出放置下模型腔的凹槽

Stage1. 创建图 11.2.51 所示的剪切特征 1

Step1. 设置简化表示视图 b_lower。选择下拉菜单视图(V) → 视图管理器(W)命令，在“视图管理器”对话框中右击 b_lower，选择设置为活动命令，然后单击关闭按钮。

Step2. 在模型树中右击 B_PLATE.PRT，选择激活命令。

Step3. 在▼ MODIFY PART（修改零件）菜单中选择Feature（特征） → Create（创建）命令。

Step4. 在▼ FEAT CLASS（特征类）菜单中选择Solid（实体） → Cut（切减材料） → Extrude（拉伸） → Solid（实体） → Done（完成）命令，此时出现“拉伸”特征操控板。

Step5. 创建拉伸特征。

（1）设置草绘平面。设置图 11.2.52 所示的模型表面 1 为草绘平面，模型表面 2 为参照平面，方向为右。

图 11.2.51　创建剪切特征 1

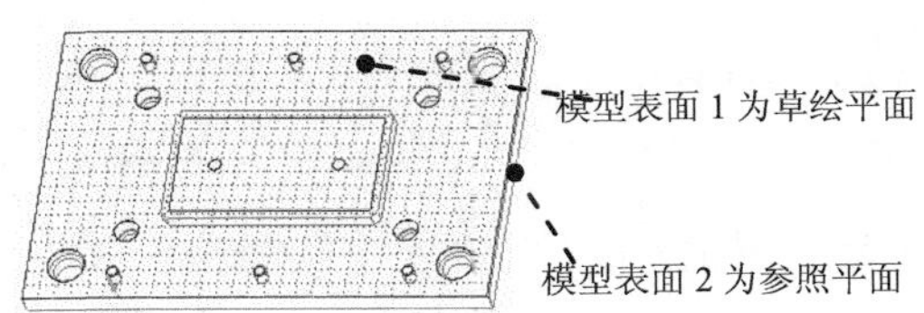

图 11.2.52　定义草绘平面

（2）创建截面草图。选取图 11.2.53 所示的四条边线为“使用边”（这四条边线为图 11.2.54 所示的下模阶梯凹槽的内边界线），从而得到截面草图。

（3）定义拉伸深度。选取深度类型为（穿透）。

（4）单击操控板中的“完成”按钮。

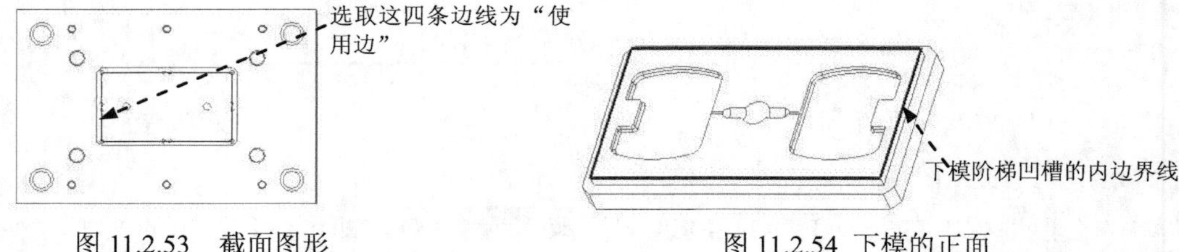

图 11.2.53　截面图形　　图 11.2.54　下模的正面

Stage2．创建图 11.2.55 所示的剪切特征 2

Step1. 在 PART FEAT（零件特征） 菜单中选择 Create（创建） 命令，在 FEAT CLASS（特征类） 菜单中选择 Solid（实体） → Cut（切减材料） → Extrude（拉伸） → Solid（实体） → Done（完成） 命令，此时出现“拉伸”操控板。

Step2. 创建拉伸特征。图 11.2.56 所示的模型表面 1 为草绘平面，模型表面 2 为参照平面，方向为 右，选取图 11.2.57 所示的八条边线为“使用边”（这八条边线为图 11.2.58 所示的下模阶梯凹槽的外边界线），从而创建截面草图，选取深度类型为（到选定的），拉伸终止面为图 11.2.59 所示的模型表面（列表中的 曲面:F3(组件切剪):LOWER_MOLD 项）。

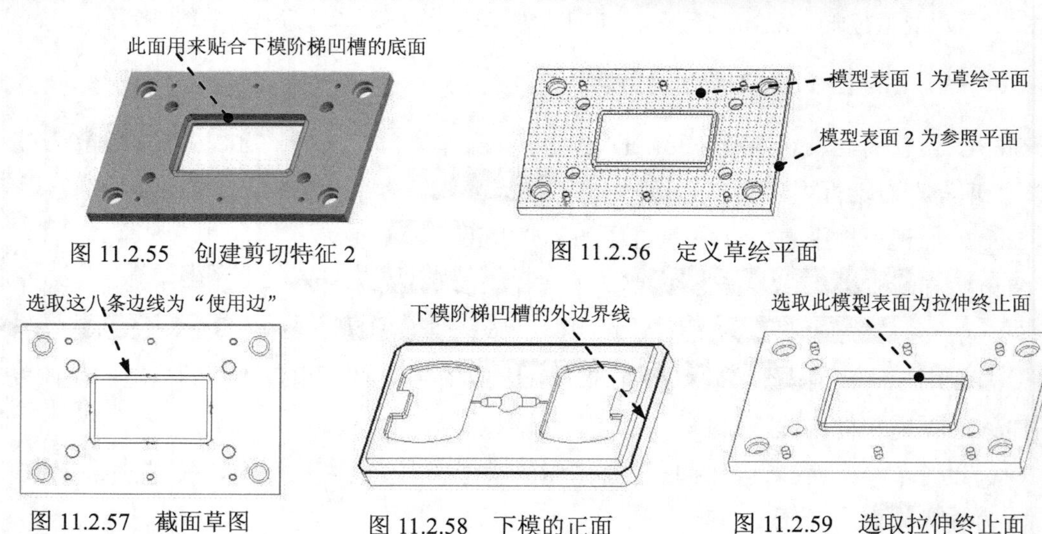

图 11.2.55　创建剪切特征 2　　图 11.2.56　定义草绘平面

图 11.2.57　截面草图　　图 11.2.58　下模的正面　　图 11.2.59　选取拉伸终止面

Step3. 查看挖出的凹槽。在模型树中右击 B_PLATE.PRT，选择 打开 命令，查看挖出的凹槽，查看后选择下拉菜单 窗口(W) → 关闭(C) 命令。

Step4. 选择下拉菜单 窗口(W) → 1 PAD_MOLD.ASM 命令。

Task15．在下模型腔中设计冷却水道

下面将在下模型腔中创建图 11.2.60 所示的三个圆孔，作为型腔冷却水道。

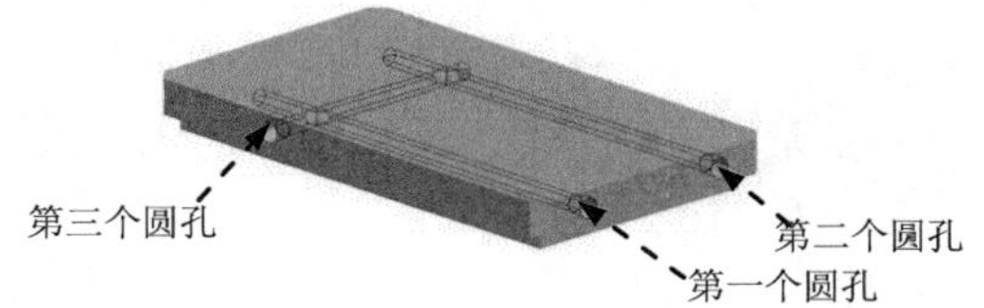

图 11.2.60　创建型腔冷却水孔

Stage1．创建图 11.2.60 所示的第一个圆孔

Step1. 将视图中的模架 MOLDBASE.ASM 遮蔽，仅显示出下模。

Step2. 创建图 11.2.61 所示的基准平面 ADTM2，作为创建型腔冷却水孔的草绘平面。单击按钮，选取图 11.2.62 所示的下模背面为参照平面，偏移值为 5.0(如果相反则输入−5.0)。

Step3. 在模型树中右击 LOWER_MOLD.PRT，选择 激活 命令。

Step4. 在 ▼ MODIFY PART (修改零件) 菜单中选择 Feature (特征) → Create (创建) 命令。

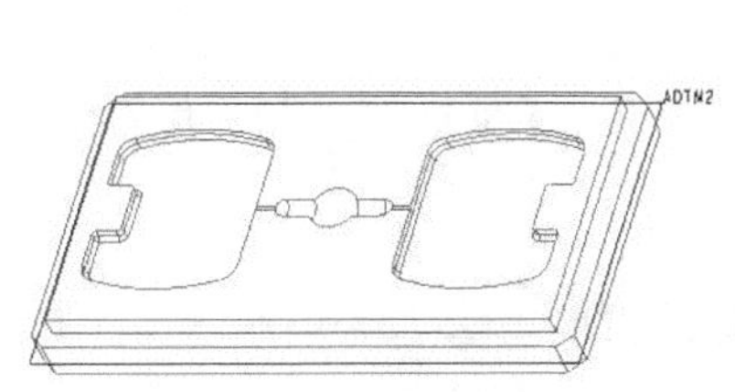

图 11.2.61　创建基准平面 ADTM2

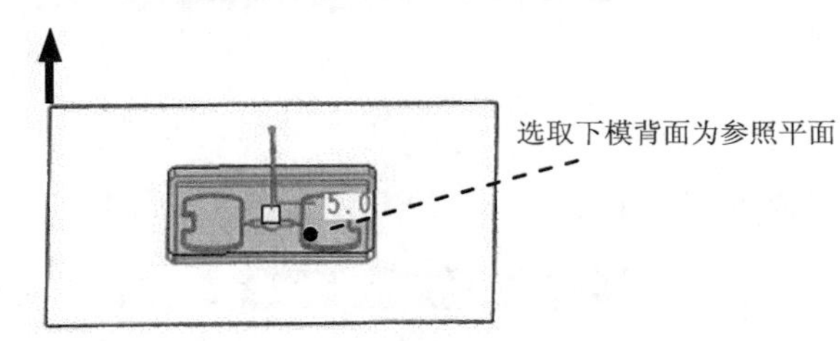

图 11.2.62　选取参照平面

Step5. 在弹出的 ▼ FEAT CLASS (特征类) 菜单中选择 Solid (实体) → Cut (切减材料) → Revolve (旋转) → Solid (实体) → Done (完成) 命令，此时出现“旋转”操控板。

Step6. 创建旋转特征。草绘平面为 ADTM2 基准平面，参照平面为图 11.2.63 所示的模型表面，方向为 底部，选取图 11.2.64 所示的两条边线为参照，绘制图 11.2.64 所示的截面草图，选取旋转类型，旋转角度值为 360。

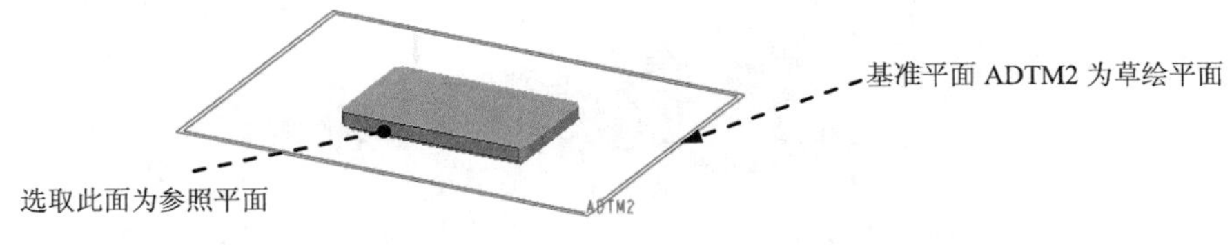

图 11.2.63　定义草绘平面

Stage2．创建图 11.2.60 所示的第二个圆孔

Step1. 在模型树界面中选择 → 树过滤器(F)... 命令，在弹出的对话框中选中 ☑ 特征 复选框，单击 确定 按钮。

Step2. 在 ▼ PART FEAT (零件特征) 菜单中选择 Pattern (阵列) 命令，然后在

➪选取要阵列化的特征。的提示下，在模型树中选取 Stage1 所创建的圆孔特征。

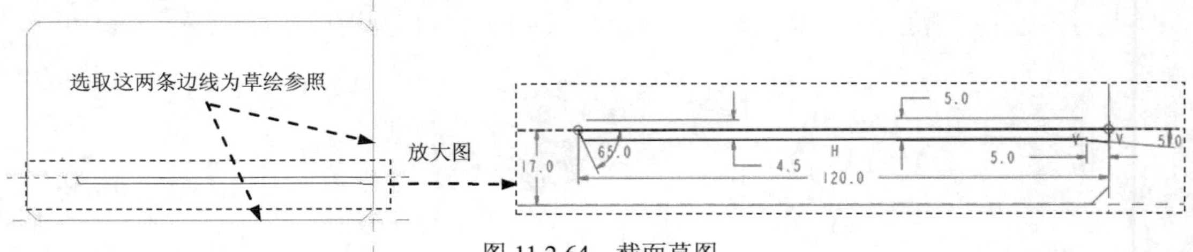

图 11.2.64　截面草图

Step3. 在模型中选取阵列的引导尺寸 17，如图 11.2.65 所示。

Step4. 在操控板中进行如下操作。

（1）单击尺寸按钮，然后输入第一方向的尺寸增量值 46。

（2）输入第一方向的阵列数量 2，单击“完成”按钮✓，阵列结果如图 11.2.66 所示。

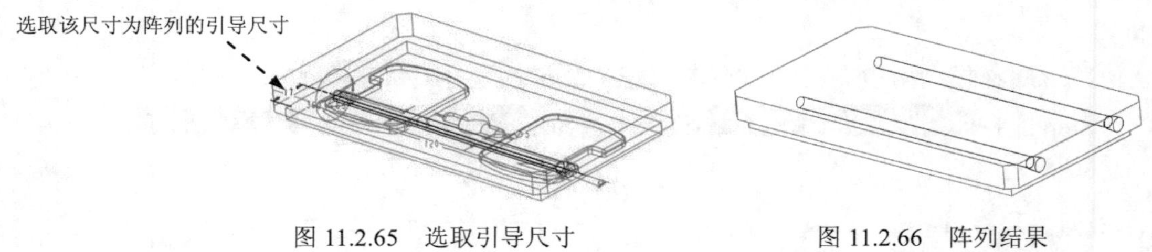

图 11.2.65　选取引导尺寸　　　　图 11.2.66　阵列结果

Stage3. 创建图 11.2.60 所示的第三个圆孔

Step1. 在▼MODIFY PART（修改零件）菜单中选择▼PART FEAT（零件特征）➡ Create（创建）命令。

Step2. 在系统弹出的▼FEAT CLASS（特征类）菜单中选择 Solid（实体）➡ Cut（切减材料）➡ Revolve（旋转）➡ Solid（实体）➡ Done（完成）命令。

Step3. 创建旋转特征。选择 ADTM2 基准平面为草绘平面，选取图 11.2.67 所示的模型表面为参照平面，方向为右，选取图 11.2.68 所示的两条边线为参照，绘制图 11.2.68 所示的截面草图，选取旋转类型⊥，旋转角度值为 360。

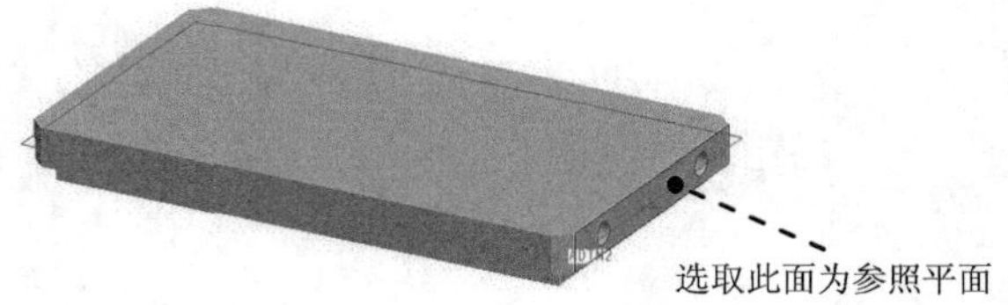

图 11.2.67　定义参照平面

Task16. 在 B 板中设计冷却水道的进出孔

下面将在 B 板上创建图 11.2.69 所示的三个圆孔，作为通向下模型腔冷却水孔的过道，这三个圆孔须与对应的下模型腔冷却水孔相连，三个圆孔大小与相应冷却水孔的入口处的大小相同。

Stage1．在 B 板的侧面创建图 11.2.70 所示的两个圆孔

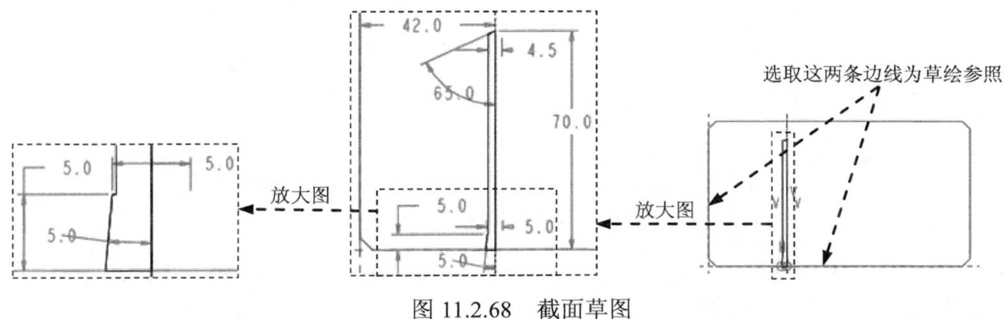

图 11.2.68　截面草图

Step1. 取消模架 MOLDBASE.ASM 遮蔽。

Step2. 从模型树中激活 B_PLATE.PRT。

Step3. 在 ▼ MODIFY PART (修改零件) 菜单中选择 Feature (特征) ➡ Create (创建) 命令。

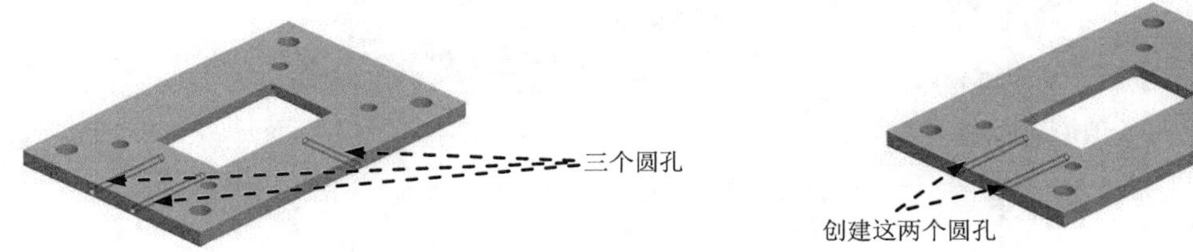

图 11.2.69　在 B 板上创建三个圆孔　　图 11.2.70　在 B 板的侧面创建两个圆孔

Step4. 在弹出的 ▼ FEAT CLASS (特征类) 菜单中选择 Solid (实体) ➡ Cut (切减材料) ➡ Extrude (拉伸) ➡ Solid (实体) ➡ Done (完成) 命令，此时出现“拉伸”操控板。

Step5. 创建拉伸特征。草绘平面为图 11.2.71 所示的模型表面 1，参照平面为图 11.2.71 所示的模型表面 2，方向为 右 ，截面草图为图 11.2.72 所示的两个圆（这两个圆为“使用边”），选取深度类型为 ⊒ （到下一个）。

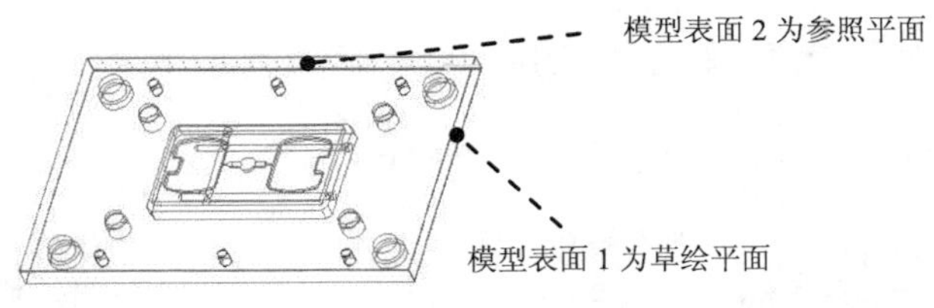

图 11.2.71　定义草绘平面

Stage2．在 B 板的前侧创建图 11.2.73 所示的一个圆孔

Step1. 在 ▼ PART FEAT (零件特征) 菜单中选择 Create (创建) 命令。

Step2. 在弹出的 ▼ FEAT CLASS (特征类) 菜单中选择 Solid (实体) ➡ Cut (切减材料) ➡ Extrude (拉伸) ➡ Solid (实体) ➡ Done (完成) 命令，此时出现“拉伸”操控板。

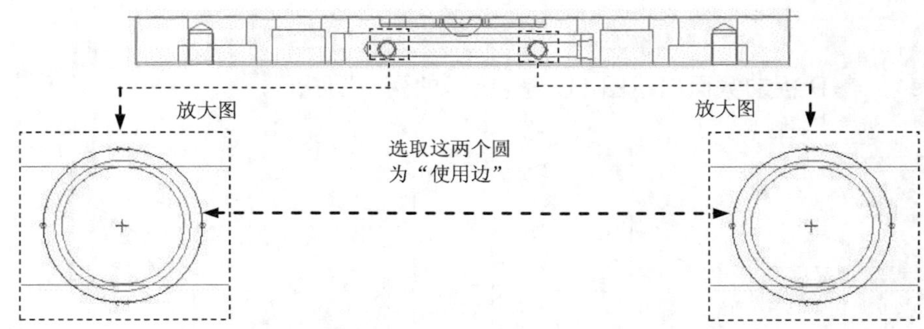

图 11.2.72 截面草图

Step3. 创建拉伸特征。草绘平面为图 11.2.74 所示的模型表面 1，参照平面为图 11.2.24 所示的模型表面 2，方向为顶，截面草图为图 11.2.75 所示的一个圆（此圆为“使用边”），选取深度类型为（到下一个）。

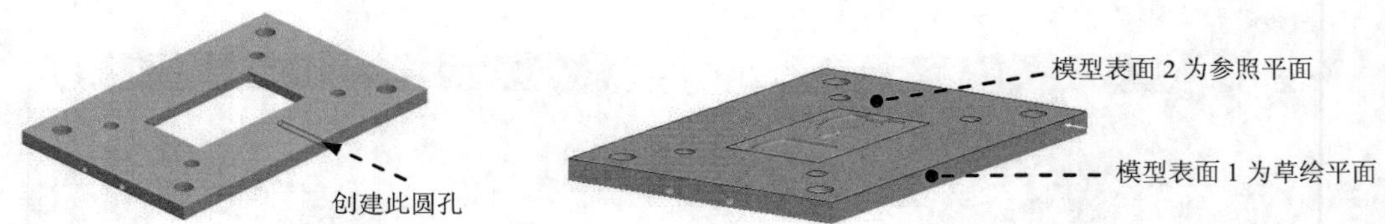

图 11.2.73 在 B 板的前侧创建一个圆孔　　图 11.2.74 定义草绘平面

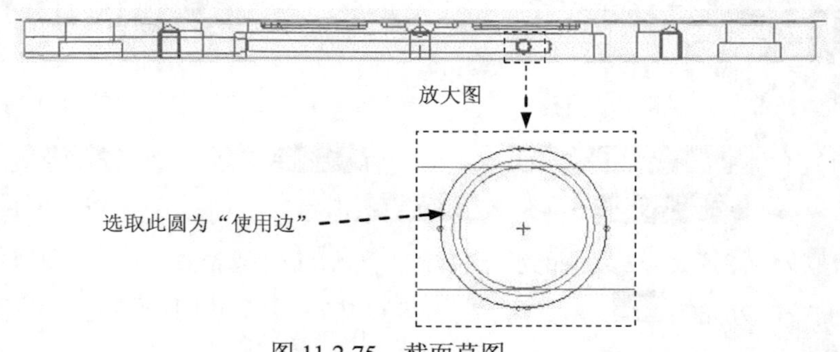

图 11.2.75 截面草图

Task17. 切除顶出销多余的长度

下面将切除图 11.2.76 所示的顶出销多余的长度。

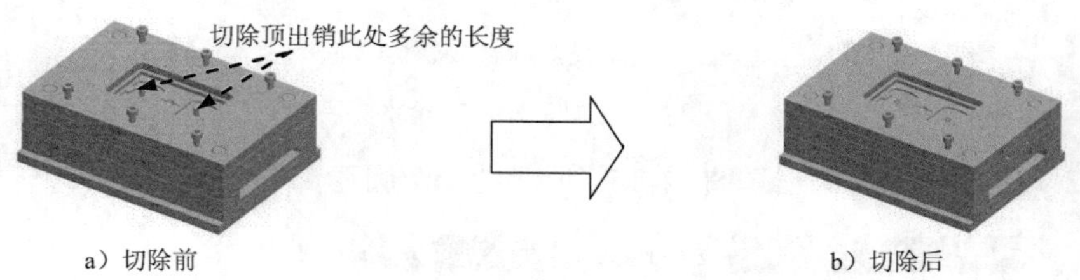

a）切除前　　b）切除后

图 11.2.76 切除顶出销

Step1. 将视图设置到“主表示”状态。

Step2. 在模型树中遮蔽模架的上盖 TOP_PLATE.PRT 和上模 UPPER_MOLD.PRT。

Step3. 激活模型树中位于上部的顶出销零件 EJECT_PIN.PRT。

注意：在图 11.2.77 所示的视图方位中，此激活的顶出销位于左边（而不是右边）。

Step4. 对顶出销零件进行剪切。

（1）在 ▼ MODIFY PART（修改零件）菜单中选择 Feature（特征） → Create（创建）命令。

（2）在系统弹出的 ▼ FEAT CLASS（特征类）菜单中选择 Solid（实体） → Cut（切减材料） → Extrude（拉伸） → Solid（实体） → Done（完成）命令，此时出现“拉伸”操控板。

（3）创建切削拉伸特征。设置草绘平面为图 11.2.77 所示的模型表面 1，参照平面为图 11.2.77 所示的模型表面 2，方向为 右。

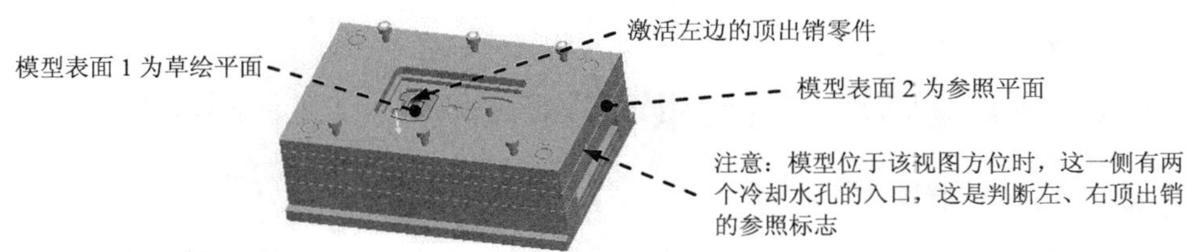

图 11.2.77　定义草绘平面

（4）绘制截面草图。绘制图 11.2.78 所示的正方形草图。

注意：因为被激活的顶出销位于左边，所以截面草图应该在左边的顶出销位置处绘制，如果在右边的顶出销位置处绘制，则无法对顶出销进行切削。

（5）选取深度类型为 （穿透），特征的拉伸方向为上（图 11.2.79），特征的去材料方向为里（图 11.2.79）。

Step5. 选择 Done/Return（完成/返回） → Done（完成）命令。

说明：因为左、右两个顶出销名称相同，为同一个零件，所以左边的顶出销切削后，右边的顶出销也同时被切掉。

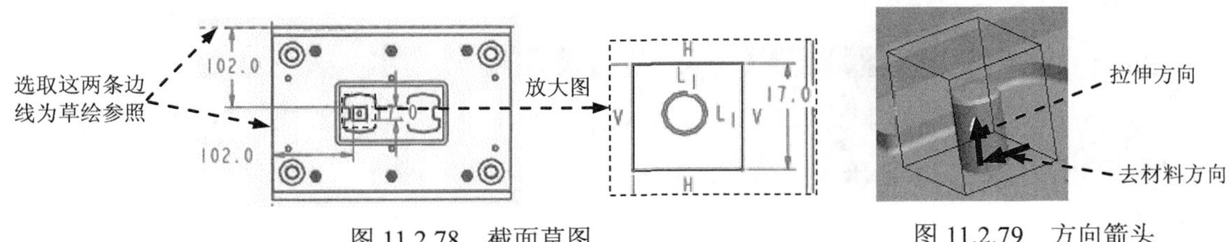

图 11.2.78　截面草图　　图 11.2.79　方向箭头

Task18. 含模架的模具开启设计

模具开启包括如下步骤。

（1）开模步骤 1：打开模具。要移动的元件包含 A 板（a_plate）、上模型腔（upper_mold）、定座板（top_plate）及六个定座板螺钉（top_plate_screw）。

（2）开模步骤 2：顶出浇注件。要移动的元件包含浇注件（pad_molding）、下顶出板

（eject_down_plate）、上顶出板（eject_up_plate）、六个顶出板螺钉（ej_plate_screw）、两个顶出杆（eject_pin）及四个复位销钉（pin）。

（3）开模步骤 3：浇注件落下。要移动的元件为浇注件（pad_molding）。

（4）开模步骤 4：顶出杆复位。要移动的元件包含下顶出板（eject_down_plate）、上顶出板（eject_up_plate）、六个顶出板螺钉（ej_plate_screw）、两个顶出杆（eject_pin）及四个复位销钉（pin）。

（5）开模步骤 5：闭合模具。要移动的元件包含 A 板（a_plate）、上模型腔（upper_mold）、四个隔套（bush）、定座板（top_plate）及六个定座板螺钉（top_plate_screw）。

下面介绍模具开启的操作过程。

Stage1．显示模具元件

取消上模 UPPER_MOLD.PRT、浇注件 PAD_MOLDING.PRT 和模架上盖 TOP_PLATE.PRT 的遮蔽。

Stage2．定义开模步骤 1

Step1．在 ▼ MOLD（模具）菜单中选择 Mold Opening（模具开模） → Define Step（定义间距） → Define Move（定义移动）命令。

Step2．在模型树中选取要移动的模具元件。

（1）在系统 ◆为迁移号码1 选取构件。的提示下，按住 Ctrl 键，在模型树中依次选取元件 UPPER_MOLD.PRT、A_PLATE.PRT 及六个 TOP_PLATE_SCREW.PRT。

（2）在“选取”对话框中单击 确定 按钮。

Step3．在系统 ◆通过选取边、轴或表面选取分解方向。的提示下，选取图 11.2.80 所示的边线定义移动方向，然后输入移动距离值-120。

Step4．选择 Done（完成）命令，结果如图 11.2.81 所示。

Stage3．定义开模步骤 2

Step1．选择 Define Step（定义间距） → Define Move（定义移动）命令。

Step2．选取移动元件。选取元件 PAD_MOLDING.PRT、EJECT_DOWN_PLATE.PRT、六个 EJ_PLATE_SCREW.PRT、EJECT_UP_PLATE.PRT、两个 EJECT_PIN.PRT 及四个 PIN.PRT。

Step3．定义移动方向（图 11.2.82），移动距离值为 14.0(如果相反则输入-14.0)，结果如图 11.2.83 所示。

Stage4．定义开模步骤 3

Step1．选择 Define Step（定义间距） → Define Move（定义移动）命令。

Step2．选取移动元件。要移动的元件为 PAD_MOLDING.PRT。

Step3. 定义移动方向（图 11.2.84），移动距离值为-260。移出后的状态如图 11.2.85 所示。

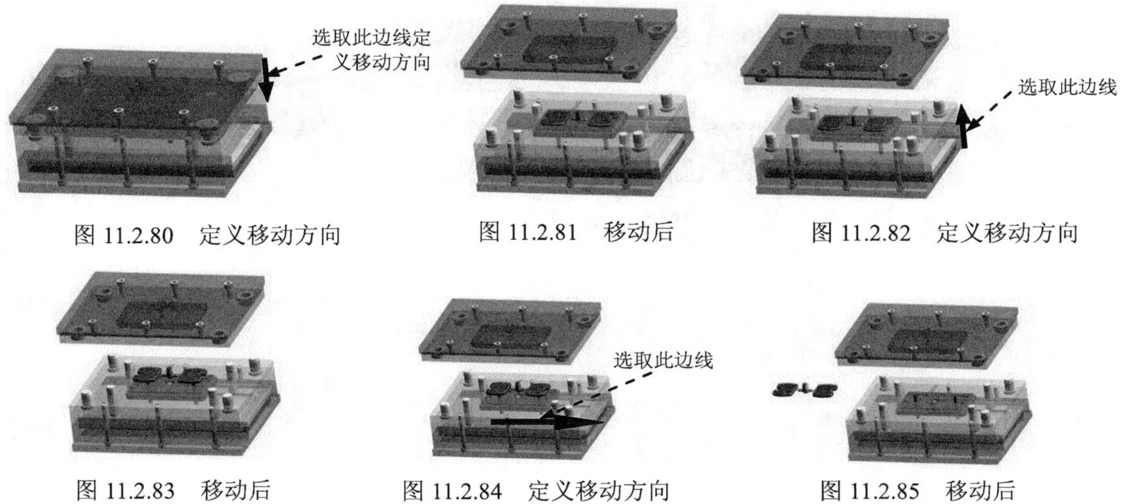

图 11.2.80　定义移动方向　　图 11.2.81　移动后　　图 11.2.82　定义移动方向

图 11.2.83　移动后　　图 11.2.84　定义移动方向　　图 11.2.85　移动后

Stage5. 定义开模步骤 4

Step1. 选择 Define Step（定义间距） → Define Move（定义移动）命令。

Step2. 选取移动元件。要移动的元件为 EJECT_DOWN_PLATE.PRT、六个 EJ_PLATE_SCREW.PRT、两个 EJECT_PIN.PRT 及四个 PIN.PRT。

Step3. 定义移动方向（图 11.2.86），移动距离值为-14.0。移出后的状态如图 11.2.87 所示。

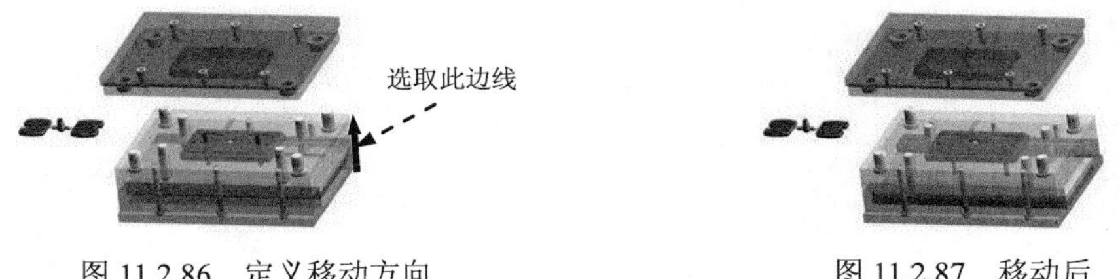

图 11.2.86　定义移动方向　　图 11.2.87　移动后

Stage6. 定义开模步骤 5

Step1. 选择 Define Step（定义间距） → Define Move（定义移动）命令。

Step2. 要移动的元件与开模步骤 1 的移动元件一样（即依次选取元件 UPPER_MOLD.PRT、A_PLATE.PRT 及六个 TOP_PLATE_SCREW.PRT）。

Step3. 定义移动方向（图 11.2.88），移动距离值为 120.0。移出后的状态如图 11.2.89 所示。

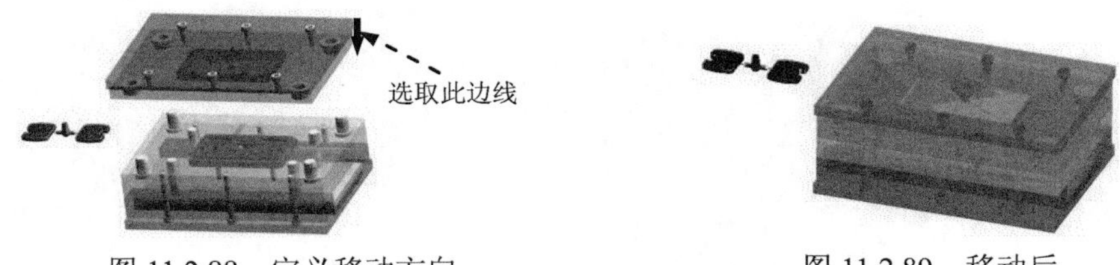

图 11.2.88　定义移动方向　　图 11.2 89　移动后

Stage7．分解开模步骤

通过下面的操作，可以查看模具开启的每一步动作。

Step1．在▼ MOLD OPEN（模具开模）菜单中选择 Explode（分解）命令。

Step2．在▼ STEP BY STEP（逐步）菜单中选择 Open Next（打开下一个）→ Open Next（打开下一个）→ Open Next（打开下一个）→ Open Next（打开下一个）→ Open Next（打开下一个）命令。

Step3．选择 Done/Return（完成/返回）命令。

Step4．选择下拉菜单 文件(F) → 保存(S) 命令。

第 12 章　EMX 5.0 模架设计

本章提要　本章将针对 EMX 5.0 模架设计方法进行详细讲解，同时通过实际范例来介绍具体操作步骤，其中包括浇口套、顶杆、复位杆、拉料杆、镶件模板及冷却系统的设计。学过本章之后，读者应能熟练掌握 EMX 5.0 模架设计的方法和技巧。

12.1　概　述

EMX 是 Expert Moldbase Extension 的缩写，即 Pro/ENGINEER 的模架设计专家。通过 EMX 模块来创建模具设计可以简化模具的设计过程，减少不必要的重复性工作，提高设计效率。模架设计专家（EMX）提供一系列快速设计模架及一些辅助装置的功能，将整个模具设计周期缩短。在 Pro/ENGINEER 的注塑模具设计模块中，所有可以利用的解决方案都是以族表或通过输入几何体的办法来解决，而模架设计专家（EMX）则是以使用不受约束的参数元件为基础，灵活地完成模具设计，且能快速改变设计意图或修改设计尺寸。

EMX 模具库不仅仅是一个标准的 3D 模具库，其"智能式"设计可以让用户轻松实现零件装配及更改，从而减少设计时的误差、公式化和费时的工序。另外，只需单击鼠标，用户便可从模具库内提取出满足设计要求的零部件，然后组装成一个完整的模具。

12.2　EMX 5.0 的安装

EMX 是 Pro/ENGINEER 的一个外挂模块。安装 EMX 模块后，系统会增加用于标准模架设计的工具栏和下拉菜单。安装 EMX 模块的操作步骤如下。

注意：安装 EMX 外挂模块前，必须先安装 Pro/ENGINEER 主体软件。

Step1. 运行安装光盘中的安装文件 setup.exe，系统弹出图 12.2.1 所示的安装界面。

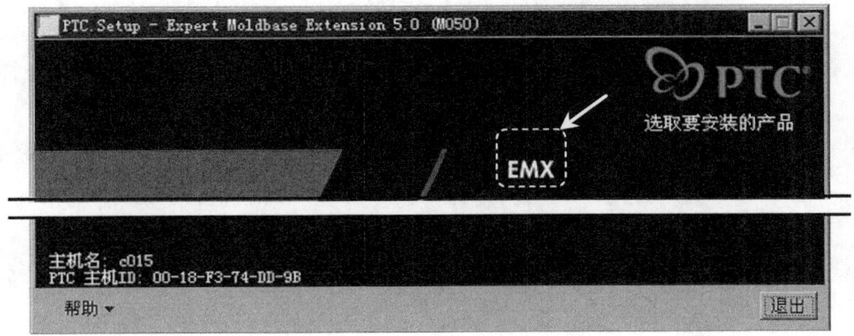

图 12.2.1　安装界面

Step2. 单击安装界面上的“EMX”，系统弹出图 12.2.2 所示的安装选项界面，系统默认选择所有产品功能，直接单击 安装 按钮。

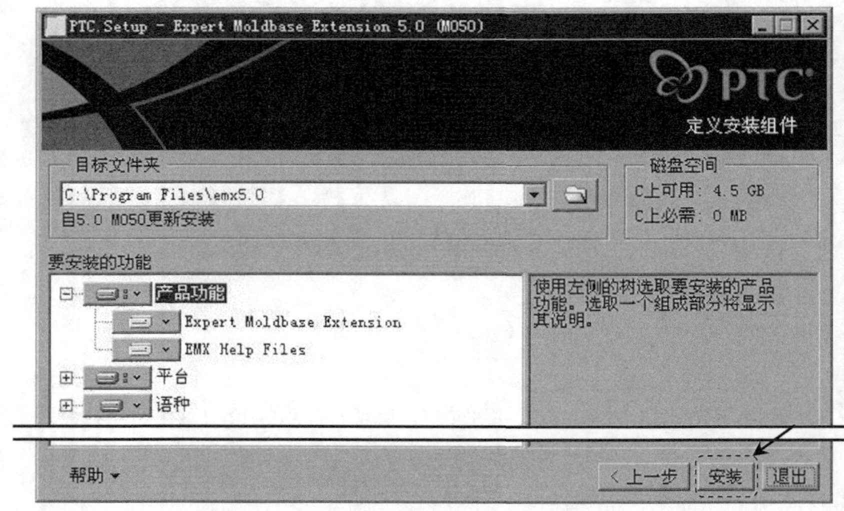

图 12.2.2　安装选项界面

Step3. 安装完成后单击 退出 按钮。

Step4. 设置 EMX 启动目录。

（1）在硬盘上新建一目录，如在 C 盘中建立一个“emx_5.0_up”文件夹，该文件夹将作为 EMX 5.0 的启动目录。在 EMX 5.0 的安装目录中找到 text 子文件夹，将“config.pro”和“config.win”两个文件复制到新建的文件夹中。

（2）右击桌面上的“ProE 5.0”图标，在弹出的快捷菜单中选择 属性(R) 命令，此时系统弹出“ProWildfire 5.0 属性”对话框，在 起始位置(S): 后的文本框中输入启动目录的地址，例如 C:\emx_5.0_up，如图 12.2.3 所示。

（3）单击 确定 按钮，完成 EMX 5.0 的安装。

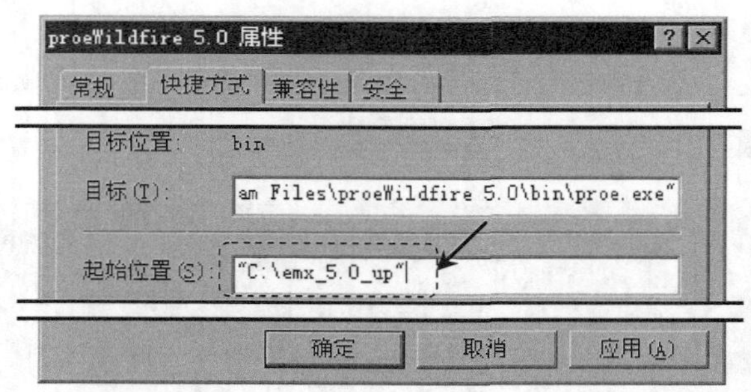

图 12.2.3　“ProWildfire 5.0 属性”对话框

12.3　EMX 5.0 模架设计的一般过程

标准模架是在模具型腔的基础上创建的。首先在 Pro/ENGINEER 的 Pro/MOLDESIGN

模块里完成模具型腔的创建，然后将模具型腔导入到 EMX 中进行模架设计。下面以图 12.3.1 为例，说明利用 EMX 5.0 模块进行模架设计的一般过程。

12.3.1　设置工作目录及打开模具模型文件

Step1. 设置工作目录。选择下拉菜单 文件(F) → 设置工作目录(W)... 命令，将工作目录设置至 D:\proewf5.3\work\ch12.03。

Step2. 打开文件。选择下拉菜单 文件(F) → 打开(O)... 命令，打开文件 cap_mold.asm。

12.3.2　新建项目

项目是 EMX 模架的顶级组件，创建新模架设计时，必须定义一些将用于所有模架元件的参数和组织数据，主要包括项目名称的定义、模具型腔元件的添加和型腔元件的分类。

Step1. 选择下拉菜单 EMX 5.0 → 项目 ▸ → ...新建 命令，系统弹出"项目"对话框，在对话框中进行图 12.3.2 所示的设置，单击 ✔ 按钮，系统进入装配环境。

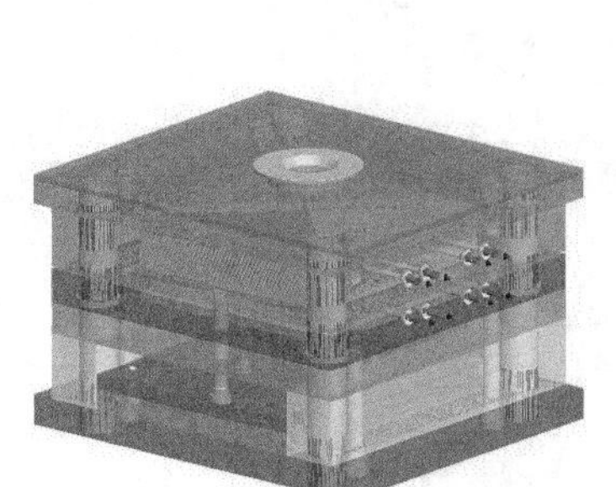

图 12.3.1　EMX 标准模架

图 12.3.2　"项目"对话框

Step2. 添加元件。

（1）选择下拉菜单 插入(I) → 元件(C) ▸ → 装配(A)... 命令，此时系统弹出"打开"对话框在"打开"对话框中选择 cap_mold.asm 装配体，单击 打开 按钮，此时系统弹出"元件放置"操控板。

（2）在该操控板中单击 放置 按钮，在"放置"界面的 约束类型 下拉列表中选择 缺省，将元件按缺省设置放置，此时 状态 区域显示的信息为 完全约束，单击操控板中的 ✔ 按钮，完成装配件的放置。

Step3. 元件分类。选择下拉菜单 EMX 5.0 → 项目 ▸ → ...分类 命令，系统弹出“分类”对话框，在对话框中进行图 12.3.3 所示的设置，单击✓按钮。

12.3.3　添加标准模架

通过添加标准模架，可以将一些繁琐的工作变得快捷简单。

Stage1. 定义标准模架

在 EMX 模块中，软件提供了很多标准模架供用户选择，只需通过下拉菜单中的 组件定义 命令，就可以完成标准模架的添加。

Step1. 选择命令。选择下拉菜单 EMX 5.0 → 模架 ▸ → 组件定义 命令，系统弹出“模架定义”对话框。

Step2. 定义模架系列。在对话框左下角单击“从文件载入组件定义”按钮，系统弹出“载入 EMX 组件”对话框，在对话框的 保存的组件 下拉列表中选择 emx_tutorial_komplett，在 选项 区域中取消选中 □ 保留尺寸和模型数据 复选框，单击“载入 EMX 组件”对话框右下角的“从文件载入组件定义”按钮，单击✓按钮。

Step3. 更改模架尺寸。在“模架定义”对话框右上角的 尺寸 下拉列表中选择 396x396，此时系统弹出图 12.3.4 所示的“EMX 问题”对话框，单击✓按钮。系统经过计算后，标准模架加载到绘图区中，然后单击“再生模型”按钮，如图 12.3.5 所示。

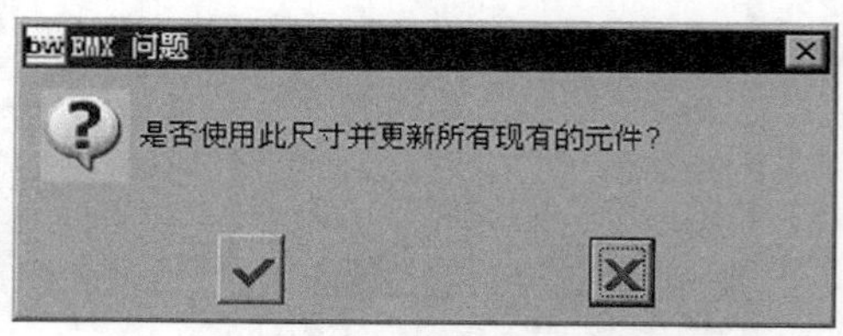

图 12.3.4　“EMX 问题”对话框

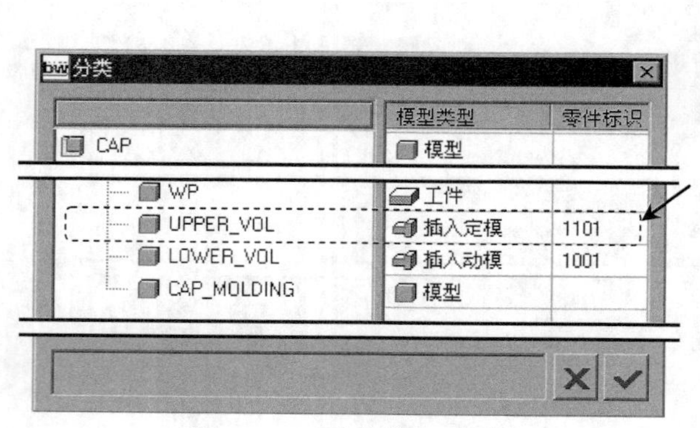

图 12.3.3　“分类”对话框

图 12.3.5　标准模架

Stage2. 删除多余元件

完成标准模架的添加后，模架中有些元件是不需要的，可以通过“模架定义”对话框中的“删除元件”按钮来删除这些元件。

Step1. 删除支撑衬套。在“模架定义”对话框的下方单击“删除元件”按钮，选择图 12.3.6 所示的支撑衬套为删除对象，此时系统弹出图 12.3.7 所示的“EMX 问题”对话框，单击按钮。

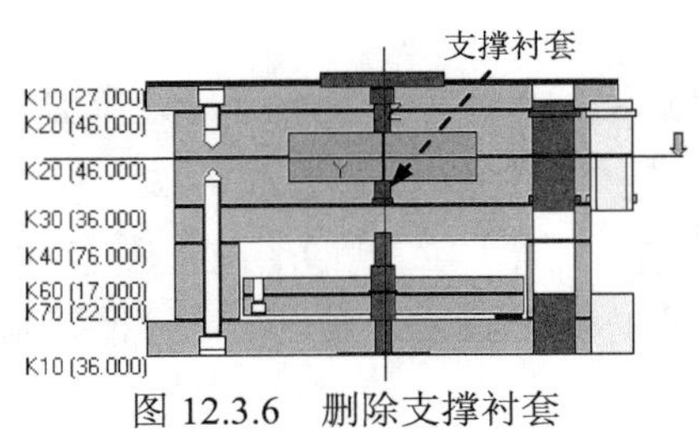

图 12.3.6　删除支撑衬套

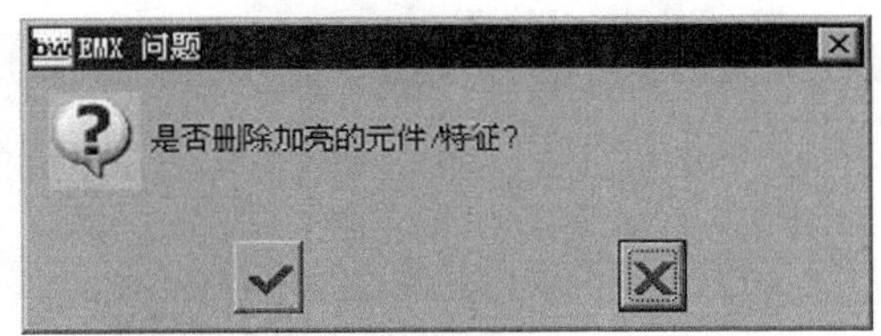

图 12.3.7　“EMX 问题”对话框

Step2. 删除图 12.3.8 所示的导向件。在“模架定义”对话框的下方单击“删除元件”按钮，分别选择图 12.3.8a 所示的两个导向件为删除对象，此时系统弹出“EMX 问题”对话框，单击按钮。

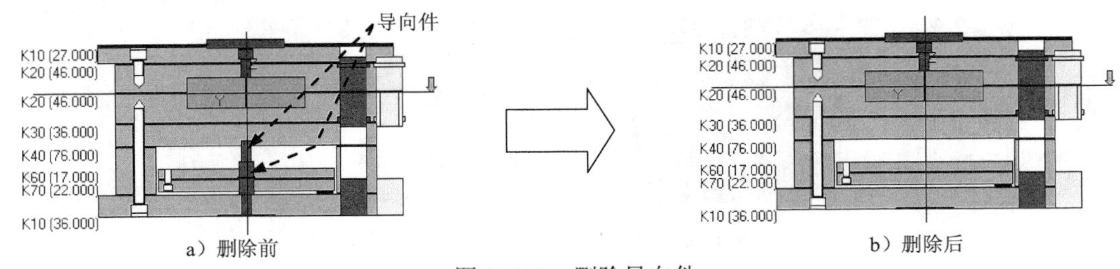

图 12.3.8　删除导向件

Stage3. 定义模板厚度

模板的厚度主要是根据型腔零件和型芯零件来设置的，其一般过程如下。

Step1. 定义定模板厚度。在“模架定义”对话框中右击图 12.3.9 所示的定模板，此时系统弹出图 12.3.10 所示的“板”对话框，在对话框的厚度 (T) 文本框中输入值 70.0，单击按钮。

Step2. 定义动模板厚度。用同样的操作方法右击图 12.3.9 所示的动模板，在“板”对话框的厚度 (T) 文本框中输入值 40.0，单击按钮。

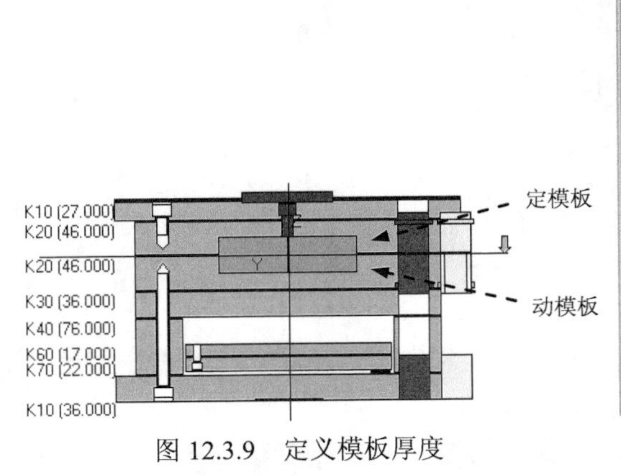

图 12.3.9　定义模板厚度

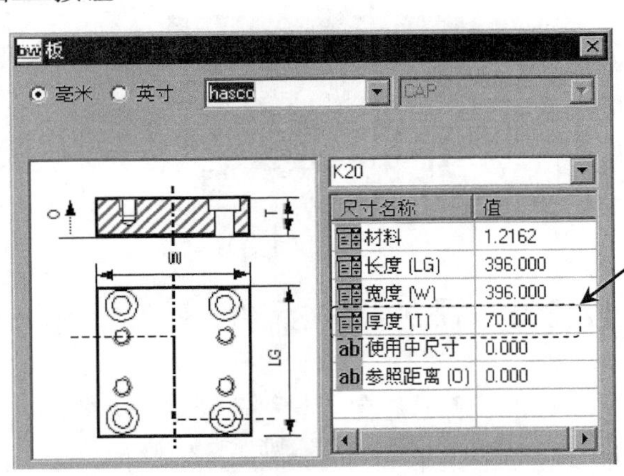

图 12.3.10　“板”对话框

12.3.4 定义浇注系统

浇注系统指模具中由注射机到型腔之间的进料通道，主要包括主流道、分流道、浇口和冷料穴。下面介绍在标准模架中编辑主流道衬套和定位环的操作方法。

Step1. 定义主流道衬套。在“模架定义”对话框中右击图 12.3.11 所示的主流道衬套，此时系统弹出图 12.3.12 所示的“主流道衬套”对话框。定义衬套型号为 Z512r，在 ab OFFSET-偏移 文本框中输入 0，单击 ✓ 按钮。

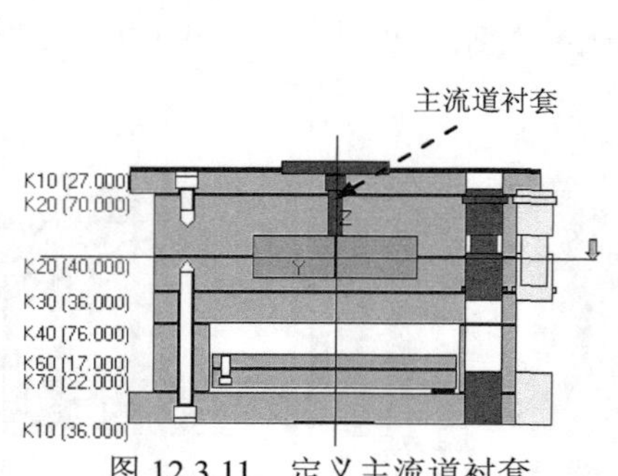

图 12.3.11 定义主流道衬套

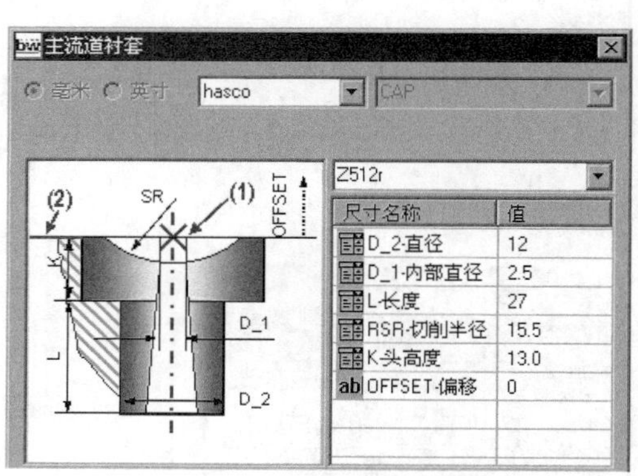

图 12.3.12 “主流道衬套”对话框

Step2. 定义定位环。在“模架定义”对话框中右击图 12.3.13 所示的定位环，此时系统弹出图 12.3.14 所示的“定位环”对话框。定义定位环型号为 K100，在 HG1-高度 下拉列表中选择 11，在 DM1-直径 下拉列表中选择 100，在 ab OFFSET-偏移 文本框中输入 0，单击 ✓ 按钮。单击“模架定义”对话框中的 ✓ 按钮，完成标准模架的添加，然后单击“再生模型”按钮。

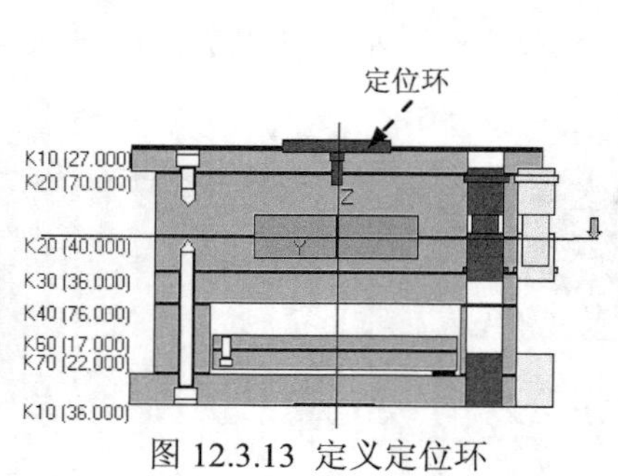

图 12.3.13 定义定位环

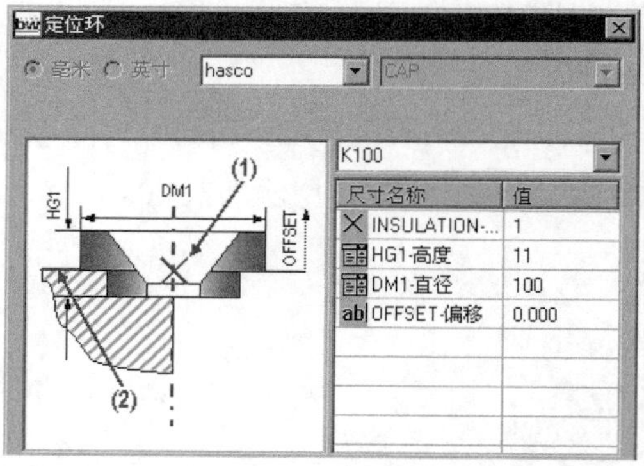

图 12.3.14 “定位环”对话框

12.3.5 添加标准元件

标准元件一般包括导柱、导套、顶杆、定位销、螺钉及止动系统等。在 EMX 模块中可以通过下拉菜单中的 元件状态 命令来完成标准元件的添加。

Step1. 选择命令。选择下拉菜单 EMX 5.0 → 模架 ▸ → 元件状态 命令，系统弹出“元件状态”对话框。

Step2. 定义元件选项。在图 12.3.15 所示的对话框中单击“全选”按钮，再单击“完成”按钮，结果如图 12.3.16 所示。

12.3.6　添加顶杆

顶杆指开模后塑件在顶出零件的作用下，通过一次动作将塑件从模具中脱出。下面介绍顶杆的一般添加方法。

Step1. 显示动模。选择下拉菜单 EMX 5.0 → 视图 → 显示... → 动模 命令。

Step2. 创建基准平面。以图 12.3.17 所示的表面为偏移参考平面，偏移方向朝上，偏移距离值为 30.0，单击 确定 按钮。

Step3. 创建顶杆参考点。

（1）选择命令。选择下拉菜单 插入(I) → 模型基准(D) → 草绘(S)...，系统弹出“草绘”对话框。

（2）定义草绘平面，选择 Step2 中创建的基准平面为草绘平面，选择图 12.3.18 所示的工件侧面为参照平面，方向为 右。

图 12.3.16　添加标准元件

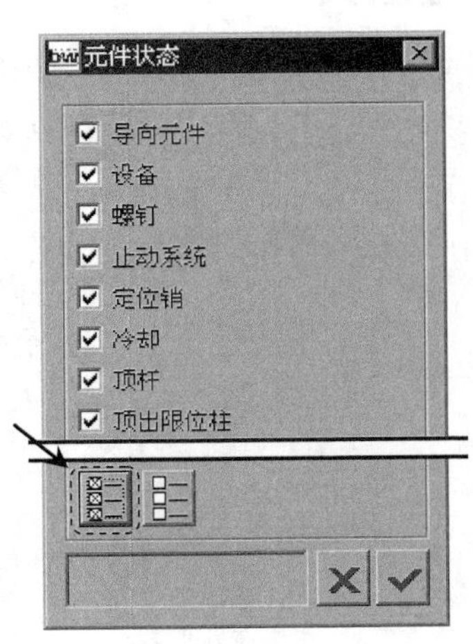

图 12.3.15　“元件状态”对话框

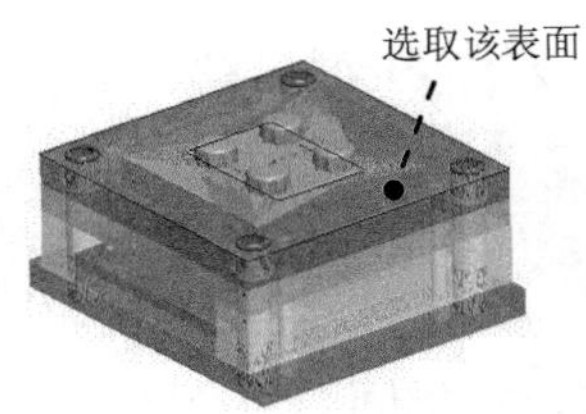

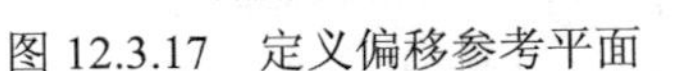

图 12.3.17　定义偏移参考平面

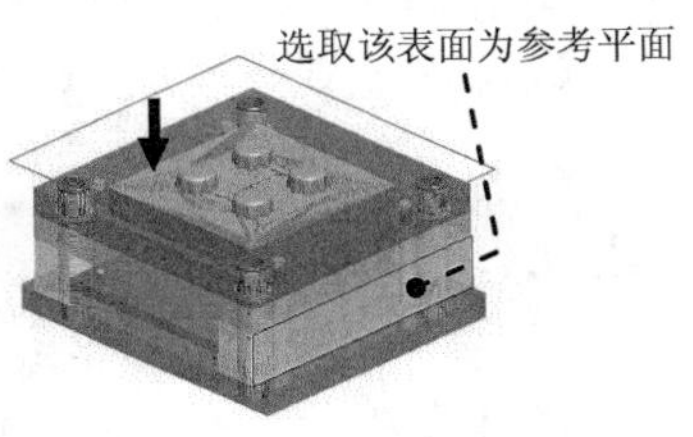

图 12.3.18　定义草绘平面

（3）绘制截面草图。绘制图 12.3.19 所示的截面草图（四个点），在“点”按钮下拉列表中选择“几何点”按钮。完成截面草图的绘制后，单击工具栏中的“完成”按钮。

Step4. 创建顶杆修剪面。

（1）复制曲面。按住 Ctrl 键，选取图 12.3.20 所示的表面，选择下拉菜单 编辑(E) → 复制(C) 命令，选择下拉菜单 编辑(E) → 粘贴(P) 命令，在系统弹出的操控板中单击“完成”按钮✔。

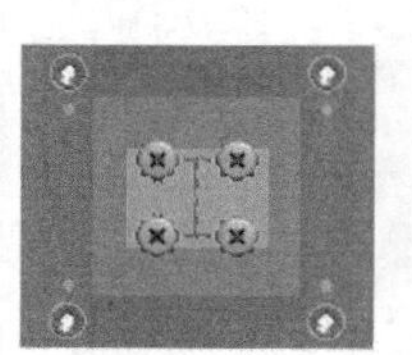

图 12.3.19 截面草图

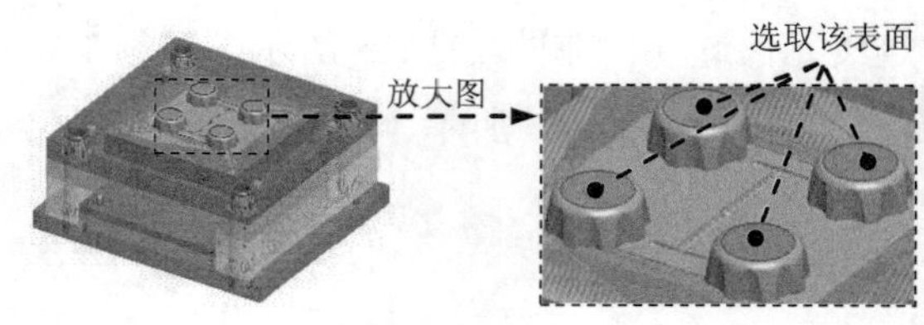

图 12.3.20 复制曲面

（2）选择下拉菜单 EMX 5.0 → 顶杆 ▸ → …识别修剪端面 命令，系统弹出“顶杆修剪面”对话框，单击对话框中的 + 按钮（图 12.3.21），系统弹出“选取”对话框，选择步骤（1）复制的曲面为顶杆修剪面，单击 确定 按钮，单击“完成”按钮✔。

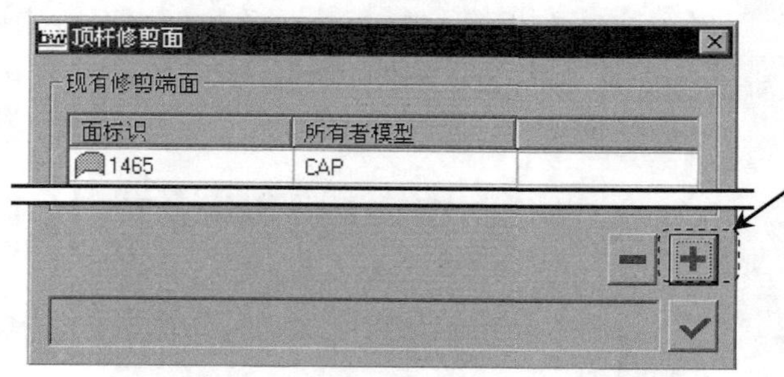

图 12.3.21 “顶杆修剪面”对话框

Step5. 定义顶杆 1。

（1）选择命令。选择下拉菜单 EMX 5.0 → 顶杆 ▸ → …定义 命令，系统弹出“顶杆”对话框。

（2）定义参考点。单击对话框中的 (1) 点 按钮，系统弹出“选取”对话框，选择 Step3 中创建的任意一点。

（3）定义顶杆直径为 8.0，定义顶杆长度为 160.0，在对话框中勾选 ☑ 按面组修剪 复选框，如图 12.3.22 所示，单击“完成”按钮✔。

Step6. 定义顶杆 2、3 和 4。参照 Step5，结果如图 12.3.23 所示。

12.3.7 添加复位杆

模具为在闭合的过程中使推出机构回到原位，必须设计复位装置，即复位杆。设计复位杆时，要将它的头部设计到动、定模的分型上。合模时，定模一接触复位杆，就将顶杆及顶出装置恢复到原来的位置。下面介绍复位杆的一般添加过程。

说明：创建复位杆与创建顶杆使用的命令相同。

Step1. 创建复位杆参考点。

（1）选择命令。选择下拉菜单 插入(I) → 模型基准(D) ▸ → 草绘(S)…，系统弹出“草绘”对话框。

（2）定义草绘平面。选择图 12.3.24 所示的表面为草绘平面，选择图 12.3.24 所示的工件侧面为参照平面，方向为右。

（3）绘制截面草图。绘制图 12.3.25 所示的截面草图（两个点），在“点”按钮下拉列表中选择“几何点”按钮。完成截面草图的绘制后，单击工具栏中的“完成”按钮。

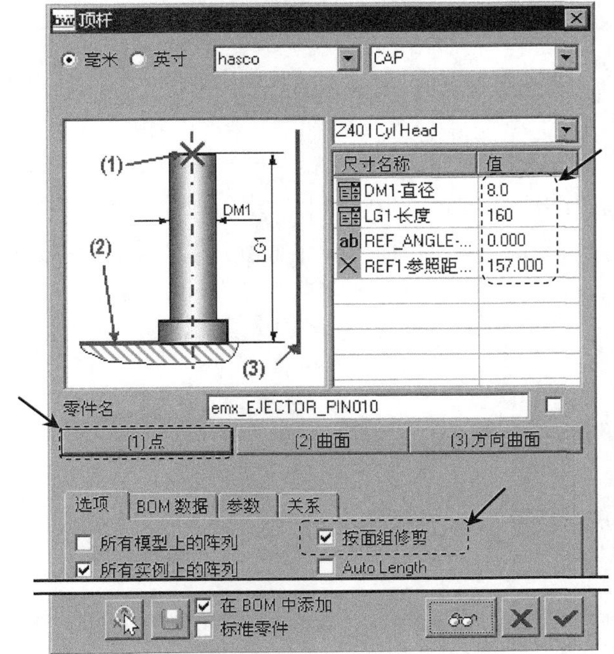

图 12.3.22　“顶杆”对话框

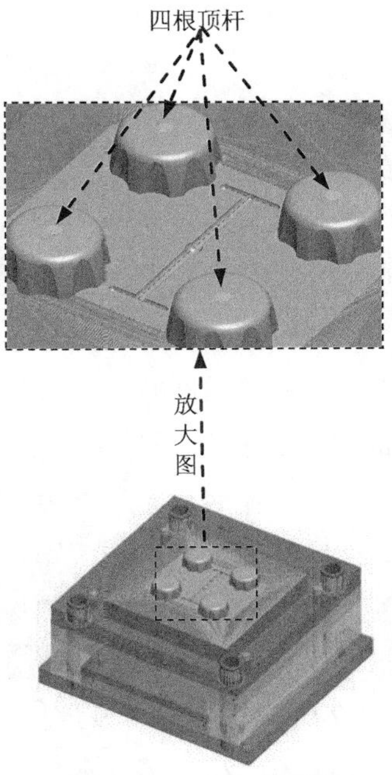

图 12.3.23　定义顶杆

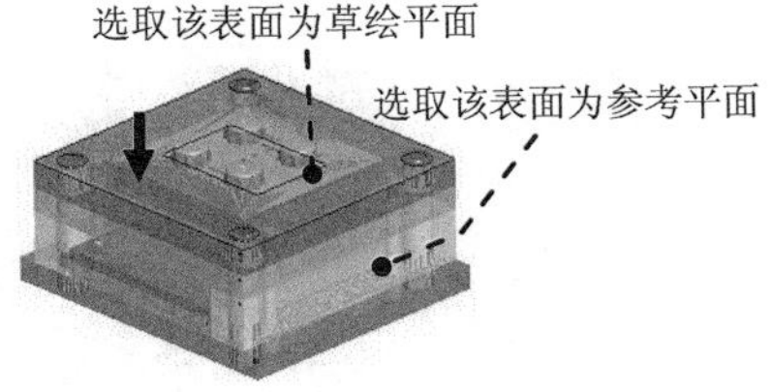

图 12.3.24　定义草绘平面

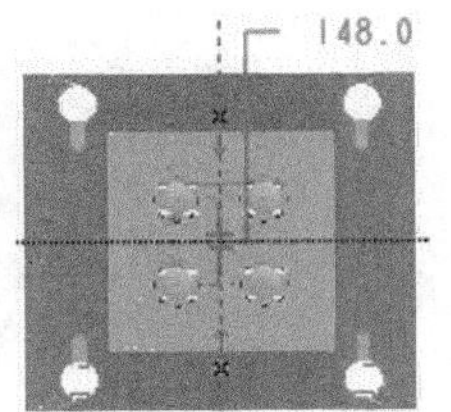

图 12.3.25　截面草图

Step2. 定义复位杆 1。

（1）选择命令。选择下拉菜单 EMX 5.0 → 顶杆 ▸ → ...定义命令，系统弹出“顶杆”对话框。

（2）定义参考点。单击对话框中的 (1) 点 按钮，系统弹出“选取”对话框，选择 Step1 创建的任意一点。

（3）定义复位杆直径和长度。在对话框的 DM1-直径 下拉列表中选择 16.0，在 LG1-长度 下拉列表中选择 160，在对话框中勾选 按面組修剪 复选框，单击“完成”按钮。

（4）根据系统提示 选择一个修剪面。，依次在“选取”对话框中单击 取消 按钮。

Step3. 定义复位杆 2。参照 Step2，结果如图 12.3.26 所示。

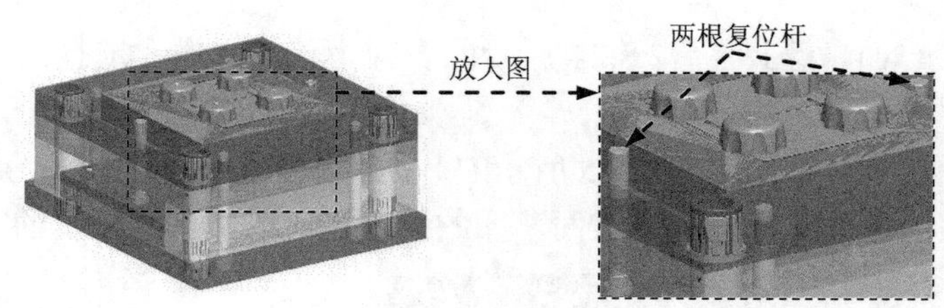

图 12.3.26　定义复位杆

12.3.8　添加拉料杆

模具在开模时，拉料杆将浇注系统中的废料拉到动模一侧，保证在下次注塑时不会因废料而影响到注塑，再通过顶出机构将废料和塑件一起顶出。下面介绍拉料杆的一般添加过程。

说明：创建拉料杆与创建顶杆使用的命令相同。

Step1. 创建拉料杆参考点。

（1）选择命令。选择下拉菜单 插入(I) → 模型基准(D) ▸ → 草绘(S)...，系统弹出“草绘”对话框。

（2）定义草绘平面。选择图 12.3.27 所示的表面为草绘平面，选择图 12.3.27 所示的工件侧面为参照平面，方向为 右。

（3）绘制截面草图。绘制图 12.3.28 所示的截面草图（一个点），在“点”按钮 下拉列表中选择“几何点”按钮。完成截面的绘制后，单击工具栏中的“完成”按钮 ✓。

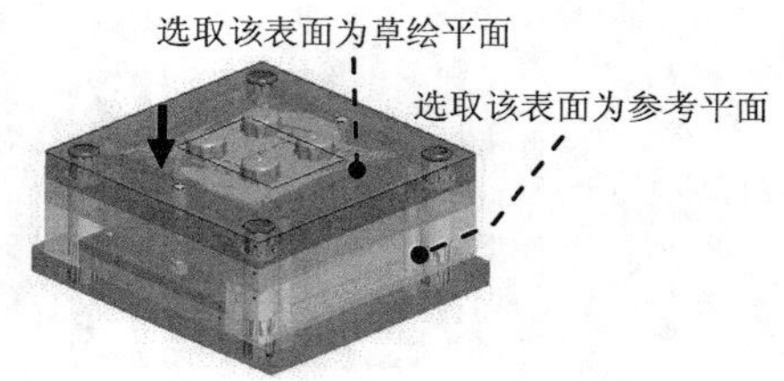

图 12.3.27　定义草绘平面

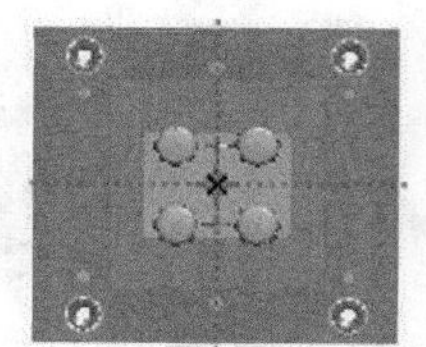

图 12.3.28　截面草图

Step2. 定义拉料杆。

（1）选择命令。选择下拉菜单 EMX 5.0 → 顶杆 ▸ → ...定义 命令，系统弹出“顶杆”对话框。

（2）定义参考点。单击对话框中的 (1) 按钮，系统弹出“选取”对话框，选择 Step1 创建的点。

（3）定义拉料杆直径和长度。在对话框的 DM1-直径 下拉列表中选择 9.0，在 LG1-长度 下拉列表中选择 160，在对话框中勾选 ☑ 按面组修剪 复选框，单击“完成”按钮 ✓。

（4）根据系统 选择一个修剪面。 的提示，依次在“选取”对话框中单击 取消 按钮，结果如图 12.3.29 所示。

Step3. 编辑拉料杆。

（1）打开模型。在模型树中选中 Step2 创建的拉料杆 EMX_EJECTOR_PIN016.PRT 并右击，在弹出的快捷菜单中选择 打开 命令，系统转到零件模式。

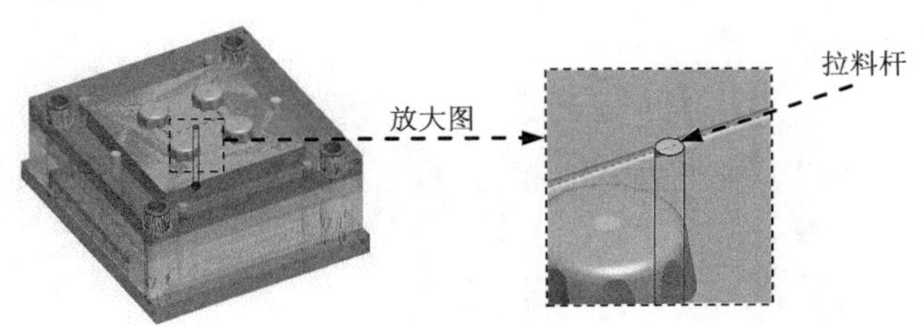

图 12.3.29　定义拉料杆

（2）选择下拉菜单 插入(I) → 拉伸(E)... 命令，此时系统弹出“拉伸”操控板。

（3）定义草绘截面放置属性。右击，从弹出的菜单中选择 定义内部草绘... 命令，在系统 ◆选取一个平面或曲面以定义草绘平面。的提示下，在模型树中选取 DTM_X_Z 为草绘平面，然后选取 DTM_Y_Z 为参照平面，方向为 右。

（4）绘制截面草图。绘制图 12.3.30 所示的截面草图。完成截面草图的绘制后，单击工具栏中的“完成”按钮✓。

（5）设置深度选项。

① 在操控板中选取深度类型 （对称的），在文本框中输入值 10.0。

② 在操控板中单击“切除材料”按钮。

③ 在操控板中单击“完成”按钮✓，完成特征的创建，结果如图 12.3.31 所示。

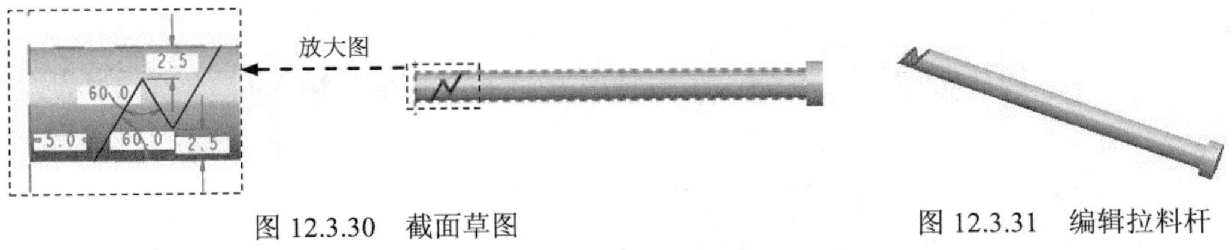

图 12.3.30　截面草图　　图 12.3.31　编辑拉料杆

（6）关闭窗口。选择下拉菜单 文件(F) → 关闭窗口(C) 命令。

12.3.9　定义模板

考虑添加后的模板并不完全符合模具设计要求，需要对模具元件和模板进行重新定义，即在定模板和动模板中挖出凹槽来放置型腔，用于镶嵌模具的型腔零件和型芯零件。

Step1. 定义动模板。

（1）打开模型。在模型树中选择动模板 EMX_CAV_PLATE_MH001.PRT 并右击，在弹出的快捷菜单中选择 打开 命令，系统转到零件模式。

（2）选择下拉菜单 插入(I) → 拉伸(E)... 命令，此时系统弹出“拉伸”操控板。

（3）定义草绘截面放置属性。选取图 12.3.32 所示的表面为草绘平面，然后选取图 12.3.32

所示的表面为参照平面，方向为 右 。

（4）绘制截面草图。绘制图 12.3.33 所示的截面草图。完成截面草图的绘制后，单击工具栏中的“完成”按钮✓。

（5）设置深度选项。

① 在操控板中选取深度类型（指定深度值），在文本框中输入值 30.0(如果方向相反则输入-30.0)。

② 在操控板中单击“切除材料”按钮。

③ 在操控板中单击“完成”按钮✓，完成特征的创建，结果如图 12.3.34 所示。

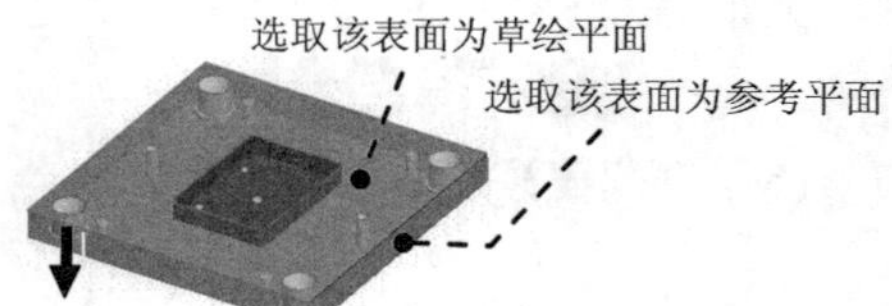

图 12.3.32　定义草绘平面

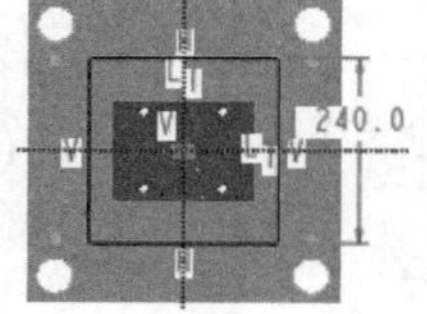

图 12.3.33　截面草图

图 12.3.34　编辑动模板

（6）选择下拉菜单 插入(I) → 拉伸(E)... 命令，此时系统弹出“拉伸”操控板。

（7）定义草绘截面放置属性。选取图 12.3.35 所示的表面为草绘平面，然后选取图 12.3.35 所示的表面为参照平面，方向为 右 。

（8）绘制截面草图。绘制图 12.3.36 所示的截面草图。完成截面草图的绘制后，单击工具栏中的“完成”按钮✓。

（9）设置深度选项。

① 在操控板中选取深度类型（指定深度值），在文本框中输入值 10.0(如果方向相反则输入-10.0)。

② 在操控板中单击“切除材料”按钮。

③ 在操控板中单击“完成”按钮✓，完成特征的创建，结果如图 12.3.37 所示。

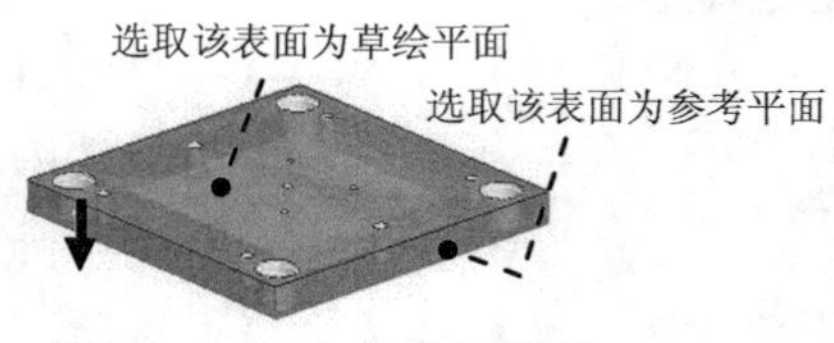

图 12.3.35　定义草绘平面

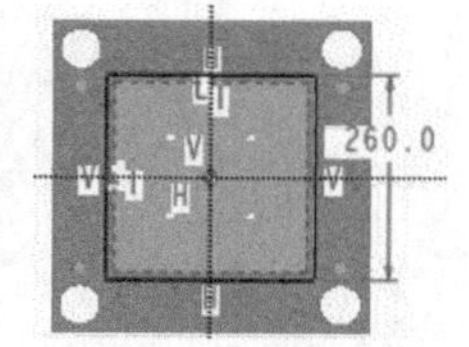

图 12.3.36　截面草图

图 12.3.37　编辑动模板

（10）关闭窗口。选择下拉菜单 文件(F) → 关闭窗口(C) 命令。

Step2. 定义下模元件。

（1）打开模型。在模型树中选择 CAP_MOLD.ASM 节点下的下模元件 LOWER_VOL.PRT 并右击，在弹出的快捷菜单中选择 打开 命令，系统转到零件模式下。

（2）选择下拉菜单 插入(I) → 拉伸(E)... 命令，此时系统弹出“拉伸”操控板。

（3）定义草绘截面放置属性。选取图 12.3.38 所示的表面为草绘平面，然后选取图 12.3.38

所示的表面为参照平面，方向为右。

（4）绘制截面草图。绘制图 12.3.39 所示的截面草图。完成截面草图的绘制后，单击工具栏中的“完成”按钮。

（5）设置深度选项。

① 在操控板中选取深度类型（指定深度值），在文本框中输入值 30.0（如果方向相反则输入-30.0）。

② 在操控板中单击“切除材料”按钮。

③ 在操控板中单击“完成”按钮，完成特征的创建，结果如图 12.3.40 所示。

选取该表面为草绘平面

选取该表面为参考平面

图 12.3.38 定义草绘平面

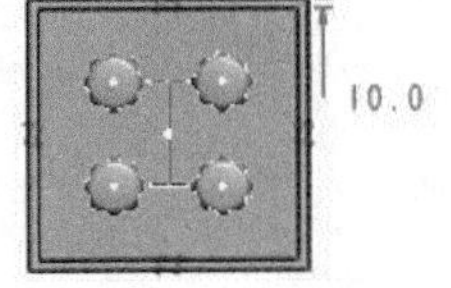

图 12.3.39 截面草图

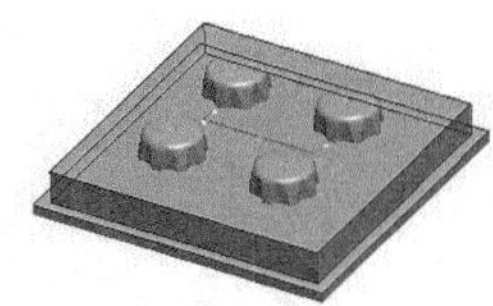

图 12.3.40 编辑下模

（6）关闭窗口。选择下拉菜单 文件(F) → 关闭窗口(C) 命令。

Step3. 定义动模座板。

（1）打开模型。在模型树中选择动模座板 EMX_CLP_PLATE_MH001.PRT 并右击，在弹出的快捷菜单中选择 打开 命令，系统转到零件模式。

（2）选择下拉菜单 插入(I) → 拉伸(E)... 命令，此时系统弹出“拉伸”操控板。

（3）定义草绘截面放置属性。选取图 12.3.41 所示的表面为草绘平面，然后选取图 12.3.41 所示的表面为参照平面，方向为右。

（4）绘制截面草图。绘制图 12.3.42 所示的截面草图（一个圆）。完成截面草图的绘制后，单击工具栏中的“完成”按钮。

（5）设置深度选项。在操控板中选取深度类型（如果方向相反则单击按钮），单击“切除材料”按钮，单击“完成”按钮，完成特征的创建，结果如图 12.3.43 所示。

（6）关闭窗口。选择下拉菜单 文件(F) → 关闭窗口(C) 命令。

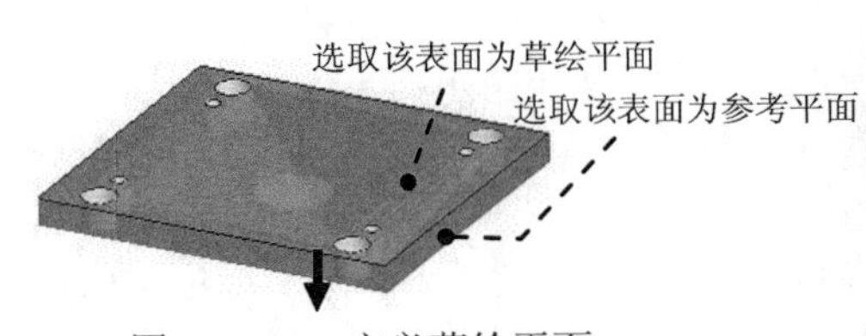

图 12.3.41 定义草绘平面

图 12.3.42 截面草图

图 12.3.43 编辑动模座板

Step4. 定义定模板。

（1）显示定模。选择下拉菜单 EMX 5.0 → 视图 → 显示... → 定模 命令。

（2）打开模型。在模型树中选择定模板 EMX_CAV_PLATE_FH001.PRT 并右击，在弹出的快捷菜单中选择 打开 命令，系统转到零件模式。

（3）选择下拉菜单 插入(I) → 拉伸(E)... 命令，此时系统弹出“拉伸”操控板。

（4）定义草绘截面放置属性。选取图 12.3.44 所示的表面为草绘平面，然后选取图 12.3.44 所示的表面为参照平面，方向为 顶。

（5）绘制截面草图。绘制图 12.3.45 所示的截面草图（一个圆）。完成截面草图的绘制后，单击工具栏中的“完成”按钮✔。

（6）设置深度选项。

① 在操控板中选取深度类型（指定深度值），在文本框中输入值 60.0（如果方向相反则单击按钮）。

② 在操控板中单击“切除材料”按钮。

③ 在操控板中单击“完成”按钮✔，完成特征的创建，结果如图 12.3.46 所示。

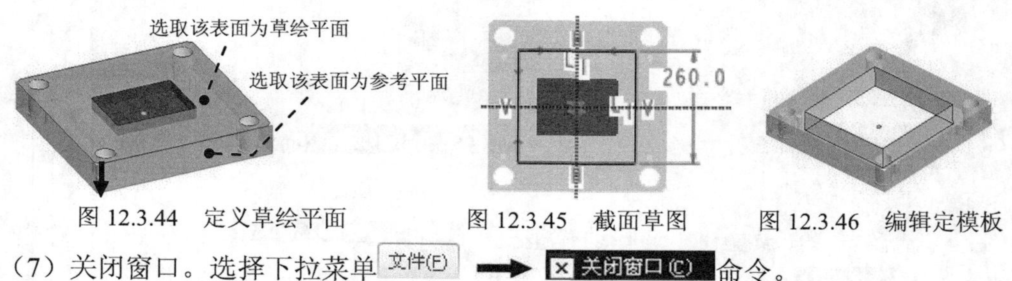

图 12.3.44　定义草绘平面　　图 12.3.45　截面草图　　图 12.3.46　编辑定模板

（7）关闭窗口。选择下拉菜单 文件(F) → 关闭窗口(C) 命令。

12.3.10　创建冷却系统

设计一个良好的冷却系统，可以缩短成型周期并提高生产效率。下面介绍冷却系统的一般创建过程。

Step1. 显示模架。选择下拉菜单 EMX 5.0 → 视图 → 显示... → 主视图 命令。

Step2. 创建冷却孔参考点。

（1）选择命令。选择下拉菜单 插入(I) → 模型基准(D) → 草绘(S)...，系统弹出“草绘”对话框。

（2）定义草绘平面，选择图 12.3.47 所示的表面为草绘平面，选择图 12.3.47 所示的工件侧面为参照平面，方向为 顶。

（3）绘制截面草图。绘制图 12.3.48 所示的截面草图（八个点），完成截面草图的绘制后，单击工具栏中的“完成”按钮✔。

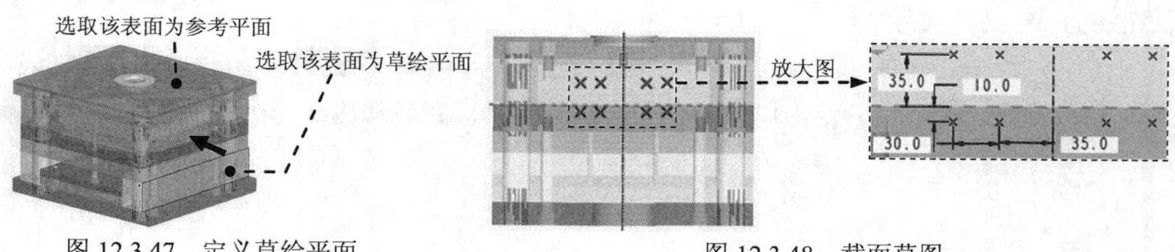

图 12.3.47　定义草绘平面　　图 12.3.48　截面草图

Step3. 定义冷却孔。

（1）选择命令。选择下拉菜单 EMX 5.0 ➡ 冷却 ▸ ➡ ...定义 命令，系统弹出“冷却元件”对话框。

（2）定义参考点。单击对话框中的 (1) 曲线轴点 按钮，系统弹出“选取”对话框，选择 Step2 创建的任意一点，单击 确定 按钮。

（3）定义参考曲面。单击对话框中的 (2) 曲面 按钮，系统弹出“选取”对话框，选择图 12.3.49 所示的曲面为参考曲面，单击 确定 按钮。

（4）在对话框的 NOM-直径 下拉列表中选择 9.0，在 G_DM-螺纹直径 下拉列表中选择 M8x0.75，在 ab OFFSET-偏移 对话框中输入 0，在 概述 区域的 T5 文本框中输入值 400.0，如图 12.3.50 所示，单击“完成”按钮✔。

Step4. 定义冷却孔 2、3、4、5、6、7、8。参照 Step2，结果如图 12.3.51 所示。

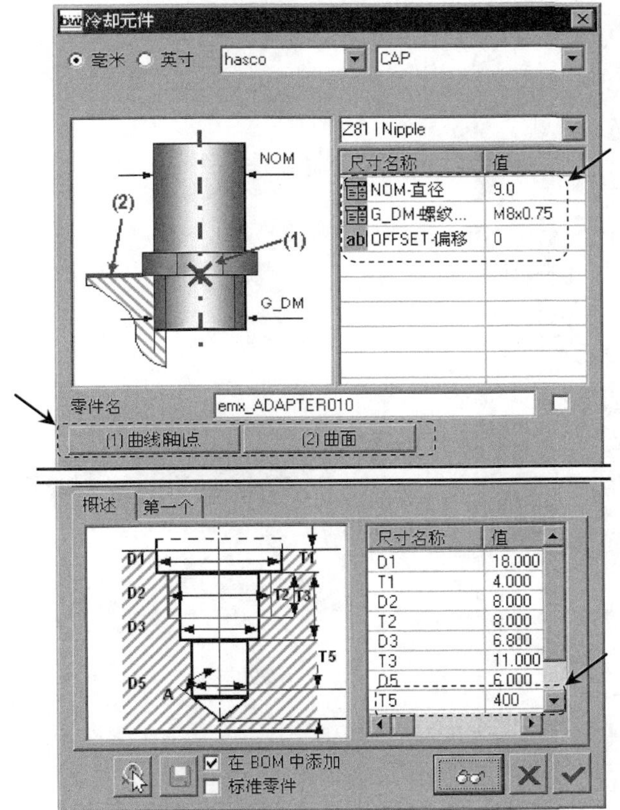

图 12.3.50　“冷却元件”对话框

图 12.3.49　定义参考曲面

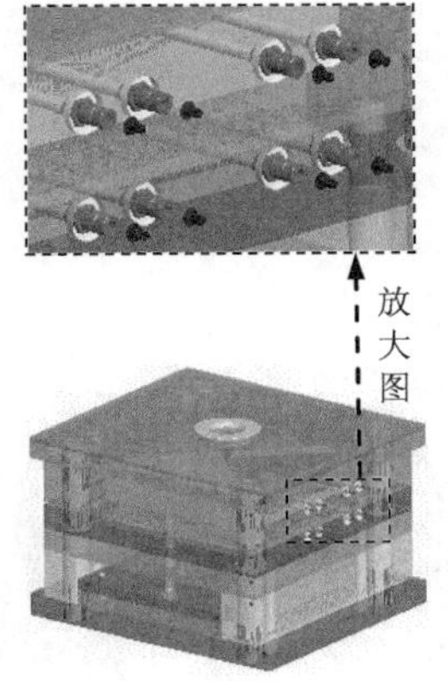

图 12.3.51　定义冷却系统

12.3.11　模架开模模拟

完成模架的所有创建和修改工作后，可以通过 EMX 模块中的 模架开模模拟 命令，完成模架的开模仿真过程，还可以检查出模架中存在的一些干涉现象，以便用户做出及时的修改。下面介绍模架开模模拟的一般过程。

Step1. 选择命令。选择下拉菜单 EMX 5.0 → 模架开模模拟命令，系统弹出“模架开模模拟”对话框。

Step2. 定义模拟数据。在模拟数据区域的步距宽度文本框中输入值 5，单击“计算新结果”按钮，计算结果如图 12.3.52 所示。

Step3. 开始模拟。单击对话框中的“开始模拟”按钮，此时系统弹出图 12.3.53 所示的“动画”对话框，单击对话框中的播放按钮，视频动画将在绘图区中演示。

Step4. 模拟完后，单击“关闭”按钮关闭，单击“完成”按钮。

Step5. 保存模型。选择下拉菜单文件(F) → 保存(S)命令。

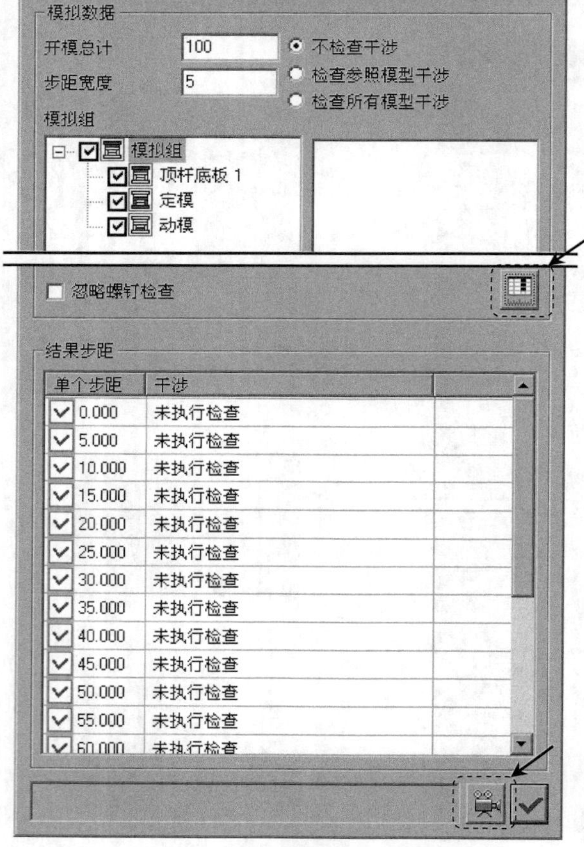

图 12.3.52　“模架开模模拟”对话框

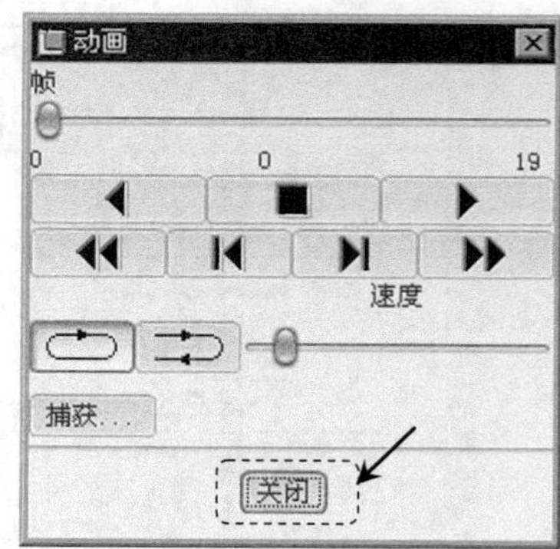

图 12.3.53　“动画”对话框

第 13 章　模具设计综合范例

本章提要　本章的第一个范例将综合介绍模具设计的整个流程：首先进行模具分析与检测，一般包括拔模检测、厚度检查和计算投影面积；然后进行模具型腔设计，再使用塑料顾问进行工艺仿真，最后进行标准模架的添加。第二个范例将介绍斜导柱侧抽芯机构的模具设计，其斜导柱侧抽芯机构主要在装配环境中完成创建。

13.1　综合范例 1——控制面板的模具设计

13.1.1　概述

本范例介绍一个完整模具的设计过程，该面板设计的特别之处在于只设计了一个滑块进行抽取，如果在设计中创建两个滑块则也可以抽取，但在后面的标准模架上添加斜导柱就相对比较繁琐。该范例中应注意的是，由于利用复制延伸的方法来创建分型面，该面板的设计过程会比前面章节的范例复杂一些，载入模架后的结果如图 13.1.1 所示。下面介绍该模具型腔的设计过程。

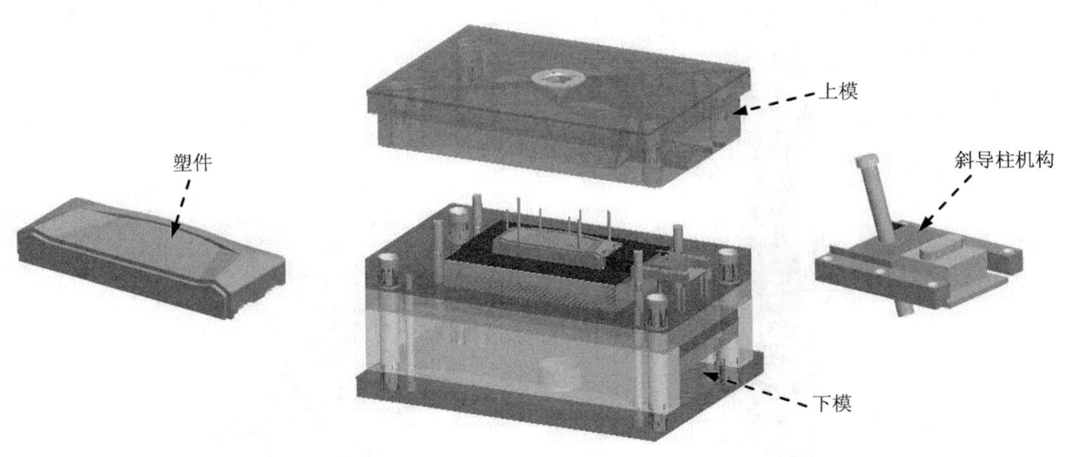

图 13.1.1　带斜机构的 EMX 模架设计

13.1.2　模具设计前的分析与检测

Task1．拔模检测

Stage1．进行零件内表面的拔模检测分析

Step1. 将工作目录设置至 D:\proewf5.3\work\ch13.01.02，然后打开模具文件 panel_mold_ok.asm。

Step2. 遮蔽坯料。在模型树中右击 WP，选择 遮蔽 命令。

Step3. 选择下拉菜单 分析(A) ➡ 模具分析(A)... 命令，在系统弹出的“模具分析”对话框中进行如下操作。

（1）选择分析类型。在 类型 区域的下拉列表中选择 拔模检测 选项。

（2）选择分析曲面。在 曲面 区域的下拉列表中选择 零件 选项，然后单击 按钮，选取零件 PANEL_MOLD_REF_OK.PRT 为要拔模检测的对象，并单击“选取”对话框中的 确定 按钮。

（3）定义拖动方向。在 拖动方向 下拉列表中选择 平面 选项，选取 MAIN_PARTING_PLN 基准平面作为拔模参照平面。此时系统显示出拔模方向，因为要对零件内表面进行拔模检测，所以该方向不是正确的拔模方向，单击 反向方向 按钮。

（4）设置拔模角度选项。在 角度选项 区域选中 ◉ 双向 单选项，然后设置拔模角度检测值为 2.0。

（5）单击对话框中的 显示... 按钮，在弹出的对话框中，将 色彩数目 设置为 4，选中 ☑ 条纹着色 复选框，选中 ☑ 动态更新 复选框，单击 确定 按钮。

（6）在 模具分析 对话框中单击 计算 按钮，此时系统开始进行分析，然后在参照模型上以色阶分布的方式显示出检测结果，同时弹出一个颜色窗口进行说明，如图 13.1.2 所示。从图中可以看出，零件的内表面显示为紫红色，表明由此方向拔模时没有干涉。

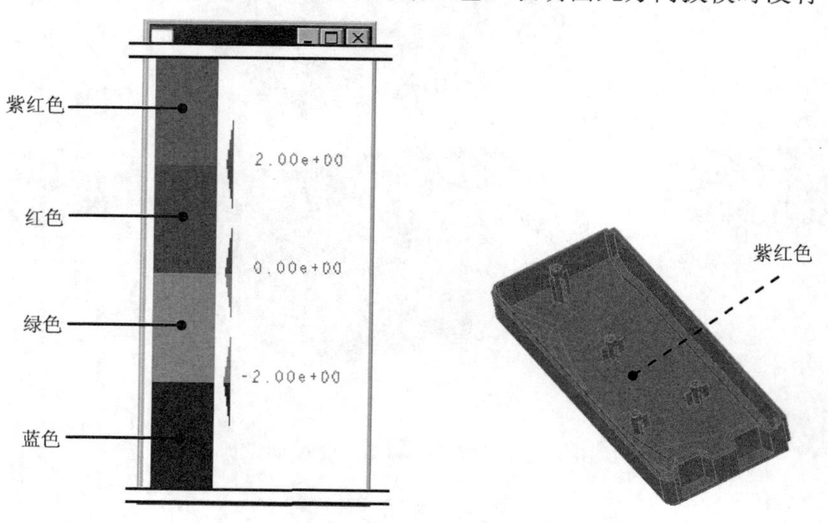

图 13.1.2　内表面拔模检测分析结果

Stage2．进行零件外表面的拔模检测分析

Step1．在模具分析对话框中单击反向方向按钮。

Step2．单击计算按钮，对零件外表面进行拔模检测，检测结果如图 13.1.3 所示。从图中可以看出，零件的外表面凹槽为蓝色，表明拔模时此部位会有干涉，因此该凹槽部位必须设计滑块才能顺利脱模。

Step3．在模具分析对话框中单击关闭按钮，完成拔模检测分析。

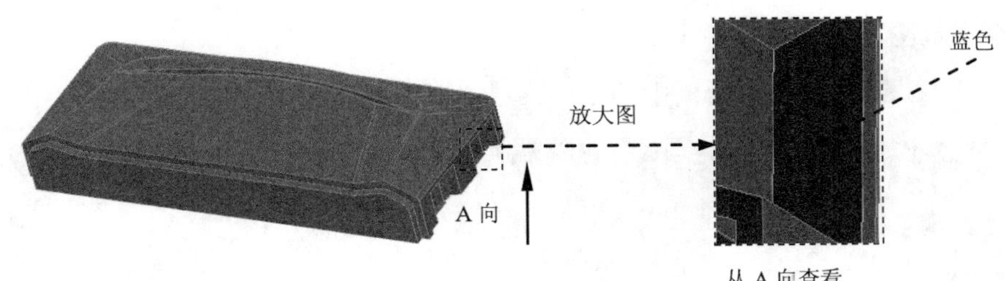

图 13.1.3　外表面拔模检测分析结果

Task2．厚度检测

Step1．选择下拉菜单分析(A) → 厚度检查(H)...命令，系统弹出模型分析对话框。

Step2．零件区域的按钮自动按下，选择参照零件 PANEL_MOLD_REF_OK.PRT 为要检测的零件。

Step3．在设置厚度检查区域，按下层切面按钮。

Step4．定义层切面的起始和终止位置。此时起点区域的按钮自动按下，选取零件前部端面上的一个顶点，以定义切面的起点（图 13.1.4）。此时终点区域的按钮自动按下，选取零件后部端面上的一个顶点以定义切面的终点（图 13.1.4）。

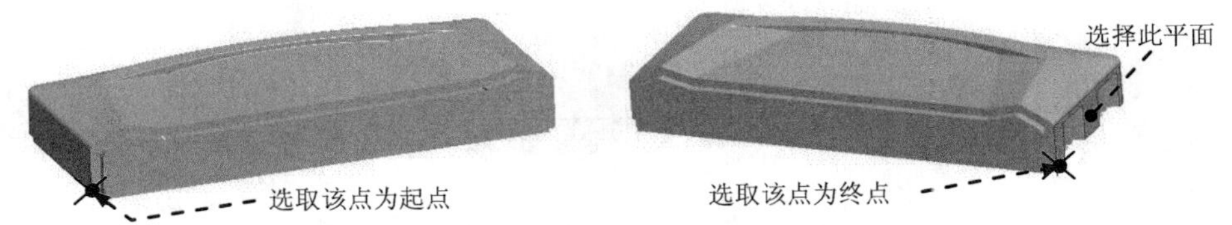

图 13.1.4　选择层切面的起点和终点

Step5．定义层切面的排列方向。在层切面方向下拉列表中选择平面选项，然后在系统➡选取将垂直于此方向的平面。的提示下，选取图 13.1.4 所示的平面，再选择Okay（确定）命令，确认该图中的箭头方向为层切面的方向。

Step6．设置各切面间的偏距值。设置层切面偏移的值为 6.0。

Step7．定义厚度的最大和最小值。在厚度区域，设置最大厚度值为 4.0，然后选中☑最小复选框，设置最小厚度值为 0.5。

Step8. 结果分析。

（1）单击对话框中的 计算 按钮，系统开始进行分析，然后在 结果 栏中显示出检测的结果。也可以单击 信息 按钮，则系统弹出图 13.1.5 所示的窗口，从该窗口可以清晰地查看每一个切面的厚度是否超出设定范围，以及每个切面的截面积，查看后关闭该窗口。

（2）单击对话框中的 显示全部 按钮，参照模型上显示出全部剖面，如图 13.1.6 所示。图中红色剖面表示超出厚度范围，黄色剖面表示符合厚度范围（在缺省状态下），淡蓝色剖面表示小于厚度范围。

Step9. 单击 模型分析 对话框中的 关闭 按钮，完成零件的厚度检测。

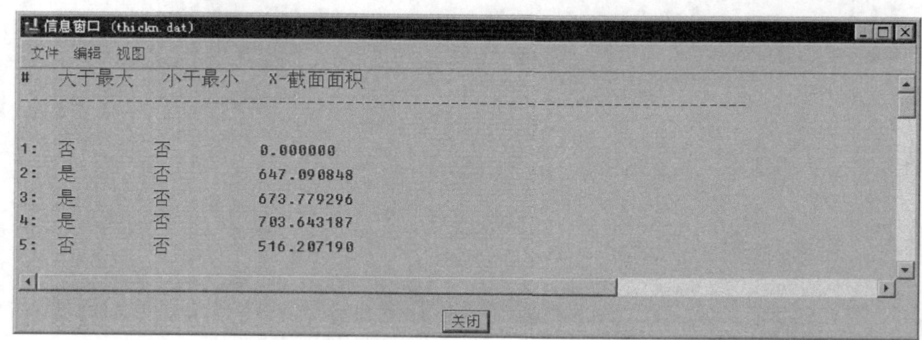

#	大于最大	小于最小	X-截面面积
1:	否	否	0.000000
2:	是	否	647.090848
3:	是	否	673.779296
4:	是	否	703.643187
5:	否	否	516.207190

图 13.1.5　信息窗口

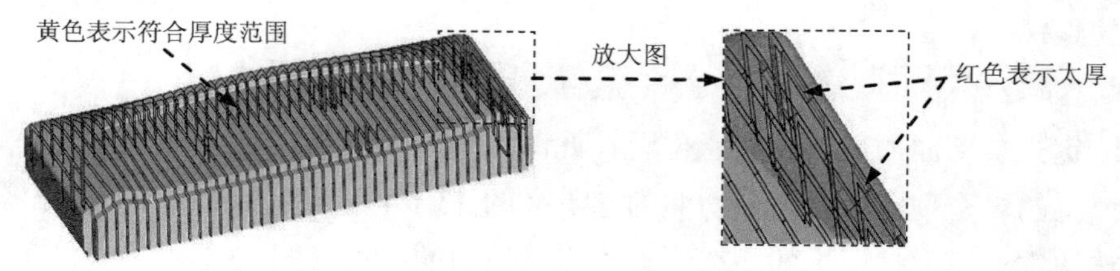

图 13.1.6　显示剖面

Task3. 计算投影面积

Step1. 选择下拉菜单 分析(A) → 投影面积(T)... 命令，系统弹出图 13.1.7 所示的 测量 对话框。

Step2. 在 图元 区域的下拉列表中选择 所有参照零件 选项。

Step3. 在 投影方向 下拉列表中选择 平面 选项，此时系统提示 ◇选取将垂直于此方向的平面。，选取 MAIN_PARTING_PLN 基准平面以定义投影方向，如图 13.1.8 所示。

Step4. 单击对话框中的 计算 按钮，系统开始计算，然后在 结果 栏中显示出计算结果，投影面积为 27583.1，如图 13.1.7 所示。

Step5. 单击对话框中的 关闭 按钮，完成投影面积的计算。

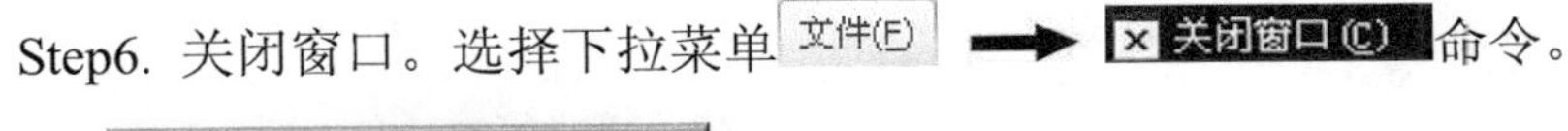

Step6. 关闭窗口。选择下拉菜单 文件(F) → 关闭窗口(C) 命令。

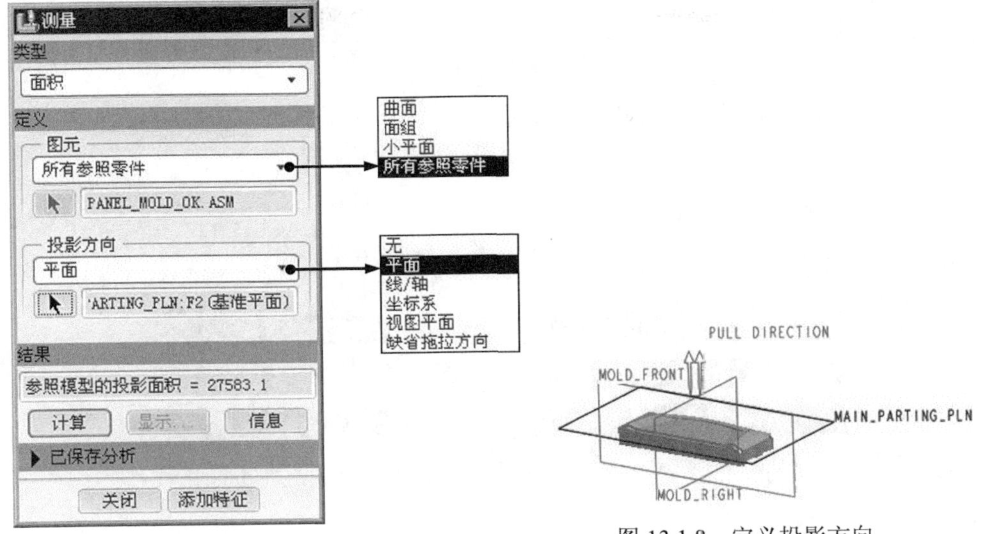

图 13.1.7　“测量”对话框

图 13.1.8　定义投影方向

13.1.3　模具型腔设计

在图 13.1.9 所示的模具中，设计模具中创建了一个滑块，开模时必须抽取滑块，才能将上、下模开启。下面介绍该模具型腔的设计过程。

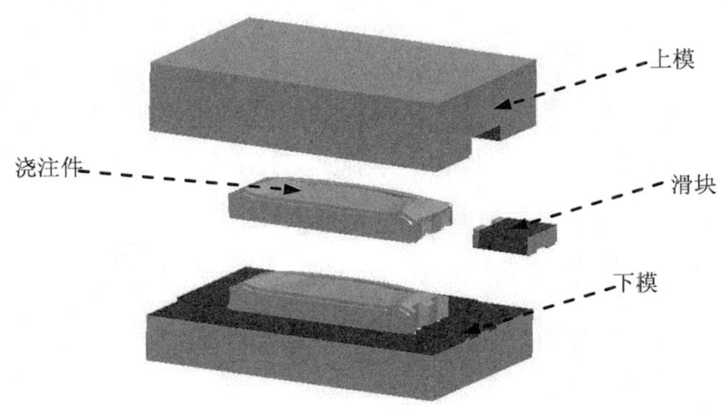

图 13.1.9　带滑块的模具型腔设计

Task1．新建一个模具制造模型，进入模具模块

Step1. 将工作目录设置至 D:\proewf5.3\work\ch13.01.03。

Step2. 新建一个模具型腔文件，命名为 panel_mold，并选取 mmns_mfg_mold 模板。

Task2．建立模具模型

模具模型主要包括参照模型（Ref Model）和坯料（Workpiece），如图 13.1.10 所示。

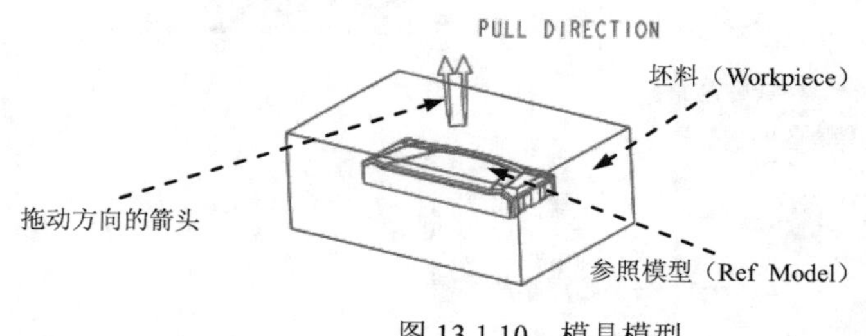

图 13.1.10 模具模型

Stage1. 引入参照模型

Step1. 在菜单管理器的▼ MOLD（模具）菜单中选择Mold Model（模具模型）命令。

Step2. 在▼ MOLD MODEL（模具模型）菜单中选择Assemble（装配）命令。

Step3. 在▼ MOLD MDL TYP（模具模型类型）菜单中选择Ref Model（参照模型）命令。

Step4. 从弹出的文件“打开”对话框中选取三维零件模型 panel.prt 作为参照零件模型，并将其打开。

Step5. 定义约束参照模型的放置位置。

（1）指定第一个约束。在操控板中单击放置按钮，在“放置”界面的“约束类型”下拉列表中选择配对，选取参照件的 FRONT 基准平面为元件参照，选取装配体的 MAIN_PARTING_PLN 基准平面为组件参照。

（2）指定第二个约束。单击➜新建约束字符，在“约束类型”下拉列表中选择对齐，选取参照件的 RIGHT 基准平面为元件参照，选取装配体的 MOLD_RIGHT 基准平面为组件参照。

（3）指定第三个约束。单击➜新建约束字符，在“约束类型”下拉列表中选择对齐，选取参照件的 TOP 基准平面为元件参照，选取装配体的 MOLD_FRONT 基准平面为组件参照。

（4）至此，约束定义完成，在操控板中单击“完成”按钮✔。

Step6. 在系统自动弹出的“创建参照模型”对话框中单击确定按钮，完成后的结果如图 13.1.11 所示。

Stage2. 定义坯料

Step1. 在▼ MOLD MODEL（模具模型）菜单中选择Create（创建）命令。

Step2. 在系统弹出的▼ MOLD MDL TYP（模具模型类型）菜单中选择Workpiece（工件）命令。

Step3. 在系统弹出的▼ CREATE WORKPIECE（创建工件）菜单中选择Manual（手动）命令。

Step4. 在系统弹出的“元件创建”对话框中选中类型区域中的◉ 零件单选项，选中子类型区域中的◉ 实体单选项，然后在名称文本框中输入坯料的名称 wp，单击确定按钮。

Step5. 在弹出的“创建选项”对话框中选中◉ 创建特征单选项，然后单击确定按钮。

Step6. 创建坯料特征。

（1）在菜单中选择 Solid（实体） → Protrusion（伸出项） 命令，在弹出的菜单中选择 Extrude（拉伸） → Solid（实体） → Done（完成） 命令，此时出现“拉伸”操控板。

（2）创建实体拉伸特征。

① 选取拉伸类型。在出现的操控板中确认“实体”按钮被按下。

② 定义草绘截面放置属性。在绘图区中右击，从快捷菜单中选择 定义内部草绘... 命令。系统弹出对话框，然后选择参照模型 MOLD_RIGHT 基准平面作为草绘平面，草绘平面的参照平面为 MAIN_PARTING_PLN 基准平面，方位为 顶，单击 草绘 按钮，至此系统进入截面草绘环境。

③ 进入截面草绘环境后，系统弹出“参照”对话框，选取 MOLD_FRONT 基准平面和 MAIN_PARTING_PLN 基准平面为草绘参照，然后单击 关闭(C) 按钮，绘制图 13.1.12 所示的截面草图。完成截面草图的绘制后，单击工具栏中的“完成”按钮。

④ 选取深度类型并输入深度值。在操控板中选取深度类型（对称），在深度文本框中输入深度值 400.0，并按 Enter 键。

⑤ 完成特征。在操控板中单击“完成”按钮，完成特征的创建。

Step7. 选择 Done/Return（完成/返回） → Done/Return（完成/返回） 命令。

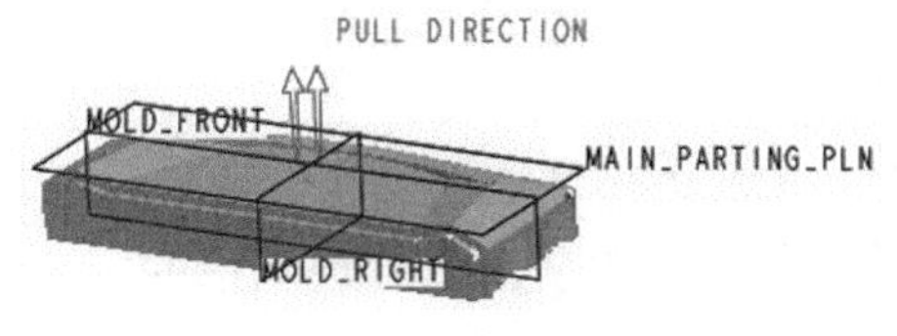

图 13.1.11　放置后

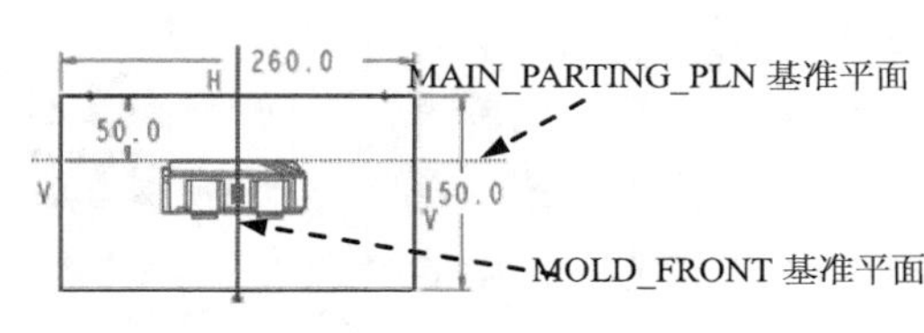

图 13.1.12　截面草图

Task3. 设置收缩率

Step1. 在 菜单管理器 的 ▼ MOLD（模具） 菜单中选择 Shrinkage（收缩） 命令。

Step2. 在 ▼ SHRINKAGE（收缩） 菜单中选择 By Dimension（按尺寸） 命令。

Step3. 在“按尺寸收缩”对话框中确认 公式 区域中的 1+S 按钮被按下，在 收缩选项 区域选中 ☑ 更改设计零件尺寸 复选框，在 收缩率 区域的 比率 栏中输入收缩率 0.006，并按 Enter 键，单击对话框中的按钮。

Step4. 选择 Done/Return（完成/返回） 命令。

Task4. 创建模具主分型曲面

Stage1. 创建一条基准曲线

Step1. 遮蔽坯料。单击工具栏上的按钮，系统弹出“遮蔽-取消遮蔽”对话框，在该对话框中按下 元件 按钮，在下拉列表中选取 WP，然后单击下方的 遮蔽 按钮，单击对话框中的 关闭 按钮。

Step2. 建立一条基准曲线作为稍后制作滑块分型面的参照线。

创建基准曲线，操作方法如下。

① 使用命令。在工具栏中单击“创建草绘基准曲线”按钮。

② 在弹出的▼ CRV OPTIONS (曲线选项)菜单中选择Done (完成)命令，默认系统选项。

③ 选取图 13.1.13 所示的两个点，选择Done (完成)命令，然后单击“曲线：通过点”对话框中的确定按钮。

Stage2. 采用复制法创建分型面

Step1. 显示坯料。单击按钮，在弹出的“遮蔽-取消遮蔽”对话框的取消遮蔽选项卡中单击元件按钮，在列表中选取 WP，然后单击取消遮蔽按钮，再单击关闭按钮。

Step2. 选择下拉菜单插入(I) ➡ 模具几何 ▸ ➡ 分型面(S)...命令。

Step3. 选择下拉菜单编辑(E) ➡ 属性(R)命令，在弹出的“属性”对话框中输入分型面名称 main_ps，单击对话框中的确定按钮。

Step4. 通过曲面复制的方法，复制模型的外表面。操作方法如下。

（1）遮蔽坯料。

（2）在屏幕右上方的“智能选取栏”中选择“几何”选项，按住 Ctrl 键，依次选取模型的外表面。

（3）选择下拉菜单编辑(E) ➡ 复制(C)命令。

（4）选择下拉菜单编辑(E) ➡ 粘贴(P)命令，系统弹出“曲面复制”操控板。

（5）单击操控板中的“完成”按钮，复制的分型面结果如图 13.1.14 所示。

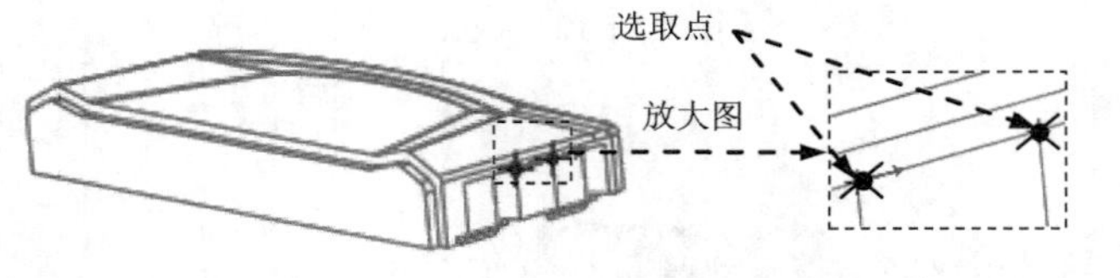

图 13.1.13　选取点

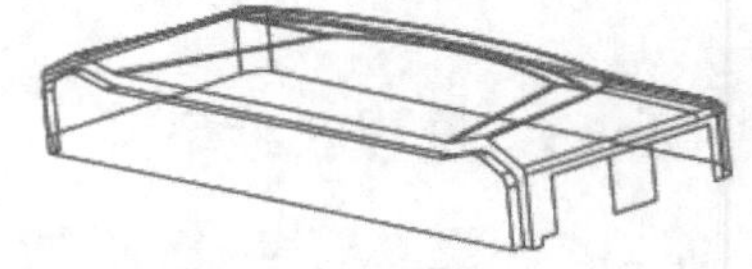

图 13.1.14　复制分型面

Step5. 修剪复制的分型面。

（1）选取图 13.1.15 所示的修剪面组，从列表中拾取面组:F8(MAIN_PS)项。

（2）选择下拉菜单编辑(E) ➡ 修剪(T)...命令，此时系统弹出“修剪”操控板。

（3）选择修剪对象。选取 Stage1 中创建的曲线为修剪对象，修剪后的结果如图 13.1.16 所示。

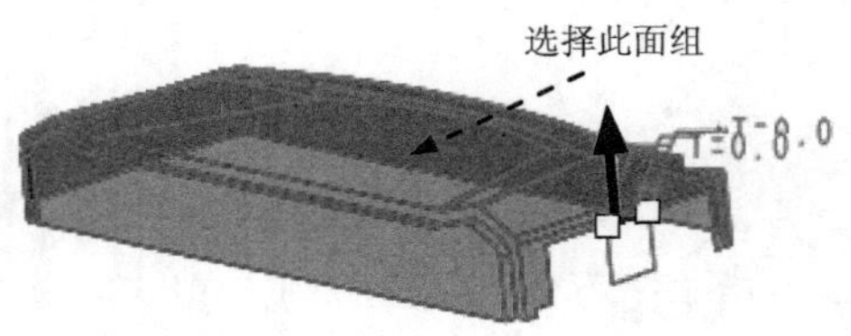

图 13.1.15　选取修剪面组

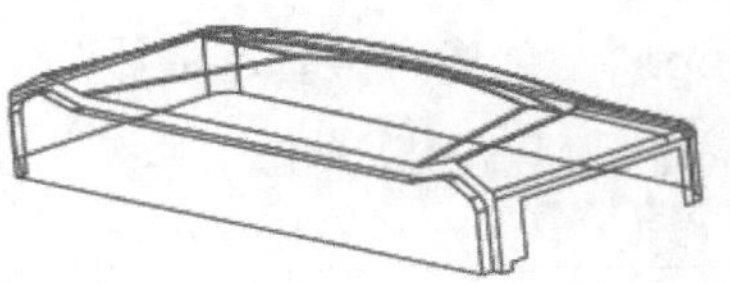

图 13.1.16　修剪后

Step6. 延伸复制的分型面边链 1。

（1）选中遮蔽的坯料并右击，在弹出的快捷菜单中选择取消遮蔽命令。

（2）按住 Shift 键，选取图 13.1.17 所示的复制曲面边线（系统会自动加亮选取的边线）。

（3）选择下拉菜单编辑(E) ➡ 延伸(X)...命令，此时系统弹出“延伸”操控板。

① 在操控板中按下按钮（延伸类型为至平面）。

② 在系统◆选取曲面延伸所至的平面。的提示下，选取图 13.1.17 所示的表面为延伸的终止面。

③ 单击按钮，预览延伸后的面组，确认无误后，单击“完成”按钮✔。完成后的延伸曲面如图 13.1.18 所示。

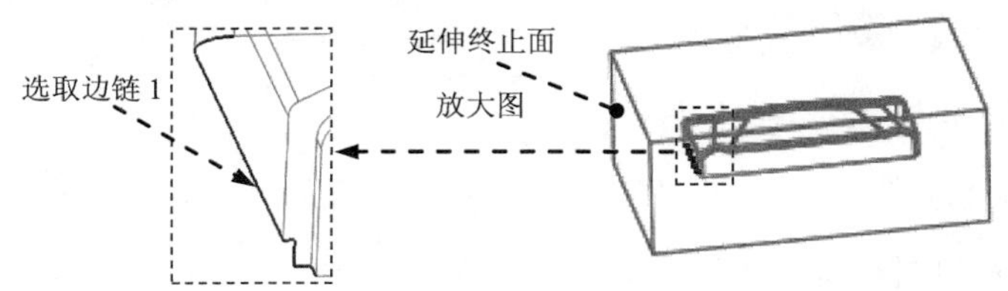

图 13.1.17 定义延伸特征

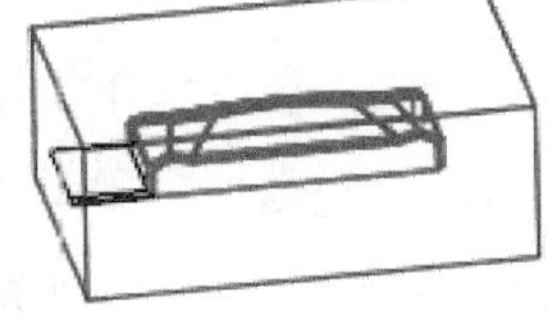
图 13.1.18 延伸后的曲面

Step7. 延伸复制的分型面边链 2。

（1） 按住 Shift 键，选取图 13.1.19 所示的复制曲面边线（系统会自动加亮选取的边线）。

（2）选择下拉菜单编辑(E) ➡ 延伸(X)...命令，此时系统弹出“延伸”操控板。

① 在操控板中按下按钮（延伸类型为至平面）。

② 在系统◆选取曲面延伸所至的平面。的提示下，选取图 13.1.19 所示的表面为延伸终止面。

③ 单击按钮，预览延伸后的面组，确认无误后，单击“完成”按钮✔，完成后的延伸曲面如图 13.1.20 所示。

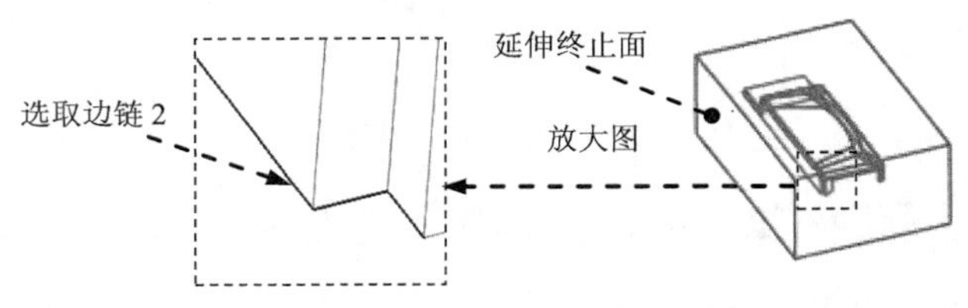

图 13.1.19 定义延伸特征

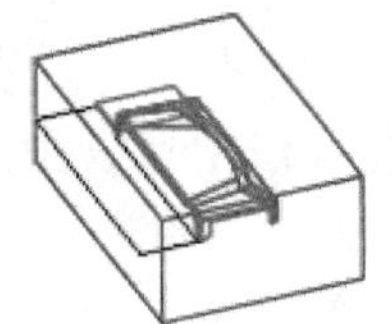
图 13.1.20 延伸后的曲面

Step8. 延伸复制的分型面边链 3。

（1） 按住 Shift 键，选取图 13.1.21 所示的复制曲面边线（系统会自动加亮选取的边线）。

（2）选择下拉菜单编辑(E) ➡ 延伸(X)...命令，此时系统弹出“延伸”操控板。

① 在操控板中按下按钮（延伸类型为至平面）。

② 在系统◆选取曲面延伸所至的平面。的提示下，选取图 13.1.21 所示的表面为延伸终止面。

③ 单击按钮，预览延伸后的面组，确认无误后，单击“完成”按钮✔，完成后

的延伸曲面如图 13.1.22 所示。

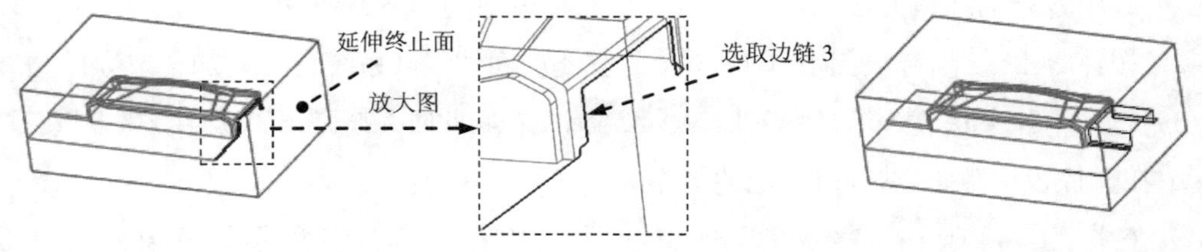

图 13.1.21　定义延伸特征　　　　图 13.1.22　延伸后的曲面

Step9. 延伸复制的分型面边链 4。

（1）按住 Shift 键，选取图 13.1.23 所示的复制曲面边线（系统会自动加亮选取的边线）。

（2）选择下拉菜单 编辑(E) → 延伸(X)... 命令，此时系统弹出“延伸”操控板。

① 在操控板中按下按钮（延伸类型为至平面）。

② 在系统 ◆选取曲面延伸所至的平面。 的提示下，选取图 13.1.23 所示的表面为延伸终止面。

③单击按钮，预览延伸后的面组，确认无误后，单击“完成”按钮✓，完成后的延伸曲面如图 13.1.24 所示。

Step10. 在工具栏中单击“完成”按钮✓，完成分型面的创建。

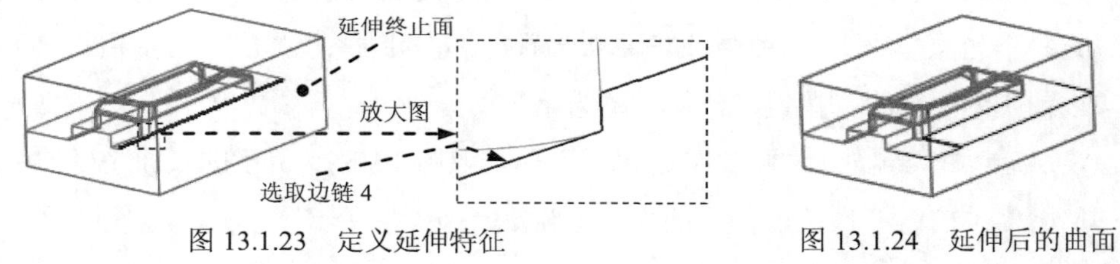

图 13.1.23　定义延伸特征　　　　图 13.1.24　延伸后的曲面

Task5. 创建滑块分型曲面

采用复制法创建分型面

Step1. 选择下拉菜单 插入(I) → 模具几何 ▸ → 分型面(S)... 命令。

Step2. 选择下拉菜单 编辑(E) → 属性(R) 命令，在弹出的“属性”对话框中输入分型面名称 slide_ps，单击对话框中的 确定 按钮。

Step3. 通过曲面复制的方法，复制模型的外表面，操作方法如下。

（1）遮蔽坯料和主分型面。

（2）在屏幕右上方的“智能选取栏”中选择“几何”选项，选取图 13.1.25 所示模型的外表面。

（3）选择下拉菜单 编辑(E) → 复制(C) 命令。

（4）选择下拉菜单 编辑(E) ➡ 粘贴(P) 命令，系统弹出“曲面复制”操控板。

（5）单击操控板中的“完成”按钮✔。

Step4. 修剪复制的分型面。

（1）选取图 13.1.25 所示的修剪面组，从列表中拾取 面组:F14(SLIDE_PS) 项。

（2）选择下拉菜单 编辑(E) ➡ 修剪(T)... 命令，此时系统弹出“修剪”操控板。

（3）选择修剪对象。选取 Task4 中创建的曲线为修剪对象，如图 13.1.26 所示。

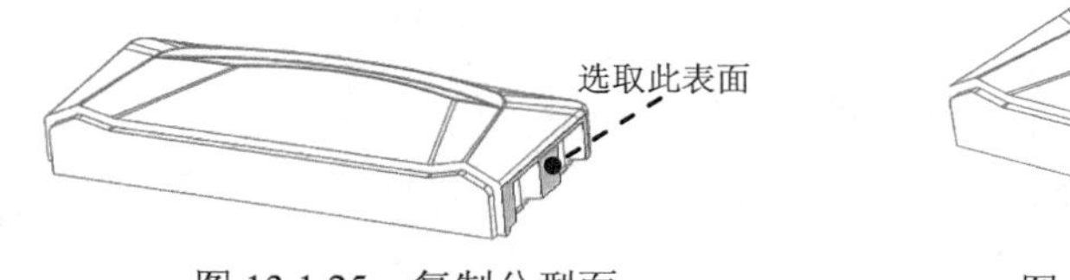

图 13.1.25　复制分型面　　图 13.1.26　选取修剪对象

Step5. 通过曲面复制的方法，复制图 13.1.27 所示模型的两个特征表面，操作方法如下。

（1）按住 Ctrl 键，选取模型中的两个特征表面。

（2）选择下拉菜单 编辑(E) ➡ 复制(C) 命令。

（3）选择下拉菜单 编辑(E) ➡ 粘贴(P) 命令，系统弹出“曲面复制”操控板。

（4）单击操控板中的“完成”按钮✔。

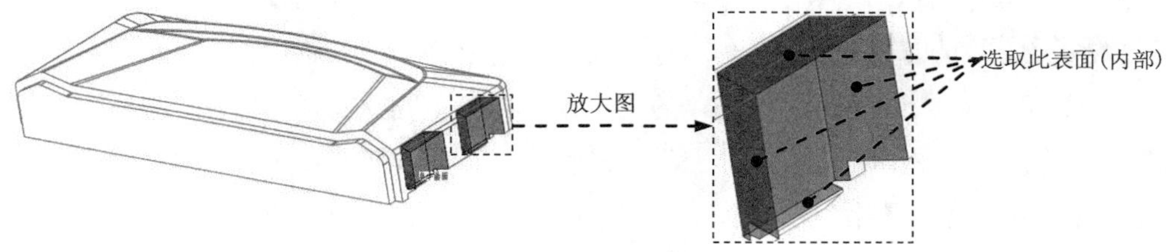

图 13.1.27　模型内表面

Step6. 将 Step4 创建的修剪曲面和 Step5 创建的复制曲面合并。

（1）按住 Ctrl 键，选取 Step4 的修剪曲面和 Step5 的复制曲面。

（2）选择下拉菜单 编辑(E) ➡ 合并(G) 命令，此时系统弹出“合并”操控板。

（3）在操控板中单击 选项 按钮，在“选项”界面中，选择 ◉ 相交 单选项。

（4）单击 ☑ 👓 按钮，预览合并后的面组，确认无误后，单击“完成”按钮✔。

（5）取消坯料和主分型面的遮蔽。

Step7. 延伸复制的滑块分型面。

（1）选取图 13.1.28 所示的复制曲面边线（系统会自动加亮选取的边线），从列表中拾取 边:F17(合并_1) 项。

（2）选择下拉菜单 编辑(E) ➡ 延伸(X)... 命令，此时系统弹出“延伸”操控板。

① 在操控板中单击 参照 按钮，在弹出的列表中单击 细节... 按钮，此时系统弹出“链”

对话框。

② 在“链”对话框中选择 基于规则 单选项，然后选择 完整环 单选项，单击对话框中的 确定 按钮。

③ 按下 按钮（延伸类型为至平面），在系统 选取曲面延伸所至的平面。 的提示下，选取图 13.1.28 所示的表面为延伸终止面。

④ 单击 按钮，预览延伸后的面组，确认无误后，单击“完成”按钮，完成后的延伸曲面如图 13.1.29 所示。

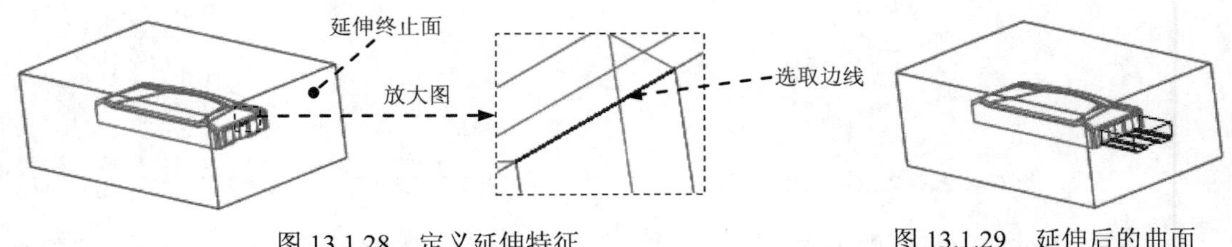

图 13.1.28 定义延伸特征　　图 13.1.29 延伸后的曲面

Step8. 在工具栏中单击“完成”按钮，完成分型面的创建。

Task6. 用主分型面创建上、下两个体积块

Step1. 选择下拉菜单 编辑(E) ➡ 分割... 命令。

Step2. 在 ▼ SPLIT VOLUME（分割体积块）菜单中依次选择 Two Volumes（两个体积块）、All Wrkpcs（所有工件）和 Done（完成）命令，此时系统弹出“分割”对话框。

Step3. 在系统 为分割工件选取分型面。 的提示下，选取主分型面，并单击“选取”对话框中的 确定 按钮，再单击对话框中的 确定 按钮。

Step4. 系统弹出“属性”对话框。同时坯料中分型面的上侧部分变亮，如图 13.1.30 所示，输入体积块名称 upper_vol，单击 确定 按钮。

Step5. 系统再次弹出“属性”对话框。同时坯料中分型面的下侧部分变亮，如图 13.1.31 所示，输入体积块名称 lower_vol，单击 确定 按钮。

Task7. 创建滑块体积块

Step1. 选择下拉菜单 编辑(E) ➡ 分割... 命令。

Step2. 在系统弹出的 ▼ SPLIT VOLUME（分割体积块）菜单中选择 One Volume（一个体积块）、Mold Volume（模具体积块）和 Done（完成）命令。

Step3. 在系统弹出的“搜索工具”对话框中单击列表中的 面组:F21 (LOWER_VOL) 体积块，然后单击 >> 按钮，将其加入到 已选取 0 个项目:(预期 1 个) 列表中，再单击 关闭 按钮。

Step4. 用“列表选取”的方法选取分型面。

（1）在系统 为分割所选的模型量选取分型面。 的提示下，将鼠标指针移至模型中分型面的位置右击，从快捷菜单中选取 从列表中拾取 命令。

（2）在系统弹出的“从列表中拾取”对话框中单击列表中的面组:F14(SLIDE_PS)分型面，然后单击确定(O)按钮。

（3）单击“选取”对话框中的确定按钮。

（4）系统弹出▼岛列表菜单，选中☑岛2复选框，选择Done Sel (完成选取)命令。

Step5. 单击“分割”对话框中的确定按钮。

Step6. 此时系统弹出“属性”对话框。同时体积块的滑块部分变亮，单击着色按钮，然后在对话框中输入名称 slide_vol，着色后的滑块分型曲面如图 13.1.32 所示，单击确定按钮。

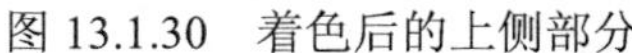

图 13.1.30　着色后的上侧部分

图 13.1.31　着色后的下侧部分

图 13.1.32　滑块体积块

Task8. 抽取模具元件及生成浇注件

浇注件命名为 PANEL_MOLDING。

Task9. 定义开模动作

Stage1. 将参照零件、坯料、分型面在模型中遮蔽起来

Stage2. 移动上模

Step1. 在▼MOLD (模具)菜单中选择Mold Opening (模具开模)命令，在弹出的▼MOLD OPEN (模具开模)菜单中选择Define Step (定义间距)命令。

Step2. 在▼DEFINE STEP (定义间距)菜单中选择Define Move (定义移动)命令。

注：移动前，可以选择Draft Check (拔模检测)命令，进行拔模角度的检测。

Step3. 用“列表选取”的方法选取要移动的模具元件。

（1）在系统◆为迁移号码1 选取构件。的提示下，先将鼠标指针移至模型中的上模位置，并右击，选取快捷菜单中的从列表中拾取命令。

（2）在系统弹出的“从列表中拾取”对话框中单击列表中的上模模具零件UPPER_VOL.PRT，然后单击确定(O)按钮。

（3）在“选取”对话框中单击确定按钮。

Step4. 在系统◆通过选取边、轴或表面选取分解方向。的提示下，选取图 13.1.33 所示的边线为移动方向，然后在系统的提示下，输入要移动的距离值-200.0。

Step5. 在▼DEFINE STEP (定义间距)菜单中选择Done (完成)命令，完成上模的移动。

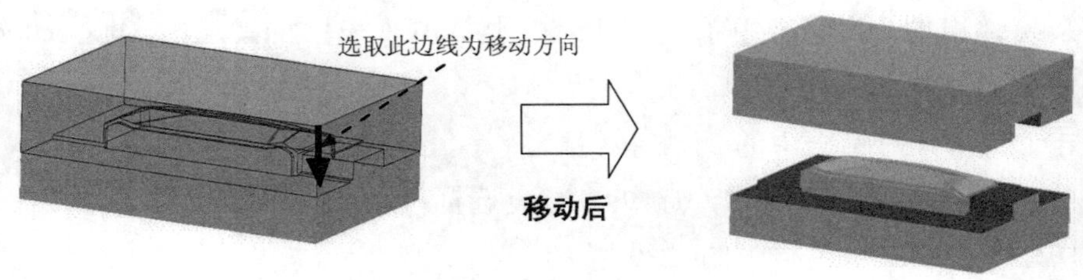

图 13.1.33 移动上模

Stage3．移动滑块

参照 Stage2 步骤，在 DEFINE STEP（定义间距）菜单中选择 Define Move（定义移动）命令，滑块的移动方向如图 13.1.34 所示，移动距离值为 50.0，选择 Done（完成）命令。

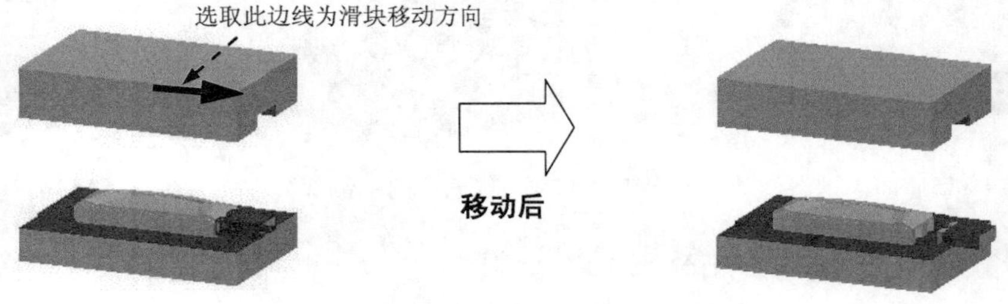

图 13.1.34 移动滑块

Stage4．移动铸件

Step1．参照 Stage2 步骤，在 DEFINE STEP（定义间距）菜单中选择 Define Move（定义移动）命令，铸件的移动方向如图 13.1.35 所示，移动距离值为-100.0，选择 Done（完成）命令。

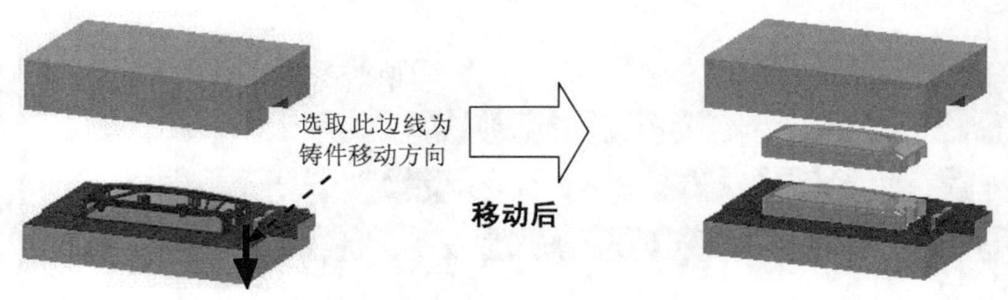

图 13.1.35 移动铸件

Step2．在 MOLD OPEN（模具开模）菜单中选择 Done/Return（完成/返回）命令，完成模具的开启。

Step3．保存文件。选择下拉菜单 文件(F) → 保存(S) 命令，完成带滑块的模具型腔设计。

13.1.4 塑料顾问分析

塑料顾问是 Pro/ENGINEER 系统的分析模块之一。在该模块中，用户通过简单的设定，使系统自动对塑料射出的成型模流进行分析。这样在模具设计阶段就可以使设计者了解塑料在模穴中的填充情况。下面简要介绍塑料顾问在本范例中的应用。

Step1. 设置工作目录及打开文件。

（1）将工作目录设置至 D:\proewf5.3work\ch13.01.04。

（2）选择下拉菜单 文件(F) → 打开(O)... 命令，打开浇铸件 panel_molding_ok.prt。

Step2. 在 应用程序(P) 下拉列表中选择 Plastic Advisor (T) （塑料顾问）命令，进入“塑料顾问”模块。

Step3. 在系统弹出的“选取”对话框中单击 取消 按钮，进入 Plastic Advisor 7.0 操作界面，若在此操作界面中显示的是“产品生命周期管理（PLM）软件解决方案”窗口，则可单击操作界面下方的 cap_molding 按钮来进行切换，以显示 panel_molding_ok 窗口。

说明: 在不清楚浇口的最佳位置时，则可以不进行基准点的选择，直接单击 取消 按钮。

Step4. 分析最佳浇口位置。

（1）在 Plastic Advisor 7.0 操作界面的工具栏中单击 按钮，系统弹出“Analysis Wizard-Analysis Selection”（分析选择）对话框，在该对话框中选中 Gate Location 复选框，单击 完成 按钮（接受塑料材料类型及工艺默认参数）。系统经过一段时间的计算，弹出“Results Summary”对话框，显示大概的分析结果，单击 Close 按钮，关闭对话框。分析结果如图 13.1.36 所示。

说明： 图 13.1.36 所示模腔中（塑件上），不同部位显示不同颜色，不同颜色代表不同浇口位置质量。在屏幕右部带有浇口位置质量刻度的竖直颜色长条上，可查出每个部位的浇口位置质量。在颜色长条上，红色区域表示创建浇口位置质量最差处，蓝色区域表示创建浇口位置质量最好处。

（2）在工具栏中的播放控制工具条 100% 中，单击“播放”按钮，查看注射过程中的浇口位置分布情况。

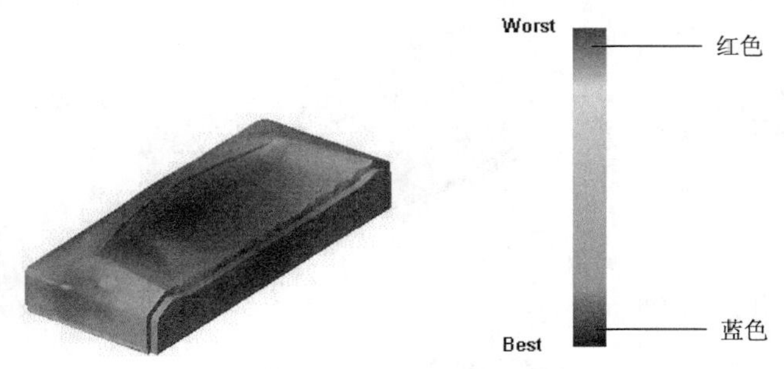

图 13.1.36　浇口位置分析

Step5. 模拟注射分析。

（1）在 Plastic Advisor 7.0 操作界面的工具栏中单击 按钮，在图 13.1.37 所示的位置单击一点，以确定浇口位置。此时系统弹出图 13.1.38 所示的对话框，单击 否(N) 按钮。

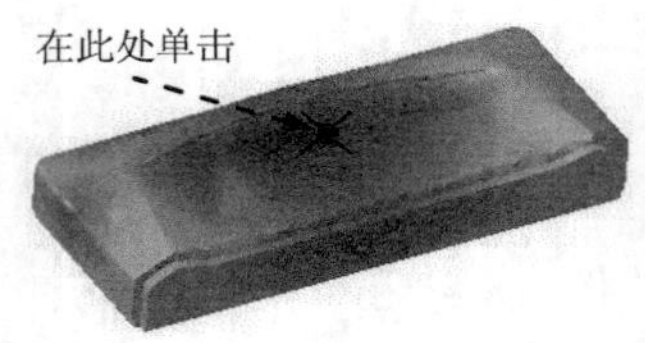

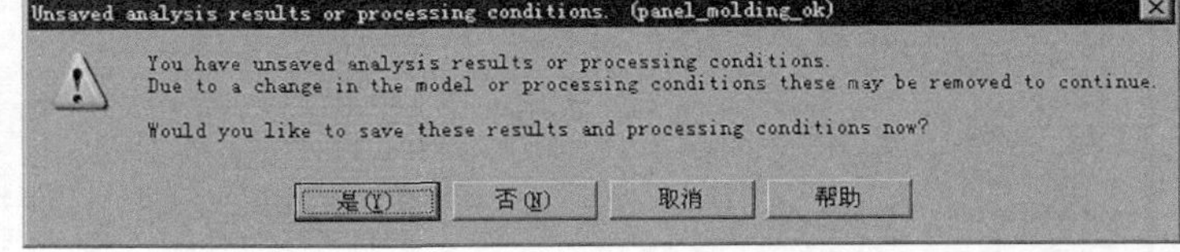

图 13.1.37 定义浇口位置　　图 13.1.38 "Unsaved analysis results or processing conditions" 对话框

（2）在 Plastic Advisor 7.0 操作界面的工具栏中单击按钮，系统弹出"Analysis Wizard-Analysis Selection"（分析选择）对话框，在该对话框中选中 Plastic Filling 复选框，单击 完成 按钮（接受塑料材料类型及工艺默认参数）。此时系统弹出图 13.1.38 所示的对话框，单击 否(N) 按钮，此时系统开始注射模拟分析，如图 13.1.39 所示。

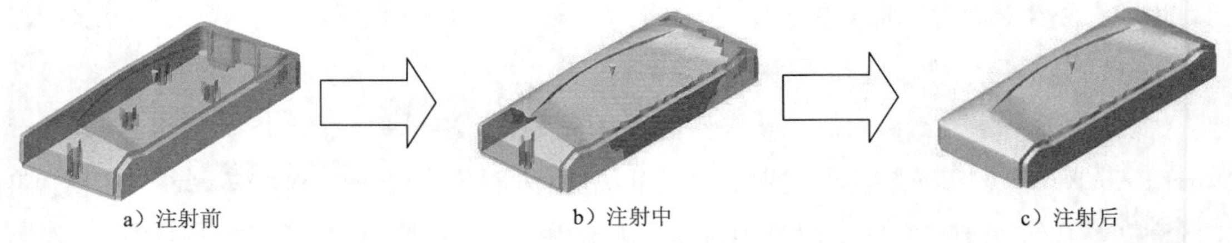

图 13.1.39 注射模拟分析

（3）注射模拟分析后，系统弹出"Results Summary"对话框，单击 Close 按钮查看结果，如图 13.1.40 所示。

说明：图 13.1.40 所示模腔中（塑件上）显示绿色，表示此塑件在完成注射后能够注满。

Step6. 对塑件进行熔接痕分析。

在工具栏中单击"熔接痕分析"按钮，可以检查塑件上出现的 Weld Line（熔接痕）位置。此时系统会在塑件上给出可能产生熔接痕的位置，分析结果表明该塑件在注塑的过程中会产生熔接痕，结果如图 13.1.41 所示。

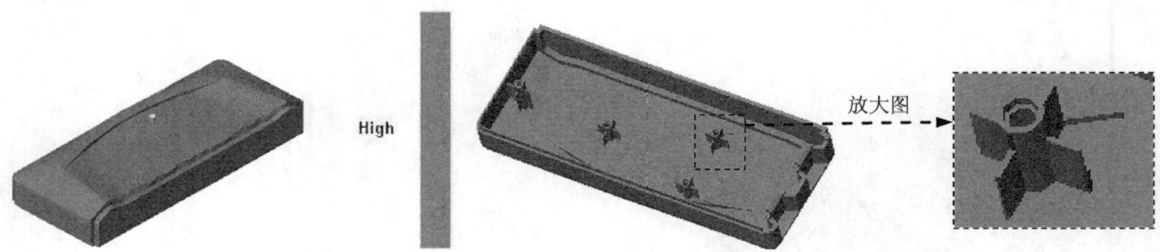

图 13.1.40 注射分析结果　　图 13.1.41 熔接痕分析结果

说明：熔接痕是来自不同方向的熔融塑料前端部分被冷却，在结合处未能完全融合产生的。在结合处开设冷料穴、提高喷嘴温度、提高塑料温度、提高模具温度，可避免产生熔接痕。

Step7. 对塑件进行气泡分析。

在工具栏中单击按钮，可以检查塑件上出现的 Air Trap（气泡）位置。此时系统会在塑件上给出可能产生气泡的位置，分析结果表明该塑件在注塑的过程中会产生气泡，结果如图 13.1.42 所示。

说明：熔融塑料进入模腔后，如果模腔内的气体没有完全排除，则会在塑件表面产生气泡。在气泡出现的位置开设排气结构，可防止气泡的产生。

Step8. 关闭模流分析窗口，在弹出的对话框中单击 否(N) 按钮，完成塑件分析操作。

说明：读者可以参考第 10 章继续往下做一些其他分析，如填充质量、注射温度、注射压力及注射时间等的分析，此处不再介绍。

Step9. 关闭塑件窗口。选择下拉菜单 文件(F) → 关闭窗口(C) 命令。

13.1.5　创建标准模架

通过 EMX 模块来创建模具设计可以简化模具的设计过程，减少不必要的重复性工作，提高设计效率。模架设计专家（EMX）提供了一系列快速设计模架，以及一些辅助装置的功能，能将整个模具设计周期大大缩短。标准模架是在模具型腔的基础上创建的。下面介绍图 13.1.43 所示带斜导柱的标准模架的一般创建过程。

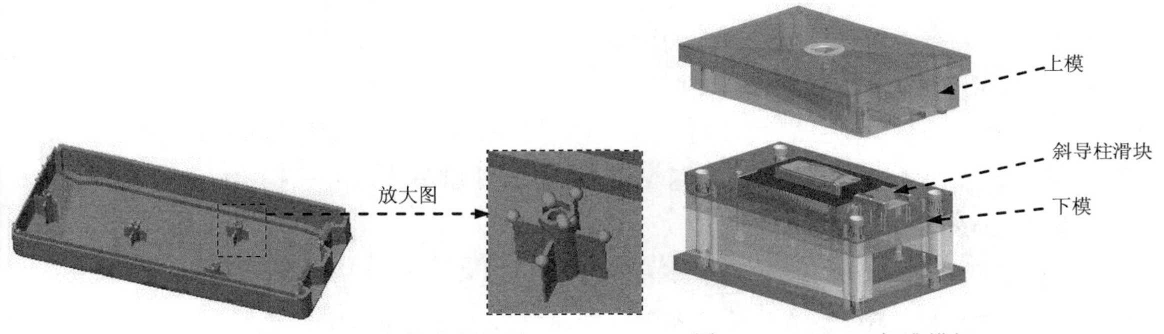

图 13.1.42　气泡分析结果　　图 13.1.43　EMX 标准模架

注意：以前执行的操作可能导致内存中存在一些无用的文件，如果这些文件与将要进行的模具设计中的某些文件名称相同，则会造成模具设计的紊乱，因此，在开始设计新模具前，务必要清除这些无用的文件。操作方法：选择下拉菜单 文件(F) → 拭除(E) → 不显示(D)... 命令，拭除所有不显示的文件。

Task1．设置工作目录及打开模具模型文件

将工作目录设置至 D:\proewf5.3\work\ch13.01.05，打开文件 panel_mold_ok.asm。

Task2．新建模架项目

Step1. 选择下拉菜单 EMX 5.0 → 项目 → ...新建 命令，系统弹出“项目”对话框，在对话框中进行图 13.1.44 所示的设置，单击按钮，系统进入装配环境。

图 13.1.44 “项目”对话框

Step2. 添加元件。

（1）在下拉菜单中，选择下拉菜单插入(I) → 元件(C) → 装配(A)...命令，此时系统弹出“打开”对话框。

（2）在系统弹出的“打开”对话框中选择 panel_mold_ok.asm 装配体，单击打开按钮，此时系统弹出“元件放置”操控板。

（3）在该操控板中单击放置按钮，在“放置”界面的约束类型下拉列表中选择缺省，将元件按缺省设置放置。此时状态区域显示的信息为完全约束，单击操控板中的✓按钮，完成装配件的放置。

Step3. 元件分类。选择下拉菜单EMX 5.0 → 项目 → ...分类命令，系统弹出“分类”对话框，在对话框中完成图 13.1.45 所示的设置，单击✓按钮。

Step4. 编辑装配位置。

（1）显示动模。选择下拉菜单EMX 5.0 → 视图 → 显示... → 动模命令。

（2）定义约束参照模型的放置位置。

① 删除缺省约束。在模型树中选择装配体 PANEL_MOLD_OK.ASM 并右击，在弹出的快捷菜单中选择编辑定义命令，系统弹出“装配”操控板，在操控板中单击放置按钮，选择缺省约束并右击，在弹出的快捷菜单中选择删除命令。

② 指定第一个约束。在操控板中单击放置按钮，在“放置”界面的“约束类型”下拉列表中选择对齐，选取图 13.1.46 所示的平面为元件参照，选取装配体的 MOLDBASE_X_Y 基准平面为组件参照。

③ 指定第二个约束。单击新建约束字符，在“约束类型”下拉列表中选择对齐，选取参照件的 MOLD_RIGHT 基准平面为元件参照，选取装配体的 MOLDBASE_Y_Z 基准

平面为组件参照。

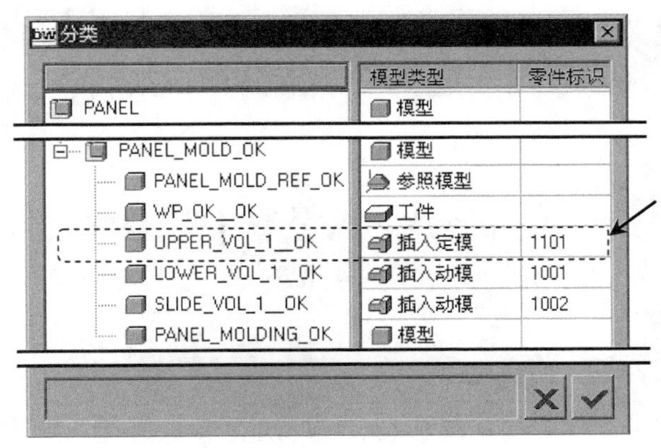

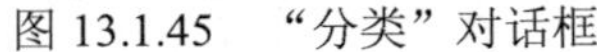

图 13.1.45　“分类”对话框

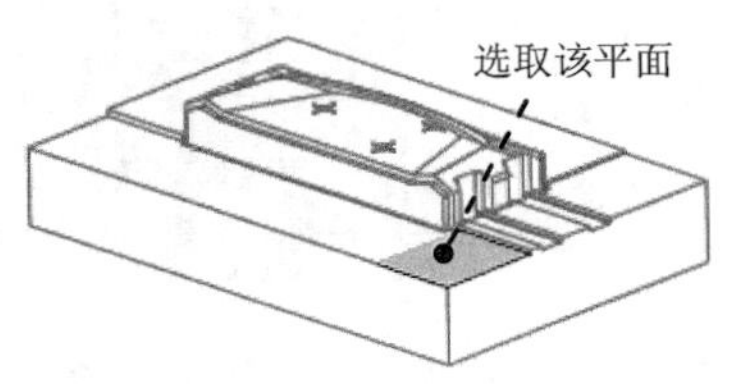

图 13.1.46　定义参照平面

④ 指定第三个约束。单击➔新建约束字符，在“约束类型”下拉列表中选择对齐，选取参照件的 MOLD_FRONT 基准平面为元件参照，选取装配体的 MOLDBASE_X_Z 基准平面为组件参照。

⑤ 至此，约束定义完成，在操控板中单击“完成”按钮，完成装配体的编辑。

（3）显示模座。选择下拉菜单 EMX 5.0 ➔ 视图 ➔ 显示... ➔ 主视图命令。

Task3．添加标准模架

Stage1．定义标准模架

Step1．选择命令。选择下拉菜单 EMX 5.0 ➔ 模架 ➔ 组件定义命令，系统弹出“模架定义”对话框。

Step2．定义模架系列。在对话框的左下角单击“从文件载入组件定义”按钮，系统弹出“载入 EMX 组件”对话框，在对话框的保存的组件下拉列表中选择 emx_tutorial_komplett 选项，在选项区域取消选中 保留尺寸和模型数据复选框，单击“载入 EMX 组件”对话框右下角的“从文件载入组件定义”按钮，单击按钮。

Step3．更改模架尺寸。在“模架定义”对话框右上角的尺寸下拉列表中选择 396x696，此时系统弹出图 13.1.47 所示的“EMX 问题”对话框，单击按钮。系统经过计算后，将标准模架加载到绘图区中，然后单击“再生”按钮，如图 13.1.48 所示。

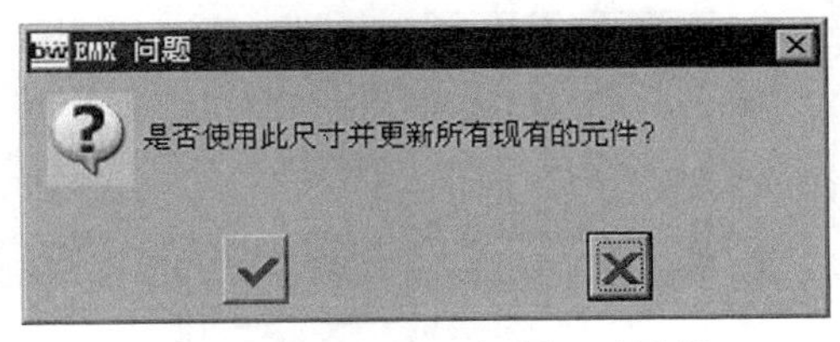

图 13.1.47　“EMX 问题”对话框

图 13.1.48　标准模架

Stage2．删除多余元件

Step1. 删除支撑衬套。在“模架定义”对话框的下方单击“删除元件”按钮，选择图 13.1.49 所示的支撑衬套为删除对象，此时系统弹出图 13.1.50 所示的“EMX 问题”对话框，单击按钮。

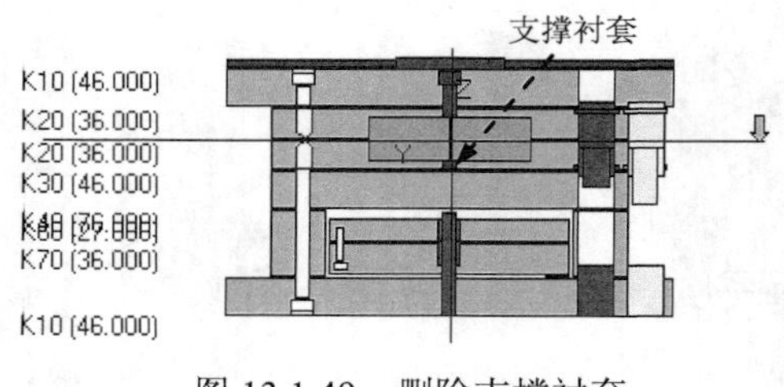

图 13.1.49　删除支撑衬套

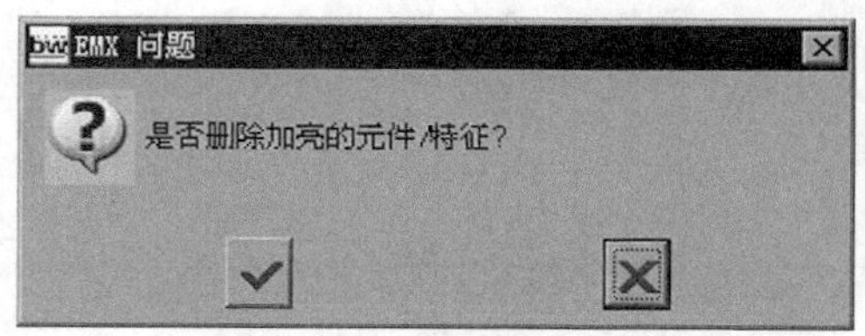

图 13.1.50　“EMX 问题”对话框

Step2. 删除导向件。在“模架定义”对话框的下方单击“删除元件”按钮，分别选择图 13.1.51a 所示的两个导向件为删除对象，此时系统弹出“EMX 问题”对话框，单击按钮，结果如图 13.1.51b 所示。

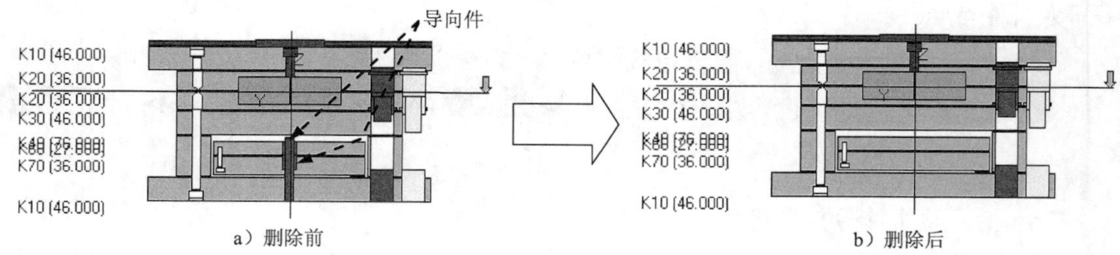

a）删除前　　b）删除后

图 13.1.51　删除导向件

Stage3．定义模板厚度

Step1. 定义定模板厚度。在“模架定义”对话框中右击图 13.1.52 所示的定模板，此时系统弹出图 13.1.53 所示的“板”对话框，在对话框中双击厚度 (T) 后的下拉列表，选择厚度值 96.000，单击按钮。

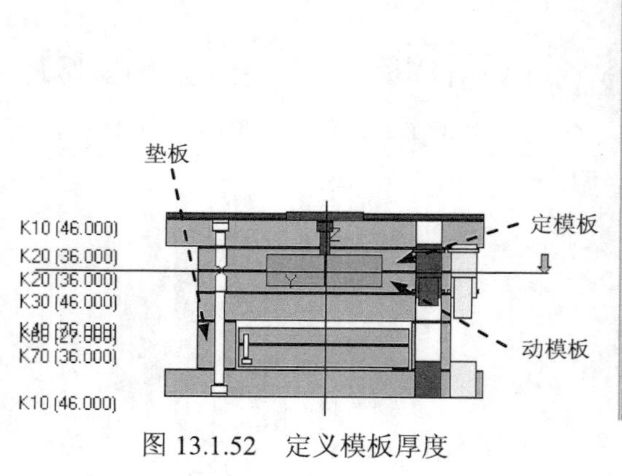

图 13.1.52　定义模板厚度

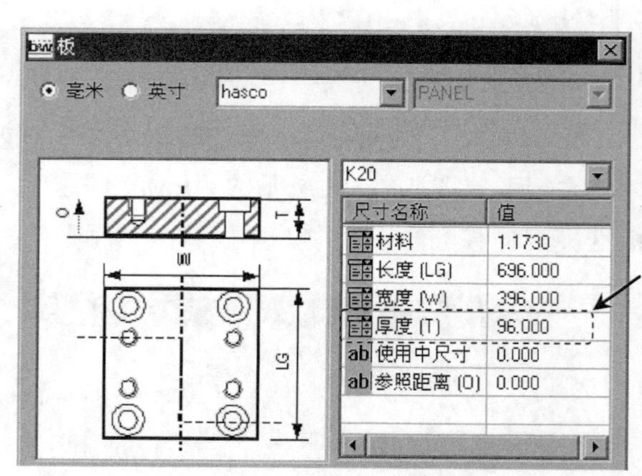

图 13.1.53　“板”对话框

Step2. 定义动模板厚度。用同样的操作方法右击图 13.1.52 所示的动模板，在“板”对话框中双击 厚度 (T) 后的下拉列表，选择厚度值 66.000，单击 ✓ 按钮。

Step3. 定义垫板厚度。用同样的操作方法右击图 13.1.52 所示的垫板，在“板”对话框中双击 厚度 (T) 后的下拉列表，选择厚度值 136.000，单击 ✓ 按钮。

Task4. 添加浇注系统

Step1. 定义主流道衬套。在“模架定义”对话框中右击图 13.1.54 所示的主流道衬套，此时系统弹出图 13.1.55 所示的“主流道衬套”对话框。定义衬套型号为 Z51r，在 L-长度下拉列表中选择 36，在 ab OFFSET-偏移 文本框中输入 0，单击 ✓ 按钮。

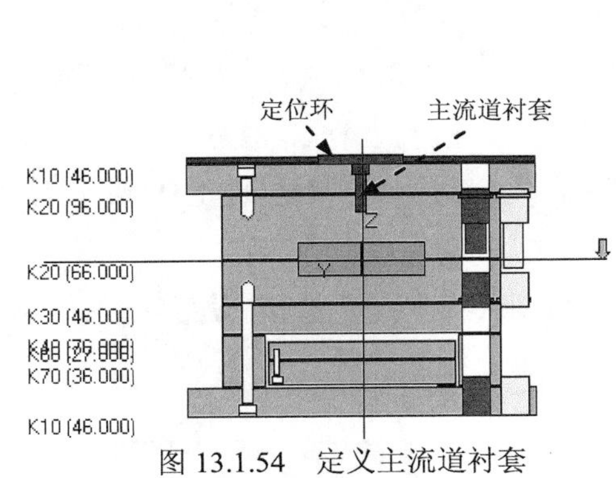

图 13.1.54　定义主流道衬套

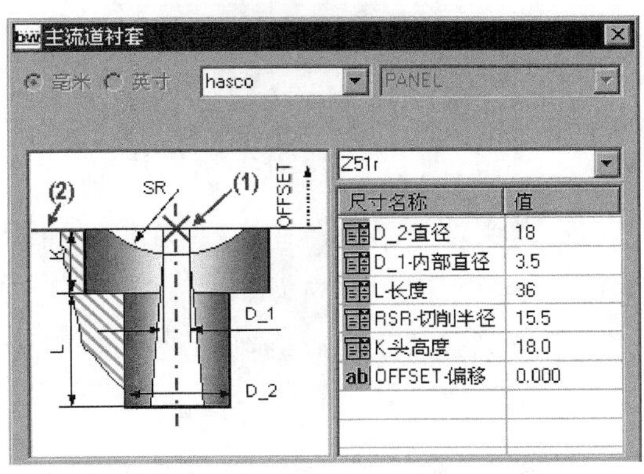

图 13.1.55　“主流道衬套”对话框

Step2. 定义定位环。在“模架定义”对话框中右击图 13.1.54 所示的定位环，此时系统弹出“定位环”对话框。定义定位环型号为 K100，在 HG1-高度 下拉列表中选择 11，在 DM1-直径 下拉列表中选择 120，在 ab OFFSET-偏移 文本框中输入 0，单击 ✓ 按钮。

Step3. 单击“模架定义”对话框中的 ✓ 按钮，完成标准模架的添加，然后单击“再生”按钮。

Task5. 添加标准元件

Step1. 选择命令。选择下拉菜单 EMX 5.0 → 模架 ▸ → 元件状态 命令，系统弹出“元件状态”对话框。

Step2. 定义元件选项。在图 13.1.56 所示的对话框中单击“全选”按钮，单击 ✓ 按钮，完成结果如图 13.1.57 所示。

Task6. 添加顶杆

Step1. 显示动模。选择下拉菜单 EMX 5.0 → 视图 ▸ → 显示... ▸ → 动模 命令。

Step2. 创建顶杆参考点 1。

（1）选择命令。选择下拉菜单 插入(I) → 模型基准(D) ▸ → 草绘(S)...，系统弹出“草绘”对话框。

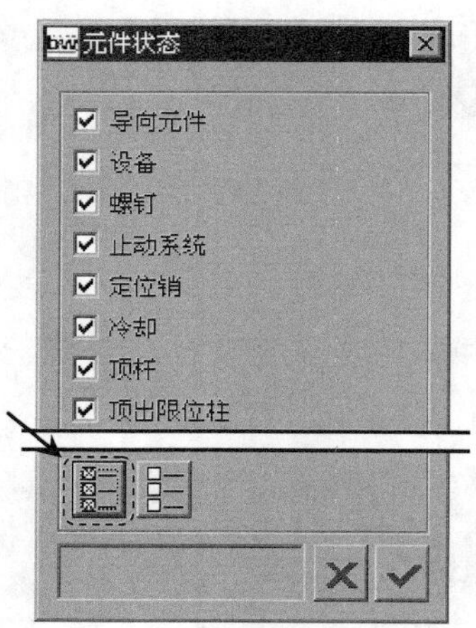

图 13.1.56　“元件状态”对话框

图 13.1.57　添加标准元件后

（2）定义草绘平面，选择图 13.1.58 所示的表面为草绘平面，选择图 13.1.58 所示的工件侧面为参照平面，方向为 右。

（3）绘制截面草图。绘制图 13.1.59 所示的截面草图（三个点），完成截面草图的绘制后，单击工具栏中的“完成”按钮✓。

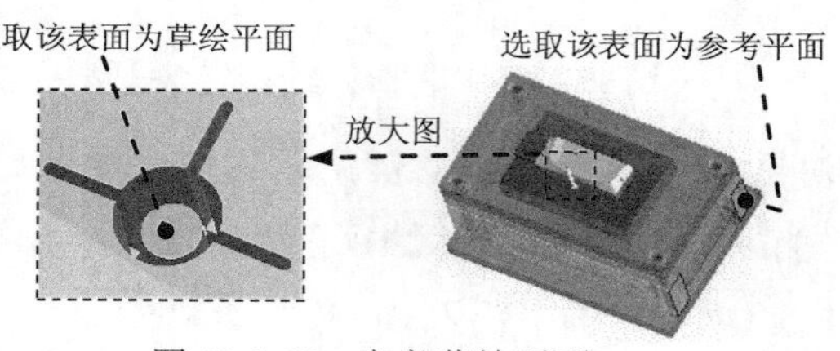

图 13.1.58　定义草绘平面

图 13.1.59　截面草图

Step3. 创建顶杆参考点 2。

（1）选择命令。选择下拉菜单 插入(I) → 模型基准(D) ▸ → 草绘(S)...，系统弹出“草绘”对话框。

（2）定义草绘平面。选择图 13.1.60 所示的表面为草绘平面，选择图 13.1.60 所示的工件侧面为参照平面，方向为 右。

（3）绘制截面草图。绘制图 13.1.61 所示的截面草图（一个点）。完成截面草图的绘制后，单击工具栏中的“完成”按钮✓。

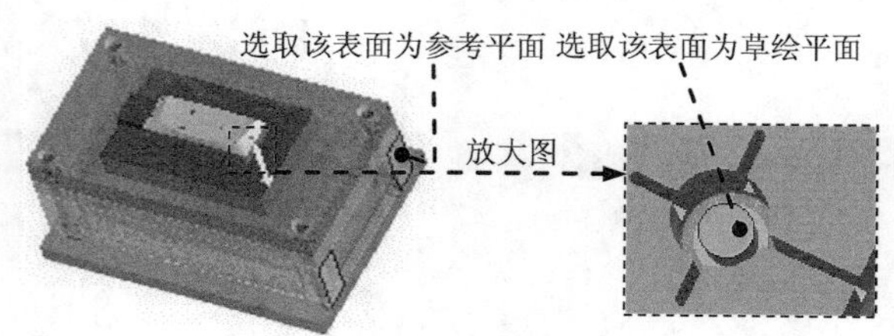

图 13.1.60　定义草绘平面

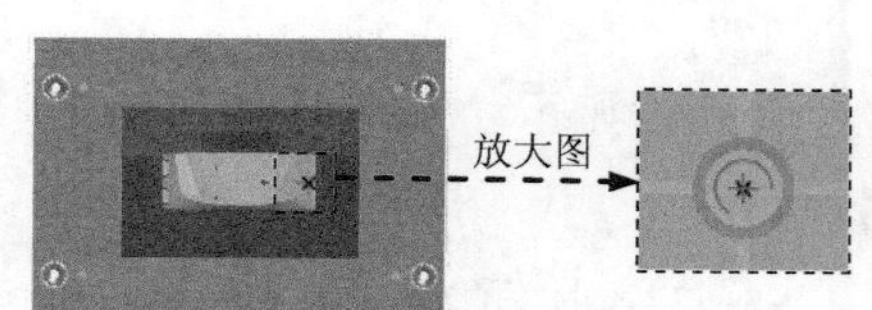

图 13.1.61　截面草图

Step4. 定义顶杆 1。

（1）选择命令。选择下拉菜单 EMX 5.0 → 顶杆 ▶ → ...定义 命令，系统弹出“顶杆”对话框。

（2）定义复位杆直径和长度值。在对话框的 DM1·直径 下拉列表中选择 4.5，在 LG1·长度 下拉列表中选择 250，在对话框中勾选 ☑ 按面组修剪 复选框。

（3）定义参考点。单击对话框中的 (1)点 按钮，系统弹出“选取”对话框，选择 Step2 创建的任意一点，单击 确定 按钮，再单击“完成”按钮 ✓。

（4）根据系统 选择一个修剪面。的提示，依次在“选取”对话框中单击 确定 按钮。

（5）Step2 中其他两点定义顶杆时参照上面的操作步骤。

Step5. 定义顶杆 2。

（1）选择命令。选择下拉菜单 EMX 5.0 → 顶杆 ▶ → ...定义 命令，系统弹出“顶杆”对话框。

（2）定义复位杆直径和长度值。在对话框的 DM1·直径 下拉列表中选择 4.5，在 LG1·长度 下拉列表中选择 250，在对话框中勾选 ☑ 按面组修剪 复选框。

（3）定义参考点。单击对话框中的 (1)点 按钮，系统弹出“选取”对话框，选择 Step3 创建的点，单击 确定 按钮，单击“完成”按钮 ✓。

（4）根据系统 选择一个修剪面。的提示，依次在“选取”对话框中单击 确定 按钮。

Step6. 创建基准平面。选取图 13.1.62 所示的表面为偏移参考平面，偏移方向朝上，偏移距离值为 50.0，单击 确定 按钮。

Step7. 创建顶杆参考点 3。

（1）选择命令。选择下拉菜单 插入(I) → 模型基准(D) ▶ → 草绘(S)...，系统弹出“草绘”对话框。

（2）定义草绘平面，选择 Step6 创建的基准平面为草绘平面，选择图 13.1.63 所示的工件侧面为参照平面，方向为 右。

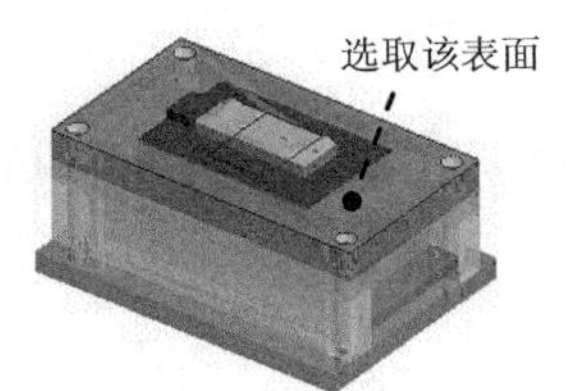

图 13.1.62　定义偏移参考平面

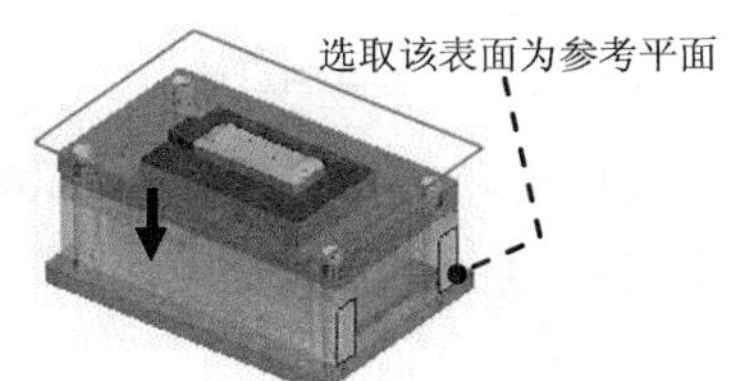

图 13.1.63　定义草绘平面

（3）绘制截面草图。绘制图 13.1.64 所示的截面草图（四个点）。完成截面草图的绘制后，单击工具栏中的“完成”按钮 ✓。

Step8. 创建顶杆修剪面。

（1）复制曲面。按住 Ctrl 键，选取图 13.1.65 所示的表面，选择下拉菜单 编辑(E)

→ 复制(C)命令，选择下拉菜单编辑(E) → 粘贴(P)命令，在系统弹出的操控板中单击“完成”按钮✓。

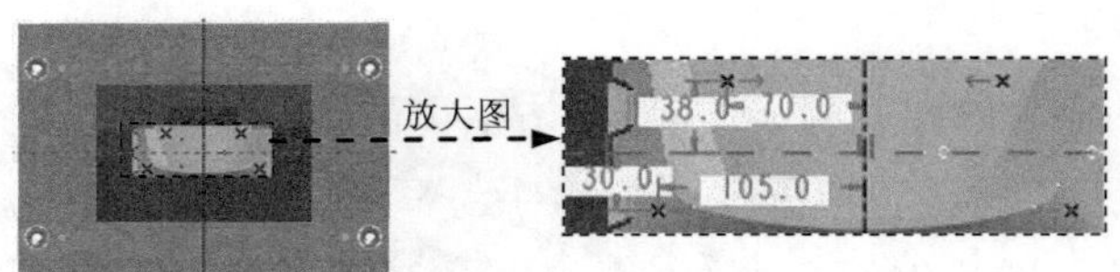

图 13.1.64　截面草图

（2）选择下拉菜单EMX 5.0 → 顶杆 ▸ → ...识别修剪端面命令，系统弹出“顶杆修剪面”对话框，单击对话框中的+，系统弹出“选取”对话框，选择步骤（1）复制的曲面为顶杆修剪面，单击确定按钮，单击“完成”按钮✓。

Step9. 定义顶杆 3。

（1）选择命令。选择下拉菜单EMX 5.0 → 顶杆 ▸ → ...定义命令，系统弹出“顶杆”对话框。

（2）定义复位杆直径和长度值。在对话框的DM1-直径下拉列表中选择 6，在LG1-长度下拉列表中选择 315，在对话框中勾选☑ 按面组修剪复选框。

（3）定义参考点。单击对话框中的(1)点按钮，系统弹出“选取”对话框，选择 Step7 创建的任意一点，单击确定按钮，单击“完成”按钮✓。

（4）Step7 中其他三点定义顶杆时，参照上面的操作步骤。

Task7. 添加复位杆

说明：创建复位杆与创建顶杆使用的命令相同。

Step1. 创建复位杆参考点。

（1）选择命令。选择下拉菜单插入(I) → 模型基准(D) ▸ → 草绘(S)...，系统弹出“草绘”对话框。

（2）定义草绘平面，选择图 13.1.66 所示的表面为草绘平面，选择图 13.1.66 所示的工件侧面为参照平面，方向为右。

（3）绘制截面草图。绘制图 13.1.67 所示的截面草图（四个点）。完成截面草图的绘制后，单击工具栏中的“完成”按钮✓。

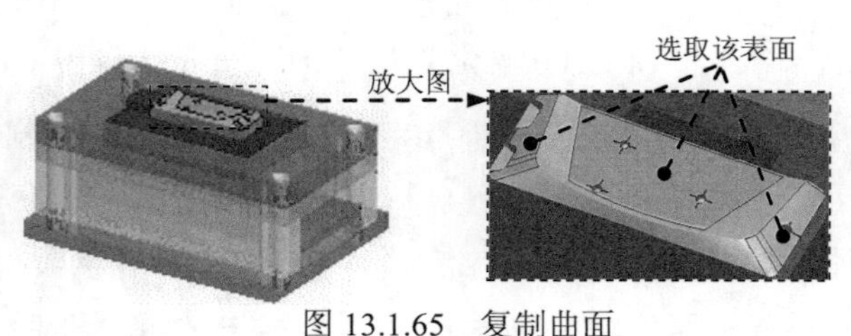

图 13.1.65　复制曲面

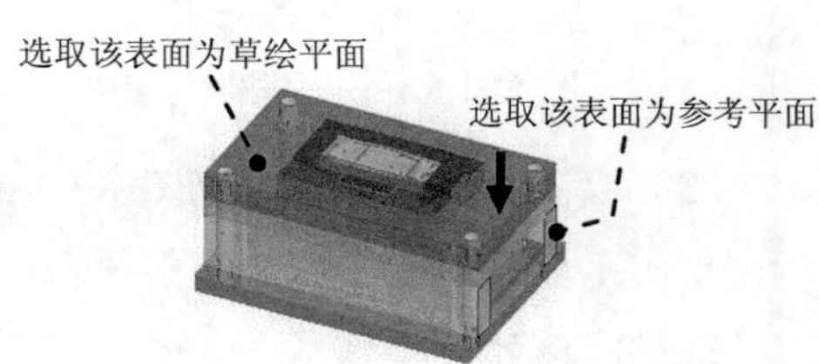

图 13.1.66　定义草绘平面

Step2. 定义复位杆。

（1）选择命令。选择下拉菜单 EMX 5.0 → 顶杆 ▸ → ...定义 命令，系统弹出“顶杆”对话框。

（2）定义复位杆直径和长度值。在对话框的 DM1-直径 下拉列表中选择 20.0，在 LG1-长度 下拉列表中选择 250，在对话框中勾选 ☑ 按面组修剪 复选框。

（3）定义参考点。单击对话框中的 [1]点 按钮，系统弹出“选取”对话框，选择 Step1 创建的点，单击 确定 按钮，单击“完成”按钮 ✔。

（4）根据系统 选择一个修剪面。 的提示，依次在“选取”对话框中单击 确定 按钮。

（5）Step1 中其他三点定义复位杆时，参照上面的操作步骤。结果如图 13.1.68 所示。

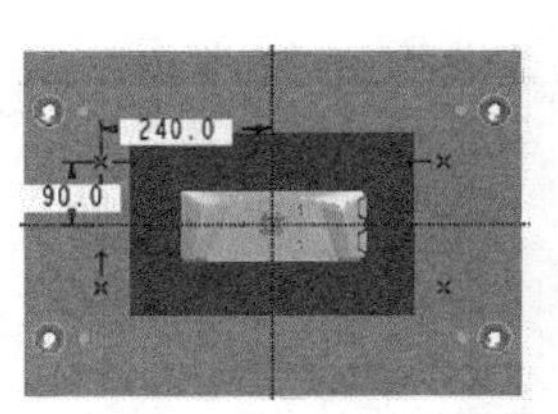

图 13.1.67　截面草图

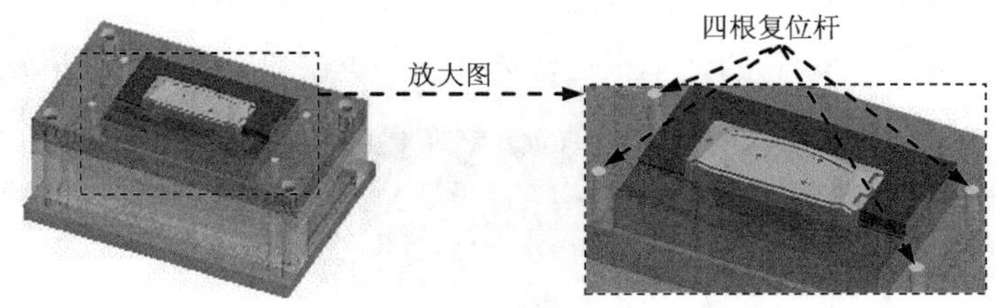

图 13.1.68　定义复位杆

Task8. 添加斜导柱滑块

Step1. 创建斜导柱滑块参考坐标系。

（1）打开装配体。在模型树中选择装配体 PANEL_MOLD_OK.ASM 并右击，在弹出的快捷菜单中选择 打开 命令。

（2）在系统弹出的“打开表示”对话框中选择 主表示，单击 确定 按钮。

（3）隐藏上模零件。在模型树中选择上模零件 UPPER_VOL_1__OK.PRT 并右击，在弹出的快捷菜单中选择 隐藏 命令。

（4）选择下拉菜单 插入(I) → 模型基准(D) ▸ → 坐标系(C)... 命令，系统弹出“坐标系”对话框。

（5）定义坐标系参照平面。选择图 13.1.69 所示的表面 1、图 13.1.70 所示的 MOLD_FRONT 和表面 2 为坐标系的参照平面。

说明：选择参考平面时顺序不能有错。

（6）定义坐标系参照方向。将鼠标移动到图 13.1.70 所示的 y 轴上并右击，在系统弹出的快捷菜单中选择 反向Y 命令，单击 确定(O) 按钮。

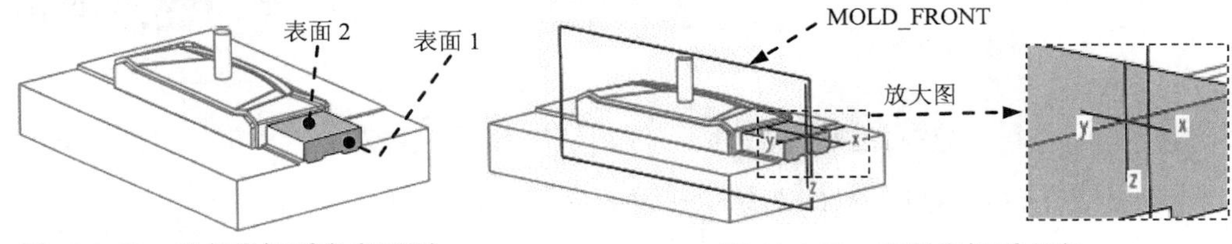

图 13.1.69　定义坐标系参考平面　　图 13.1.70　定义坐标系方向

（7）取消隐藏上模零件。在模型树中选择上模零件 UPPER_VOL_1__OK.PRT 并右击，在弹出的快捷菜单中选择 取消隐藏 命令。

（8）关闭窗口。选择下拉菜单 文件(F) → 关闭窗口(C) 命令。

Step2. 定义斜导柱滑块。

（1）选择命令。选择下拉菜单 EMX 5.0 → 滑块 ▸ → ...定义 命令，系统弹出图 13.1.71 所示的“滑块”对话框。

（2）定义参考点。单击对话框中的 (1)坐标系 按钮，系统弹出“选取”对话框，选择 Step1 创建的坐标系。

（3）定义滑块尺寸值。在对话框的 Size-SIZE 下拉列表中选择 25×71×80，在 长导柱-ANGL... 后的文本框中输入 140，单击“完成”按钮，结果如图 13.1.72 所示。

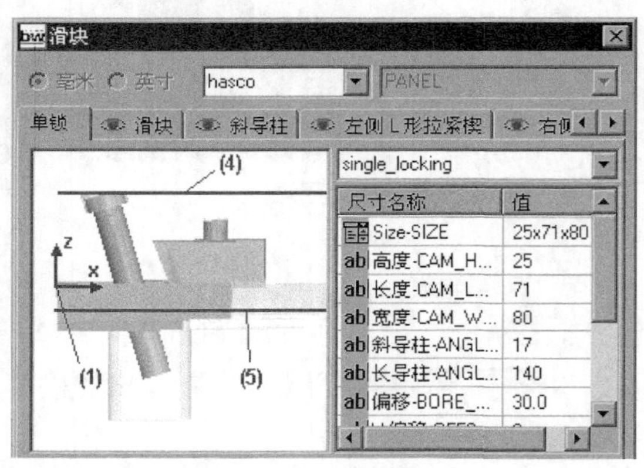

图 13.1.71　“滑块”对话框

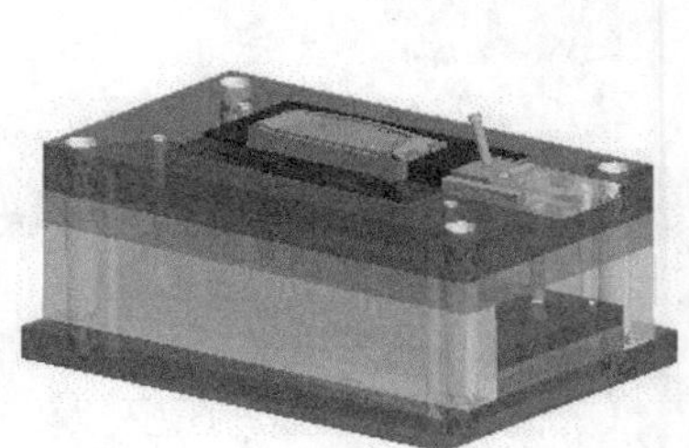

图 13.1.72　定义斜导柱滑块

Step3. 装配螺钉。

（1）选择命令。选择下拉菜单 EMX 5.0 → 螺钉 ▸ → ...定义 命令，系统弹出图 13.1.73 所示的“螺钉”对话框。

（2）定义参考点。单击对话框中的 (1)点轴 按钮，系统弹出“选取”对话框，选择图 13.1.74 所示的点 PNT4 为螺钉定位点，选择图 13.1.74 所示的面为螺钉定位面，再选择图 13.1.74 所示的面为螺纹曲面。

说明：在选取螺钉定位点时，只需要选择其中一个点，系统就会默认选择其他需要定位螺钉的点。

（3）定义螺钉尺寸值。在对话框的 DN-直径 下拉列表中选择 6，在 LG-长度 下拉列表中选择 25。

（4）在对话框中选中 ☑ 沉孔 复选框，取消选中 ☐ 盲孔 复选框，单击“完成”按钮。

（5）用同样的方法创建对面的三个螺钉，结果如图 13.1.75 所示。

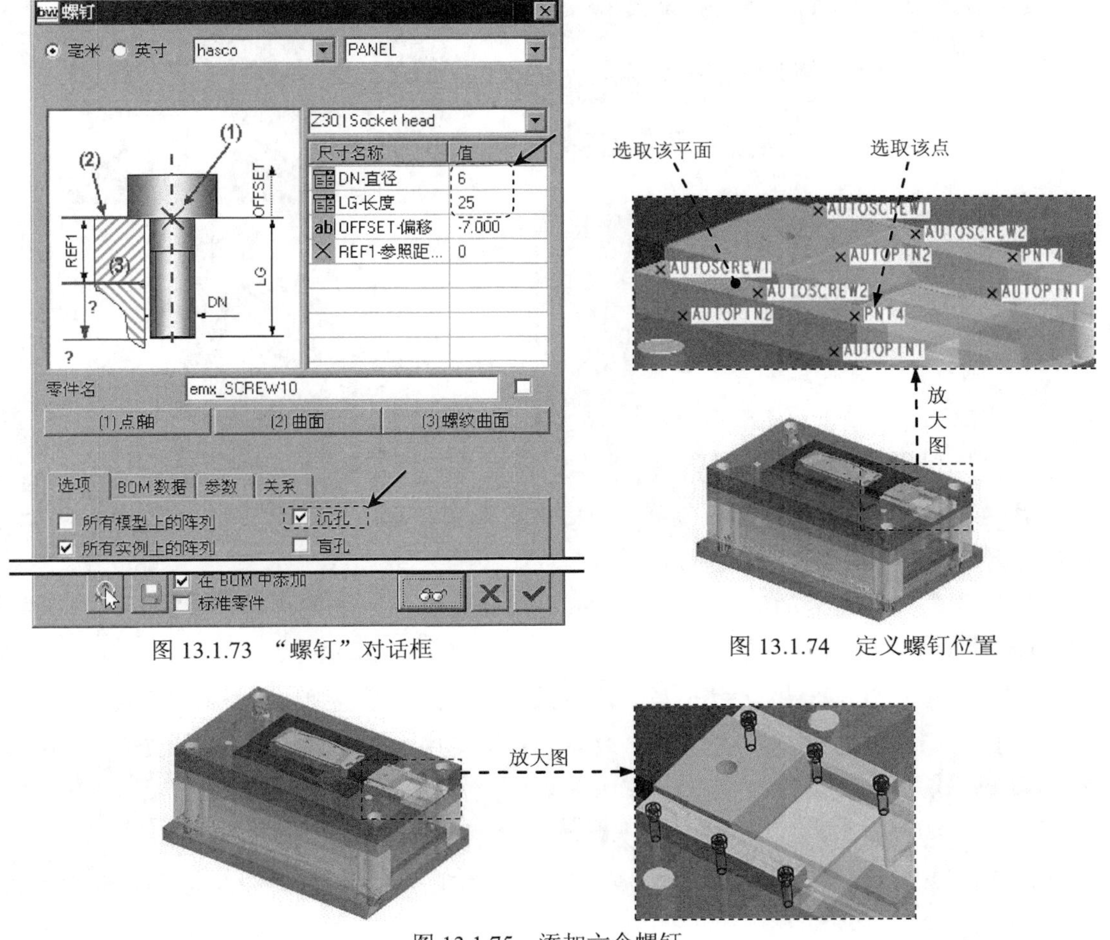

图 13.1.73　“螺钉”对话框

图 13.1.74　定义螺钉位置

图 13.1.75　添加六个螺钉

Step4. 装配定位销。

（1）选择命令。选择下拉菜单 EMX 5.0 → 定位销 ▸ → ...定义命令，系统弹出图 13.1.76 所示的“定位销”对话框。

（2）定义参考点。单击对话框中的 (1)点触 按钮，系统弹出“选取”对话框，选择图 13.1.77 所示的点 AUTOPIN1 为定位销的定位点，选择图 13.1.77 所示的面为定位销的定位面和螺纹曲面。

说明：在选取螺钉定位点时，只需要选择其中一个点，系统就会默认选择其他需要定位螺钉的点。

（3）定义螺钉尺寸值。在对话框的 DN-直径 下拉列表中选择 4，在 LG-长度 下拉列表中选择 20，在 OFFSET-偏移 后的文本框中输入 10，单击“完成”按钮。

（4）用同样的方法创建对面的两个定位销。

Step5. 编辑斜导柱滑块。

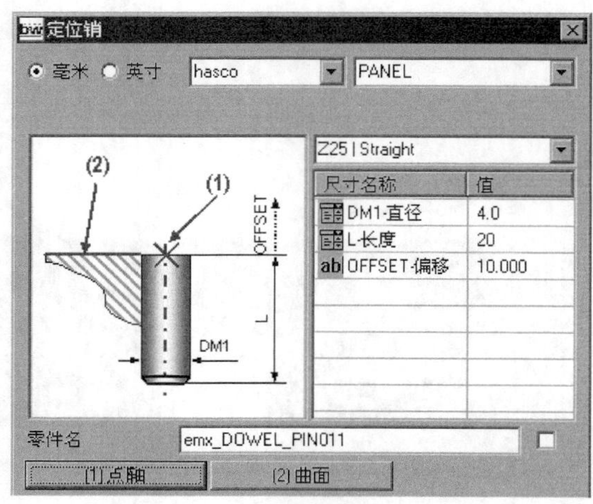

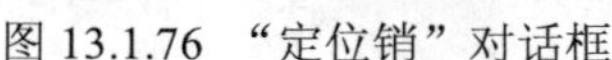

图 13.1.76 “定位销”对话框

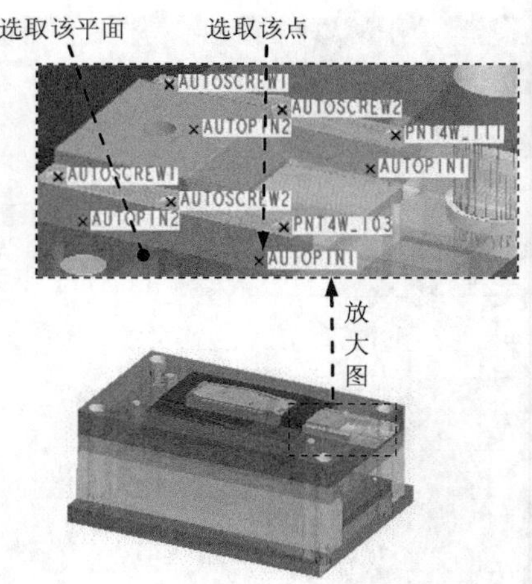

图 13.1.77 定义定位销位置

说明：因为添加的斜导柱滑块与前面创建模具型腔上的滑块没有连接机构，所以此处需要对其进行编辑，创建出连接机构。

（1）打开模具型腔上的滑块。在模型树中选择装配体 PANEL_MOLD_OK.ASM 节点下的 SLIDE_VOL_1__OK.PRT 并右击，在弹出的快捷菜单中选择 打开 命令。

（2）选择下拉菜单 插入(I) → 拉伸(E)... 命令，此时系统弹出“拉伸”操控板。

（3）定义草绘截面放置属性。右击，从弹出的菜单中选择 定义内部草绘... 命令，在系统 ◆选取一个平面或曲面以定义草绘平面。的提示下，选取图 13.1.78 所示的表面为草绘平面，然后选取图 13.1.78 所示的表面为参照平面，方向为 右 。

（4）绘制截面草图。绘制图 13.1.79 所示的截面草图。完成截面草图的绘制后，单击工具栏中的“完成”按钮 ✓。

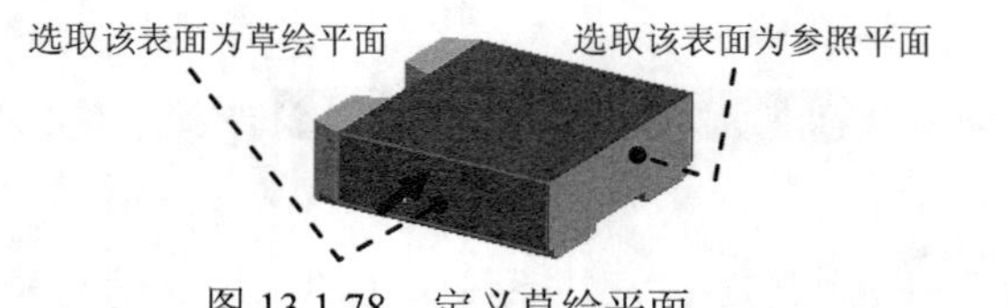

图 13.1.78 定义草绘平面

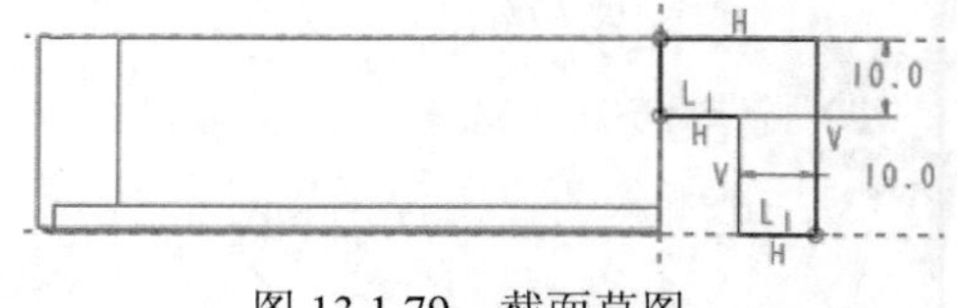

图 13.1.79 截面草图

（5）设置深度选项。在操控板中选取深度类型 （到选定的），选取草绘平面的背面为拉伸终止面，在操控板中单击“完成”按钮 ✓，完成特征的创建。

（6）关闭窗口。选择下拉菜单 文件(F) → 关闭窗口(C) 命令。

（7）型腔开槽。

① 选择命令。选择下拉菜单 应用程序(P) → 模具布局(D) 命令，系统弹出“模具布置”菜单。

② 在下拉菜单中选择 Cavity Pocket (型腔腔槽) → Pocket CutOut (腔槽开孔) 命令，系统弹出“选取”对话框。

③ 根据系统 ➡选取要对其执行切出处理的零件。 的提示，选择图 13.1.80 所示的斜导柱滑块，单击 确定 按钮；再根据系统 ➡为切出处理选取参照零件。 的提示，选择图 13.1.80 所示型腔上的滑块，单击 确定 按钮。

④ 在系统弹出的“选项”菜单中选择 Done (完成) → Done/Return (完成/返回) 命令。

(8) 选择下拉菜单 应用程序(P) → • 标准(S) 命令。

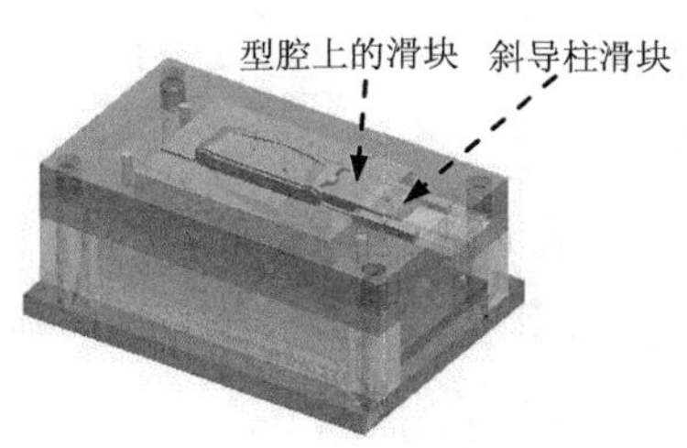

图 13.1.80　定义型腔开槽

Task9. 定义模板

添加后的模板并不完全符合模具设计要求，需要对模具元件和模板进行重新定义。

Step1. 定义动模板。

(1) 激活模型。在模型树中选择动模板 EMX_CAV_PLATE_MH001.PRT 并右击，在弹出的快捷菜单中选择 激活 命令。

(2) 选择下拉菜单 插入(I) → 拉伸(E)... 命令，此时系统弹出“拉伸”操控板。

(3)定义草绘截面放置属性。选取图 13.1.81 所示的表面为草绘平面，然后选取图 13.1.81 所示的表面为参照平面，方向为 右 。

(4) 绘制截面草图。绘制图 13.1.82 所示的截面草图。完成截面草图的绘制后，单击工具栏中的“完成”按钮✔。

(5) 设置深度选项。

① 在操控板中选取深度类型（到选定的），将鼠标移至图 13.1.83 所示的矩形框位置并右击，在弹出的快捷菜单中选择 从列表中拾取 命令，在弹出的“从列表中拾取”对话框中选择 曲面:F1(抽取):LOWER_VOL_1__OK 选项，单击 确定(O) 按钮。

② 在操控板中单击“切除材料”按钮。

③ 在操控板中单击“完成”按钮✔，完成特征的创建。

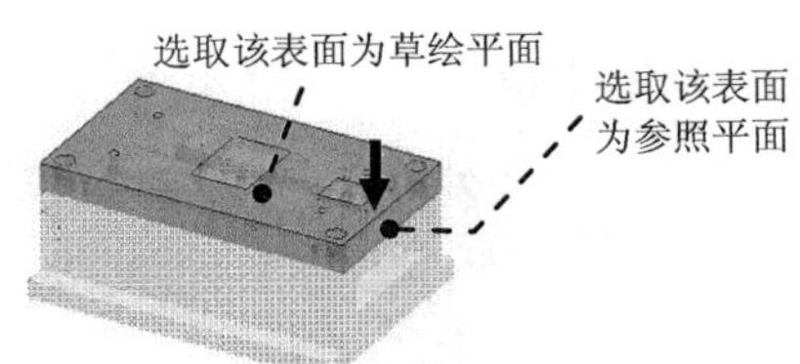

图 13.1.81　定义草绘平面

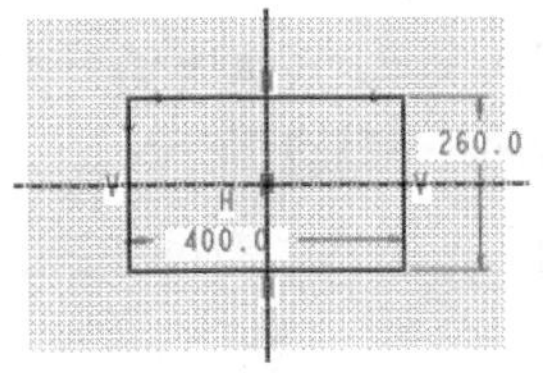

图 13.1.82　截面草图

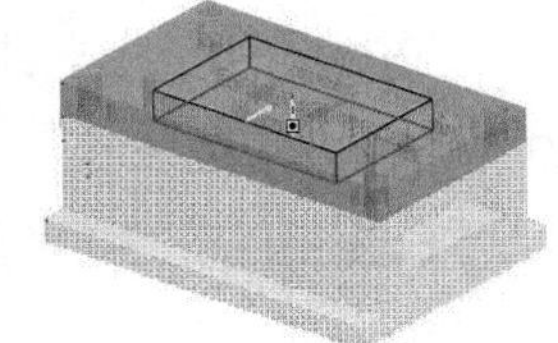

图 13.1.83　定义选定的面

Step2. 定义动模座板。

（1）激活模型。在模型树中选择动模座板 EMX_CLP_PLATE_MH001.PRT 并右击，在弹出的快捷菜单中选择 激活 命令。

（2）选择下拉菜单 插入(I) → 拉伸(E)... 命令，此时系统弹出“拉伸”操控板。

（3）定义草绘截面放置属性。选取图 13.1.84 所示的表面为草绘平面，然后选取图 13.1.84 所示的表面为参照平面，方向为 右。

（4）绘制截面草图。绘制图 13.1.85 所示的截面草图（一个圆）。完成截面草图的绘制后，单击工具栏中的“完成”按钮✓。

（5）设置深度选项。

① 在操控板中选取深度类型（直到最后），如果方向相反则单击按钮。

② 在操控板中单击“切除材料”按钮。

③ 在操控板中单击“完成”按钮✓，完成特征的创建，结果如图 13.1.86 所示。

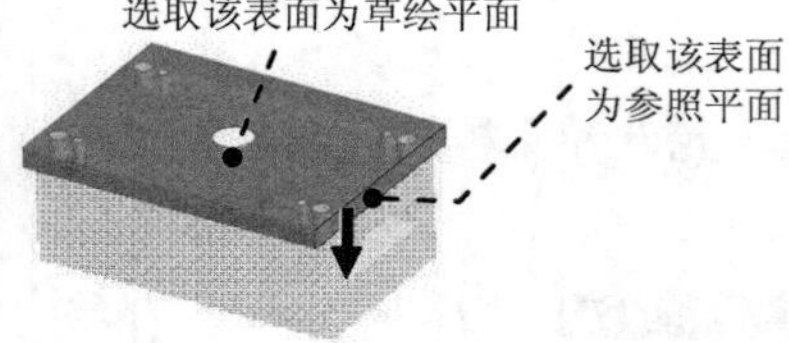

图 13.1.84　定义草绘平面

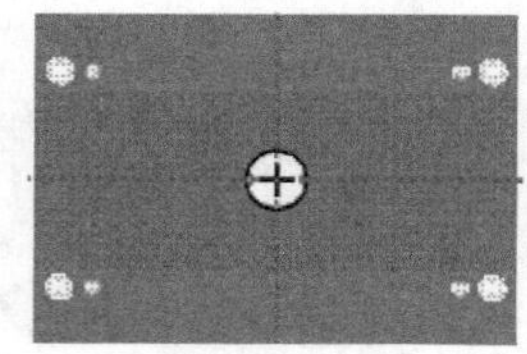
图 13.1.85　截面草图

图 13.1.86　编辑动模座板

Step3. 定义定模板。

（1）显示定模。选择下拉菜单 EMX 5.0 → 视图 → 显示... → 定模 命令。

（2）激活模型。在模型树中选择定模板 EMX_CAV_PLATE_FH001.PRT 并右击，在弹出的快捷菜单中选择 激活 命令。

（3）选择下拉菜单 插入(I) → 拉伸(E)... 命令，此时系统弹出“拉伸”操控板。

（4）定义草绘截面放置属性。选取图 13.1.87 所示的表面为草绘平面，然后选取图 13.1.87 所示的表面为参照平面，方向为 右。

（5）绘制截面草图。绘制图 13.1.88 所示的截面草图。完成截面草图的绘制后，单击工具栏中的“完成”按钮✓。

（6）设置深度选项。

① 在操控板中选取深度类型（到选定的），将鼠标移至图 13.1.89 所示的矩形框位置并右击，在弹出的快捷菜单中选择 从列表中拾取 命令，在弹出的“从列表中拾取”对话框中选择 曲面:F1(抽取):UPPER_VOL_1__OK 选项，单击 确定(O) 按钮。

② 在操控板中单击“切除材料”按钮。

③ 在操控板中单击“完成”按钮✓，完成特征的创建。

（7）激活总装配体。在模型树中选择总装配体 PANEL.ASM 并右击，在弹出的快捷菜单中选择 激活 命令。

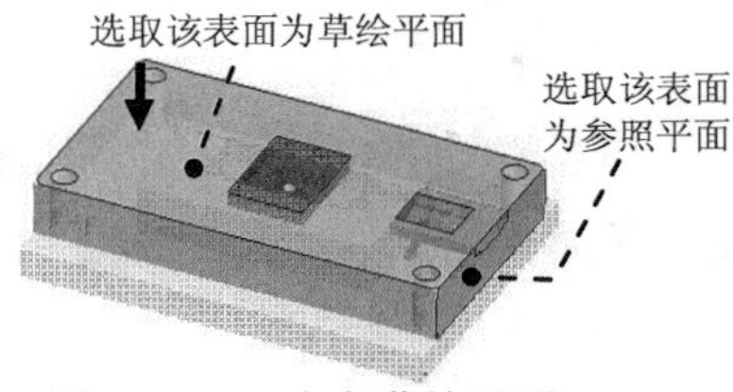

图 13.1.87　定义草绘平面

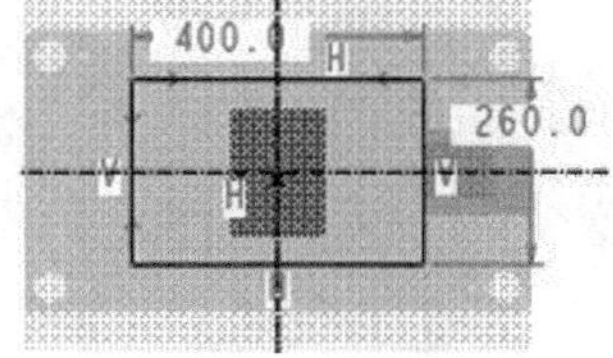

图 13.1.88　截面草图

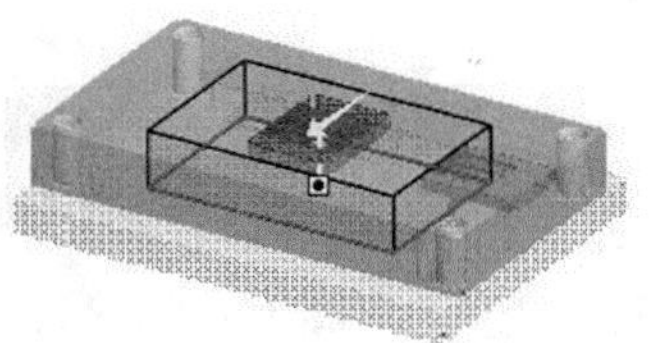
图 13.1.89　定义选定的面

Task10．模架开模模拟

Step1．显示模座。选择下拉菜单 EMX 5.0 → 视图 → 显示... → 主视图 命令。

Step2．选择命令。选择下拉菜单 EMX 5.0 → 模架开模模拟 命令，系统弹出“模架开模模拟”对话框。

Step3．定义模拟数据。在 模拟数据 区域的 步距宽度 文本框中输入值 5，单击“结果步距”按钮，如图 13.1.90 所示。

Step4．开始模拟。单击对话框中的“开始模拟”按钮，此时系统弹出图 13.1.91 所示的“动画”对话框，单击对话框中的“播放”按钮，视频动画将在绘图区中演示。

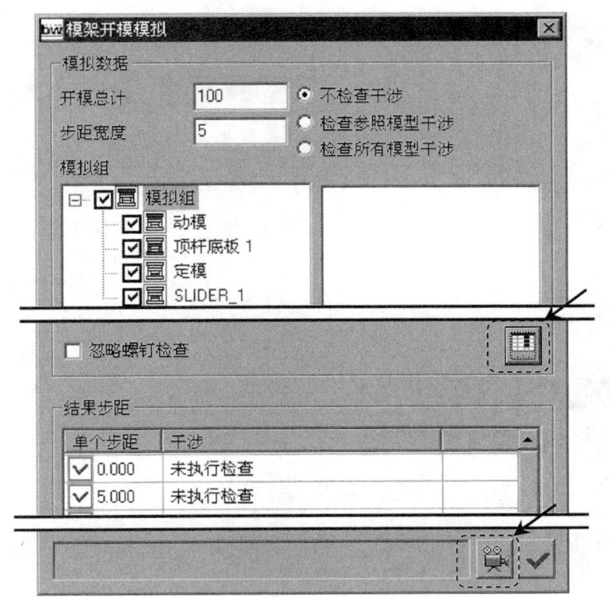

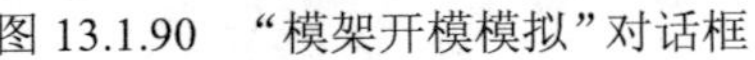
图 13.1.90　“模架开模模拟”对话框

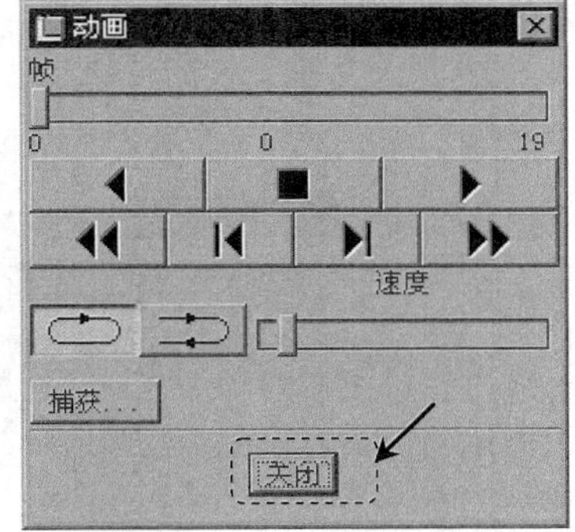

图 13.1.91　“动画”对话框

Step5．模拟完后，单击“关闭”按钮 关闭 ，单击“完成”按钮。

Step6．保存模型。选择下拉菜单 文件(F) → 保存(S) 命令。

13.2　综合范例 2——斜导柱侧抽芯机构的模具设计

本范例将介绍一个带斜抽机构的模具设计（图 13.2.1），包括滑块的设计、斜销的设计及斜抽机构的设计。学过本范例之后，读者应能熟练掌握带斜抽机构模具设计的方法和技巧。下面介绍该模具的设计过程。

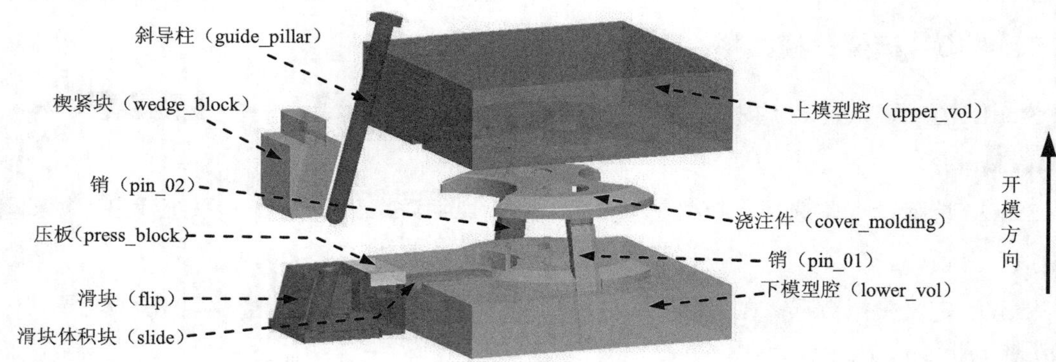

图 13.2.1　带斜抽机构的模具设计

Task1．新建一个模具制造模型文件，进入模具模块

Step1．将工作目录设置至 D:\proewf5.3\work\ch13.02。

Step2．新建一个模具型腔文件，命名为 cover_mold，选取 mmns_mfg_mold 模板。

Task2．建立模具模型

开始设计模具前，应先创建一个“模具模型”，模具模型包括参照模型（Ref Model）和坯料（Workpiece），如图 13.2.2 所示。

Stage1．引入参照模型

Step1．在 ▼ MOLD（模具）菜单中选择 Mold Model（模具模型）命令。

Step2．在 ▼ MOLD MODEL（模具模型）菜单中选择 Assemble（装配）命令。

Step3．在 ▼ MOLD MDL TYP（模具模型类型）菜单中选择 Ref Model（参照模型）命令。

Step4．从弹出的文件“打开”对话框中选取三维零件模型 cover.prt 作为参照零件模型，并将其打开。

Step5．在“元件放置”操控板的“约束”类型下拉列表中选择 缺省，将参照模型按默认放置，在操控板中单击“完成”按钮 ✓。

Step6．在“创建参照模型”对话框中选中 ◉ 按参照合并 单选项，然后在 参照模型 区域的 名称文本框中接受默认的名称 COVER_MOLD_REF，再单击 确定 按钮。

参照件组装完成后，模具的基准平面与参照模型的基准平面对齐，如图 13.2.3 所示。

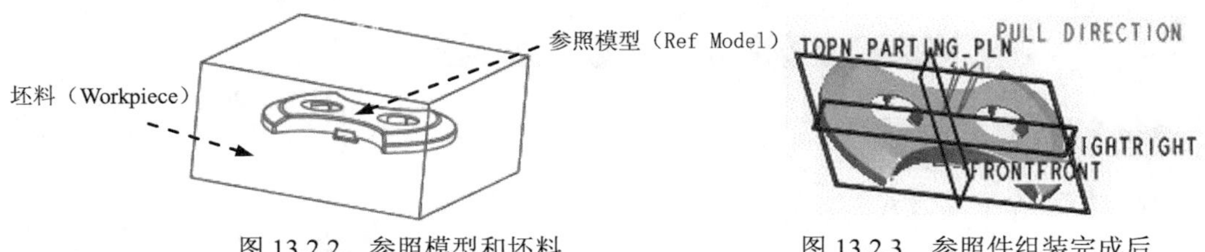

图 13.2.2　参照模型和坯料　　图 13.2.3　参照件组装完成后

Stage2. 创建坯料

Step1. 在 MOLD MODEL（模具模型） 菜单中选择 Create（创建） 命令。

Step2. 在弹出的 MOLD MDL TYP（模具模型类型） 菜单中选择 Workpiece（工件） 命令。

Step3. 在弹出的 CREATE WORKPIECE（创建工件） 菜单中选择 Manual（手动） 命令。

Step4. 在“元件创建”对话框中选中 类型 区域的 ◉ 零件 单选项，选中 子类型 区域的 ◉ 实体 单选项，在 名称 文本框中输入坯料的名称 cover_mold_wp，然后再单击 确定 按钮。

Step5. 在系统弹出的“创建选项”对话框中选中 ◉ 创建特征 单选项，然后再单击 确定 按钮。

Step6. 创建坯料特征。

（1）在菜单管理器中选择 Solid（实体） → Protrusion（伸出项） 命令，在弹出的菜单中选择 Extrude（拉伸） → Solid（实体） → Done（完成） 命令，此时系统出现“拉伸”操控板。

（2）创建实体拉伸特征。

① 选取拉伸类型。在出现的操控板中确认“实体”按钮 被按下。

② 定义草绘截面放置属性。在绘图区中右击，从弹出的快捷菜单中选择 定义内部草绘... 命令。系统弹出“草绘”对话框，然后选择 MOLD_RIGHT 基准平面作为草绘平面，MOLD_FRONT 基准平面为草绘平面的参照平面，方位为 左，单击 草绘 按钮。至此，系统进入截面草绘环境。

③ 进入截面草绘环境后，选取 MOLD_FRONT 基准平面和 MAIN_PARTING_PLN 基准平面为草绘参照，然后绘制图 13.2.4 所示的截面草图。完成截面草图的绘制后，单击工具栏中的“完成”按钮 ✓。

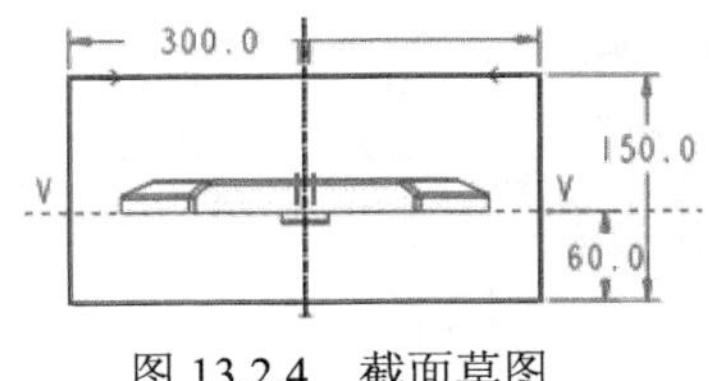

图 13.2.4　截面草图

④ 选取深度类型并输入深度值。在操控板中选取深度类型 (对称)，在深度文本框中输入深度值 300.0，并按 Enter 键。

⑤ 完成特征。在操控板中单击“完成”按钮，完成特征的创建。

Step7. 选择 Done/Return (完成/返回) → Done/Return (完成/返回) 命令。

Task3. 设置收缩率

将参照模型收缩率设置为 0.006。

Task4. 创建模具分型曲面

Stage1. 定义滑块分型面

下面创建模具的滑块分型面以分离第一个销元件，其操作过程如下。

Step1. 遮蔽坯料。

Step2. 选择下拉菜单 插入(I) → 模具几何 ▸ → 分型面(S)... 命令。

Step3. 选择下拉菜单 编辑(E) → 属性(R) 命令，在弹出的“属性”对话框中输入分型面名称 slide_ps，单击对话框中的 确定 按钮。

Step4. 通过“曲面复制”的方法复制模型上的表面。

（1）采用“种子面与边界面”的方法选取所需要的曲面。在屏幕右上方的“智能选取栏”中选择“几何”选项。

（2）下面先选取“种子面”(Seed Surface)，操作方法如下。

① 在“模型显示”工具栏中按下按钮，将模型的显示状态切换到无隐线显示方式。

② 右击，在弹出的菜单中选择 从列表中拾取 命令，选取图 13.2.5 所示的表面（A）。

（3）然后选取“边界面”(boundary surface)，操作方法如下。

① 按住 Shift 键，右击，在弹出的菜单中选择 从列表中拾取 命令，选取图 13.2.5 所示的表面（B）。

② 按住 Shift 键，增加面（C）和面（D），详细操作顺序如图 13.2.5 所示。

（4）选择下拉菜单 编辑(E) → 复制(C) 命令。

（5）选择下拉菜单 编辑(E) → 粘贴(P) 命令，系统弹出“曲面复制”操控板。

（6）单击操控板中的“完成”按钮。

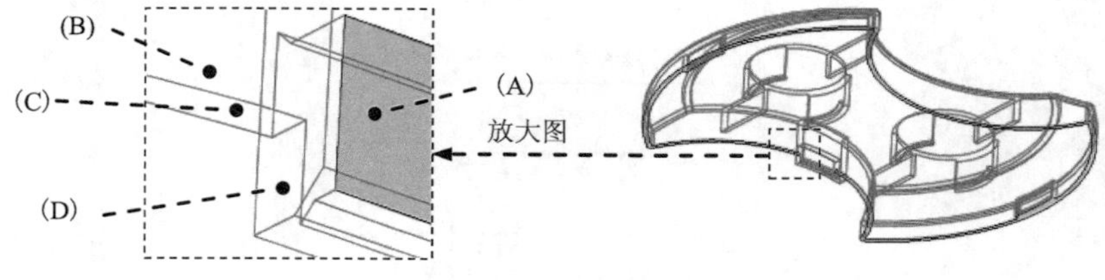

图 13.2.5 选取模型曲面

Step5. 将复制后的表面延伸至坯料的表面。

（1）取消坯料遮蔽。

（2）按住 Shift 键，选取图 13.2.6 所示的要延伸边线。

（3）选择下拉菜单 编辑(E) → 延伸(X)... 命令，此时出现“延伸”操控板。

（4）选取延伸的终止面。

① 在操控板中按下按钮（延伸类型为至平面）。

② 在系统 ◆选取曲面延伸所至的平面。 的提示下，选取图 13.2.7 所示的坯料表面为延伸终止面。

③ 单击 按钮，预览延伸后的面组，确认无误后，单击“完成”按钮。

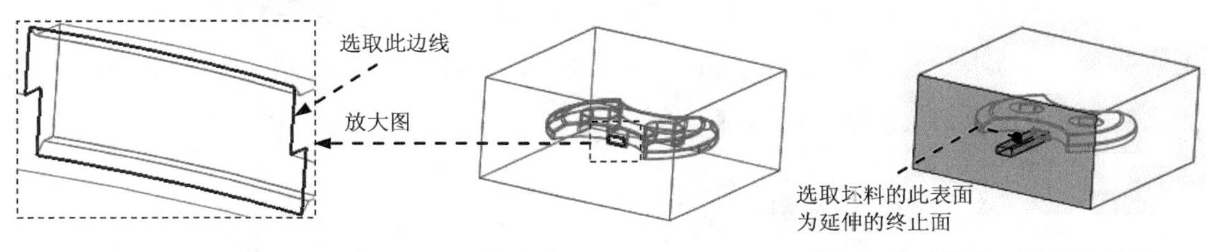

图 13.2.6　选取延伸边线　　图 13.2.7　选取延伸的终止面

Step6. 在工具栏中单击“完成”按钮，完成分型面的创建。

Stage2. 定义斜销分型面

Step1. 遮蔽坯料。

Step2. 选择下拉菜单 插入(I) → 模具几何 ▸ → 分型面(S)... 命令。

Step3. 选择下拉菜单 编辑(E) → 属性(R) 命令，在弹出的“属性”对话框中输入分型面名称 pin_ps，单击对话框中的 确定 按钮。

Step4. 通过“曲面复制”的方法复制模型上的表面。

（1）采用“种子面与边界面”的方法选取所需要的曲面。在屏幕右下方的“智能选取栏”中，选择“几何”选项。

（2）选取“种子面”（Seed Surface）。右击，在弹出的菜单中选择 从列表中拾取 命令，选取图 13.2.8 所示的表面（A）。

（3）选取“边界面”（boundary surface）。按住 Shift 键，右击，在弹出的菜单中选择 从列表中拾取 命令，选取图 13.2.8 所示的表面（B）。

（4）按住 Ctrl 键，增加面（C）～面（E），详细的操作顺序如图 13.2.8 所示。

（5）选择下拉菜单 编辑(E) → 复制(C) 命令。

（6）选择下拉菜单 编辑(E) → 粘贴(P) 命令，系统弹出“曲面复制”操控板。

（7）单击操控板中的“完成”按钮。

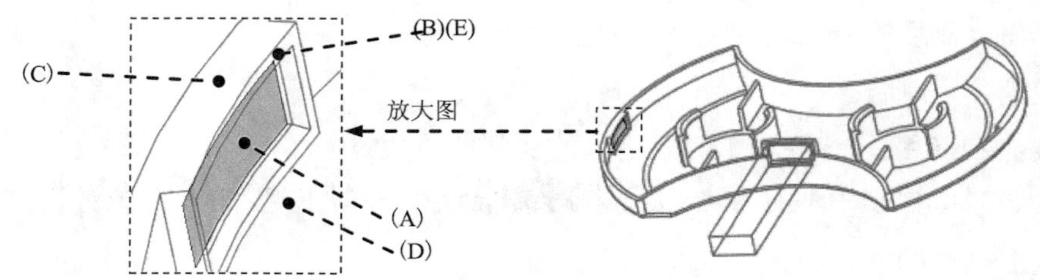

图 13.2.8 选取模型曲面

Step5. 取消坯料遮蔽。

Step6. 通过“拉伸”的方法建立图 13.2.9 所示的拉伸曲面。

（1）选择下拉菜单 插入(I) → 拉伸(E)... 命令，此时系统弹出“拉伸”操控板。

（2）定义草绘截面放置属性。右击，从弹出的菜单中选择 定义内部草绘... 命令，在系统 ◆选取一个平面或曲面以定义草绘平面。的提示下，选取 MOLD_RIGHT 基准平面为草绘平面，选取图 13.2.10 所示的坯料表面为参照平面，方向为 左。

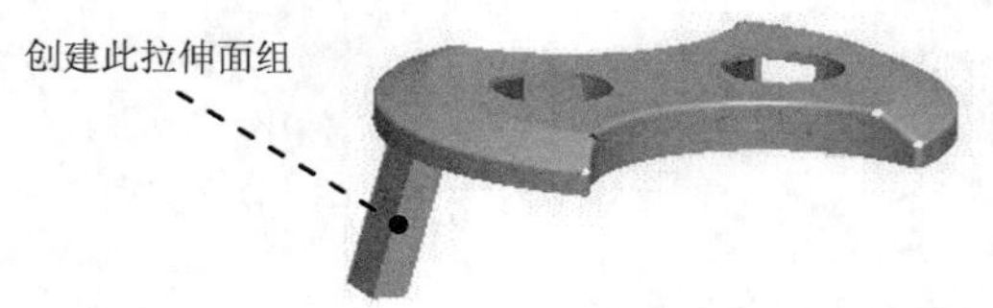

图 13.2.9 创建拉伸面组

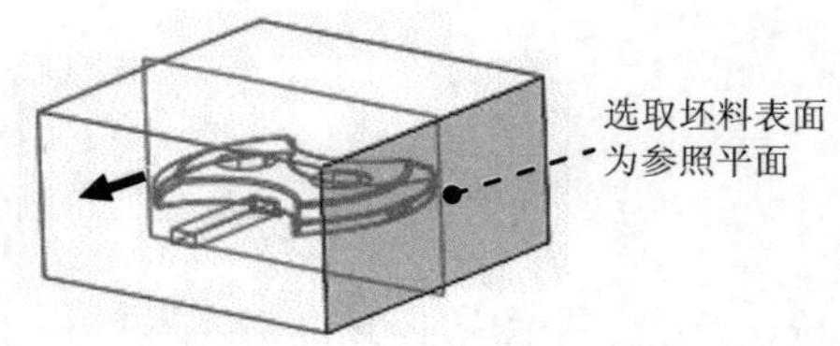

图 13.2.10 定义参照平面

（3）绘制截面草图。选取图 13.2.11 所示的边线为草绘参照，绘制图 13.2.11 所示的截面草图。完成截面草图的绘制后，单击工具栏中的“完成”按钮✔。

（4）选取深度类型并输入深度值。在操控板中选取深度类型 ，在深度文本框中输入深度值 28.0，在操控板中单击 选项 按钮，在“选项”界面中选中 ☑ 封闭端 复选框。

（5）在操控板中单击“完成”按钮✔，完成特征的创建。

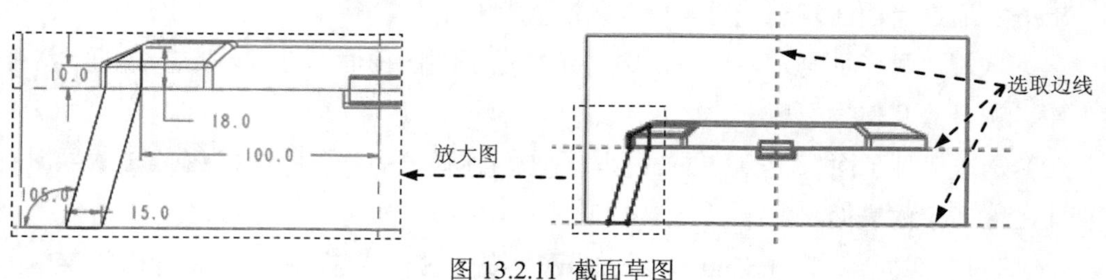

图 13.2.11 截面草图

Step7. 修剪面组。

（1）选取修剪的面组。从列表中拾取 面组:F9(PIN_PS) （复制 2）项。

（2）选择下拉菜单 编辑(E) → 修剪(T)... 命令，此时系统弹出“修剪”操控板。

（3）选择修剪对象。选取图 13.2.12 所示的拉伸面组，单击“完成”按钮✔。

Step8. 合并面组。

（1）按住 Ctrl 键，在模型树中选择修剪 1 和拉伸 1 为合并对象。

（2）选择下拉菜单 编辑(E) ➡ 合并(G)... 命令，此时系统弹出“合并”操控板。

（3）在模型中选取要合并的面组。

（4）在操控板中单击 选项 按钮，在“选项”界面中选择 ◉ 相交 单选项。

（5）单击“完成”按钮 ✓，合并结果如图 13.2.13 所示。

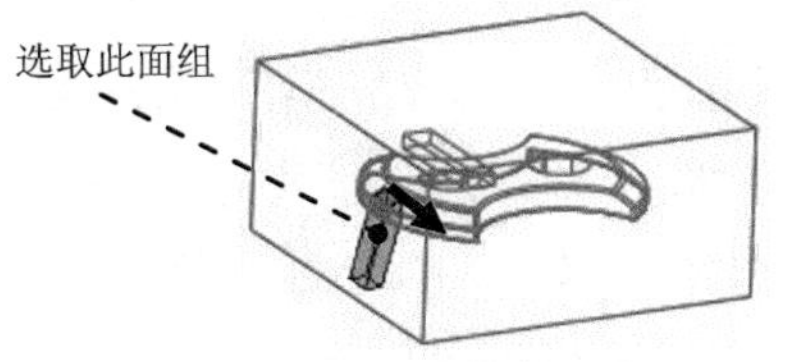

图 13.2.12　选取修剪对象

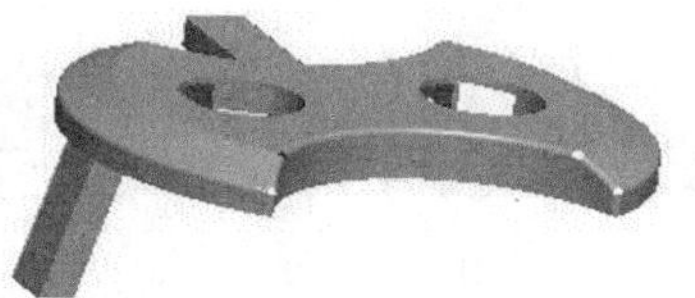

图 13.2.13　合并的拉伸面组

Step9. 通过“镜像”的方法来镜像合并的面组。

（1）选取要镜像的对象。选取 Step8 中合并的面组。

（2）选择下拉菜单 编辑(E) ➡ 镜像(I)... 命令，此时系统弹出“镜像”操控板。

（3）选取镜像平面。选取 MOLD_FRONT 基准平面为镜像平面，镜像的结果如图 13.2.14 所示。

a）镜像前　　b）镜像后

图 13.2.14　镜像特征

Step10. 在工具栏中单击“完成”按钮 ✓，完成分型面的创建。

Stage3．定义主分型面

下面将创建模具的主分型面，以分离模具的上模型腔和下模型腔，操作过程如下。

Step1. 选择下拉菜单 插入(I) ➡ 模具几何 ▸ ➡ 分型面(S)... 命令。

Step2. 选择下拉菜单 编辑(E) ➡ 属性(R) 命令，在弹出的“属性”对话框中输入分型面名称 main_ps，单击 确定 按钮。

Step3. 通过“曲面复制”的方法复制模型上的表面，复制结果如图 13.2.15 所示。

（1）遮蔽坯料和分型曲面。

（2）采用“种子面与边界面”的方法选取所需要的曲面。在屏幕右上方的“智能选取栏”中，选择“几何”选项。

（3）选取“种子面”（Seed Surface），右击，在弹出的菜单中选择 从列表中拾取 命令，选取图 13.2.16 所示的表面（A）。

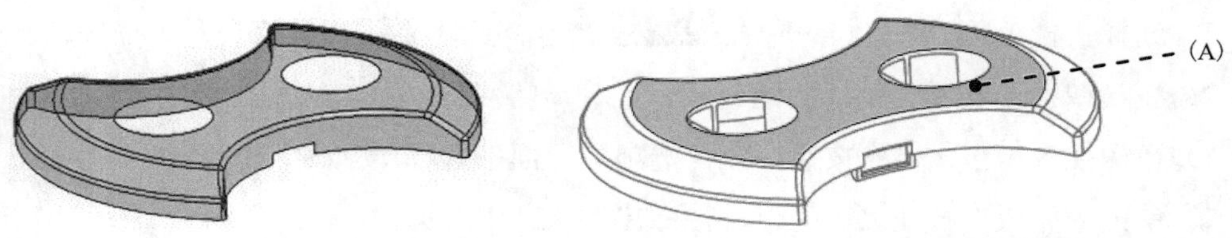

图 13.2.15 复制曲面后　　　　图 13.2.16 选取的种子面

（4）选取“边界面”（boundary surface）。按住 Shift 键，右击，在弹出的菜单中选择 从列表中拾取 命令，选取图 13.2.17 所示的表面（B）～表面（G）。

（5）按住 Ctrl 键，去掉面（H）～面（N），详细操作顺序如图 13.2.18 所示。

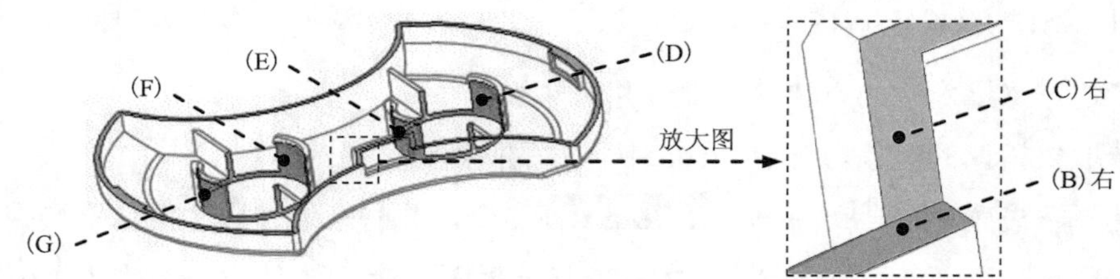

图 13.2.17 选取边界面

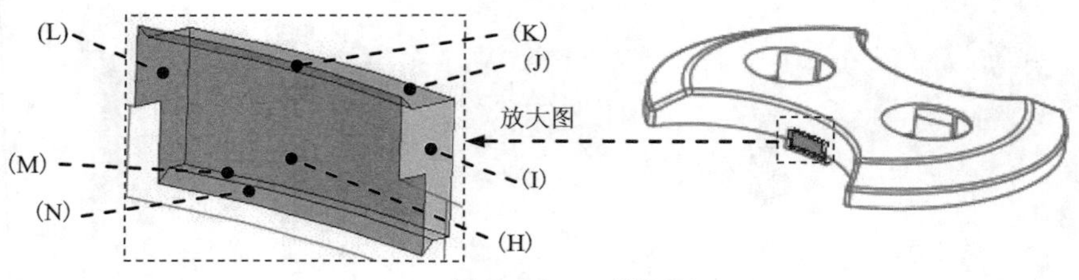

图 13.2.18 增加面

（6）选择下拉菜单 编辑(E) → 复制(C) 命令。

（7）选择下拉菜单 编辑(E) → 粘贴(P) 命令，系统弹出“曲面复制”操控板。

（8）在操控板中单击“完成”按钮 ✓。

Step4. 通过“填充”的方法填充复制曲面。

（1）选择下拉菜单 编辑(E) → 填充(L)... 命令，此时系统弹出“填充”操控板。

（2）定义草绘截面放置属性。右击，从弹出的菜单中选择 定义内部草绘... 命令，在系统 ◆选取一个平面或曲面以定义草绘平面。的提示下，选取图 13.2.19 所示的平面为草绘平面，然后选取 MOLD_FRONT 基准平面为参照平面，方向为 顶。

（3）定义截面草图。通过“使用边”命令创建图 13.2.20 所示的截面草图。完成截面草图的绘制后，单击工具栏中的“完成”按钮 ✓。

（4）在操控板中单击“完成”按钮 ✓，完成特征的创建。

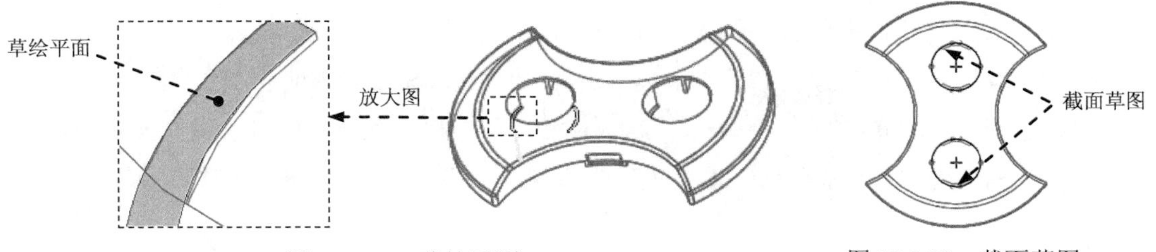

图 13.2.19　草绘平面　　图 13.2.20　截面草图

Step5. 通过“拉伸”的方法建立拉伸曲面。

（1）选择下拉菜单 插入(I) ➡ 拉伸(E)... 命令，此时系统弹出“拉伸”操控板。

（2）定义草绘截面放置属性。右击，从弹出的菜单中选择 定义内部草绘... 命令，在系统 ➪选取一个平面或曲面以定义草绘平面。的提示下，选取图 13.2.21 所示的平面为草绘平面，然后选取 MOLD_FRONT 基准平面为参照平面，方向为 顶。

（3）绘制截面草图。选取图 13.2.22 所示的边线为草绘参照，绘制图 13.2.22 所示的截面草图（即右面两条曲线之间的一段圆弧）。完成截面的绘制后，单击工具栏中的“完成”按钮 ✔。

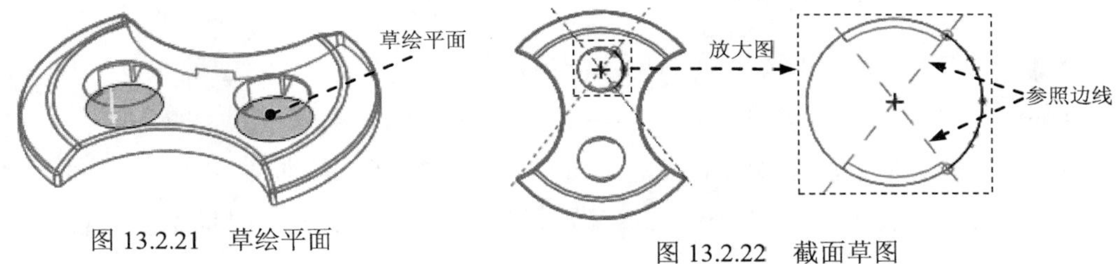

图 13.2.21　草绘平面　　图 13.2.22　截面草图

（4）设置拉伸属性。

① 在操控板中选取深度类型 ⊥⊥（到选定的）。

② 将模型调整到图 13.2.23 所示的视图方位，选择图 13.2.23 所示的平面为拉伸终止面。

（5）在操控板中单击“完成”按钮 ✔，完成特征的创建。

Step6. 通过“镜像”的方法来镜像 Step5 中的拉伸曲面。

（1）选取要镜像的对象。选取 Step5 中创建的拉伸曲面。

（2）选择下拉菜单 编辑(E) ➡ 镜像(I)... 命令，此时系统弹出“镜像”操控板。

（3）选取镜像平面。选取 MOLD_RIGHT 基准平面为镜像平面，镜像的结果如图 13.2.24 所示。

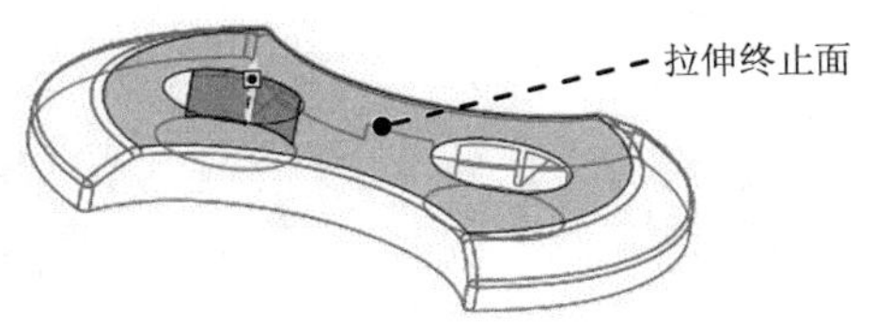

图 13.2.23　拉伸终止面

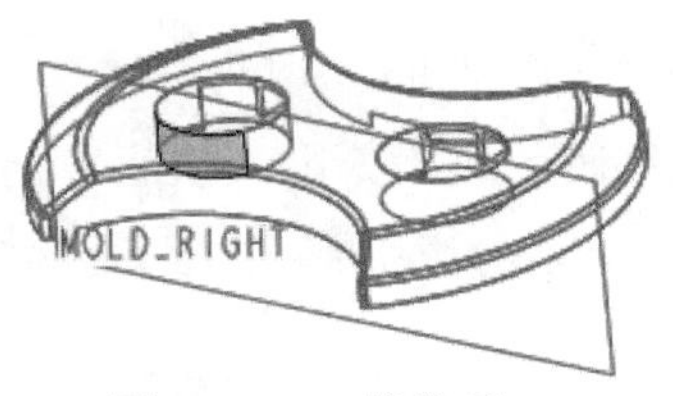

图 13.2.24　镜像后

Step7. 通过“镜像”的方法镜像 Step5 和 Step6 创建的拉伸曲面。

（1）选取要镜像的对象。按住 Ctrl 键，选取 Step5 和 Step6 中创建的拉伸曲面。

（2）选择下拉菜单 编辑(E) → 镜像(I)... 命令，此时系统弹出“镜像”操控板。

（3）选取镜像平面。选取 MOLD_FRONT 基准平面为镜像平面，镜像的结果如图 13.2.25 所示。

Step8. 将填充、拉伸和镜像的曲面合并。

（1）选取合并的曲面。按住 Ctrl 键，选取图 13.2.26 所示的曲面。

（2）选择下拉菜单 编辑(E) → 合并(G) 命令，此时系统弹出“合并”操控板，单击“完成”按钮。

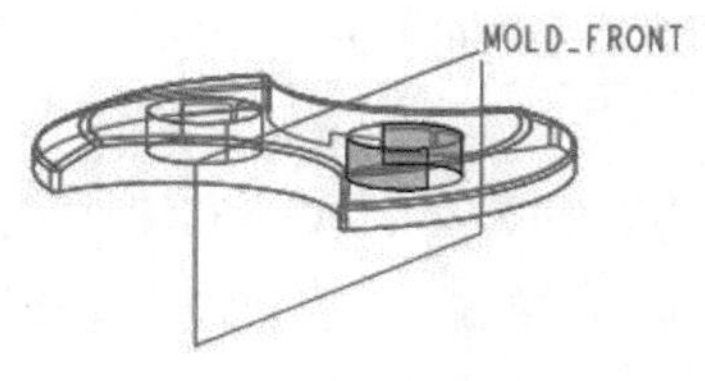

图 13.2.25 镜像后

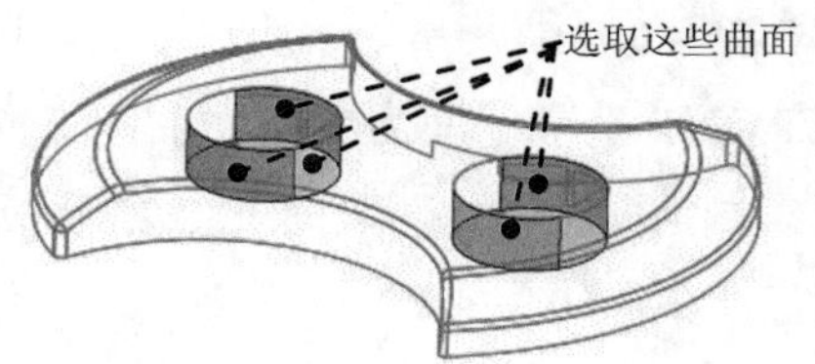

图 13.2.26 合并的面组

注意：合并时，要按照创建的顺序进行合并，否则合并结果会失败。

Step9. 将 Step3 创建的复制面组与 Step8 合并的面组合并在一起。

（1）选取合并的曲面。按住 Ctrl 键，选取图 13.2.27 所示的曲面。

（2）选择下拉菜单 编辑(E) → 合并(G) 命令，此时系统弹出“合并”操控板，单击“完成”按钮。

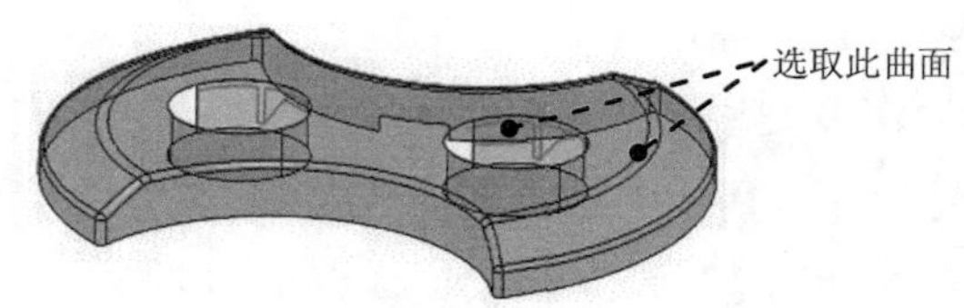

图 13.2.27 合并的面组

Step10. 将合并后的表面延伸至坯料的表面。

（1）遮蔽参照件并取消坯料的遮蔽。

（2）按住 Shift 键，选取图 13.2.28 所示的延伸边线 1。

（3）选择下拉菜单 编辑(E) → 延伸(X)... 命令，此时出现“延伸”操控板。

（4）选取延伸的终止面。

① 在操控板中按下按钮（延伸类型为至平面）。

② 在系统 ◆选取曲面延伸所至的平面。 的提示下，选取图 13.2.29 所示的坯料表面为延伸终止面。

③ 单击按钮，预览延伸后的面组，确认无误后，单击“完成”按钮。

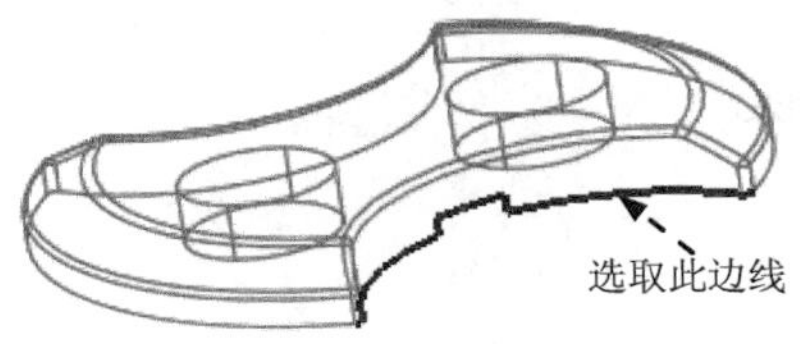

图 13.2.28　选取延伸边线 1

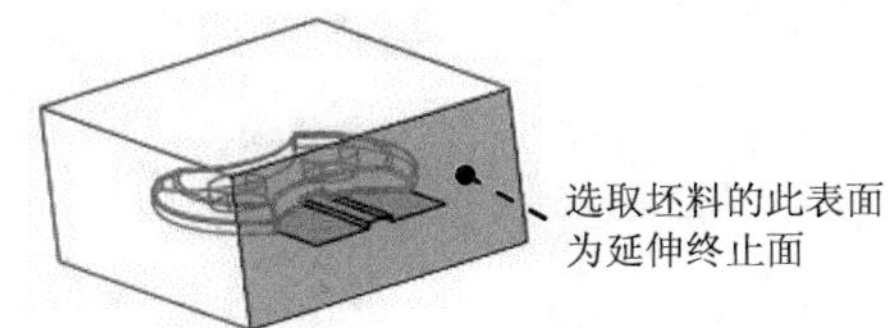

图 13.2.29　选取延伸终止面

Step11. 参照 Step10，选取图 13.2.30 所示的延伸边线 2，选取图 13.2.31 所示的坯料表面为延伸终止面。

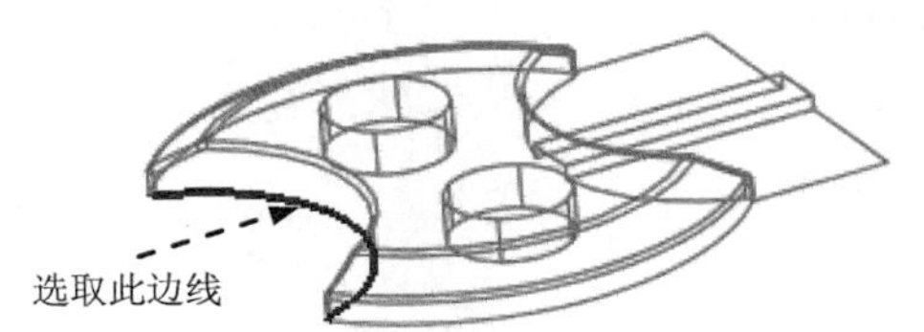

图 13.2.30　选取延伸边线 2

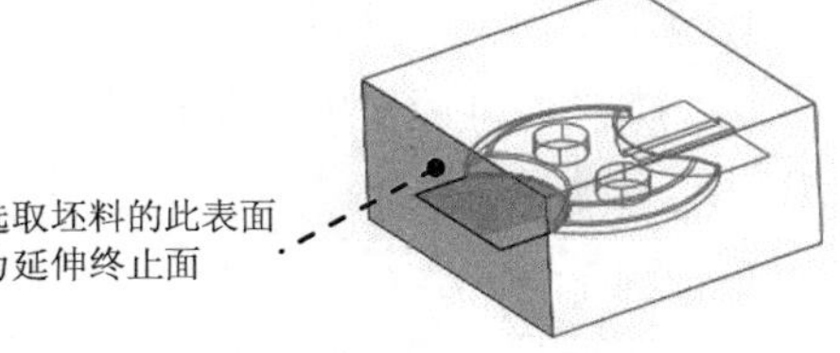

图 13.2.31　选取延伸终止面

Step12. 参照 Step10，选取图 13.2.32 所示的延伸边线 3，选取图 13.2.33 所示的坯料表面为延伸终止面。

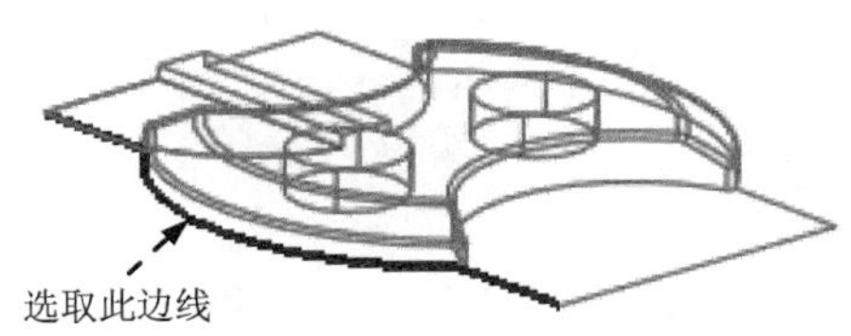

图 13.2.32　选取延伸边线 3

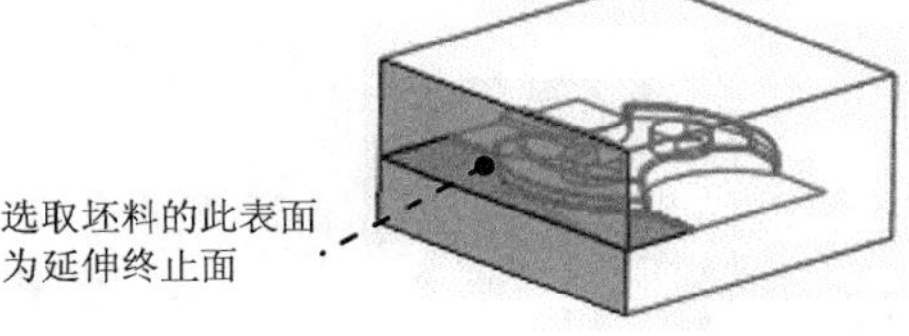

图 13.2.33　选取延伸终止面

Step13. 参照 Step10，选取图 13.2.34 所示的延伸边线 4，选取图 13.2.35 所示的坯料表面为延伸终止面。

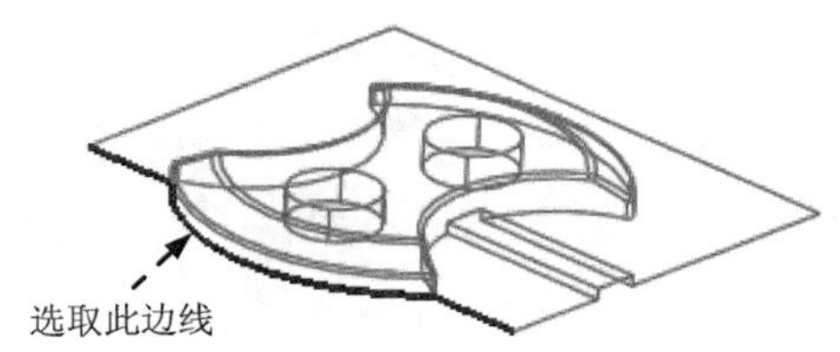

图 13.2.34　选取延伸边线 4

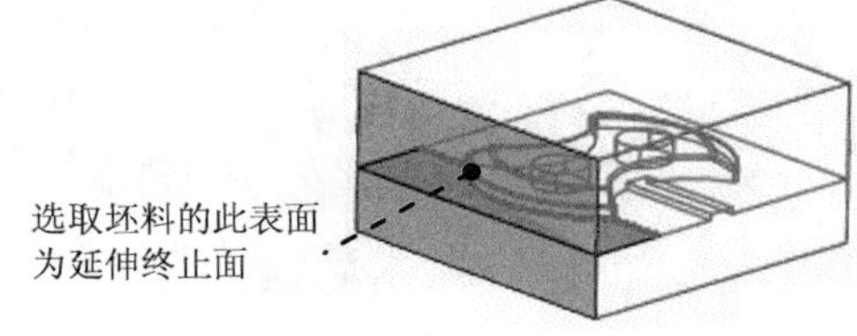

图 13.2.35　选取延伸终止面

Step14. 在工具栏中单击“完成”按钮✓，完成分型面的创建。

Task5. 构建模具元件的体积块

Stage1. 用主分型面创建元件的体积块

Step1. 选择下拉菜单 编辑(E) → 分割... 命令（即用“分割”的方法构建体积块）。

Step2. 在系统弹出的 ▼ SPLIT VOLUME（分割体积块） 菜单中选择 Two Volumes（两个体积块）、

All Wrkpcs (所有工件)和 Done (完成)命令，此时系统弹出“分割”信息对话框。

Step3. 选取分型面。在系统◆为分割工件选取分型面。的提示下，选取分型面 MAIN_PS，然后单击“选取”对话框中的确定按钮。

Step4. 单击“分割”信息对话框中的确定按钮。

Step5. 系统弹出“属性”对话框。同时模型中的上半部分体积块变亮，在该对话框中单击着色按钮，着色后的上半部分体积块如图 13.2.36 所示，然后在对话框中输入名称 upper_vol，单击确定按钮。

Step6. 系统再次弹出“属性”对话框。同时模型中的下半部分体积块变亮，在该对话框中单击着色按钮，着色后的下半部分体积块如图 13.2.37 所示，然后在对话框中输入名称 lower_vol，单击确定按钮。

图 13.2.36　着色后的上半部分体积块

图 13.2.37　着色后的下半部分体积块

Stage2. 创建滑块体积腔

Step1. 取消滑块分型面和销分型面遮蔽。

Step2. 选择下拉菜单编辑(E) ➡ 分割...命令。

Step3. 在系统弹出的▼ SPLIT VOLUME (分割体积块)菜单中选择 One Volume (一个体积块)、Mold Volume (模具体积块)和 Done (完成)命令。

Step4. 在系统弹出的“搜索工具”对话框中单击列表中的面組:F27(LOWER_VOL)体积块，然后单击 >> 按钮，将其加入到已选取 0 个项目:(预期 1 个)列表中，再单击关闭按钮。

Step5. 用“列表选取”的方法选取分型面。

（1）在系统◆为分割所选的模型量选取分型面。的提示下，将鼠标指针移至模型中分型面的位置右击，从快捷菜单中选取从列表中拾取命令。

（2）在系统弹出的“从列表中拾取”对话框中单击列表中的面組:F7(SLIDE_PS)分型面，然后单击确定(O)按钮。

（3）单击“选取”对话框中的确定按钮。

（4）在系统弹出的▼ 岛列表菜单中选中☑ 岛2复选框，选择 Done Sel (完成选取)命令。

说明：

在上面的操作中，用 slide_ps 分割下模体积块后，会产生两块互不连接的体积块，这些互不连接的体积块称为 Island（岛）。在▼ 岛列表菜单中，有☐ 岛1和☑ 岛2两个岛。将鼠标指针移至岛菜单中的这两个选项上，模型中相应的体积块便会加亮，这样很容易发现：☑岛2代表滑块的体积块，□岛1是下模体积块被第一个滑块的体积块减掉后剩余的部分。

Step6. 在“分割”对话框中单击确定按钮。

Step7. 系统弹出“属性”对话框，在对话框中输入名称 SLIDE_VOL，单击确定按钮，结果如图 13.2.38 所示。

Stage3. 创建第一个销体积腔

Step1. 选择下拉菜单 编辑(E) → 分割... 命令。

Step2. 在系统弹出的 ▼SPLIT VOLUME（分割体积块）菜单中选择 One Volume（一个体积块）、Mold Volume（模具体积块）和 Done（完成）命令。

Step3. 在系统弹出的“搜索工具”对话框中单击列表中的 面组:F27(LOWER_VOL) 体积块，然后单击 >> 按钮，将其加入到 已选取 0 个项目:(预期 1 个) 列表中，再单击 关闭 按钮。

Step4. 用“列表选取”的方法选取分型面。

（1）在系统 ◆为分割所选的模型量选取分型面。的提示下，将鼠标指针移至模型中分型面的位置右击，从快捷菜单中选取 从列表中拾取 命令。

（2）在系统弹出的“从列表中拾取”对话框中单击列表中的 面组:F9(PIN_PS) 分型面，然后单击 确定(O) 按钮。

（3）单击“选取”对话框中的确定按钮。

（4）系统弹出 ▼岛列表 菜单，选中 ☑岛1 复选框，选择 Done Sel（完成选取）命令。

说明：

在上面的操作中，用 pin_ps 分割下模体积块后，会产生两块互不连接的体积块，这些互不连接的体积块称为 Island（岛）。在 ▼岛列表 菜单中，有 ☑岛1 和 □岛2 两个岛。将鼠标指针移至岛菜单中的这两个选项上，模型中相应的体积块便会加亮，这样很容易发现：☑岛1 代表销的体积块，□岛2 是下模体积块被销的体积块减掉后剩余的部分。

Step5. 在“分割”对话框中单击确定按钮。

Step6. 系统弹出“属性”对话框，在对话框中输入名称 PIN_VOL_01，单击确定按钮，结果如图 13.2.39 所示。

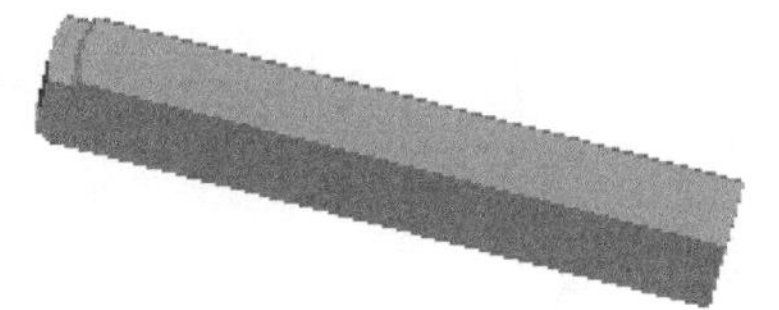

图 13.2.38　滑块体积块

图 13.2.39　销体积块

Stage4. 创建第二个销体积腔

参照 Stage3 步骤，创建第二个销的体积腔，命名为 PIN_VOL_02。

Task6．抽取模具元件及生成浇注件

浇注件命名为 cover_molding。保存模型。选择下拉菜单 文件(F) → 保存(S) 命令。

Task7．后面的详细操作过程请参见随书光盘中 video\ch13.02\reference\文件下的语音视频讲解文件 cover_mold_asm-r02.exe。

13.3 综合范例 3——EMX 标准模架设计

本范例将介绍图 13.3.1 所示的手机外壳的模具设计过程，该模具设计的亮点：第一，该模具为一模两腔；第二，该模具的浇注系统采用了潜伏式浇口设计；第三，创建分型面时采用种子面和边界面的方法来完成；第四，在 EMX 中创建斜导柱滑块。完成对本范例的学习后，读者应对创建模具型腔和 EMX 模块有更深的了解。

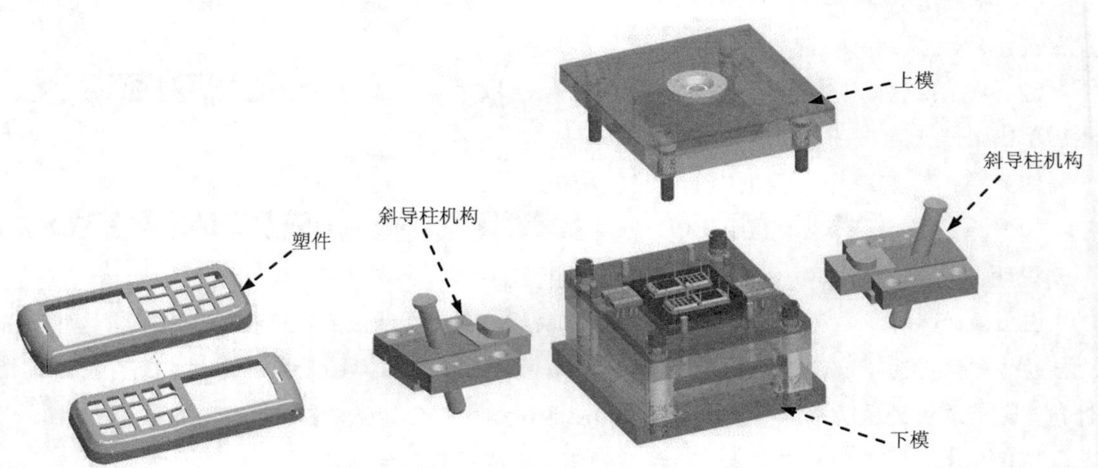

图 13.3.1 手机外壳的 EMX 模架设计

说明：本范例的详细操作过程请参见随书光盘中 video\ch13.03\文件下的语音视频讲解文件。模型文件为 D:\proewf5.3\work\ch13.03\phone_cover_mold。

读者意见反馈卡

书名：《Pro/ENGINEER 中文野火版 5.0 模具设计教程（增值版）》

1. 读者个人资料:

姓名: _________性别: ___年龄: ____职业: ________职务: ________学历: ______

专业: _______单位名称: ____________________办公电话: ___________手机: ______

QQ: __________________________微信: ____________E-mail: ______________

2. 影响您购买本书的因素（可以选择多项）:

□内容	□作者	□价格
□朋友推荐	□出版社品牌	□书评广告
□工作单位（就读学校）指定	□内容提要、前言或目录	□封面封底
□购买了本书所属丛书中的其他图书		□其他_____________

3. 您对本书的总体感觉:

□很好　□一般　□不好

4. 您认为本书的语言文字水平:

□很好　□一般　□不好

5. 您认为本书的版式编排:

□很好　□一般　□不好

6. 您认为 Pro/ENGINEER 其他哪些方面的内容是您所迫切需要的?

____

7. 其他哪些 CAD/CAM/CAE 方面的图书是您所需要的?

____

8. 您认为我们的图书在叙述方式、内容选择等方面还有哪些需要改进的?

____

读者购书回馈活动:

活动一：本书“随书光盘”中含有“读者意见反馈卡”的电子文档，请认真填写后 E-mail 给我们。E-mail: 兆迪科技 zhanygjames@163.com，丁锋 fengfener@qq.com。

活动二：扫一扫右侧二维码，关注兆迪科技官方公众微信（或搜索公众号 zhaodikeji），参与互动，也可进行答疑。

凡参加以上活动，即可获得兆迪科技免费奉送的价值 48 元的在线课程一门，同时有机会获得价值 780 元的精品在线课程。